ESTATÍSTICA
SEM MATEMÁTICA
PARA AS
CIÊNCIAS DA SAÚDE

D173e   Dancey, Christine P.
        Estatística sem matemática para as ciências da saúde / Christine P. Dancey, John G. Reidy, Richard Rowe ; tradução técnica: Lori Viali. – Porto Alegre : Penso, 2017.
        502 p. : il. ; 25 cm.

        ISBN 978-85-8429-099-4

        1. Estatística – Ciências da saúde. 2. Metodologia da pesquisa. I. Reidy, John G. II. Rowe, Richard. III. Título.

        CDU 311:614:001.891

Catalogação na publicação: Poliana Sanchez de Araujo – CRB 10/2094

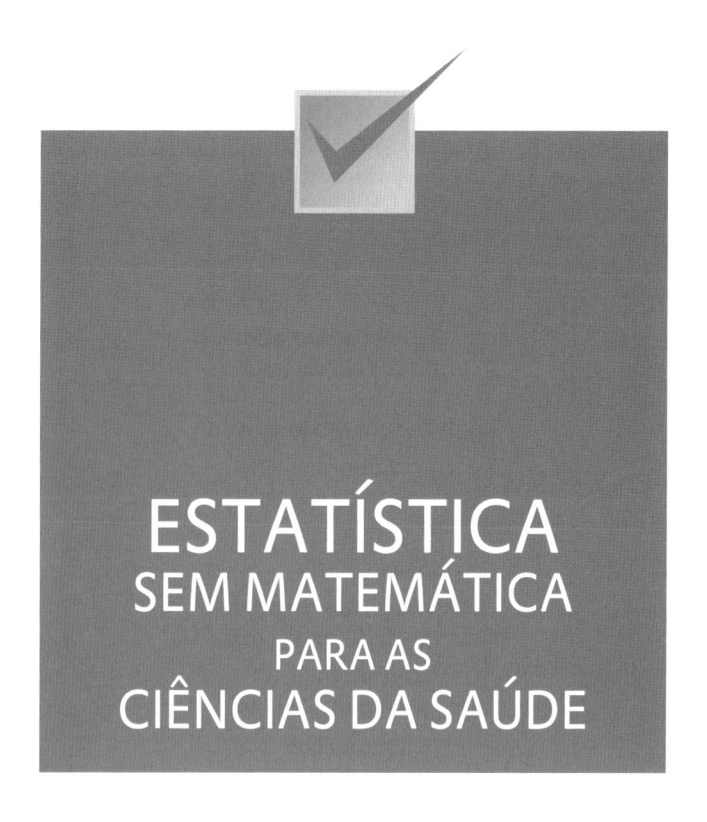

ESTATÍSTICA
SEM MATEMÁTICA
PARA AS
CIÊNCIAS DA SAÚDE

Christine P. Dancey
John G. Reidy
Richard Rowe

Tradução técnica

Lori Viali
Professor Titular de Estatística da Pontifícia Universidade Católica
do Rio Grande do Sul (PUCRS)
Professor Associado de Estatística da Universidade Federal do Rio Grande do Sul (UFRGS)

penso

2017

Obra originalmente publicada sob o título Statistics for the Health Sciences:
A Non-Mathematical Introduction, 1st Edition

English language edition published by SAGE Publications of London, Thousand Oaks,
New Delhi and Singapore, © Christine P. Dancey, John G. Reidy and Richard Rowe 2012.

Gerente editorial:
Letícia Bispo de Lima

Colaboraram nesta edição:

Editora:
Paola Araújo de Oliveira

Capa:
Paola Manica

Preparação do original:
Leonardo Maliszewski da Rosa

Leitura final:
Antonio Augusto da Roza

Editoração:
Bookabout – Roberto Carlos Moreira Vieira

Reservados todos os direitos de publicação, em língua portuguesa, à
PENSO EDITORA LTDA., uma empresa do GRUPO A EDUCAÇÃO S.A.
Av. Jerônimo de Ornelas, 670 – Santana
90040-340 Porto Alegre RS
Fone: (51) 3027-7000 Fax: (51) 3027-7070

SÃO PAULO
Rua Doutor Cesário Mota Jr., 63 – Vila Buarque
01221-020 – São Paulo – SP
Fone: (11) 3221-9033

SAC 0800 703-3444 – www.grupoa.com.br

É proibida a duplicação ou reprodução deste volume, no todo ou em parte,
sob quaisquer formas ou por quaisquer meios (eletrônico, mecânico, gravação,
fotocópia, distribuição na Web e outros), sem permissão expressa da Editora.

IMPRESSO NO BRASIL
PRINTED IN BRAZIL

Sobre os autores

A professora **Christine Dancey** trabalha na Escola de Psicologia da University of East London (UEL) desde 1990, lecionando métodos de pesquisa, estatística e psicologia da saúde. Christine é diplomada em Psicologia da Saúde e, como cientista, lidera a Pesquisa em Doenças Crônicas na UEL, tendo realizado pesquisas sobre várias doenças físicas, como a síndrome ou mal do desembarque, a síndrome da fadiga crônica/encefalopatia miálgica (SFC/EM), a doença do intestino inflamado e a síndrome do intestino irritável, com publicações e livros nessa área. Na área de estatística, junto com John Reidy, Christine escreveu *Estatística sem matemática para a psicologia,* agora em quinta edição.

O doutor **John Reidy** é professor na Sheffield Hallam University há 12 anos e leciona métodos de pesquisa para estudantes de todos os níveis, desde os primeiros anos até a pós-graduação. John é um pesquisador da saúde ativo e tem interesse particular sobre a ansiedade experimentada pelas pessoas no momento de doar sangue ou de receber atendimento odontológico.

Richard Rowe é professor sênior na University of Sheffield e leciona métodos de pesquisa para estudantes de psicologia de todos os níveis. Rowe também leciona cursos de pós-graduação para alunos da Faculdade de Ciências Sociais. Seu principal interesse de pesquisa é o desenvolvimento do comportamento antissocial.

Christine gostaria de dedicar este livro à professora M. Rachel Mulvey,
em comemoração a todos os tons de cinza.
"O coração tem razões que a própria razão desconhece."
(Blaise Pascal, 1623 – 1662)

John gostaria de dedicar este livro a Lisa, Issy e Ollie...
obrigado por todo o amor e suporte... tomate!

Richard gostaria de dedicar este livro a sua maravilhosa família:
Richard (mais velho), Catherine, Becky e Lucy.

Agradecimentos

Gostaríamos de agradecer a:

Michael Carmichael, Rachel Eley, Sophie Hine e Alana Clogan da SAGE.

Nossos agradecimentos são dirigidos também a Aparna Shankar, dos Serviços de Publicação Cenveo.

A L. C. Mok e a I. F. K. Lee, por permitirem a utilização dos seus diagramas de dispersão, e a D. Hanna, M. Davies e M. Dempster, por permitirem a utilização de suas bases de dados.

E, finalmente, a nossos revisores: professor Ducan Cramer, doutor Dennis Howitt, da Loughborough University, e doutor Merryl Harvey, do Departamento da Saúde da Criança da Birmingham City University. Apreciamos suas críticas sinceras e honestas que levaram a melhorias significativas da versão final do livro.

Prefácio

Em 1999, nós (John e Christine) escrevemos *Estatística sem matemática para a Psicologia* para nossos estudantes de psicologia, já que a maioria não gostava de matemática e não entendia por que era necessário aprender fórmulas e fazer cálculos manuais quando um *software* computacional podia resolver tudo isso por eles. Muitos não acreditavam que fazer cálculos lhes daria o entendimento conceitual dos testes estatísticos – e nós também não. Queríamos que os estudantes tivessem um entendimento conceitual da estatística e que, com isso, se sentissem confiantes para executar análises por meio de um *software* e fossem capazes de entender como interpretar os resultados.

O livro *Estatística sem matemática para a psicologia* (sua quinta edição foi publicada em 2011) fez muito sucesso, tanto que estudantes de diferentes áreas, tanto da graduação quanto da pós, no Reino Unido e internacionalmente, o consideraram útil para seus estudos. Entre as razões para o seu sucesso está o estilo acessível e o fato de que os conceitos estatísticos são explicados claramente para os estudantes sem a inclusão de fórmulas estatísticas. A Associação Britânica de Psicologia estipula que métodos quantitativos em psicologia devem ser vistos em programas de graduação, e, dessa forma, os testes que realizamos refletem isso. Todos os exemplos que utilizamos foram obtidos de periódicos relacionados com a psicologia. Isso significa que, para estudantes de outras áreas, os benefícios do livro foram limitados e, portanto, havia a necessidade de um livro escrito especificamente para esse público. Solicitamos que Richard se juntasse a nós para escrever tal obra. Ele já era um fã da abordagem utilizada em *Estatística sem matemática para a psicologia* e tinha recomendado o livro como a principal leitura de suas disciplinas de métodos de pesquisa na graduação.

Este livro é um texto introdutório para estudantes de graduação de todas as ciências da saúde e assuntos relacionados. Diferentemente da psicologia e das ciências sociais, estudantes nas áreas de cuidados com a saúde têm mais necessidade de entender a estatística relatada em artigos científicos do que a análise primária de dados. A maioria deles se considera fraca em matemática, e foi com isso em mente que escrevemos *Estatística sem matemática para as ciências da saúde*. Com explanações claras dos conceitos estatísticos e ausência de fórmulas, este livro é apropriado para aqueles que estudam um variado leque de assuntos relacionados com as ciências da saúde e suas profissões correlatas. Apenas no Reino Unido, existem 70 mil estudantes de enfermagem em treinamento, além de alunos de disciplinas relacionadas, como a psicoterapia. Este livro os auxiliará a entender a lógica dos conceitos subjacentes às fórmulas estatísticas e explicar como essas análises são aplicadas em pesquisa nas ciências da saúde. Embora sejamos psicólogos, nós três lecionamos estatística básica, intermediária e avançada para grandes grupos de estudantes de nossas respectivas universidades. Falamos para os alunos e as equipes de departamentos de saúde e profissões relacionadas, e temos um bom entendimento do tipo de estatística que os estudantes das ciências da saúde precisam conhecer. Todos os exemplos apresentados foram tomados de periódicos relacionados a assuntos das ciências da saúde. Algumas das pesquisas citadas foram tomadas de nosso próprio trabalho, muito do qual relacionado à saúde. Christine, por exemplo, lidera a Equipe de Pesquisa Sobre Doenças Crônicas da University of East London (UEL). John tem publicado pesquisas sobre a ansiedade em geral, bem como a ansiedade relacionada à doação de sangue e ao atendimento odontológico. Richard tem publicado muitos artigos sobre psicopatologias em crianças.

Neste livro, tentamos simplificar conceitos complexos, mantendo um equilíbrio com a precisão. Procuramos o máximo de precisão enquanto apresentamos a explicação mais simples possível. Como um texto introdutório, este livro poderá não apresentar tudo o que você precisa saber. Isso significa que, em alguns pontos, faremos referência a textos mais avançados. Também estamos cientes de que nem todos utilizam o SPSS. Contudo, esse é o pacote estatístico mais usado nas ciências da saúde, razão pela qual nosso texto está tão ligado a ele. Estudantes que não utilizam esse pacote devem ser, de alguma forma, capazes de entender nossos exemplos. Para aqueles que utilizam o R ou o SAS, nós indicamos que consultem o *site* que complementa este livro.

Esperamos que você aprecie as explanações e os exemplos apresentados e que isso lhe permita entender as explicações estatísticas presentes nos periódicos que lê.

Christine P. Dancey
John G. Reidy
Richard Rowe

Sumário

Site associado 19

1 Uma introdução ao processo de pesquisa 21
  Panorama do capítulo... 21
  O processo de pesquisa... 22
  Conceitos e variáveis... 25
  Níveis de medida... 27
  Testes de hipóteses.. 29
  Prática com base em evidências.. 29
  Delineamentos de pesquisa... 30
  Resumo.. 35
  Questões de múltipla escolha... 35

2 Análise com auxílio do computador 39
  Panorama do capítulo... 39
  Visão geral dos três pacotes estatísticos 40
  Introdução ao SPSS... 43
  Estabelecendo suas variáveis para o delineamento intra e entre grupos............ 53
  Introdução ao R... 57
  Introdução ao SAS... 70
  Resumo.. 82
  Exercícios... 82

3 Estatística descritiva 84
  Panorama do capítulo... 84
  Analisando os dados.. 84
  Estatísticas descritivas... 85
  Estatísticas descritivas numéricas... 86
  Escolhendo medidas de tendência central... 89
  Medidas de variação ou dispersão.. 89
  Desvios da média... 92
  Descritivas numéricas no SPSS... 94
  Estatísticas gráficas.. 96
  Diagramas de colunas e barras... 99
  Diagramas de linha.. 105
  Incorporando variabilidade em diagramas.. 108
  Criando gráficos com o desvio-padrão do SPSS.. 108
  Gráficos mostrando dispersão – o histograma.. 110
  O diagrama de caixa-e-bigodes (*box-plot*) 115
  Resumo.. 120
  Exercícios com o SPSS... 120
  Questões de múltipla escolha... 120

4 As bases dos testes estatísticos 123
  Panorama do capítulo... 123
  Introdução... 123
  Amostras e população... 125
  Distribuições.. 136

Significância estatística 146
Críticas ao TSHN 147
Gerando intervalos de confiança no SPSS 152
Resumo.. 156
Exercícios com o SPSS 156
Questões de múltipla escolha 156

5 Epidemiologia 159
Panorama do capítulo... 159
Introdução... 160
Estimando a prevalência de uma doença.. 160
Dificuldades ao estimar a prevalência 161
Além da prevalência: identificando os fatores de risco de uma doença......... 162
Razões de risco... 163
A razão de chances... 164
Estabelecendo causalidade 166
Estudos de caso-controle 167
Estudos de coorte 168
Delineamentos experimentais.. 170
Resumo.. 171
Questões de múltipla escolha 171

6 Introdução ao exame e à limpeza de dados 173
Panorama do capítulo... 173
Introdução... 174
Minimizando problemas no estágio de delineamento...................................... 174
Registrando dados em bases de dados e pacotes estatísticos 176
Base de dados sujas 176
Acurácia... 176
Utilizando a estatística descritiva para auxiliar a identificar erros.................. 177
Dados omissos.. 179
Localizando dados omissos.. 183
Normalidade.. 188
Examinando grupos separadamente.. 190
Relatando o exame dos dados e os procedimentos da limpeza 190
Resumo.. 192
Questões de múltipla escolha 192

7 Diferenças entre dois grupos 194
Panorama do capítulo... 194
Introdução... 195
Descrição conceitual dos testes t 197
Generalizando para a população 199
Teste t para grupos independentes no SPSS 200
O d de Cohen... 205
Teste t pareado no SPSS 208
Teste z para duas amostras 213
Testes não paramétricos 214
Mann-Whitney para grupos independentes 214
Teste de Mann-Whitney no SPSS 214
Teste dos postos com sinais de Wilcoxon para medidas repetidas 220
Testes dos postos com sinais de Wilcoxon no SPSS 220
Ajuste para múltiplos testes 223
Resumo.. 224
Questões de múltipla escolha 224

8 Diferenças entre três ou mais condições 228
Panorama do capítulo... 228

Introdução 229
Descrição conceitual da ANOVA (Paramétrica) 230
ANOVA de um fator 231
ANOVA de um fator no SPSS 232
Modelos de ANOVA para delineamentos de medidas repetidas 237
ANOVA de medidas repetidas no SPSS 239
Equivalentes não paramétricos 244
O teste de Kruskal-Wallis 244
O teste de Kruskal-Wallis e o teste da mediana no SPSS 245
O teste da mediana 249
A ANOVA de medidas repetidas de Friedman 249
A ANOVA de Friedman no SPSS 250
Resumo 254
Questões de múltipla escolha 254

9 Testando associações entre variáveis categóricas 259
Panorama do capítulo 259
Introdução 260
A lógica da análise das tabelas de contingência 261
Executando a análise no SPSS 262
Avaliando o tamanho do efeito na análise de tabelas de contingência 268
Grandes tabelas de contingência 269
Suposições da análise de tabelas de contingência 270
O teste de aderência χ^2 271
Executando o teste de aderência χ^2 utilizando o SPSS 273
Resumo 276
Questões de múltipla escolha 276

10 Avaliando a concordância: técnicas correlacionais 279
Panorama do capítulo 279
Introdução 280
Relacionamentos bivariados 280
Correlações perfeitas 286
Calculando o coeficiente de correlação r de Pearson utilizando o SPSS 288
Como obter diagramas de dispersão 290
Explicação da variância de r 294
Realizando uma análise de correlação no SPSS: exercício 296
Correlações parciais 296
Variância única e compartilhada: entendimento conceitual
em relação às correlações parciais 299
O rô de spearman 301
Outros usos para as técnicas correlacionais 303
Medidas de confiabilidade 303
Consistência interna 304
Confiabilidade interavaliadores 304
Validade 304
Percentual de concordância 304
O *kappa* de Cohen 305
Resumo 305
Questões de múltipla escolha 305

11 Regressão linear 310
Panorama do capítulo 310
Introdução 311
Regressão linear no SPSS 313
Obtendo o diagrama de dispersão com a linha de regressão
e os intervalos de confiança com o SPSS 317
Suposições da análise de regressão 324

Lidando com valores atípicos (*outliers*) 324
O que acontece se a correlação entre *x* e *y* está próxima de zero?........................ 327
Utilizando a regressão para prever dados omissos no SPSS 329
Previsão de escores omissos em falhas cognitivas no SPSS................................. 331
Resumo.. 333
Questões de múltipla escolha 334

12 Regressão múltipla padrão 337
Panorama do capítulo.. 337
Introdução.. 338
Regressão múltipla no SPSS 338
Variáveis na equação 341
A equação da regressão.. 343
Prevendo escores individuais.. 344
Testes de hipóteses 344
Outros tipos de regressão múltipla.. 347
Regressão múltipla hierárquica 349
Resumo.. 351
Questões de múltipla escolha 351

13 Regressão logística 356
Panorama do capítulo.. 356
Introdução.. 356
As bases conceituais da regressão logística... 357
Relatando os resultados... 365
Regressão logística com múltiplas variáveis previsoras.................................. 366
Regressão logística com previsores categóricos 371
Previsores categóricos com três ou mais níveis.. 373
Resumo.. 375
Questões de múltipla escolha 375

14 Intervenções e análise de mudança 378
Panorama do capítulo.. 378
Intervenções.. 378
Como você sabe que as intervenções são efetivas? 379
Ensaios controlados aleatorizados (ECAs) 381
Delineando um ECA: CONSORT... 381
O diagrama de fluxo CONSORT 385
Características importantes de um ECA... 386
Cegamento... 390
Análise de um ECA... 391
Executando uma ANCOVA no SPSS.. 392
Teste das mudanças de McNemar.. 395
Executando o teste de McNemar no SPSS 396
O teste dos sinais.. 398
Executando o teste dos sinais no SPSS 399
Análise por intenção de tratar 401
Delineamentos cruzados.. 401
Delineamentos de um único caso ($N = 1$) 402
Gerando diagramas de delineamentos de um único caso utilizando o SPSS 407
Resumo.. 412
Exercício com o SPSS 412
Questões de múltipla escolha 412

15 Análise de sobrevivência: uma introdução 415
Panorama do capítulo.. 415
Introdução.. 416
Curvas de sobrevivência... 418

A função de sobrevivência de Kaplan-Meier 424
Análise de sobrevivência de Kaplan-Meier no SPSS 425
Comparando duas curvas de sobrevivência – o teste de Mantel-Cox 429
Mantel-Cox utilizando o SPSS 431
Risco 431
Curvas de risco 433
Funções de risco no SPSS 434
Relatando uma análise de sobrevivência 435
Resumo 435
Exercícios com o SPSS 436
Questões de múltipla escolha 436

Respostas das atividades e exercícios 441
Glossário 481
Referências 489
Índice 495

Site associado (em inglês)

Visite o *site* associado (www.sagepub.co.uk/dancey) para encontrar diversos materiais de ensino, em inglês.

PARA ALUNOS:

- ✓ **Questões de múltipla escolha:** verifique o seu entendimento de cada capítulo ou faça um autoteste antes das provas.
- ✓ **Exercícios do SPSS:** exercícios adicionais com o SPSS estão disponíveis em cada capítulo, para que você possa praticar o que aprendeu. Documentos bônus estão inclusos e ilustram o erro amostral e o tamanho da amostra, bem como um guia para gerar sequências de números aleatórios no SPSS.
- ✓ **Guia para a utilização do R e do SAS:** é fornecido um guia extra para realizar análises estatísticas utilizando o R e o SAS, e está organizado por capítulos.

PARA PROFESSORES:

Para acessar materiais exclusivos para professores, siga estes passos:

1. Acesse https://studysites.sagepub.com/dancey/main.htm
2. Clique em "Instructor Resources"
3. Clique em "Create an account", que aparece sob "New Customers"

Após o preenchimento, a editora inglesa processará sua solicitação de acesso. A aprovação poderá levar de 2 a 3 dias úteis.

Em caso do dúvida, contate o setor de aprovação pelo e-mail textbookstechsupport@sagepub.com

- ✓ *Slides* **do PowerPoint completos:** os *slides* são fornecidos para cada capítulo e podem ser editados, caso necessário, para o uso em aulas e seminários.
- ✓ **Questões de múltipla escolha:** teste o conhecimento dos estudantes com um banco de QEM, que pode ser baixado e organizado por capítulos.

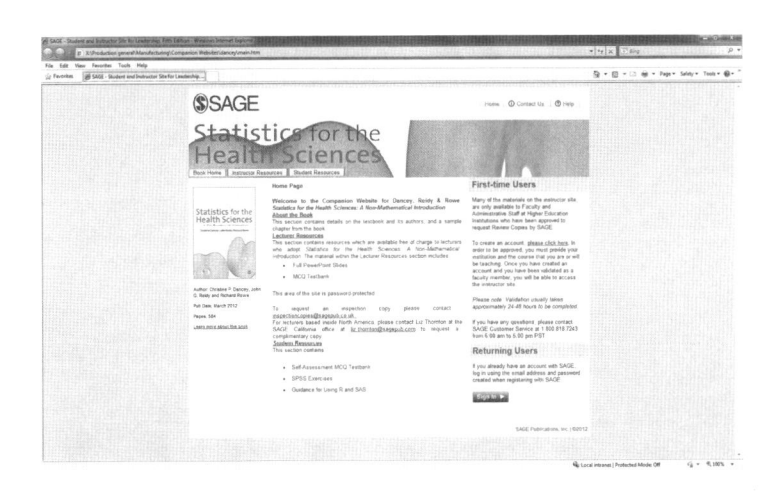

1
Uma introdução ao processo de pesquisa

Panorama do capítulo

Neste capítulo, iremos introduzir conceitos importantes para o entendimento do processo de pesquisa, incluindo:

- ✓ Hipótese de pesquisa;
- ✓ Teste de hipóteses;
- ✓ Prática baseada em evidência;
- ✓ Delineamentos típicos de pesquisa.

Não presumimos nenhum conhecimento prévio de estatística ou de pesquisa. Tudo de que você precisa para entender os conceitos expostos neste capítulo é o seu cérebro.

Cérebros a postos, lá vamos nós... Em uma reportagem, no rádio, esta manhã, foi sugerido que comer mais mirtilos reduz as chances de se contrair câncer. Esse tipo de reportagem não é incomum na mídia nos dias atuais. Como podemos saber se podemos acreditar em todas as notícias relacionadas à saúde que a mídia nos apresenta? Bem, o melhor a se fazer é ler os relatórios originais da pesquisa e pensar, por si mesmo, sobre a adequação do trabalho e a validade das conclusões do autor. É assim que a ciência funciona. É claro que, se você deseja trabalhar como um profissional da saúde, há uma necessidade ainda maior da capacidade de avaliar a evidência de uma pesquisa. Este livro fornecerá todas as ferramentas necessárias para que você seja capaz de avaliar criticamente a pesquisa de outros profissionais da sua área. Você obterá, também, um conhecimento de trabalho sobre como conduzir sua própria pesquisa e efetuar análises estatísticas sofisticadas com os dados obtidos.

"Mas eu não quero ser um pesquisador... não preciso saber sobre análises estatísticas", você diz. Esse é um comentário que costumamos ouvir e, de certa forma, é válido. Muitos estudantes que estão sendo treinados para carreiras nas ciências da saúde não irão realizar pesquisas. Entretanto, é necessário saber como uma pesquisa é conduzida e como um trabalho é avaliado para que sejam tomadas decisões apropriadas quanto às várias formas de tratamento de uma doença, as quais desejaríamos que fossem escolhidas com base na evidência da pesquisa – isto é, em essência, o que significa a *prática baseada em evidência*, termo que você encontrará várias vezes nesta obra. Um benefício adicional ao ler este livro é que você será capaz de avaliar as várias afirmações sobre saúde que a mídia nos disponibiliza e fará pessoas como Ben Goldacre[1] muito felizes.

Portanto, por que você gostaria de aprender estatística? Bem, existem várias razões nas quais podemos pensar:

1. É um assunto muito interessante;
2. Você obterá habilidades cruciais para corroborar a prática baseada em evidência;
3. Será capaz de entender melhor os jargões de pesquisas publicadas;
4. Será capaz de avaliar a qualidade da pesquisa publicada (e não publicada – onde você achá-la);
5. Será capaz de delinear e conduzir sua própria pesquisa;
6. Será capaz de emitir conclusões válidas sobre qualquer pesquisa que você queira conduzir;
7. Será capaz de impressionar seus amigos nas festas.

Achamos que a estatística é um tópico muito interessante, principalmente porque ela o leva a perceber que muitos dos fenômenos que podemos observar em nossas vidas são simplesmente fatores do acaso.

Este é o tema de um livro interessante escrito por Mlodinow (2008), que vale a pena ser lido pois mostra a influência penetrante do acaso em nossa vida. Por causa dessa influência, precisamos, de alguma forma, mensurar o acaso, a fim de que possamos descartá-lo como uma razão para nossas descobertas de pesquisa. Por exemplo, suponha que você frequente aulas de Pilates e observa que nenhum dos membros do seu grupo teve um resfriado ou gripe durante determinado inverno. Você pode concluir racionalmente que o Pilates tem algum efeito protetor contra vírus comuns. Como saber se todas as pessoas da sua turma não tiveram a sorte de evitar esses vírus comuns ao longo de todo o inverno? Como saber quão comum é a ocorrência de tais vírus no dia a dia? Por exemplo, talvez no bar ao lado um dos clientes regulares também tenha notado que nenhum dos seus companheiros de bar teve uma gripe ou um resfriado naquele inverno. Precisamos, então, levar em consideração toda a sorte de fatores ao tirar conclusões sobre nossas observações. Ocorre exatamente a mesma coisa para a pesquisa, da mesma forma que para os indícios casuais descritos nos exemplos acima. Uma das questões principais que você descobrirá ao longo deste livro é a importância de se levar em consideração as descobertas ao acaso e de se avaliar a probabilidade de que os resultados observados de uma pesquisa ocorreram devido ao acaso.

O PROCESSO DE PESQUISA

O que é pesquisa? Bem, vamos começar respondendo essa pergunta com outra pergunta: por que queremos realizar uma pesquisa? A razão pela qual nós, pesquisadores, queremos realizar uma pesquisa é porque desejamos responder a questões interessantes (pelo menos para nós) sobre o mundo. Por exemplo, "O fumo está relacionado ao câncer? Comer mirtilos protege contra o desenvolvimento de um câncer? Estratégias cognitivas simples aumentam a probabilidade de as pessoas comerem mirtilos? Pílulas de açúcar (placebos) fazem as pessoas se sentirem melhor?" Essas são perguntas de pesquisa, e nós, como pesquisadores, delineamos e levamos a cabo uma investigação para encontrar evidências que nos ajudem a responder a essas questões.

Derivando as hipóteses de pesquisa

Na Figura 1.1 você pode ver uma possível conceitualização do processo de pesquisa. Geralmente, um pesquisador tem alguma experiência em um campo em particular, como, por exemplo, pesquisas sobre a efetividade de uma intervenção em um resfriado comum ou sobre as possíveis causas de uma unha encravada. É provável que os investigadores tenham gastado um certo tempo para ler pesquisas previamente publicadas em uma área em particular. Para isso, pesquisaram por artigos em periódicos revisados pelos pares usando diversas bases de dados, como o *Pubmed*, a fim de identificar a pesquisa mais relevante e importante da área. O conhecimento de trabalhos prévios tem vários benefícios para os pesquisadores que planejam conduzir a sua própria investigação. Em primeiro lugar, eles podem ver como os outros trataram questões similares. Isso os poupa de reinventar a roda cada vez que têm uma pergunta interessante para responder. Em segundo lugar, quando os pesquisadores publicam seu trabalho, eles geralmente sinalizam futuros caminhos de investigação, e isso pode guiar novos pesquisadores na escolha das perguntas de pesquisa. Em terceiro lugar, o conhecimento das publicações prévias permite aos pesquisadores saber se estão ou não na direção de um beco sem saída ou se outros já responderam sua questão, o que pode economizar muito tempo e esforço na realização de um estudo que provavelmente não comprovará algo útil ou interessante. Não podemos deixar de enfatizar que, antes de conduzir sua própria pesquisa, é preciso saber o que os outros fizeram antes de você. Parafraseando um grande cientista (Isaac Newton): tenha certeza de estar apoiado nos ombros de gigantes; dessa forma você pode ver muito mais antes de iniciar sua própria jornada de pesquisa.

Um dos grandes benefícios de se conhecer as pesquisas anteriores na área é que elas lhe permitem fazer perguntas mais importantes e relevantes para si mesmo. Por exemplo, suponha que queiramos encorajar as pessoas a deixar de fumar. O conhecimento dos fatores que melhor preveem o abandono do hábito de fumar seria essencial para delinear uma intervenção de saúde efetiva. Devemos olhar para a efetividade dos adesivos, das intervenções psicológicas, como a hipnose, ou da atividade de promoção de saúde, como a propaganda na TV. Devemos olhar as evidências publicadas sobre efetividade de todas essas intervenções previamente usadas antes de delinearmos nossa própria intervenção. Além disso, devemos fazer uso de todo o conhecimento

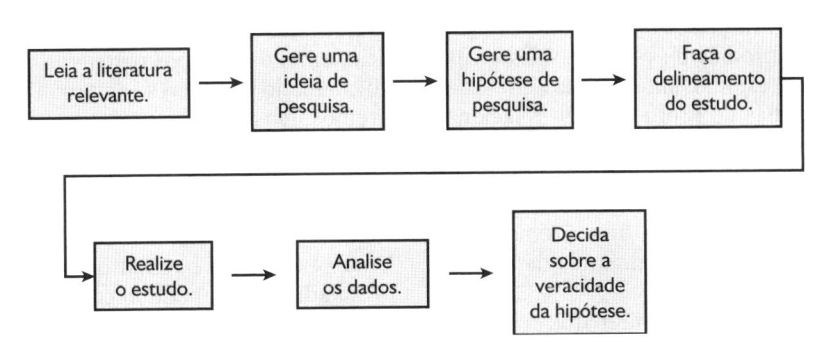

FIGURA 1.1

Representação esquemática do processo de pesquisa.

> **☑ ATIVIDADE 1.1**
>
> Observe bem a Figura 1.1 e veja se você pode pensar em problemas seguindo a forma sugerida para a condução de pesquisas (a resposta pode ser encontrada no final do livro).

especializado de pesquisa que temos para mensurar a sua eficácia. Somente com um estudo bem delineado poderemos dizer se nossa intervenção leva à diminuição do hábito de fumar.

A questão de pesquisa

Uma vez que esteja familiarizado com um tópico de seu interesse e totalmente informado do que já foi pesquisado e de quais teorias foram propostas para explicar as descobertas publicadas, você está pronto para as questões da pesquisa.

As questões de pesquisa podem ser formuladas de várias formas. Uma maneira útil de categorizá-las é que algumas perguntas que você elaborará irão focar nas diferenças entre grupos de indivíduos, e outras irão focar em como os conceitos podem estar relacionados entre si. Por exemplo, você pode fazer a seguinte pergunta: O tratamento X é útil para o tratamento do zumbido no ouvido? Nesse tipo de questão de pesquisa, queremos ver se os participantes do tratamento X têm poucos sintomas de zumbido no ouvido. Alternativamente, perguntamos se o grau de estresse experimentado pela pessoa está relacionado com a severidade dos sintomas de psoríase. Nesse tipo de questão, estamos interessados em saber se os sintomas de psoríase estão relacionados com o estresse que a pessoa está experienciando. Mais tarde, neste capítulo, nos depararemos com as diferentes formas de formular as questões e discutiremos com mais detalhes os delineamentos de pesquisa típicos.

Você precisa entender que a maneira como formulamos a questão de pesquisa tem um efeito dramático no seu delineamento e no tipo de análise estatística que podemos conduzir com os dados que coletamos. Por exemplo, se estamos interessados no relacionamento entre estresse e sintomas da psoríase, precisamos mensurar o estresse dos participantes (na forma de questionário) e também conseguir uma avaliação independente da severidade dos sintomas da psoríase. Podemos, então, executar algumas análises estatísticas para ver o quanto esses dois fatores podem estar relacionados entre si. De forma similar, se estamos interessados em verificar se um novo tratamento para zumbido no ouvido foi efetivo, aplicamos o tratamento a um grupo de participantes e comparamos esse grupo com outro, que não tenha feito o tratamento. Executamos, então, análises estatísticas que podem nos dizer se existem diferenças na severidade do zumbido no ouvido (tinido) entre os dois grupos. Você encontrará, neste livro, diferentes técnicas estatísticas para esses tipos de delineamento de pesquisa.

Os estudantes geralmente nos perguntam qual é o melhor teste estatístico para um determinado tópico de pesquisa. Nossa resposta inicial é pedir para pensar sobre a sua questão de pesquisa. Mas, mais especificamente, pediríamos para pensar sobre algo chamado de hipótese de pesquisa. Discutiremos isso a seguir.

A hipótese de pesquisa

Uma vez que você tenha questões de pesquisa adequadas, pode iniciar a formulação de hipóteses testáveis. Existe uma diferença sutil entre a questão de pesquisa e a hipótese de pesquisa. A pergunta pode ser um pouco vaga em sua natureza, como: existe uma ligação entre a personalidade e a capacidade de parar de fumar? Uma hipótese de pesquisa deve ser mais precisa. Portanto, precisamos identificar qual o aspecto da personalidade achamos que pode estar relacionado à habilidade de parar de fumar, ou seja, se existe um relacionamento entre a tendência à neurose e a habilidade de parar de fumar ou se participantes mais extrovertidos e com baixa tendência à neurose deixarão de fumar mais facilmente do que aqueles com alta tendência à neurose e pouco extrovertidos. É importante ser o mais preciso possível com a hipótese da pesquisa em investigações quantitativas, pois o tipo de hipótese determinará o delineamento de pesquisa a ser utilizado e as técnicas estatísticas apropriadas para a análise dos dados. Você sempre deve lembrar que, para analisar os dados, a hipótese deve ser testada. O teste de hipóteses será estudado com mais detalhes no Capítulo 4, mas, quando você estabelece com precisão a hipótese, é mais fácil decidir o delineamento da pesquisa e escolher adequadamente as técnicas estatísticas para testar as hipóteses.

CONCEITOS E VARIÁVEIS

Quando tentamos entender o mundo que nos rodeia, geralmente conceitualizamos o fenômeno de interesse. Por exemplo, podemos ter um *conceito* de "saúde", de "doença" ou de "tratamento", conceitos nos quais um cientista ou profissional da saúde pode estar interessado. Conceitos podem ser entendidos como o foco da nossa pesquisa. Podemos querer saber como um conceito tem relação com outro – por exemplo: como um tratamento em particular se relaciona com uma doença em particular. Conceitos podem ser abstratos, como o de "saúde", ou mais concretos, como o de "frequência cardíaca". Quando conduzimos uma pesquisa, precisamos *operacionalizar* esses conceitos em algo que possamos observar e mensurar.

Mensurados, eles passam a ser chamados de *variáveis*. Assim, as variáveis podem ser interpretadas como conceitos que foram mensurados de alguma forma. Elas são chamadas de variáveis simplesmente porque variam, isto é, assumem diferentes valores, dependendo da pessoa, situação ou tempo. Podemos operacionalizar o conceito de "saúde" pedindo para as pessoas avaliarem quão saudáveis elas se sentem em uma escala de 1 a 7, e o de "frequência cardíaca" usando um monitor de frequência cardíaca. No restante do livro, focaremos nas variáveis, mas é importante entender o relacionamento entre elas e os conceitos.

Quando conduzimos uma pesquisa, estamos interessados em variáveis, pois queremos tentar descobrir como e por que elas podem variar. Portanto, não estamos de fato interessados na pressão sanguínea, mas queremos entender o que a faz ser alta ou baixa e, talvez, achar meios de prevenir que isso aconteça. Para tentar identificar o motivo pelo qual as variáveis variam, precisamos olhar outras variáveis a fim de ver como elas podem mudar em relação a nossa variável-alvo. Por exemplo, podemos observar o consumo de sal para ver como ele está relacionado a pressão alta. Podemos, então, sugerir que a diminuição do consumo de sal pode baixar a pressão sanguínea.

Você deve ser capaz de perceber, da discussão levantada, que na ciência estamos interessados em variáveis e, mais especificamente, nos relacionamentos entre elas. Na maior parte das vezes, tentamos identificar relacionamentos causais entre variáveis. Devemos ter muito cuidado quando observamos que uma variável causa mudanças em outra. Por exemplo, se simplesmente mensuramos o consumo de sal e encontramos que ele parece estar relacionado a pressão sanguínea, não podemos concluir que o alto consumo de sal causa a alta na pressão sanguínea. Pode ser que a alta pressão sanguínea cause o alto consumo de sal. Pode ser, por exemplo, que, ao termos pressão alta, tenhamos vontade de comer mais alimentos salgados, e isso leve ao aumento do consumo de sal. Podemos observar a direção da relação causal entre essas duas variáveis preparando um *experimento* (veremos com mais detalhes os experimentos, mais adiante, neste capítulo). Podemos alterar deliberadamente o consumo de sal das pessoas em suas dietas e observar se isso acarretará em alguma mudança na pressão sanguínea. Alternativamente, podemos manipular a pressão sanguínea para ver se isso leva a aumento no consumo de sal. Desta forma, podemos estabelecer o relacionamento casual entre as duas variáveis.

Em alguns momentos, não é possível alterar as variáveis na condução de experimentos, pois não podemos manipular as variáveis em que estamos interessados. Por exemplo, não podemos manipular a idade das pessoas – elas têm a idade que têm, e não podemos mudar isso. Com frequência, também não é ético manipular as variáveis; por exemplo, não poderíamos queimar alguém para ver que efeito o ato tem em seu ritmo cardíaco. Em virtude de normas éticas, em geral simplesmente não queremos ou não podemos manipular a variável em que estamos interessados. Não iríamos, por exemplo, manipular a pressão sanguínea de uma pessoa devido ao dano que isso poderia causar. Em tais situações, iríamos simplesmente mensurar os níveis com que ocorrem naturalmente em tais variáveis e ver como podem estar relacionados a outras variáveis de interesse. Em tais estudos, estamos simplesmente observando e mensurando variáveis e, então, estabelecendo como elas podem estar relacionadas entre si. Esses estudos são chamados de *correlacionais*.

Quando focamos nas variáveis, percebemos que nem todas têm as mesmas características. Por exemplo, o sexo é uma variável (i.e., varia de uma pessoa para a outra). Esta é considerada uma *variável categórica*, porque os valores que pode assumir são categorias simples – neste caso, *homem* e *mulher*. Outros exemplos de variáveis categóricas são diagnósticos de doenças, já que uma pessoa pode ter distrofia muscular ou não. Ou você pode classificar os participantes de seu estudo como tendo síndrome generalizada de ansiedade, fobia social ou síndrome de pânico. Nesses casos, o diagnóstico é a variável. A categoria em que as pessoas estão colocadas varia em função dos sintomas apresentados. Outro tipo de variável pode ser o número real de sintomas que a pessoa tem. Por exemplo: se observarmos o critério para um diagnóstico da síndrome de fadiga crônica (SFC), existe um número bem grande de sintomas,[2] como:

- ✓ Fadiga severa;
- ✓ Dor muscular, dor nas juntas e fortes dores de cabeça;
- ✓ Memória de curto prazo e concentração fracas;
- ✓ Dificuldade de organizar seus pensamentos e de encontrar as palavras certas;
- ✓ Nó de linfa doloridos (pequenas glândulas do sistema imunológico);
- ✓ Dor estomacal e outros problemas similares à síndrome do intestino irritável, como gases, constipação, diarreia e náusea;
- ✓ Dor de garganta;
- ✓ Problemas de sono como insônia e distúrbio do sono;
- ✓ Sensibilidade ou intolerância à luz, ao barulho, ao álcool e a certos alimentos;
- ✓ Dificuldades psicológicas, como depressão, irritabilidade e ataques de pânico;
- ✓ Sintomas menos comuns, como vertigens, transpiração excessiva, problemas com equilíbrio e dificuldade em controlar a temperatura do corpo.

Pessoas com SFC irão apresentar um número variado desses sintomas em qualquer período de tempo, e, assim, a quantidade de sintomas da SFC pode ser uma variável de interesse na nossa pesquisa. Está claro que essa variável é diferente das variáveis categóricas descritas anteriormente porque estamos contando em vez de classificando. Sugerimos que essa variável seja chamada de *discreta*, pois estamos contando os sintomas e, portanto, os valores que a variável pode assumir, neste caso, são números inteiros, isto é, quantos sintomas a pessoa apresenta.

Outro tipo de variável é a que chamaremos de *contínua* – ela pode assumir qualquer valor da escala que estamos mensurando. Um bom exemplo pode ser o tempo de reação. Vamos supor que queiramos testar os efeitos de um novo tratamento para a febre do feno. Estamos preocupados que ela possa ter o efeito de diminuir o tempo de reação de uma pessoa. Queremos obter uma medida das respostas dos pacientes quando eles tomam a medicação e também quando não a tomam. Nesse estudo podemos pedir aos participantes que pressionem a tecla de resposta o mais rápido possível quando veem certa figura aparecer na tela do computador. Anotaremos, então, quanto tempo os participantes levaram para responder a tarefa antes e depois de ingerida a nova medicação. Com o computador, mensuramos o tempo entre a apresentação da figura e o instante da resposta. Geralmente, mensuramos o tempo de reação em milésimos de segundos. Porém, ele pode ser mensurado de forma ainda mais precisa se tivermos um equipamento adequado. Os tempos de resposta, nesse estudo, serão classificados como uma variável contínua.

É importante observar que existe uma diferença entre o conceito subjacente e a forma como o mensuramos. Pode ser que o conceito subjacente possa variar em uma escala contínua (p. ex., tempo), mas escolhamos mensurá-lo em uma escala discreta (p. ex., dias ou segundos) ou em uma escala categórica (AC e DC). Só porque mensuramos uma variável de certa forma, em particular, não significa que o conceito varia nessa escala de mensuração.

NÍVEIS DE MEDIDA

Os tipos de testes estatísticos que iremos realizar em nossa pesquisa dependem muito do tipo de variáveis que estamos mensurando. Normalmente, para determinar quais testes são os mais adequados, observamos o *nível de medida* que temos[3] – ele diz respeito a como mensuramos as variáveis que estamos interessados. Por exemplo, se estamos interessados no tempo de resposta, podemos classificar os participantes da seguinte forma: "como um raio", se a resposta a uma pergunta for mais rápida do que um segundo, ou "vagaroso", se a resposta for mais lenta do que um segundo. De forma alternativa, podemos solicitar a um juiz para avaliar, em uma escala de cinco pontos, quão rápida foram as respostas dos participantes (1 indicando extremamente lento, e 5, super-rápido). Poderíamos, também, utilizar um cronômetro para mensurar o tempo de resposta. O que queremos dizer é que, quando conduzimos uma pesquisa, precisamos tomar decisões sobre como mensurar os conceitos em que estamos interessados (lembre-se que isso se chama operacionalização). As decisões que tomamos podem ter um grande impacto nos tipos de ferramentas estatísticas que seremos capazes de usar para analisar os nossos dados, e isso se deve, principalmente, ao fato de termos ferramentas diferentes para diferentes níveis de medida.

O nível de medida mais baixo é chamado de escala *nominal*. Tais medidas são contagens de frequência dos participantes em uma categoria. Por exemplo, se estamos interessados nas diferenças de sexo no diagnóstico de autismo, contamos o número de homens e mulheres com o diagnóstico e comparamos os valores obtidos, podendo-se utilizar um teste como o do qui-quadrado (ver Cap. 9). A característica crucial dos dados de nível nominal é que não são apenas classificados como categorias – eles também não possuem ordem nas categorias, e você não pode dizer que uma categoria vale mais (ou menos) que outra (as variáveis são categóricas). Dessa forma, não poderíamos dizer que ser mulher é melhor ou pior, vale mais ou vale menos, do que ser homem. Estamos simplesmente contando quantos casos existem em cada categoria. Outro bom exemplo de uma variável de nível nominal é a religião. Não podemos dizer que ser cristão ou muçulmano vale mais ou vale menos na escala do que ser judeu ou hindu. Elas simplesmente são categorias diferentes.

O segundo nível de mensuração é a *escala ordinal*. Aqui temos algum tipo de ordem para as diferentes categorias na nossa escala. Um bom exemplo é a escala de avaliações que são geralmente usadas para mensurar as opiniões dos participantes sobre coisas. Assim, podemos estar interessados na avaliação dos pacientes sobre o departamento de acidentes e emergência (A&E), e sua opinião será dada em uma escala de cinco pontos, em que 1 é *uma desordem absoluta* e 5 é *absolutamente fabuloso*. Observe a escala de avaliação abaixo. Como você acha que o seu departamento de A&E é?

Uma desordem absoluta	Não muito bom	Nem bom nem ruim	Muito bom	Absolutamente fabuloso
1	2	3	4	5

Usando essa escala, podemos ver que alguém que avaliou o departamento A&E com um 5 o considera melhor do que alguém que lhe atribuiu nota 3 ou 4. Da mesma forma, alguém que avalia com um 1 pensa que o departamento é pior do que quem o avalia com um 2 ou 3. Portanto, existe alguma ordem de magnitude nos dados da avaliação mais baixa para a mais alta. O ponto importante a se observar é que não temos intervalos iguais entre pontos adjacentes na escala. Assim, não podemos dizer com confiança que a diferença entre 1 e 2 na escala seja a mesma entre 3 e 4. Isto é, a diferença entre *Uma desordem absoluta* e *Não muito bom* não é necessariamente a mesma que ocorre entre *Nem bom nem ruim* e *Muito bom*. Assim, embora exista uma ordem ente as categorias da escala, não temos intervalos iguais entre os escores adjacentes. Isso significa que muitos dos testes estatísticos que são discutidos neste livro não são apropriados para tais dados. Quando lidamos com dados de escalas ordinais, iremos usar o que chamamos de testes não paramétricos (p. ex., ver Cap. 4), embora, como sugerimos anteriormente, ainda exista alguma argumentação sobre isso.

O próximo nível de medida é aquele que envolve escalas *intervalares*. Nesse tipo de escala de medida, a diferença entre pontos adjacentes é igual. Isto é, existem intervalos iguais ao longo da escala. Talvez o melhor exemplo de uma escala intervalar seja aquela que usamos para medir a temperatura, como a Fahrenheit. Nesse caso, sabemos que a diferença entre 0° e 1° Fahrenheit é exatamente a mesma do que a diferença entre 11° e 12°, que é a mesma entre 99° e 100°. Uma vez que começamos a usar escalas de nível intervalar, temos uma escolha maior em termos de ferramentas estatísticas disponíveis para a análise de dados. Desde que certas suposições sejam satisfeitas, somos capazes de usar tanto os testes paramétricos quanto os não paramétricos (ver Cap. 4). Um dos problemas no uso de escalas de nível intervalar, como a da temperatura, é que elas não têm um zero fixo. Falando de forma realística, não temos um ponto absoluto em que a temperatura é zero (p. ex., o zero nas escalas Fahrenheit e Celsius não são iguais a ausência de temperatura); os pontos zero nas escalas que usamos para medir a temperatura são, de várias formas, pontos arbitrários (na escala Celsius, o zero reflete o ponto de congelamento da água e, na Fahrenheit, é ainda mais arbitrário). Por que não ter um zero fixo é importante? A resposta a essa pergunta é que, se não tivermos um zero fixo, não poderemos calcular razões usando a escala de medida. Portanto, não seríamos capazes de dizer que 10° é duas vezes mais quente do que 5° ou que 50° é a metade do calor de 100°. Quando você tem um zero fixo na escala, pode calcular tais razões. Um exemplo de uma escala que tem um zero fixo é o número de sintomas de uma doença. Quando alguém tem um escore zero nessa escala, não há absolutamente qualquer sintoma. Com essa escala, podemos dizer que alguém que tenha oito sintomas tem duas vezes mais sintomas que alguém que tenha quatro, e quatro vezes mais do que alguém que tenha somente dois sintomas. Portanto, elas nos permitem calcular tais razões. Não surpreendentemente, essas escalas são chamadas de nível de medida da *razão*.

Podemos visualizar os diferentes níveis de medida como segue:

✓ Nominal
✓ Ordinal
✓ Intervalar
✓ Razão

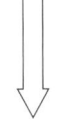

Níveis crescentes de medida

ATIVIDADE 1.2

Tente categorizar as seguintes variáveis quanto aos seus níveis de medida:

✓ Tipos de tarefas realizadas pelos funcionários em uma ala de cuidado intensivo;
✓ Avaliações para a satisfação no trabalho dos funcionários do A&E;
✓ Número de visitas de pacientes que receberam transplante de coração a um médico de família após a estadia em um hospital;
✓ Espaço de tempo para recobrar a consciência após uma anestesia geral;
✓ Número de obturações realizadas em crianças de escola primária;
✓ Temperaturas de crianças após receber 5 mL de ibuprofeno;
✓ Classificação étnica de pacientes.

TESTES DE HIPÓTESES

Uma vez estabelecida nossa hipótese de pesquisa, podemos seguir para o delineamento da pesquisa que a testa. Ao ter uma hipótese bem definida, ela influenciará o delineamento do estudo e quais testes estatísticos deverão ser utilizados para analisar os dados. Vejamos uma pergunta geral de pesquisa: o alto consumo de sal está ligado a pressão alta? Podemos conceber nossa hipótese de duas maneiras. Podemos dizer que as pessoas que apresentam um alto consumo de sal terão a pressão sanguínea mais alta do que aquelas que consomem menos. Estamos interessados, aqui, nas diferenças entre grupos de pessoas – aqueles que apresentam um alto consumo de sal comparados àqueles que apresentam um baixo consumo. Se estabelecemos o estudo desta maneira, usaremos uma técnica estatística que testa as diferenças entre grupos de pessoas (p. ex., o teste t ou o teste de Mann-Whitney – ver Cap. 7). Podemos estabelecer a hipótese de pesquisa de uma maneira levemente diferente. Podemos simplesmente afirmar que achamos que existe um relacionamento entre o consumo de sal e a pressão sanguínea, de forma que o aumento do consumo esteja associado com o aumento da pressão sanguínea. Nesse tipo de estudo, usamos técnicas estatísticas que mensuram os relacionamentos entre as variáveis (p. ex., o coeficiente de correlação de Pearson – ver Cap. 10). Nesses dois exemplos, estamos delineando estudos e executando análises estatísticas para testar hipóteses. As análises estatísticas nos ajudam a decidir se temos ou não suporte para a nossa hipótese.

PRÁTICA COM BASE EM EVIDÊNCIAS

O que é a prática com base em evidência? Bem, creio que é preciso fazer a seguinte pergunta: qual é o propósito da pesquisa científica? Uma resposta é que usamos a pesquisa científica para entender melhor o mundo. Se entendemos nosso mundo, então podemos agir mais adequadamente em resposta a um novo conhecimento. Por exemplo, se descobrirmos que melhorar o saneamento acarreta níveis mais baixos de infecções, então devemos assegurar que temos o nível mais alto possível de saneamento. Se descobrirmos que usar a vacina tríplice viral leva a um aumento na incidência de autismo, procuraremos por outras formas de vacinação contra o sarampo, a caxumba e a rubéola. As mudanças que fazemos em resposta à evidência da pesquisa constituem a prática com base em evidências (PBE). Portanto, como parece não haver uma ligação entre a vacina tríplice viral e o autismo, devemos nos voltar para o uso desse recurso, em vez de vacinações separadas para as três doenças, pois a última delas está associada a riscos mais altos de infecções e a dano a longo prazo em crianças. Esses são exemplos de PBE. Essencialmente, o etos da PBE é que observamos a evidência de pesquisa disponível e baseamos nossos planos, comportamentos e prática de acordo com essa evidência.

Há um requisito importante para empregar a PBE: você precisa entender o que constitui uma evidência. Geralmente, ela aparece quando conduzimos uma pesquisa científica e testamos hipóteses de pesquisa. Portanto, aprimorar o conhecimento de pesquisa elevará nossa habilidade para empregar a PBE.

DELINEAMENTOS DE PESQUISA

Nesta seção, queremos introduzir algumas formas com que os pesquisadores projetam e conduzem suas pesquisas. Iremos cobrir delineamentos experimentais e correlacionais, assim como delineamentos de caso único. Em nossa pesquisa, podemos estar interessados nas diferenças entre condições, como, por exemplo, a diferença na pressão sanguínea entre dois grupos de pacientes hipertensos, um que não utiliza sal e um que utiliza pouco. De forma alternativa, pode-se focar nos relacionamentos entre as variáveis, como o relacionamento entre ansiedade/estresse e tempos de espera em um centro de A&E. Vamos inicialmente ver as diferenças entre grupos.

Procurando por diferenças

Muitas vezes, na pesquisa de saúde, estamos interessados nas diferenças entre as médias de grupos distintos. Podemos, por exemplo, estar interessados na diferença entre um grupo que experimenta um novo tratamento no restabelecimento da septicemia e outro que segue um tratamento padrão. Podemos comparar a duração de tempo que os participantes levam para se restabelecer da doença em cada um dos grupos. Outro exemplo de procura por diferenças seria comparar o mesmo grupo de pacientes sob duas condições distintas. Por exemplo, podemos buscar possibilidades de aprimoramento das habilidades de deambulação hospitalar de pacientes com danos cerebrais treinando-os com uma ferramenta de realidade virtual (RV). Nesse tipo de estudo, devemos avaliar a habilidade de orientação antes e depois do treinamento por meio da nova ferramenta. Se experimentássemos esse tipo de pesquisa conforme o primeiro exemplo, teríamos o que chamamos de delineamento *entre grupos* ou *entre participantes*. Se conduzirmos a pesquisa do segundo exemplo, teríamos, então, o delineamento *dentre grupos* ou *dentre participantes*.

Delineamentos entre grupos

A característica-chave do delineamento entre grupos é que você tem participantes diferentes em cada condição que está sendo comparada. Por "condição" nos referimos às condições nas quais as pessoas participam na pesquisa. Em um delineamento entre grupos, tais condições serão diferentes para cada grupo de participantes no estudo. A beleza desse tipo de estudo sob a perspectiva da análise estatística é que cada grupo é independente, isto é, uma pessoa em um grupo não pode influenciar os resultados de alguém em outro grupo. As observações nas variáveis que estamos interessados são completamente independentes umas das outras. A maioria dos testes estatísticos que usamos supõe que os escores dos participantes são independentes uns dos outros. Quando temos dois grupos separados de participantes, como neste caso, o delineamento é, às vezes, chamado de *delineamentos de grupos independentes*, para enfatizar o fato de que os dados de cada grupo são independentes uns dos outros.

Ensaio controlado aleatorizado – ECA

Um exemplo clássico do delineamento entre grupos é o *ensaio aleatorizado controlado*. Vamos olhar para o primeiro exemplo apresentado anteriormente: a diferença entre os tempos de restabelecimento da septicemia entre um grupo que recebeu um novo tratamento e um que recebeu placebo. Neste estudo, determinaríamos aleatoriamente os participantes para cada um desses grupos. Daríamos, então, o tratamento aos pacientes (ou o novo tratamento ou o placebo) e compararíamos as amostras quanto ao tempo de restabelecimento. Existem algumas características importantes nesse tipo de delineamento que o tornam o padrão-ouro para a pesquisa em ciências da saúde (discutiremos isso com mais detalhes no Cap. 14). Em primeiro lugar, é preciso alocar aleatoriamente os pacientes às várias condições em tal delineamento.

Utilizando esse processo, quando encontrarmos um paciente que esteja disposto a fazer parte do estudo, utilizaremos uma tabela de números aleatórios ou jogaremos uma moeda para decidir se ele estará no grupo do novo tratamento ou no do tratamento-padrão (com placebo). Tais delineamentos de pesquisa são também chamados de *delineamentos experimentais*, em que o pesquisador manipula uma variável chamada de *variável independente* para verificar a existência de um efeito em outra variável, chamada de *variável dependente*. No nosso exemplo, o grupo de tratamento é a variável sendo manipulada: decidimos dar a um deles o novo tratamento e ao outro um tratamento com placebo. Nós manipulamos o tipo de tratamento que cada grupo de participantes recebe, e esta é, portanto, a variável independente. Também nesse exemplo queremos verificar se existe uma diferença entre o novo tratamento e o placebo nos tempos de restabelecimento da septicemia; o tempo de restabelecimento é, portanto, a variável dependente. Os estudantes que aprendem sobre delineamentos experimentais geralmente têm dificuldade em saber quais variáveis são independentes e dependentes; portanto, vale a pena fazer um esforço para entendê-las.

Em um delineamento experimental, é importante que os participantes sejam alocados aleatoriamente para as diversas condições da variável independente. A razão para essa alocação aleatória dos participantes é que ela reduz o risco de existência de diferenças sistemáticas entre os dois grupos de tratamento, o que pode acabar comprometendo as conclusões que você pode extrair do seu estudo. Suponha, por exemplo, que aloquemos na condição do novo tratamento os primeiros pacientes a se voluntariar para o estudo e, então, todos os demais para a condição do tratamento-padrão. Poderia ser que os primeiros voluntários fossem os casos mais urgentes, e, portanto, poderíamos ter tempos de recuperação mais longos do que os casos menos urgentes. Se usarmos um processo não aleatório de alocação de participantes aos grupos e encontrarmos uma diferença entre os tempos de recuperação, não saberíamos se a diferença resultou do tratamento ou da gravidade da doença. Teríamos introduzido uma *variável de confundimento* no estudo.

Variáveis de confundimento são variáveis que não são importantes para o estudo, mas que podem ser responsáveis pelo efeito em que se está interessado. Sempre que você permitir variáveis de confundimento nos seus delineamentos do estudo, menor será a capacidade de tirar conclusões sólidas sobre as diferenças entre as condições do tratamento. A alocação aleatória ajuda a prevenir potenciais variáveis de confundimento; em caso de não alocarmos aleatoriamente os participantes às condições, precisaremos estar muito atentos ao crescente problema de potenciais confundimentos.

Você poderia questionar o porquê de os pesquisadores não realizarem a alocação aleatória dos participantes às condições, já que ela é uma boa proteção contra confundimentos. Bem, é frequente a situação quando desejamos comparar grupos de pessoas que não podem ser alocadas aleatoriamente. Por exemplo: queremos descobrir se existe uma diferença no número de problemas nas costas em enfermeiros homens e mulheres. Não podemos alocar os participantes aleatoriamente aos nossos grupos-alvo porque eles são ou homens ou mulheres. Temos que estar atentos, uma vez que existem mais potenciais confundimentos com esse tipo de estudo. Quando você investiga diferenças entre grupos íntegros, como homens e mulheres ou indivíduos diagnosticados com uma doença comparados àqueles sem diagnósticos, diz-se que você está empreendendo uma pesquisa *quase-experimental*. Ela não é bem um delineamento experimental pois você não foi capaz de alocar aleatoriamente seus participantes às condições de seu interesse.

ATIVIDADE 1.3

Tente identificar as variáveis independentes e dependentes nos seguintes exemplos de estudo:

- ✓ Examinar a diferença entre o paracetamol e a aspirina no alívio da dor experimentada por pessoas que sofrem de enxaqueca.
- ✓ Examinar os efeitos que médicos causam em pacientes ao fornecerem informações completas sobre um procedimento cirúrgico (em vez de informações mínimas) antes e após a cirurgia e na hora da alta.
- ✓ Examinar se há efeito quanto a diferença entre alas com e sem enfermeiras-chefe na satisfação dos pacientes.
- ✓ Examinar o entendimento do exame de clamídia em cirurgias de médicos de família com e sem panfletos informativos.

Delineamento intragrupos

Às vezes, podemos não estar necessariamente interessados em fazer a comparação entre grupos diferentes, mas entre um grupo de pessoas com um número diferente de tarefas, ou, ainda, comparar um mesmo grupo de pessoas em diferentes ocasiões. Queremos saber, por exemplo, se pacientes com Alzheimer têm maior perda de memória quando enfrentam novas situações do que quando estão em casa; ou podemos nos interessar em comparar a capacidade da memória de curto prazo desses indivíduos de um ano para o outro. Tais delineamentos são chamados de delineamentos *intragrupos* ou *intraparticiapantes*. Um dos problemas com os delineamentos entre grupos é que você tem diferentes grupos de pessoas em cada uma das suas condições. Isso significa que seus grupos podem, por acaso, ser diferentes em alguma variável importante, o que diminui a sua capacidade de extrair influências causais sobre como as variáveis estão relacionadas entre si. Lembre-se: sugerimos que a alocação aleatória de participantes às condições é a melhor maneira de limitar o impacto nesse tipo de problema. Outra forma de limitar o problema é por meio do uso de delineamentos intragrupos. Nestes delineamentos você tem o mesmo grupo de pessoas sendo mensurado em múltiplas ocasiões ou sob múltiplas condições. Isso significa que você não obtém diferenças entre grupos como um resultado de diferenças individuais; uma vez que cada participante é efetivamente comparado consigo mesmo, eles agem como seu próprio controle. Outra característica positiva do uso de delineamentos intragrupos é que, devido ao fato de você necessitar de somente um grupo de participantes, é preciso recrutar poucos sujeitos para seu estudo. Imagine que você tenha um estudo em que queira analisar se um novo tratamento para enxaqueca é mais efetivo do que o ibuprofeno. Você poderia recrutar 40 portadores de enxaqueca e alocá-los aleatoriamente tanto ao novo tratamento quanto ao grupo do ibuprofeno e, então, compará-los para ver quais sentiram maior alívio da dor. De forma alternativa, você poderia recrutar um grupo de 20 participantes que, na primeira vez que apresentassem um quadro de enxaqueca, receberiam um dos tratamentos e, na segunda vez, receberiam o outro; e em cada uma das ocasiões, você registraria quanto alívio da dor eles sentiram. Pode-se

[Leia a literatura relevante.] → [Medida do alívio da dor] → [Ibuprofeno] → [Medida do alívio da dor]

FIGURA 1.2

Ordem de eventos para o estudo intragrupos do alívio da dor.

perceber que você precisa de somente metade do número de pessoas para o delineamento intragrupos em comparação a um delineamento equivalente entre grupos.

Um dos problemas com esse arranjo das condições é que todos os participantes recebem os tratamentos na mesma ordem. Por causa disso, não sabemos se pode haver algum viés na maneira como relatam suas experiências de alívio da dor. Ou talvez alguns participantes desistam e não completem o segundo estágio do estudo. Se esse for o caso, então os participantes que desistiram seriam todos da condição ibuprofeno, e isso levaria a um estudo menos sensitivo. Uma forma de contornar tais problemas no delineamento intragrupos é utilizando o *balanceamento*. Em um estudo contrabalanceado, metade dos participantes receberia os tratamentos indicados na Figura 1.2, e os demais receberiam o ibuprofeno seguido por um novo tratamento, como apresentado na Figura 1.3.

No estudo contrabalanceado, se existir um viés, ele estará distribuído igualmente entre o novo tratamento e a condição ibuprofeno. Se os participantes desistirem do estudo, então é bem provável que o façam igualmente sobre as duas condições de alívio da dor.

Delineamentos correlacionais

Na pesquisa, com frequência, não estamos interessados em procurar por diferenças entre grupos, mas, mais propriamente, em como uma variável pode se alterar à medida que outra muda. Parece ser o caso no exemplo de que, à medida que aumenta-se a riqueza de uma sociedade, o peso dos cidadãos aumenta. Portanto, muitas sociedades ocidentais vêm experimentando um aumento dramático nas taxas de pessoas que estão acima do peso. Outro exemplo é que, à medida que aumenta o número de cigarros fumados por uma pessoa, a sua expectativa de vida diminui. O que estamos tratando aqui são *relacionamentos* entre variáveis. Queremos saber como uma variável se altera em relação a outra. Em tais delineamentos de pesquisa, simplesmente avaliamos as variáveis que estamos interessados e, então, vamos ver como elas variam entre si. Tais delineamentos são chamados de *delineamentos correlacionais*. Podemos usar técnicas estatísticas, como o coeficiente de correlação de Pearson ou o rô de Spearman, para nos dar uma medida de quão forte é a relação (ou correlação) entre duas variáveis. Cobrimos esse tipo de delineamento e análise no Ca-

[Metade dos participantes] → [Novo tratamento] → [Medida do alívio da dor] → [Ibuprofeno] → [Medida do alívio da dor]

[Metade dos participantes] → [Ibuprofeno] → [Medida do alívio da dor] → [Novo tratamento] → [Medida do alívio da dor]

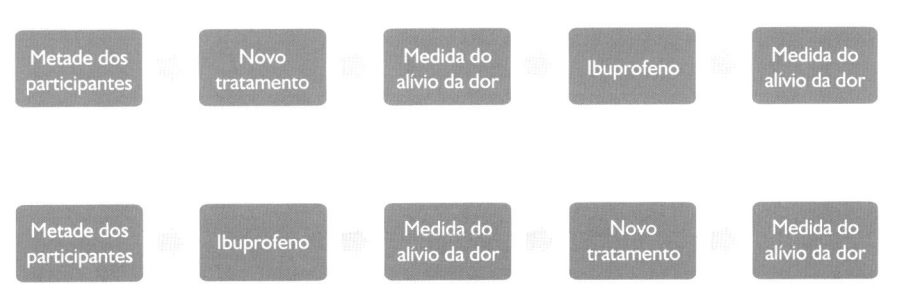

FIGURA 1.3

Uma ilustração da ordem das condições em um estudo contrabalanceado.

pítulo 10. Uma maneira útil de representar o relacionamento entre duas variáveis é traçar um diagrama de dispersão (ver Cap. 10 para mais desses diagramas). Apresentamos dois exemplos na Figura 1.4 (esses gráficos foram gerados utilizando-se de dados hipotéticos).

Na Figura 1.4(a) pode-se ver que, à medida que a renda anual aumenta (ou seja, quando você se move para a direita no eixo *x*), existe uma tendência para o aumento de percentual de pessoas classificadas como acima do peso. Os pontos nos agrupamentos do gráfico estão em torno de uma linha imaginária traçada do canto inferior esquerdo para o canto superior direito do gráfico.

Chamamos esse padrão de descobertas de relacionamento positivo. Em um relacionamento positivo entre duas variáveis, uma aumenta à medida que a outra também aumenta. Na Figura 1.4(b), entretanto, percebe-se que, quanto maior o número de cigarros fumados por dia, menor a expectativa de vida. Os pontos nos gráficos parecem se agrupar em volta de uma linha imaginária que vai do canto superior esquerdo para o canto inferior direito do gráfico. Chamamos de relacionamento negativo esse padrão de resultados. Em tais relacionamentos, à medida que uma variável aumenta, a outra diminui.

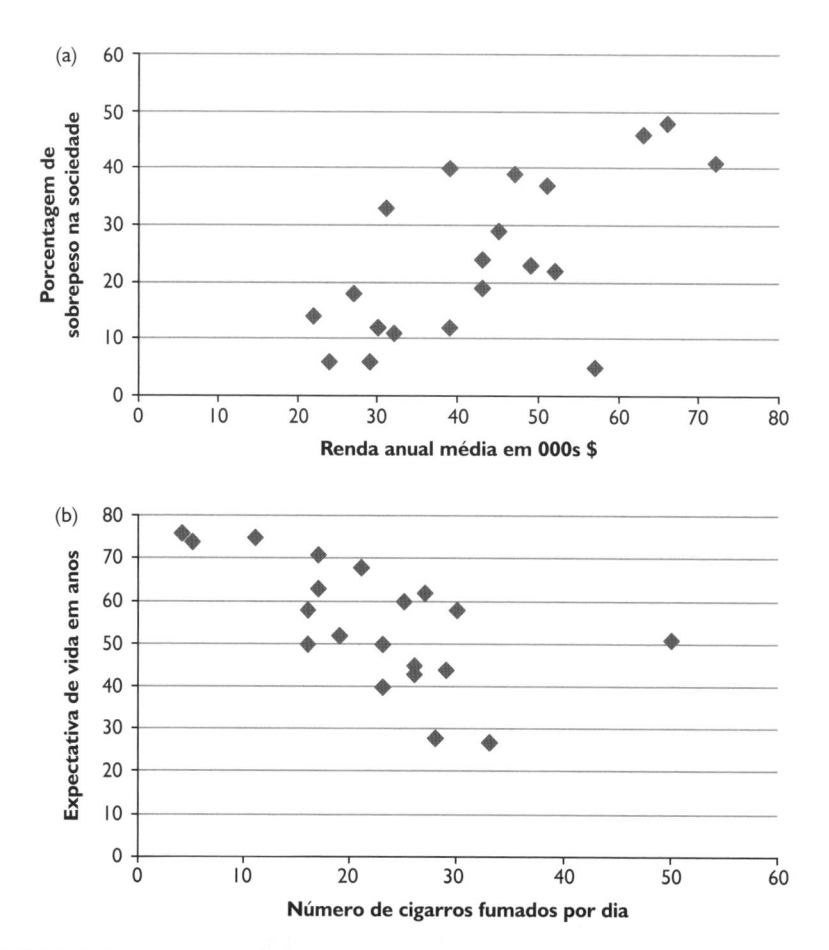

FIGURA 1.4

Diagramas de dispersão mostrando: (a) a relação entre a renda anual e o percentual de pessoas acima do peso e (b) a relação entre o número de cigarros fumados por dia e a expectativa de vida.

> **ATIVIDADE 1.4**
>
> Descreva um estudo que usa um delineamento experimental observando a ligação entre níveis de exercício na infância e sintomas do transtorno de déficit de atenção/hiperatividade (TDAH) (se você estiver inseguro sobre isso, por favor, veja novamente a seção "Ensaio Aleatorizado Controlado"). Depois, planeje um estudo que use um delineamento quase-experimental (por favor, tenha em mente a diferença entre delineamentos experimentais e quase-esperimentais). Por fim, faça a mesma coisa novamente, mas use um delineamento correlacional (lembre que, quando estamos fazendo uma pesquisa correlacional, simplesmente mensuramos as variáveis de interesse e, então, vemos como elas estão relacionadas entre si).

Causação

Na pesquisa, com frequência queremos saber o que causa a mudança de uma variável de interesse. Queremos, por exemplo, descobrir o que causou o aumento de casos de asma na última década ou se um aumento na dose de uma droga causa a diminuição nos sintomas de uma doença em particular. Se estivermos interessados nesses relacionamentos causais, executaremos estudos experimentais. Em um estudo experimental, manipulamos uma variável chamada de *variável independente* (VI) e analisamos que efeito essa manipulação tem sobre outra, chamada de *variável dependente* (VD). Nesse estudo, poderemos ver qual efeito causal uma mudança na VI tem na VD. Assim, podemos manipular a dose de uma droga para ver que efeito ela tem nos sintomas da doença. Quando nos afastamos desses delineamentos experimentais, somos menos capazes de tirar conclusões causais. Suponha que estamos interessados na diferença entre pessoas que fraturaram seus braços e aquelas que fraturaram suas pernas e sua participação em sessões de fisioterapia. Se acharmos que as pessoas que quebraram suas pernas têm uma probabilidade menor de fazer fisioterapia, não poderemos dizer que esse tipo de fratura causou diferença na execução da fisioterapia. Pode ser que certos tipos de pessoas (p. ex., homens) tenham maior probabilidade de fraturar as pernas, sendo a variável sexo a responsável pela não execução da fisioterapia. Quando temos delineamentos quase-esperimentais como esse, maior é a possibilidade de surgirem variáveis de confundimento.

Se verificarmos os delineamentos correlacionais, é também muito difícil determinar a direção causal do relacionamento entre as variáveis. Suponha-se que descobrimos a existência de uma correlação positiva entre o consumo de álcool e a pressão sanguínea. Qual dessas variáveis causou uma mudança na outra? Pode ser que consumir altos níveis de álcool cause um aumento na pressão sanguínea, ou talvez seja igualmente plausível que indivíduos hipertensos se automediquem bebendo mais. A direção causal do relacionamento entre essas duas variáveis não fica clara. Retornaremos a esse assunto nos Capítulos 5 e 10.

> **Resumo**
>
> Apresentamos, até aqui, muitos dos conceitos básicos do delineamento de pesquisa. Armados com o conhecimento desses conceitos, as técnicas estatísticas que cobriremos no restante do livro devem fazer mais sentido. Além disso, as pesquisas que você lê em periódicos também ficarão mais claras. Ademais, você será capaz de examinar com cautela as afirmações que as pessoas fazem sobre relacionamentos causais entre as variáveis que estão investigando.

QUESTÕES DE MÚLTIPLA ESCOLHA

1. Qual é a diferença entre uma questão de pesquisa e uma hipótese de pesquisa?

    a) Geralmente as questões de pesquisa são mais precisas do que as hipóteses.
    b) Geralmente as questões de pesquisa são mais vagas do que as hipóteses.

c) Geralmente as questões de pesquisa são exatamente as mesmas que as hipóteses.
d) Nenhuma das alternativas anteriores.

2. Quais são os benefícios do conhecimento de pesquisas anteriores em um campo particular de interesse?

   a) Podemos ver como os outros lidaram com problemas similares de pesquisa.
   b) Podemos ver o que outros pesquisadores sugeriram.
   c) Poupa-nos de empreender uma pesquisa que pode ser supérflua.
   d) Todas as alternativas anteriores.

3. De acordo com a descrição do processo de pesquisa apresentado neste capítulo, como decidimos se existe uma sustentação para uma determinada hipótese de pesquisa?

   a) Baseamos-nos em uma pesquisa prévia para testar uma nova hipótese de pesquisa.
   b) Precisamos entrevistar outros pesquisadores para ver se concordam com a hipótese.
   c) Delineamos um estudo e, então, coletamos e analisamos os dados para testar a hipótese.
   d) Verificamos se a hipótese de pesquisa faz sentido.

4. Qual das seguintes alternativas constitui o foco principal de interesse ao se realizar uma pesquisa quantitativa?

   a) Os detalhes demográficos dos participantes.
   b) O questionário utilizado.
   c) A publicação da pesquisa.
   d) As variáveis.

5. Qual das seguintes alternativas pode ser considerada como uma escala de razão?

   a) Ocupação dos participantes.
   b) Tempo necessário para completar o programa de fisioterapia.
   c) Avaliações de satisfação, em uma escala de cinco pontos, realizadas com pacientes externos.
   d) Nenhuma das alternativas anteriores.

6. Por que as escalas de temperatura não podem ser classificadas como escalas de razão?

   a) Elas são muito complicadas.
   b) Elas contêm intervalos arbitrários entre valores adjacentes nas escalas.
   c) Existem muitas escalas para medidas consistentes.
   d) Elas não têm um valor zero fixo/absoluto.

7. No método descrito neste capítulo, qual das seguintes alternativas representa a forma correta de ordenar níveis de mensuração?

   a) Nominal, ordinal, intervalar, razão.
   b) Ordinal, razão, intervalar, nominal.
   c) Razão, ordinal, intervalar, nominal.
   d) Intervalar, nominal, ordinal, razão.

8. Qual é a característica marcante de dados de nível intervalar?

   a) Você pode colocar as categorias disponíveis em ordem de magnitude.
   b) Você tem um zero fixo.
   c) Você tem categorias que não podem ser ordenadas de uma maneira significativa.
   d) Você tem intervalos iguais entre pontos adjacentes na escala.

9. Delineamentos correlacionais informam sobre:

   a) Diferenças entre condições.
   b) Relacionamentos causais entre variáveis.
   c) Relacionamentos entre variáveis.
   d) Nenhuma das alternativas anteriores.

10. O que é um quase-experimento?

    a) Um estudo em que você simplesmente mensura o relacionamento entre duas variáveis.

b) Um estudo em que você está interessado na diferença entre grupos íntegros.
c) Um estudo em que você aloca aleatoriamente os participantes para as condições experimentais.
d) Um estudo realizado por "quase pesquisadores".

11. Em um EAC, como você deveria alocar seus participantes nas condições experimentais?

a) Aleatoriamente.
b) Igualando os participantes em cada condição, tomando como base variáveis demográficas como idade.
c) Colocando os primeiros voluntários em uma condição e todos os restantes em outra.
d) Todas as alternativas são maneiras apropriadas de alocar participantes às condições.

12. Por que as variáveis de confundimento são um problema na pesquisa?

a) Elas são de difícil resposta para os participantes.
b) Elas tornam os questionários muito longos para que os participantes os completem.
c) Elas levam a um alto desgaste para os estudos.
d) Elas tornam difíceis as conclusões sobre os relacionamentos entre as variáveis principais do estudo.

13. Em qual dos seguintes delineamentos é menos provável que você tenha um problema com as variáveis de confundimento?

a) Delineamentos experimentais.
b) Delineamentos quase-experimentais.
c) Delineamentos correlacionais.
d) Alternativas (a) e (b).

14. Em qual dos seguintes delineamentos estão mais bem estabelecidas as ligações entre variáveis?

a) Delineamentos experimentais.
b) Delineamentos quase-experimentais.
c) Delineamentos correlacionais.
d) Alternativas (a) e (b).

15. Observe o seguinte diagrama de dispersão. O que você pode concluir sobre o relacionamento entre as duas variáveis?

a) Existe um relacionamento negativo entre os minutos gastos com pacientes e a ingestão de analgésicos.
b) Não existe um relacionamento entre as duas variáveis.

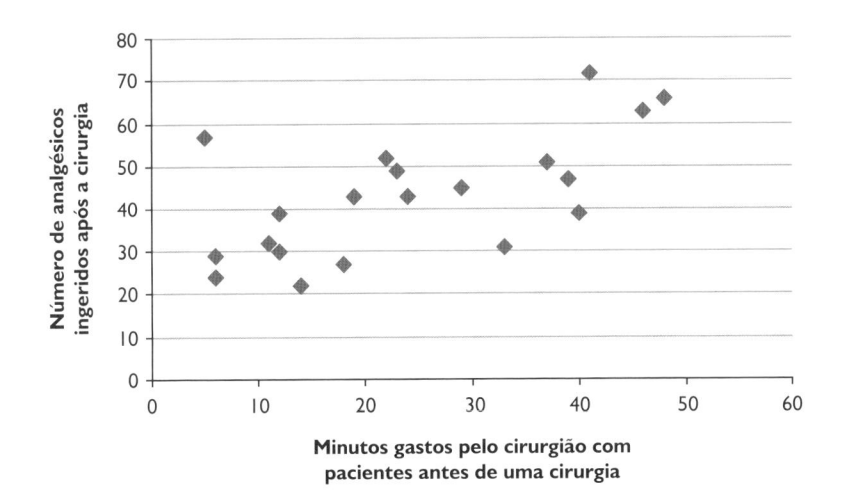

c) Existe um relacionamento positivo entre minutos gastos com pacientes e a ingestão de analgésicos.
d) Nenhuma conclusão pode ser retirada deste diagrama de dispersão.

NOTAS

1. Ben Goldacre escreve uma coluna para o *The Guardian* chamada "Bad Science" (ciência ruim), em que avalia criticamente muitas das afirmações feitas sobre saúde na mídia. É realmente uma boa leitura, assim como o seu livro de mesmo nome.
2. Extraído das páginas da rede de NHS Chronic Fatigue (HTTP://www.nhs.uk/Conditions/hronic-tatigue-syndrome/Pages/Symptoms.aspx).
3. Existe algum debate sobre a importância dos níveis de medida na escolha dos testes estatísticos. Entretanto, achamos que é instrutivo discutir isto aqui pois eles fornecem um suporte útil para o entendimento de diferentes tipos de variáveis que tratamos na pesquisa de ciência da saúde

2
Análise com auxílio do computador

Panorama do capítulo

Neste capítulo, apresentaremos três pacotes estatísticos amplamente utilizados, chamados de SPSS, R e SAS®. Para cada um deles, iremos:

✓ Fornecer um panorama da interface;
✓ Descrever como os dados são configurados;
✓ Fornecer exemplos de como os dados podem ser analisados;
✓ Fornecer *links* para o *site* associado quando apropriado.

Dos muitos pacotes estatísticos no mercado, por que escolhemos esses três? Escolhemos o SPSS por ser um dos pacotes estatísticos mais utilizados e possuir um sistema de menus baseado no Windows, o que torna mais fácil, para um iniciante em estatística, executar análises apenas com instruções de apontar e clicar. Incluímos instruções para SAS, no *site* associado, por este ser um pacote estatístico muito popular nas ciências da saúde. Entretanto, ele é um pouco mais complicado, pois as análises são configuradas e executadas com o uso de miniprogramas. Isso pode parecer intimidante neste estágio, mas é bem objetivo. Pensamos, também, que seria útil incluir algumas instruções relacionadas ao R, por ser um sistema relativamente novo e em crescente popularidade, sem custo para o usuário, e que fornece excelentes saídas gráficas. Este pacote é executado por linhas de comando; portanto, você deve aprender os comandos para executar cada análise em particular.

Neste capítulo, forneceremos instruções para cada um desses pacotes de *software* e, no restante do livro, serão fornecidas orientações para a execução das análises somente com o SPSS. Fornecemos instruções extras com relação ao SAS e R no *site* associado.

VISÃO GERAL DOS TRÊS PACOTES ESTATÍSTICOS

O SPSS, SAS e R são bem diferentes na maneira de se relacionar com o usuário. O relacionamento com o SPSS pode ser efetuado apontando e clicando nos menus e caixas de diálogos. O SAS é executado com listas de coisas a serem feitas na forma de um programa, enquanto o R prefere comandos ou ordens mais diretas à medida que você interage. Entretanto, o que realmente precisa ser lembrado em qualquer um desses pacotes de *software* é que você está no comando... você diz a eles o que fazer, e eles não irão fazer nada além do que disser. Mas, como ocorre com a maioria dos programas de computador, é preciso dizer exatamente o que fazer (não se pode ser vago – pacotes estatísticos não gostam que sejamos vagos, eles gostam de saber exatamente o que queremos deles). O que isto significa é que temos que ser claros quanto ao que queremos e ter certeza de dizer isso ao *software*.

Gostamos de pensar que o SPSS é como um robô que você tem que gerenciar com um controle remoto, enquanto o SAS é um pouco parecido com o pessoal da IKEA que produz instruções para a montagem de um móvel (e inicialmente o SAS pode parecer tão complicado quanto isso); o R, por fim, é mais parecido com a sua sogra vociferando ordens individuais para você (ver Fig. 2.1). Com a prática, esses pacotes se tornarão bastante simples de usar, e, da mesma forma que acontece com qualquer habilidade, quanto mais você praticar, mais fácil ela se tornará. Essa é a razão pela qual providenciamos muitos exercícios práticos em cada capítulo.

Para ilustrar novamente as diferenças entre os pacotes, descrevemos a seguir como executar uma simples análise em alguns dados. Neste estágio, não se preocupe em tentar entender o que estamos solicitando que o *software* faça, simplesmente concentre-se nas diferentes maneiras com que solicitamos o que se deve fazer.

Se quisermos gerar diagramas de dispersão que ilustram graficamente o relacionamento entre duas variáveis (ver Cap. 1 e 10), no SPSS selecionaremos *Graphs* (Gráficos), logo após o item *Legacy Dialogs* (Caixa de diálogos Legacy) e, em seguida, os itens do menu *Scatter/Dot* (Dispersão/Ponto), o que produzirá uma caixa de diálogo (Captura de tela 2.1).

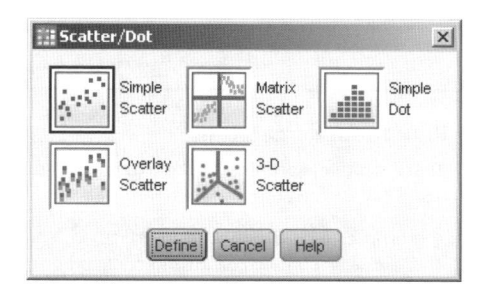

CAPTURA DE TELA 2.1

FIGURA 2.1

Comparação dos três pacotes estatísticos.

Clicaremos na opção *Simple Scatter* (Dispersão simples) e obteremos outra caixa de diálogos (Captura de tela 2.2).

Iremos mover as duas variáveis entre os espaços convenientes e clicaremos em *OK*, o que nos dará o diagrama de dispersão (Captura de tela 2.3).

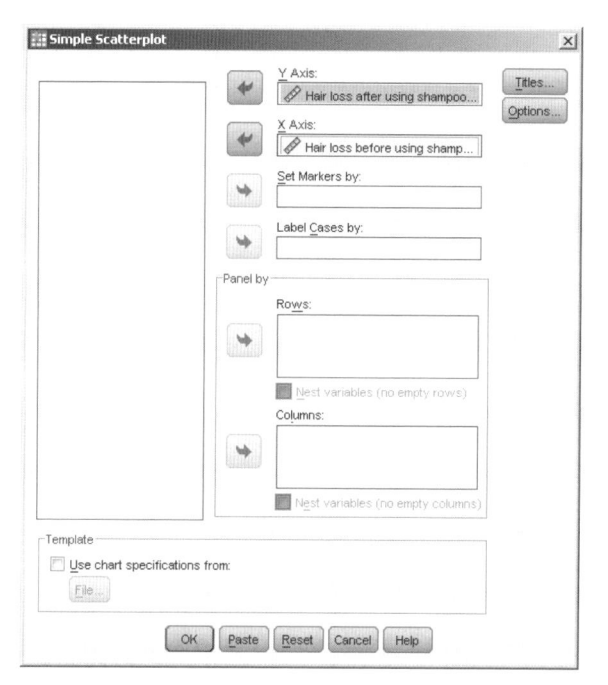

CAPTURA DE TELA 2.2

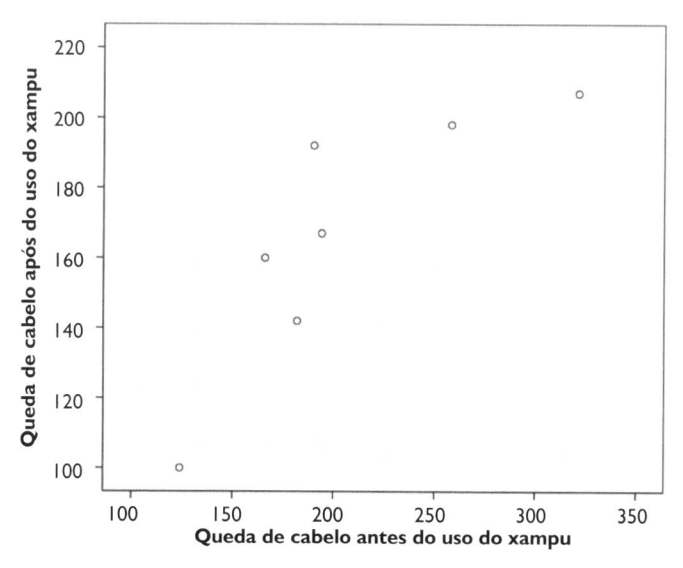

CAPTURA DE TELA 2.3

Se quisermos executar a mesma análise no SAS, precisamos executar um programa como o que se segue:

data working;
set Data_lib.Hairloss;
Proc gplot;
plot After*Before;
run;

Isso nos daria o gráfico exibido na Figura 2.2.

Para a execução da mesma análise no R, usaríamos os seguintes comandos:

plot(Before, After, main="Scatterplot Example")

O que nos dará a saída exibida na Figura 2.3.

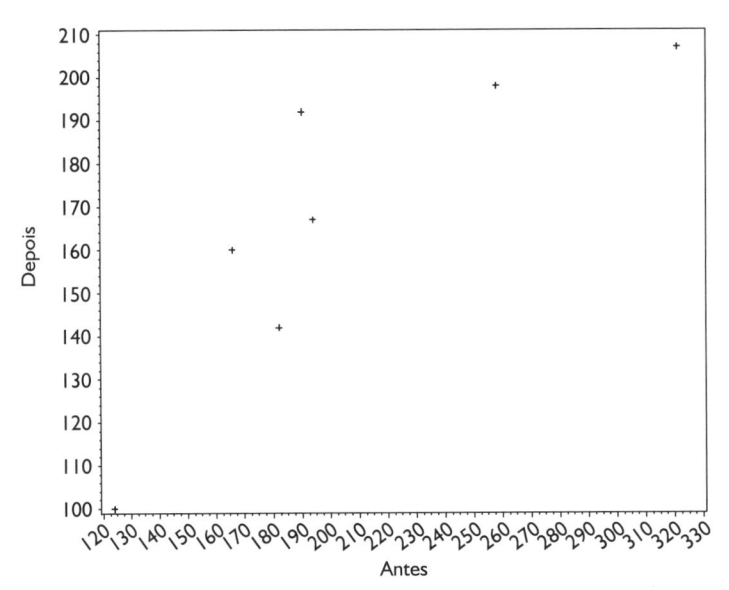

FIGURA 2.2

Diagrama de dispersão gerado pelo SAS.

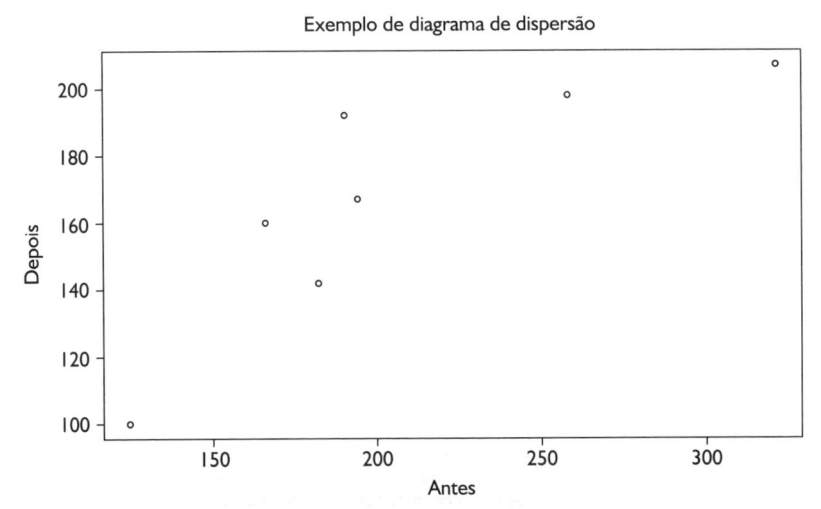

FIGURA 2.3

Diagrama de dispersão gerado pelo R.

É possível perceber nesses exemplos que SAS e R são muito similares quanto ao que esperam de você. É preciso aprender e entender a estrutura dos comandos que estão sendo digitados, porém, uma vez que feito isso, torna-se relativamente rápido realizar a análise. Além disso, é muito fácil modificar os comandos para analisar variáveis diferentes – basta mudar os nomes das variáveis nos programas/comandos. Entretanto, no SPSS, você mesmo deverá fazer isso, clicando nos menus para executar análises similares em diferentes variáveis.[1]

INTRODUÇÃO AO SPSS

Apresentamos uma ideia de como diferentes pacotes querem que você lhes diga o que fazer (lembre-se de quem está no comando). Nesta seção, daremos uma introdução o básica ao SPSS.

Quando inicia o SPSS, você terá uma tela de abertura (Captura de tela 2.4).

Ela fornecerá algumas opções sobre o que fazer: executar um tutorial, entrar com dados, abrir um arquivo de dados existente, etc. No nosso caso, queremos criar um novo arquivo de dados para que possamos destacar algumas das características importantes para você. Portanto, selecione *Type in Data Option* (Entrar com dados) e o que aparecerá será um arquivo de dados em branco (Captura de tela 2.5).

Você perceberá que o arquivo de dados consiste em um grande número de "células". Essas células em branco irão conter os dados quando você os tiver digitado. No canto inferior esquerdo da tela, você notará dois "painéis" rotulados de *Data View* (Painel de dados) e *Variable View* (Painel das variáveis). Por padrão, o SPSS mostra o painel de dados, em que são apresentados os dados digitados.

No painel das variáveis, parte da tela será apresentada com as variáveis que você criou junto com as características detalhadas dessas variáveis.

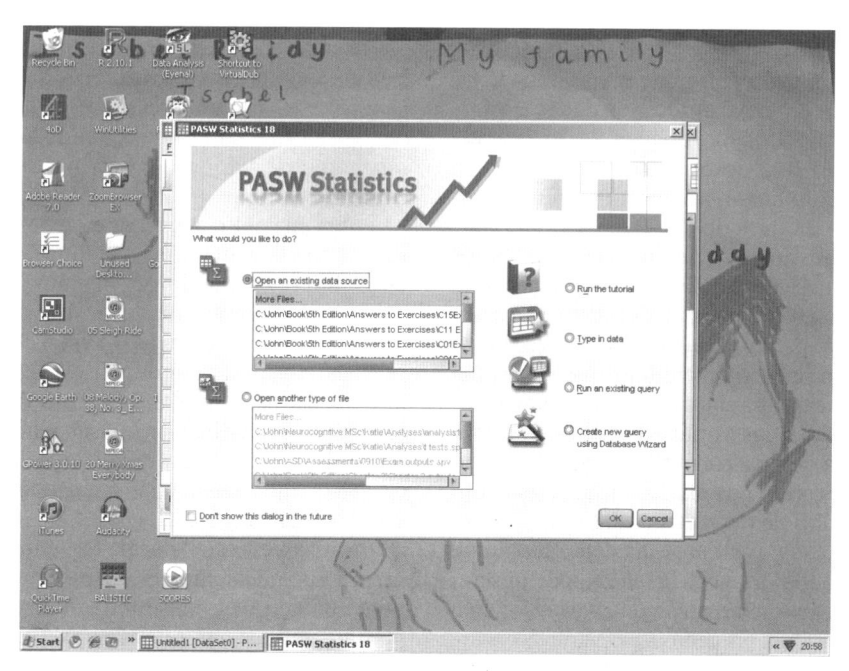

CAPTURA DE TELA 2.4

Painel das Variáveis

CAPTURA DE TELA 2.5

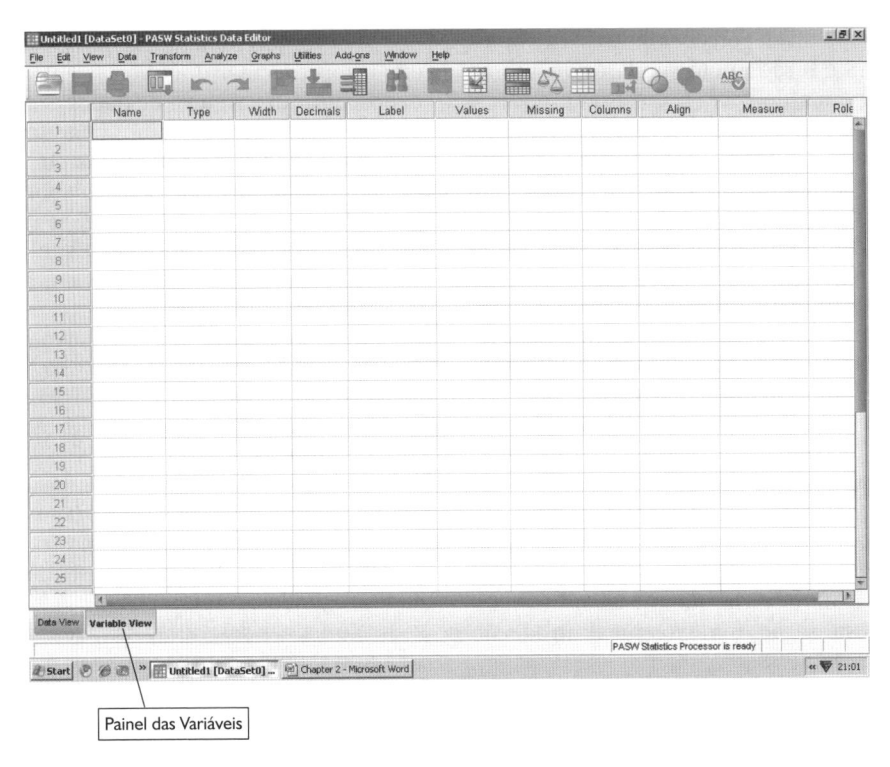

A primeira coisa que precisamos fazer para criar um novo arquivo de dados é informar ao SPSS quais variáveis serão criadas. Para fazer isso, deve-se clicar no painel das variáveis, e, então, aparecerá o painel mostrado na Captura de tela 2.6.

Você notará que, novamente, temos uma matriz de células. A informação que inserimos nas colunas representa as características das variáveis. Você deve notar que cada linha da planilha se refere a uma variável e que as colunas representam as características das variáveis. Por exemplo: a primeira coluna contém o nome da variável, a segunda nos diz seu tipo (se ela contém rótulos de algum tipo ou são dados numéricos), e a quinta coluna contém o nome apropriado para a variável (iremos descrever essas características das variáveis com mais detalhes brevemente). Vamos, então, criar nossa primeira variável no arquivo de dados. Para fazê-lo, clique na primeira célula na coluna *Name* (Nome) e digite *Age* (Idade),[2] e, então, pressione a tecla *Enter*. Você deve notar que, quando se digita um nome de variável, existem certas restrições.

Em primeiro lugar, os nomes das variáveis não devem ter mais do que 64 caracteres. Em segundo, devem iniciar com uma letra, e não com um número. Você também não pode utilizar espaços ou sinais de pontuações em um nome de variável. A Tabela 2.1 mostras exemplos de nomes válidos e inválidos. É uma boa ideia usar nomes curtos, pois isso facilita a visualização das variáveis quando realizamos análises utilizando várias caixas de diálogos.

Uma vez estabelecido o nome, você notará que não somente o SPSS preenche o nome da variável, mas também insere, por padrão, valores em muitas das outras colunas (Captura de tela 2.7). Por exemplo: ele estabelece o tipo de dados como *Numeric*

CAPTURA DE TELA 2.6

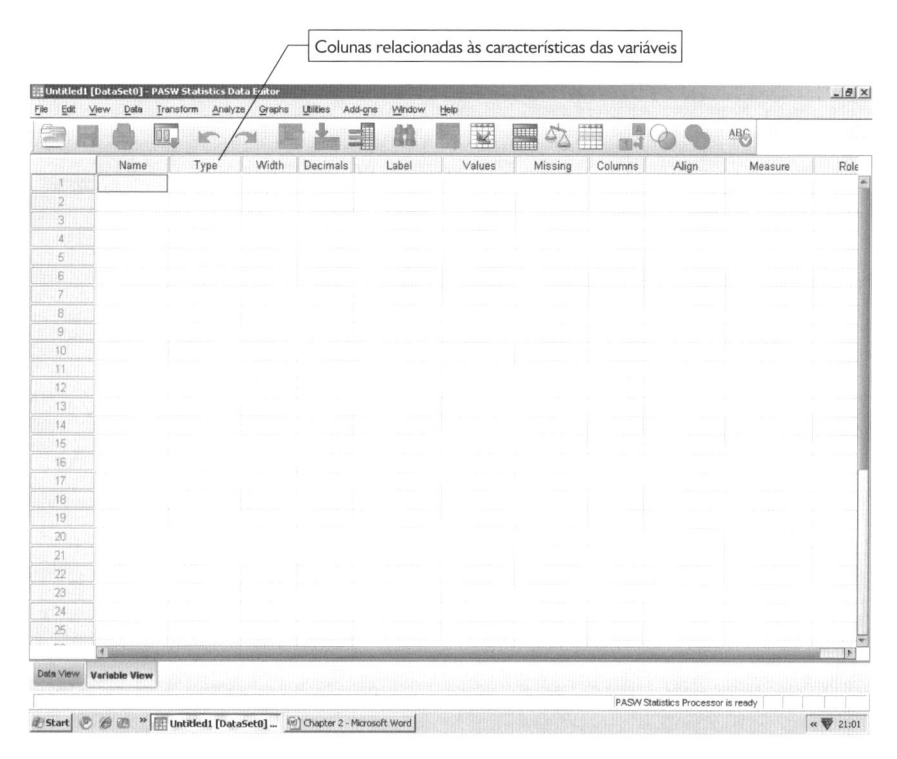

(Numéricos – ver coluna 2), o tamanho da variável como de 8 caracteres (coluna 3) e também o número de pontos decimais exibidos, no caso 2 (coluna 3). Você perceberá, ainda, que na Coluna 5, denominada *Label* (Rótulo), o SPSS não insere um valor. O objetivo dessa coluna é que você insira um nome significativo para a variável (p. ex., Idade em anos). Nessa coluna é permitido escrever o rótulo usando a escrita convencional, e você pode começar a fazer isso com quaisquer caracteres que desejar, colocando, inclusive, espaços. Usamos essa característica das variáveis para tornar a saída do SPSS mais legível. Por exemplo, suponha que você tenha uma variável chamada *MtchPrimeTarg*. Se você não incluir um rótulo para a variável, sua saída conterá esse nome (*MtchPrimeTarg*) para identificar a saída relacionada à variável. Se salvar a saída e retornar a ela algum tempo depois, poderá ter dificuldade em lembrar a que se referia. Entretanto, utilizando a característica Rótulo, você poderia ter digitado um título mais significativo para o SPSS incluir na saída, como, por exemplo, "Ensaio com pareamento entre primos e objetivos". Para todos os valores na saída que incluam in-

TABELA 2.1

Nomes válidos de variáveis	Nomes inválidos de variáveis
Idade_em_anos	Idade em anos
Segunda_medida_de_acompanhamento	2da_medida_de_acompanhamento
Percentual_De_Respostas_Corretas	% de respostas corretas

CAPTURA DE TELA 2.7

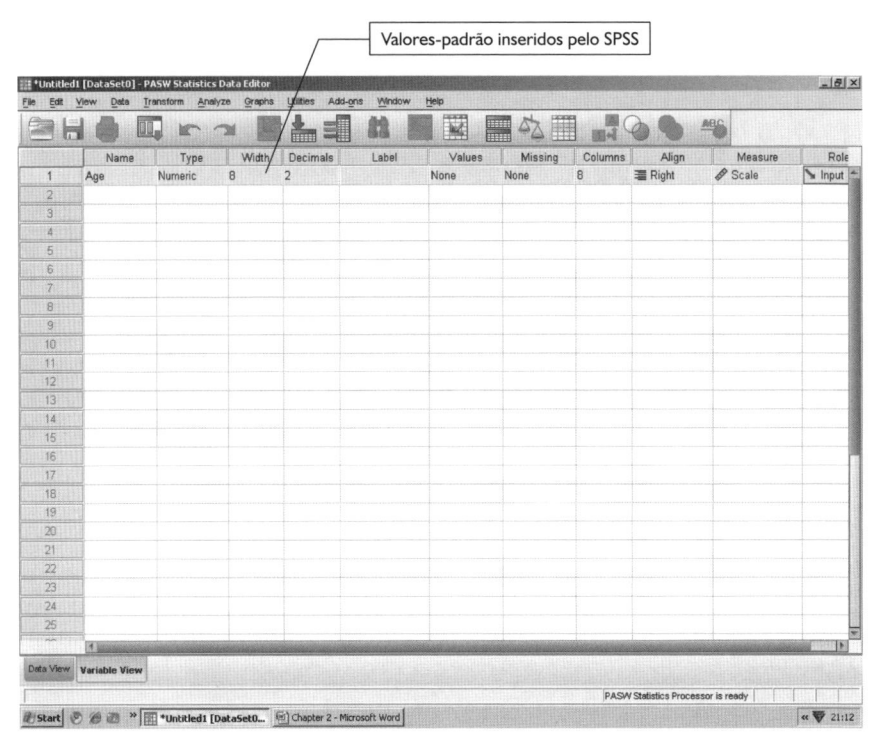

formações relacionadas à variável em questão, você, agora, terá um rótulo claro e mais significativo para quando precisar verificar seus resultados.

> **Primeira regra do gerenciamento de dados**
>
> Sempre use a característica Rótulo para tornar claro a que se refere cada variável.

Vamos, agora, entrar com outra variável. Desta vez, queremos registrar o sexo dos participantes. Assim, na célula da coluna Name (nome) digite "Sexo". Lembre-se de colocar um rótulo adequado para deixar claro a que se refere essa variável (Captura de tela 2.8).

Gostaríamos de chamar sua atenção para a coluna denominada *Measure* (Medida), que indica qual tipo da variável que estamos lidando. Você pode ver que, por padrão, o SPSS cria todas as variáveis como variáveis de escala. Se clicarmos na célula dessa coluna para a variável *Sexo*, será apresentada uma lista dos tipos de Medidas (*Escala, Ordinal* ou *Nominal*) (Captura de tela 2.9).

Você deve lembrar que apresentamos os diferentes níveis de mensuração no Capítulo 1, identificando quatro níveis de mensuração: *Nominal, Ordinal, Intervalar* e *Razão*. Você notará que o SPSS identifica somente três níveis, isto é, *Nominal, Ordinal* e *Escala*. Ele trata os dados dos níveis intervalar e razão da mesma forma, e usa isso como um tipo de padrão de variável. Retornando a nossa variável *Sexo*, está claro que não é escalar. Na verdade, é uma variável nominal (categórica), e, portanto, devemos mudar a característica Medida para *Nominal*.

Criamos, agora, duas variáveis para nosso arquivo. Entraremos com alguns da-

CAPTURA DE TELA 2.8

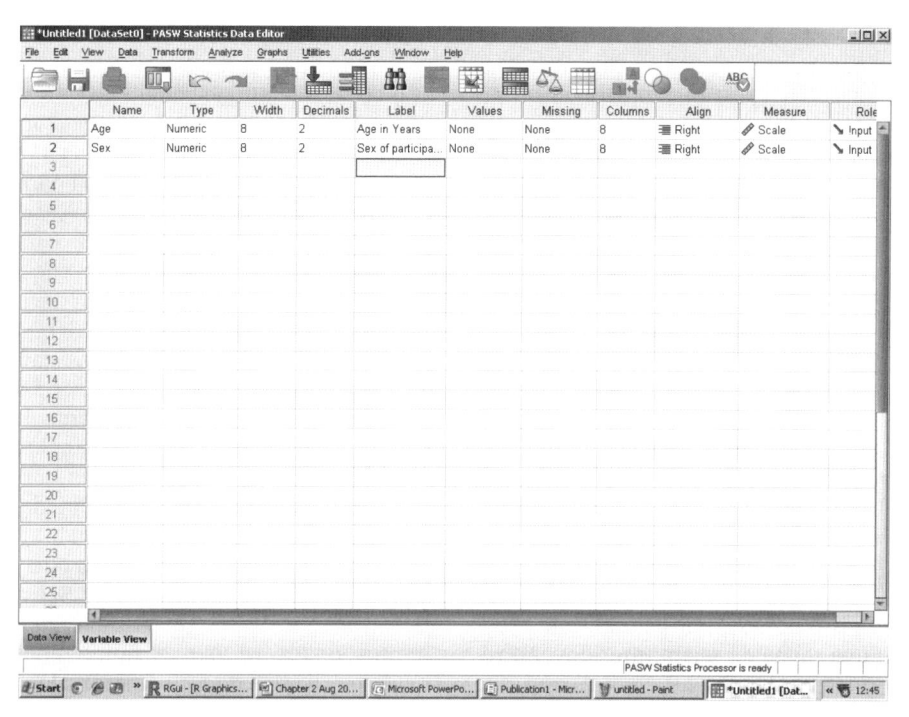

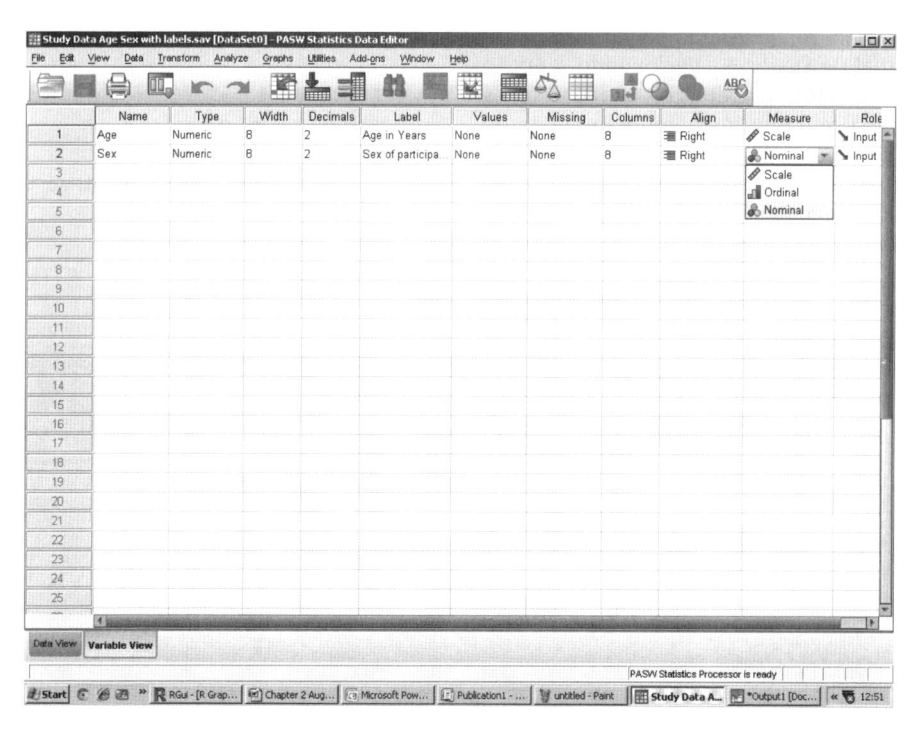

CAPTURA DE TELA 2.9

dos para essas duas variáveis. Para isso, teremos que retornar à seção Painel de Dados do arquivo, e, assim, é preciso clicar no painel desejado no canto inferior esquerdo da tela. Entraremos com os dados da Tabela 2.2 na planilha de dados.

O ponto importante a ser lembrado sobre a tela do Painel de Dados é que as colunas se referem às variáveis, e as linhas, a cada pessoa ou caso individual. Temos duas informações sobre cada participante na tabela, e, portanto, deve-se entrar com as duas informações nas colunas relevantes das variáveis.

Inserir os dados da idade é muito fácil. Simplesmente digitamos os números na coluna Idade. Inserir os detalhes de sexo não é tão simples. Poderíamos simplesmente digitar F ou M na coluna Sexo. Entretanto, o SPSS, como está configurado até então, não aceitará isso porque, por padrão, está esperando que números sejam inseridos. Ao rever a Captura de tela 2.9, você notará que ambos os tipos de variáveis são *Numéricos*. Para podermos digitar letras, você deve mudar o tipo de variável para *String* (Texto), clicando na célula do tipo da variável na tela Painel de Dados e selecionando a opção *String* (Texto). Entretanto, não queremos fazer isso porque limita todos os tipos de análises que podemos conduzir nesse tipo de variável. Para superar essa dificuldade, precisamos converter o sexo de uma pessoa (masculino ou feminino) em um código numérico. Por exemplo: podemos codificar o sexo masculino como 0 e o feminino como 1, ou o sexo feminino como 1 e o masculino como 2. Não importa de que forma você os codifica (sexo masculino com 0 ou 1) –, essa é uma decisão arbitrária da sua parte. No exemplo seguinte, codificaremos o sexo masculino com 0 e o feminino com 1. Portanto, você deveria fazer o mesmo, por enquanto. Depois que digitar os dados, a tela deve ficar parecida com a Captura de tela 2.10.

Agora que inserimos alguns dados, a primeira coisa que precisamos fazer é salvá-los. Para isso, você deve selecionar as opções *File* (Arquivo), *Save* (Salvar) ou simplesmente clicar no ícone do disquete na barra do menu. Ao fazer isso, será apresentada uma caixa de diálogos (Captura de tela 2.11).

Digite um nome de arquivo adequado e memorável e, então, clique em Salvar para salvar seus dados. Quando entra-se com muitos dados (o que é muito comum), deve-se salvar os dados em intervalos regulares. Não existe nada mais frustrante do que passar horas digitando dados para o seu computador travar antes de você ter a chance de salvá-los.

Segunda regra do gerenciamento de dados
Salve seus dados em intervalos regulares, durante a inserção.

TABELA 2.2
Exemplos de dados a serem colocados no arquivo de dados

Participante	Idade	Sexo
1	24	M
2	18	F
3	19	M
4	32	F
5	19	F
6	25	F
7	22	M

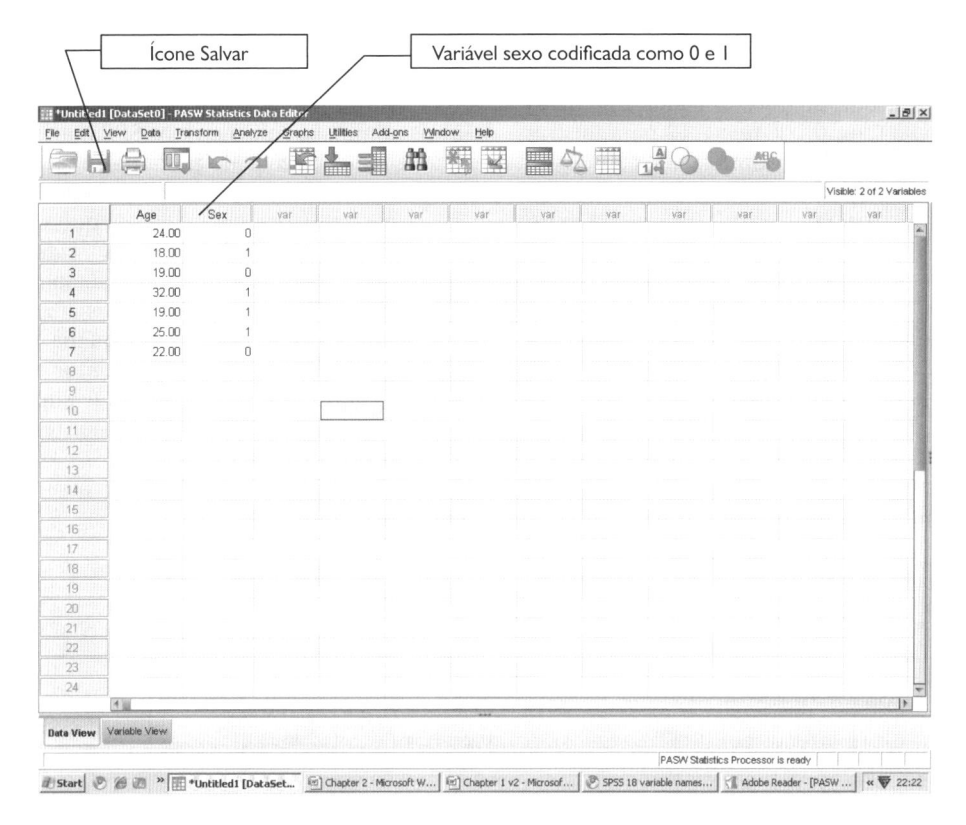

ESTATÍSTICA SEM MATEMÁTICA PARA AS CIÊNCIAS DA SAÚDE 49

CAPTURA DE TELA 2.10

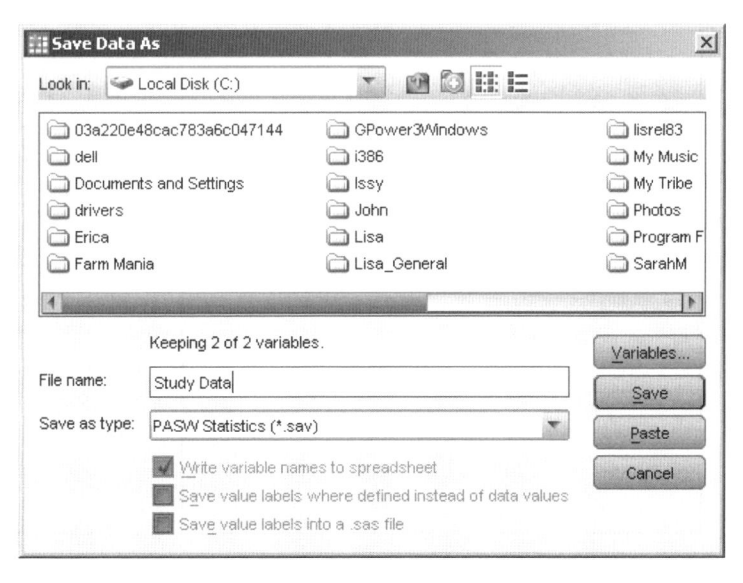

CAPTURA DE TELA 2.11

Uma vez inseridos os dados, você vai querer seguir com algo mais interessante, como executar análises. Incluímos algumas saídas na Captura de tela 2.12 para ilustrar como tais análises podem ficar.

Por enquanto, queremos que você ignore todo o detalhe estatístico dessa Captura de tela. Nosso objetivo é ajudá-lo a entender tal saída mais adiante no livro. Queremos que você observe que a tabela está dividida pela variável *Sexo*. O problema é que o SPSS espera que você lembre quais códigos foram utilizados para o sexo masculino e para o feminino. Qual você codificou com 0? Pode ser fácil lembrar isso agora, mas imagine que você entrou com os dados e só retornou para analisá-los após dois meses (isso geralmente acontece em uma pesquisa real). O que precisamos é lembrar, de alguma forma, como codificamos nossas variáveis nominais. Felizmente, o SPSS possui esse recurso, e você pode encontrá-lo na tela Painel de Variável (Captura de tela 2.13).

A característica das variáveis que nos ajudará nessa situação é o recurso *Values* (Valores). Se você clicar na célula dessa coluna para a variável *Sexo*, será apresentada a ativação da célula com uma pequena tecla que contém uma elipse (três pontos em linha (...) (Captura de tela 2.14). A elipse significa que, ao clicarmos no botão, teremos mais opções para escolher.

Uma vez clicado, aparecerá a caixa de diálogo (Captura de tela 2.15).

Descritivas

	Sex			Statistic	Std. Error
Age	0	Mean		21.6667	1.45297
		95% Confidence Interval for Mean	Lower Bound	15.4151	
			Upper Bound	27.9183	
		5% Trimmed Mean		.	
		Median		22.0000	
		Variance		6.333	
		Std. Deviation		2.51661	
		Minimum		19.00	
		Maximum		24.00	
		Range		5.00	
		Interquartile Range		.	
		Skewness		−.586	1.225
		Kurtosis		.	.
	1	Mean		23.5000	3.22749
		95% Confidence Interval for Mean	Lower Bound	13.2287	
			Upper Bound	33.7713	
		5% Trimmed Mean		23.3333	
		Median		22.0000	
		Variance		41.667	
		Std. Deviation		6.45497	
		Minimum		18.00	
		Maximum		32.00	
		Range		14.00	
		Interquartile Range		12.00	
		Skewness		.892	1.014
		Kurtosis		−.924	2.619

CAPTURA DE TELA 2.12

Estatísticas descritivas para as variáveis *Idade* e *Sexo*.

CAPTURA DE TELA 2.13

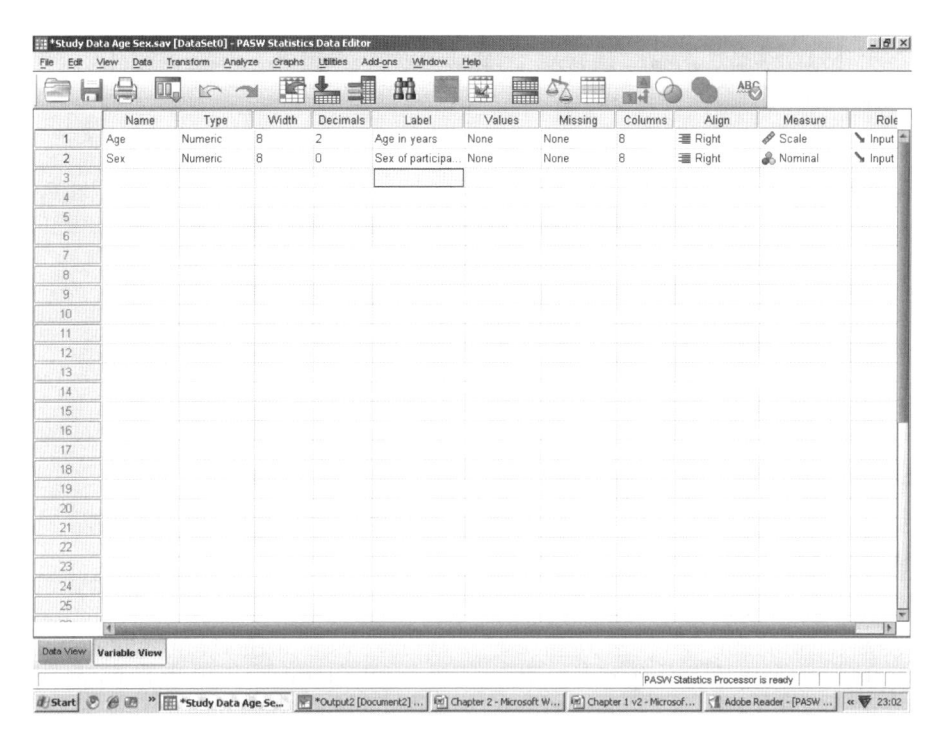

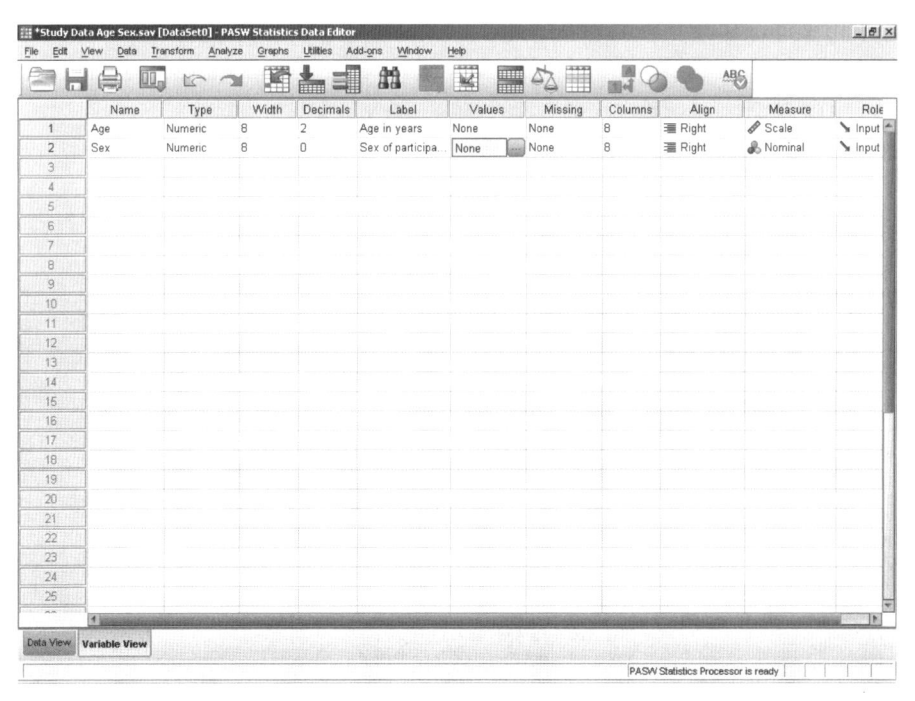

CAPTURA DE TELA 2.14

CAPTURA DE TELA 2.15

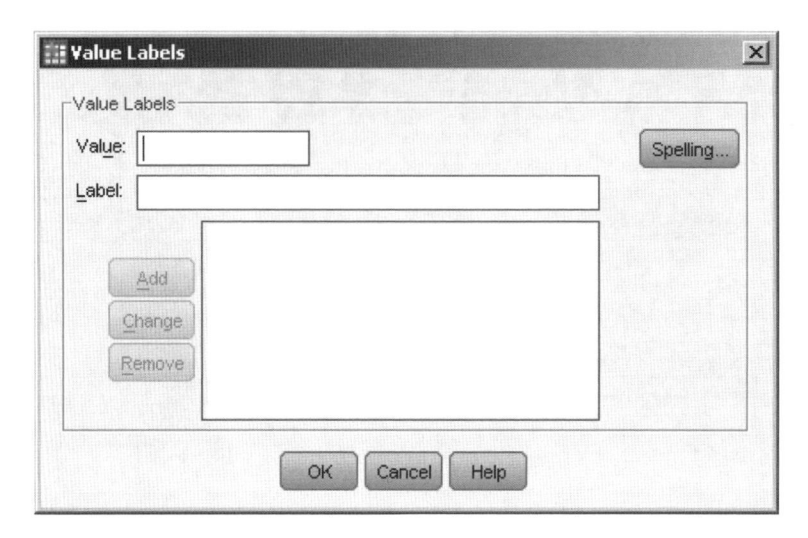

Essa caixa de diálogo permite alocar um rótulo para uma das categorias codificadas que foram digitadas na variável nominal. Para isso, você deve digitar o primeiro número da categoria codificada que tem (no seu caso, 0) na caixa *Value* (Valor) e, então, digitar um rótulo descrevendo a que se refere essa categoria (masculino) na caixa *Label* (Rótulo). Você deve clicar, então, no botão *Add* (Adicionar), e ele adicionará esses detalhes para a caixa maior. Você faz, então, o mesmo para a categoria número 1 e digita "Feminino" antes de clicar novamente em Adicionar (Captura de tela 2.16).

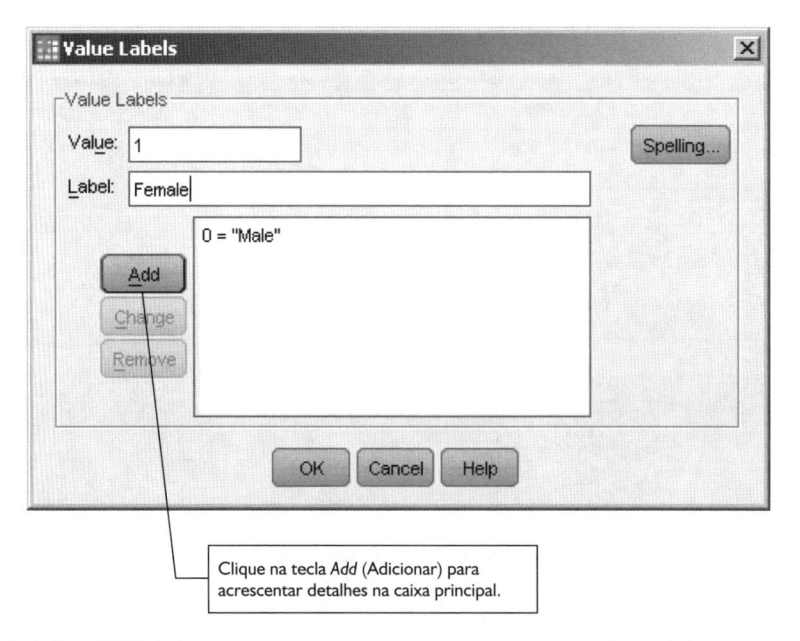

Clique na tecla *Add* (Adicionar) para acrescentar detalhes na caixa principal.

CAPTURA DE TELA 2.16

Uma vez feito isso, clique em *OK*, e, então, o SPSS saberá quais rótulos imprimir quando a variável *Sexo* for incluída em qualquer análise. Observe, agora, a saída da Captura de tela 2.17. Essa é a mesma análise que apresentamos antes, mas, desta vez, com os valores dos rótulos definidos.

Você deve ser capaz de ver que, agora, é muito mais fácil identificar qual parte da saída se refere ao sexo masculino e qual ao feminino.

> **Terceira regra do gerenciamento de dados**
>
> Sempre use a característica Rótulo para identificar como as categorias foram codificadas no seu arquivo de dados.

Aprendemos muito do básico a respeito da entrada de dados no SPSS, mas o que gostaríamos de ilustrar agora são maneiras diferentes de definir seu arquivo de dados quando você tiver um delineamento intragrupos comparado a um delineamento entre grupos.

ESTABELECENDO SUAS VARIÁVEIS PARA O DELINEAMENTO INTRA E ENTRE GRUPOS

No exemplo anterior mostramos como entrar com dados para uma variável de agrupamento. Podemos chamar a variável *Sexo* de uma variável de agrupamento, pois ela identifica a que categoria (ou grupo)

Descritivas

	Sex of participants			Statistic	Std. Error
Age in years	Male	Mean		21.6667	1.45297
		95% Confidence Interval for Mean	Lower Bound	15.4151	
			Upper Bound	27.9183	
		5% Trimmed Mean		.	
		Median		22.0000	
		Variance		6.333	
		Std. Deviation		2.51661	
		Minimum		19.00	
		Maximum		24.00	
		Range		5.00	
		Interquartile Range		.	
		Skewness		−.586	1.225
		Kurtosis		.	.
	Female	Mean		23.5000	3.22749
		95% Confidence Interval for Mean	Lower Bound	13.2287	
			Upper Bound	33.7713	
		5% Trimmed Mean		23.3333	
		Median		22.0000	
		Variance		41.667	
		Std. Deviation		6.45497	
		Minimum		18.00	
		Maximum		32.00	
		Range		14.00	
		Interquartile Range		12.00	
		Skewness		.892	1.014
		Kurtosis		−.924	2.619

CAPTURA DE TELA 2.17

cada pessoa pertence. Designamos arbitrariamente mulheres como grupo 1 e homens como grupo 0. Portanto, quando você tem uma variável categórica como *Sexo*, pode-se identificar em que grupo a pessoa está inserida, assim como fizemos no exemplo anterior (ver Captura de tela 2.18).

Se você obter uma variável de agrupamento que tenha mais do que uma categoria, como ocupação, o princípio é o mesmo que foi usado anteriormente para a variável *Sexo*. Por exemplo, vamos supor que registramos uma variável Ocupação. Podemos ter várias categorias diferentes, como professores, enfermeiros, consultores e dentistas. Nesse caso, iremos designar arbitrariamente cada ocupação a um grupo e, então, registrar a informação em uma variável assim como fizemos com a variável *Sexo*. Vamos dar os seguintes códigos às ocupações (Captura de tela 2.19):

✓ Professores = 1
✓ Enfermeiros = 2
✓ Consultores = 3
✓ Dentistas = 4

Aqui, definimos os *Value Labels* (Valores dos Rótulos) para refletir os códigos das ocupações. Podemos, então, ir para a tela dos dados e entrar com nossos valores. Não se esqueça de mudar a característica Medida da variável para *Nominal*. Observe a Captura de tela 2.20 para alguns exemplos.

E a Captura de tela 2.21 mostra os mesmos dados quando você ativa o ícone *Value Labels* (Valores dos Rótulos).

Às vezes, temos várias medidas da mesma pessoa; isto é, temos um delineamento intragrupos. Suponha que conduzimos um estudo em que examinamos a eficiência de um novo xampu para a redução da calvície masculina. Podemos selecionar

CAPTURA DE TELA 2.18

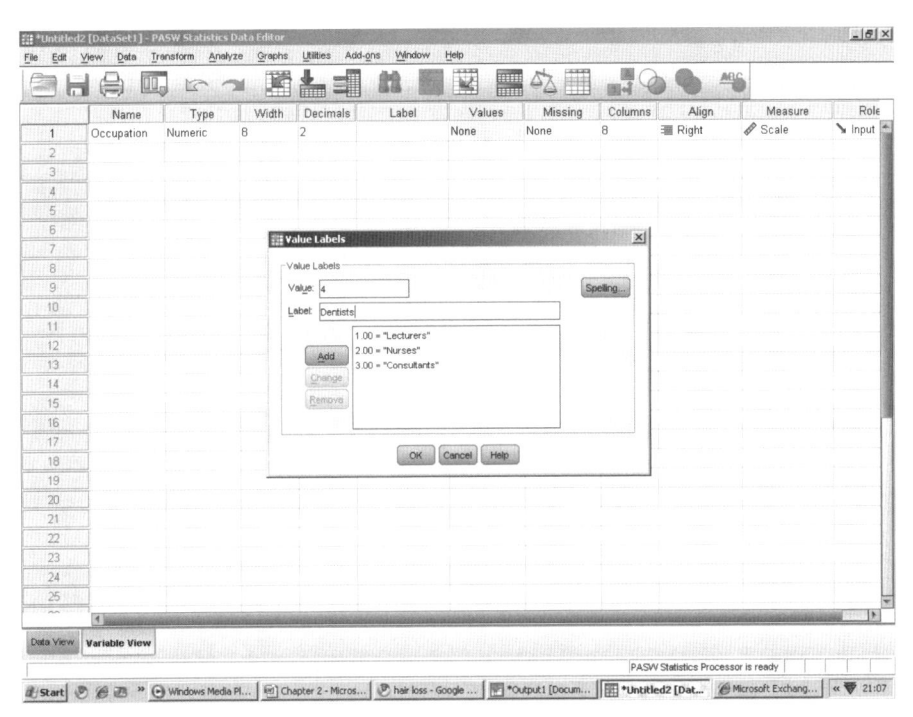

CAPTURA DE TELA 2.19

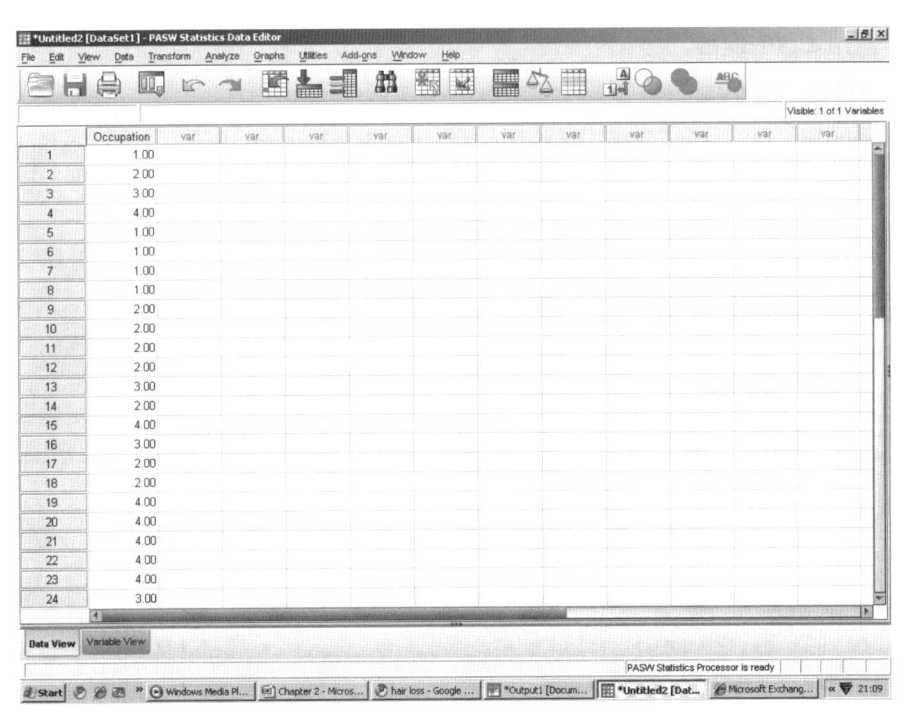

CAPTURA DE TELA 2.20

CAPTURA DE TELA 2.21

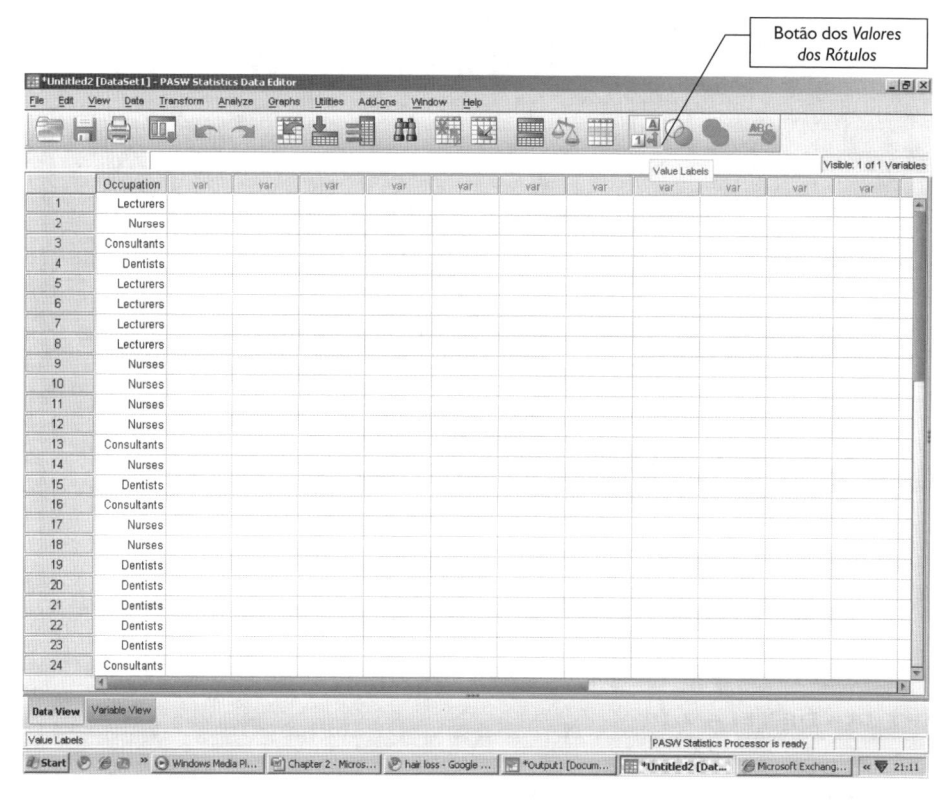

aleatoriamente um certo número de participantes e registrar a taxa de perda de cabelo antes do uso do xampu e, então, novamente após o seu uso regular. Nesse estudo, cada participante teria duas medidas da taxa de perda de cabelo (ver Tab. 2.3).

TABELA 2.3

Exemplo de dados para um delineamento intragrupos

Participante	Número de cabelos perdidos por dia	
	Antes de usar o xampu	Depois de usar o xampu
1	166	160
2	182	142
3	194	167
4	321	207
5	190	192
6	258	198
7	124	100

Quando colocamos esses dados no SPSS, você deve lembrar que cada linha contém todos os detalhes de cada participante. Temos duas informações para cada um deles: queda de cabelo antes e depois do tratamento com o xampu. Assim, precisamos criar duas variáveis no SPSS. Você precisa ir à janela Painel de Variável e digitar o nome de cada uma delas. Lembre-se de usar a função Rótulo para dar à variável um nome significativo (ver Captura de tela 2.22).

Uma vez criada as variáveis, você pode, então, voltar à tela Painel de Dados e entrar com seus dados, como apresentado na Captura de tela 2.23.

Ilustramos como criar variáveis e como entrar com dados tanto para variáveis intra e entre grupos. Os princípios são os mesmos para a maioria dos tipos de variáveis de agrupamento e medidas repetidas que você encontrará, e, assim, vale a pena gastar um pouco de tempo aqui, assegurando-se de entender as diferenças entre elas e como defini-las no SPSS.

Para gerar o gráfico que apresentamos anteriormente neste capítulo, você deve clicar nos menus Gráfico, Caixa de Diálogos Legacy, e Dispersão/Ponto (Captura de tela 2.24).

Escolha a opção Dispersão Simples e clique em *Define* (Definir). Você pode, então, mover a variável *Before* (Antes) para a caixa do eixo X, e a variável *After* (Depois) para a caixa do eixo Y (Captura de tela 2.25).

Então, clique em OK para gerar o gráfico (Captura de tela 2.26).

INTRODUÇÃO AO R

Como sugerimos anteriormente, o R é diferente do SPSS por não depender de janelas

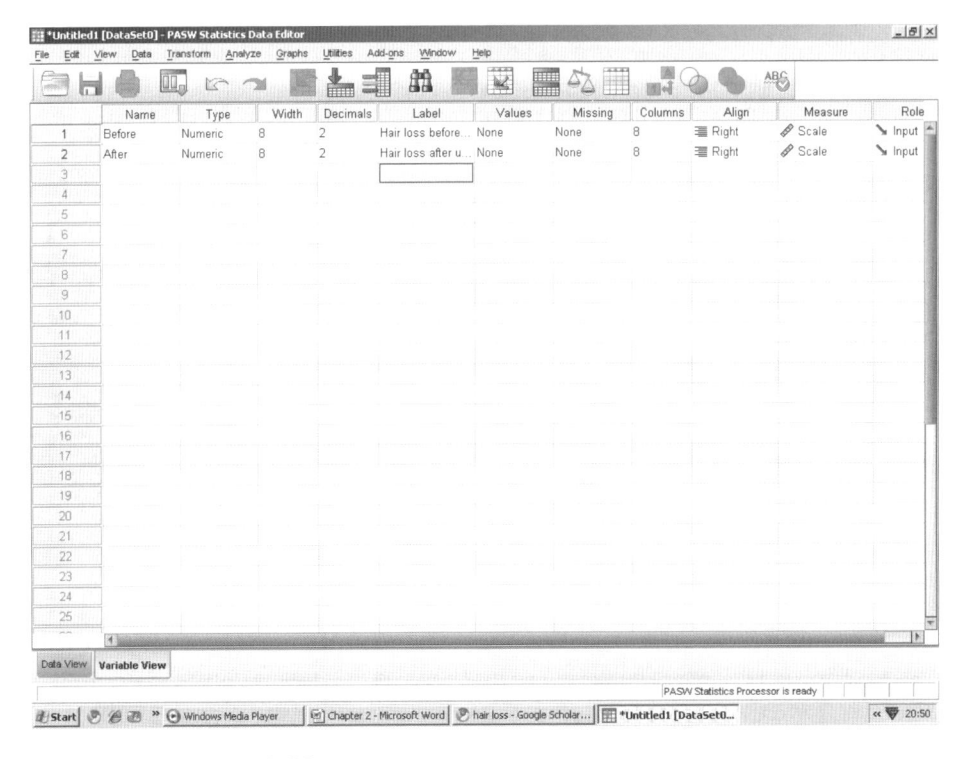

CAPTURA DE TELA 2.22

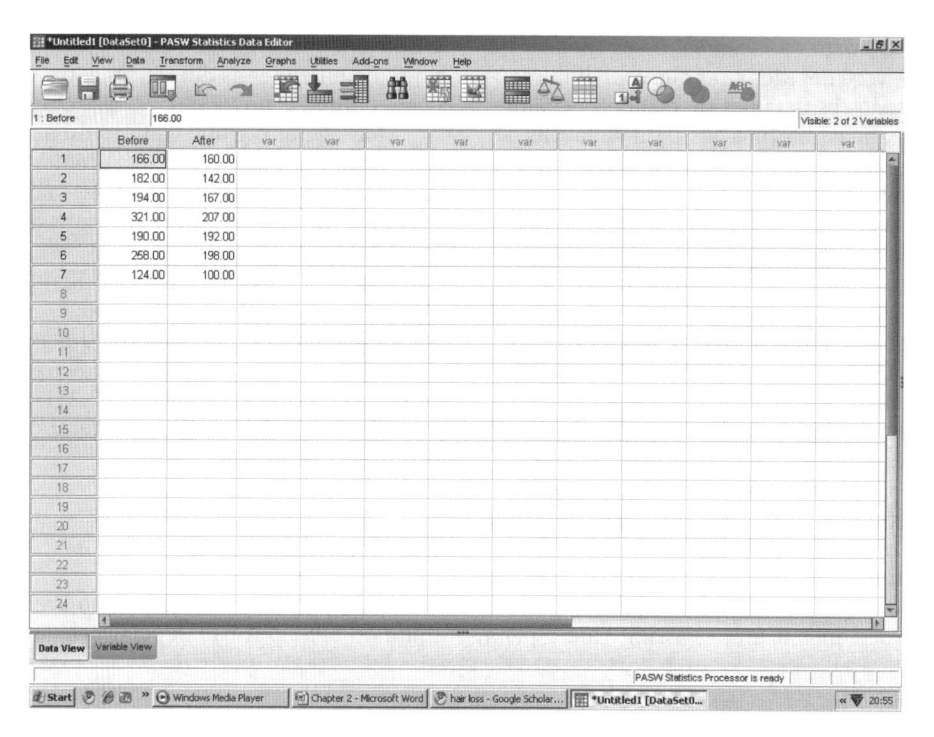

CAPTURA DE TELA 2.23

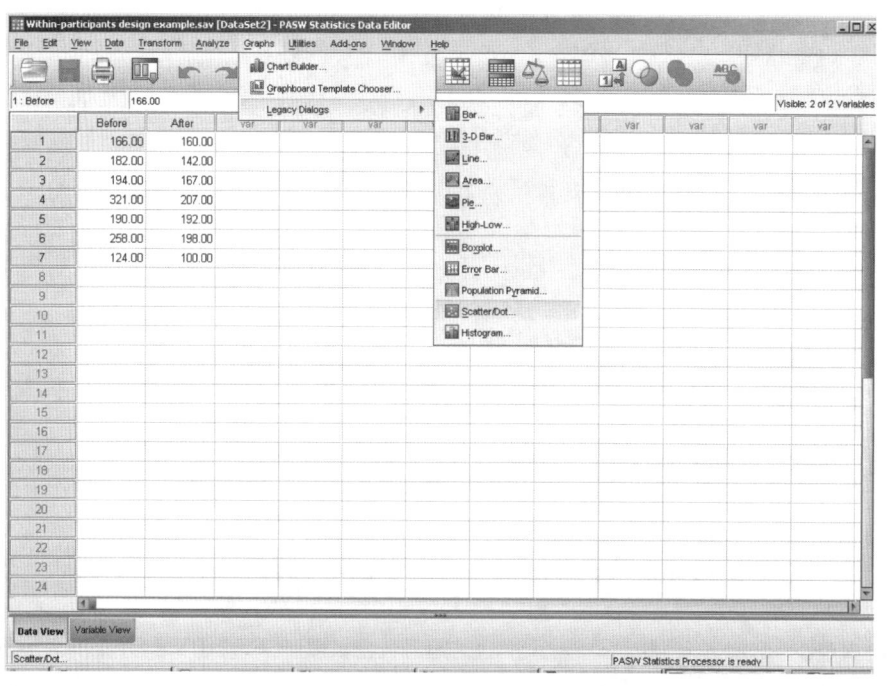

CAPTURA DE TELA 2.24

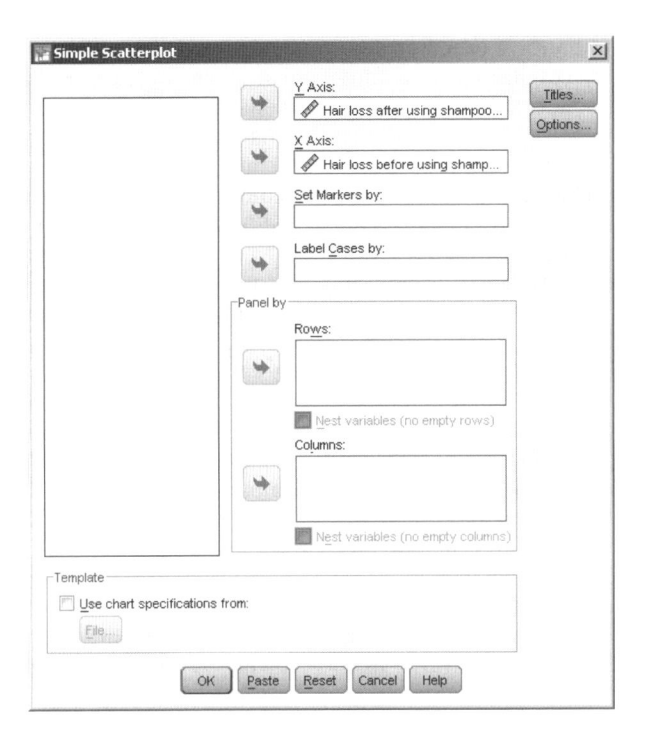

CAPTURA DE TELA 2.25

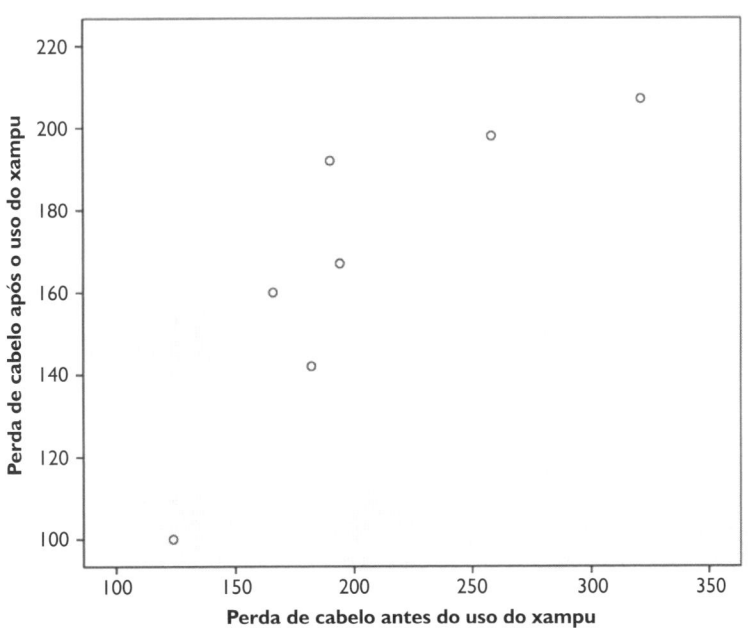

CAPTURA DE TELA 2.26

e menus para exibir dados e executar análises. No R, você deve digitar os comandos para dizer ao programa o que quer que ele faça.

Quando você iniciar o *software*, aparecerá o *Console* do R (Captura de tela 2.27).

A janela que você obtém é chamada de *Workspace* (Janela de Trabalho), e todo trabalho executado pode ser salvo usando as opções *File* (Arquivo) e *Save Workspace* (Salvar Janela de Trabalho). Quando iniciar o R, notará que ele informa a versão que está sendo utilizada na primeira linha do *Console*. Usamos esse *Console* do R para nos comunicar com o *software* e dizer a ele o que fazer (lembre-se, você está no comando!). Você digita suas instruções no *prompt* de comando.

A primeira coisa a se fazer quando iniciar a sessão é digitar os seus dados. Você perceberá que, quando digitamos os dados no R, não usamos uma janela tipo planilha, como fazemos no SPSS. Pelo contrário, usamos o *prompt* de comando para entrar com os dados. Existem várias maneiras diferentes de entrar com os dados, mas, inicialmente, iremos ilustrar o procedimento com uma única variável. Suponha que nos referimos ao exemplo de idade e gênero que usamos para ilustrar a entrada de dados no SPSS (ver Tab. 2.2). Em primeiro lugar, entraremos com os dados da idade. Para isso, temos que atribuir um nome para a variável que representa os dados, utilizando o comando *c* e atribuindo um nome por meio do comando "<-". O símbolo <- diz ao R para atribuir valores ao nome de um objeto. Os dados da idade que queremos entrar são 24, 18, 19, 32, 19, 25 e 22. Portanto, o comando para ler isto no R é:

Idade <- c(24, 18, 19, 32, 19, 25, 22)

O importante a ser observado aqui é a ordem. O c(...) diz ao R para atribuir os elementos nos parênteses a uma única variável. Os elementos nos parênteses precisam ser separados por vírgulas. O coman-

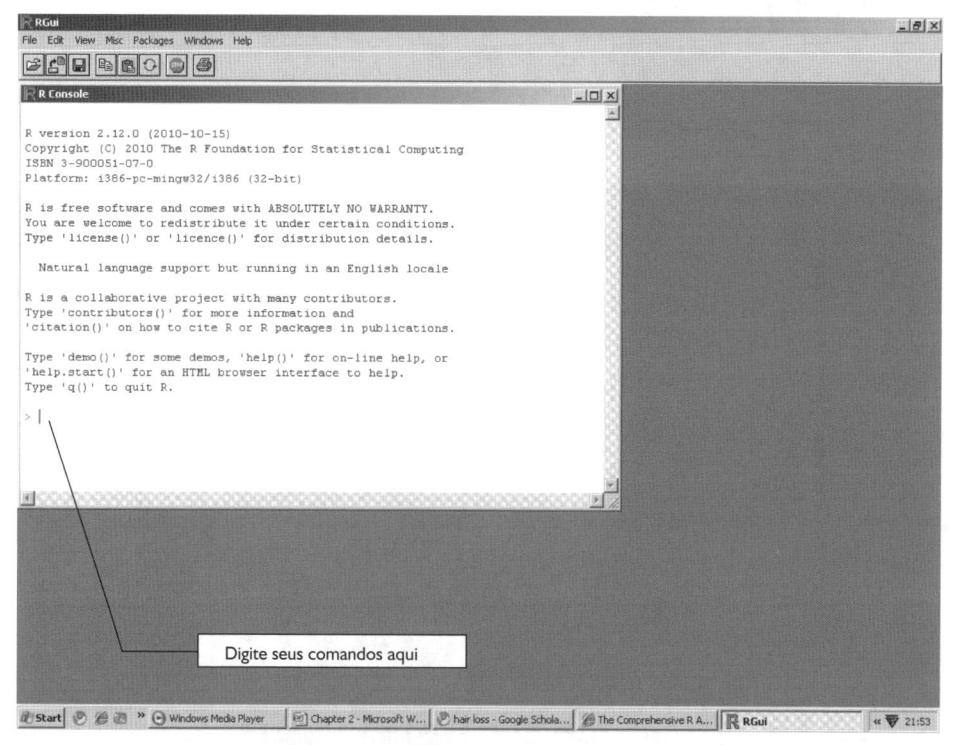

CAPTURA DE TELA 2.27

CAPTURA DE TELA 2.28

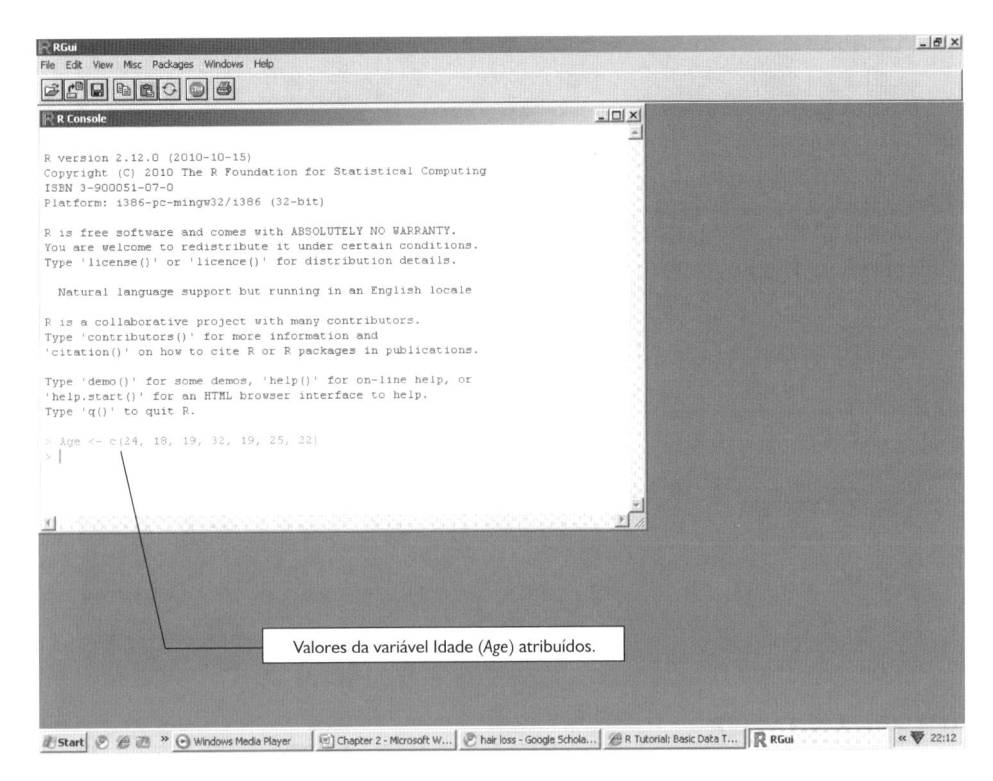

do <- diz ao R que a variável é *Age* (Idade) (Captura de tela 2.28).

Podemos entrar com os dados de sexo de forma similar. Lembre, categorizamos arbitrariamente o sexo masculino como 0 e o feminino como 1 e, portanto, faremos o mesmo com este exemplo. O comando para ler esses dados é:

Sex <- c(0, 1, 0, 1, 1, 1, 0)

É muito importante que você coloque os valores dos parênteses na ordem correta porque, quando comparamos as duas variáveis (p. ex., a idade e o sexo da terceira pessoa na lista), precisamos ter certeza de que os valores corretos estejam associados (Captura de tela 2.29).

Uma vez informados os dados, é uma boa ideia salvá-los. Para isso, simplesmente clique em *File* (Arquivo) e, então, em *Save Workspace* (Salvar Janela de Trabalho). Uma fez feito isso, verá o comando para salvar a janela de trabalho aparecer na janela *Console do R* (Captura de tela 2.30).

Se você sair do R, seus dados serão salvos, de modo que não será necessário informá-los novamente no futuro. Quando reiniciar o *software*, os dados serão recuperados para você na tela dos dados (Captura de tela 2.31).

Você notará que o R convenientemente abre a última janela de trabalho salva. Se esta não for a janela de trabalho desejada, então você pode carregar a correta selecionando os itens *File* (Arquivo) e, em seguida, *Load Workspace* (Carregar Janela de Trabalho).

Vamos checar se o R manteve os dados para nós. Podemos fazer isso digitando os nomes das variáveis no *prompt* de comando e, então, pressionando a tecla *Enter*. Você

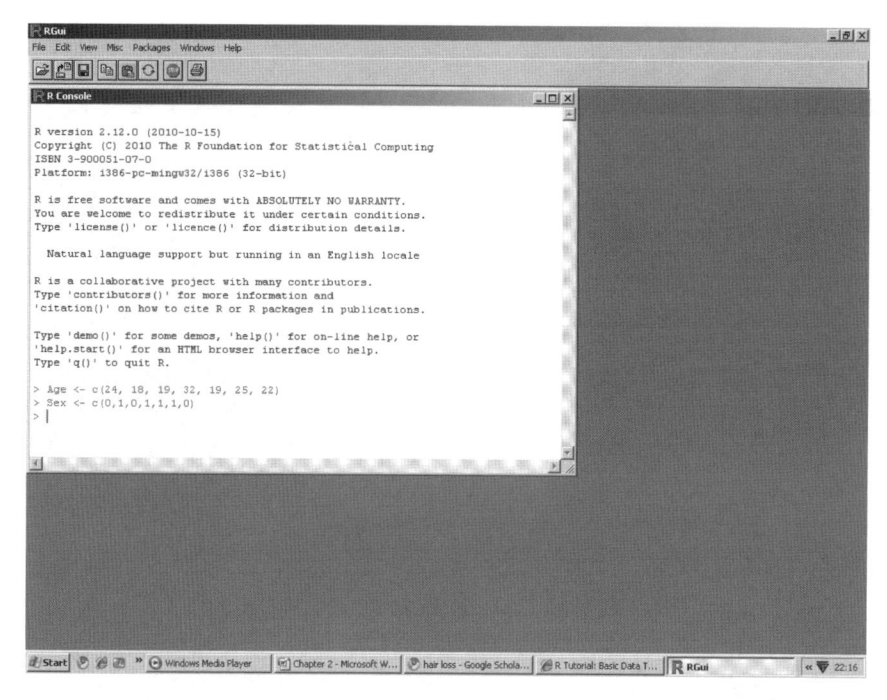

CAPTURA DE TELA 2.29

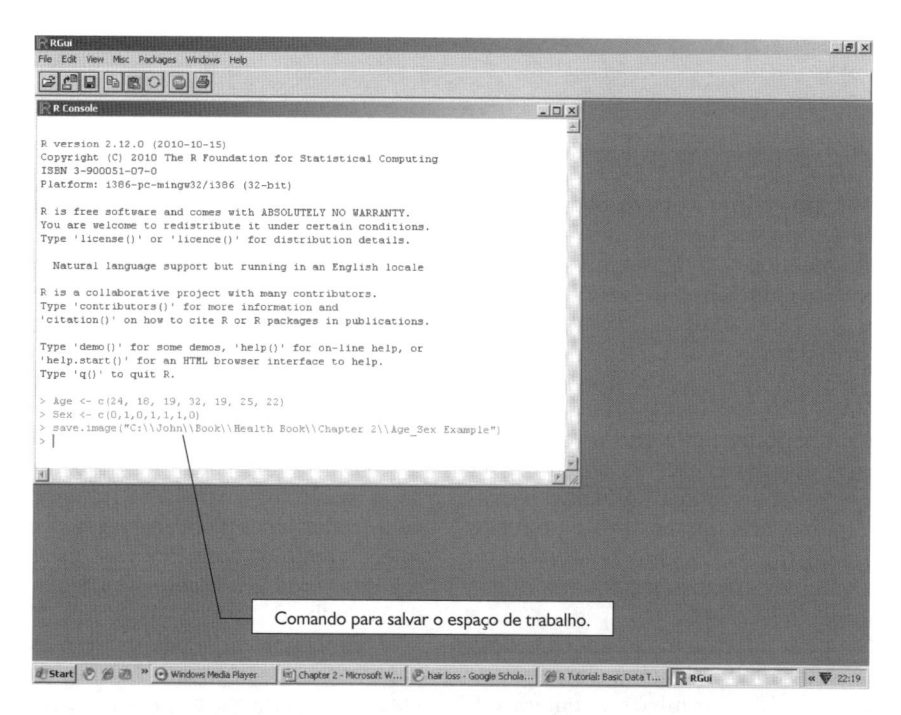

CAPTURA DE TELA 2.30

Comando para salvar o espaço de trabalho.

CAPTURA DE TELA 2.31

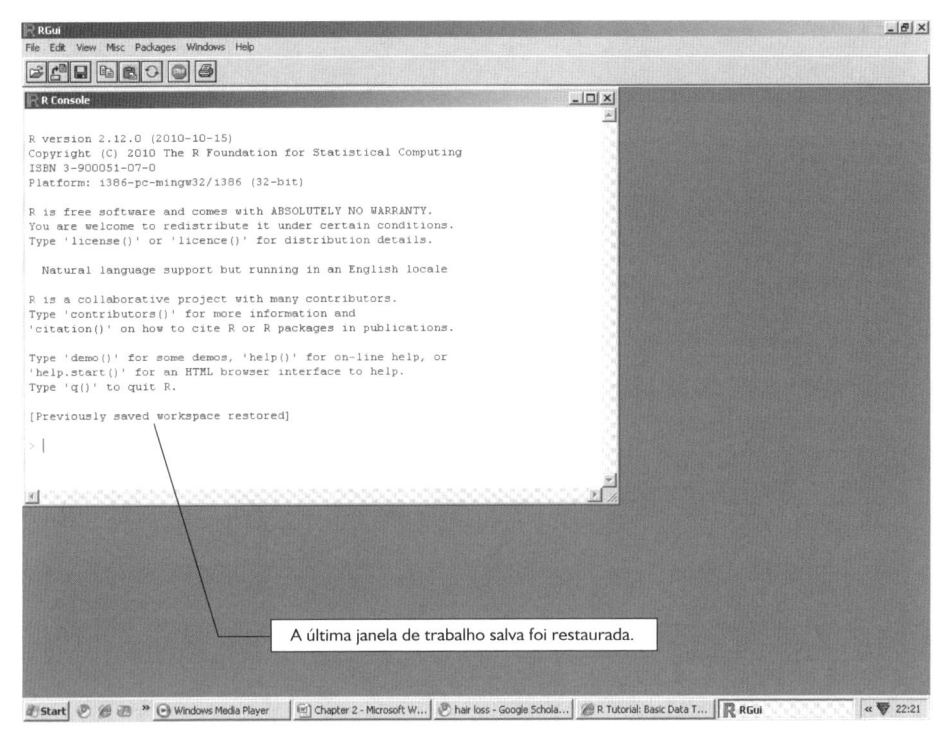

precisa lembrar que os nomes, no R, são diferenciados quanto a letras maiúsculas e minúsculas, e, dessa forma, você precisa digitar o nome exatamente como o atribuído originalmente. Digite "*Age*" (Idade) no *prompt* de comando (Captura de tela 2.32).

Pode-se perceber que o R apresenta os dados daquela variável. Se você digitar "*age*" (idade), receberá uma mensagem de erro: objeto "idade" não encontrado (*Error: object "age" not found*). Isso ocorre porque não existe a variável chamada idade (*age*), uma vez que, originalmente, digitamos "*Age*". Digite "*Sex*" para entrar com os valores da variável *Sexo*.

Você deve se lembrar que, no SPSS, indicamos a variável *Sexo* como uma medida nominal e, portanto, como uma variável categórica. Assim, podemos fazer algo similar no R usando o comando *Factor* (Fator). Podemos indicar que *Sexo* é uma variável fator (categórica ou de agrupamento) digitando:

Sex <– factor(Sex)

O *bit* de comando "factor(Sex)" converte a variável em uma categórica, e o *bit* "Sex <– " atribui a ela o mesmo nome dado anteriormente.

Se você agora digitar "Sexo" no *prompt* de comando e pressionar *enter*, o dado ficará diferente da saída anterior (Captura de tela 2.33).

Gostaríamos de gerar agora um resumo estatístico separado por grupos. Uma coisa a ser observada sobre o R é que ele é um *software* de "código aberto". O código para o desenvolvimento de rotinas no R está disponível para todos e, desse modo, programadores e estatísticos podem gerar seus próprios módulos para analisar os dados da forma que desejarem. Esses módulos podem, então, ser disponibilizados para qualquer pessoa que utilize o R. Tais módulos são chamados de *Packages* (Pacotes). A versão do R que normalmente baixamos e instalamos conterá apenas um certo número de pacotes, mas, à medida que nos especializamos e que as necessidades se tornam mais complexas, é pos-

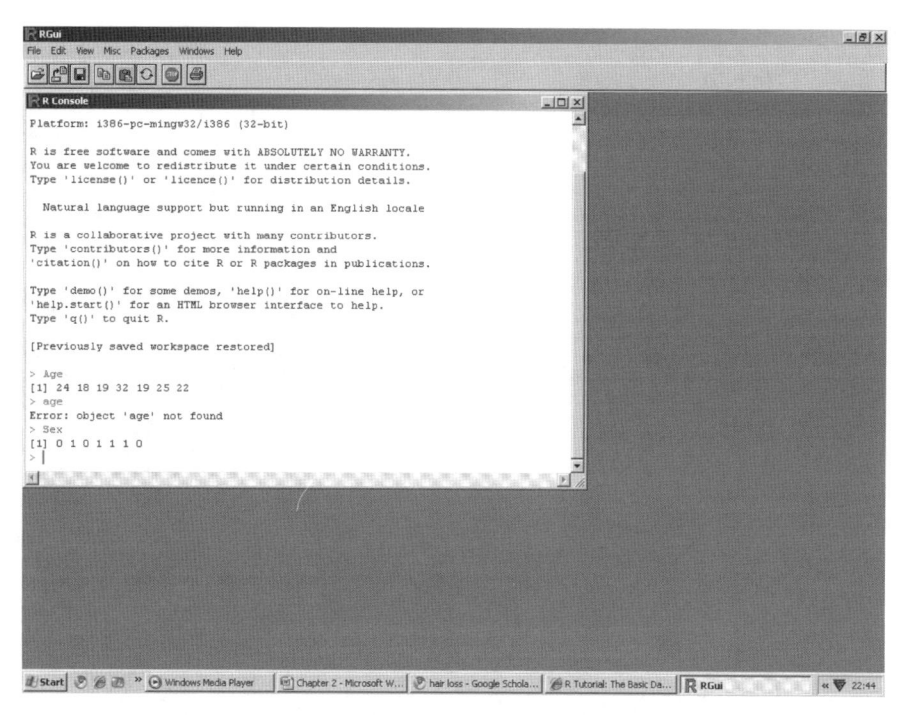

CAPTURA DE TELA 2.32

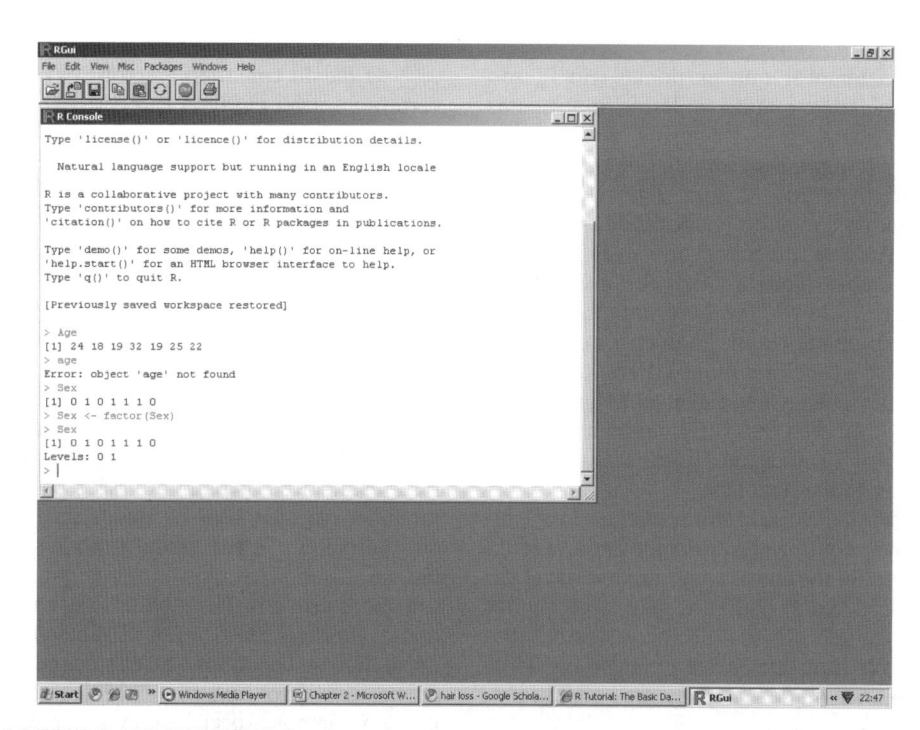

CAPTURA DE TELA 2.33

sível instalar pacotes adicionais. Vamos mostrar como instalar um pacote no R que ajudará a gerar resumos estatísticos separados por grupos. Se você clicar no menu Pacotes, poderá instalar um novo pacote. Selecione, então, essa opção (Captura de tela 2.34).

Você será solicitado a selecionar um *mirror* CRAN (*The Comprehensive R Archive Network* –Rede Global de Arquivos R), um *site* em que se pode baixar o pacote de modo rápido e fácil. Escolha o *site* mais próximo de você e, então, clique em OK (Captura de tela 2.35).

Será apresentada, então, uma lista de pacotes que você pode instalar. Role esta lista até achar o denominado de *psych* (Captura de tela 2.36).

Clique em OK e o R instalará o pacote, desenvolvido especificamente para pesquisas baseadas na psicologia, mas com algumas características úteis para a exibição de estatísticas simples.

Uma vez que o pacote tenha sido instalado, você pode digitar os dois comandos seguintes para ter seu resumo estatístico dividido por idade:

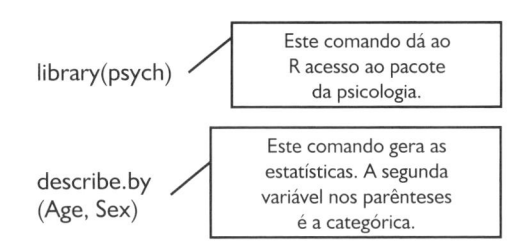

library(psych) — Este comando dá ao R acesso ao pacote da psicologia.

describe.by (Age, Sex) — Este comando gera as estatísticas. A segunda variável nos parênteses é a categórica.

Quando tais comandos forem executados, você verá as estatísticas da Captura de tela 2.37.

Se quisermos entrar com as duas variáveis do nosso exemplo da queda de cabelo (ver Tab. 2.3), será necessário abrir uma nova janela de trabalho, já que esses são dados separados. Você precisará reiniciar o R para abrir uma nova janela de trabalho. Após, digite os seguintes comandos (Captura de tela 2.38):

Antes <– c(166,182,194,321,190,258,124)

Depois <– c(160,142,167,207,192,198,100)

Agora podemos gerar resumos estatísticos simples para essas duas variáveis usando o comando *summary* (resumo). Digite isso no

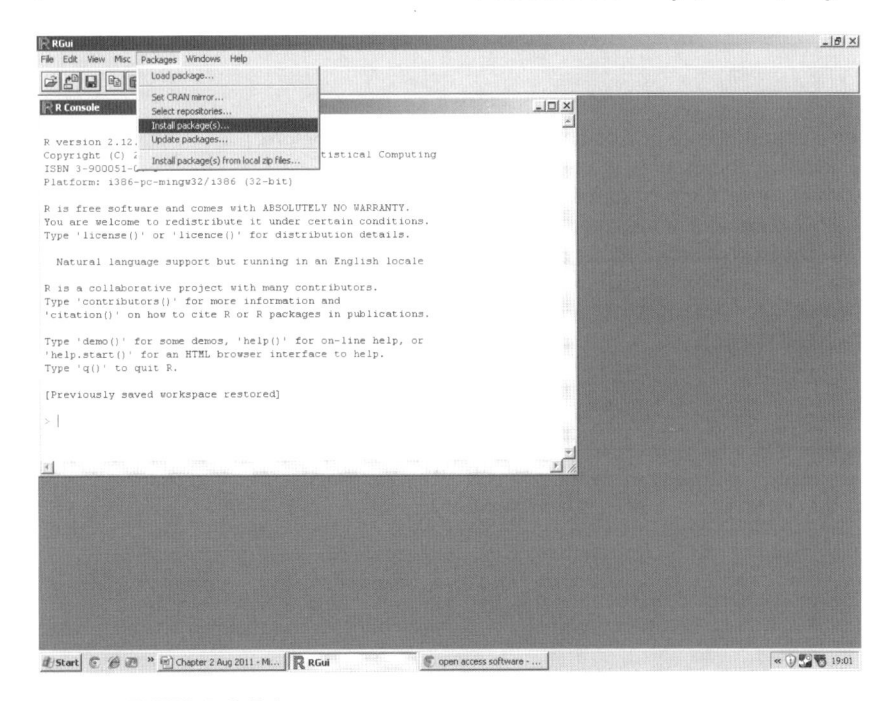

CAPTURA DE TELA 2.34

CAPTURA DE TELA 2.35

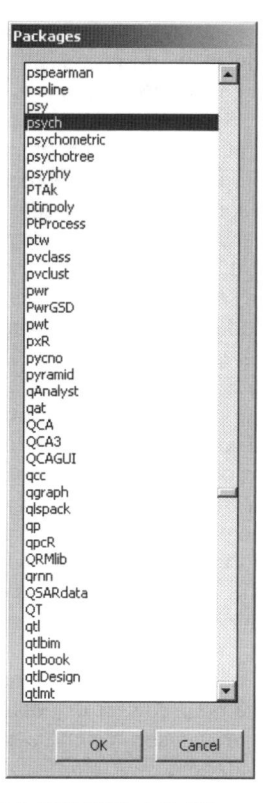

CAPTURA DE TELA 2.36

prompt de comando (note que comandos são sensíveis a letras maiúsculas e minúsculas; portanto, você deve digitar *"summary"* com s minúsculo). Você será apresentado, então, ao resumo estatístico da Captura de tela 2.39.

Podemos, também, gerar um diagrama de dispersão para as variáveis *Before* (Antes) e *After* (Depois):

plot(After, Before, main = "Scatterplot Example")

Neste comando, a variável a ser exibida no eixo x é a primeira listada nos parênteses. Você notará que o diagrama de dispersão é apresentado em uma nova janela, chamada *graphsheet* (Planilha Gráfica). A Figura 2.4 mostra o gráfico.

```
group: 0
  var n mean   sd median trimmed  mad min max range  skew kurtosis   se
1   1 3 21.67 2.52     22   21.67 2.97  19  24     5 -0.13    -2.33 1.45
-----------------------------------------------------------
group: 1
  var n mean   sd median trimmed  mad min max range skew kurtosis   se
1   1 4 23.5 6.45     22    23.5 5.19  18  32    14 0.33    -2.06 3.23
> |
```

CAPTURA DE TELA 2.37

ESTATÍSTICA SEM MATEMÁTICA PARA AS CIÊNCIAS DA SAÚDE

Duas novas variáveis definidas.

CAPTURA DE TELA 2.38

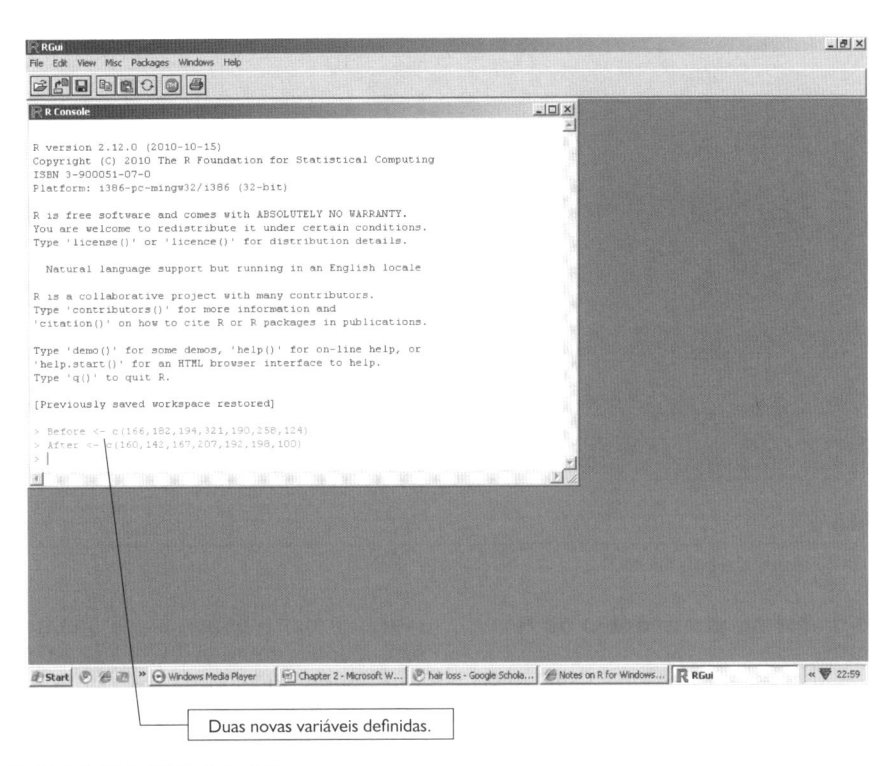

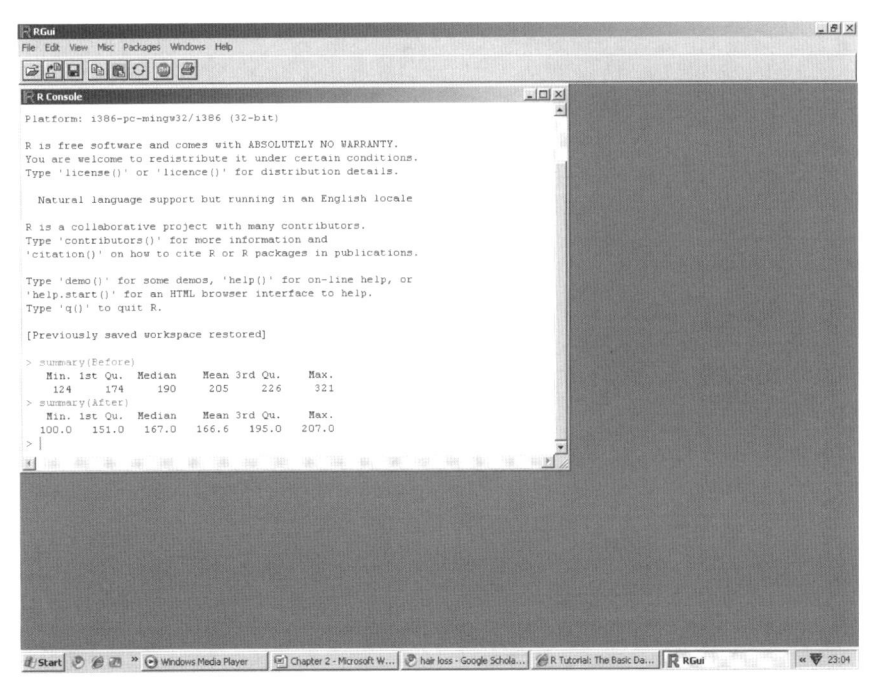

CAPTURA DE TELA 2.39

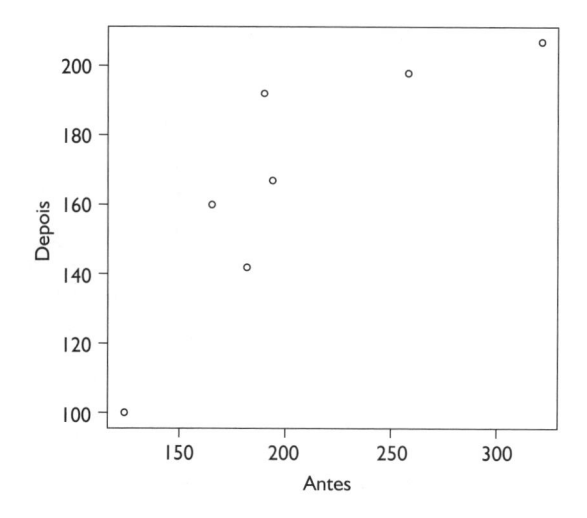

FIGURA 2.4

Diagrama de dispersão gerado no R.

Lendo dados de um arquivo no R

Inserir dados no R da forma como mostramos só será possível se você tiver um número pequeno de participantes e relativamente poucas variáveis. Contudo, se tiver um conjunto de dados grande, é melhor usar outro programa para entrar com seus dados, como o Excel, da Microsoft. Você pode transportar os dados do Excel para o R facilmente. Para ilustrar essa ação, digitamos os dados de Idade (*Age*) e Sexo (*Sex*) na planilha (Captura de tela 2.40).

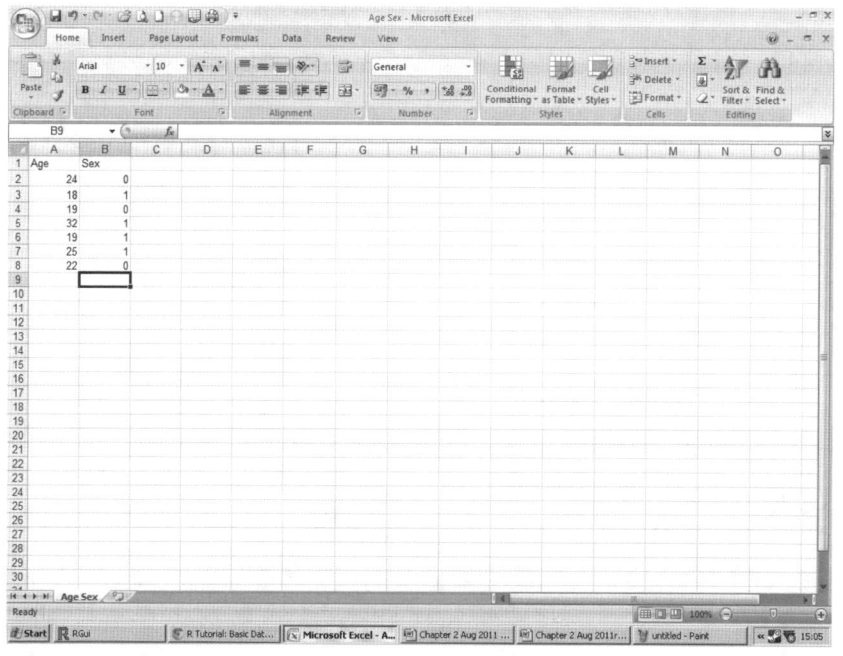

CAPTURA DE TELA 2.40

Observe que digitamos os nomes das variáveis na primeira linha do arquivo. Isso é importante, pois você pode usar esses nomes para rotular as variáveis quando importar os dados para o R.

Se salvarmos o arquivo como um arquivo tradicional do Excel, o R não será capaz de lê-lo; portanto, você terá de salvá-lo em um formato chamado de CSV (*Comma Separeted Values*). Para isso, simplesmente clique no pequeno ícone do Windows, no canto superior esquerdo da tela, e, então, selecione Salvar como (Captura de tela 2.41).

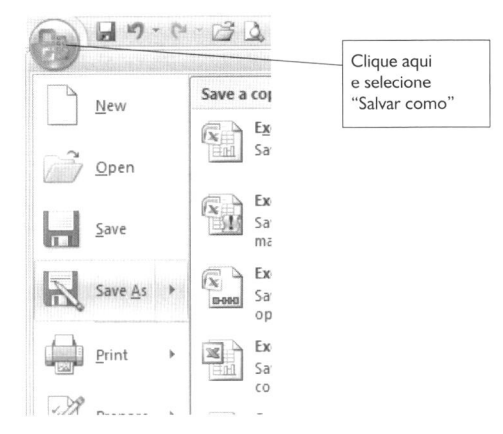

Na caixa de diálogos, você deve digitar o nome do arquivo e, então, ativar a lista suspensa na caixa do tipo Salvar como e rolá-la até achar a opção CSV. Selecione essa alternativa e salve o arquivo (Captura de tela 2.42).

Será apresentada uma mensagem perguntando se você quer manter o arquivo no formato CSV (Captura de tela 2.43). Responda Sim e, logo após, feche o Excel. Ele per-

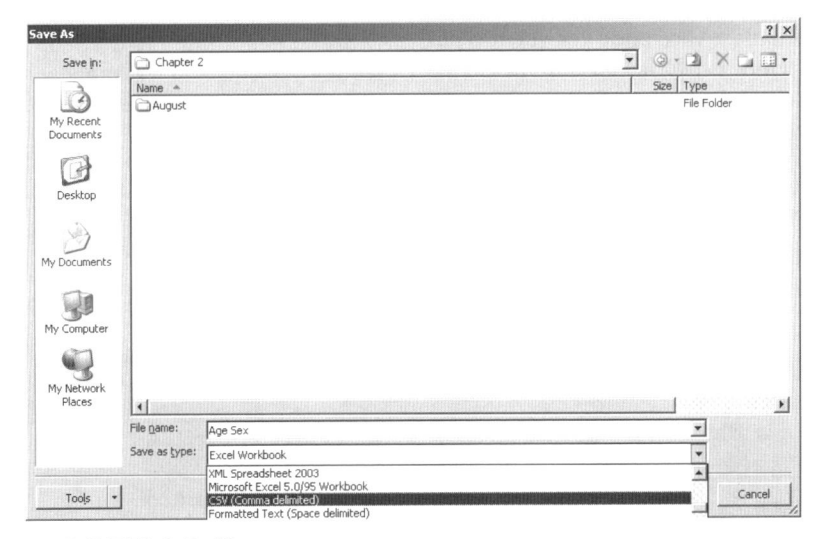

CAPTURA DE TELA 2.41

CAPTURA DE TELA 2.42

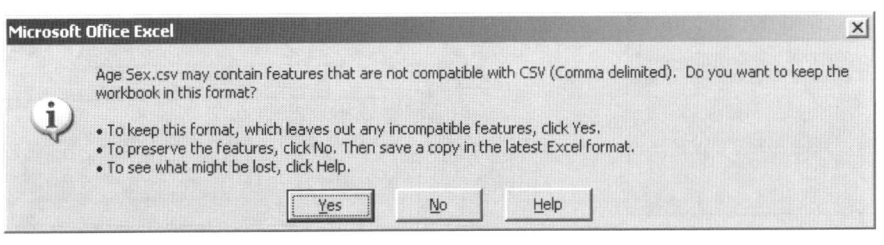

CAPTURA DE TELA 2.43

guntará se você quer salvar os dados, mas não isso será necessário, pois você já fez isso.

Agora seus dados estão em um arquivo de dados adequado, e podemos abri-lo com o R. Para fazê-lo, você terá que, em primeiro lugar, mudar o diretório de trabalho no R, para que ele seja o mesmo em que você salvou os seus dados. Faça isso clicando no menu *File* (Arquivo) e selecionando a opção *Change dir* (Mudar diretório) (Captura de tela 2.44).

Então, selecione o diretório com o qual você quer trabalhar (Captura de tela 2.45).

Uma vez que tenha definido o diretório de trabalho, você pode ler os dados usando o seguinte comando:

Age_Sex <- read.csv(file="Age Sex.csv", head=TRUE,sep=",")

O *Age_Sex* simplesmente atribui um nome aos dados. Você pode ver que nos parênteses temos especificado o nome do arquivo que queremos ler; usamos a opção "head=TRUE" para o R saber que os nomes das variáveis estão na primeira linha do arquivo do Excel, e "sep=," para indicar que os valores nos arquivos são separa-

dos por vírgulas. Você pode checar que o R leu os dados digitando o nome designado para os dados:

Age_Sex

Você irá notar que o R fornece uma lista dos dados (Captura de tela 2.46).

Ao ler os dados de um arquivo, você perceberá que o R os lê em algo chamado de *data frame* (quadro de dados). Você pode simplesmente digitar o nome da variável e conseguir a lista de valores dessa variável. Se você desejar uma lista de uma variável específica, será preciso apontar o nome do quadro de dados (no nosso exemplo, "Age_Sex") e, então, o nome da variável (separadas pelo sinal $). Por exemplo:

Age_sex$Sex

INTRODUÇÃO AO SAS

O SAS é bem diferente do SPSS, pois tudo o que você quiser fazer com ele deve ser digitado em miniprogramas. Entretanto, a essência do sistema é baseada no Windows, e é isso o que queremos introduzir aqui. Quando você inicia o SAS, aparece uma tela inicial (Captura de tela 2.47).

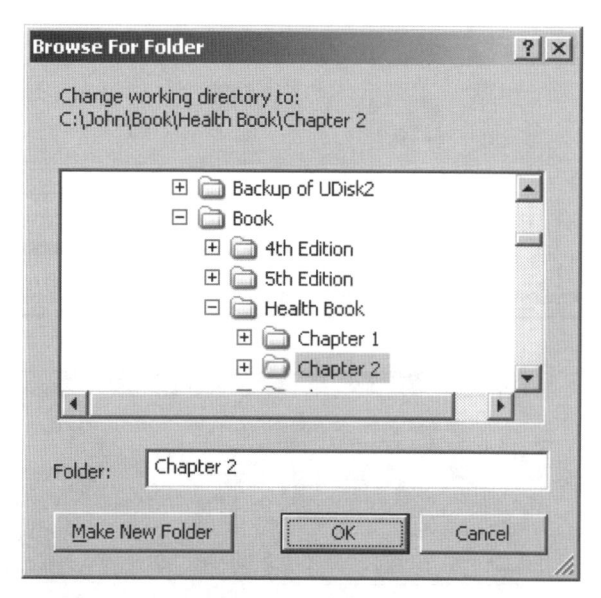

CAPTURA DE TELA 2.44

CAPTURA DE TELA 2.45

CAPTURA DE TELA 2.46

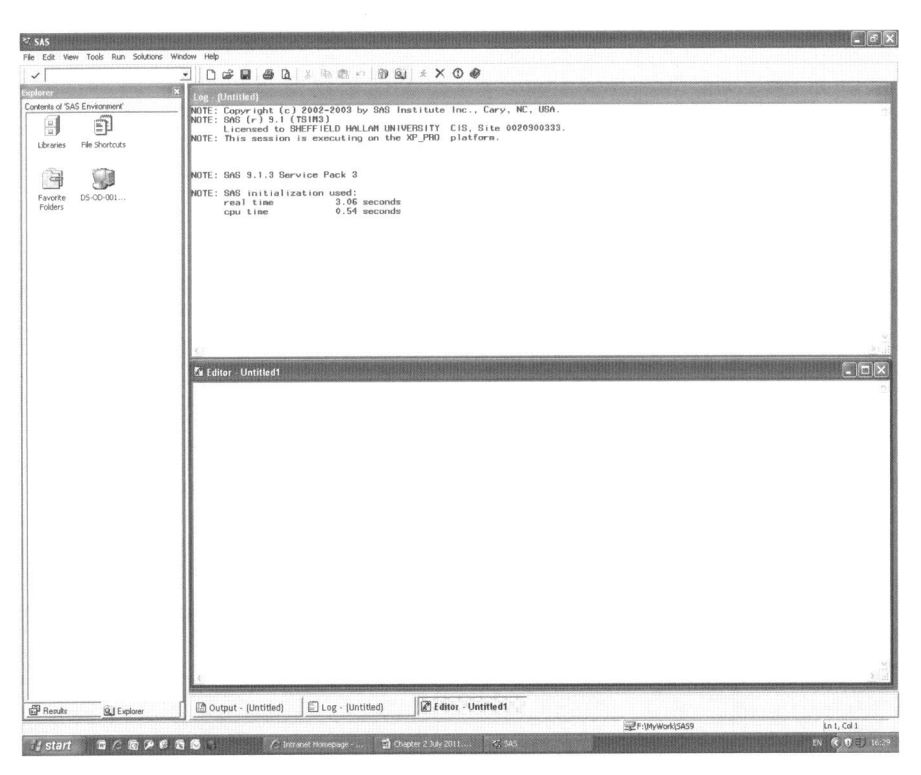

CAPTURA DE TELA 2.47

Essa tela tem três seções, o *Explorer*, o *Log* e o *Editor*. Usamos a seção do *Explorer* para acessar e organizar os arquivos do SAS. A seção *Log* é usada para mantê-lo informado sobre o que você fez. Nesta janela você, será capaz de ver os comandos que solicitou ao SAS, e ele irá imprimir quaisquer erros dos seus comandos. Se o SAS não reconhecer o que você lhe pediu para fazer, será impresso um erro na janela *Log*. Na seção *Editor*, você gera miniprogramas para serem executados pelo SAS. Você notará que, na parte inferior da tela, existem alguns painéis que podem ser clicados. Eles produzem duas partes adicionais do *software*: a janela *Output* (Saída), em que será exibida a análise que você pediu para o SAS produzir, e a janela *Results* (Resultados), que permite navegar de modo rápido e fácil por meio da saída.

Trabalhando com arquivo de dados no SAS

Os arquivos de dados do SAS são armazenados em *Libraries* (Bibliotecas) que podem ser acessadas na janela *Explorer*. Existem algumas bibliotecas-padrão exibidas na janela *Explorer* assim que se inicia o SAS, mas você pode querer criar sua própria biblioteca para saber onde encontrar seus arquivos de dados mais facilmente. Para criar uma biblioteca, deve-se clicar no ícone *New Library* (Nova Biblioteca) na barra de ferramentas (ele se parece com um fichário – Captura de tela 2.48).

Quando fizer isso, será apresentada uma caixa de diálogos em que se pode criar o nome e outras características de sua biblioteca (Captura de tela 2.49).

Você deve digitar um nome adequado para a biblioteca, limitado a oito caracteres e sem espaços ou pontuação. Chamamos nossa biblioteca de "Data_Lib".

Você deve selecionar, também, a opção *Enable at startup* (Habilite ao iniciar), o que irá produzir automaticamente a biblioteca na janela *Explorer* quando você inicia o SAS. Por fim, utilize o botão *Browse* (Navegador) para selecionar a pasta em que deseja armazenar sua biblioteca e, então, clique

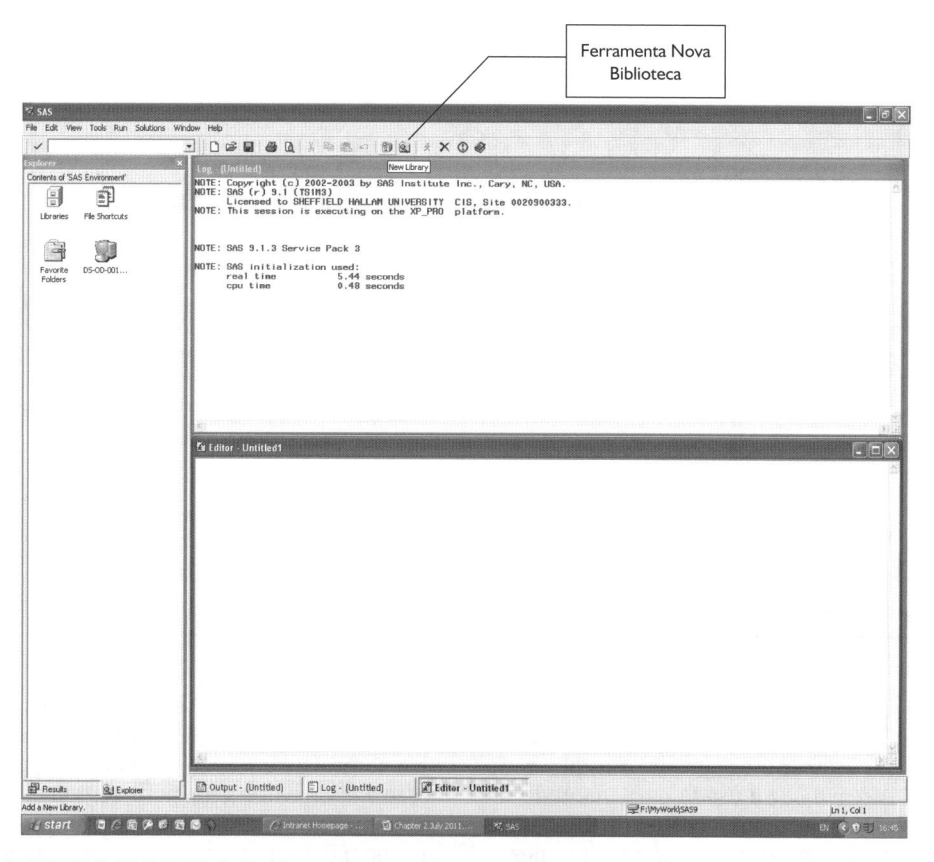

CAPTURA DE TELA 2.48

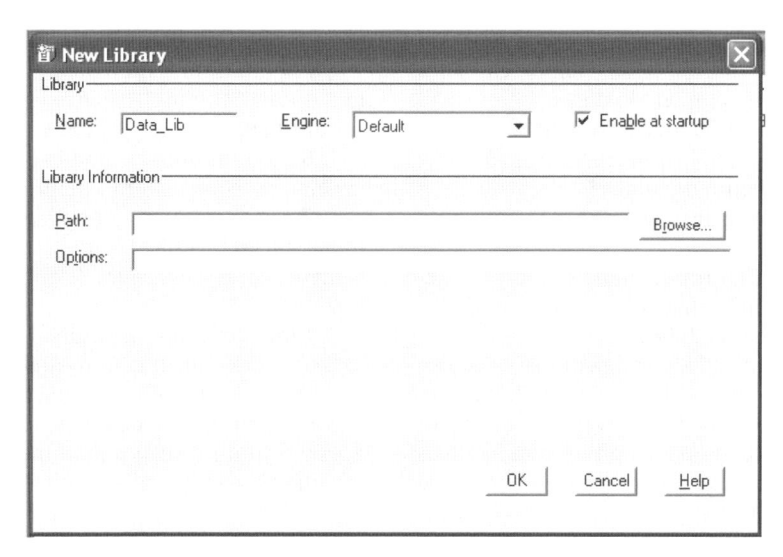

CAPTURA DE TELA 2.49

em OK para criar a biblioteca. Se você agora for para a janela *Explorer* e clicar duas vezes no ícone *Library* (Biblioteca), verá sua nova biblioteca (Captura de tela 2.50).

Criando um novo arquivo de dados

A criação de novos arquivos de dados não é óbvia, mas, uma vez familiarizado com o *software*, isso se tornará mais fácil. Para criar um arquivo de dados, você deve primeiro clicar duas vezes na *Library* (Biblioteca) em que deseja mantê-lo. Iremos armazenar nosso arquivo na nova biblioteca "Data_Lib", que acabamos de criar. Ao clicar duas vezes nela, você obterá uma janela vazia (Captura de tela 2.51).

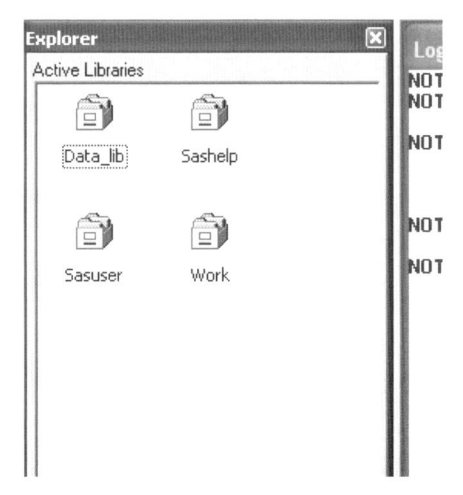

CAPTURA DE TELA 2.50

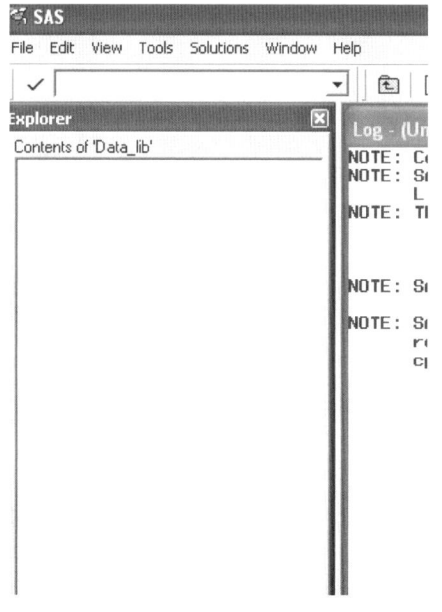

CAPTURA DE TELA 2.51

Isso indica que ainda não temos um arquivo de dados nessa biblioteca. Para criar um novo arquivo de dados, clique com o botão direito do mouse na janela vazia da biblioteca e, então, selecione a opção *New* (Novo) (Captura de tela 2.52).

Você verá diversas opções (Captura de tela 2.53).

Clique na opção *Table* (Tabela), e será apresentada uma nova tabela de dados (Captura de tela 2.54).

Como no SPSS, cada coluna na tabela representa uma variável, e cada linha, um caso (ou pessoa). Você pode mudar os nomes das colunas para nomes significativos de variáveis clicando duas vezes no topo de cada coluna. Nós criamos novas variáveis para *Age* (Idade) e para *Sex* (Sexo) (Captura de tela 2.55).

Como no SPSS, podemos mudar algumas características das variáveis clicando no cabeçalho da coluna e, então, clicando com o botão direito do *mouse* e selecionando a opção *Column Attributes* (Atributos da coluna) (Captura de tela 2.56).

Será apresentada uma caixa de diálogos em que você poderá alterar alguns atributos básicos, como mudar a largura da coluna e dar um rótulo à variável (como fizemos para a variável *Age*) (Captura de tela 2.57).

Uma vez criada a variável ao seu modo, você pode entrar com os dados. Nós entramos com os dados para *Age* (Idade) e *Sex* (Sexo), como mostrados a seguir. Na tabela, codificamos o sexo masculino como 0, e o feminino, como 1.

Age: 24, 18, 19, 32, 19, 25, & 22

Sex: Male, Female, Male, Female, Female, Female, Male

Para digitar os dados, você deve clicar na primeira célula da coluna *Age*, digitar a primeira idade e, então, usar a tecla das setas para mover para a próxima célula e digitar a próxima idade. Faça isso até que você tenha entrado com os dados para as

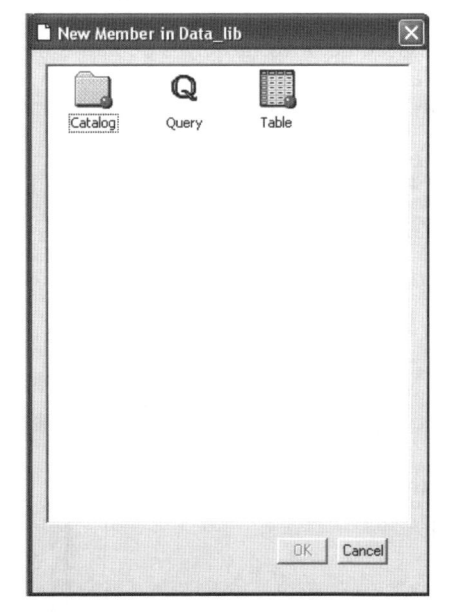

CAPTURA DE TELA 2.52

CAPTURA DE TELA 2.53

CAPTURA DE TELA 2.54

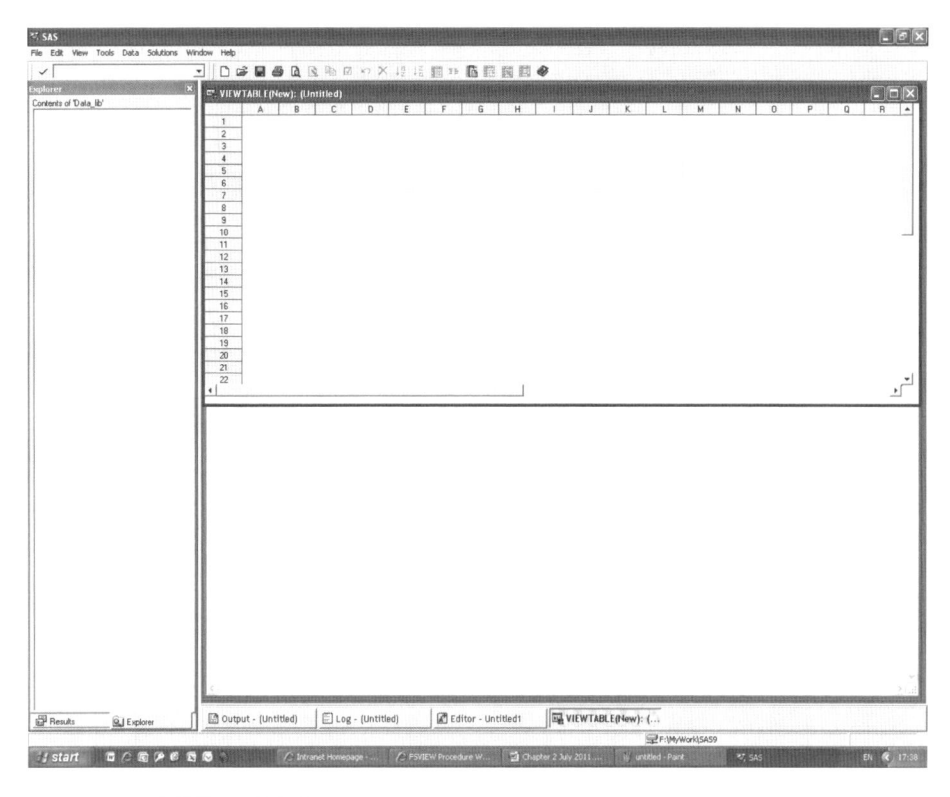

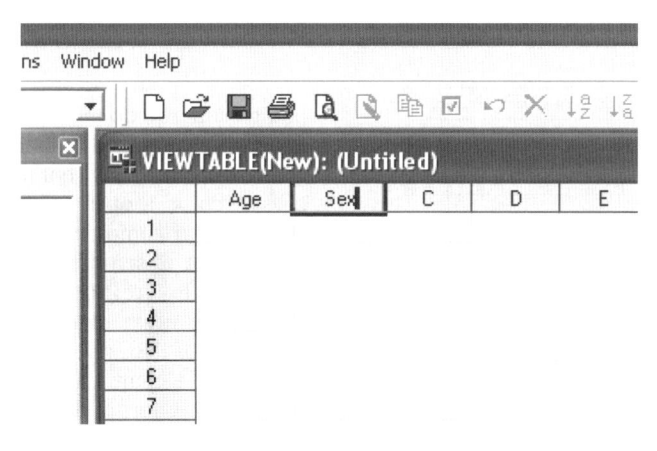

CAPTURA DE TELA 2.55

duas variáveis. Sua tabela de dados deve ficar igual à da Captura de tela 2.58.

Agora que entramos com os dados, devemos salvá-los. Para isso, clique com o

CAPTURA DE TELA 2.56

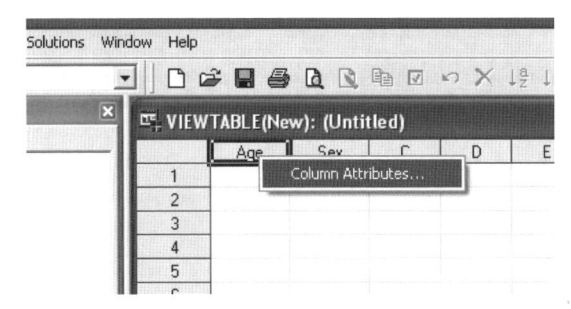

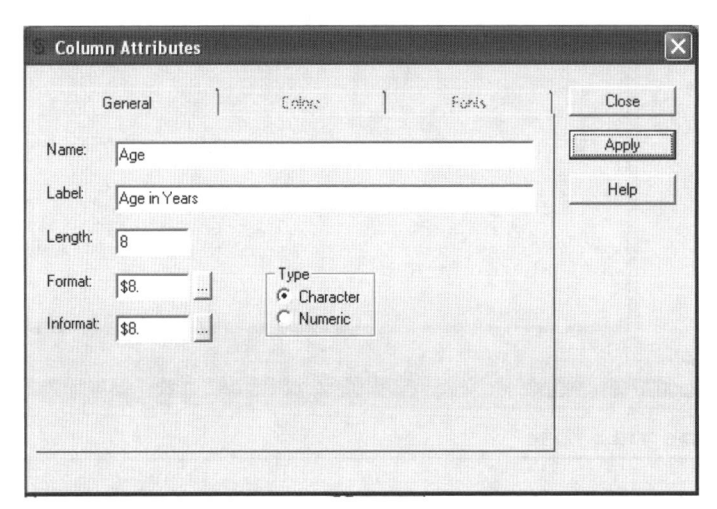

CAPTURA DE TELA 2.57

CAPTURA DE TELA 2.58

botão esquerdo do *mouse* no ícone no canto superior esquerdo da tabela de dados e escolha a opção *Menu*; então, da lista de opções, escolha a opção *File* (Arquivo) e *Save As* (Salvar como) (Captura de tela 2.59).

Será apresentada uma caixa de diálogos em que você pode especificar o nome do arquivo e em qual biblioteca quer salvar os dados. Nós selecionamos a biblioteca "Data_Lib" e chamamos o arquivo de "Age_Sex_Data" (Captura de tela 2.60).

Quando você clica em Salvar, verá que aquela tabela está salva na biblioteca "Data_Lib". Se quiser acessar a tabela de novo, você pode simplesmente clicar duas vezes sobre ela na janela *Explorer*.

Agora estamos prontos para executar algumas análises básicas nos dados. Você deve ter percebido que temos que digitar os comandos para executar as análises na janela do *Editor*. Em primeiro lugar, criaremos algumas estatísticas descritivas simples para a variável Age. O SAS lida com os arquivos de dados de uma maneira diferente do SPSS. Só porque você tem um arquivo de dados aberto não significa que o SAS executará análises nele. Você precisa gerar uma cópia de trabalho do arquivo de dados para que o programa possa trabalhar. Isso tem uma vantagem muito grande, pois significa que todas as mudanças dentro daquela sessão de análise serão feitas na cópia de trabalho em vez de no arquivo original, e, assim, se algo der errado, você pode facilmente voltar ao conjunto original. Para criar uma cópia de trabalho do arquivo de dados, você deve digitar o comando mostrado a seguir na janela do *Editor*. Não se esqueça de incluir o ponto e vírgula (;) no final de cada linha, pois isso indica ao SAS o fim daquele comando em particular:

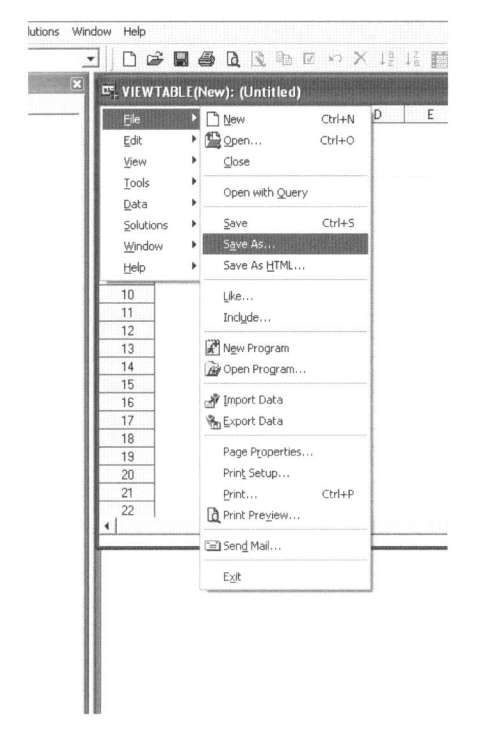

data working;
set Data_Lib.Age_Sex_Data;
run;

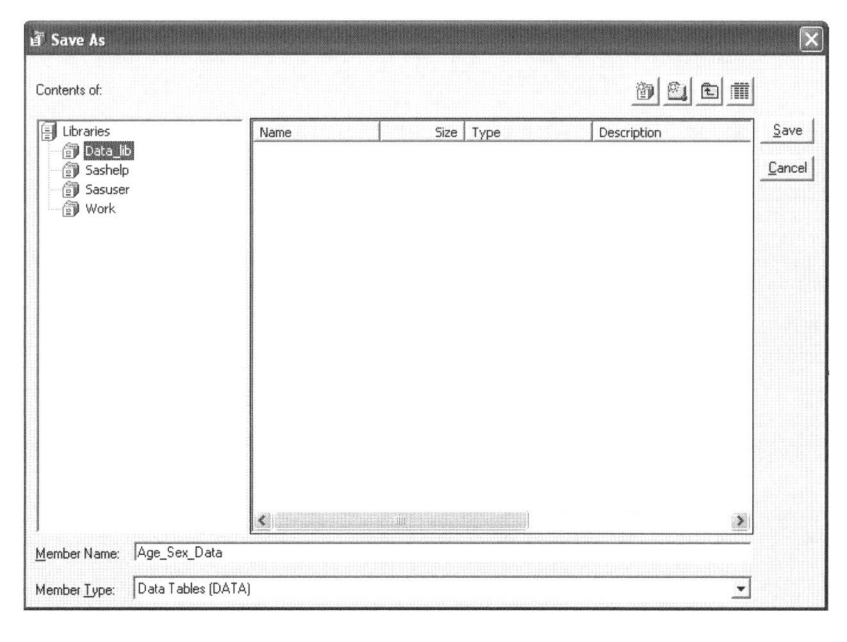

CAPTURA DE TELA 2.59

CAPTURA DE TELA 2.60

É sempre uma boa ideia digitar o comando "run;" ao final de um miniprograma como este. Quanto tiver feito isso, coloque o cursor após o comando "run;" e clique no ícone *Submit* (Submeter) para executar os comandos (Captura de tela 2.61).

Você tem agora uma cópia de trabalho dos dados para processar. Queremos gerar algumas estatísticas com os nossos dados. Para isso, digite o seguinte:

Proc means;

run;

Então, clique no Botão *Submit* (Submeter). Será apresentada a saída exibida na Captura de tela 2.62.

Você notará que esse comando fornece uma tabela com algumas estatísticas básicas (trataremos disso no Cap. 3). Lembre-se que, *Sex* (Sexo) é uma variável categórica, mas a definimos em nossos exemplos como numérica. Portanto, você deve obter resumos estatísticos para ela. Para assegurar que o SAS reconhece sua variável como categórica, você pode, assim que entrar com os dados em uma planilha nova de dados, digitar os rótulos, como "*male*" (homem) e "*female*" (mulher). Assim, em vez de digitar 0 e 1, você digitaria os rótulos. O arquivo de dados ficará, então, como apresentado na Captura de tela 2.63.

Agora, se você executar o comando *Proc means*, a saída ainda se parecerá com aquela da Captura de tela 2.62. Antes de executar o comando nos dados apresentados, é preciso criar uma cópia de trabalho deles com os comandos *data* (dados) e *set* (definir):

data working;

set Data_Lib.Age_Sex_Data;

Proc means;

run;

Ao executar estes comandos, você obterá como saída a Captura de tela 2.64.

Até agora, somente obtemos resumos estatísticos para a variável *Age* (Idade). Como *Sex* (Sexo) é uma variável categórica,

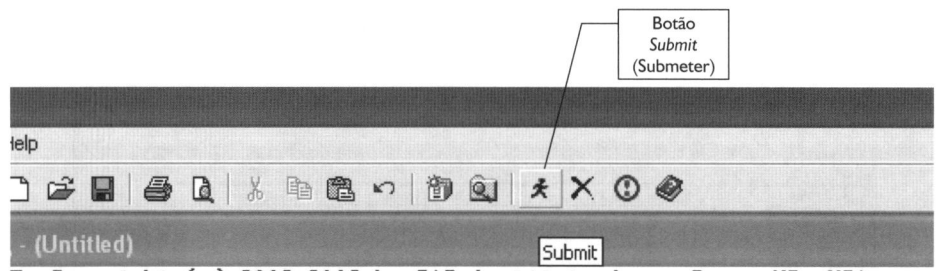

CAPTURA DE TELA 2.61

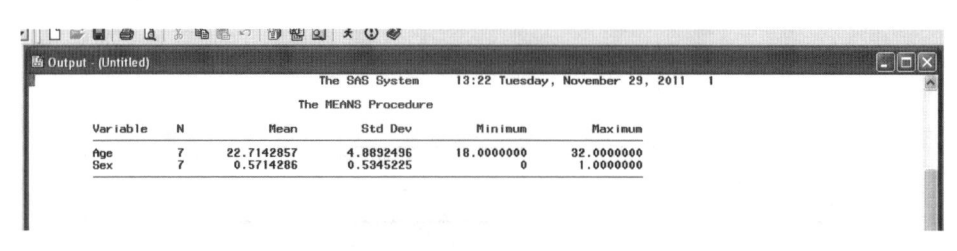

CAPTURA DE TELA 2.62

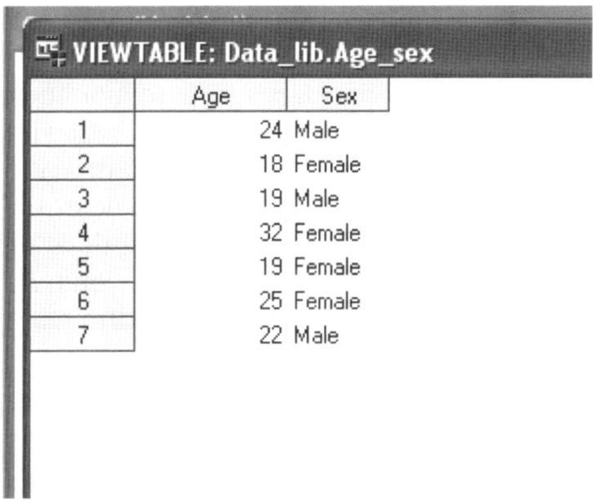

não obtemos as estatísticas. Em condições ideais, o que realmente queremos é o resumo estatístico para a idade separada por sexo. Podemos fazer isso incluindo o comando *by* logo após o comando *Proc means*. Entretanto, o SAS é um pouco peculiar e somente fará isso se você ordenar primeiro os dados. Precisamos, também, incluir o comando *sort* (ordenar). O miniprograma deve ficar assim:

Proc sort; by Sex;

Proc means; by Sex;

run;

Você obterá uma saída semelhante à da Captura de tela 2.65.

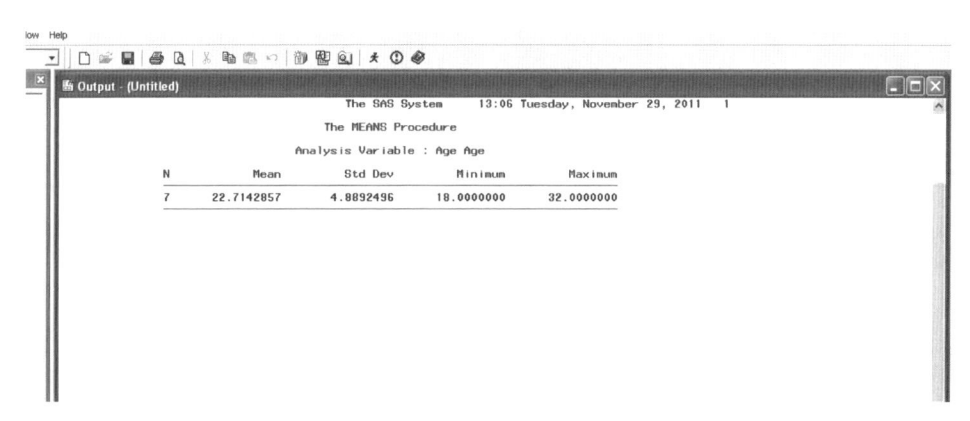

CAPTURA DE TELA 2.63

CAPTURA DE TELA 2.64

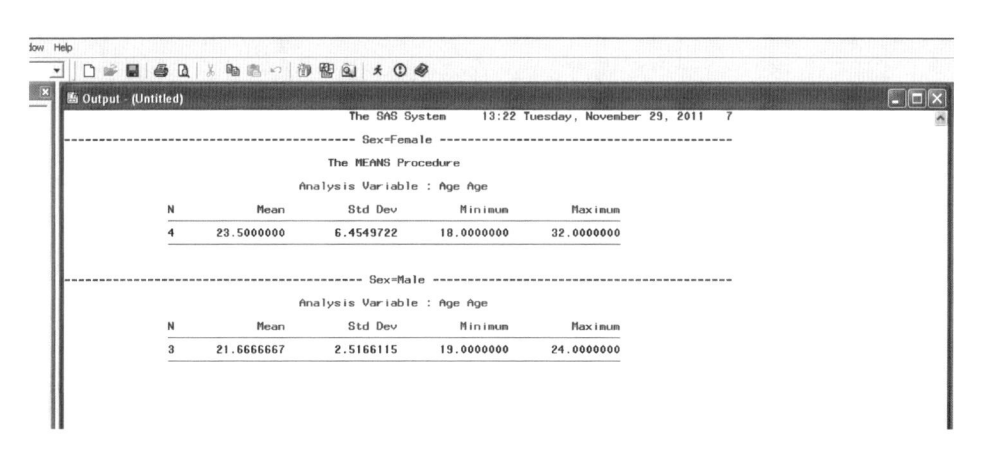

CAPTURA DE TELA 2.65

Agora as estatísticas foram divididas por sexo. Porém, seria melhor se pudéssemos obter esses detalhes em uma única tabela. Isso é possível, só que, em vez de utilizar o comando *by* após o comando *Proc means*, é preciso utilizar o comando *class* (classe).

Proc sort; by Sex;
Proc means; class Sex;
run;

Será apresentada, então, uma tabela mais limpa (Captura de tela 2.66).

Observamos, até agora, os delineamentos entre grupos. E quanto ao nosso delineamento intragrupos da queda de cabelo? Abra um novo arquivo de dados e digite os dados da Tabela 2.3. Você deve ter duas colunas, podendo nomeá-las como *Before* (Antes) e *After* (Depois) (Captura de tela 2.67).

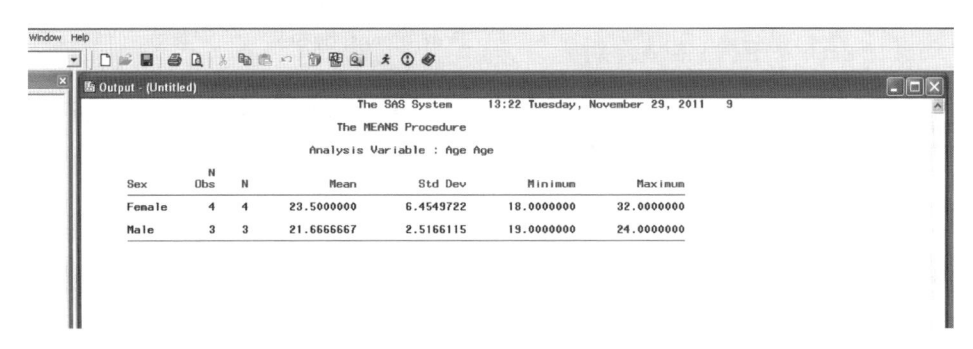

CAPTURA DE TELA 2.66

CAPTURA DE TELA 2.67

Não esqueça de salvar o arquivo em sua biblioteca. Podemos, agora, gerar um resumo estatístico básico para essas duas variáveis. Lembre-se: você deve primeiro fazer uma cópia de trabalho do arquivo usando os comandos *data* (dados) e *set* (definir) e, então, usar o comando *Proc means* para gerar o resumo estatístico:

data working; set Data_lib.Hairloss;

Proc means;

run;

Quando você executar o comando, será apresentada a tabela exibida na Captura de tela 2.68.

Finalmente, para esta introdução ao SAS, geraremos um diagrama de dispersão simples. Para isso, devemos utilizar o procedimento *Gplot* e o comando *plot* (organizar) O miniprograma será:

Proc Gplot;

plot After*Before;

run;

No comando *plot* (organizar), a primeira variável listada será apresentada no eixo *y*, e a segunda no eixo *x*. Uma vez executado o comando, será exibido um diagrama de dispersão semelhante ao da Figura 2.5.

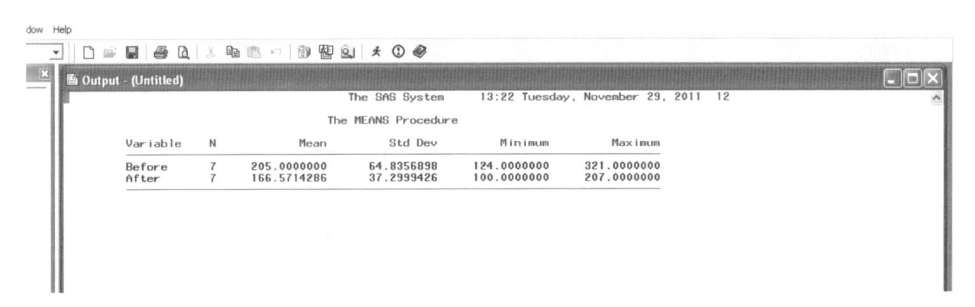

CAPTURA DE TELA 2.68

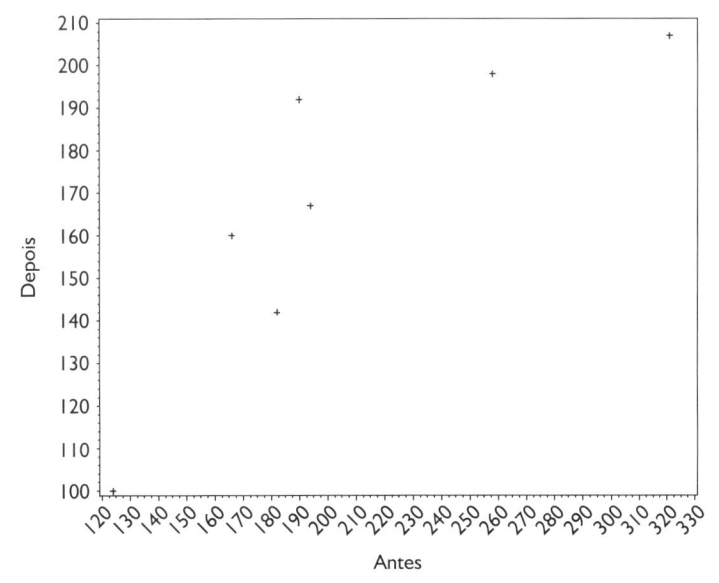

FIGURA 2.5

Diagrama de dispersão gerado no SAS.

> **Resumo**
>
> Introduzimos os três principais pacotes estatísticos. Mostramos como entrar com os dados em todos eles e como gerar algumas estatísticas simples, tanto numéricas quanto gráficas. Ao longo do livro, você será capaz de adquirir mais prática com o SPSS, mas, caso prefira outro pacote, poderá encontrar, no *site* associado, orientações de como fazer as mesmas análises no SAS ou no R.

EXERCÍCIO I COM O SPSS

Um pesquisador está interessado em comparar os níveis de estresse de enfermeiros, médicos residentes e consultores em um hospital movimentado do centro da cidade. Eles solicitaram uma amostra de cada ocupação para completar um questionário em que os escores mais altos indicam altos níveis de estresse. Entre com os dados apresentados na Tabela 2.4, no SPSS, e produza um resumo estatístico dividido por ocupação.

TABELA 2.4

Escores de estresse para enfermeiros, médicos residentes e consultores

Ocupação	Estresse
Enfermeiro	32
Enfermeiro	28
Enfermeiro	22
Enfermeiro	35
Enfermeiro	29
Enfermeiro	27
Enfermeiro	26
Médico residente	31
Médico residente	23
Médico residente	29
Médico residente	34
Médico residente	26
Médico residente	24
Consultor	19
Consultor	16
Consultor	11
Consultor	22
Consultor	20
Consultor	17

EXERCÍCIO 1 COM O R

Entre com os dados da Tabela 2.4 no R e obtenha um resumo estatístico dividido por ocupação.

EXERCÍCIO 1 COM O SAS

Entre com os dados da Tabela 2.4 no SAS e obtenha um resumo estatístico dividido por ocupação.

EXERCÍCIO 2 COM O SPSS

Um pesquisador realizou um estudo e coletou avaliações da satisfação de pacientes internos em relação a um hospital (em que o escore mais alto significa maior satisfação). Foi registrado, também, o tempo, em dias, que as pessoas permaneceram na instituição. Os dados são apresentados na Tabela 2.5. Entre com os dados no SPSS e obtenha um resumo estatístico e um diagrama de dispersão.

EXERCÍCIO 2 COM O R

Entre os dados da Tabela 2.5 no R e obtenha um resumo estatístico para as duas variáveis. Faça, também, um diagrama de dispersão.

EXERCÍCIO 2 COM SAS

Entre com os dados da Tabela 2.5 no SAS e obtenha um resumo estatístico para as duas variáveis. Faça, também, um diagrama de dispersão.

NOTAS

1. Você pode executar o SPSS como um comando de interface SAS ou R usando a sintaxe do SPSS – um conjunto de comandos que você digita para executar cada uma das análises no SPSS. Na verdade, o que o SPSS realmente faz é usar os menus e as caixas de diálogos para construir comandos que executem as análises. Muitas pessoas sugerem converter as ordens dos menus/caixas de diálogos em sintaxe como uma forma de manter um registro das análises que foram realizadas.
2. De forma muito frequente, quando for conduzir um estudo, você alocará valores específicos a cada participante. Ao fazer isso, uma boa ideia seria usar a primeira variável do arquivo de dados para registrar o número do participante.

TABELA 2.5

Dados da satisfação dos pacientes e tempo de internação no hospital

Satisfação do paciente	Tempo de internação
7	14
4	12
6	6
3	1
2	3
2	6
5	8
6	6
7	9
2	1

3
Estatística descritiva

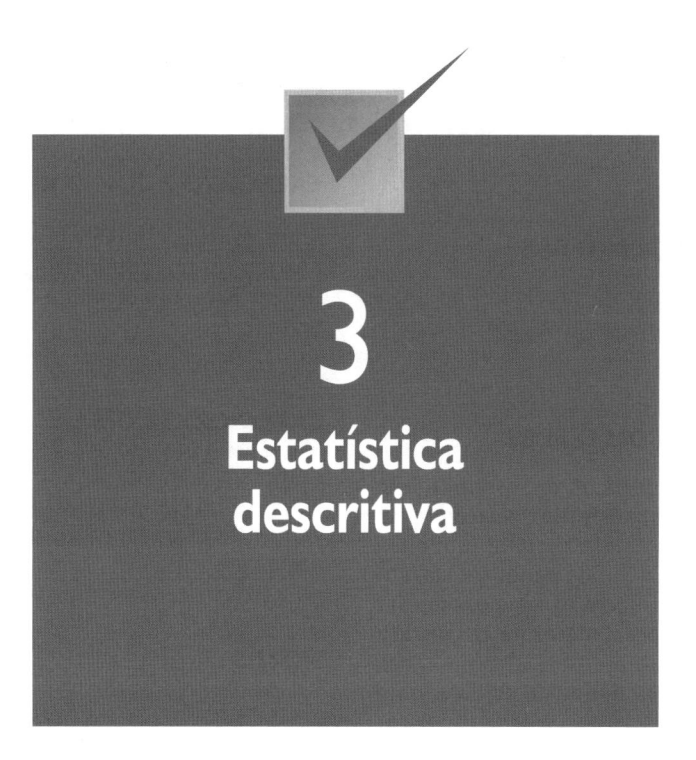

Panorama do capítulo

Neste capítulo, iremos introduzir algumas maneiras simples de resumir e descrever dados. Destacaremos a importância dessas técnicas analíticas para um entendimento adequado dos resultados de nossa própria pesquisa e de pesquisas apresentadas por outros. Para tanto, será preciso:

✓ Descrever um escore típico em uma amostra (medidas de tendência central);
✓ Descrever a variabilidade ou dispersão dos escores em uma amostra;
✓ Apresentar os dados graficamente, incluindo:
  • Gráfico de barras
  • Gráficos de linhas
  • Histogramas
  • Diagramas de caixa e bigodes
✓ Executar as análises usando o SPSS.

Para aproveitar ao máximo as informações presentes neste capítulo, tenha certeza de ter lido e entendido o Capítulo 1, bem como a introdução para o SPSS, apresentada no Capítulo 2.

ANALISANDO OS DADOS

No Capítulo 1, apresentamos uma visão geral do processo de pesquisa com diferentes maneiras para realizá-la (delineamentos de pesquisa). Neste capítulo, avançaremos, e explicaremos algumas técnicas estatísticas simples para a análise de dados disponíveis aos pesquisadores. Tais técnicas, usadas para explorar e descrever dados, são chamadas de *estatísticas descritivas*. À medida que progride nos assuntos do livro, você aprenderá que existem dois tipos diferentes de técnicas estatísticas utilizadas pelos pesquisadores. Um conjunto de técnicas é usado simplesmente para descrever os dados da pesquisa, e outro é usado para nos ajudar, como pesquisadores, a generalizar os resultados do nosso estudo para uma população. As técnicas citadas em primeiro lugar são as estatísticas descritivas, e as últimas são as denominadas de *estatísticas inferenciais*. No momento oportuno, você entenderá a distinção entre as duas e os usos apropriados para elas. Você perceberá que a maior parte deste livro (e, na realidade, a maior parte dos outros livros de estatística) é dedicada a explicar a estatística inferencial. Porém, não pense que isso significa que tais técnicas sejam as mais importantes. Na verdade, uma discussão poderia ser feita para apontar que as técnicas da estatística descritiva são, pelo menos, tão importantes quanto as inferenciais (e, talvez, até mais importantes). Um livro seminal de Tukey, datado de 1977 e entitulado *Análise exploratória de dados*, é dedicado inteiramente à estatística descritiva (todas as suas 688 páginas... uau!), pois o autor achou que a sua importância tenha sido desconsiderada pela corrente predominante de pesquisadores.

Por que a estatística descritiva é tão importante? Pense nesta analogia. Você vai em um encontro às cegas e está muito nervoso. Vamos supor que irá se encontrar no lado de fora de um determinado restaurante e decide esperar na esquina, para que, assim, possa dar uma espiada na pessoa antes de encontrá-la. Quando a vê pela primeira vez, você irá examiná-la mentalmente da mesma forma que um analista de dados examina seus dados. Você pode fazer uma série de perguntas a si mesmo. Ele é bonito ou atraente? Ele está bem vestido? Ele está carregando um presente (flores ou chocolates)? Ele é alto? Ele parece nervoso? Ele parece um psicopata? Todas essas perguntas estão relacionadas a características importantes do seu encontro e podem determinar se você vai ou não atravessar a rua para encontrá-lo. Conforme avança na sua refeição, você constantemente examinará o seu encontro e fará mais perguntas. Ele é engraçado? Ele come como um porco? A maior parte do seu jantar será dedicada ao conhecimento mútuo, e vocês farão perguntas um ao outro com esse intuito. Assim, pode perguntar qual o trabalho dele. Qual o seu *hobby*? Que tipo de música, livros ou filmes ele gosta? Todas essas perguntas irão ajudá-lo a conhecê-lo. Isso é similar à análise inicial de nossos dados na pesquisa. Conduzimos uma análise descritiva para conhecer melhor nossos dados. Outro propósito da estatística descritiva é a descrição dos seus dados para outra pessoa. Se você pensar no exemplo do encontro às cegas, existem similaridades aqui. Quando encontrar o seu melhor amigo no dia seguinte, você irá querer falar sobre o seu encontro. Usará as respostas das perguntas que fez e a sua análise de como foi o seu encontro para descrevê-lo ao seu amigo.

Esse processo de examinar ou explorar é exatamente o que os pesquisadores devem fazer para entender melhor os dados e como utilizá-los para tomar decisões importantes. Os dados estão lhe dizendo algo importante? Vale a pena fazer uma análise? Você precisa coletar mais dados? É por meio da exploração dos seus dados que você terá um conhecimento mais bem elaborado sobre eles e entenderá melhor o que pode fazer com as informações para alcançar os objetivos da pesquisa.

ESTATÍSTICAS DESCRITIVAS

Vamos iniciar descrevendo um exemplo de uma pesquisa. Suponha que estejamos interessados em descobrir se existem diferenças entre pacientes que sofreram acidente vascular cerebral e aqueles que sofreram um ataque cardíaco na disponibilidade de aceitar a doença. Digamos que executaremos um estudo em que daremos a um grupo de pacientes, com cada uma das doenças, um questionário avaliando como estão superando a condição após deixar o hospital. Vamos assumir que quanto mais alto o escore do questionário, melhor é a superação. Alguns dados hipotéticos para esse estudo estão na Tabela 3.1.

TABELA 3.1
Escores de superação de pacientes vítimas de acidente vascular cerebral e ataque cardíaco

Acidente vascular cerebral		Ataque cardíaco	
39	27	27	27
26	1	29	23
26	25	27	26
9	23	27	35
14	23	27	35
28	40	22	32
21	9	29	32
26	13	23	22
23	13	29	25
18	21	30	30

ATIVIDADE 3.1

Observe os escores na Tabela 3.1 para os pacientes vítimas de acidente vascular cerebral. Como você iria descrevê-los a um amigo que não pode vê-los?

Você deve ter observado na Atividade 3.1 que é bem difícil descrever dados, e deve ter dito ao seu amigo que o escore mais baixo é 1 e o mais alto é 40. Também pode ter dito que a maioria das pessoas tinha escores em torno dos vinte, mas que alguns tinham escores entre 10 e 20 ou mais baixos e que somente dois tinham escores acima de 30. Você pode ter sido um pouco mais preciso na sua descrição, dizendo que há três escores abaixo de 10, quatro entre 10 e 19, 11 na casa dos 20 e dois acima de 30. Essas descrições verbais podem dar ao seu amigo uma boa ideia dos escores no seu conjunto de dados, e é exatamente isso o que fazemos com as estatísticas descritivas. Descreveríamos nossos dados usando técnicas para comunicar a outras pessoas como eles são. Geralmente, quando publicamos uma pesquisa em um periódico, não incluímos todos os nossos dados e, portanto, precisamos descrevê-los ao leitor. Usamos, também, técnicas descritivas padronizadas para nos dar uma melhor compreensão acerca de nossos dados. Frequentemente, em uma pesquisa, estudamos bem mais do que 20 pacientes. Não é tão incomum uma pesquisa incluir centenas (e, até mesmo, milhares) de pessoas no estudo. Nesses casos, seria muito difícil para você examinar os dados individualmente, como fizemos aqui, e fornecer uma descrição deles. Outro problema com a descrição dos dados a olho nu é que a sua descrição pode diferir daquelas feitas por outros. Portanto, técnicas padronizadas permitem uma consistência muito maior na descrição dos dados e fornecem uma compreensão compartilhada das características das pessoas que incluímos em nosso estudo.

ESTATÍSTICAS DESCRITIVAS NUMÉRICAS

Existem várias maneiras diferentes com que você pode explorar e descrever os seus dados. Nesta seção, mostraremos formas padronizadas de descrição, usando números. As técnicas que explicaremos aqui são similares às descrições que apresentamos anteriormente para os dados dos pacientes vítimas de acidente vascular cerebral. Ao observar novamente aquelas descrições, você perceberá que usamos números para descrever todo o conjunto de dados. Quando fazemos isso, costumamos dizer que estamos resumindo nossos dados, e tais técnicas são normalmente chamadas de resumos estatísticos. Elas são um pouco parecidas com uma crítica de filme, em que você pode resumir o enredo em poucas palavras. Por exemplo, "O filme *Adaptação da estatística para as ciências da saúde* foi de cair o queixo". Ou pode usar um simples número para descrever o filme como, por exemplo, quatro ou cinco. Podemos fazer coisas semelhantes para descrever os dados.

O "Escore típico" – Medidas de tendência central

> **☑ ATIVIDADE 3.2**
>
> Observe novamente os dados presentes na Tabela 3.1 para os pacientes vítimas de acidente vascular cerebral. Que número você acha que melhor representa os dados?

Você pode dizer que 23 pode ser um bom número para descrever todo o conjunto de dados. Não há dúvidas de que você pode ter sugerido um número diferente, e é por essa razão que é melhor usarmos as estatísticas descritivas padronizadas.

A média

Uma maneira de resumir os dados é tentando identificar o escore típico no conjunto de dados. Existem várias maneiras diferentes de se fazer isso, mas talvez a mais comum seja a *média*. A média é o que muitas pessoas pensam ser médio, como foi ensinado na escola. É o valor numérico mais próximo a todos os escores do conjunto de dados. Podemos calcular a média facilmente somando todos os escores no conjunto e, então, dividindo "a soma" pelo número de escores que temos. Assim, para os pacientes que sofreram um acidente vascular cerebral, temos 20 escores no conjunto de dados que, somados, resultam em 425. Se, agora, dividirmos 425 por 20 (o número de escores no conjunto de dados), isso nos daria 21,25, que é a média. Outro exemplo pode ajudar a consolidar esse conceito. Vamos olhar os dados dos pacientes que tiveram um ataque cardíaco. Para calcular a média para esses dados, você precisa somar os escores no conjunto de dados, o que nos dá o valor de 553. Agora, basta dividir essa soma pelo número de pacientes na amostra, que é 20. Portanto, 553 dividido por 20: 27,65, que será a média para os pacientes que sofreram um ataque cardíaco. Se quisermos, podemos comparar a média dos dois grupos de pacientes. Você pode ver que a média daqueles que sofreram acidente vascular cerebral de 21,25 é um pouco menor do que a dos acometidos por um ataque cardíaco, que foi de 27,65.

A média é a medida de tendência central mais comumente relatada e costuma ser a estatística de escolha quando se quer apresentar estatísticas descritivas. A média pode, porém, ser equivocada quanto a como ela representa todo o conjunto de dados. Observe os seguintes dados:

27 29 27 27 33 22 29 23 29 30 27
23 26 35 25 32 32 532 25 30

Esses são os mesmos dados dos pacientes vítimas de ataque cardíaco, mas um escore mudou. Tente calcular a média para esses novos dados. Ao somar os escores, a resposta deve ser 1.063 e, ao dividir esse valor por 20, você obterá uma média de 53,15. Percebe-se que essa média é bem maior do que a que calculamos anteriormente (27,65), e, todavia, mudamos somente um dos escores. Da mesma forma, dizer que o escore típico nesse conjunto de dados é 53,17 é equivocado, pois a grande maioria dos escores está entre 25 e 35. Portanto, a média, nesse caso, faz um péssimo trabalho ao descrever o nosso conjunto de dados. Esse exemplo destaca um dos problemas associados com a média. Pelo fato de usar os valores reais de todos os escores no conjunto de dados, ela pode ser muito influenciada por escores extremos, como o escore de 532 apresentado no último exemplo. Portanto, temos que ser cautelosos quando usamos a média, para assegurar que ela seja verdadeiramente representativa dos dados de nossa amostra.

A mediana

Uma medida de tendência central que não é influenciada por escores extremos de um conjunto de dados é a *mediana* – o escore central, em um conjunto de dados, após terem sido colocados em ordem. Desse modo, enquanto cada escore do conjunto é utilizado no cálculo da média, isso não ocorre com a mediana, o que significa que escores muito altos ou muito baixos não tem impacto no resultado final. Como ilustração do cálculo da mediana, observe o seguinte exemplo de escores (estes são os primeiros escores para os pacientes vítimas de acidente vascular cerebral presentes na Tab. 3.1):

39 26 26 9 14

A primeira coisa que precisamos fazer é reorganizar os escores para que fiquem em ordem, isto é, devemos "ordená-los" ou colocá-los na "ordem dos postos", deixando-os da seguinte forma:

9 14 26 26 39

Uma vez organizados, precisamos localizar o escore que está no meio da lista. Isto é bem fácil de ser feito quando se tem um número ímpar de escores na amostra, como o que temos aqui. Temos cinco escores; portanto, o do meio é o terceiro da lista (existem dois escores abaixo e dois acima). Portanto, a mediana na amostra de escores é 26 (o do meio, em negrito na lista a seguir).

9 14 **26** 26 39

Adicionamos agora alguns novos valores à lista (tomamos os primeiros nove valores dos dados da Tab. 3.1):

39 26 26 9 14 28 21 26 23

Para determinar a mediana, é necessário ordenar esses valores:

9 14 21 23 **26** 26 26 28 39

Precisamos, agora, encontrar o escore do meio. Neste caso, como temos nove escores na amostra, o do meio é o quinto (há quatro acima e quatro abaixo). Portanto, a mediana para essa amostra de escores é, novamente, 26. Encontrar a mediana quando você tem um número ímpar de escores em sua amostra é relativamente fácil pois sempre haverá um escore no meio. É um pouco mais difícil quando se tem em número par de escores, como:

39 26 26 9 14 28 21 26 23 18

Quando esses escores são ordenados, eles ficam da seguinte forma:

9 14 18 21 **23 26** 26 26 28 39

Agora não temos um único escore que esteja diretamente no meio da ordem dos postos. Existem, efetivamente, dois escores, e o meio da lista está entre eles. O que temos que fazer para calcular a mediana é descobrir qual número que está entre esses dois valores. Podemos fazer isso somando-os e dividindo-os por dois. Nesse caso, 23 + 26 = 49, que dividindo por 2 nos dá o valor da mediana: 24,5.

Um ponto interessante sobre a mediana é que, diferentemente da média, ela não é influenciada por escores extremos. Observe novamente estes escores:

9 14 21 23 **26** 26 26 28 39

Aqui, a mediana é 26. Agora, vamos mudar o escore mais alto para 532 (como fizemos no exemplo do cálculo da média):

9 14 21 23 26 26 26 28 532

A mediana é ainda 26 pois, apesar de 532 ser o escore mais alto, ele não tem impacto sobre o valor do escore do meio uma vez ordenados os valores. Agora, observe isto:

9 14 21 23 **26** 26 26 28 500.000.000

Nós mudamos o escore mais alto, e assim ele parece muito mais um bônus de banqueiro. Entretanto, isso ainda não tem impacto sobre a mediana. É a indiferença da mediana a valores extremos que a torna uma medida da estatística descritiva útil quando temos escores dessa natureza em nossos dados de amostra. A título de curiosidade, as médias para os três conjuntos de escores anteriores são 23,56, 78,33 e 55.555.574,78. Enquanto a mediana permanece inalterada, a média varia drasticamente de uma amostra para outra.

> **ATIVIDADE 3.3**
>
> Tente calcular os escores medianos para toda a amostra dos pacientes vítimas de acidente vascular cerebral e também para os pacientes vítimas de ataque cardíaco.

A moda

A medida final de tendência central que apresentaremos neste livro é, talvez, a menos usada. Chamada de *moda*, ela é simplesmente o escore de ocorrência mais frequente na amostra. Assim, para cada amostra você simplesmente procura o escore que ocorre com maior frequência. Uma maneira útil de calcular a moda, caso tenha muitos dados, é primeiro ordená-los. Para os dados dos pacientes vítimas de ataque cardíaco apresentados na Tabela 3.1, você deve ser capaz de ver que o escore de maior frequência é o 27, e, portanto, a moda será 27. É um pouco complicado para os escores dos pacientes vítimas de acidente vascular cerebral, porque existem dois escores que ocorrem igualmente com maior frequência: 23 e 26. Assim, para algumas amostras dos dados, pode haver duas ou mais modas. Em tais casos, usar a moda como medida do escore típico pode ser inapropriado, pois temos dois escores típicos diferentes.

> **ATIVIDADE 3.4**
>
> Tente calcular a média, a mediana e a moda para os seguintes dados:
>
> 21 21 26 18 25 12 20 17 9 23
>
> E também para os seguintes dados:
>
> 12 17 21 9 20 15 7 20 23 13

ESCOLHENDO MEDIDAS DE TENDÊNCIA CENTRAL

Uma vez que existem três diferentes medidas de tendência central, qual delas devemos usar? A medida que você usa depende do tipo de seus dados e dos escores do conjunto de dados. A medida de escolha é a média, mas, falando francamente, você só deve usá-la se não tiver escores extremos em seu conjunto de dados. Explicamos antes que a média é extremamente influenciada por escores extremos existentes em um conjunto de dados; desse modo, você deve ser cauteloso no uso da média caso tais escores existam. A mediana é ótima quando temos escores extremos. A moda é, talvez, mais útil quando você tem dados nominais e categóricos, que geralmente consistem da contagem de frequências, como o número de pessoas em uma amostra que são advogados. Quando há tais tipos de dados, você não pode usar a mediana ou a média pois não faz sentido ordenar as categorias em termos de magnitude. Logo, em tais situações, você não tem escolha a não ser usar a moda para dar uma indicação do escore típico.

MEDIDAS DE VARIAÇÃO OU DISPERSÃO

Apresentamos as estatísticas que nos ajudam a resumir nossos dados em termos do escore típico; entretanto, simplesmente descrever dados com uma única estatística mostrará apenas parte do panorama. Seria como assistir a um filme no cinema e estar a apenas um metro do centro da tela. Você teria uma ideia clara do que estaria acontecendo no meio da tela, mas provavelmente não seria capaz de dizer o que ocorreria nos seus cantos. Você provavelmente perderia aspectos importantes do filme. Descrever dados é a mesma coisa: você não quer focar somente no que está acontecendo no centro, é preciso levar em consideração o que está acontecendo em outros pontos do conjunto de dados. Uma característica importante de uma amostra de escores é quanta variação existe entre eles. Observe os escores do acidente vascular cerebral e do ataque cardíaco apresentados na Tabela 3.1. Pode-se observar que há uma variabilidade bem maior nos escores dos pacientes vítimas de acidente vascular do que naqueles que sofreram ataque cardíaco. Apresentamos os escores da tabela em um gráfico na Figura 3.1.

Você notará que, a partir da Figura 3.1, os escores dos pacientes acometidos por um ataque cardíaco parecem se aglomerar entre 20 e 35, enquanto os dos que sofreram acidente vascular cerebral estão muito mais espalhados e variam entre 1 e 40. A variabilidade ou a dispersão dos dados é uma característica importante de uma amostra e precisa ser explorada junto com as medidas de tendência central. Como é esperado com estatísticas, existem várias maneiras de se caracterizar a variabilidade nos dados, e apresentaremos aqui as mais usadas.

A amplitude

Talvez a indicação mais simples de quanto os escores variam seja olhar os escores mínimo e máximo. Por exemplo: o escore mínimo para os pacientes que sofreram um acidente vascular cerebral é 1, e o máximo é 40, enquanto o escore mínimo para as vítimas de ataque cardíaco é 22, e o máximo, 35. Parece que, a partir desses valores, existe uma variabilidade maior na amostra de vítimas de acidente vascular cerebral. A *amplitude* nos diz qual é a diferença entre os escores mínimo e máximo em uma amostra e é representada, de forma simples, pelo escore máximo menos o mínimo. Assim, a amplitude para os pacientes que tiveram um acidente vascular cerebral é 40 − 1 = 39; a amplitude para os que sofreram um ataque cardíaco é 35 − 22 = 13.

Quartis e a amplitude interquartílica

Enquanto a amplitude nos dá um guia grosseiro, mas eficaz, de quanta variabilidade existe nos dados, geralmente necessitamos de uma medida de variabilidade mais refinada. A amplitude é útil para nos dar a variabilidade existente em nossa amostra a partir dos extremos; no entanto, ela não nos diz muito sobre como os escores variam entre essas extremidades. Observe os próximos dois conjuntos de escores:

2 7 8 8 9 9 10 10 10 11 17 23 23 24 26
2 11 12 12 12 13 13 14 15 15 15 15 16 16 26

Você pode ver que os dois conjuntos de escores têm a mesma amplitude (26 − 2 = 24); entretanto, entre estes extremos, o conjunto de escores de cima está bem mais espalhado, enquanto o de baixo está bem agrupado entre 11 e 16. Outro problema com a amplitude que pode estar

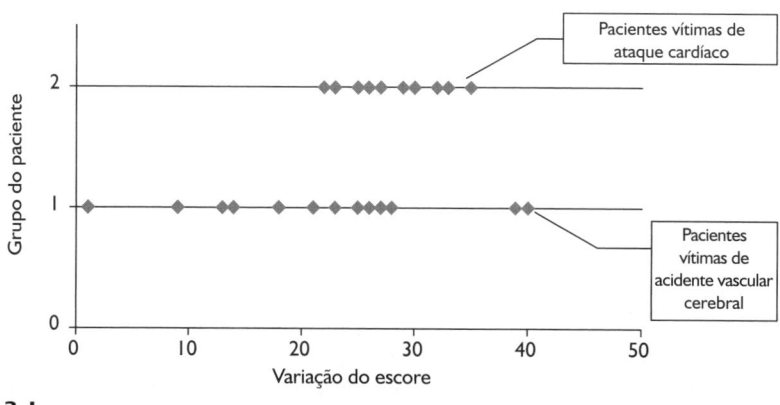

FIGURA 3.1

Variação dos escores dos pacientes vítimas de acidente vascular cerebral e de ataque cardíaco.

aparente no conjunto de dados de cima é que ele é influenciado pelos escores extremos (da mesma forma que a média é). Você deve perceber que, no segundo conjunto de dados, os extremos não dão uma boa indicação de como os escores entre os extremos estão espalhados. Geralmente, podemos assumir que não existe um intervalo tão grande entre os escores mais extremos e seus adjacentes na amostra. Uma maneira de tratar do problema de escores extremos como este é determinar uma *amplitude aparada ou podada*. Assim, por exemplo, você remove, em cada amostra, os escores mais altos e mais baixos, e relata a amplitude dos escores remanescentes, que seriam 24 – 7 = 17 para a primeira amostra e 16 – 11 = 5 para a segunda amostra. Essas amplitudes aparadas dão uma indicação mais realista de como os escores variam dentro de cada amostra.

Uma versão útil da amplitude aparada é a *amplitude interquartílica*. Para entendê-la, primeiro devemos saber como calcular os *quartis* para um conjunto de dados. Um bom ponto de partida é pensar sobre a mediana. Ao determinar a mediana, você ordena os escores e, então, encontra o escore que está exatamente no meio. Metade dos escores em seu conjunto de dados está abaixo da mediana e metade está acima. A mediana, portanto, divide conjuntos de dados em dois subconjuntos. Os quartis fazem a mesma coisa, porém dividem o conjunto de dados em quatro, com números iguais de escores em cada quartil. O primeiro passo para calcular os quartis é encontrar a mediana. Você pode, então, pegar os escores abaixo dela e encontrar a mediana desse subconjunto de escores – este seria o primeiro quartil. A seguir, pegue o grupo de escores que está acima da mediana de todo o conjunto de dados e encontre sua mediana – este seria o terceiro quartil. A mediana de todo o conjunto de dados é, agora, denominada de segundo quartil. Como exemplo, vamos calcular os quartis para os dados dos pacientes vítimas de acidente vascular cerebral apresentados na Tabela 3.1. Esses dados estão listados de forma ordenada na Figura 3.2 (que é o primeiro passo necessário para encontrar a mediana).

O cálculo dos quartis é um pouco diferente quando você tem um número ímpar de participantes na sua amostra. Na Figura 3.3, retiramos o último escore da amostra para termos 19 pacientes em vez de 20.

Você deve notar que, quando temos um número ímpar de escores, incluímos o escore mediano em ambas as metades da amostra para calcular o primeiro e o ter-

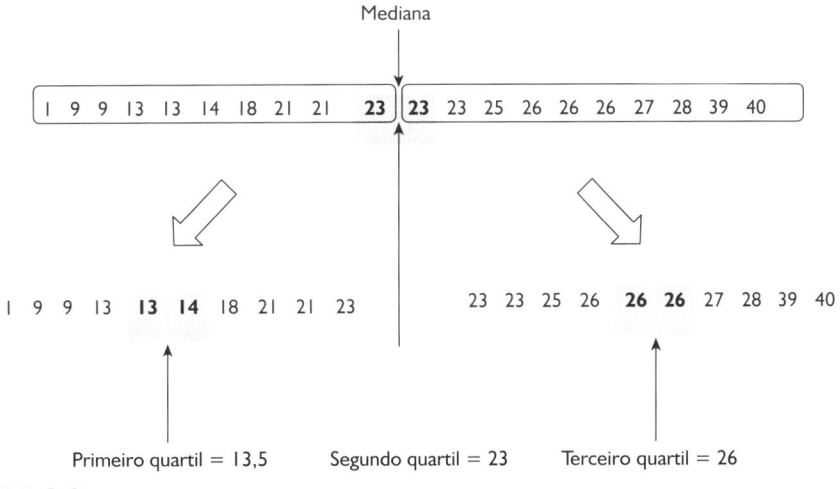

FIGURA 3.2

Processo do cálculo dos quartis.

ceiro quartis. Surpreendentemente, existem várias formas de calcular os quartis, e parece não haver um consenso de qual seja o melhor. O SPSS usa uma maneira mais complicada do que a apresentada aqui, portanto, não se preocupe muito se você notar uma pequena diferença entre os valores calculados e aqueles do SPSS.

Anteriormente, quando foi discutida a amplitude, mencionamos que um melhor indicador da variabilidade na sua amostra costuma ser uma amplitude aparada em vez de uma amplitude real. Talvez a amplitude aparada mais comumente informada seja a *amplitude interquartílica*.

A amplitude interquartílica é simplesmente o terceiro quartil menos o primeiro quartil. Portanto, para o exemplo acima, seria 26 – 13,5 = 12,5. A amplitude interquartílica contém os 50% da metade dos escores que estão na amostra. Isso é útil na estatística, como foi mostrado para um grande número de variáveis nas ciências sociais em que a maioria dos escores está na região central da amostra (isso será explicado com mais detalhes no Cap. 4 ao tratarmos da distribuição normal padrão).

DESVIOS DA MÉDIA

As medidas de variação e dispersão de que tratamos até agora tendem a ser baseadas na distância entre um escore e outro na amostra. Desse modo, a amplitude é o escore máximo menos o mínimo, e a amplitude interquartílica é o escore que corta os 25% dos valores mais altos menos o escore que corta os 25% dos valores mais baixos. Uma maneira alternativa de pensar sobre a variação e dispersão é ver quão aglomerados estão os escores em uma amostra. Exemplos desse tipo de medida são a *variância* e o estreitamente relacionado *desvio-padrão*. As duas estatísticas fornecem uma indicação de quão aglomerados em torno da média os escores de uma amostra estão. Ambas são medidas de desvio da média e são os cálculos de variação mais extensamente relatados. Como calculamos a variância e o desvio-padrão? Existe uma fórmula matemática para isso, mas iremos ilustrar o cálculo passo-a-passo sem nos referir à fórmula.

Na variância, o primeiro passo é calcular a média para o conjunto de dados. Subtraímos, então, a média de cada escore da amostra. Isso nos informa quão grande ou pequena é a diferença entre cada escore e a média. Ela nos diz o quanto cada escore *desvia* da média. O que queremos é uma espécie de média desses desvios dos escores, pois isso nos dará uma indicação da quantia média em que os escores desviam da média, algo extremamente útil. Se tivermos um desvio médio pequeno, saberemos, então, que os escores estão bem agrupados em torno

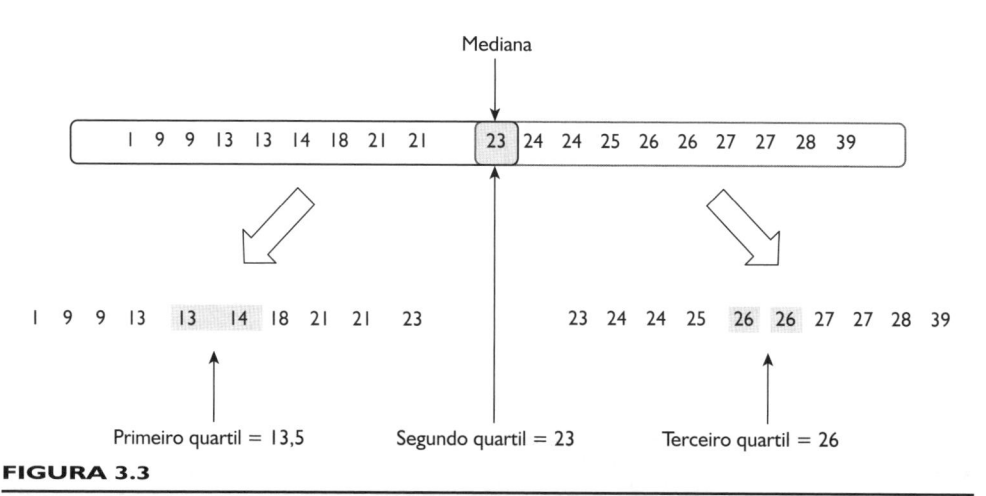

FIGURA 3.3

Processo do cálculo do quartil quando temos um número ímpar de escores.

da média. Se tivermos um valor alto, isso nos dirá que os escores da amostra estão espalhados, ou seja, longe da média. A média dos desvios seria, então, útil, e, assim podemos calculá-la. Entretanto, temos um problema. Sempre que você calcular os desvios da média e somá-los o total será zero. Interessante! Vamos demonstrar isso com os dez primeiros escores dos nossos dados das vítimas de acidente vascular cerebral da Tabela 3.1 (a média desses valores é 23). Eles são apresentados na Figura 3.4.

Pelo fato de que a soma dos desvios dos escores para qualquer amostra é zero, não podemos calcular a média tradicional para esses desvios dos escores. Lembre-se que, ao calcular a média, você soma os desvios dos escores e, então, divide-os pelo número dos escores na amostra. Ao somar os desvios, você sempre obterá zero, e, consequentemente, o resultado de tal divisão será, também, zero. Dessa forma, não podemos utilizar os desvios dos escores em relação à média. A maneira que os matemáticos acharam para resolver esse problema foi introduzir uma etapa extra antes de fazer a média dos desvios. Você deve primeiro elevar ao quadrado os desvios dos escores, o que remove os números negativos (pois qualquer número elevado ao quadrado será sempre positivo – ver Fig. 3.5).

Podemos, então, calcular a média para esses escores, que resultará em 61,4. Essa média dos desvios ao quadrado é chamada de *variância* e nos dá uma indicação de quanto os escores variam um torno da média. O problema com essa estatística é que ela não está na mesma unidade de medida dos escores originais, mas sim em unidades ao quadrado. Seria melhor ter uma medida de desvio que estivesse na mesma unidade dos dados originais. Para obter tal medida, podemos, simplesmente, extrair a raiz quadrada da variância. Isso nos leva às unidades originais da medida, e essa estatística é chamada de *desvio-padrão*. Portanto, se extrairmos a raiz quadrada de 61,4, obtemos um desvio-padrão de 7,84. Podemos dizer, então, que os escores na amostra desviam da média por aproximadamente 7,84 uni-

Escores	39	26	26	9	14	28	21	26	23	18
Desvios da média	16	3	3	–14	–9	5	–2	3	0	–5

A soma desses desvios é igual a zero

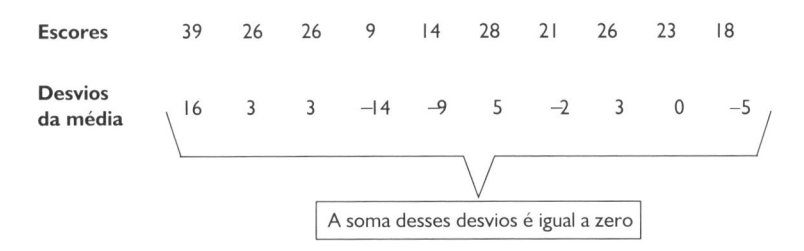

FIGURA 3.4

Ilustração dos desvios da média (igual a 23).

Escores	39	26	26	9	14	28	21	26	23	18
Desvios da média	16	3	3	–14	–9	5	–2	3	0	–5
Desvios ao quadrado	256	9	9	196	81	25	4	9	0	25

A média destes escores é 61,4

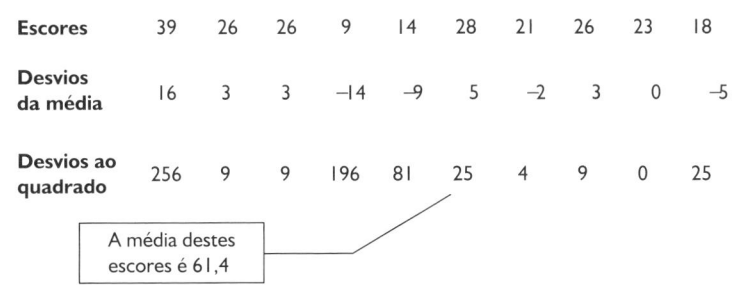

FIGURA 3.5

Ilustração dos desvios e dos desvios ao quadrado.

dades. O desvio-padrão é a medida de variação ou dispersão mais comumente relatada por pesquisadores e, portanto, é muito importante entender o que ela significa. Sempre que você relatar uma média, é de boa prática também relatar o desvio-padrão. Se relatar uma mediana, então o desvio-padrão não será apropriado (pois usa a média, e não a mediana, no seu cálculo), e, dessa forma, você deve relatar a amplitude ou a amplitude interquartílica.

Anteriormente, neste capítulo, mencionamos a diferença entre a estatística descritiva e a inferencial. Lembre-se que a estatística inferencial é aquela em que você obtém conclusões sobre uma população a partir da amostra, e a estatística descritiva é simplesmente a discrição da amostra. O desvio-padrão é uma estatística descritiva que nos dá uma indicação da variabilidade da amostra. Geralmente, buscamos relatar o valor do desvio-padrão, que é uma estimativa melhor da variabilidade na população. Os matemáticos descobriram que o desvio-padrão da amostra que acabamos de ilustrar tende a ser uma subestimação da variabilidade da população e encontraram uma maneira simples de corrigir isso. Quando calculamos a média dos escores do desvio-padrão ao quadrado (a etapa que nos leva a variância), devemos dividir o total dos desvios ao quadrado pelo número de valores da amostra menos 1, em vez dos valores da amostra. Quando fazemos esse ajuste ao cálculo, obtemos um desvio-padrão de 8,26, e esta é, provavelmente, uma estimativa melhor da variação da população do que o desvio-padrão da amostra calculado antes.

DESCRITIVAS NUMÉRICAS NO SPSS

No SPSS, para obter as estatísticas descritivas aqui apresentadas, você precisará clicar em *Analyze, Descriptive Statistics, Frequencies* (Analisar, Estatística Descritiva, Frequências) (Captura de tela 3.1).

CAPTURA DE TELA 3.1

Será apresentada, então, a seguinte caixa de diálogos (Captura de tela 3.2).

Destaque a variável para a qual você quer calcular as estatísticas descritivas e clique na seta entre as duas caixas. Isso moverá a variável para o painel *Variable(s)* [Variável(s)]. Você deve, também, desmarcar a opção *Display frequency tables* (Exibir tabelas de frequência), já que não precisamos disso no momento. É preciso, então, dizer ao SPSS quais as estatísticas descritivas desejamos calcular, clicando no botão *Statistics* (Estatística), que abrirá outra caixa de diálogos (Captura de tela 3.3).

Selecione todas as estatísticas descritivas que deseja que o SPSS calcule clicando nas opções correspondentes. Você pode ver que solicitamos os quartis, a média, a mediana, a moda, o desvio-padrão, a variância, a amplitude, o mínimo e o máximo. Então, cli-

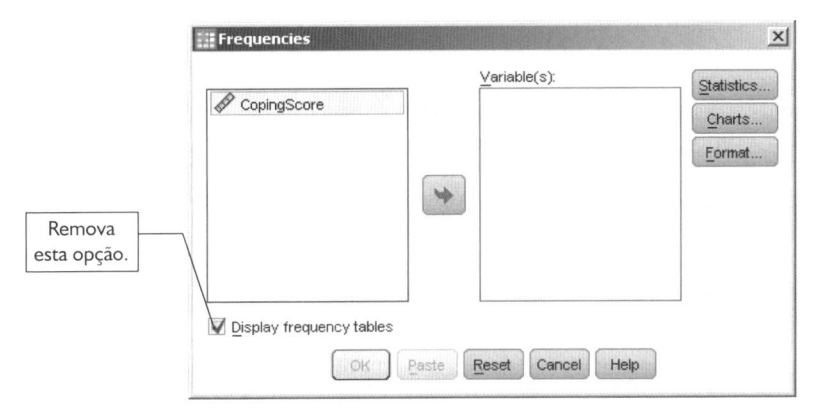

CAPTURA DE TELA 3.2

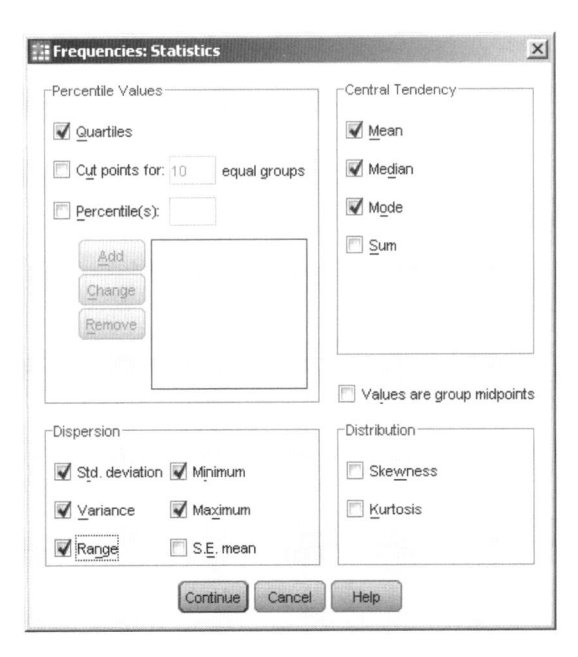

CAPTURA DE TELA 3.3

que em *Continue* (Continue) e, em seguida, em *OK* para executar a análise. Será apresentada a saída de acordo com a Captura de tela 3.4.

Frequências

Você deve notar que existem outras maneiras do SPSS calcular a estatística descritiva para você, mas o menu *Frequencies* (Frequências) é uma das melhores opções de fazê-lo. Quando você tem dois grupos de participantes, como os que temos na Tabela 3.1, e quer estatísticas descritivas para ambos os grupos, pode-se usar a opção *Analyze, Descriptive Statistics, Explore* (Analisar, Estatística Descritiva, Explorar). Antes de selecionar essa opção, você deve configurar seus dados da mesma forma que o apresentado na Captura de tela 3.5.

Você pode ver que temos uma variável dependente nesse estudo, que são os escores de superação, e uma independente, que é o grupo do paciente. Uma vez feito isso, clique em *Analyze, Descriptive Statistics, Explore* (Analisar, Estatística Descritiva, Explorar), e será apresentada uma caixa de diálogos (Captura de tela 3.6)

Como o escore de superação é a variável dependente, você precisa movê-la para a caixa da *Dependent List* (Lista Dependente), marcando-a e clicando no botão da seta à esquerda da caixa. A variável *Group* (Grupo) é a independente e precisa ser movida para a caixa *Factor List* (Lista do Fator) (o SPSS tem o péssimo hábito de ser inconsistente com o título das opções nas caixas de diálogos; variáveis independentes são geralmente chamadas de "fatores"). Uma vez feito isso, clique no pequeno círculo à esquerda da opção *Statistics* (Estatística) na seção *Display* (Exibir) da caixa de diálogos. Você pode, então, clicar em *OK* para executar a análise (Tab. 3.2).

Note que a tabela de tamanho considerável nos dá um grande número de estatísticas descritivas para cada um de nossos grupos de pacientes apresentados neste capítulo. Sempre é útil verificar os valores *máximos* e *mínimos*, pois eles geralmente assinalam quando você cometeu um erro na digitação dos dados.

ESTATÍSTICAS GRÁFICAS

Lembre-se da analogia que apresentamos anteriormente sobre o encontro às escuras.

Estatísticas

CopingScore

N	Valid	20
	Missing	0
Mean		21,2500
Median		23,0000
Mode		23,00 [a]
Std. Deviation		9,58549
Variance		91,882
Range		39,00
Minimum		1,00
Maximum		40,00
Percentiles	25	13,2500
	50	23,0000
	75	26,0000

O SPSS nos avisa que existem múltiplas modas no conjunto e que a menor é a que está sendo mostrada.

[a]. Multiple modes exist. The smallest value is shown

Estes valores são os quartis. Contudo, o SPSS não os rotula dessa forma.

CAPTURA DE TELA 3.4

CAPTURA DE TELA 3.5

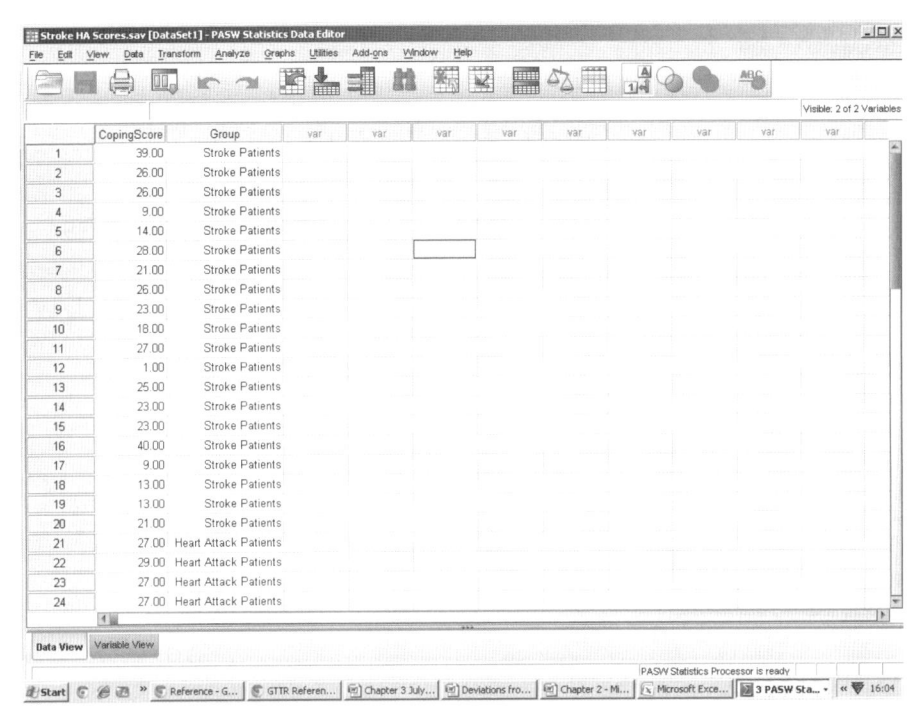

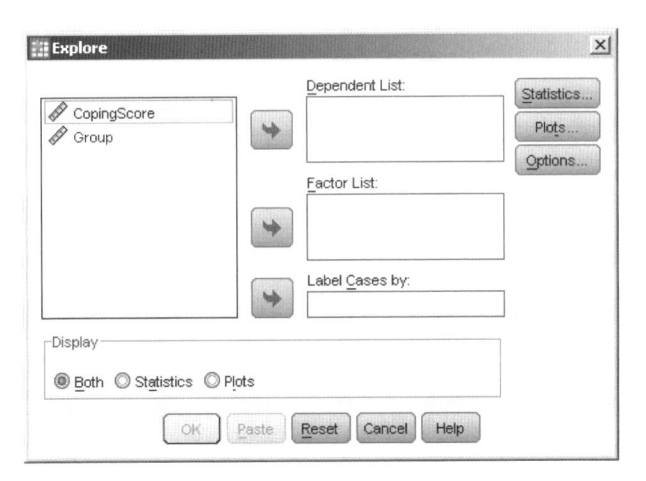

CAPTURA DE TELA 3.6

Suponha que você estava tentando descrever seu encontro a um amigo. Uma maneira rápida de fazê-lo saber como se parece o seu encontro é mostrando uma foto (talvez no Facebook). Ele pode, provavelmente, ter uma ideia melhor da pessoa a partir de uma imagem do que a partir de sua descrição verbal. O mesmo pode ser verdade para certos aspectos da descrição de dados. Usamos uma figura, anteriormente neste capí-

TABELA 3.2

Explore

Case Processing Summary

		Cases					
		Valid		Missing		Total	
	Group	N	Percent	N	Percent	N	Percent
Coping score	Stroke Patients	20	100,0%	0	0,0%	20	100,0%
	Hearth Attack Patients	20	100,0%	0	0,0%	20	100,0%

Group

Descriptives

	Group			Statistic	Std. error
Coping score	Stroke Patients	Mean		21,2500	2,14338
		95% confidence interval for mean	Lower bound	16,7639	
			Upper bound	25,7361	
		5% trimmed mean		21,3333	
		Median		23,0000	
		Variance		91,882	
		Std. Deviation		9,58549	
		Minimum		1,00	
		Maximum		40,00	
		Range		39,00	
		Interquartile range		12,75	
		Skewness		-0,030	0,512
		Kurtosis		0,338	0,992
	Heart Attack Patients	Mean		27,6500	0,83122
		95% confidence interval for mean	Lower bound	25,9102	
			Upper bound	29,38 98	
		5% trimmed mean		27,5556	
		Median		27,0000	
		Variance		13,818	
		Std. deviation		3,71731	
		Minimum		22,00	
		Maximum		35,00	
		Range		13,00	
		Interquartil range		5,00	
		Skewness		0,163	0,512
		Kurtosis		-0,662	0,992

N. de T. Como esta tabela reproduz a saída do software, optou-se por mantê-la em inglês. Seu conteúdo encontra-se explicado no decorrer do texto do capítulo.

tulo, para ilustrar a diferença entre a variabilidade dos escores de superação entre os pacientes vítimas de acidente vascular cerebral e de ataque cardíaco (Fig. 3.1). As primeiras fotos (ou como os estatísticos preferem chamar, gráficos e diagramas) que iremos mostrar são aquelas que ilustram as medidas de tendência central. Seguiremos, então, para as que são apropriadas para ilustrar a variabilidade das amostras.

DIAGRAMAS DE COLUNAS E BARRAS

Uma maneira relativamente simples de comparar as médias de grupos diferentes é gerando um *diagrama de colunas*. Seguindo o princípio do início desta seção, a melhor maneira de explicar como é um diagrama de colunas é apresentando a imagem de um (ver Fig. 3.6).

Em muitos diagramas existem dois eixos, um horizontal, que é chamado de *eixo x*, e um vertical, chamado de *eixo y*. Geralmente, os grupos em um diagrama de colunas são identificados no eixo x, e a variável dependente ou o escore são marcados no eixo y. No diagrama, cada média do grupo está representada por uma coluna, cuja altura indica o valor da média. Para podermos calcular o valor de cada média, temos que ler horizontalmente na parte superior da linha para o eixo y. Por exemplo: na Figura 3.6, podemos ver que a média dos pacientes vítimas de acidente vascular cerebral é aproximadamente 21, e que a das vítimas de ataque cardíaco é por volta de 27. Os diagramas de colunas podem ser uma boa maneira de ilustrar diversas informações sobre os grupos. Suponha que você mensurou não somente a superação dos pacientes vítimas de acidente vascular cerebral e de ataque cardíaco, mas também seus níveis de estresse e a sua avaliação de seu bem-estar físico. Um diagrama de colunas representando esses dados é exibido na Figura 3.7.

Podemos ver nesse gráfico que os pacientes vítimas de ataque cardíaco tinham escores de superação e de estresse mais altos e escores de bem-estar físico mais baixos do que daqueles que sofreram acidente

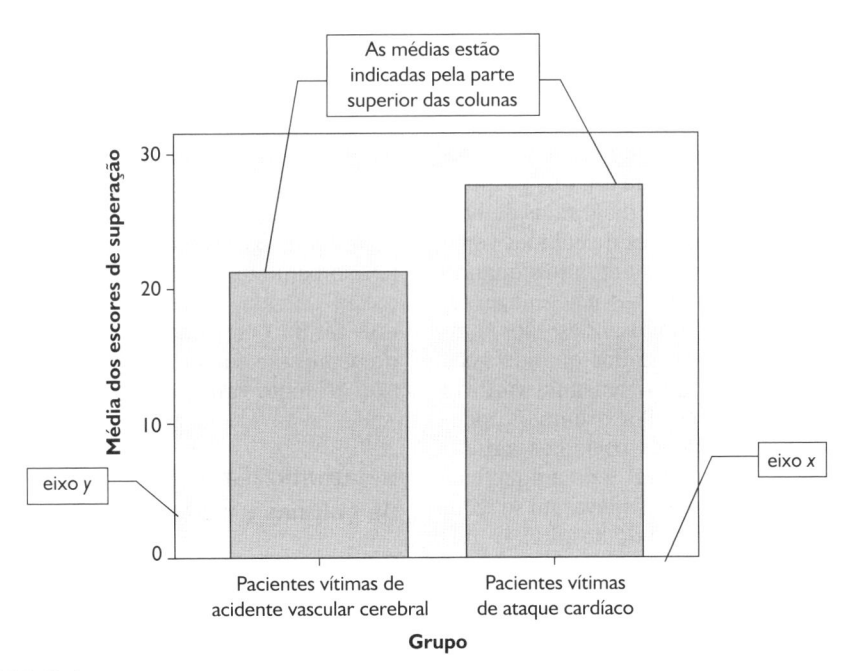

FIGURA 3.6

Diagrama de colunas exibindo os escores de superação para os pacientes vítimas de acidente vascular cerebral e de ataque cardíaco.

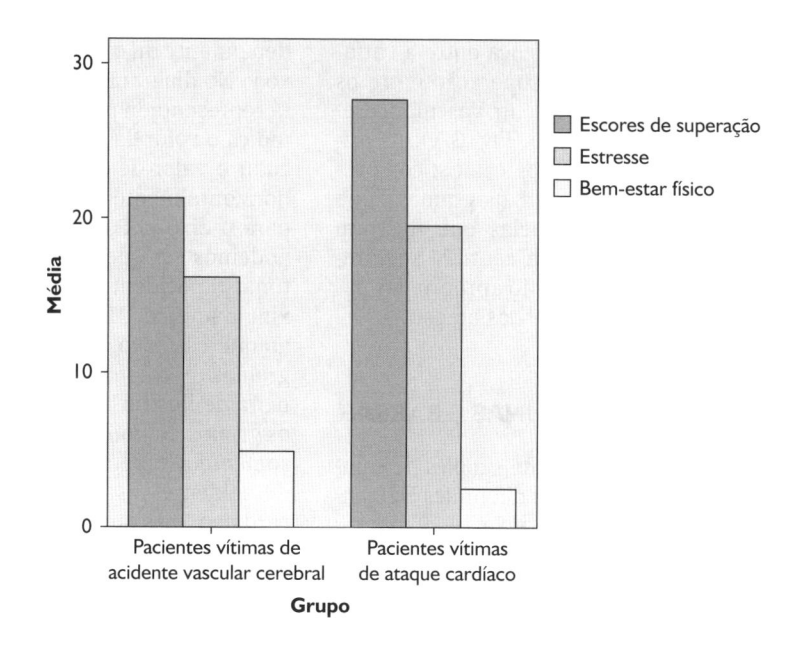

FIGURA 3.7

Diagrama de colunas das médias dos pacientes vítimas de acidente vascular cerebral e de ataque cardíaco para os escores de superação, estresse e bem-estar físico.

vascular cerebral. Você pode ver que apresentar os dados na forma gráfica torna muito fácil a comparação dos grupos para os três conjuntos de dados. Esse tipo de gráfico é chamado de *gráfico de colunas agrupadas* pois os escores das diferentes variáveis estão agrupadas para cada um dos grupos.

Às vezes, você verá diagramas de barras (na horizontal) em vez de colunas verticais. Eles são particularmente úteis quando você tem muitas categorias a serem representadas e rótulos longos. Eles são, também, frequentemente usados quando você está comparando grupos em uma variável relacionada ao tempo. Por exemplo: podemos querer comparar os pacientes vítimas acidente vascular cerebral e de ataque cardíaco quanto ao tempo que levaram se recuperando até receber alta do hospital. O gráfico se parece com o exibido na Figura 3.8.

A versão final do diagrama de colunas que iremos apresentar é o *diagrama de colunas empilhadas*. Ele é útil quando se quer comparar a contribuição de vários fatores entre grupos. Por exemplo: eu poderia examinar o bem-estar dos pacientes em um número diferente de intervalos de tempo e então comparar as amostras de pacientes. Um exemplo de um diagrama de colunas empilhadas é apresentado na Figura 3.9.

Você pode ver aqui que a média do bem-estar ao receber alta do hospital era mais baixa para os pacientes vítimas de ataque cardíaco. Após três meses de acompanhamento, os escores de bem-estar eram aproximadamente iguais, e, após os seis meses da alta, aqueles que sofreram ataque cardíaco relataram escores mais altos de bem-estar do que os daqueles que sofreram acidente vascular cerebral.

Relatando diagramas de colunas e de barras

Caso queira relatar o diagrama de colunas da Figura 3.9 em um relatório de pesquisa, você pode escrever:

> A Figura 3.9 exibe um diagrama de colunas empilhadas para os pacientes vítimas de acidente vascular cerebral e ata-

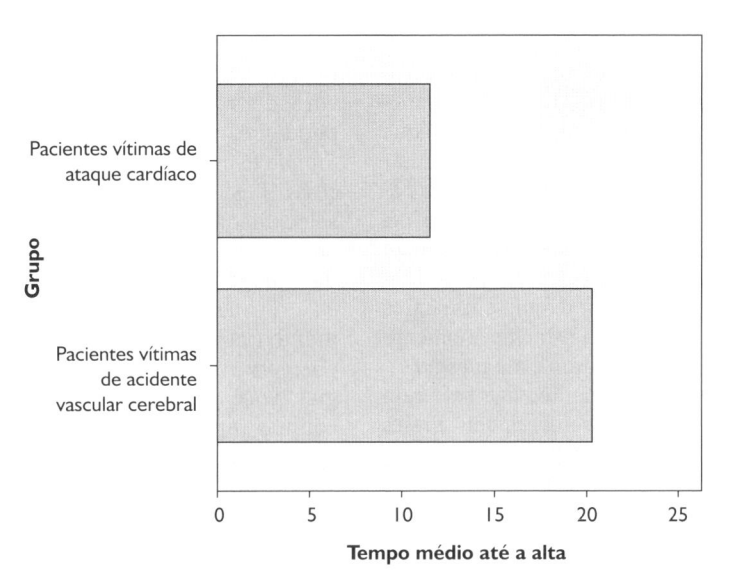

FIGURA 3.8

Diagrama de barras exibindo o número médio de dias até a alta dos dois grupos de pacientes.

que cardíaco, ilustrando os escores do bem-estar na alta e nos três e seis meses seguintes. O gráfico sugere que os pacientes vítimas de ataque cardíaco tiveram escores de bem-estar mais baixos na alta, mas que houve pouca diferença

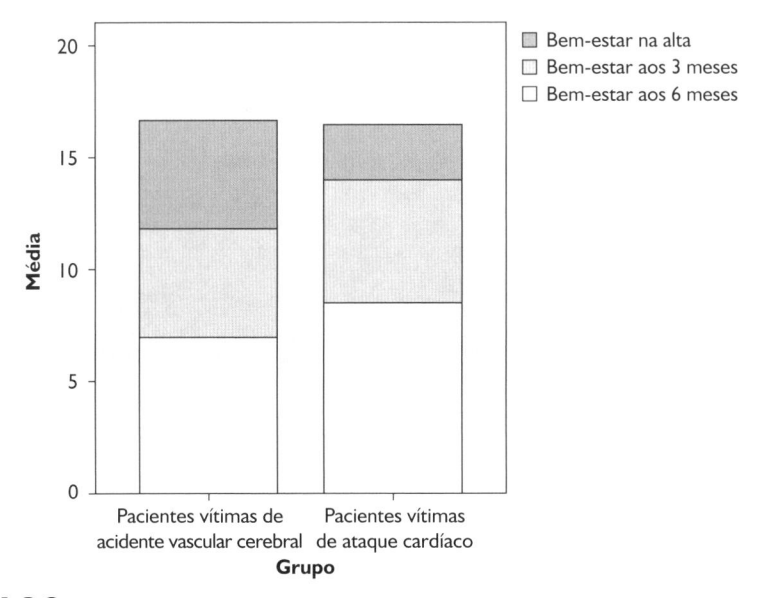

FIGURA 3.9

Diagrama de barras exibindo o bem-estar médio dos pacientes vítimas de acidente vascular cerebral e ataque cardíaco na alta e em três e seis meses após a alta.

entre eles e os pacientes vítimas de acidente vascular cerebral quanto ao escore após três meses da alta. Após seis meses da alta, aqueles que sofreram ataque cardíaco relataram escores de bem-estar levemente mais altos do que os dos pacientes vítimas de acidente vascular cerebral. O gráfico, desta forma, sugere que, apesar de os pacientes acometidos por ataque cardíaco terem sentimentos mais baixos de bem-estar no momento da alta, eles alcançaram e até mesmo ultrapassaram os pacientes que sofreram acidente vascular cerebral seis meses após a alta hospitalar.

Criando diagramas de colunas no SPSS

Todos os gráficos no SPSS podem ser criados a partir do menu principal *Graphs* (Gráficos). Iremos ilustrar a criação de vários gráficos de colunas[1] com os dados apresentados na Tabela 3.3.

Para criar gráficos de colunas você precisa selecionar as opções *Graphs, Legacy Dialogs* e *Bar* (Gráficos, Caixa de Diálogos Legacy e Barras). Será apresentada uma caixa de diálogos, assim como apresentado na Captura de tela 3.7.

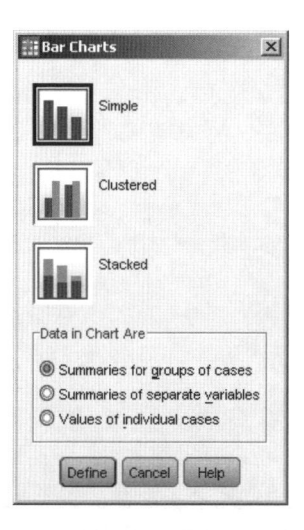

Para criar um diagrama de colunas para uma variável dependente (p. ex., o escore de superação) e uma variável independente, tenha certeza de que as opções *Simple* (Simples) e *Summaries for groups of cases* (Resumo para grupos de casos) sejam selecionadas e, então, clique no botão *Define* (Definir). Será apresentada outra caixa de diálogo (Captura de tela 3.8).

Primeiro, você pode mover o agrupamento (variável independente) para a caixa *Category Axis* (Eixo das Categorias). A seguir, você precisa dizer ao SPSS o que as colunas representam. Queremos que as colunas representem a média dos escores de superação; portanto, você deve clicar na opção *Other statistic* (Outra estatística – p. ex., a média) e, então, mover a variável da superação para a caixa que se tornou ativa. A caixa de diálogo fica como apresentado na Captura de tela 3.9.

Você deve, então, clicar no botão *OK*. Será apresentado um gráfico de colunas similar ao apresentado na Figura 3.6.

Para criar diagramas de barras agrupados você deve, novamente, selecionar as op-

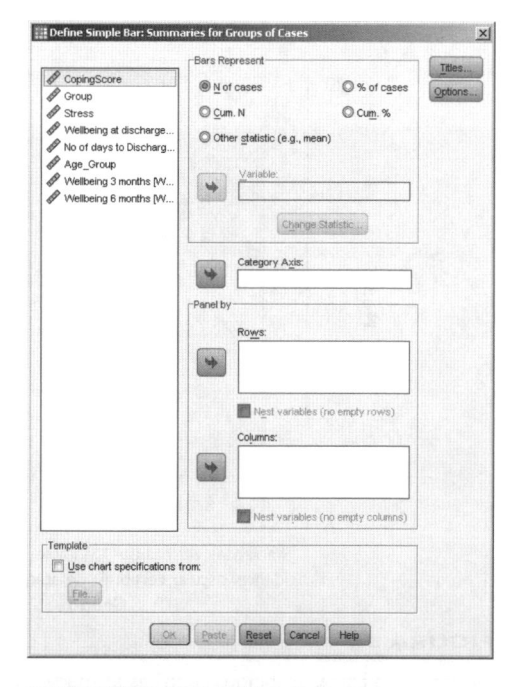

CAPTURA DE TELA 3.7

CAPTURA DE TELA 3.8

TABELA 3.3

Escores dos pacientes vítimas de acidente vascular cerebral e ataque cardíaco para superação, estresse, número de dias para a alta e bem-estar na alta e três e seis meses após a alta

Pacientes vítimas de acidente vascular cerebral						Pacientes vítimas de ataque cardíaco					
Superação	Estresse	Bem-estar na alta	Tempo até a alta	Bem-estar aos 3 meses	Bem-estar aos 6 meses	Superação	Estresse	Bem-estar na alta	Tempo até a alta	Bem-estar aos 3 meses	Bem-estar aos 6 meses
39	15	4	18	7	8	27	15	1	11	3	9
26	22	5	21	7	7	29	23	3	5	5	8
26	16	3	7	4	5	27	17	4	4	6	7
9	9	6	17	8	7	27	17	3	15	6	8
14	15	1	19	1	10	33	22	2	15	3	10
28	18	3	16	1	5	22	23	3	9	4	8
21	13	5	20	8	5	29	25	2	13	5	9
26	10	5	24	10	9	23	21	2	9	8	8
23	7	7	28	5	8	29	25	2	14	7	7
18	25	5	22	6	8	30	18	3	19	6	9
27	14	3	24	3	5	27	10	3	12	5	9
1	11	5	10	3	6	23	14	2	8	7	9
25	15	7	15	4	6	26	19	2	13	6	11
23	17	6	16	8	9	35	18	1	12	3	8
23	15	7	22	2	7	25	17	2	11	6	7
40	32	1	27	7	8	32	13	4	16	5	9
9	13	5	13	2	7	32	26	2	13	6	7
13	24	9	24	0	6	22	23	1	13	6	9
13	16	5	32	6	6	25	21	4	17	6	9
21	16	6	32	5	7	30	22	3	2	7	9

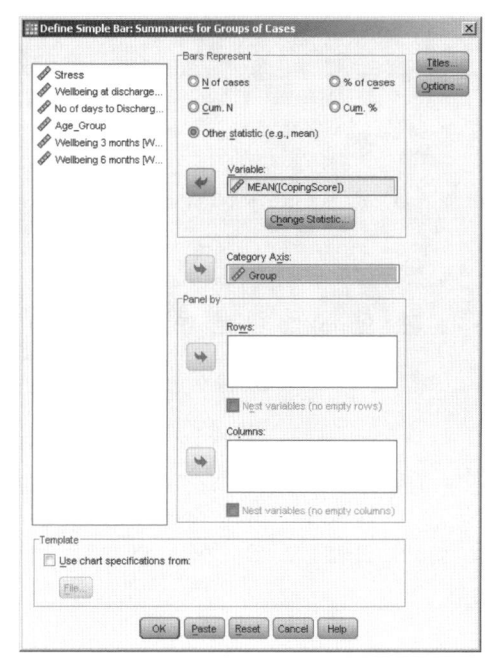

ções *Graphs, Legacy Dialogs, Bar* (Gráficos, Caixa de Diálogos Legacy e Barras) e, então, selecionar as opções *Clustered* (Agrupados) e *Summary of separate variables* (Resumo de variáveis separadas) (Captura de tela 3.10).

Clique no botão *Define* (Definir) e, então, mova a variável de *Group* (Grupo) para a caixa *Category Axis* (Eixo das Categorias) e as variáveis dependentes que você quer exibir no gráfico para a caixa *Bars Represent* (Barras Representam) (Captura de tela 3.11).

Uma vez feito isso, é preciso clicar no botão *OK* para gerar o gráfico, que deve ficar semelhante ao apresentado na Figura 3.7.

Caso queira criar um gráfico de barras (horizontais), você deve proceder como sugerimos para um gráfico de barras simples e, então, após gerar o gráfico de barras, clique duas vezes nele para ativar o editor de gráficos (Captura de tela 3.12).

Você pode mudar a orientação do gráfico clicando no botão *Transpose* (Trans-

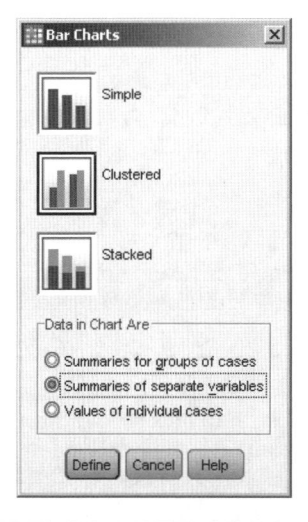

CAPTURA DE TELA 3.9

CAPTURA DE TELA 3.10

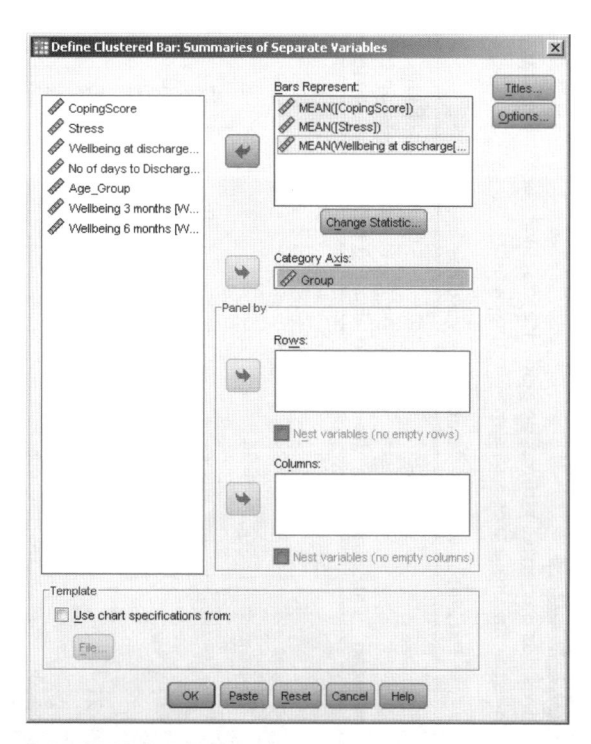

CAPTURA DE TELA 3.11

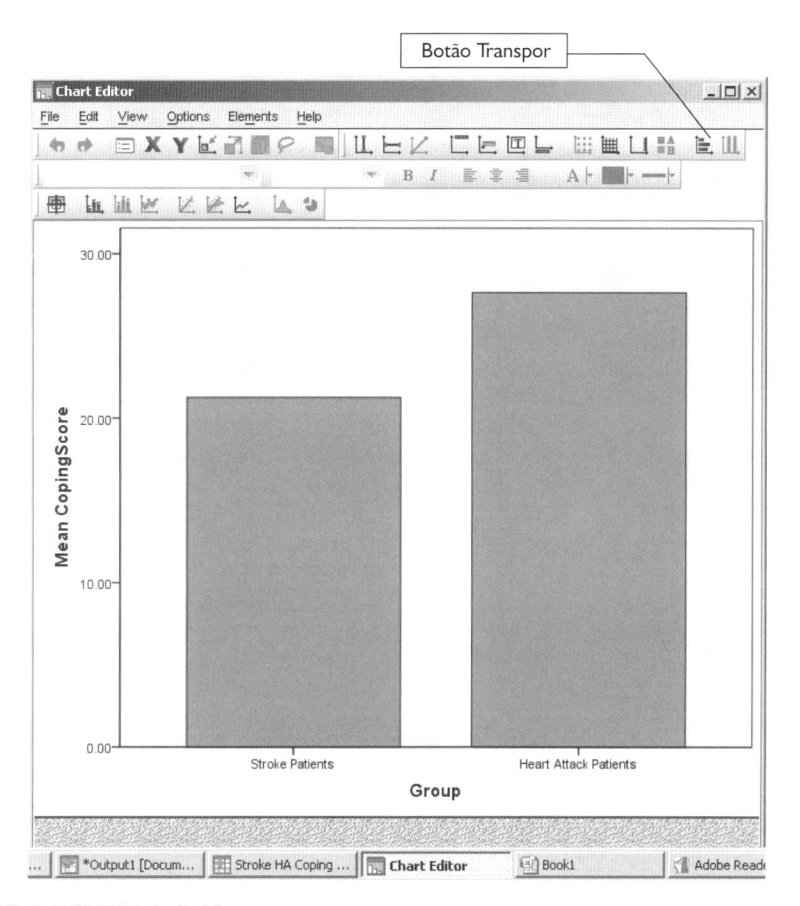

CAPTURA DE TELA 3.12

por), que pode ser encontrado no canto superior direito do editor de gráficos. Uma vez feito isso, seu gráfico de colunas (vertical) se transformará em barras (horizontal) e ficará parecido com o da Figura 3.8.

Para criar um gráfico de barras empilhadas, você precisa selecionar os menus *Graphs*, *Legacy Dialogs* e *Bar* (Gráficos, Caixa de Diálogos Legacy e Barras) e, então, definir as opções da caixa de diálogo do mesma forma que fizemos na Captura de tela 3.13.

Nesta análise, criaremos um diagrama de barras empilhado em que o grupo encontra-se no eixo *x* e as unidades empilhadas são as três medidas do bem-estar. Você deve, então, clicar em *OK*, e será apresentado o gráfico da Figura 3.9.

DIAGRAMAS DE LINHA

Outro meio útil de representar médias é por diagramas de linhas. Um exemplo de diagrama de linha equivalente ao diagrama de colunas simples apresentado na Figura 3.7 é exibido na Figura 3.10.

Temos que admitir que este não é exatamente um bom exemplo. Geralmente, usaríamos tais gráficos em situações nas quais existe mais do que uma linha para apresentar. A Figura 3.11 mostra um diagrama de linha dos escores de bem-estar em três pontos diferentes, o que ilustra o valor do diagrama de linha de uma maneira mais efetiva.

Se você olhar a Figura 3.11, verá que, no momento da alta hospitalar, os pacien-

CAPTURA DE TELA 3.13

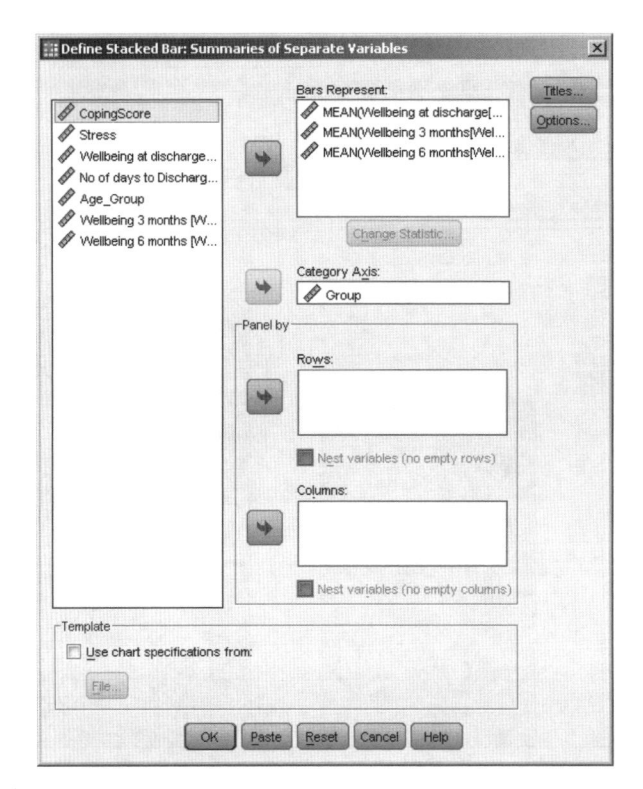

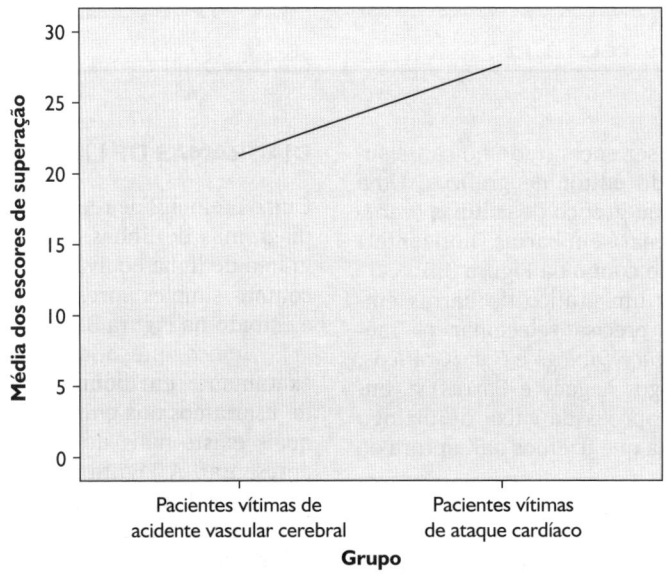

FIGURA 3.10
Gráfico para mostrar a média dos escores de superação para os pacientes vítimas de acidente vascular cerebral e ataque cardíaco.

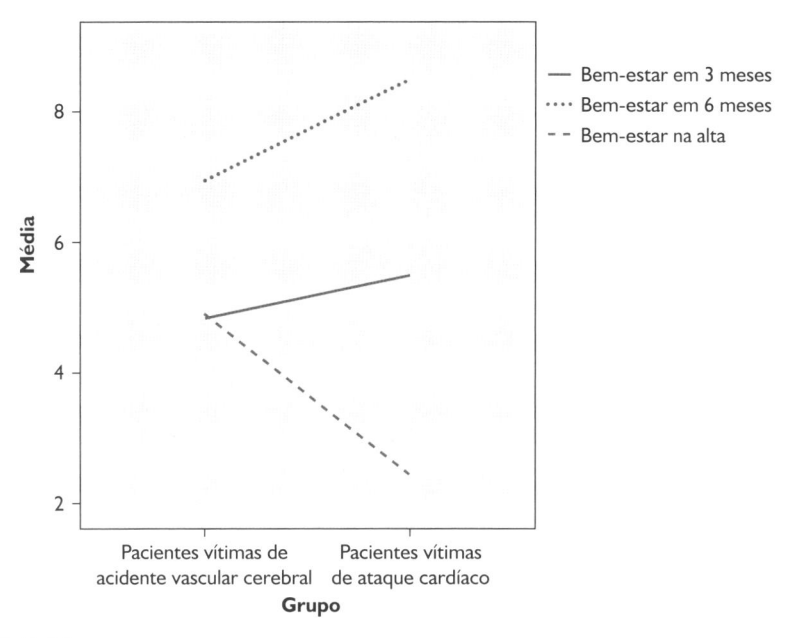

FIGURA 3.11

Gráfico para mostrar a média das avaliações do bem-estar dos pacientes vítimas de acidente vascular cerebral e ataque cardíaco no momento da alta hospitalar e nos três e seis meses após alta.

tes vítimas de ataque cardíaco sentiram-se pior do que aqueles que sofreram acidente vascular cerebral; entretanto, após três meses, os que sofreram ataque cardíaco parecem estar melhorando seu bem-estar físico, ao contrário dos outros. Ambos os grupos melhoraram substancialmente nos seis meses, mas os pacientes acometidos pelo ataque cardíaco melhoraram ainda mais. Isso ilustra a beleza dos gráficos, na medida em que é muito fácil, olhando para eles, perceber o que aconteceu a ambos os grupos no desenrolar do estudo.

Criando diagramas de linha no SPSS

Criar diagramas de linhas no SPSS é similar a criar diagramas de colunas. Você deve selecionar os menus *Graphs, Legacy Dialogs* e *Line* (Gráficos, Caixa de Diálogos Legacy e Linha) e, então, escolher as opções *Simple* (Simples) e *Summary of groups of cases* (Resumo de grupos de casos). Assim como no diagrama de barras, mova a variável de agrupamento para a caixa *Category Axis* (Eixo das Categorias) e clique na opção *Other statistics* (Outras estatísticas – p. ex., a *média*); então, mova a variável do escore da superação para a caixa. Clique em *OK* e você obterá um diagrama de linha como o apresentado na Figura 3.10.

Exemplo da literatura

Um bom exemplo de um diagrama de linhas ilustrando uma tendência ao longo do tempo é apresentado em um relatório feito por Lester e colaboradores (2010). Nesse estudo, eles estavam interessados em avaliar o impacto da remoção de incentivos financeiros em alguns indicadores de qualidade de cuidados clínicos em ambientes hospitalares e comunitários. Um dos gráficos incluídos no estudo foi semelhante ao apresentado na Figura 3.12.

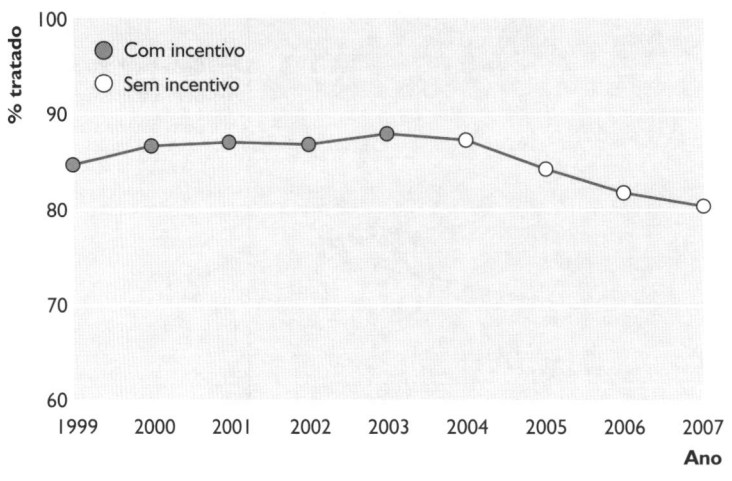

FIGURA 3.12

Percentual de adultos com idade ≥ 31 anos testados para retinopatia diabética em relação a incentivos financeiros.

> O gráfico mostrou o impacto dos incentivos financeiros no número de adultos testados com retinopatia diabética em um período de nove anos. Mostrou também que, durante os primeiros cinco anos do estudo, quando havia incentivos financeiros para a testagem, houve um aumento no número de adultos testados. Os incentivos financeiros para a seleção, então, pararam, e, nos quatro anos seguintes, as taxas de seleção caíram de aproximadamente 88% para 80%.

INCORPORANDO VARIABILIDADE EM DIAGRAMAS

Os diagramas de colunas e linhas mostrados ilustraram a facilidade com que se pode usar gráficos para representar informações sobre as médias dos grupos. Podemos, também, criar gráficos similares para representar a mediana e a moda, bem como incluir informações relacionadas à variabilidade dentro dos nossos grupos em tais gráficos. Se quisermos (e muitos autores querem), podemos adicionar uma indicação gráfica dos desvios-padrão aos diagramas de linhas e colunas. A Figura 3.13 mostra um diagrama de colunas em que incluímos linhas que representam os desvios-padrão para cada grupo.

Esse diagrama é muito similar ao apresentado na Figura 3.6, mas adicionamos linhas para cada barra representando os desvios-padrão. As linhas dentro de cada barra nos dão uma boa indicação de quanta variabilidade existe nos dados. Quanto mais longas, maior a variabilidade dentro da amostra. Podemos observar na Figura 3.13 que existe muito mais variabilidade nos dados dos pacientes vítimas de acidente vascular cerebral do que existe nos dados daqueles vítimas de ataque cardíaco. Podemos apresentar a mesma informação, se quisermos, em um diagrama de linhas (Fig. 3.14).

CRIANDO GRÁFICOS COM O DESVIO-PADRÃO NO SPSS

Para incluir o desvio-padrão em um diagrama de linhas (e também para incluir desvios-padrão em diagramas de colunas), siga as instruções dadas anteriormente para criar um diagrama de linhas simples. Antes de terminar e executar a sua análise, você deve clicar no botão *Options* (Opções) e, então, clicar na opção *Display error bars* (Exibir barras de erro). Feito isso, precisará selecionar

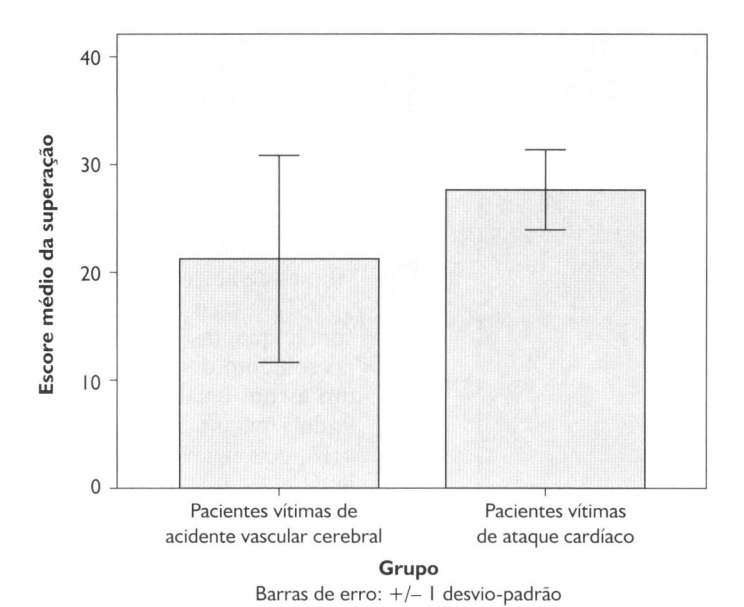

FIGURA 3.13

Diagrama de barras exibindo as médias e os desvios-padrão dos escores de superação para os pacientes vítimas de acidente vascular cerebral e ataque cardíaco.

a opção e mudar o multiplicador para "1". A caixa de diálogo deve ser definida conforme o apresentado na Captura de tela 3.14.

Clique em *Continue* e, então, em *OK*, e você obterá um diagrama similar ao apresentado na Figura 3.14.

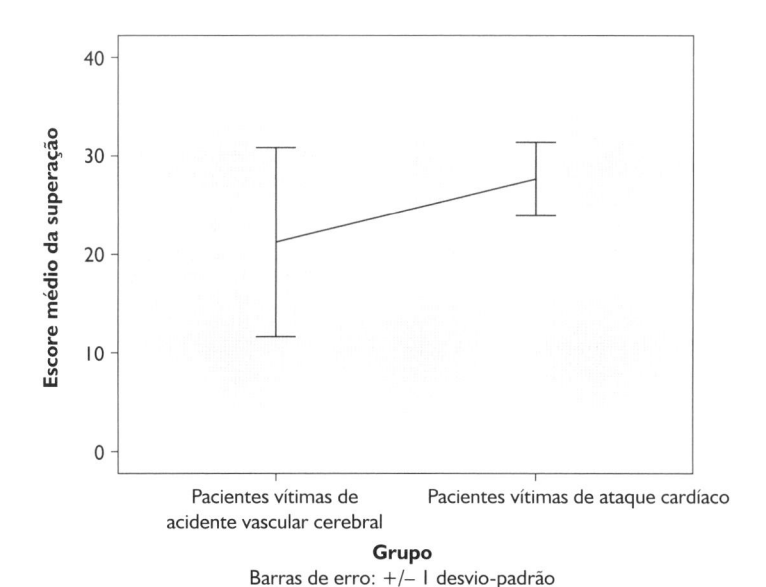

FIGURA 3.14

Diagrama de linhas exibindo as médias e os desvios-padrão dos escores de superação para os pacientes vítimas de acidente vascular cerebral e ataque cardíaco.

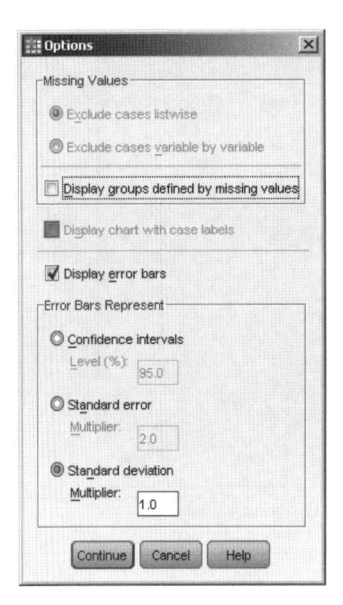

CAPTURA DE TELA 3.14

GRÁFICOS MOSTRANDO DISPERSÃO – O HISTOGRAMA

Até agora, descrevemos gráficos que são usados para ilustrar medidas de tendência central. Nesta seção, introduziremos duas técnicas gráficas que foram desenvolvidas para ilustrar a variabilidade/dispersão de dados. A primeira é o histograma de frequências. Lembre-se da Atividade 3.1, em que pedimos a você para que descrevesse os dados de superação dos pacientes vítimas de acidente vascular cerebral apresentados na Tabela 3.1. Quando descrevemos os escores, escrevemos o seguinte:

> Você pode ter sido um pouco mais preciso na sua descrição, dizendo que há três escores abaixo de 10, quatro entre 10 e 19, 11 na casa dos 20 e dois acima de 30.

Nessa breve descrição, destacamos quantos escores existentes na amostra estão entre certos valores na escala da superação. Ao contar escores dessa forma, você está lidando com o que chamamos de *frequências* – estamos contando o número dos escores dentro de uma amplitude em particular. Em vez de descrever verbalmente essas frequências, podemos apresentá-las na forma de um gráfico, chamado de *histograma*. No seu nível básico, um histograma é um gráfico de frequência de cada escore de uma amostra. Na Tabela 3.4, reapresentamos os escores de superação dos pacientes vítimas de acidente vascular cerebral.

Para criar um histograma, precisamos contar quantas vezes cada escore aparece no conjunto de dados. Desse modo, temos um escore igual a 1, dois escores iguais a 9, dois iguais a 13, um igual a 14, um igual a 18, dois iguais a 21, três iguais a 23, um igual a 25, três iguais a 26, um igual a 27, um igual a 28, um igual a 39 e um igual a 40. Podemos representar os escores na forma de gráfico, criando um diagrama de barras que tem os escores no eixo *x* e a frequência de ocorrência no eixo *y*. O histograma representando os escores de superação dos pacientes vítimas de acidente vascular cerebral é exibido na Figura 3.15.

A altura de cada coluna representa o número de vezes que cada escore aparece na amostra. Onde não há colunas, indica-se a inexistência de escores desse valor na

TABELA 3.4

Escores da superação para os pacientes vítimas de acidente vascular cerebral

Pacientes vítimas de acidente vascular cerebral	
39	27
26	1
26	25
9	23
14	23
28	40
21	9
26	13
23	13
18	21

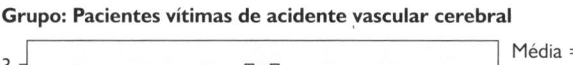

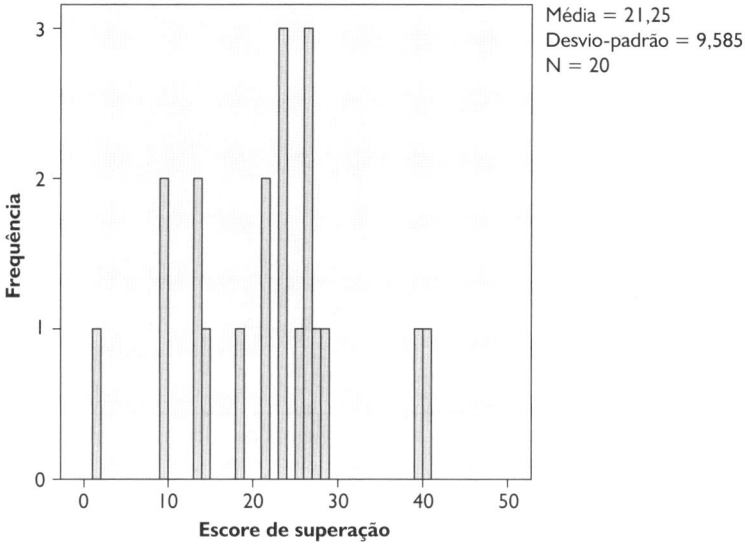

FIGURA 3.15

Histograma dos escores de superação para os pacientes vítimas de acidente vascular cerebral.

amostra. A coluna mais alta no histograma nos dá uma indicação do valor modal. Você pode ver na Figura 3.15 que há duas colunas com a mesma altura, o que sugere a existência de duas modas. Podemos variar a maneira de contar os escores para exibi-los no histograma. Geralmente, podemos tornar o gráfico mais limpo tentando remover as lacunas entre as barras. Para isso, podemos contar o número de escores que caem dentro de uma faixa de valores da variável de interesse. Assim, por exemplo, podemos dividir a escala em intervalos de cinco unidades e contar quantos escores estão dentro daquela amplitude. O ato de especificar a amplitude dentro da qual estamos contando os escores é conhecido como "categorizar", e podemos variar os "intervalos ou classes" em um histograma para assegurar uma apresentação mais concisa da frequência de ocorrência dos escores. Para o gráfico na Figura 3.16a, usamos intervalos de cinco escores (i.e., 1-5, 6-10, etc.) e, na Figura 3.16b, usamos intervalos de 10 escores (i.e., 1-10, 11-20, etc.).

É possível perceber que, quando aumentamos a largura dos "intervalos", o histograma se torna mais limpo. Você pode facilmente ajustar as larguras de intervalo no SPSS e aprenderá, com a experiência, como representar melhor o seu histograma. O histograma na Figura 3.15 não é muito bom, pois possui muitos espaços entre as barras. O histograma na Figura 3.16 é muito melhor, e provavelmente ficaríamos com o que possui a largura de intervalos igual a cinco (Fig. 3.16a).

Você pode ver nos histogramas da Figura 3.16 que temos mais escores no meio da escala (entre 20 e 30) do que em seus dois extremos. Essa é uma característica comum dos dados que coletamos nas ciências da saúde, e voltaremos a esse ponto no Capítulo 4.

Criando histogramas no SPSS

Você pode gerar histogramas com o menu *Graphs* (Gráficos) no SPSS. Clique na sequência de menus *Graphs, Legacy Dialogs* e *Histogram* (Gráficos, Caixa de Diálogos Legacy e Histograma) e será apresentada uma caixa de diálogos (Captura de tela 3.15).

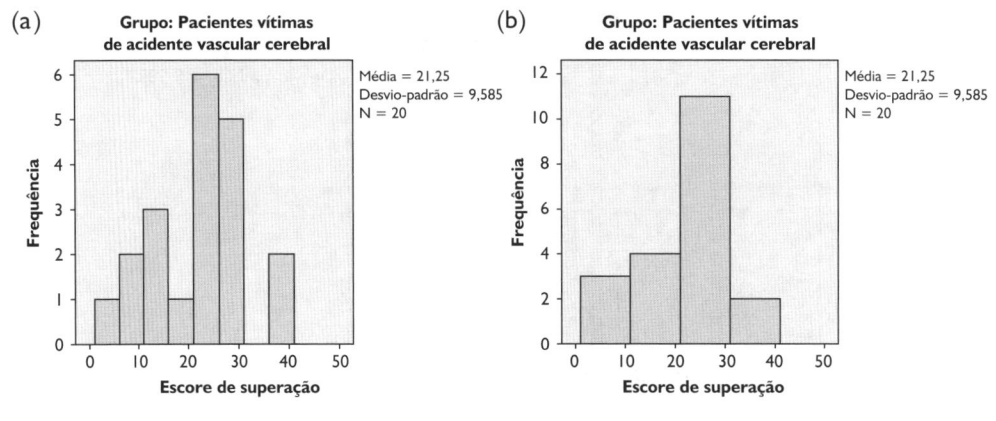

FIGURA 3.16

Histogramas dos escores de superação para os pacientes vítimas de acidente vascular cerebral com largura de "intervalos" de 5 e 10.

Você precisa destacar a variável em você está interessado e, então, movê-la para a caixa *Variable* (Variável). Note que movemos até a variável *CopingScore*. Você pode, então, clicar em *OK* para criar o histograma. Ao fazer isso, será apresentado o gráfico retratado na Figura 3.17.

O SPSS tenta determinar a melhor largura de classe para exibir o histograma. Você pode querer mudar isso e, nesse caso, basta clicar duas vezes no gráfico para iniciar o editor. Então, clique duas vezes em uma das colunas, e aparecerá uma caixa de diálogo (Captura de tela 3.16).

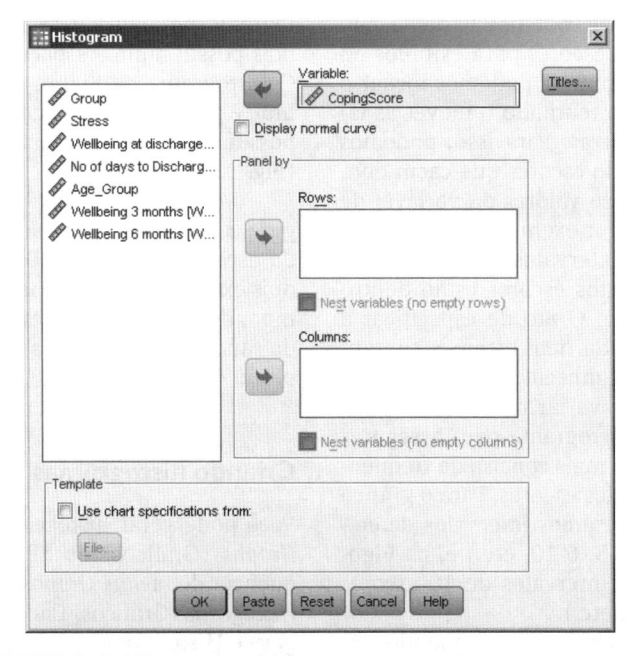

CAPTURA DE TELA 3.15

Grupo: Pacientes vítimas de acidente vascular cerebral

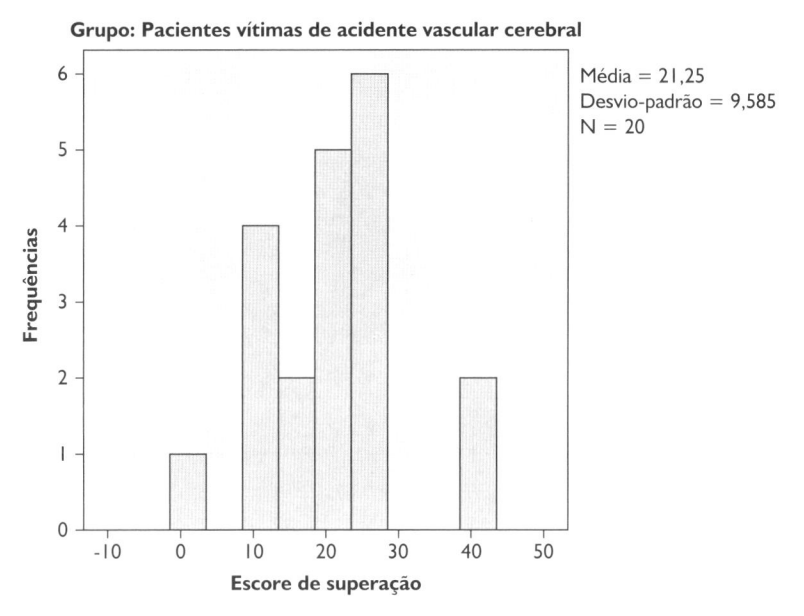

Média = 21,25
Desvio-padrão = 9,585
N = 20

FIGURA 3.17

Para mudar a largura das classes ou intervalos clique no painel *Binning* (Classes) e, então, selecione a opção *Custom* (Personalizar). Clique na opção *Interval width* (Largura do intervalo) e digite na largura do intervalo que deseja exibir. Escolhemos a largura de cinco para cada classe. Você pode, também, mudar o ponto de início da primeira coluna (isto é chamado de âncora). Mudamos a âncora para 1. Clique em *Apply* (Aplicar) e, então, feche o editor gráfico; você terá seu histograma personalizado como o desejado.

Você deve observar que disfarçamos um pequeno problema em relação à criação de um histograma somente para os pacientes vítimas de acidente vascular cerebral. Se seguir as instruções dadas anteriormente, obterá um histograma que inclui todos os participantes (tanto vítimas de acidente vascular cerebral quanto de ataque cardíaco) misturados. Caso queira um histograma somente para os pacientes do primeiro grupo, existem duas maneiras para fazê-lo. A primeira é separar seu arquivo de dados. Para isso, clique nas opções *Data, Split File* (Dados, Separar Arquivo) (Captura de tela 3.17). Será apresentada uma caixa de diálogos (Captura de tela 3.18)

CAPTURA DE TELA 3.16

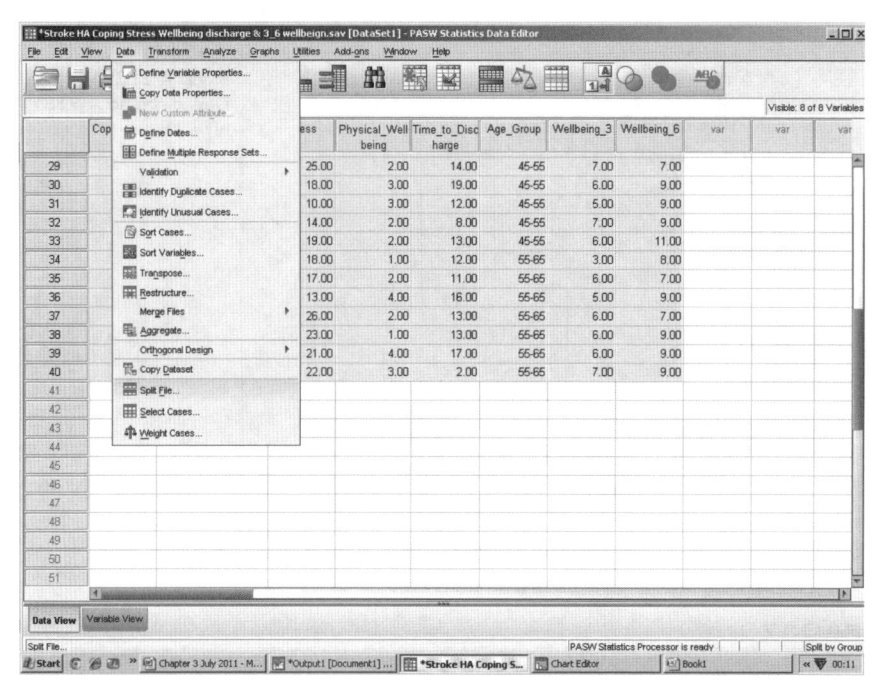

CAPTURA DE TELA 3.17

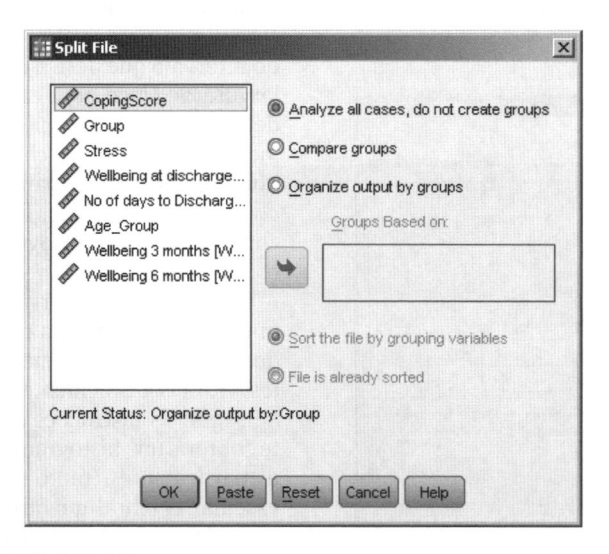

CAPTURA DE TELA 3.18

Você deve selecionar a opção *Organise output by groups* (Organizar saída por grupos) e, então, mover a variável *Group* (Grupo) até a caixa *Groups Based on* (Grupos com Base em). Finalmente, clique em *OK*. Seu arquivo de dados, agora, está separado em dois. Todas as análises que você executar serão feitas separadamente para os pacientes vítimas de acidente vascular cerebral e para os pacientes vítimas de ataque cardíaco. Se você, agora, solicitar um histograma, será obtido um para cada grupo de pacientes. Essa é uma característica muito útil do SPSS, mas você deve lembrar que seu arquivo de dados foi dividido e ter certeza de juntá-los novamente quando quiser executar análises com todo o conjunto de dados. Para juntá-los, volte à opção *Data, Split File* (Dados, Separar Arquivo) e, então, selecione a opção *Analyze all cases, do not create groups* (Analisar todos os casos, não criar grupos). Iremos apresentar a segunda abordagem para analisar os dois grupos separadamente na próxima seção no diagrama de caixa-e-bigodes.

O DIAGRAMA DE CAIXA-E-BIGODES (*BOX-PLOT*)

Uma maneira alternativa de ilustrar a variabilidade dos escores nos seus dados é criar um *diagrama de caixa-e-bigodes*, também chamado de *box-plot*. Estes diagramas são baseados na amplitude interquartílica e são úteis porque indicam os escores extremos da sua amostra. Um exemplo desse tipo de diagrama para os pacientes vítimas de acidente vascular cerebral é apresentado na Figura 3.18.

Como sugerimos anteriormente, os diagramas de caixa-e-bigodes são baseados nos quartis. A altura da caixa é igual à amplitude interquartílica, e a barra dentro da caixa indica a mediana. Assim, podemos ver, na Figura 3.18, que o valor do primeiro quartil é aproximadamente 13; a mediana é cerca de 23; e o valor do terceiro quartil fica por volta de 26. A partir disso, sabemos que 50% dos escores da amostra estão dentro da altura da caixa (i.e., entre 13 e 16). As linhas que saem da parte superior e inferior da caixa são chamadas de "bigodes" e indicam a amplitude dos escores que estão abaixo do primeiro quartil ou acima do terceiro quartil, mas que não são classificados como extremos. Se você tiver escores extremos em sua amostra, eles serão exibidos no seu diagrama de caixa-e-bigodes. Uma ilustração disto está apresentada na Figura 3.19.

Os dados representados na Figura 3.19 são os mesmos da Figura 3.18, mas

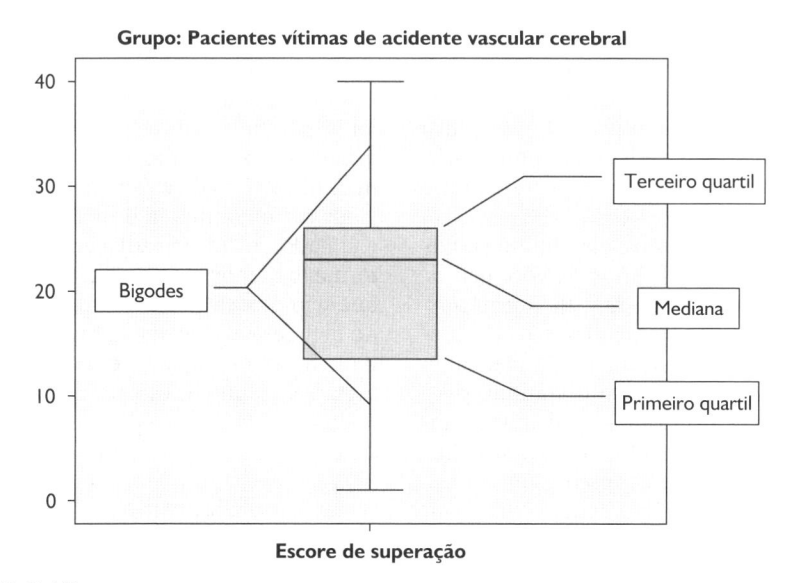

FIGURA 3.18

Diagrama de caixa-e-bigodes dos escores de superação para os pacientes vítimas de acidente vascular cerebral.

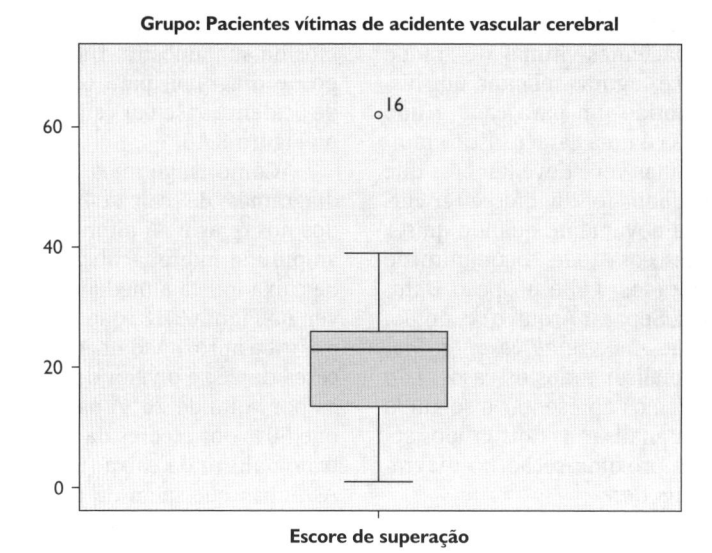

FIGURA 3.19

Diagrama de caixa-e-bigodes ilustrando um escore extremo no conjunto de dados.

com o escore mais alto no conjunto de dados alterado de 40 para 62. Você pode ver que esse escore extremo está, agora, indicado por um "o" no gráfico ("o" representa *outlier* – extremo). O número próximo ao "o" nos diz a qual linha do arquivo de dados este escore pertence. Você pode ver que a linha é 16. Devemos checar esse ponto dos dados para ter certeza que não cometemos um erro quando entramos com os dados no SPSS. Esta é uma característica útil do diagrama de caixa-e-bigodes, porque nos ajuda a verificar se entramos corretamente com os dados.

Existe outra razão pela qual devemos identificar escores extremos. Se você pensar na discussão da média realizada anteriormente neste capítulo, lembrará que dissemos que a média é fortemente influenciada por escores extremos. Isso é verdade para várias técnicas estatísticas que apresentamos neste livro; portanto, você deve verificar seus dados para esses escores extremos. O diagrama de caixa-e-bigodes é uma maneira útil de fazer isso. Ele identifica os valores extremos como aqueles que estão mais de uma vez e meia a amplitude interquartílica acima ou abaixo das margens da caixa. A amplitude interquartílica para o diagrama de caixa-e-bigodes na Figura 3.19 é 12,75. Uma vez e meia é 19,13, e, assim, um valor extremo é um escore que seja superior a 19,13 + 26 (que é o terceiro quartil) ou um escore que seja menor que o primeiro quartil: 13 – 19,13. Todos os valores extremos serão exibidos no gráfico. Se você tiver escores dos seus dados que estão fora das margens da caixa, mas que não são valores extremos, eles estarão dentro do comprimento dos bigodes no gráfico. O escore mais alto acima da caixa, mas que não é um valor extremo, marca o final do bigode e é chamado de "escore adjacente". Da mesma forma, o menor escore abaixo da caixa, mas que não é um valor extremo, marca o final do bigode mais baixo e é, também, denominado de escore adjacente. Você pode ver na Figura 3.19 que os escores adjacentes são o 1 e o 40.

Relatando diagramas de caixa-e-bigodes

Caso fosse incluir o diagrama de caixa-e-bigodes da Figura 3.19 em um relatório de pesquisa, você poderia apresentá-lo da seguinte forma:

> A Figura 3.19 mostra um diagrama de caixa-e-bigodes para os escores de superação dos pacientes vítimas de acidente vascular cerebral. Esse diagrama mostra que 50% dos escores estão entre 17 e 26. Ele também mostra que existe um escore de valor igual a 62, que é considerado um extremo. Esse escore sugere que devemos usar a mediana em vez da média como uma medida de tendência central para esta amostra.

Criando diagramas de caixa-e-bigodes usando o SPSS

Você pode criar diagramas de caixa-e-bigodes de duas maneiras no SPSS, mas a mais óbvia é usar a opção *Graphs, Legacy dialogs, Boxplots* (Gráficos, Caixa de Diálogos Legacy, Diagrama de Caixa-e-bigodes). Selecione *Simple* (Simples) e *Summaries of separate variables* (Resumo para variáveis separadas); será apresentada uma caixa de diálogos (Captura de tela 3.19).

Mova a variável *CopingScore* (Escore de superação) até a caixa *Boxes Represent* (Caixas Representam) e, então, clique em *OK*. Será apresentado um diagrama de caixa-e-bigodes similar ao da Figura 3.18 (caso você tenha dividido previamente o seu arquivo de dados).

Uma maneira alternativa de criar diagramas de caixa-e-bigodes e histogramas sem ter que dividir o seu arquivo de dados é usando as opções *Analyse, Descriptive Statistics, Explore* (Analisar, Estatística Descritiva, Explorar). Será apresentada uma caixa de diálogos como a exibida na Captura de tela 3.20 (já vimos isso anteriormente neste capítulo).

Mova a variável *CopingScore* (Escore de superação) para a caixa *Dependent List* (Lista Dependente) e a variável *Group* (Grupo) para a caixa *Factor List* (Lista do Fator). Na seção *Display* (Exibir), selecione a opção *Plots* (Diagramas) e, então, clique no botão *Plots* (Diagramas). Será apresentada outra caixa de diálogo (Captura de tela 3.21).

Desmarque a opção *Stem-and-leaf* (Caule e folhas), selecione a opção *Histogram* (Histograma) e, então, clique em *Continue*

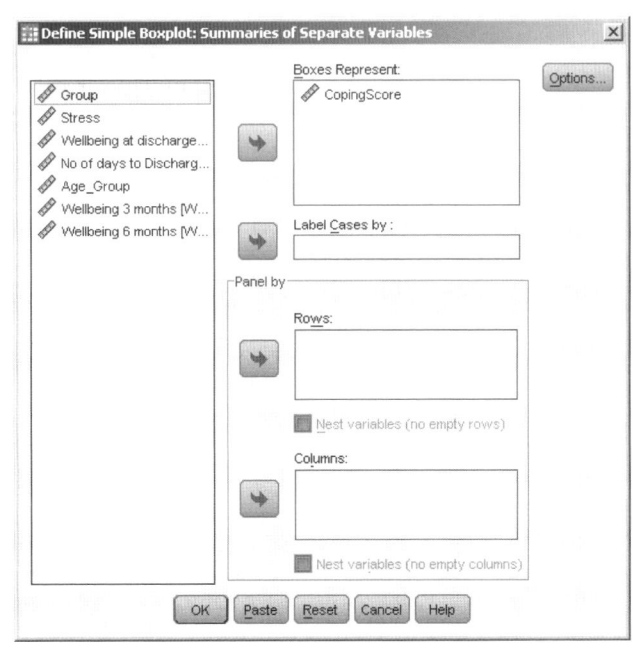

CAPTURA DE TELA 3.19

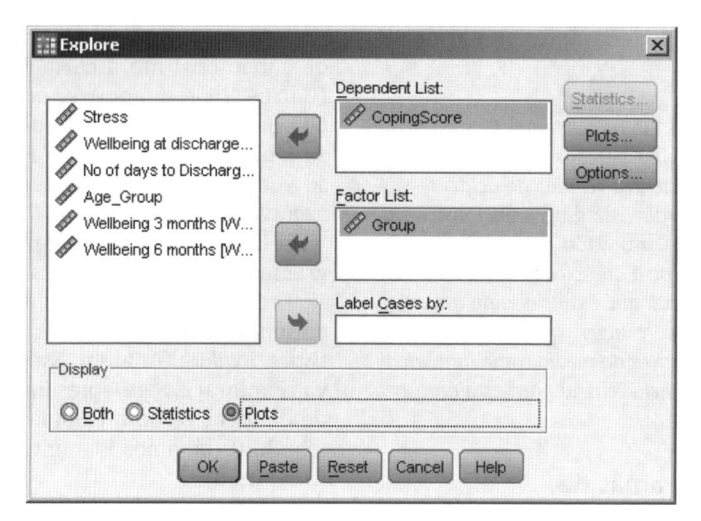

CAPTURA DE TELA 3.20

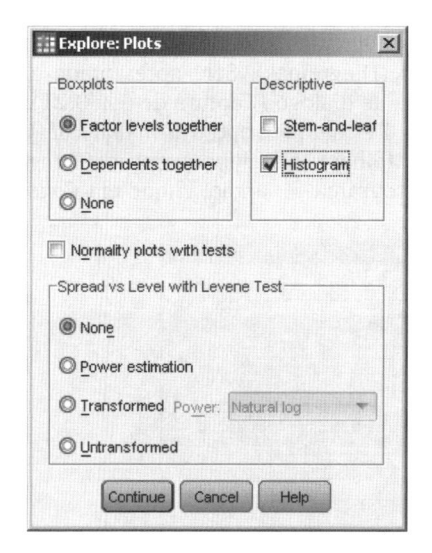

CAPTURA DE TELA 3.21

seguido de *OK*. Serão apresentados histogramas separados para os dois grupos, assim como diagramas de caixa-e-bigodes, lado a lado para os dois grupos (Fig. 3.20).

Apresentar os diagramas de caixas-e-bigodes, no mesmo gráfico, como o que foi feito aqui, é útil, pois permite a comparação dos dois grupos. Podemos ver aqui que os 50% do meio dos escores para os pacientes vítimas de acidente vascular cerebral (indicados pela altura da caixa) tem uma variabilidade maior do para os pacientes vítimas de ataque cardíaco. Podemos ver, também, que nenhum dos grupos tem escores extremos (não existem marcadores "o" além dos bigodes).

Exemplo da literatura

Existe um bom exemplo de artigo apresentando diagramas de caixa-e-bigodes e histogramas, escrito por Logan e colaboradores (2010). Nesse estudo, eles estavam interessados na avaliação de um serviço que foi projetado para ajudar na prevenção de quedas de pessoas idosas residentes de uma determinada comunidade. Em seus resultados, apresentaram a figura exibida na Figura 3.21.

Você pode ver na figura que eles tinham dois grupos de participantes e, em ambos, os diagramas de caixa-e-bigodes ilustram vários escores extremos. Os histogramas sugerem que a maioria dos participantes nos dois grupos estava aglomerada na parte inferior da escala "Taxa de quedas por ano", embora vários participantes tenham sofrido muitas quedas. Você pode ver, também, que o grupo de intervenção estava aglomerado na parte mais baixa da escala de quedas.

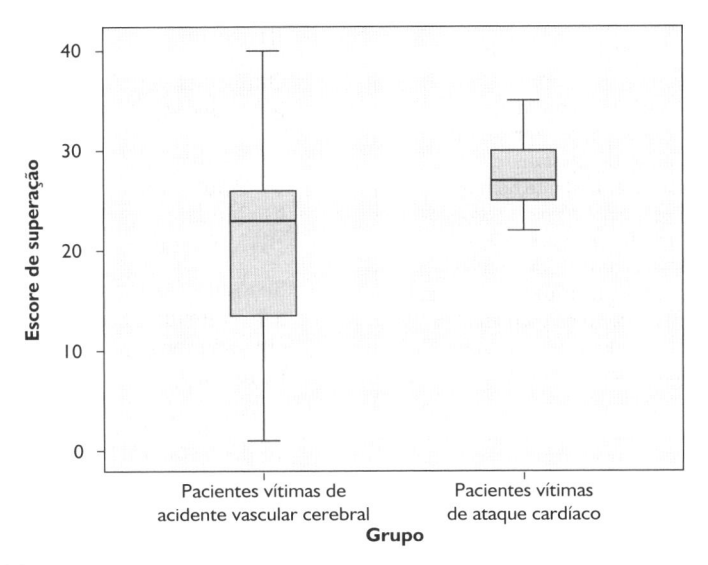

ESTATÍSTICA SEM MATEMÁTICA PARA AS CIÊNCIAS DA SAÚDE   **119**

FIGURA 3.20

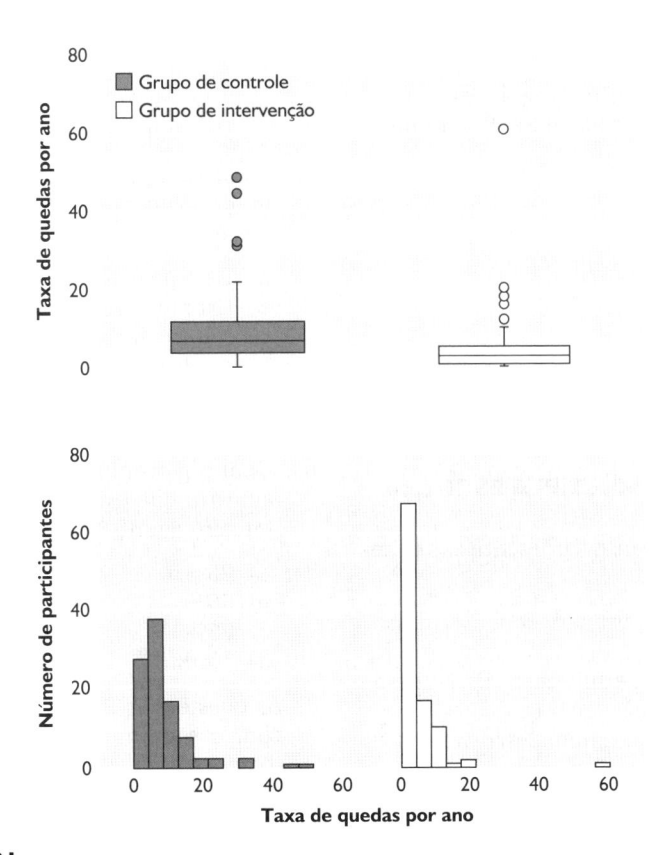

FIGURA 3.21

Taxas de quedas do grupo de tratamento.

> **Resumo**
>
> Neste capítulo, iniciamos a nossa compreensão sobre a análise de dados. Apresentamos uma variedade de técnicas estatísticas que nos ajudam a conhecer bastante bem os dados. Se você usar essas técnicas apropriadamente, terá uma boa compreensão do significado de seus dados e será capaz de apresentar estatísticas descritivas pertinentes quando fizer um relatório de pesquisa. No próximo capítulo, começaremos a explorar o que a nossa amostra pode nos informar sobre grandes populações.

EXERCÍCIOS COM SPSS

Tente criar um diagrama de caixa-e-bigodes e um histograma para os seguintes dados:

12, 13, 13, 13, 15, 15, 15, 15, 16, 16, 17, 17, 17, 17, 18, 18, 19, 20, 32

Dê a sua interpretação dos gráficos.
    Além disso, utilize o SPSS para obter o seguinte:

- ✓ Média
- ✓ Mediana
- ✓ Moda
- ✓ Amplitude
- ✓ Desvio-padrão
- ✓ Variância
- ✓ Quartis

QUESTÕES DE MÚLTIPLA ESCOLHA

1. Por que as estatísticas descritivas são importantes?

   a) Elas nos permitem conhecer nossos dados.
   b) Elas nos permitem avaliar nossos encontros às escuras.
   c) Elas nos permitem descrever nossos dados a outras pessoas.
   d) Alternativas "a" e "c" estão corretas.

2. Quais das seguintes alternativas não é uma medida de tendência central?

   a) Média.
   b) Amplitude.
   c) Moda.
   d) Mediana.

3. Se quisesse representar graficamente a frequência da ocorrência dos escores em sua amostra, quais dos seguintes você usaria?

   a) Diagrama de caixa-e-bigodes.
   b) Diagrama de linhas.
   c) Histograma.
   d) Nenhuma das alternativas.

4. No diagrama de caixa-e-bigodes, o comprimento da caixa é igual a qual dos seguintes valores?

   a) Variância.
   b) Amplitude.
   c) Amplitude interquartílica.
   d) Desvio-padrão.

5. O que você poderia fazer com um diagrama de colunas caso os rótulos das categorias em seu eixo x fossem muito longos?

   a) Usar poucas categorias.
   b) Usar um gráfico de linhas.
   c) Não se dar ao trabalho de fazer um gráfico dos dados.
   d) Mudar a orientação para um gráfico de barras.

6. Qual o percentual dos escores em uma amostra que está entre o primeiro e o terceiro quartis?

   a) 25%.
   b) 50%.
   c) 75%.
   d) 100%.

As questões 7, 8 e 9 estão relacionadas com o seguinte diagrama de caixa-e-bigodes:

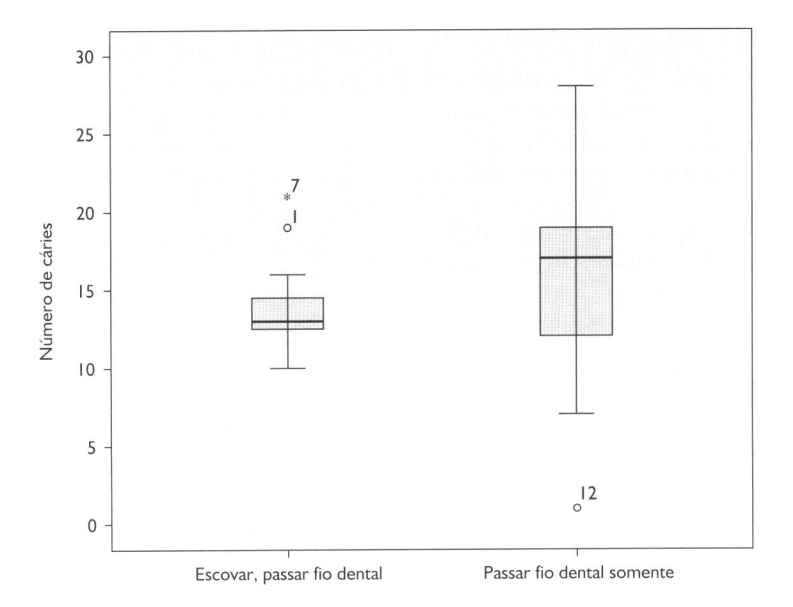

7. Qual das condições tem a maior variabilidade em termos de números de cáries?
   a) Escovar, passar fio dental.
   b) Passar fio dental somente.
   c) A variabilidade é praticamente a mesma.
   d) Não podemos dizer nada sobre a variabilidade dos escores a partir deste diagrama de caixa-e-bigodes.

8. De quais linhas do arquivo de dados vêm os escores extremos?
   a) 1, 5, 30.
   b) 3, 5, 8.
   c) 1, 7, 12.
   d) Não podemos saber de quais linhas são os escores extremos a partir deste diagrama de caixa-e-bigodes.

9. Qual o conjunto de escores que possui a mediana mais alta?
   a) Escovar, passar fio dental.
   b) Passar fio dental somente.
   c) As medianas são iguais.
   d) Não podemos saber sobre as medianas a partir deste diagrama de caixa-e-bigodes.

As questões 10 e 11 estão relacionadas com o seguinte diagrama de barras de erros:

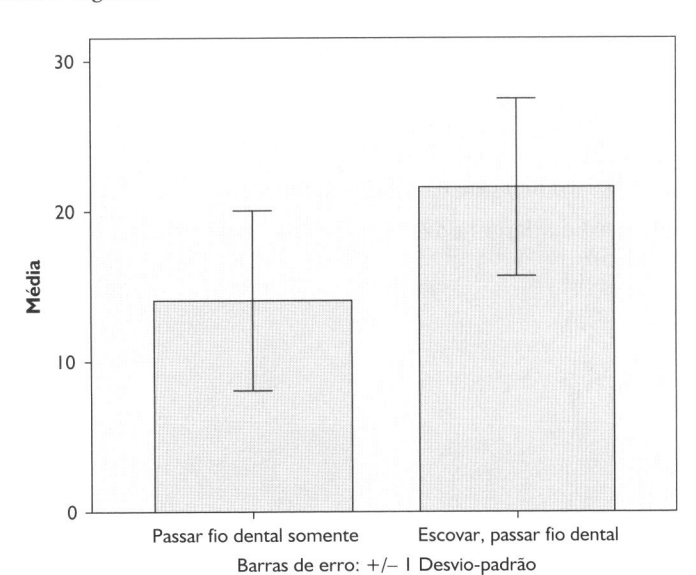

10. Quais dos conjuntos de dados têm a maior variabilidade?
    a) Escovar, passar fio dental.
    b) Passar fio dental somente.
    c) A variabilidade é aproximadamente a mesma.
    d) Não podemos dizer nada sobre a variabilidade dos escores a partir deste diagrama.

11. O que as linhas das barras representam?
    a) A média.
    b) A amplitude interquartílica.
    c) O desvio-padrão.
    d) Nenhuma das alternativas anteriores.

As questões 12, 13 e 14 estão relacionadas com o seguinte diagrama de barras:

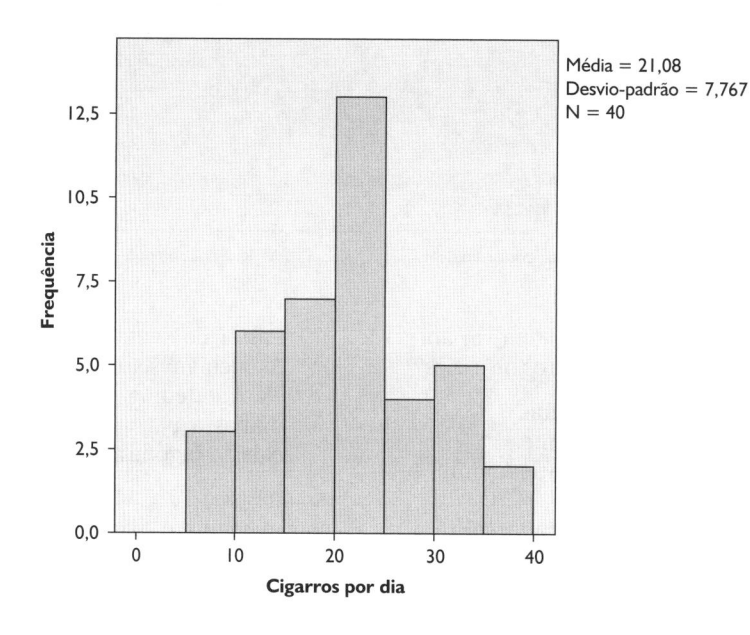

Média = 21,08
Desvio-padrão = 7,767
N = 40

12. Como se chama a forma desse gráfico?
    a) Histograma.
    b) Diagrama de barras.
    c) Diagrama de caixa-e-bigodes.
    d) Nenhuma das alternativas anteriores.

13. Qual é a largura das classes desse gráfico?
    a) 1
    b) 2
    c) 5
    d) 10

14. Quais são os escores que ocorrem com menor frequência?
    a) 5-10
    b) 10-15
    c) 20-25
    d) Nenhuma das alternativas anteriores.

15. Quais são a média, a mediana e a moda para esse conjunto de escores?
    a) 6, 5, 7, 9, 11, 15, 17, 5, 8
    b) 6,5, 11, 17
    c) 9,22, 8, 5
    d) 7,45, 15, 11
    e) Nenhuma das alternativas anteriores.

4
As bases dos testes estatísticos

Panorama do capítulo

Neste capítulo, iremos explicar conceitos relevantes para o entendimento dos testes de significância. Apesar de ensinarmos as fórmulas para os testes estatísticos apresentados neste livro, acreditamos ser importante que você entenda o raciocínio por trás da abordagem empregada pela maioria dos pesquisadores para a análise dos dados. Assim, neste capítulo, você irá aprender sobre:

- ✓ Amostras e populações;
- ✓ Erro amostral;
- ✓ Uso da probabilidade nos testes estatísticos;
- ✓ Teste de significância;
- ✓ Significância estatística;
- ✓ A normal e a distribuição normal padrão;
- ✓ Poder de um teste;
- ✓ Intervalos de confiança.

Para entender os conceitos que apresentamos aqui, você precisa ter certeza de que entendeu as características da pesquisa que destacamos no Capítulo 1 e as estatísticas descritivas que abordamos no Capítulo 3.

INTRODUÇÃO

No Capítulo 1, descrevemos algumas características importantes da pesquisa, incluindo diferentes tipos de variáveis e maneiras diferentes de delinear os estudos (p. ex., delineamentos entre grupos *versus* intra grupos). Iniciamos o Capítulo 3 mostrando como podemos analisar os dados obtidos em nossa pesquisa. Os tipos de análises que apresentamos foram as estatísticas descritivas e as técnicas para saber o que os dados amostrais estão nos dizendo. Sugerimos, no Capítulo 3, que havia outros tipos de técnicas estatísticas que podemos usar e que nos ajudam a tirar conclusões sobre as grandes populações das quais as nossas amostras foram retiradas. Elas são chamadas de estatísticas inferenciais. Neste capítulo, iremos explicar algumas ideias fundamentais que lhe permitirão entender o propósito e o raciocínio desse tipo de estatística.

Antes de continuarmos com o material de interesse, iremos descrever um estudo hipotético. Usaremos esse estudo para ilustrar conceitos importantes que fundamentam a estatística inferencial. Vamos supor que estamos interessados no impacto do aparelho auditivo sobre a ansiedade social de uma pessoa. Existe alguma evidência de que a deficiência auditiva esteja relacionada a ansiedade social (p. ex., ver Knutson e Langsing, 1990), e, portanto, espera-se que, caso possamos melhorar a habilidade auditiva de uma pessoa, poderemos reduzir o seu medo de situações sociais. Poderíamos identificar todos os ingleses que estão esperando, na fila, por seu primeiro aparelho auditivo (é claro, isso seria relativamente fácil se o Serviço Nacional de Saúde da Inglaterra possuísse um sistema centralizado de computação que funcionasse de forma adequada) e, então, selecionar, aleatoriamente, 40 desses pacientes com deficiência auditiva e designá-los, também de forma aleatória, a um grupo que obtém um aparelho auditivo imediatamente ou a um que deve esperar um pouco antes de obter seu aparelho auditivo (chamado de *grupo-controle da lista de espera*). Aqui temos um grupo de intervenção (constituído por aqueles que obtêm o aparelho auditivo) e um de controle. Podemos medir a ansiedade social usando um questionário (como a Escala de Angústia e Rejeição Social; Watson e Friend, 1969). Mediríamos a ansiedade social em dois pontos do tempo para ambos os grupos. Mediríamos a ansiedade antes dos pacientes receberem seus aparelhos auditivos e algum tempo depois – suponhamos que um mês depois. Mediríamos, também, a ansiedade social do grupo-controle em tempos similares. Podemos lançar uma hipótese de que, após um mês de acompanhamento, o grupo do aparelho auditivo terá escores de ansiedade social mais baixos do que o grupo-controle da lista de espera. O delineamento do estudo ficaria como o da Figura 4.1.

Essa é uma forma típica de delineamento de pesquisa nas ciências sociais, chamado de delineamento experimental, introduzida por nós no Capítulo 1. Se você aderir a certas considerações restritas de delineamento enquanto realiza o seu estudo (p. ex., alocação aleatória dos participantes às condições), poderá, também, chamar o delineamento de ensaio de controle aleatorizado (ECA). Iremos tratar desses delineamentos mais adiante, no Capítulo 14.

Grupo do aparelho auditivo	Tempo 1 Ansiedade social	Recebeu o aparelho auditivo	Tempo 2 Ansiedade social
Grupo-controle da lista de espera	Tempo 1 Ansiedade Social	Esperando o aparelho auditivo	Tempo 2 Ansiedade social

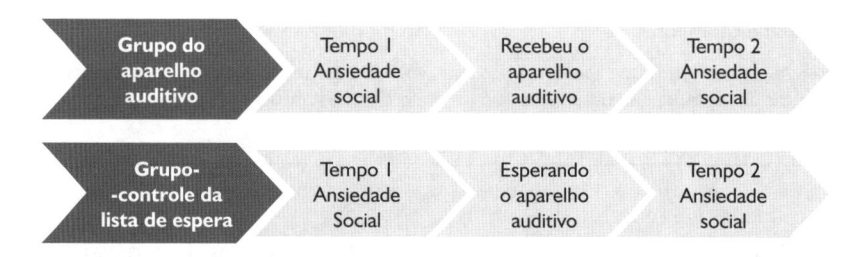

FIGURA 4.1

Delineamento da ansiedade social e estudo do aparelho auditivo.

AMOSTRAS E POPULAÇÃO

A descrição do estudo do aparelho auditivo destaca dois conceitos fundamentais para a estatística: *amostras* e *população*. A população pode se referir a qualquer pessoa em um país em particular (p. ex., a população da Escócia) ou a qualquer pessoa em uma determinada povoação (p. ex., a população de Creswell em Derbyshire). Em termos estatísticos, entretanto, a população se refere a todos de um grupo-alvo específico, em vez de a uma região específica (p. ex., todas as pessoas que tem uma deficiência auditiva e que aguardam por um aparelho auditivo ou todas aquelas que têm uma determinada doença, como a cólera). A rigor, em estatística, as "populações" não precisam necessariamente se referir a pessoas; desse modo, se fôssemos biólogos marinhos, poderíamos estar interessados na população de golfinhos-nariz-de-garrafa ou na população de grandes tubarões brancos. As populações podem até mesmo se referir a objetos inanimados, como a diversidade de símbolos gráficos utilizados nas latas de Guinness.

Uma amostra se refere a uma seleção de indivíduos da população. Assim, posso selecionar uma amostra de 15 escoceses ou 15 pessoas de Creswell em Derbyshire. Posso, também, selecionar uma amostra de 40 pessoas que têm alguma deficiência auditiva, mas que aguardam por um aparelho auditivo, ou 100 indivíduos que têm cólera. Todas elas seriam uma seleção de pessoas de populações grandes, e todas são amostras. Nas ciências sociais, a maior parte das pesquisas publicadas envolve amostras, em vez de populações. Por quê? Trabalhar com amostras é mais conveniente por várias razões, entre elas:

a) são mais baratas do que investigar populações;
b) são mais rápidas para testar do que as populações;
c) são mais fáceis de recrutar do que as populações.

Embora as amostras sejam convenientes para se trabalhar, os pesquisadores estão geralmente mais interessados no que acontece na população como um todo. Eles geralmente querem tentar generalizar os resultados das suas amostras para as populações.

Amostragem

Existem várias maneiras de selecionar pessoas de grandes populações para fazer parte de nosso estudo. Iremos introduzir aqui algumas das estratégias mais comuns de amostragem. A maioria dos testes estatísticos que apresentamos neste livro supõe que você tenha selecionado aleatoriamente os participantes da sua população de interesse. Para isso, é preciso identificar todas as pessoas na sua população-alvo e, então, aleatoriamente selecionar o número necessário para a sua pesquisa. Essa abordagem para a seleção de amostras é chamada de *amostra aleatória simples*. Cada membro da população-alvo tem uma chance igual de ser selecionado.

Embora a amostragem aleatória seja uma suposição fundamental que dá suporte ao uso de muitos testes de estatística inferencial, ela é raramente usada na prática. Por que isso acontece? Ela é raramente usada porque, além de ser difícil a sua obtenção, ela pode ser muito demorada e cara. Em primeiro lugar, você deve identificar todos os indivíduos em sua população. Você pode se imaginar fazendo uma lista de todas as pessoas na Inglaterra que estejam gripadas atualmente? Isso seria extremamente difícil. Outro problema é que, para muitos estudos, não podemos simplesmente selecionar de modo aleatório participantes e supor que eles irão, de forma definitiva, tomar parte em nosso estudo. A ética da pesquisa estipula que seja dada a oportunidade aos participantes humanos de recusar a participação na pesquisa. Portanto, embora tenhamos selecionado aleatoriamente os participantes da população, nem todos os selecionados devem tomar parte, o que abala a suposição de seleção aleatória.

Uma maneira útil de contornar o problema de ter que identificar todos em uma determinada população é usar uma técnica chamada de *amostragem por conglomerados*, em que iremos identificar unidades aglomeradas na população. Por exemplo, poderíamos observar os distritos da Inglaterra ou as Unidades Primárias de Tratamento (UPTs) do Serviço Nacional de Saúde (SNS). Selecionaríamos, de forma aleatória, uma ou várias dessas pequenas unidades e, então, selecionaríamos, também de forma aleatória, pessoas dentro dessas pequenas unidades. Poderíamos até mesmo refinar a seleção usando o conglomerado por multi-estágios. Aqui, selecionaríamos aleatoriamente um número pequeno de UPTs do SNS e, então, dessas UPTs, selecionaríamos, por exemplo, um número pequeno de unidades de cirurgias do médico de família, das quais selecionaríamos, também aleatoriamente, indivíduos que seriam convidados a participar do estudo.

Na prática, um grande número de pesquisadores parece não se preocupar sobre essa premissa fundamental dos testes estatísticos e selecionam suas amostras por outros meios que não a amostragem aleatória.

Amostragem de conveniência

A amostragem de conveniência refere-se à seleção de participantes disponíveis na hora e no lugar em que você está realizando a pesquisa. Assim, se estivesse trabalhando em uma clínica específica para queda de cabelo e estivesse interessado em conduzir um estudo experimental da efetividade de um novo tratamento para a calvície, você poderia convidar todos os pacientes que vão a sua clínica no momento em que estiver conduzindo o seu estudo (lembre-se: eles devem ter a oportunidade de recusar o convite).

Amostragem bola de neve

A amostragem de bola de neve é realizada quando você pede às pessoas para que tomem parte da sua pesquisa e indiquem conhecidos para que também participem. Pode ser uma técnica útil quando você tem contatos limitados.

Amostragem por voluntários

A amostragem por voluntários se dá quando você divulga o seu estudo e espera que as pessoas que tomaram contato com o seu anúncio se ofereçam para fazer parte.

Você deve ter percebido que essas três maneiras de selecionar participantes são todas não aleatórias. Se você ou qualquer pesquisador conhecido tenha usado tais métodos para selecionar participantes, então você deve estar ciente dos problemas de tentar generalizar a sua amostra para a sua população. Caso utilize uma amostragem não aleatória, é preciso estar realmente seguro de que a amostra selecionada é representativa da população de interesse. Por exemplo, se você recrutar uma amostra de pacientes com demência, com uma idade média de 95 anos, não teríamos uma representação precisa de todas as pessoas com demência, porque é provável que a idade média destas últimas seja bem menor que 95 anos. Pelo fato de essa amostra não representar a população de dementes, é preciso cautela na generalização para a população. Discutiremos mais sobre assuntos relacionados à seleção de amostras representativas mais tarde, no Capítulo 5.

Quão generalizáveis são os dados?

Generalizar amostras para a população é algo que fazemos quase naturalmente. Pense em um grupo de pessoas que têm algo em comum, como os cientistas. Muitas vezes, temos uma concepção sobre um indivíduo típico de um grupo (neste caso, um cientista típico). Podemos pensar que são pessoas chatas e estudiosas que passam tempo demais em seus jalecos, no laboratório. Frequentemente "estereotipamos" – o processo pelo qual formamos nossas opiniões sobre certos grupos de pessoas pode ser o resultado de nossas experiências com somente alguns desses indivíduos. Generalizamos a partir de alguns indivíduos para todos aqueles que compõem um grupo em particular. Pense sobre alguns estereótipos comuns; por exemplo, todos os ingleses têm o lábio superior firme, todas as pessoas de Yorkshire são cuidadosas com o seu dinheiro, todos os programadores de computador são *nerds* da informática, todos os banqueiros são... bem, você sabe o que queremos dizer! Tirar conclusões de amostras para a população é algo parecido com isso. Queremos examinar como nossas amostras se comportam e, então, a generalizamos a partir de um membro típico da população-alvo. No entanto, gostamos de pensar que na pesquisa médica e em saúde isso é feito de maneira mais cientificamente rigorosa e apropriada do que ocorre com a estereotipação comum da sociedade!

Vamos retornar ao nosso estudo da intervenção do aparelho auditivo. Para a explicação seguinte, vamos focar nos dados coletados para ambos os grupos, antes de serem distribuídos os aparelhos auditivos aos membros do grupo da intervenção. Alguns dados hipotéticos estão na Tabela 4.1. Esses escores foram todos selecionados aleatoriamente em uma população com escore médio de rejeição de interação social e ansiedade de 14,5; porém, normalmente não conhecemos a média da população da qual nossas amostras foram selecionadas.

Gostaríamos de saber se tais escores são representativos de todos os pacientes que têm uma deficiência auditiva e esperam por um aparelho auditivo. Lembre-se, sugerimos que podemos ter identificado todas essas pessoas por meio de seus registros médi-

TABELA 4.1
Escores da rejeição de interação social e ansiedade para o grupos do aparelho auditivo e para o grupo-controle da lista de espera antes da intervenção

Grupo do aparelho auditivo	Grupo da lista de espera
14	9
12	15
19	14
25	17
14	10
21	13
2	23
23	7
20	14
12	12
21	22
12	16
10	19
13	15
12	9
10	11
13	16
12	13
19	14
15	20

cos e selecionado 20 para nossa condição de intervenção e mais 20 para a nossa condição do controle da lista de espera. Pelo fato de termos selecionado aleatoriamente os participantes de uma grande população daqueles que têm uma deficiência auditiva e aguardam por um aparelho auditivo (DAAAA), não sabemos realmente se as pessoas que escolhemos são representativas de toda população de indivíduos com DAAAA. Outra maneira de colocar isso é: os escores típicos na amostra são aproximadamente os mesmos dos escores típicos da população DAAAA? Quando pensamos no escore típico, estamos geralmente falando sobre as medidas de tendência central e, portanto, focaremos na média (explicamos a média no Cap. 3). As médias de nossa amostra são aproximadamente iguais à média da população? Focaremos nossa atenção na próxima discussão sobre os escores para o grupo do aparelho auditivo, mas você deve levar em consideração que o que explicamos é igualmente relevante para o grupo-controle da lista de espera.

A média para o grupo do aparelho auditivo é 14,95, um valor bem próximo da média da qual esses escores foram aleatoriamente selecionados (14,50); desse modo, podemos concluir que esses dados são, de modo aceitável, generalizáveis para a população maior da DAAAA. A média para o grupo-controle da lista de espera é uma estimativa ainda melhor da grande população, pois ela é de 14,45. Portanto, temos aqui duas amostras que parecem ser razoavelmente representativas da população, embora isso não seja necessariamente o caso. Observe os dados na Tabela 4.2.

✓ TABELA 4.2

Uma segunda amostra dos escores da rejeição de interação social e ansiedade para o grupo do aparelho auditivo e para o grupo-controle da lista de espera antes da intervenção

Grupo do aparelho auditivo	Grupo da lista de espera
12	6
8	16
19	6
15	17
9	28
16	14
12	21
8	23
10	16
4	14
20	14
7	11
19	21
13	12
4	16
14	26
12	15
14	17
15	17
7	9

De novo: os escores foram aleatoriamente selecionados de uma população cuja média era de 14,50. Aqui, a média para o grupo do aparelho auditivo é de 11,90 e para o grupo da lista de espera é de 15,95. Nenhuma dessas médias está tão próxima como aquelas da tabela anterior, e você, talvez, possa sugerir que essas amostras não sejam tão representativas da população subjacente da DAAAA.

Devemos enfatizar aqui que as diferenças entre as médias de todas essas amostras e da população subjacente são geradas aleatoriamente. Não existe uma razão sistemática para elas serem diferentes da média da população de 14,50. Elas são diferentes pois as selecionamos aleatoriamente da população. Por causa desse fator aleatório da amostragem, é provável que obtenhamos amostras que não sejam exatamente as mesmas da população (quanto ao escore típico). Uma das dificuldades que encontramos na pesquisa no mundo real é que geralmente não sabemos qual é o escore típico na população e, portanto, não sabemos quão próximas as médias da amostra estão das médias da população. Retornaremos a esse problema mais adiante neste capítulo.

Ao gerar aleatoriamente um conjunto infinito de números de 1 a 10, você tem uma população de tais números. Você descobriria que a média para essa população seria de 5,5. Você, portanto, efetivamente escolheu aleatoriamente 10 números dessa população. Quão próxima é a média de sua sequência gerada aleatoriamente da média da população (que é 5,5)? Existe a probabilidade de uma pequena diferença entre a sua média e o 5,5. Muito parecido com a diferença que observamos anteriormente para os nossos escores de ansiedade social gerados de modo aleatório.

Erro amostral

O que queremos mostrar aqui é que as amostras que selecionamos da nossa pesquisa não são necessariamente idênticas à população da qual foram retiradas, e temos que ter isto em mente quando realizamos análises estatísticas. Na verdade, esperamos que as amostras sejam levemente diferentes da população em pelo menos algumas características, e essas diferenças são o resultado do *erro amostral*. Assim, na maioria dos casos, uma amostra aleatória de uma população terá um valor médio diferente da variável que estamos interessados do que a média real da população. A diferença entre a média amostral e a média populacional gera o erro amostral. Se você olhar novamente os dados das Tabelas 4.1 e 4.2, verá que existem diferenças entre cada média amostral e a média da população. Todas essas diferenças geram o erro amostral.

Acontece que, ao selecionar aleatoriamente pessoas suficientes de uma população, você tende a ter boas estimativas das estatísticas da população (como a sua média) na qual você está interessado. Portanto, quando delineamos uma pesquisa usando amostras, você deve se assegurar de ter participantes suficientes para obter um reflexo preciso da população em que está interessado. Tem sido mostrado por estatísticos que o grau do erro amostral está diretamente relacionado ao número de pessoas da amostra. Pensando bem, isso é muito ló-

---

ATIVIDADE 4.1

Gostaríamos de gerar uma lista aleatória de números entre 1 e 10. Faça isso rapidamente, citando números aleatórios a você mesmo à medida que eles vêm à sua mente. Tente não controlar os números (à medida que você pensa), apenas os gere tão rápido quanto possível e escreva-os em um papel. Faça isso até que tenha, pelo menos, 15 números ou mais e, então, selecione os 10 primeiros. Escreva esses números nos espaços abaixo.

☐ ☐ ☐ ☐ ☐ ☐ ☐ ☐ ☐ ☐

Agora calcule a média para esses valores. Não se preocupe se a sequência não parecer muito aleatória... é surpreendentemente difícil para as pessoas gerar sequências aleatórias como esta.

gico. Imagine que você está interessado na idade média de pessoas que escolhem injetar *botox*. Se selecionar aleatoriamente duas pessoas da população entre aqueles que tiveram injeções de *botox*, poderia acontecer, por acaso, de você selecionar duas pessoas com 100 anos de idade. No entanto, se selecionar 100 pessoas, será difícil imaginar que todos os selecionados teriam 100 anos de idade e, portanto, a idade média que você calcular para as 100 pessoas provavelmente será uma estimativa melhor da idade média da população do que a de uma amostra de dois indivíduos.

Devemos ressaltar aqui que os estatísticos têm rótulos diferentes para estatísticas da população e estatísticas amostrais. A rigor, quando estamos descrevendo populações, temos que falar sobre *parâmetros*, e quando estamos descrevendo amostras, nos referimos a *estatísticas*. Logo, a média da população é um parâmetro, e a média amostral é uma estatística. Vale a pena lembrar disso quando estiver lendo sobre pesquisa, pois geralmente os autores se referem a estimativas dos parâmetros, aludindo, com isso, às estimativas de valores da população.

> ☑ **ATIVIDADE 4.2**
>
> Na Atividade 4.1, pedimos que você gerasse uma sequência aleatória de números entre 1 e 10. Agora queremos que gere números até que esteja confiante de ter pelo menos 50 deles. Não esqueça de escrevê-los à medida que os esteja gerando. Quando você tiver certeza de que tem mais de 50 números, por favor, pare e, então, calcule a média dos primeiros 50 valores gerados.

Assim, como essa média se compara com a média para os 10 números gerados por você na Atividade 4.1? Para a maioria, a média dos 50 números estará mais próxima da média da população (de 5,5) do que a média dos 10 números. No entanto, devemos ressaltar que essas são ocorrências aleatórias e que, assim, para um pequeno número, a média de 10 números estará mais próxima da média da população do que a média dos 50 números. Em geral, tendemos a achar que, quanto maior a amostra, mais próximo do parâmetro da população nossa estatística amostral vai estar, isto é, teremos um erro amostral menor.

Caso queira uma demonstração disso, vá ao *site* associado, em que providenciamos um arquivo do Excel que gera aleatoriamente amostras dos números de 1 a 10. Você deve ver a partir dessa demonstração que as amostras maiores tendem a ter médias que estão mais próximas da média de 5,5 da população.

Discutimos aqui a influência do erro amostral, ao estimarmos os parâmetros da população a partir das estatísticas da amostra. Existe outra influência mais sutil do erro amostral em nossa pesquisa, que discutiremos agora. Vamos retornar ao estudo hipotético sobre os aparelhos auditivos, descrito anteriormente, em que tínhamos dois grupos de participantes: aqueles que receberam o aparelho auditivo e aqueles que foram colocados na lista de espera. Foi solicitado a todos os participantes do estudo o preenchimento de um questionário sobre ansiedade social um mês após o recebimento dos aparelhos auditivos pelo primeiro grupo. Dados hipotéticos para essa medida de acompanhamento são apresentados na Tabela 4.3.

Você deve lembrar que lançamos a hipótese de que o grupo do aparelho auditivo teria escores de ansiedade social mais baixos no acompanhamento do que o grupo-controle da lista de espera. As médias de escores na Tabela 4.3 são 11,90 e 15,20 para o grupo do aparelho auditivo e para o grupo-controle da lista de espera, respectivamente. Parece que temos suporte para a nossa hipótese. Retornemos ao assunto do erro amostral. Lembre-se que explicamos que teríamos diferenças entre médias amostrais e médias da população, em virtude do erro amostral. O mesmo também é verdadeiro para as duas médias amostrais. Podemos obter diferenças aleatórias entre

TABELA 4.3
Escores da rejeição de interação social e ansiedade para o grupos do aparelho auditivo e para o grupo-controle da lista de espera um mês após a intervenção

Grupo do aparelho auditivo	Grupo da lista de espera
7	9
15	17
17	12
14	16
12	14
6	10
12	27
4	8
4	22
12	24
20	19
21	4
7	14
15	17
3	7
10	12
13	21
11	10
16	20
19	21

duas amostras que selecionamos da população. Relembre os dados apresentados na Tabela 4.2. Aqui selecionamos aleatoriamente duas amostras de uma população que tinha uma média de 14,50 na escala de ansiedade social; no entanto, havia uma diferença muito grande entre as duas médias. De fato, a diferença entre ambas as médias da Tabela 4.2 é maior do que a diferença entre as duas da Tabela 4.3. Como, então, sabemos que a diferença que observamos na Tabela 4.3 representa um efeito genuíno do recebimento do aparelho auditivo nos níveis de ansiedade social?

A Tabela 4.4 foi criada pela seleção aleatória de duas amostras de 20 escores de uma população de escores com média de 14,50, e isso foi feito 50 vezes. As entradas na Tabela 4.4 são as diferenças entre essas amostras de escores aleatoriamente selecionados. Na tabela, colocamos em negrito as diferenças que parecem ser muito grandes, ou seja, com uma diferença de três ou mais entre as médias amostrais aleatoriamente selecionadas. Esses números são interessantes pois refletem as diferenças aleatórias entre as duas amostras. Não existe uma razão sistemática subjacente para tais diferenças; elas simplesmente são resultado do erro amostral. Assim, de 50 estudos em potencial, três levariam a grandes diferenças entre as amostras, mesmo quando não existisse diferença na população da qual foram selecionadas (no caso, retiradas da mesma população). Isso ilustra o problema fundamental que nós, como pesquisadores, enfrentamos ao tentar interpretar nossos dados. Ou seja, nossos dados amostrais repre-

TABELA 4.4

Diferenças entre 50 pares de amostras geradas aleatoriamente a partir de 20 escores tirados de uma população com média de 14,5

0,85	2,05	0,95	1,85	1,85
1,60	0,85	2,45	1,20	0,90
0,40	0,80	2,00	0,50	0,50
1,25	2,70	0,75	1,20	1,10
1,30	0,40	2,30	0,65	1,30
3,00	1,85	1,80	1,20	1,00
0,30	1,05	1,15	0,60	0,45
1,05	2,60	0,75	1,25	0,05
2,25	2,90	0,90	1,35	1,25
3,90	2,40	0,15	**3,90**	2,85

sentam as diferenças genuínas entre duas populações ou elas são simplesmente o resultado do erro amostral? Se elas representam as diferenças genuínas, então podemos concluir que algo que manipulamos no estudo nos levou a diferença.

Portanto, podemos sugerir, em nosso estudo hipotético, que a diferença entre o que observamos em nossas amostras resulta de um dos grupos que receberam seus aparelhos auditivos. A razão principal pela qual precisamos da estatística inferencial é poder determinar se quaisquer efeitos (p. ex., diferenças entre grupos) que observamos em nossas amostras podem ser devidos ao erro amostral ou, como algumas pessoas dizem, devidos ao *acaso*. Observe que existem muitos fatores que podem contribuir para o erro amostral. Por exemplo, os participantes podem não seguir as instruções do jeito que você deseja, podem vivenciar um evento traumático no caminho para a sessão de testes ou podem simplesmente estar preocupados com alguma outra coisa e, portanto, não se concentrar adequadamente no que você quer que eles façam. O problema com o erro amostral é que, para quaisquer amostras em particular, não sabemos quanto dessas diferenças resultam de fatores que contribuem para o erro amostral e quanto representa a diferença genuína na população subjacente. Temos um resumo do que apresentamos até agora na Figura 4.2.

A Figura 4.2(a) tem um cenário em que não existem diferenças entre as duas populações que amostramos (p. ex., pessoas com deficiências auditivas que possuem aparelhos auditivos e pessoas com deficiências auditivas que não possuem aparelhos), mas existe uma diferença observada entre as duas amostras que coletamos dessas duas populações. A diferença entre as amostras, nesse caso, resulta do erro amostral. Na Figura 4.2(b), temos uma diferença entre as duas populações, e, assim, a diferença entre as duas amostras não é o resultado do erro amostral (somente), mas reflete a diferença nas populações subjacentes. Na pesquisa com o uso de amostras, não sabemos qual desses dois cenários é o verdadeiro; portanto, usamos a estatística inferencial para nos ajudar na decisão. A razão para isso é que não sabemos quais são as médias (parâmetros) da população e, desse modo, não podemos saber com certeza se existe uma diferença entre as populações. Quando nós, como pesquisadores, conduzimos estudos, temos que tomar uma decisão: se (a) ou (b) é o cenário correto; utilizamos testes de estatística inferencial para nos ajudar a decidir.

```
                Média da população I        =        Média da população 2
                           ↓                                    ↓
                    Erro amostral                        Erro amostral
                           ↓                                    ↓
                   Média amostral I         <         Média amostral 2
    a)
                           ←———— Diferença devida a erro amostral ————→
```

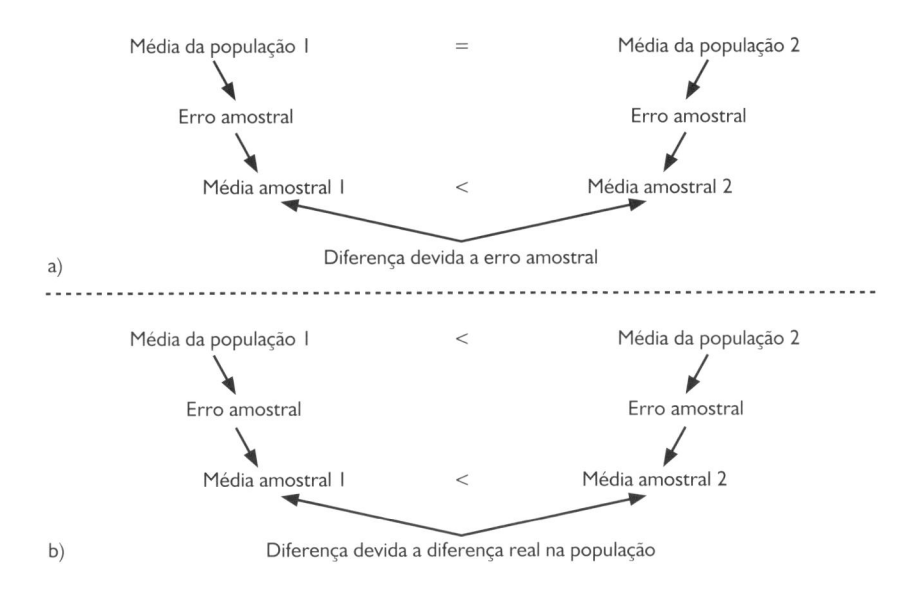

```
                Média da população I        <        Média da população 2
                           ↓                                    ↓
                    Erro amostral                        Erro amostral
                           ↓                                    ↓
                   Média amostral I         <         Média amostral 2
    b)
                 ←———— Diferença devida a diferença real na população ————→
```

FIGURA 4.2

Explicações possíveis quando observamos as diferenças entre as duas médias amostrais.

Probabilidades

Uma maneira que os pesquisadores têm para decidir entre um cenário que indica nenhum efeito na população (ver Fig. 4.2[a]) e um que sugere uma diferença genuína na população (ver Fig. 4.2[b]) é usar a probabilidade. Se pudéssemos calcular quão provável seria a obtenção de um padrão de resultados caso o cenário ilustrado na Figura 4.2(a) fosse verdadeiro, então seríamos capazes de tomar uma decisão sobre essa probabilidade. De forma alternativa, se pudéssemos calcular a probabilidade de obter um padrão de resultados caso o cenário da Figura 4.2(b) fosse verdadeiro, isso também nos ajudaria a decidir entre os dois cenários. De fato, é isso o que os pesquisadores fazem, e eles baseiam as suas decisões sobre os efeitos nas populações calculando as probabilidades associadas com o cenário apresentado na Figura 4.2(a). Para entender isso, você terá que entender um pouco sobre probabilidade.

Muitos eventos que acontecem na vida têm uma probabilidade ligada a eles. Foi indicado, no Capítulo 1, um livro de Mlodinow (2008), que fornece uma explicação completa da maneira como o acaso influencia nossas vidas. Pense sobre as coisas do dia a dia e você entenderá que o acaso interfere nelas. Quais são as chances de uma fatia de pão com manteiga cair virada para cima? Quais são as chances de uma casquinha do ovo cair na frigideira quando você está fazendo uma omelete? Quais são as chances de você encontrar um amigo quando estiver fazendo compras em um supermercado? Quais são as chances de pegar um resfriado de um colega de trabalho? Quais são as chances de você ter joanete? Quais são as chances de um pombo defecar em sua cabeça quando você estiver indo para uma entrevista importante? Se observar atentamente, verá que os eventos probabilísticos nos influenciam muito e de várias maneiras.

As probabilidades são expressas matematicamente como o número de possíveis resultados de um evento em que você está interessado divididos pelo número total de possíveis resultados associados com esse evento. Por exemplo, quando deixamos cair acidentalmente uma fatia de pão, existem dois resultados possíveis (o lado com manteiga para cima ou para baixo) e um resultado em que estamos interessados (o lado com manteiga para baixo). Logo, a probabilidade de a torrada cair com o lado da manteiga para baixo é 1 ÷ 2 = 0,5. Geralmente, expressamos uma probabilidade na forma de uma fração, como ½, ou a expressamos como um percentual. No caso da queda da fatia, a probabilidade expressa, na forma percentual, é 50%.

Ao tratar de aplicação da probabilidade na estatística, você irá, frequentemente, encontrá-la na forma decimal, forma que pode variar de 0 a 1, em que 0 significa que o evento de interesse definitivamente não irá ocorrer e 1 significa que definitivamente irá ocorrer. Quanto mais próxima de 1 estiver a probabilidade, mais provável de ocorrer o evento de interesse. Aqui estão alguns exemplos de probabilidades expressas como decimais:

✓ Probabilidade de selecionar um naipe de paus de um baralho: 13 ÷ 52 = 0,25.
✓ Probabilidade de ganhar a loteria nacional do Reino Unido: aproximadamente 1 ÷ 14.000.000 = 0,00000007.
✓ Probabilidade de obter um seis de um dado: 1 ÷ 6 = 0,167.
✓ Probabilidade de obter um número ímpar de um dado: 3 ÷ 6 = 0,5.

O primeiro e o último exemplo são interessantes pois ilustram casos em que temos eventos múltiplos de interesse. Por exemplo: em um baralho existem 52 cartas no total, e 13 delas são do naipe de paus. Queremos saber a probabilidade de selecionarmos uma carta desse naipe. Existem 13 maneiras possíveis de selecionar uma carta de paus, ou seja, 13 possibilidades do evento de interesse. Portanto, o numerador (o primeiro número) na divisão é 13, e o denominador (segundo número) é 52: 13 ÷ 52. No último exemplo existem três números ímpares em um dado; logo, existem três maneiras de se obter o evento desejado e seis resultados possíveis, o que pode ser representado pelo cálculo 3 ÷ 6.

> **ATIVIDADE 4.3**
>
> Tente calcular as probabilidades associadas com os seguintes eventos de interesse (também calcule os percentuais para cada um – as respostas estão no final do livro):
>
> ✓ Lançar um dado e obter um número maior do que dois.
> ✓ Selecionar um ás de um baralho.
> ✓ Obter coroa ao lançar uma moeda.
> ✓ A probabilidade de selecionar uma bola vermelha em um saco que contém quatro bolas vermelhas, cinco azuis, sete verdes e quatro brancas.
> ✓ A probabilidade de obter uma diferença de três ou mais nos dados da Tabela 4.4.

Usando probabilidades para generalizar amostras para populações

Vamos retornar ao problema de descobrir se as diferenças que observamos entre as duas amostras resulta de erro amostral ou representa uma diferença genuína na população. Uma maneira de se estabelecer a probabilidade de aleatoriamente selecionarmos amostras com diferenças tão grandes como as observadas em nossa pesquisa é seguir o processo usado na geração de dados da Tabela 4.4. Para a tabela, geramos uma série de amostras aleatórias e, então, contamos quantas apresentavam diferenças entre amostras tão grandes quanto aquelas de nossa pesquisa. A Tabela 4.5 ilustra esse ponto. Nesta, continuação da Tabela 4.4, geramos um total de 100 pares de amostras retiradas da população com média de 14,50 (i.e., não existe diferença entre as populações). Nós colocamos em negrito todas as diferenças entre as médias que são, pelo menos, tão grande quanto as diferenças entre as médias encontradas na Tabela 4.3, em que a diferença entre as duas médias (11,90 e 15,20) é 3,30. O número de vezes que diferenças dessa magnitude ou maior aparecem nessa tabela é apenas três. Assim, teríamos somente três chances em 100 de obter uma diferença tão grande quanto aquela

TABELA 4.5

Diferenças entre 100 pares de amostras geradas aleatoriamente de 20 escores retirados da população de média 14,50

0,85	2,05	0,95	1,85	1,85
1,60	0,85	2,45	1,20	0,90
0,40	0,80	2,00	0,50	0,50
1,25	2,7	0,75	1,20	1,10
1,3	0,40	2,30	0,65	1,30
3,00	1,85	1,8	1,20	1,00
0,30	1,05	1,15	0,60	0,45
1,05	2,60	0,75	1,25	0,05
2,25	2,90	0,90	1,35	1,25
3,90	2,40	0,15	**3,90**	2,85
0,35	0,55	0,70	0,25	0,40
2,90	0,45	2,45	0,30	0,30
0,50	0,05	2,25	1,20	0,20
1,10	1,15	1,45	1,75	0,20
1,60	0,60	0,25	0,10	1,35
0,50	0,45	2,80	0,20	0,00
1,60	2,30	0,00	2,05	0,9
0,75	0,55	0,15	0,15	1,95
0,50	1,45	2,75	0,25	0,75
0,85	0,60	0,85	**3,60**	0,85

observada na Tabela 4.3. Expressa como uma probabilidade, a chance é de 0,03 ou 3%. Essa é uma probabilidade bem pequena que, por ser tão improvável de acontecer meramente por acaso, talvez seja esse motivo de o padrão dos dados na Tabela 4.3 representar uma situação mais parecida com a da Figura 4.2(b) do que com a da Figura 4.2(a).

Para ilustrar, olhemos a diferença entre as médias da Tabela 4.1. Aqui, a média do grupo do aparelho auditivo era de 14,95, e a do grupo-controle da lista de espera era de 14,45. Portanto, a diferença entre eles era de 0,50. Olhando para a Tabela 4.5, podemos ver que existem muito mais casos em que geramos diferenças aleatoriamente entre médias que são, pelo menos, tão grandes quanto 0,50. Na verdade, existem 75 ocorrências de diferenças de 0,50 ou acima na Tabela 4.5, o que significa que em 75 de cada 100 ocorrências seria provável obter uma diferença tão grande quanto 0,50 entre as duas médias amostrais se elas fossem retiradas de populações com médias iguais. Representada como uma probabilidade, os valores seriam 0,75 ou 75%. Essa é uma ocorrência bastante provável, e, portanto, concluiríamos que nossos dados são uma representação melhor do cenário na Figura 4.2(a).

Teste de significância para a hipótese nula

O que descrevemos nas seções anteriores é, em essência, o processo que usamos para conduzir testes estatísticos inferenciais. Esse processo é representado na Figura 4.3.

FIGURA 4.3

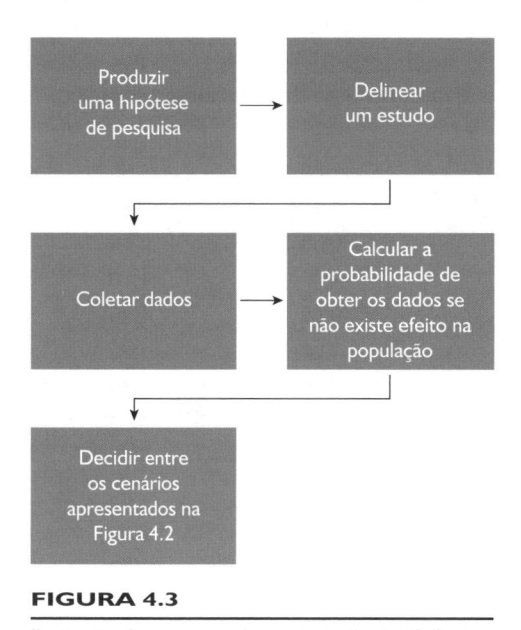

Ilustração do processo de um teste de significância.

A maneira de verificar a maioria das pesquisas nas ciências da saúde é por meio de um *teste de significância para a hipótese nula* (TSHN).[1] Ou seja, produzimos uma hipótese de pesquisa e dela podemos gerar algo chamado de *hipótese nula*, central para toda a abordagem para conduzir a pesquisa. A hipótese nula declara que não existe efeito na população de interesse. Por exemplo, se lançarmos uma hipótese de que há uma diferença entre os pacientes que possuem aparelho auditivo e aqueles da lista de espera em termos de ansiedade social, então a hipótese nula seria a de que não existe diferença entre eles na população, ou seja, a hipótese nula estipula que existe efeito zero (p. ex., diferença zero) na população. Logo, delineamos e conduzimos um estudo para coletar dados necessários para testar nossa hipótese. Calculamos a probabilidade de obter nosso padrão de dados caso não haja efeito na população, isto é, caso a hipótese nula seja verdadeira. Se acontecer de a probabilidade ser grande, ela então sugerirá que há uma grande probabilidade de obtermos nossos dados caso a hipótese nula seja verdadeira (similar à Fig. 4.2[a]); então, concluiríamos que provavelmente não existe efeito na população. Se a probabilidade que calculamos for pequena, isso irá sugerir que existe somente uma pequena chance de obtermos nossos dados caso não exista efeito na população, e podemos concluir que existe um efeito genuíno na população (similar à Fig. 4.2[b]). Esse é o processo do TSHN.

A parte complicada do TSHN é o cálculo da probabilidade de obtermos um padrão de dados caso a hipótese nula seja verdadeira. Os estatísticos sugerem várias maneiras de fazer isso – chamados de testes estatísticos inferenciais. A maior parte do restante deste livro é dedicada à explicação desses testes inferenciais. Você vai descobrir que a maioria das técnicas estatísticas que abordamos apresenta um valor de probabilidade, ou *valor*-p. Essa é simplesmente a probabilidade de se obter o padrão dos dados caso a hipótese nula seja verdadeira. Temos, então, um tipo especial de probabilidade, chamado de *probabilidade condicional*, ou seja, a probabilidade de um evento ocorrer se certas condições forem satisfeitas. Portanto, o valor-*p* é a probabilidade de se obter seu padrão de resultados *se* a hipótese nula for verdadeira.

Quando usamos a Tabela 4.5 para calcular a probabilidade de se obter grandes diferenças entre grupos somente pelo erro amostral, a probabilidade que calculamos foi uma probabilidade condicional, ou seja, a probabilidade de se obter diferenças entre as médias de duas amostras de dados pelo menos tão grandes quanto aquelas que observamos em nosso estudo *se* as selecionarmos aleatoriamente das populações em que tivessem médias iguais, isto é, em que não existisse diferença nas populações. Esse é efetivamente o processo subjacente de um teste de significância.

DISTRIBUIÇÕES

Tudo parece bem simples até agora. Se acompanhou as explicações anteriores, então você entenderá muito bem os princípios subjacentes do TSHN. Entretanto, existem dificuldades que ainda não explicamos, e faremos isso no restante deste capítulo.

Imagine uma população de números, como os exibidos na Figura 4.4.

Na Figura 4.4 existem números de 1 a 10, e cada valor aparece na população com a mesma frequência. Cada um aparece quatro vezes. Se selecionarmos aleatoriamente números dessa população, cada número terá uma chance igual de ser selecionado. No mundo real, entretanto, as populações de números (escores nas variáveis) em que estamos interessados nem sempre aparecem com frequência igual. Pense no número de dentes que você obturou no dentista. De acordo com a Pesquisa de Saúde Dental de Adultos do Reino Unido realizada em 1998 (Kelly et al., 2000), o número médio de obturações que um adulto tem é sete (ver também Pine et al., 2001). A proporção de adultos com dentes obturados nessa pesquisa está apresentada na Figura 4.5.

Vamos assumir que a distribuição de obturações é representativa de todos os adultos do Reino Unido (essa pesquisa foi baseada em 3.800 adultos e, assim, deve ser representativa). Você pode notar que uma grande população de adultos tem entre 6 e 11 dentes obturados e que a grande maioria tem entre 1 e 11. Temos proporções muito mais baixas sem dentes obturados ou com 12 ou mais. Você deve ser capaz de ver que se selecionarmos aleatoriamente indivíduos da população, então será mais provável selecionarmos alguém com 6 a 11 obturações do que alguém com mais de 12. Portanto, quando selecionamos aleatoriamente de tais populações, não temos oportunidade igual de selecionar cada valor na variável de interesse. O gráfico na Figura 4.5 representa a distribuição dos números de obturações na população. Essa forma de distribuição dos escores é típica de muitas variáveis nas quais possamos estar interessados nas

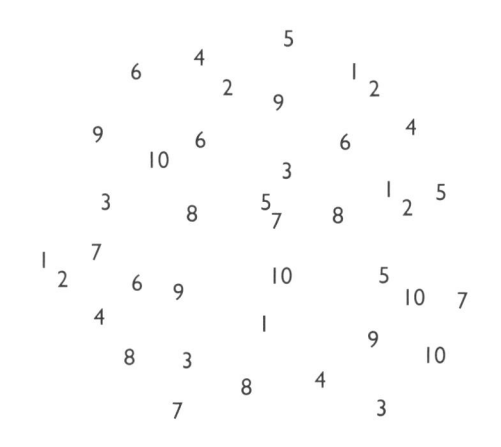

FIGURA 4.4

População de números variando de 1 a 10.

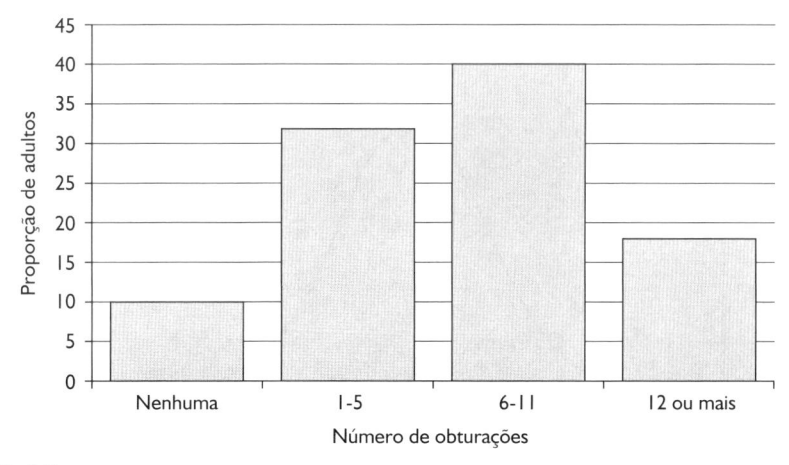

FIGURA 4.5

Proporções de adultos com obturações.

ciências da saúde. Os estatísticos denominam esse tipo de distribuição de *distribuição normal*.

A distribuição normal

A *distribuição normal* é uma distribuição de escores similar àquela apresentada na Figura 4.5 e tem as seguintes características:

✓ Tem a forma da projeção de um sino;
✓ Ela é simétrica em relação à média;
✓ As caudas são iguais em ambos os lados da distribuição;
✓ As caudas encontram o eixo x no infinito, isto é, elas se aproximam lentamente do eixo em cada lado da distribuição, mas só o encontrarão no infinito.

A distribuição normal se parece com a curva exibida na Figura 4.6.

Se fizéssemos um gráfico das distribuições de muitas variáveis na população (p. ex., o número de obturações dentárias, o número anual de visitas ao médico da família), elas seriam distribuídas de uma forma similar a da Figura 4.6. Se gerarmos histogramas de frequências para essas variáveis, elas teriam a forma de uma curva normal. Um exemplo de um histograma de frequências ilustrando uma distribuição normal é apresentado na Figura 4.7.

Assimetria

Nem todos os dados que você coleta serão normalmente distribuídos, e existem várias maneiras com que esses dados podem se desviar da normalidade. O desvio da normalidade envolve *assimetria*. Uma distribuição assimétrica é aquela cujo pico está desviado do meio do gráfico tanto para a esquerda quanto para a direita. A distribuição terá, também, uma cauda estendida na direção oposta àquela para onde o pico desviou. Uma distribuição que tem o pico desviado para a direita e uma cauda estendida para a esquerda é considerada *negativamente assimétrica*, e uma em que o pico está desviado para a esquerda e a cauda estendida para a direita é *positivamente assimétrica*. Ilustrações de distribuições assimétricas positivas e negativas são apresentadas na Figura 4.8.

Distribuições bimodais

Algumas vezes, você encontrará distribuições de dados em que existem dois picos de mesma altura claramente identificáveis no gráfico. Elas são chamadas de *distribuições bimodais*. Como o nome sugere, existem duas modas nos dados. Uma ilustração dessas modas é apresentada na Figura 4.9. Ao encontrar tais dados, você deve pensar por que existem duas modas (lembre-se que

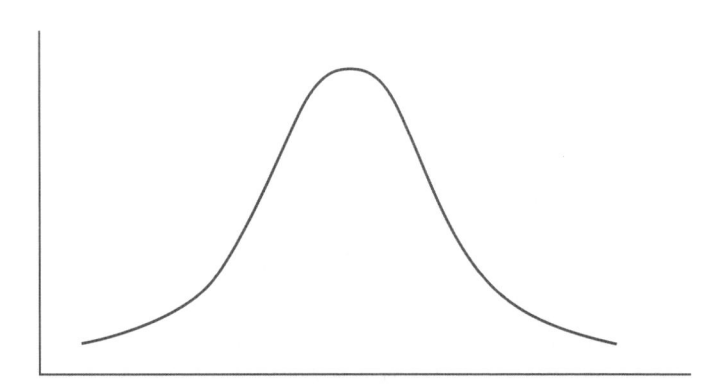

FIGURA 4.6

Ilustração de uma curva normal.

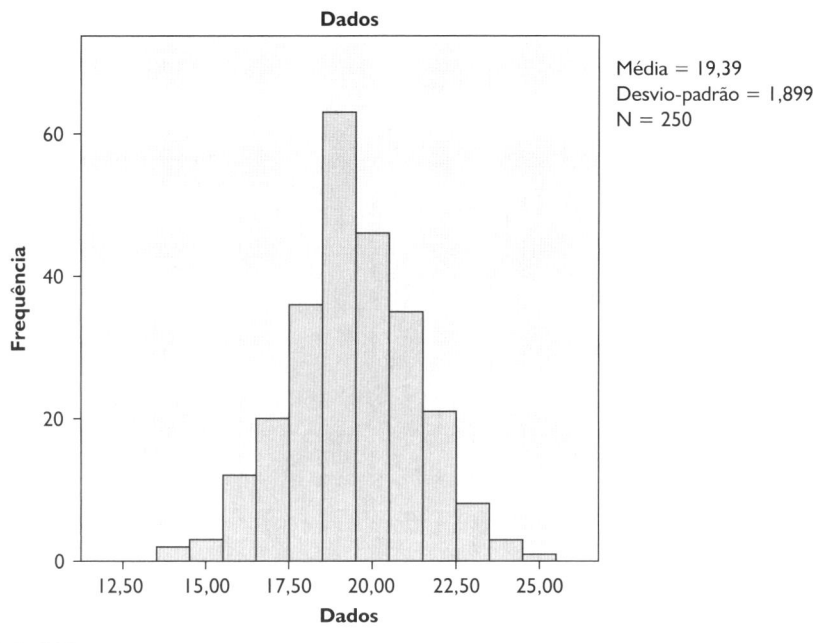

FIGURA 4.7

Histograma ilustrando uma amostra distribuída normalmente.

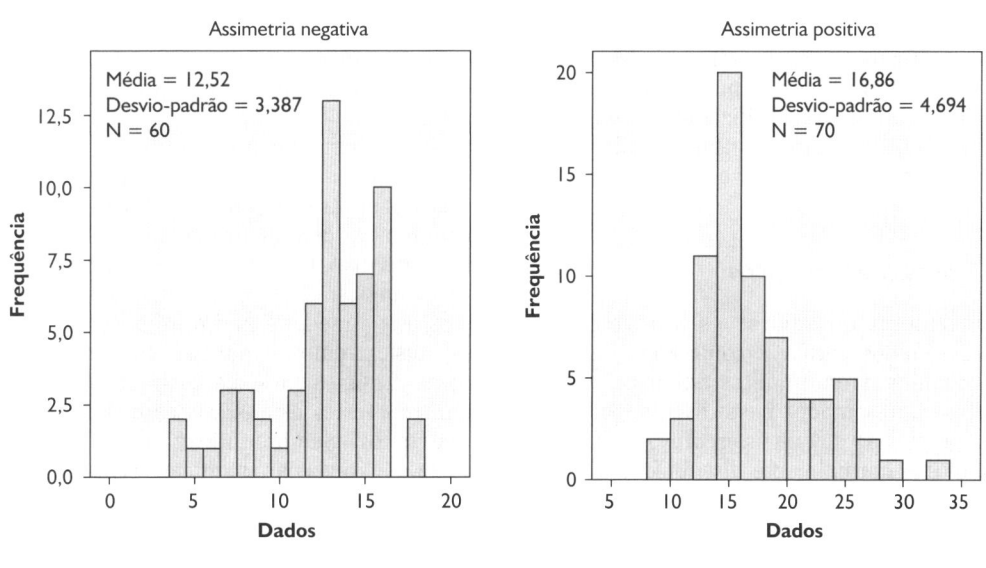

FIGURA 4.8

Distribuições assimétricas negativas e positivas.

a moda é o escore mais frequente em uma amostra). De modo geral, as distribuições bimodais sugerem que você tem mais do que um tipo de pessoa em sua amostra. Isto é,

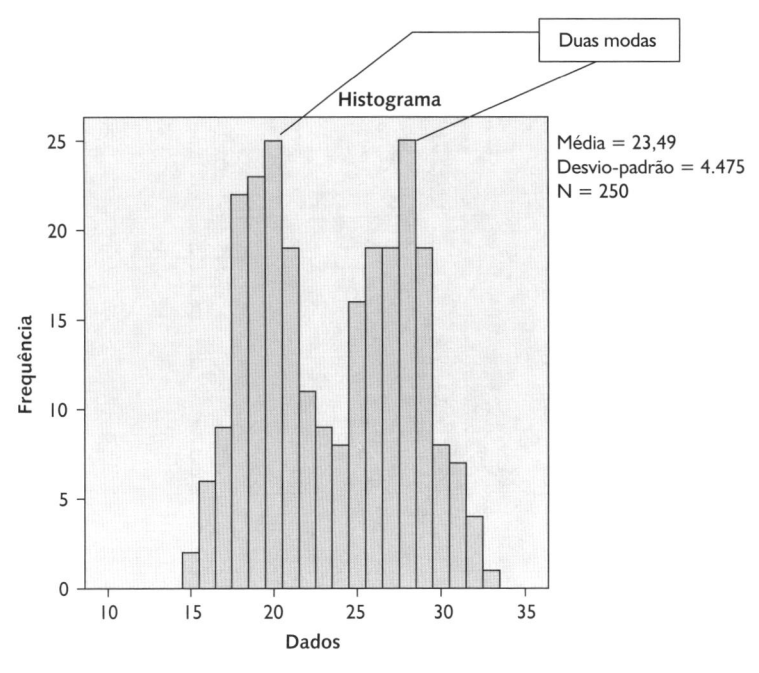

FIGURA 4.9

Uma distribuição bimodal.

os participantes foram selecionados de duas populações em vez de uma e, com frequência, tentaríamos identificar essas duas populações diferentes e analisar os dados de cada grupo de participantes separadamente.

Testes paramétricos

É importante verificar os histogramas de seus dados para ver como eles estão distribuídos, já que muitos dos testes estatísticos apresentados neste livro supõem que a população de que os escores foram retirados são normalmente distribuídas. Eles são chamados de *testes paramétricos*, pois fazem suposições sobre os parâmetros da população subjacente. Geralmente, não sabemos se a distribuição da população é normal para qualquer variável dada, e, assim, é recomendado que você tenha certeza de que sua amostra seja normalmente distribuída. Existem muitas outras considerações aqui, mas você deve, pelo menos, verificar os histogramas para assegurar que os seus dados são mais ou menos normalmente distribuídos.

Ao considerar o uso de testes paramétricos, você deve saber que muitos desses testes fazem uso da média e do desvio-padrão. Portanto, é preciso assegurar-se que suas amostras não incluam valores atípicos. Se você lembrar do Capítulo 3, que explicamos que a média é muito influenciada por escores extremos, e, por isso, caso tenha escores extremos em sua amostra, haverá viés em seus testes estatísticos caso use os paramétricos. Sempre utilize diagramas de caixa-e-bigodes para verificar se existem valores atípicos.

Por que se preocupar com essas suposições? O fato é que os testes paramétricos são geralmente os mais sensíveis que podemos usar. Eles são os testes mais poderosos e os que irão, mais provavelmente, ajudar-nos a detectar um efeito na população. Exemplos de testes paramétricos apresentados neste livro são os testes *t* e ANOVAs.

Se os seus dados não satisfazem as suposições para os testes paramétricos, nem tudo está perdido, pois existem os *testes não paramétricos* e outras técnicas que podemos usar. Esses testes (p. ex., os testes de Wilcoxon e Friedman) não têm suposições rígidas sobre as distribuições da população, mas tendem a ter uma menor probabilidade para detectar um efeito que existe na população de interesse. Explicaremos tanto os testes paramétricos quanto os não paramétricos em alguns dos próximos capítulos.

A distribuição normal padrão

Existe um tipo especial de distribuição normal chamada de *distribuição normal padrão* (DNP). Isso é o que chamamos de uma distribuição de probabilidade – um conjunto de escores distribuídos normalmente, em que conhecemos a probabilidade de escores selecionados aleatoriamente de qualquer parte da distribuição. Os escores que estão distribuídos nesse modelo especial são os *escores* z. Se você tiver uma amostra de dados, por exemplo, a amostra do aparelho auditivo apresentada na Tabela 4.1, pode converter qualquer um ou todos os escores da amostra em *escores* z. Para isso, calcule a média e o desvio-padrão da amostra. Subtraia, então, a média do escore que quer converter e divida o resultado pelo desvio-padrão.

$$z = \frac{\text{escore} - \text{média}}{\text{desvio-padrão}}$$

Assim, usando essa fórmula, podemos converter o primeiro escore da amostra do aparelho auditivo na Tabela 4.1 para um escore z. O cálculo será:

$$z = \frac{14 - 14{,}95}{5{,}47}$$

O escore calculado é –0,17. Este é um escore z negativo, o que nos diz que o escore real está abaixo da média; isso significa que, ao obter um escore z positivo, temos um escore real acima da média. Os escores z são calculados para que estejam em unidades de desvio-padrão. Assim, o escore z de –0,17 nos diz que o escore de 14 está 0,17 desvios-padrão acima da média. Vamos pegar um escore diferente da amostra do aparelho auditivo apresentada na Tabela 4.1. O quarto escore de cima para baixo tem um valor de 25, que, quando convertido, produz um escore z de 1,84. Isso nos diz que esse escore está aproximadamente dois desvios-padrão acima da média. Quando convertemos um conjunto de escores em escores z, temos um processo chamado de *padronização*. Estamos obtendo escores em unidades de desvio-padrão. Você deve observar que essa padronização não muda a forma da distribuição dos escores em sua amostra; ela meramente converte-os em uma escala de medida diferente. É como converter uma temperatura de Fahrenheit para Celsius. Ou seja, isso não muda necessariamente a temperatura da sala, apenas a escala em que está sendo medida.

> **ATIVIDADE 4.4**
>
> Tente converter os cinco escores mais baixos do grupo do aparelho auditivo da Tabela 4.1 em escores z. As respostas estão no final do livro.

A DNP é, portanto, a distribuição dos escores z, e, como já sugerimos, os estatísticos têm sido capazes de calcular as probabilidades associadas com escores selecionados aleatoriamente de qualquer parte da distribuição. A DNP está ilustrada na Figura 4.10.

A Figura 4.10 mostra a distribuição normal padrão dividida em unidades de desvio-padrão. O meio da distribuição é a média, e ela tem um valor de 0 na DNP. Um escore da amostra que tem um escore z de 0 é exatamente igual à média da amostra (não existe diferença entre o escore e a média). Um escore z positivo estará à direita da DNP, enquanto um escore z negativo (um escore na amostra que esteja abaixo da média) estará à esquerda do centro do gráfico. Sugerimos, anteriormente, que po-

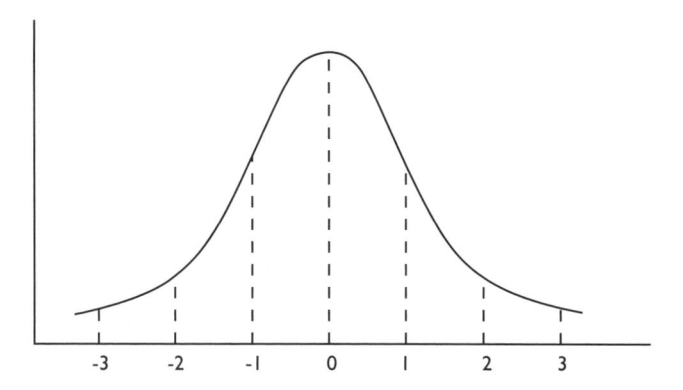

FIGURA 4.10

A distribuição normal padrão.

demos saber probabilidade de qualquer escore selecionado aleatoriamente de qualquer parte da DNP. Foi calculado que a probabilidade de se selecionar um escore da região do gráfico entre −1 e +1 desvios-padrão é de aproximadamente 68% (ver Fig. 4.11).

Uma característica interessante da DNP é que a área sob a curva entre quaisquer dois pontos nos dá a probabilidade de selecionar aleatoriamente um escore entre esses dois pontos. A proporção da área debaixo da curva entre −1 e +1 escores z é de aproximadamente 0,68 ou 68%. Foi mostrado, também, que existe uma probabilidade de 95% de se selecionar um escore entre −1,96 desvios-padrão e +1,96 desvios-padrão da média (ver Fig. 4.12).

> **Exemplo da literatura**
>
> Um bom exemplo dos escores z é um estudo relatado por Vermeer e colaboradores (2003), em que examinaram a associação de infarto cerebral "silencioso" em idosos com demência e declínio cognitivo. Eles usaram a imagem de ressonância magnética (IRM) para detectar infartos cerebrais e realizaram vários testes de função cognitiva nos dados de referência e acompanhamento. Na preparação dos dados para a análise, converteram os escores dos testes da função cognitiva de cada participante em escores z e, então, usaram esses escores para formular uma medida composta da função cognitiva nos dados de referência e no acompanhamento. Eles apresentaram as diferenças entre os escores z nos dados de referência e no acompanhamento em uma tabela (Fig. 4.13).

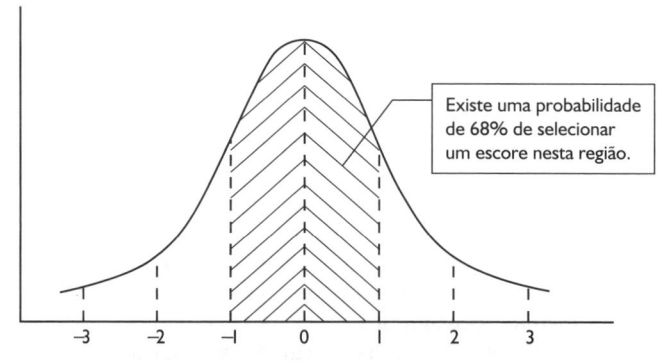

FIGURA 4.11

Probabilidade de se selecionar um escore entre −1 e +1 desvios-padrão na DNP.

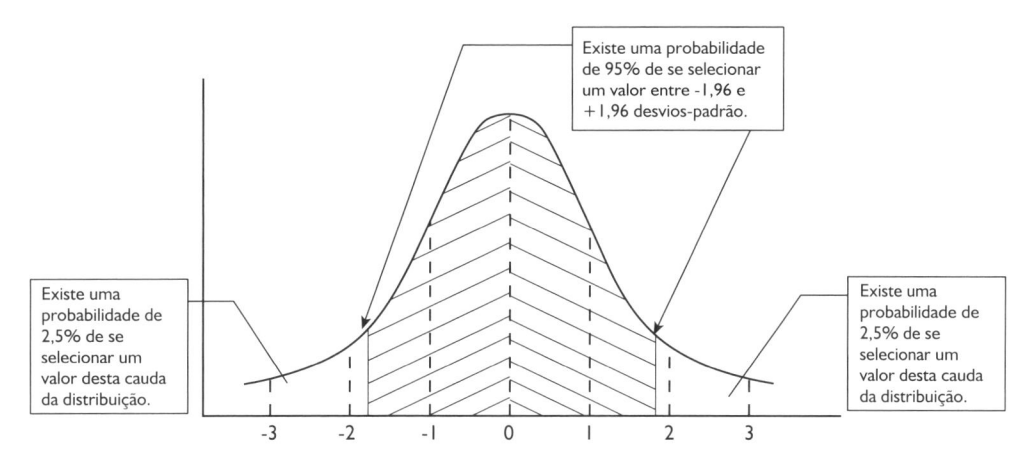

FIGURA 4.12

Probabilidade de se selecionar um escore entre −1,96 e +1,96 desvios-padrão na DNP.

> Eles concluíram que infartos cerebrais silenciosos no tálamo estavam associados a um grande declínio no desempenho da memória, enquanto infartos cerebrais em outras partes estavam associados a um grande declínio na velocidade psicomotora.

Outras distribuições de probabilidade

A distribuição normal padrão é apenas um exemplo de distribuições matemáticas dos escores em que conhecemos a probabilidade de se selecionar um escore dentro de qualquer região do gráfico. Todos os testes da estatística inferencial que apresentamos nesta obra fazem uso de distribuições de probabilidade. Portanto, neste livro você verá testes que usam a distribuição qui-quadrado, a normal, a t e a F. Não as descreveremos aqui, mas tudo o que você precisa saber é que elas têm propriedades similares à DNP quanto a sabermos a probabilidade dos escores selecionados aleatoriamente de qualquer região dos respectivos gráficos.

Tabela 3. Associação entre a presença de infarto cerebral silencioso na imagem de ressonância magnética em 1995-1996 e o declínio cognitivo subsequente.[*]

Variável	Infartos cerebrais silenciosos		
	Ambos	Talâmico	Não talâmico
	declínio no escore z (IC de 95%)		
Desempenho da memória	−0,01 (−0,16 a 0,15)	−0,50 (−0,87 a −0,13)	0,06 (−0,10 a 0,23)
Velocidade psicomotora	−0,19 (−0,34 a −0,04)	−0,11 (−0,36 a 0,13)	−0,20 (−0,36 a −0,05)
Função cognitiva global	−0,15 (−0,27 a −0,02)	−0,28 (−0,50 a −0,06)	−0,13 (−0,26 a 0,001)

[*] Os valores são as diferenças médias nos escores z entre o grupo de acompanhamento e o de referência, com IC (intervalos de confiança) de 95% entre aqueles com e sem enfarte cerebral silencioso, ajustado por idade, sexo, nível de educação e o intervalo entre os testes neuropsicológicos. Um valor positivo indica um aumento no escore z.

FIGURA 4.13

Tabela exibindo a associação entre desempenho e infarto silencioso. De Vermeer e colaboradores (2003).

Calculando o valor-*p*

Podemos usar as distribuições de probabilidade, como a distribuição normal padrão, para nos ajudar a calcular a probabilidade de obter nosso padrão de escores caso a hipótese nula seja verdadeira (veja a seção sobre o teste de significância da hipótese nula, TSHN, neste capítulo). Lembre-se que, como parte do processo do TSHN, calculamos a probabilidade de obter nosso padrão de dados caso não exista diferença entre nossos grupos (ou nenhum relacionamento entre nossas variáveis) na população. Usamos testes de estatística inferencial para calcular essa probabilidade e a probabilidade é apresentada como um *valor*-*p*. A maneira como estatísticos (e pacotes estatísticos como SPSS, R e SAS) calculam o valor-*p* é convertendo nossos dados em escores das distribuições de probabilidade como a DNP ou a distribuição *t*. Então, calculamos a probabilidade de se obter, por acaso, tal escore ou um escore maior, e isso nos dirá quão provável será obter nosso padrão de dados caso a hipótese nula seja verdadeira. Por exemplo, suponha que usamos a DNP e convertemos alguns dados de um estudo em um escore dessa distribuição, e, então, descobrimos que ela produz um escore z de 1,96. Olhamos para a distribuição DNP para ver a probabilidade de obtermos um escore z desse tamanho ou maior, e esse seria o valor-*p* (valor da probabilidade) associado com nossa estatística teste. Sabemos que 95% dos escores estão entre $-1,96$ e $+1,96$ na DNP e, desse modo, podemos ver que 2,5% dos escores devem ser iguais ou maiores que 1,96. Portanto, a probabilidade de se obter nosso padrão de dados apenas por erro amostral, caso não exista nenhuma diferença na população entre os usuários de aparelho auditivo e aqueles que estão aguardando o dispositivo, é, neste caso, de 2,5%. Essa é uma probabilidade bem pequena, e, assim, sugerimos que a hipótese nula é improvável. Em termos estatísticos, declaramos que rejeitamos a hipótese nula e aceitamos a hipótese experimental ou de pesquisa de que existe uma diferença entre os dois grupos no escore de ansiedade social na população.

Hipóteses unicaudal e bicaudal

Você verá, com muita frequência, que os pesquisadores se referem às suas hipóteses como unicaudal ou bicaudal. Ou eles podem indicar que seus testes estatísticos eram unilaterais ou bilaterais. Para entender o que significam tais afirmações, você precisa pensar sobre as especificações das hipóteses e a natureza das distribuições de probabilidade em que baseamos nossos testes de estatística inferencial. Existem várias maneiras de formular a hipótese de pesquisa. Por exemplo, em nosso estudo do aparelho auditivo, podemos prever que haverá uma diferença entre o grupo do aparelho auditivo e o grupo-controle da lista de espera quanto aos escores de ansiedade social. Pode-se observar, aqui, que previmos somente a diferença entre os dois grupos. Não previmos qual deles terá os escores mais altos de ansiedade social após a intervenção. Isso é chamado de uma hipótese *bidirecional* ou *bicaudal*. Pelo fato de não prevermos uma direção para a diferença, esta pode ir em qualquer direção (escores dos pacientes que possuem aparelhos auditivo maiores do que os do grupo-controle da lista de espera ou o contrário). Podemos ser mais específicos na nossa previsão sugerindo que, após obter seu aparelho auditivo, esses participantes teriam escores menores de ansiedade social do que os participantes do grupo-controle da lista de espera. Aqui, especificamos a direção para a diferença entre os dois grupos e, portanto, geramos uma *hipótese direcional* ou *unidirecional* (também chamada de *hipótese unicaudal*).

Ao ter uma hipótese bicaudal, você deve usar o teste estatístico inferencial bilateral para calcular a probabilidade (o valor-*p*) de se obter seus dados caso a hipótese nula seja verdadeira. De forma similar, se você tem uma hipótese unicaudal, deve usar um teste inferencial unilateral para calcular o valor-*p*. Por que o termo "cauda" é utilizado? Volte à seção sobre a distribuição normal. Você observará que quando descrevemos tais distribuições, usamos o termo "cauda" para descrever a maneira com que a frequência da ocorrência dos escores tende a ficar mais baixa à medida que nos movemos para longe do centro da distribuição. A distribuição vai evanescendo à medida que nos movemos tanto para o lado esquerdo quanto para o lado direito da distribuição. Agora, olhe para a Figura 4.12. Na figura, indicamos que a probabilidade de se selecionar escores do meio da distribuição é alta. Isso significa que a probabilidade de se selecionar escores de qualquer uma das caudas da distribuição deve ser bem baixa. Ao usar distribuições de probabilidade para calcular os nossos valores p, se obtivermos um valor em qualquer uma das caudas extremas da distribuição, isso sugere, então, que tal padrão de escores tem uma probabilidade baixa de ocorrência caso a hipótese nula seja verdadeira. Portanto, para que possamos "rejeitar a hipótese nula" e concluir que temos um efeito genuíno na população, devemos obter escores nas caudas das distribuições. Acontece que se você tem uma hipótese bicaudal, não importa de qual cauda da distribuição virá o escore calculado. Se, entretanto, você tem uma hipótese unicaudal, então está fazendo uma previsão explícita sobre de qual cauda da distribuição virá seu escore calculado. Um exemplo concreto pode ajudar. Daremos uma pista da nossa descrição do estudo do aparelho auditivo em que supomos que a utilização do dispositivo levará a baixos níveis de ansiedade social. Especificaremos, portanto, de qual cauda da distribuição virá o escore calculado. Se acharmos que o escore veio do lado oposto da distribuição, isso negaria a nossa hipótese, pois mostraria que a introdução do aparelho auditivo levou a níveis mais altos de ansiedade social.

Você irá descobrir, quando explicarmos certos testes inferenciais nos próximos capítulos, que alguns desses testes lhe permitirão realizar testes unicaudal ou bicaudal. Isto é importante, uma vez que um teste unilateral é mais sensível, ou seja, tende a ter uma probabilidade maior de encontrar um efeito na população caso um efeito, de fato, exista.

Erros do tipo I e II

Outra distinção que você deve entender é a existente entre os erros do *Tipo I* e do *Tipo II*. Para entender o que queremos dizer aqui, você precisa lembrar de nossa explicação sobre o teste de significância de uma hipótese nula (TSHN). O TSHN pode ser concebido como uma competição entre duas hipóteses: a hipótese nula e a hipótese de pesquisa, ou experimental. Lembre-se, quando a hipótese de pesquisa declara que existe uma diferença entre dois grupos ou duas condições, então a hipótese nula declara que não existe tal diferença. Executamos o TSHN para calcular um valor-p que nos ajude a decidir quais das duas hipóteses (a de pesquisa ou a nula) é mais plausível. Com base no valor-p calculado, iremos decidir se rejeitamos ou aceitamos a hipótese nula. Entretanto, estamos tomando decisões baseados em informações incompletas, com base em um julgamento probabilístico. Desse modo, se encontrarmos um valor-p baixo, então decidiremos que a hipótese de pesquisa é mais plausível e, portanto, nossos dados indicariam a existência de um efeito na população. No entanto, pode ser que estejamos errados. Pode não haver um efeito na população (i.e., a hipótese nula é verdadeira), porém não tivemos sorte de obter um conjunto de dados que seja altamente improvável. Se rejeitarmos a hipótese nula, neste caso, está claro que cometemos um erro. Esse tipo de erro é chamado de erro do Tipo I.

Existe outro tipo de erro que você comete no TSHN. Ao conduzir a sua pesquisa e calcular um valor-p que seja alto, isto diz que o seu padrão de dados é altamente provável caso a hipótese nula seja verdadeira. Nessa situação, você provavelmente concluiria que não existe evidência de um efeito na população e, então, manteria a hipótese nula. Contudo, pode ocorrer que a hipótese de pesquisa seja verdadeira, mas, devido a várias razões, seu estudo não encontrou evidência suficiente para sustentá-la. Ao manter a hipótese nula, neste caso, você estará cometendo, novamente, um erro, conhecido como erro do Tipo II (ver Fig. 4.14). Portanto:

✓ Um erro do Tipo I ocorre quando você rejeita a hipótese nula, mas ela é, de fato, verdadeira.
✓ Um erro do Tipo II ocorre quando você aceita a hipótese nula, mas ela é, de fato, falsa.

A maneira com que delineamos nossa pesquisa e conduzimos nossas análises estatísticas é, até certo ponto, uma tentativa de equilibrar as probabilidades de se cometer os erros do Tipo I e II.

A probabilidade de se cometer o erro do Tipo I é geralmente representada pela letra grega α (alfa), e a probabilidade de se cometer o erro do Tipo II é normalmente representada pela letra grega β (beta).

SIGNIFICÂNCIA ESTATÍSTICA

Até agora, fomos um pouco vagos na discussão do uso de probabilidades para nos ajudar a decidir entre a hipótese nula e a de pesquisa. Indicamos o uso das distribuições de probabilidade para nos ajudar a calcular a probabilidade de obter nosso padrão de resultados caso a hipótese nula fosse verdadeira. Se essa probabilidade é pequena o suficiente, então acharemos que a hipótese nula é improvável e, portanto, a rejeitamos em favor da hipótese de pesquisa. Isso sugere a seguinte pergunta: quão pequeno deve ser o valor da probabilidade para podermos rejeitar a hipótese nula e manter a hipótese de pesquisa? Tradicionalmente, tem sido utilizado no TSHN um valor de corte de 5%. Ou seja, se acharmos que a probabilidade de obter nosso padrão de resultados, caso não haja efeito na população, é menor do que 0,05 ou 5%, então rejeitaremos a hipótese nula. Do contrário, caso o valor da probabilidade que calculamos seja maior do que 0,05 (5%), não rejeitaremos a hipótese nula e a manteremos. Quando o valor da probabilidade (valor-p) for menor do que 0,05, então os pesquisadores, declararão a não existência de um resultado *estatisticamente significativo*. Se o valor-p está acima de 0,05, então ele é considerado *não significativo*. Esses são termos que usamos com muita frequência na literatura; então, reserve algum tempo para assegurar que você está acompanhando o que foi dito nesta seção.

Por que usamos o valor da probabilidade de 0,05 como nosso ponto de corte para a significância estatística? O uso desse *critério para significância* vem dos primeiros dias do TSHN e se origina da preocupação de tentar equilibrar a probabilidade de

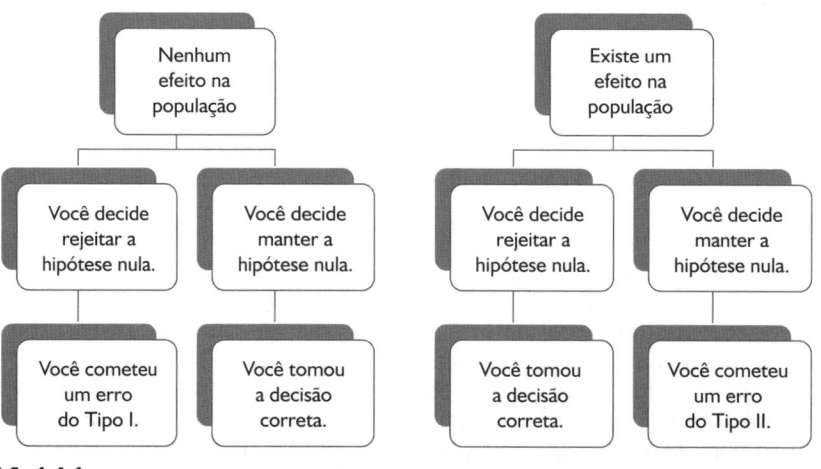

FIGURA 4.14

Ilustração das circunstâncias em que cometemos erros dos Tipos I e II.

se cometer um erro do Tipo I com a probabilidade de se cometer um erro do Tipo II. Para ilustrar isso, discutiremos o uso de critérios diferentes para a significância. Vamos supor que conduzimos uma pesquisa sobre os efeitos do aparelho auditivo e, sem o nosso conhecimento, existe um efeito real do uso do dispositivo na ansiedade social na população. Coletamos alguns dados e o valor-p que calculamos usando nosso teste estatístico é de 0,04. Se usarmos o critério para a significância tradicional, iremos corretamente rejeitar a hipótese nula e, assim, evitar o erro do Tipo II. Se, entretanto, decidíssemos somente rejeitar a hipótese nula caso nosso valor-p fosse menor do que 0,01, então, com nosso valor-p calculado de 0,04, não alcançaríamos o ponto de corte e, portanto, não rejeitaríamos a hipótese nula. Neste caso, como existe um efeito genuíno na população, estaríamos cometendo um erro do Tipo II. Assim, você pode ver que, quanto mais baixo estipulamos nosso critério para a significância, mais altas são as chances de cometermos um erro do Tipo II. Agora vamos supor que os aparelhos auditivos não ajudam a reduzir a ansiedade social (a hipótese nula é verdadeira). Conduzimos, então, um estudo, e calculamos um valor-p de 0,07. Se permanecermos com o critério para significância tradicional, decidiríamos que, como nosso valor-p calculado é maior do que 0,05, não ficaríamos confortáveis em rejeitar a hipótese nula e, portanto, iríamos mantê-la. Neste caso, isso estaria correto. Mas suponhamos que tenhamos decidido, antes do estudo, usar um critério para significância mais liberal de 0,10. Como nosso valor-p calculado de 0,07 é menor do que isso, rejeitaríamos, então, a hipótese nula, quando ela é, de fato, verdadeira, e cometeríamos, assim, um erro do Tipo I.

Você deve ter percebido que mudar o critério para significância tem um impacto na probabilidade de cometermos um erro do Tipo I ou do Tipo II. Tem sido discutido que o ponto de corte de 0,05 fornece o melhor equilíbrio entre cometer um erro do Tipo I ou do Tipo II. Portanto, a não ser que você tenha uma razão específica e uma boa justificativa para alterar o critério para significância, você deve usar o ponto de corte padrão de 0,05.

CRÍTICAS AO TSHN

Tamanho do efeito

Embora o TSHN seja muito usado nas ciências sociais, é uma abordagem que enfrenta críticas. Não temos espaço aqui para apresentar uma discussão completa das críticas ao TSHN, mas queremos alertá-lo quanto a algumas delas, pois fornecem uma ligação útil com outros conceitos que planejamos explicar ainda neste capítulo. Recomendamos que você leia alguns artigos de Jacob Cohen sobre o assunto, pois eles são muito acessíveis (p. ex., Cohen, 1990). Uma das principais críticas ao TSHN é que há muita atenção sendo dada ao valor-p. Obter um valor-p menor do que 0,05 torna-se o único foco da pesquisa, em vez de o foco ser a força do efeito na população. Uma das propriedades interessantes do valor-p é que ele está diretamente relacionado com o tamanho da amostra, e, assim, quanto maior a amostra, mais baixo será o valor-p que os testes estatísticos irão obter. Isso significa que é mais provável que a hipótese nula seja rejeitada caso tenhamos amostras grandes. Portanto, devemos focar com muita atenção não somente no valor-p, mas também na força real do efeito que estamos investigando. Isso é chamado de tamanho do efeito. Apesar de parece lógica a extrema importância disso para os pesquisadores, o assunto é negligenciado na literatura.

O tamanho do efeito simplesmente se refere ao tamanho da diferença entre dois ou mais grupos ou condições de seu estudo ou a força de um relacionamento entre duas ou mais variáveis. Neste livro, mostraremos várias maneiras diferentes de se calcular o tamanho do efeito padronizado que nos permitem comparar a força dos efeitos que encontramos em diferentes estudos. Exemplos do tamanho do efeito padronizado que apresentamos neste livro são o d de Cohen e o r^2 (eles serão vistos nos Cap. 7, 8, 10 e 11). É de boa prática apresentar medidas do tamanho do efeito quando relatamos as descobertas das análises estatísticas. Muitas dessas medidas do tamanho do efeito vêm com orientações de pessoas como Cohen e também sobre o que constitui um efeito pequeno, médio ou grande (p. ex., Cohen, 1992). Essas são orientações úteis, mas que devem ser usadas com precaução, pois um efeito considerado pequeno em um determinado campo pode ser considerado grande em outro campo.

Poder estatístico

Outra crítica ao TSHN é que ele tem levado os pesquisadores a focar demais na probabilidade de cometer o erro do Tipo I. Para delinear estudos adequados e tirar conclusões apropriadas de nossos testes de estatística inferencial, temos que, também, prestar atenção ao erro do Tipo II. De forma ideal, o que queremos fazer é delinear estudos que sejam sensíveis o suficiente para detectar efeitos reais na população subjacente. A habilidade de um estudo detectar um efeito real é denominada de *poder estatístico*. Se existe um efeito genuíno na população (i.e., a hipótese nula é falsa), então devemos delinear uma pesquisa que nos permitirá rejeitar a hipótese nula. O foco no poder estatístico no estágio do delineamento é crucial para realizarmos estudos que nos permitirão rejeitar a hipótese nula quando ela deva ser rejeitada. Muito do trabalho importante do poder estatístico foi apresentado por Jacob Cohen,[2] que produziu livros sobre como calcular os níveis do poder associado com estudos (p. ex., Cohen, 1988). O poder está diretamente relacionado com a probabilidade de se cometer um erro do Tipo II, ou seja, poder igual a 1 menos a probabilidade de se cometer um erro do Tipo II (i.e., $1 - \beta$). O poder varia de 0 a 1, em que 0 significa que o estudo não tem nenhuma chance de detectar um efeito genuíno na população e 1 significa que um estudo irá, definitivamente, detectá-lo. Geralmente, o poder do estudo varia entre esses dois extremos. Por que devemos prestar atenção nisso? O poder é particularmente importante na pesquisa médica, pois não queremos desperdiçar o tempo de participantes muito doentes em um estudo que nunca será capaz de detectar o efeito que se está procurando. Delinear uma pesquisa desse tipo é extremamente antiético. Isso foi habilmente discutido em um artigo de Harper e colaboradores (2002), em que enfatizaram o uso frequente de tentativas de controle aleatórias sem poder na pesquisa médica. Eles têm uma discussão muito boa das dimensões éticas sobre a pesquisa sem poder, sugerindo que existem poucas circunstâncias em que tais estudos são eticamente justificáveis. Cohen (1988) argumentou que um nível razoável de poder para um estudo é 0,80 – ou seja, teremos 80% de probabilidade de encontrar o efeito, caso ele exista na população. Você deve observar que, com frequência, os pesquisadores tem como objetivo níveis mais altos do poder do que o aqui mencionado.

O poder é influenciado por vários fatores, indicados na Figura 4.15. Os principais são:

- ✓ Tamanho da amostra: quanto maiores são as amostras que você tem em seu estudo, maior o poder dele.
- ✓ Tamanho do efeito: quanto maior o efeito que você está tentando detectar, maior o poder do estudo (as coisas grandes são mais fáceis de detectar do que as pequenas).
- ✓ O critério de significância: costuma ser estipulado em 0,05, discutido anteriormente. Se você tem um critério muito restrito (i.e., critério baixo para significância), então é menos provável que rejeite a hipótese nula (mesmo quando ela é falsa).
- ✓ Se você tiver uma hipótese unicaudal ou bicaudal: testes estatísticos unicaudais tendem a ter mais poder do que os testes bicaudais.

É importante, então, prestar atenção a esses fatores ao delinear uma pesquisa, a fim de assegurar que se realizem estudos poderosos o suficiente para detectar os efeitos que se está procurando. É importante, também, ter esses fatores em mente quan-

FIGURA 4.15

Fatores que influenciam o poder estatístico.

do estiver lendo pesquisas de outras pessoas, particularmente se elas não rejeitaram a sua hipótese nula. Se os pesquisadores falharam em rejeitar a hipótese nula, eles podem argumentar que não existe efeito para ser detectado na população. Se, entretanto, eles têm um estudo sem poder (p. ex., se possuem uma amostra pequena), então não saberemos se aceitaram corretamente a hipótese nula ou se cometeram um erro do Tipo II.

Cálculos do poder – estimando o tamanho da amostra

Ao delinear seus estudos, os pesquisadores são aconselhados a pensar sobre o poder desde o início da pesquisa. São aconselhados também a conduzir o que chamamos de cálculos *a priori*. O termo *a priori*, como usado na estatística, indica que tomamos decisões sobre nossas análises estatísticas antes de executar o estudo. Em suma, o que fazemos nos cálculos de poder é determinar quantos participantes precisamos para assegurar o poder adequado para rejeitar a hipótese nula caso ela seja falsa. Existem alguns pacotes de *software* que podem auxiliar com tais cálculos, mas um dos mais usados e largamente disponíveis é um programa chamado "GPower". Você pode baixá-lo do *site*: www.gpower.hhu.de.

É um programa bem simples, mas é preciso ler o excelente guia de uso para descobrir exatamente quais opções são necessárias para executar a análise do poder *a priori*. Não seria apropriado fornecer orientações detalhadas aqui, pois é necessário que você entenda os diferentes testes de estatística inferencial antes de poder usá-los. Pelo contrário: daremos uma visão geral do que tais cálculos envolvem. Vamos retornar ao exemplo do aparelho auditivo e da ansiedade social apresentado anteriormente no capítulo. Para efetuar um cálculo do poder *a priori* para esse estudo, precisamos ter uma ideia do tamanho do efeito que achamos existir na população. Quão grande será a diferença na ansiedade social entre os participantes que possuem o aparelho auditivo e os do grupo-controle da lista de espera? Isso pode parecer uma coisa estranha para se indagar, pois se você soubesse o efeito, então provavelmente não precisaria realizar a pesquisa. Se soubesse que havia uma diferença específica entre os usuários do aparelho auditivo e os não usuários em termos da ansiedade social, então não precisaria executar o estudo. Portanto, você provavelmente está delineando um estudo para estabelecer a existência de tal diferença. Assim, não sabemos o tamanho da diferença na população (poderia ser zero ou ser grande), mas podemos usar nosso conhecimento de uma pesquisa anterior na área para sugerir um valor para o tamanho do efeito. Se não houver base para estimar o tamanho do efeito, então a recomendação é assumir que você está procurando um tamanho do efeito médio (essa é a opção padrão do GPower). Ficaremos com essa opção.

Outra informação que precisamos é o nível do poder que queremos atingir em nosso estudo. Cohen recomenda que devemos ter como objetivo pelo menos 0,80, e vamos aceitar esse conselho. Você pode aumentar isso a um nível mais alto se quiser ter mais certeza de detectar o efeito. Também precisará saber o seu critério de significância. Ele deve ser estabelecido no nível padrão de 0,05, a não ser que você tenha um bom motivo para alterá-lo. Finalmente, é preciso saber se há uma hipótese unicaudal ou bicaudal. Nós temos uma hipótese unicaudal porque estamos prevendo que receber um aparelho auditivo reduzirá a ansiedade social em um grupo de deficientes auditivos quando comparados ao grupo-controle da lista de espera. Portanto, a informação que precisamos colocar no GPower é:

✓ Tamanho do efeito: médio.
✓ Poder = 0,80.
✓ Critério de significância: 0,05.
✓ Teste: unicaudal.

Quando colocamos essa informação no GPower, ele nos diz que precisamos de pelo menos 51 participantes em cada grupo (Captura de tela 4.1). Isso é consideravelmente mais do que incluímos em nossos exemplos anteriores.

Intervalos de confiança

Outra crítica ao TSHN é que ele nos leva a focar muito nas amostras. Existe muita ênfase nas médias amostrais e nos desvios-padrão, e isso nos leva a negligenciar o que os efeitos podem significar nas populações subjacentes. Vamos retornar ao exemplo do aparelho auditivo e olhar os dados da Tabela 4.3 (os escores de ansiedade social após a intervenção). O escore médio da ansiedade social para os participantes que receberam o aparelho auditivo é de 11,90.

> **☑ ATIVIDADE 4.5**
>
> Pense e escreva sua resposta para a pergunta a seguir em uma folha de papel antes de continuar com sua leitura. Quão próxima está a média amostral (11,90) do grupo que possui o aparelho auditivo da média da população para tais indivíduos?

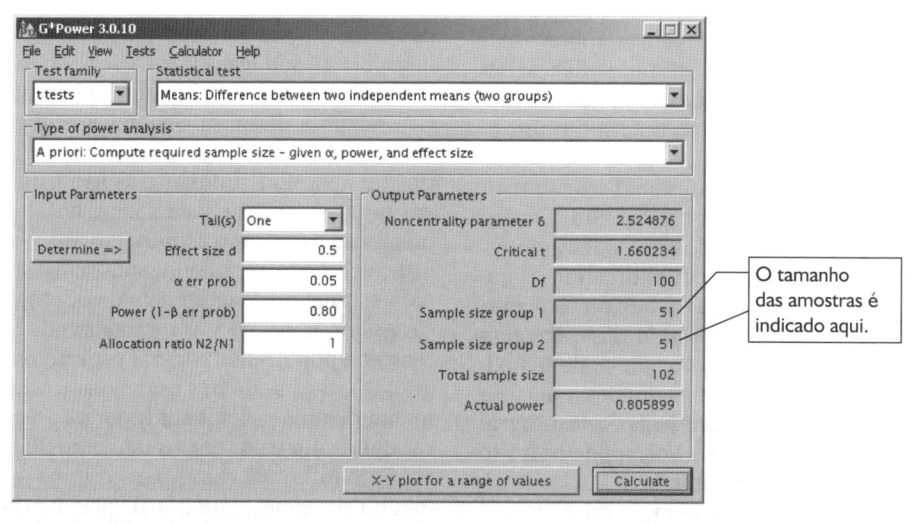

CAPTURA DE TELA 4.1

Fatores influenciando o poder estatístico.

Como não conhecemos o escore médio da população da ansiedade social para os indivíduos com deficiência auditiva que usam aparelhos auditivos, não podemos fornecer a resposta à questão proposta na Atividade 4.5. A média da população poderia estar bem abaixo da média amostral ou ser muito maior que ela – ou, ainda, poderia ser exatamente a mesma. Simplesmente não sabemos. Isso é problemático para nós como pesquisadores, pois estamos tentando generalizar das amostras para as populações. Se não sabemos quão próximo as estatísticas amostrais estão dos parâmetros da população, então isso parece um exercício nada esclarecedor. E é aí que os *intervalos de confiança* vêm para ajudar. Observe a Figura 4.16.

Sabemos que os valores mínimo e máximo na Escala da Angústia de Rejeição Social (EARS) são 0 e 28, respectivamente e, assim, podemos estar 100% confiantes de que as médias da população para pessoas com deficiência auditiva que utilizam aparelhos auditivos estão entre esses dois limites. Isso é o que chamamos de limites de confiança de 100%. Porém, não é algo realmente muito útil. Acontece que, se nos permitimos ser um pouco menos confiante sobre em que ponto a média da população pode estar, podemos começar a diminuir os limites de confiança. Os intervalos de confiança usuais que os pesquisadores calculam são de 95%. Portanto, estamos nos permitindo ser levemente menos confiantes, mas observe a Figura 4.17 para ver que efeito isso tem na amplitude dos escores que achamos que estarão na média da população.

Você pode notar que, agora, a amplitude dos escores dentro dos quais achamos que a média da população vai estar diminuiu drasticamente. E, assim, podemos dizer que estamos 95% confiantes de que a média da população estará entre 9,39 e 14,44. Uma coisa interessante sobre os intervalos de confiança é que eles estão diretamente relacionados ao tamanho da amostra; portanto, quanto mais pessoas você tiver em suas amostras, mais estreitos se tornam os intervalos de confiança.

Vamos agora olhar os participantes do grupo-controle da lista de espera da Tabela 4.3. A média para esses participantes é 15,20, e o intervalo de confiança de 95% é de 12,29 a 18,11. Se colocarmos os dois intervalos de confiança no mesmo diagrama, obteremos uma figura muito interessante (ver Fig. 4.18).

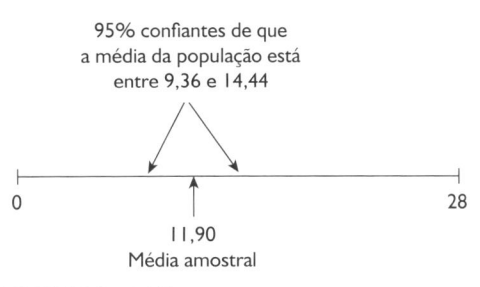

FIGURA 4.17

Diagrama ilustrando intervalo de confiança de 95%.

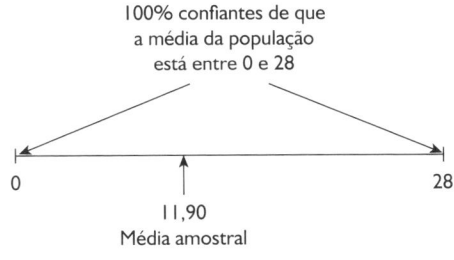

FIGURA 4.16

Diagrama ilustrando em que ponto estamos 100% confiantes de que a média da população está em relação à média amostral.

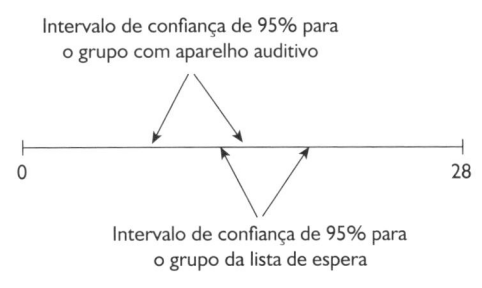

FIGURA 4.18

Diagrama ilustrando intervalos de confiança de 95% para o grupo com aparelho auditivo e para o grupo-controle da lista de espera.

Repare na Figura 4.18 que existe pouca sobreposição entre os dois intervalos de confiança. Estamos 95% confiantes de que a média da população para o grupo do aparelho auditivo está entre 9,36 e 14,44 e, para o grupo-controle da lista de espera, entre 12,29 e 18,11. Portanto, podemos, temporariamente, concluir que, na população, a ansiedade social para as pessoas com deficiência auditiva sem o aparelho auditivo provavelmente será maior do que para aquelas com o aparelho auditivo. Podemos, também, sugerir que temos suporte para nossa hipótese de pesquisa.

Intervalos de confiança têm uma qualidade quase mágica, pois nos mantêm focados nas populações, em vez de em nossas amostras. É muito fácil, em uma pesquisa, ficar absorvido pelos nossos dados amostrais e esquecer de relacioná-los às populações. Intervalos de confiança mantêm nossa atenção e foco onde deveriam estar – nas populações.

GERANDO INTERVALOS DE CONFIANÇA NO SPSS

A melhor forma de se obter intervalos de confiança no SPSS é por meio dos comandos *Analyze, Descriptive Statistics* e *Explore* (Analisar, Estatística Descritiva e Explorar).

Defina a caixa de diálogos da mesma forma que fizemos na Captura de tela 4.2 e, então, clique em *OK*. O SPSS irá apresentar intervalos de confiança de 95% (Captura de tela 4.3) (essas saídas foram criadas usando os dados da Tab. 4.3).

Uma maneira prática de se apresentar os intervalos de confiança é por meio de *diagramas de barra de erro*. Você pode gerá-los selecionando as opções *Graphs, Legacy Dialogs* e *Error Bar* (Gráficos, Caixa de Diálogos Legacy e Barra de Erro). Será apresentada uma caixa de diálogo (Captura de tela 4.4).

Selecione a opção *Simple* e *Summaries for groups cases* (Simples e Resumo para grupos de casos) e, então, clique no botão *Define* (Definir) (Captura de tela 4.5).

Mova a variável *Social Anxiety* (Ansiedade Social – nossa variável dependente) para a caixa *Variable* (Variável), e a variável *Group* (Grupo), para a caixa *Category Axis* (Eixo Categórico); então, clique em *OK*. Será apresentado um diagrama de barras de erro (Captura de tela 4.6).

Isso é algo similar à ilustração que temos na Figura 14.14 e dá uma indicação de sobreposição entre os dois intervalos de confiança. Você pode, também, incluir os intervalos de confiança em um diagrama de barras, se desejar. Para isso, selecione a opção *Graphs, Legacy Dialogs* e *Bar* (Gráficos, Caixa de Diálogos Legacy e Barra) e defina

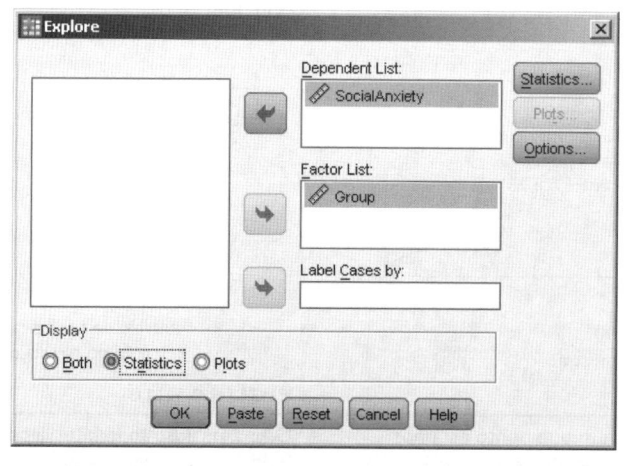

CAPTURA DE TELA 4.2

Descritivas

Group				Statistic	Std. Error
Social Anxiety	Hearing Aid Group	Mean		11.9000	1.21157
		95% Confidence Interval for Mean	Lower Bound	9.3642	
			Upper Bound	14.4358	
		5% Trimmed Mean		11.8889	
		Median		12.0000	
		Variance		29.358	
		Std. Deviation		5.41829	
		Minimum		3.00	
		Maximum		21.00	
		Range		18.00	
		Interquartile Range		8.75	
		Skewness		-.083	.512
		Kurtosis		-.915	.992
	Waiting List Control Group	Mean		15.2000	1.39095
		95% Confidence Interval for Mean	Lower Bound	12.2887	
			Upper Bound	18.1113	
		5% Trimmed Mean		15.1667	
		Median		15.0000	
		Variance		38.695	
		Std. Deviation		6.22051	
		Minimum		4.00	
		Maximum		27.00	
		Range		23.00	
		Interquartile Range		10.75	
		Skewness		.070	.512
		Kurtosis		-.806	.992

CAPTURA DE TELA 4.3

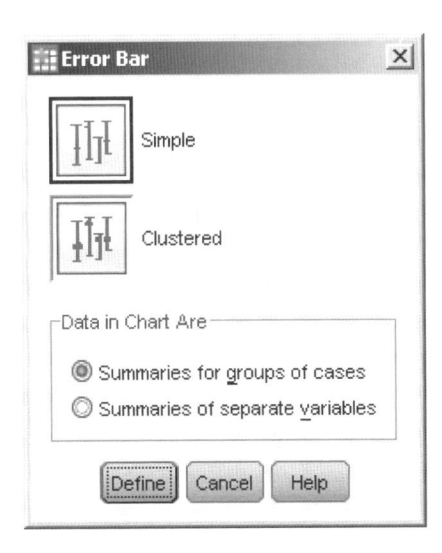

CAPTURA DE TELA 4.4

a caixa de diálogo como a apresentada na Captura de tela 4.7.

Então clique no botão *Options* (Opções) e selecione a opção *Error bars* (Barra de erros); tenha certeza de que o intervalo de confiança de 95% está selecionado (Captura de tela 4.8).

Clique em *Continue*, seguido de *OK*, para obter um diagrama de barras como o da Captura de tela 4.9.

Exemplo da literatura

Um bom exemplo da apresentação dos intervalos de confiança é o artigo de Vermeer e colaboradores (2003) que nos referimos anteriormente neste capítulo. Se você olhar para a tabela incluída no relatório, verá que eles apresentaram um intervalo de confiança de 95% para os escores z calculados (Fig. 4.19).

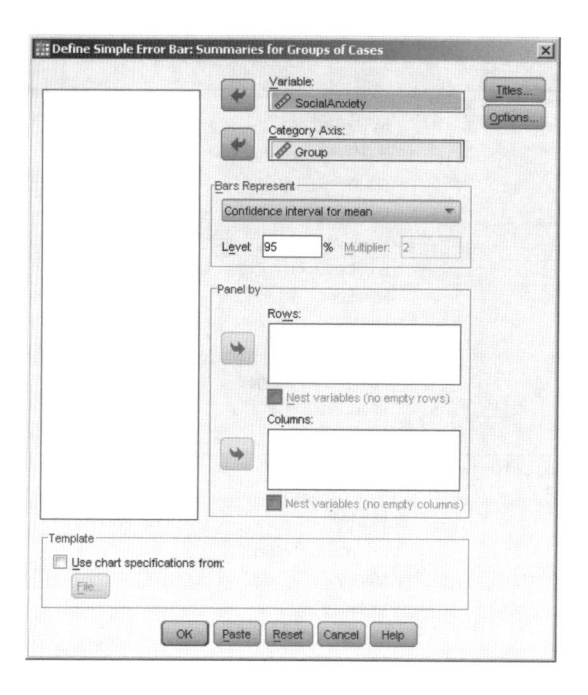

CAPTURA DE TELA 4.5

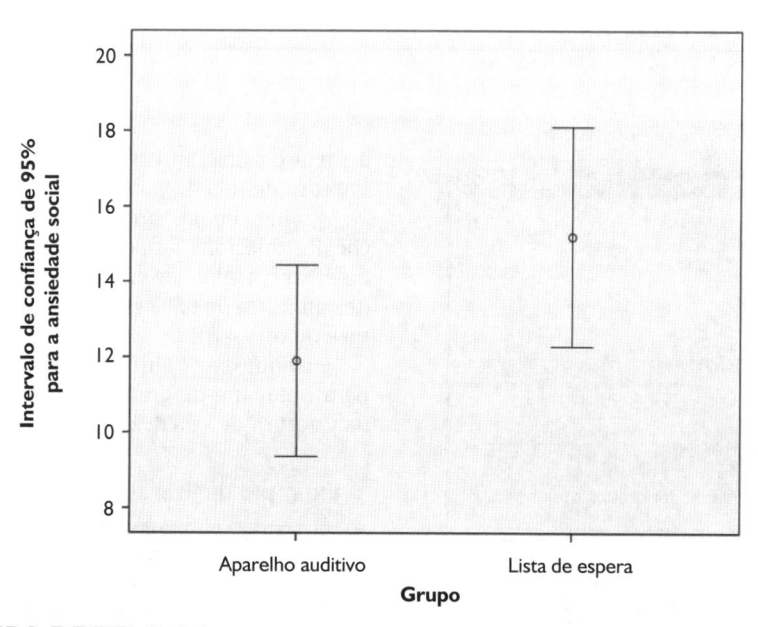

CAPTURA DE TELA 4.6

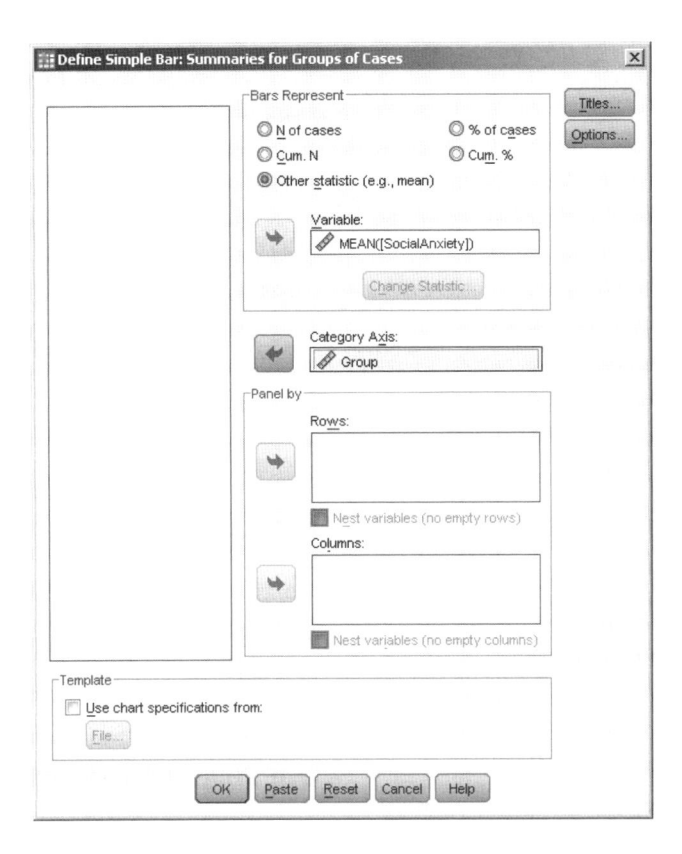

ESTATÍSTICA SEM MATEMÁTICA PARA AS CIÊNCIAS DA SAÚDE **155**

CAPTURA DE TELA 4.7

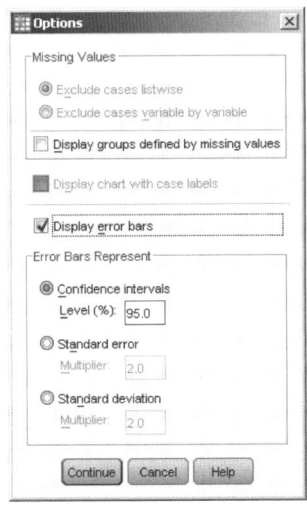

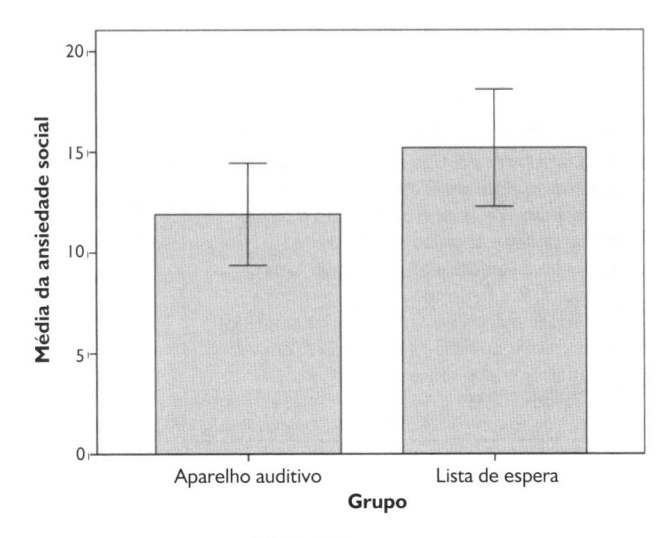

CAPTURA DE TELA 4.8　　**CAPTURA DE TELA 4.9**

Tabela 3. Associação entre a presença de infarto cerebral silencioso na imagem de ressonância magnética em 1995-1996 e o declínio cognitivo subsequente.*

Variável	Infartos cerebrais silenciosos		
	Ambos	Talâmico	Não talâmico
	declínio no escore z (IC de 95%)		
Desempenho da memória	-0,01 (-0,16 a 0,15)	-0,50 (-0,87 a -0,13)	0,06 (-0,10 a 0,23)
Velocidade psicomotora	-0,19 (-0,34 a -0,04)	-0,11 (-0,36 a 0,13)	-0,20 (-0,36 a -0,05)
Função cognitiva global	-0,15 (-0,27 a -0,02)	-0,28 (-0,50 a -0,06)	-0,13 (-0,26 a 0,001)

*Os valores são as diferenças médias nos escores z entre o grupo de acompanhamento e o de referência, com IC (intervalos de confiança) de 95% entre aqueles com e sem enfarte cerebral silencioso, ajustado por idade, sexo, nível de educação e o intervalo entre os testes neuropsicológicos. Um valor positivo indica um aumento no escore z.

FIGURA 4.19

Resumo

Abrangemos muito do campo conceitual neste capítulo. Isso deve dar a você uma base forte para entender os testes estatísticos, particularmente o teste de significância para a hipótese nula. Você aprendeu sobre a diferença entre amostras e populações e sobre como usar amostras para tentar generalizar os dados para as populações. Aprendemos que usamos testes de estatística inferencial para nos auxiliar na generalização. Explicamos que os testes de significância para a hipótese nula (TSHN) são a base para todas as técnicas estatísticas principais estudadas neste livro. Descrevemos o processo do TSHN e como ele nos dá o valor da probabilidade (valor-p), que nos ajuda a decidir se aceitamos ou rejeitamos a hipótese nula. Explicamos que podemos cometer erros ao rejeitar essa hipótese (erro do Tipo I) ou ao manter uma hipótese nula falsa (erro do Tipo II). Destacamos algumas críticas aos TSHN e sugerimos a necessidade de se prestar atenção a temas como poder estatístico e cálculos do tamanho da amostra ao se delinear uma pesquisa. Por fim, você aprendeu sobre a habilidade mágica dos intervalos de confiança para chamar atenção às populações, em vez de às amostras, e sobre como gerá-los utilizando o SPSS.

EXERCÍCIOS COM O SPSS

Usando os dados da Tabela 4.2, gere intervalos de confiança para ambos os grupos e faça o SPSS apresentar esses dados em um diagrama de barras e em um diagrama de barras de erro.

QUESTÕES DE MÚLTIPLA ESCOLHA

1. Quais destas características são da curva normal?
   a) Forma de um quadrado.
   b) Não simétrica.
   c) As caudas se afastam de forma constante dos eixos.
   d) Nenhuma das alternativas anteriores.

2. Se sua hipótese de pesquisa declara existir uma diferença entre homens e mulheres no número de dentes obturados, qual seria a hipótese nula?
   a) Que as mulheres teriam mais obturações do que os homens.
   b) Que os homens teriam mais obturações do que as mulheres.
   c) Que não haveria diferença entre homens e mulheres no número de obturações.
   d) Nenhuma das alternativas anteriores.

3. Considerando a questão anterior, que tipo de hipótese temos?

   a) Uma hipótese nula.
   b) Uma hipótese unicaudal.
   c) Uma hipótese bicaudal.
   d) Todas as alternativas estão corretas.

4. As distribuições probabilísticas são úteis porque:

   a) Sabemos a probabilidade de se poder selecionar aleatoriamente um escore de qualquer região da distribuição.
   b) Sabemos a probabilidade de as caudas serem iguais.
   c) Sabemos a probabilidade de que o pico da distribuição estará no centro.
   d) As distribuições probabilísticas não são úteis.

5. Quanto da área sob a distribuição normal padrão está entre –1 e +1?

   a) 50%
   b) 68%
   c) 95%
   d) 100%

6. Quais dos seguintes não estão relacionados ao poder estatístico?

   a) Tamanho do efeito.
   b) Tamanho da amostra.
   c) Tamanho do computador.
   d) Critério para significância.

7. Qual é a probabilidade de se selecionar um ás de espadas em um baralho de cartas?

   a) 0,25
   b) 0,019
   c) 25
   d) 19

8. Qual das seguintes é uma crítica ao TSHN?

   a) É muito fácil.
   b) Ele não nos dá valores-p úteis.
   c) Não podemos generalizar para a população.
   d) Muito pouca atenção é dada ao tamanho do efeito.

9. Como calculamos os escores z?

   a) Subtraímos a mediana e dividimos pela amplitude.
   b) Subtraímos a média e dividimos pelo desvio-padrão.
   c) Subtraímos o desvio-padrão e dividimos pela média.
   d) Subtraímos a média e dividimos pela mediana.

10. Quando você converte um conjunto de escores em z, como isso é denominado?

    a) Perda de tempo.
    b) Análise inferencial.
    c) Análise descritiva.
    d) Padronização.

11. Se tivesse intervalos de confiança para dois grupos que não se sobreponham, o que você poderia, de modo lógico, concluir?

    a) Que era improvável uma diferença entre as médias dos dois grupos na população.
    b) Que era improvável uma diferença na variabilidade dos dois grupos na população.
    c) Que era provável uma diferença entre as médias dos dois grupos na população.
    d) Que era provável uma diferença na variabilidade dos dois grupos na população.

12. Para executar uma análise de poder *a priori*, quais dos seguintes valores você precisaria?

    a) O poder.
    b) O critério para significância.
    c) O tamanho do efeito.
    d) Todas as alternativas.

13. Quais dos seguintes é uma medida padronizada do tamanho do efeito?

    a) r^2.
    b) d de Cohen.
    c) Critério de significância.
    d) As alternativas (a) e (b) estão corretas.

14. Se você tem uma distribuição assimétrica negativa, a cauda maior aponta para:
    a) Os números mais altos.
    b) Os números mais baixos.
    c) Nem os números mais altos nem os mais baixos.
    d) Nenhuma das alternativas.

15. Como é a probabilidade de 0,0125 escrita em porcentagem?
    a) 0,0125%
    b) 0,125%
    c) 1,25%
    d) 112,5%

NOTAS

1. Existem outras maneiras de se analisar dados e testar hipóteses de pesquisa, como o uso da estatística Bayesiana, mas isso está além do escopo deste texto introdutório.
2. Pode parecer que somos fãs de Jacob Cohen, mas ele tem sido extremamente influente na área, e seu trabalho tende a ser de fácil leitura.

5
Epidemiologia

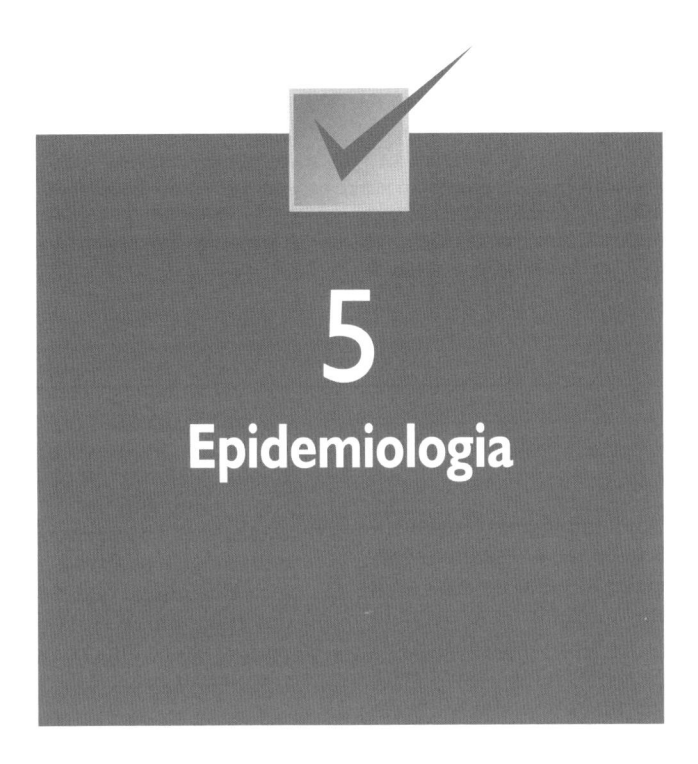

Panorama do capítulo

A epidemiologia envolve o estudo de doenças e outros fatores relacionados à saúde dentro de populações específicas. Os epidemiologistas estão geralmente interessados:

✓ Na prevalência da doença. Prevalência se refere à frequência da patologia.
✓ Na incidência da doença. A incidência se refere ao início de novos casos da condição em um período de tempo em particular.
✓ Na identificação de fatores de risco para a doença. Indivíduos expostos a fatores de risco têm maior probabilidade de desenvolver uma patologia. Fatores potenciais de risco incluem uma faixa muito extensa de itens como idade, sexo, fatores sociais (p. ex., qualidade das amizades) e fatores biológicos (p. ex., exposição a altos níveis de testosterona durante o desenvolvimento pré-natal). Uma vez que os fatores de risco que aumentam as chances de doença são identificados, uma pesquisa adicional é necessária para entender como/se determinado fator de risco está envolvido na causa da doença.

O termo "epidemiologia" pode fazê-lo pensar em epidemias, nas quais existem aumentos incomuns da incidência de uma doença em particular. Por exemplo, você pode ouvir na mídia sobre uma "epidemia de gripe" durante os meses de inverno. Os métodos da epidemiologia são, na verdade, apropriados para o estudo de ataques anormais de doenças desse tipo. Entretanto, métodos epidemiológicos são mais aplicados em doenças que estão presentes em níveis relativamente constantes (ou seja, em doenças endêmicas). Um objetivo de importância é informar sobre a prevenção e esforços de tratamento, bem como auxiliar no planejamento do fornecimento do serviço de saúde. Podemos apenas arranhar a superfície da epidemiologia neste capítulo, pois a disciplina inclui uma faixa muito grande de técnicas de pesquisa. Entretanto, muitos métodos estatísticos apresentados neste livro são aplicáveis aos estudos da epidemiologia.

(Continua)

(Continuação)

Neste capítulo, você irá:

✓ Aprender a maneira com que métodos estatísticos podem auxiliar no entendimento da distribuição e causas de problemas de saúde;
✓ Aprender sobre estatísticas básicas usadas pelos epidemiologistas, como estimativas de prevalência, incidência, razões de risco e razão de chances;
✓ Apreciar algumas das dificuldades na identificação de relacionamentos causais;
✓ Desenvolver as habilidades requeridas para ler artigos sobre epidemiologia publicados na literatura científica.

INTRODUÇÃO

Alguns estudos epidemiológicos envolvem recrutar amostras delineadas a serem representativas da população geral de uma área geográfica. A amostra pode ser observada somente uma vez (um estudo transversal) ou pode ser acompanhada por algum tempo (um estudo coorte). Esses delineamentos podem ser úteis para estimar a prevalência de uma doença e, também, para identificar os fatores de risco subjacentes. Um delineamento de caso-controle é uma abordagem alternativa. Nesse delineamento, os participantes são recrutados porque tem uma determinada doença (i.e., por serem casos). Suas características são comparadas a outro grupo de pessoas que não tem a doença (o grupo-controle). Esse delineamento não permite que a prevalência seja estimada, mas permite que sejam examinados os fatores de risco comparando os históricos de casos e controles. Os epidemiologistas podem também trabalhar com intervenções de saúde. Por exemplo, os epidemiologistas poderiam investigar se o programa de vacinação tem um efeito na incidência de determinada doença em uma população específica.

Exemplos de descobertas epidemiológicas incluem:

✓ Lipton e colaboradores (2011) descobriram que a prevalência da enxaqueca crônica era de 1,75% nos adolescentes dos Estados Unidos e que isso tinha um impacto severo no funcionamento diário desses jovens. Apesar disto, somente 40% tinham visitado um centro de saúde durante o ano anterior
✓ Gabriel (2001) revisou a literatura epidemiológica relativa à artrite reumatológica e descobriu que o risco dessa doença era maior em uma determinada faixa de pessoas, como fumantes e usuários de contraceptivos orais.

ESTIMANDO A PREVALÊNCIA DE UMA DOENÇA

O objetivo comum de um estudo epidemiológico é estimar a frequência de uma doença ou outro fator relacionado a saúde de uma população específica em um período de tempo em particular. O estudo pode examinar quem tem uma enfermidade à época da pesquisa ou avaliar se os participantes sofreram de uma doença em algum tempo em certo período específico (p. ex., nos últimos três meses), independentemente de esses participantes terem se restabelecido no período da pesquisa. A informação de prevalência é útil aos clínicos, pois os ajuda a decidir quão provável é que um paciente tenha uma determinada doença. Ela também é útil para os responsáveis pelo planejamento pois os informa quantos serviços serão necessários. A prevalência de uma doença é simplesmente a proporção ou o percentual de pessoas na população com aquela condição. Se você recrutar uma amostra da sua população de interesse, então a prevalência pode ser calculada como o número de pessoas com a doença dividida pelo número total de indivíduos (com ou sem a doença) na amostra. Isso nos dá a proporção da amostra enferma.

Por exemplo: imagine que você está estudando a prevalência de *piercings* em sobrancelhas na sua área. Você recruta uma amostra de 250 pessoas e descobre que 37 delas têm *piercings* no local de interesse. Você pode calcular a prevalência dividindo 37 por 250, o que nos dá uma prevalência estimada de 14,8%.

DIFICULDADES AO ESTIMAR A PREVALÊNCIA

Pela descrição dada anteriormente, o processo de estimar a prevalência pode parecer muito fácil. Não se engane! Estimar a prevalência pode ser muito difícil.

É preciso uma amostra grande que seja genuinamente representativa da população de interesse. As amostras em epidemiologia em geral incluem centenas ou milhares de participantes. Consequentemente, estudos grandes costumam ser financiados para examinar a prevalência de um grande número de enfermidades ao mesmo tempo. Por exemplo, a Pesquisa de Saúde de Crianças e Adolescentes Britânicos foi financiada pela Secretaria de Estatística Nacional do Reino Unido a fim de estimar a prevalência de todas as enfermidades psiquiátricas comuns em crianças com idades entre 5 e 15 anos em todo o Reino Unido. O estudo incluiu uma amostra de mais de 10 mil crianças (Meltzer et al., 2000).

Mesmo com uma amostra grande, estimativas precisas da população não são possíveis a não ser que a amostra represente genuinamente a população de interesse. Os participantes que são convidados a participar do estudo precisam ser selecionados de forma cuidadosa, a fim de assegurar sua representatividade. Ainda que a amostra convidada seja representativa, a amostra alcançada pode se tornar não representativa caso alguns participantes recusem o convite ou não possam ser incluídos por outras razões. Infelizmente, é impossível incluir toda a amostra-alvo, e estudos que alcançam 80% de sua amostra-alvo são considerados bons. Em termos da estimativa de prevalência, isso não será um problema se aqueles com ou sem a condição de interesse têm a mesma probabilidade de recusar o convite do estudo. Contudo, às vezes o que realmente queremos estudar exerce uma forte influência sobre a decisão de alguém quanto a sua participação. Isso introduz o problema do *viés de seleção*. Por exemplo, imagine que você está mensurando a prevalência de uma enfermidade debilitante. A participação em seu estudo pode envolver o preenchimento de um longo questionário ou a participação em uma avaliação clínica que não oferecerá benefício algum ao tratamento. Você não se surpreenderá caso pessoas que não se sintam bem não queiram participar. Portanto, indivíduos sem alguma doença são mais prováveis de tomar parte no estudo do que os doentes, e você irá subestimar a prevalência verdadeira na população. Há, também, muitos outros fatores relacionados a não respostas que podem induzir a um viés na estimativa da prevalência. Epidemiologistas e estatísticos estão trabalhando em métodos para lidar com esses dados perdidos. Discutiremos alguns desses assuntos e abordagens nos Capítulos 6 e 11.

Outro problema em estudos de larga escala é que a mensuração da doença pode não ser inteiramente precisa. Por exemplo, na Pesquisa de Saúde Mental de Crianças e Adolescentes Britânicos, seria extremamente caro cada participante tomar parte na avaliação completa da psicopatologia com um psiquiatra. Pelo contrário: estudos geralmente mensuram a enfermidade com base nos escores de um questionário ou de outra avaliação resumida. Epidemiologistas irão escolher cuidadosamente as medidas para que sejam as mais precisas possíveis e poderão realizar estudos de validação antes da sua principal coleta de dados. Mesmo as melhores medidas, adequadas para estudos de epidemiologia, não estarão em perfeito acordo com os meios mais efetivos de diagnóstico disponíveis (geralmente referidos como "padrão-ouro"). Em termos da estimativa de prevalência, a pergunta-chave é se as avaliações breves identificam o mesmo número de casos que o teste padrão ouro. Se o teste resumido identificar mais, então a prevalência será superestimada; se identificar menos, então a prevalência será subestimada.

Nesse ponto da discussão, você pode estar pensando que a prevalência de uma doença nunca pode ser precisamente estimada na população. É verdade que nenhum estudo será provavelmente tão perfeito. Entretanto, isso não significa que o esforço seja em vão. Geralmente, um número de estudos independentes irá estimar a prevalência de uma mesma doença na mesma população-alvo. Estudos diferentes usam métodos diferentes de amostragem, abordagens diferentes para tratar com a não resposta e instrumentos de medidas diferentes. Observando essas estimativas independentes, podemos ter uma boa ideia da amplitude dos valores nos quais se encontra a verdadeira prevalência. Também, repetir estudos com exatamente a mesma metodologia, porém em tempos diferentes, pode ser muito útil para estimar se a frequência da doença está mudando.

> **Exemplo da literatura: estimando a prevalência de transtorno mental de crianças na área rural da Carolina do Norte, EUA**
>
> Costello e colaboradores (1996) realizaram o Estudo dos Jovens das Montanhas Great Smoky para estimar a prevalência de transtornos psiquiátricos em jovens. O estudo amostrou crianças com idades de 9, 11 e 13 anos de uma grande área rural do sul dos Estados Unidos. Os registros das escolas públicas tinham 12 mil crianças com idade apropriada e que formaram a população de interesse. Seguindo um processo de seleção de participação, 1.346 jovens foram convidados a participar no estudo, dos quais 1.015 tomaram parte na coleta inicial de dados. A presença de todos os transtornos psiquiátricos comuns foi medida nos três primeiros meses.
>
> Essa avaliação foi executada por uma equipe treinada e envolveu uma entrevista minuciosa com a criança e o responsável. A entrevista coletou informações quantitativas detalhadas quanto a frequência, intensidade e duração dos sintomas avaliados. Um algoritmo de computador decidiu se o critério do diagnóstico completo foi satisfeito, combinando os relatórios do responsável e da criança. Estimativas de prevalências selecionadas são apresentadas na Figura 5.1.
>
> Esse estudo estimou a prevalência de transtornos na população-alvo. A informação será muito útil para o planejamento do fornecimento de serviços quando interpretado no contexto de outros estudos similares. No entanto, você pode estar preocupado que a prevalência esteja sendo subestimada, uma vez que 331 das crianças selecionadas para a entrevista não participaram. Se for mais provável que os não participantes tivessem o transtorno do que as crianças que tomaram parte, então os números da prevalência foram subestimados. Não é comum que os pesquisadores sejam capazes de testar a possibilidade diretamente. Entretanto, no Estudo das Montanhas Great Smoky, o procedimento amostral coletou uma medida resumida de psicopatologia em uma amostra ampliada que incluía as 331 crianças que não foram entrevistadas. Os autores descobriram que não havia diferenças na medida resumida das crianças excluídas se comparada à da amostra incluída, o que indica que as estimativas de prevalência provavelmente não foram acentuadamente influenciadas pela não resposta.

ALÉM DA PREVALÊNCIA: IDENTIFICANDO OS FATORES DE RISCO DE UMA DOENÇA

Em alguns casos, um fator causal simples é necessário e suficiente para causar uma doença. A doença de Huntington é um bom exemplo. Uma cópia desordenada de um gene em particular é necessária para que a condição se desenvolva, e nenhum outro fator é necessário para assegurar que a doen-

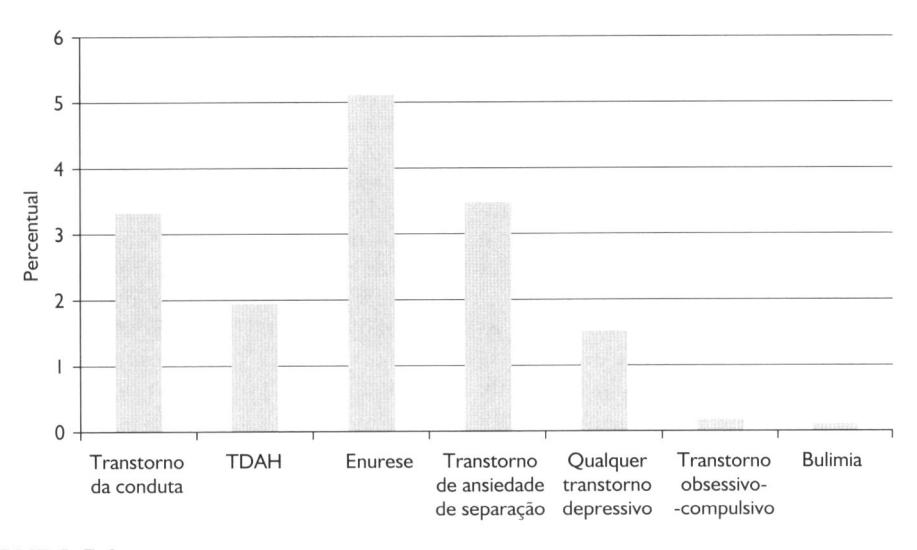

FIGURA 5.1

ça ocorrerá (portanto, o gene é uma causa suficiente). Muitas outras patologias envolvem um grande número de fatores de risco que não são necessários tampouco suficientes. A exposição a um fator de risco desse tipo pode aumentar a probabilidade do desenvolvimento de uma doença em particular, mas a doença pode também se manifestar na ausência do fator, embora isso seja menos comum. Inversamente, muitas pessoas podem ser expostas a tal fator de risco sem desenvolver a doença em questão. Por exemplo, fatores de risco bem documentados de doença cardíaca incluem o fumo, um elevado índice de massa corporal e a pressão alta. Em cada caso, essas causas não são necessárias, tampouco suficientes. Muitas pessoas que fumam não desenvolvem uma doença cardíaca, assim como muitas que sofrem da condição nunca fumaram. Entretanto, existe um relacionamento probabilístico entre o fumo e a doença cardíaca; pessoas que fumam têm uma probabilidade maior de desenvolvê-la do que os não fumantes. O maior propósito da epidemiologia é identificar tais fatores de risco probabilísticos e contribuir para o esforço multidisciplinar, a fim de entender os caminhos causais por meio dos quais eles aumentam o risco da doença.

RAZÕES DE RISCO

Para iniciar a ilustração de como a epidemiologia aborda essa tarefa, podemos começar estendendo o conceito de estimativa da prevalência que explicamos anteriormente. Começaremos pensando sobre os estudos *transversais* em que os dados são coletados em um único ponto no tempo. Mais tarde, neste capítulo, consideraremos delineamentos em que os participantes são acompanhados ao longo do tempo.

Assim, do mesmo modo que se calcula a prevalência por toda uma amostra, pode-se calculá-la também de forma separada, por determinados subgrupos. Por exemplo, a prevalência pode ser calculada separadamente para homens e mulheres. A Pesquisa de Saúde Mental de Crianças e Adolescentes do Reino Unido mencionada anteriormente descobriu que a prevalência do transtorno de déficit de atenção/hiperatividade[1] (TDAH) era de 2,4% em meninos e 0,4% em meninas (na faixa etária entre 5 e 15 anos). Nesse caso, você pode achar que ser do sexo masculino é um fator de risco para TDAH. Epidemiologistas costumam falar sobre a comparação de indivíduos que estão expostos ao fator de risco aos que não estão expostos. Nesse exemplo, existe um risco maior de TDAH para quem está exposto a ser do sexo masculino (i.e., alguém que nasceu sendo do sexo masculino) do que para alguém que não está exposto a esse fator (i.e., uma pessoa do sexo feminino). A extensão do risco aumentado pode ser expressa como *razão de risco*. A probabilidade (ou risco) de TDAH em meninos é calculada da mesma forma que a prevalência: é o número de garotos com o transtorno divido pelo número total de meninos. Na Pesquisa de Saúde Mental de Crianças e Adolescentes do Reino Unido, o risco de TDAH é de 0,024 para meninos e de 0,004 para meninas. A razão de risco é calculada dividindo o risco no grupo exposto (neste caso, o sexo masculino) pelo risco em um grupo não exposto (sexo feminino). Isso nos dá a razão de risco de:

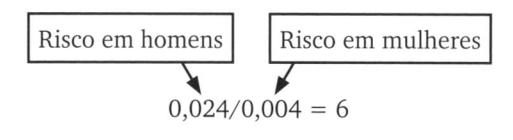

Risco em homens   Risco em mulheres
$$0,024/0,004 = 6$$

Uma razão de risco igual a seis significa que é seis vezes mais provável que uma criança tenha TDAH se ela for do sexo masculino do que se for do sexo feminino.

As razões de risco são sempre números positivos, e indicam que o risco do resultado é exatamente o mesmo em grupos expostos e não expostos. Uma razão de risco acima de 1 mostra que o resultado é mais comum no grupo exposto do que no grupo não exposto. Uma razão de risco menor do que 1 indica que o resultado é menos comum no grupo exposto do que no grupo não exposto, e, portanto, a exposição é potencialmente protetora contra a doença (Atividade 5.1).

A RAZÃO DE CHANCES

Outra estatística que você deve entender é a *razão de chances*. Ela não é tão intuitiva como a razão de risco. Entretanto, ela possui várias propriedades matemáticas que a torna útil em estudos de epidemiologia. É im-

---

ATIVIDADE 5.1

Um epidemiologista pode estar interessado em saber se a disciplina inconsistente dos pais é um fator de risco para um transtorno da conduta (i.e., comportamento antissocial) em crianças. Uma disciplina inconsistente envolve um relacionamento confuso entre o comportamento do jovem e a resposta dos pais. Em algumas ocasiões, a criança pode ser severamente punida por ter feito quase nada de errado, enquanto, em outras os pais podem deixar sem punição um comportamento claramente antissocial. Em um estudo transversal fictício, os seguintes dados puderam ser observados:

	Atuação consistente dos pais	Atuação inconsistente dos pais	Total
Sem transtorno da conduta	8.580	920	9.500
Com transtorno da conduta	420	80	500
Total	9.000	1.000	

Calcule, separadamente, o risco do transtorno da conduta em crianças com disciplina consistente e inconsistente e, então, calcule a razão de risco.

portante entender o que é a razão de chances e como sua interpretação difere das razões de risco. As chances são calculadas como a probabilidade (p) de que um evento irá acontecer dividido pela probabilidade de que ele não aconteça ($1 - p$). A razão de chances é simplesmente as chances em um grupo divididas pelas chances em outro. Em nosso exemplo de TDAH, as chances podem ser calculadas como:

Chances em meninos:
$0,024/(1 - 0,024) = 0,025$
Chances em meninas:
$0,004/(1 - 0,004) = 0,004$

As chances, tanto nos meninos quanto nas meninas, são muito similares aos riscos. Chances e probabilidades são sempre similares quando os riscos são pequenos. A razão de chances é calculada como segue:

Chances de TDAH em meninos

Razão de chances: $0,025/0,004 = 6,25$

Chances de TDAH em meninas

Outra vez, a razão de chances de 6,25 é muito similar à razão de risco de 6, calculada anteriormente. Porém, isso não é verdade quando as probabilidades são altas – as diferenças entre a razão de risco e a razão de chances podem ser muito maiores. Por exemplo, se uma doença hipotética estava presente em 80% dos homens e em 20% das mulheres, a razão de risco seria:

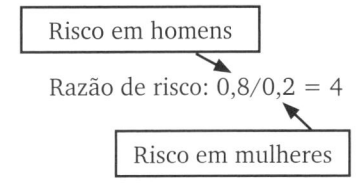

Risco em homens

Razão de risco: $0,8/0,2 = 4$

Risco em mulheres

Agora, calcularemos a razão de chances:

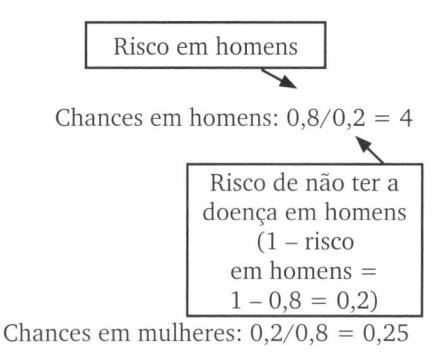

Risco em homens

Chances em homens: $0,8/0,2 = 4$

Risco de não ter a doença em homens
($1 -$ risco
em homens $=$
$1 - 0,8 = 0,2$)

Chances em mulheres: $0,2/0,8 = 0,25$

Chances em homens

Razão de chances: $4/0,25 = 16$

Chances em mulheres

Nesse exemplo, a razão de risco de 4 e a razão de chances de 16 são muito diferentes.

A razão de chances pode assumir qualquer valor entre 0 e infinito. Se as chances são iguais nos grupos expostos e não expostos, então a razão de chances seria 1. Se as chances do resultado são maiores no grupo exposto do que no não exposto, então a razão de chances será maior que 1. Se as chances são menores no grupo exposto do que no não exposto, então a razão de chances será entre 0 e 1.

Testes de estatística inferencial podem ser usados caso as diferenças nas chances entre os grupos expostos sejam estatisticamente significativas ou caso a diferença possa ser o resultado de um erro amostral. Apresentaremos métodos apropriados para testar a significância das associações que discutimos até agora nos Capítulos 9 e 13. Nos referimos a esses capítulos em particular pois a variável de interesse pode assumir apenas um de dois valores (i.e., diagnosticado com TDAH ou não). Epidemiologistas podem também estar interessados em variáveis contínuas dependentes, como o índice de massa corporal e a pressão sanguínea. Testes de estatística inferencial para analisar variáveis desse tipo são vistos em muitos capítulos deste livro, incluindo os Capítulos 7, 8, 10, 11 e 12.

ESTABELECENDO CAUSALIDADE

Epidemiologistas podem estudar uma grande amplitude de fatores de riscos potenciais para uma doença. Exemplos podem incluir a idade, o sexo, a classe social, a dieta, a criação, a inteligência e a exposição a toxinas. Os fatores estudados são dependentes do resultado da doença em questão e da literatura teórica relevante em potenciais agentes causais. Por exemplo: estudar os fatores genéticos envolvidos na produção de serotonina no cérebro seria muito útil em um estudo de depressão, mas pode ser bem menos informativo em um estudo de ruptura dos ligamentos do joelho. Se a variável é identificada como um fator de risco significativo nos delineamentos de estudo que discutimos até agora, isso mostra uma associação ou correlação; não implica, necessariamente, que o fator de risco tenha um papel causal no processo da doença. Na Atividade 5.1, o estudo fictício abordava se a disciplina inconsistente dos pais era um fator de risco para um comportamento antissocial durante a infância, na atividade, parecia que o comportamento antissocial era mais comum em crianças expostas à disciplina inconsistente. É possível que essa associação represente um relacionamento causal; disciplina inconsistente leva ao desenvolvimento de um transtorno da conduta. Entretanto, como discutimos no Capítulo 1, um relacionamento simples identificado em um estudo transversal desse tipo deixa em aberto várias outras possibilidades. Pode ser que crianças altamente antissociais sejam muito difíceis de disciplinar com consistência devido ao seu comportamento extremo. Nesse cenário, o comportamento antissocial da criança causa a disciplina inconsistente. É possível, também, que não exista um relacionamento causal entre disciplina e comportamento antissocial, mas que um ou mais fatores sejam causais. Por exemplo, a pobreza pode estar relacionada tanto ao comportamento antissocial em crianças quanto à disciplina inconsistente dos pais. Nesse exemplo, a pobreza é uma variável de confundimento potencial (ver Cap. 1) no relacionamento entre disciplina e comportamento antissocial. Conseguir evidência definitiva de causalidade em estudos transversais observacionais não é algo possível na maioria das vezes. Apesar disso, ainda temos muito que aprender estudando fatores de risco em estudos transversais observacionais:

1. Saber que um fator de risco está associado com uma doença pode ser muitas vezes útil por si só, independentemente de o relacionamento ser causal. Por exemplo: quando um médico está tentando decidir sobre o diagnóstico do paciente, informações a respeito da experiência do indivíduo com fatores de risco para a doença podem ser úteis. Nessa situação, não interessa se os fatores de risco têm efeitos causais ou se simplesmente auxiliam a identificar indivíduos vulneráveis.

2. Mostrar que a causa potencial *não* está associada com o resultado da doença, podendo ser interpretado como evidência contra a causalidade em muitas situações (embora nem todas), se essa evidência vem de um estudo com um forte delineamento.

3. O ponto em que fatores de risco são identificados em estudos epidemiológicos, o que pode fornecer motivos para conduzir estudos experimentais que sejam capazes de testar hipóteses causais. Por exemplo, evidências de que o fumo estava associado ao câncer levaram a estudos experimentais que mostraram ser esse um relacionamento causal.

> **☑ ATIVIDADE 5.2**
>
> Uma pesquisadora quer saber se usar sapatos de salto alto é um fator de risco para joanetes em mulheres. Ela contata 2 mil mulheres, selecionando aleatoriamente números da lista telefônica de Londres e verificando a ocorrência de joanete por meio de um índice-padrão de deficiência e dor nos pés. Ela registrou os seguintes resultados:
>
> | | Usuárias não regulares de saltos altos | Usuárias regulares de saltos altos |
> | --- | --- | --- |
> | Com joanete | 23 | 208 |
> | Sem joanete | 952 | 817 |
>
> Calcule as seguintes estatísticas a partir da tabela:
> ✓ A prevalência geral de joanete na população.
> ✓ A prevalência, separadamente, por tipo de usuária dos sapatos.
> ✓ A razão de risco para as usuárias regulares de saltos altos.
> ✓ A razão de chances para as usuárias regulares de saltos altos.

ESTUDOS DE CASO-CONTROLE

Estudos transversais devem amostrar toda a população para averiguar a frequência de uma doença. Quando o propósito do pesquisador é somente identificar os fatores de risco, uma alternativa mais barata é fornecida pelo estudo de caso-controle. Estudos de caso-controle amostram um grupo de pessoas que definitivamente tem a doença de interesse. Por exemplo, elas podem ser recrutadas entre pacientes que recebem tratamento. Um grupo-controle sem a doença, similar nas características dos casos, é também recrutado. Os dois grupos são, então, comparados quanto a fatores de risco potenciais para averiguar o que os diferencia. Esses estudos são muito mais econômicos do que os estudos da população em geral pois não envolvem tantos participantes.

A seleção dos casos e dos controles exige uma avaliação cautelosa. Os casos são geralmente recrutados em clínicas hospitalares. Uma desvantagem potencial aqui é que esses casos devem ser identificados pelos serviços de saúde (ou de alguma outra maneira) para sua inclusão no estudo. É possível que os casos identificados sejam sistematicamente diferentes dos casos sem diagnóstico existentes na comunidade. A extensão do problema que isso representa depende da natureza da doença. Isto é o caso para transtornos do comportamento, como o TDAH, por exemplo. É possível que os casos que chegam aos serviços clínicos não sejam representativos daqueles encontrados na população em geral. Crianças com TDAH que demonstram comportamento antissocial concorrente, por exemplo, serão mais provavelmente indicadas a um psiquiatra do que aquelas com apenas TDAH. Nesse caso, as descobertas de estudos de caso-controle podem não ser aplicáveis a casos de TDAH na população em geral. Os casos precisam ser selecionados cuidadosamente para que sejam representativos da doença-alvo também de outras formas. Por exemplo, se uma doença está ligada à mortalidade, então será importante amostrar casos logo após o diagnóstico. De outra forma, a amostra incluirá apenas aqueles que sobreviveram um período excepcionalmente longo após o diagnóstico e poderá identificar apenas os fatores de risco para essa forma da doença.

Os controles devem ser da mesma população dos casos, significando que eles estão em risco de contrair a doença, mas não a têm. Eles podem ser compatíveis aos casos individualmente ou em grupo. Controles podem ser selecionados da população geral ou podem ser recrutados entre pacientes com doenças diferentes. Testes estatísticos são geralmente mais precisos quando o tamanho das amostras for grande. Isso também é verdadeiro em estudos de casos-controle. Enquanto o número de casos disponíveis pode ser limitado, a disponibilidade de controles pode ser menos restrita. Portanto, estudos geralmente aumentam sua precisão recrutando mais controles do que casos, como no exemplo da literatura a seguir. Evidentemente, pelo fato de que os estudos de casos-controle escolhem quantos casos e quantos controles são amostrados, eles não são capazes de avaliar a prevalência de determinada doença na população. No entanto, eles são capazes de estimar a razão de chances da doença associada com a medida de fatores de risco.

> **Exemplo da literatura: inibidores seletivos da recaptação de serotonina e sangramento gastrintestinal**
>
> Inibidores seletivos da recaptação de serotonina (ISRSs) são comumente prescritos para a depressão. Carvajal e colaboradores (2011) investigaram se essa medicação está associada ao sangramento gastrintestinal (GI) por meio de um delineamento caso-controle. Um total de 581 casos de sangramento GI (diagnosticados por endoscopia) e 1.358 controles foram identificados em quatro hospitais. Os autores descrevem os controles da seguinte forma:
>
>> Para cada caso, até 3 controles ≥ 18 anos de idade, pareados por sexo, idade (±5 anos), data da admissão (dentro de 3 meses) e hospital em que foram selecionados; eles foram recrutados entre pacientes admitidos para cirurgia eletiva de doenças não dolorosas, como hérnia inguinal, adenoma de próstata e catarata. Carvajal e colaboradores (2011, p. 2).
>
> Os seguintes resultados foram registrados:
>
> | | Casos de sangramento GI | Controles pareados |
> |---|---|---|
> | Não usou ISRSs | 558 (96%) | 1.313 (96,7%) |
> | Usou ISRSs | 23 (4%) | 45 (3,3%) |
>
> Isso fornece uma razão de chances de 1,20, permitindo algum erro de arredondamento. Os autores calcularam o intervalo de confiança de 95% em torno dessa razão de chance como 0,72 a 2,01. Como o intervalo de confiança inclui o valor 1, isso mostra que o relacionamento entre a medicação e o sangramento GI é não significativo. Geralmente, pesquisadores novatos são muito perspicazes para ver associações significativas a fim de mostrar que seu estudo "funcionou". Essa é uma abordagem errada à análise estatística. O estudo demonstrou a importância de se identificar a não associação; essa descoberta aumenta a confiança de que os ISRSs não estão associados com o sangramento interno, principalmente porque esse estudo está bem delineado e conta com uma amostra grande. Entretanto, qualquer estudo deve ser interpretado no contexto de outra pesquisa relevante. Carvajal e colaboradores (2011) revisaram vários outros estudos que relatam uma associação significativa entre o uso de ISRSs e o sangramento GI, assim como outros estudos que não mostram essa relação. Sua discussão é focada em explicações potenciais para esse tipo de trabalho como um todo.

ESTUDOS DE COORTE

Os delineamentos de estudo descritos até agora têm sido transversais, uma vez que os dados são coletados em um único ponto no tempo. Em contrapartida, estudos de coorte envolvem seguir uma amostra ao longo do tempo para examinar o desenvolvimento de uma doença. As amostras costumam ser recrutadas de forma cuidadosa, a fim de que sejam representativas de uma área geográfica nos estudos de prevalência discutidos anteriormente. Por exemplo, existem vários estudos de coorte que amostraram todos os nascidos no Reino Unido em um particular período de tempo e que os seguiu regularmente durante suas vidas. Os estudos começaram em 1946, 1958, 1979 e 2000. Normalmente, cada estudo desses contém cerca de 17 mil indivíduos. Muito dos dados coletados estão disponíveis ao público para análise (ver https://www.cls.ioe.ac.uk para mais detalhes). Por exemplo, a coorte de 1958 (também conhecido como Estudo Nacional de Desenvolvimento da Criança) foi avaliada nove vezes até hoje, incluindo avaliações no ano de nascimento e com as idades de 7, 11, 16, 23, 33, 42, 46 e 50 anos. Em cada avaliação, uma série de dados foi coletada, levando em consideração circunstâncias médicas, sociais comportamentais e econômicas. Esses estudos têm fornecido uma grande contribuição para à epidemiologia. No Reino Unido e internacionalmente, existem muitos outros estudos de coorte desse tamanho.

Estudos de coorte menores são geralmente relatados na literatura e também têm fornecido muitas informações úteis sobre os fatores de risco para uma doença. Esse tipo de estudo é particularmente poderoso quando começa antes do início da doença de interesse. Isso oferece uma grande oportunidade para se estudar os fatores envolvidos no início, pois os fatores de risco são identificados de forma preventiva. O início é geralmente medido pela *incidência* da doença – o percentual ou a proporção dos participantes que a desenvolvem em um determinado período de tempo.

Os estudos de coorte são geralmente designados para estudar os fatores de risco de uma doença. O delineamento longitudinal fornece evidências mais fortes de relacionamentos causais do que os estudos transversais podem fornecer, já que a causa deve preceder o efeito. Portanto, se um fator de risco está presente antes do início da condição, a possibilidade de que ele seja uma consequência da patologia é rejeitada. Vamos ilustrar isso com um exemplo extremo: um estudo transversal pode achar que o fumo está associado com o câncer de pulmão. Essa evidência sozinha não rejeita a possibilidade (embora implausível, neste caso) de que as pessoas escolhem fumar na tentativa de automedicar seus sintomas de câncer de pulmão. Em um estudo longitudinal, o fumo, em um ponto cedo no tempo, pode estimar o início tardio de um câncer de pulmão. Portanto, essa descoberta não é compatível com a hipótese da automedicação, mas sim com a hipótese de que o fumo causa câncer. Entretanto, a natureza longitudinal do relacionamento não rejeita todas as explicações alternativas. Por exemplo, pode-se argumentar que o estresse cause o hábito de fumar e também o câncer de pulmão, sem que exista uma ligação direta entre o fumo e a doença.

Exemplo da literatura: ansiedade e doenças cardíacas (coronárias)

Uma base de dados importante foi fornecida a partir de um estudo de coorte de aproximadamente 50 mil jovens suecos do sexo masculino, nascidos entre 1949 e 1951, recrutados pelo serviço militar entre 1969 e 1970. Eles foram avaliados extensivamente quanto à saúde psicológica e mental no início do estudo e têm sido acompanhados via registros médicos. Janszky e colaboradores (2010) usaram essa base de dados para avaliar se a depressão e a ansiedade detectados na avaliação inicial eram fatores de risco para doenças cardíacas ao longo de um período de 37 anos. Suas análises iniciais revelaram os seguintes resultados:

	Depressivo	Não depressivo
Sem doença cardíaca	616	46.811
Com doença cardíaca	30	1.864
Total	646	48.675

	Ansioso	Não ansioso
Sem doença cardíaca	148	47.279
Com doença cardíaca	14	1.880
Total	162	49.159

Dos homens sem depressão ou ansiedade na avaliação inicial, 3,8% desenvolveram doença cardíaca durante o período de acompanhamento. Entre aqueles que eram depressivos e ansiosos na avaliação inicial, 4,6 e 8,6%, respectivamente, desenvolveram uma doença cardíaca. A análise estatística mostrou que a depressão não era um fator de risco significativo para a doença cardíaca, ao passo que a ansiedade estava significativamente associada com a patologia tardia. Os autores consideraram várias maneiras como a ansiedade pode estar associada com a doença cardíaca tardia, incluindo as possibilidades de que a ansiedade pode aumentar a disfunção autonômica e a hipertensão.

DELINEAMENTOS EXPERIMENTAIS

Como foi observado anteriormente, estudos de coorte costumam oferecer evidências mais fortes para relacionamentos causais do que os estudos transversais. Entretanto, eles podem ser vulneráveis às variáveis de confusão. Abordagens estatísticas para a variável de confusão estão disponíveis e são muito úteis em diversas instâncias. Porém, abordagens estatísticas para a variável de confusão podem ser difíceis de interpretar, e nem todas as variáveis de confusão de relevância serão identificadas e medidas durante a pesquisa. Portanto, a evidência para a causalidade geralmente é mais fraca em estudos de coorte do que em delineamentos experimentais, como os ensaios aleatórios controlados (Cap. 15). Nesses delineamentos, o pesquisador manipula o tratamento que o participante recebe, permitindo um melhor controle sobre as variáveis de confusão. Os epidemiologistas, às vezes, são capazes de conduzir ensaios aleatórios da eficácia de intervenções como as campanhas de prevenção, vacinação ou tratamentos medicamentosos para as doenças.

Mesmo que os delineamentos experimentais sejam o padrão ouro na identificação da causalidade, a necessidade de abordagens epidemiológicas não experimentais permanece, pois muitos dos fatores de risco nos quais um cientista da saúde está interessado não podem ser manipulados em humanos devido a restrições éticas e práticas. Por exemplo, uma vasta literatura tem documentado desigualdades sociais nos resultados da saúde. Conforme a variação da classe social, pessoas com um *status* mais alto têm menor probabilidade de sofrer de uma variedade de enfermidades, como doenças cardíacas, alguns tipos de câncer e depressão. Esses relacionamentos relevantes não podem ser estudados experimentalmente, uma vez que é tanto antiético quanto impraticável manipular o meio social dos voluntários da pesquisa.

Sempre que possível, os epidemiologistas fazem uso de "experimentos naturais" para abordar questões de causalidade. Por exemplo, o Estudo das Montanhas Great Smoky, mencionado anteriormente, incluía uma reserva de índios norte-americanos na área geográfica estudada. Durante o estudo, um cassino foi aberto na reserva, e os lucros foram divididos entre todos os residentes. Isso levou a um substancial impulso em seus rendimentos. Os pesquisadores foram capazes de comparar a saúde e o bem-estar dos participantes do estudo antes e depois do aumento da renda (Costello et al., 2003). Esse delineamento ainda não é tão forte quanto um ensaio aleatório controlado em termos de identificação de relacionamentos causais, mas a manipulação experimental da circunstância econômica de maneira similar seria impossível. Portanto, esse experimento natural tem um lugar importante no corpo da evidência, testando o efeito da circunstância material sobre a saúde.

> **Resumo**
>
> A epidemiologia está interessada no estudo de padrões de saúde e doença em populações específicas. Os objetivos centrais incluem determinar a prevalência de uma doença e identificar fatores que aumentam o seu risco. O estabelecimento da causalidade é verificada, de forma mais efetiva, em estudos que podem manipular as variáveis hipotéticas de interesse. Restrições éticas e práticas tornam o ato difícil de se praticar em humanos; dessa forma, os epidemiologistas devem usar delineamentos transversais e longitudinais, cuidadosamente planejados, para identificar os fatores de risco subjacentes à doença.
>
> Neste capítulo, abordamos várias estatísticas importantes que são rotineiramente usadas, como a razão de risco e razão de chances. Nos próximos, iremos retornar a esses conceitos e ver como a estatística inferencial pode ser usada para generalizar informações da amostra para a população como um todo.

QUESTÕES DE MÚLTIPLA ESCOLHA

1. Os estudos de prevalência estimam:
   a) Fatores de risco para doença na população estudada.
   b) A frequência da doença na população estudada.
   c) O início da doença em um determinado período de tempo.
   d) Nenhuma das alternativas.

2. Um estudo pesquisou uma amostra aleatória de 3 mil crianças em idade escolar da população de South Yorkshire. No dia da pesquisa, 21 crianças relataram que já haviam tido piolhos. Portanto, a prevalência de piolhos é:
   a) (3.000/21)/100 = 1,42%
   b) 21/3.000 = 0,7%
   c) (3.000 + 21)/1.000 = 3%
   d) 100/3.000 + 21 = 21%

3. As razões de chances devem sempre estar:
   a) entre 0 e infinito.
   b) entre 1 e infinito.
   c) entre 0 e 1.
   d) entre –1 e 1.

4. A incidência de uma doença se refere:
   a) À proporção de participantes que têm o início da doença em um determinado período de tempo.
   b) À proporção de participantes que têm a doença no início do estudo.
   c) Ao número de participantes que têm uma ou mais doenças.
   d) Nenhuma das alternativas.

As questões 5-7 se referem a um estudo que descobre que o risco de ter um resfriado nos últimos seis meses é de 0,17 em indivíduos que estão desempregados e 0,9 naqueles que estão empregados.

5. Nesse estudo, a razão de risco para os participantes expostos ao desemprego é:
   a) 1,89
   b) 0,06
   c) 0,53
   d) 2,13

6. Se o risco de ter um resfriado é de 0,17, então as chances de ter um resfriado são:
   a) 0,17
   b) 0,20
   c) 0,83
   d) 0,09

7. Um pesquisador calcula uma razão de chances de –0,08 neste estudo. Isso implica que:
   a) O emprego protege contra resfriados.
   b) Pessoas sujeitas a resfriados provavelmente serão demitidas.
   c) O pesquisador cometeu um erro em seus cálculos.
   d) Nenhuma das alternativas.

8. A razão de chances é calculada:
   a) Dividindo a chance de um grupo pela chance do outro.
   b) Dividindo o risco de um grupo pelo do outro.
   c) Multiplicando a chance de um grupo pela chance do outro.
   d) Elevando ao quadrado a razão de risco.

9. Os estudos de coorte envolvem:
   a) Amostrar um grupo de participantes em um único ponto do tempo.
   b) Estudar uma unidade militar.
   c) Seguir um grupo de participantes em um estudo longitudinal.
   d) Aleatorizar grupos de participantes para receber ou não um determinado tratamento.

10. Experimentos naturais envolvem:
    a) Conduzir experimentos de campo.
    b) Manipular as leis da natureza.
    c) Manipular a administração de medicamentos com ingredientes naturais.
    d) Capitalizar a manipulação de uma variável de ocorrência natural.

11. A estimativa da prevalência pode ser imprecisa se:
    a) Os participantes convidados que tenham algum distúrbio podem se recusar a participar.
    b) O instrumento de medida é impreciso.
    c) O tamanho da amostra é pequeno.
    d) Todas as alternativas acima.

12. Um estudo descobre que o risco de ter um resfriado, nos últimos três meses, é similar em fumantes e não fumantes. Isso implica que a razão de chances nesse estudo seria:
    a) Exatamente igual a 1.
    b) Próxima a 1.
    c) Próxima a 0.
    d) Exatamente 0.

13. Os estudos de caso-controle são mais adequados para:
    a) Identificar os fatores de risco de ter a doença.
    b) Estimar a prevalência da doença.
    c) Estimar a instância da doença.
    d) Identificar uma amostra representativa da comunidade.

14. A razão de chances e a razão de risco serão similares entre si:
    a) Sob todas as circunstâncias.
    b) Quando o risco de doença é alto.
    c) Quando o risco de doença é baixo.
    d) Sob nenhuma circunstância.

15. Um estudo transversal descobre que níveis mais altos de testosterona estão relacionados a transtornos da conduta. Essa descoberta implica que:
    a) A testosterona causa transtornos da conduta.
    b) Os transtornos da conduta aumentam os níveis de testosterona.
    c) Outros fatores levam a aumentos nos níveis de testosterona e aos transtornos da conduta.
    d) Nenhuma das alternativas pode ser verdadeira.

NOTAS

1. Na verdade, os números dados aqui se referem ao distúrbio hipercinético, que não é exatamente o mesmo que o TDAH, mas similar.

6
Introdução ao exame e à limpeza de dados

Panorama do capítulo

Neste capítulo, veremos como os pesquisadores preparam um conjunto de dados para ser analisado. Embora tenhamos utilizado o SPSS para a análise do conjunto de dados, esta poderia ser realizada em qualquer outro programa estatístico. O *exame e a limpeza de dados* se refere ao processo de pegar um conjunto de informações, procurar por erros e pela falta de dados (*missing data*) e, então, tratar tais problemas para que tenhamos um conjunto de dados limpo, isto é, livre de erros e de dados ausentes. O processo de exame e limpeza pode também envolver a garantia de que os dados satisfazem as suposições das várias estatísticas que desejamos usar – por exemplo, regressões lineares e múltiplas assumem um relacionamento linear entre as variáveis (ver Caps. 11 e 12). Este capítulo cobre os assuntos de maior relevância, que você deve levar em consideração ao executar a sua própria pesquisa e preparar o seu conjunto de dados. É importante, também, entender quais procedimentos de limpeza os *outros* pesquisadores utilizaram nos conjuntos de dados por eles reportados nas seções de resultados. Em vez de usar dados fictícios para ajudá-lo a entender esse tópico, utilizaremos dados reais da nossa própria pesquisa e de nossos estudantes. Você será capaz de ver os erros existentes e como eles foram tratados. Daremos, também, exemplos de artigos de periódicos em que os pesquisadores das ciências da saúde relataram as maneiras com que examinaram e limparam seus dados.

Este capítulo pode ser somente uma introdução para o tópico de exame e limpeza dos dados. Existem muitas estratégias disponíveis para problemas que envolvem lidar com o tópico muito importante de dados ausentes, por exemplo. Algumas dessas estratégias são muito avançadas para um livro introdutório. Portanto, focaremos no tipo de conhecimento que você precisa como um estudante de ciências da saúde.

(Continua)

> (Continuação)
>
> Neste capítulo, você aprenderá:
>
> ✓ A minimizar possíveis problemas de entrada de dados no estágio de delineamento;
> ✓ A testar a acurácia dos dados;
> ✓ A lidar com o problema dos *escores extremos*, isto é, aqueles que são muito diferentes do resto do conjunto de dados;
> ✓ A identificar e lidar com a falta de dados, tanto aleatória como não aleatória;
> ✓ A relatar os processos de exame e limpeza de dados para um relatório de laboratório ou para um artigo de periódico;
> ✓ A maneira como outros pesquisadores relataram seus processos de exame e limpeza de dados.

INTRODUÇÃO

Este capítulo se refere a inspecionar e a lidar com as informações que foram coletadas e em como digitá-los em um banco de dados. Quando conduzimos um estudo ou um experimento, sempre haverá pelo menos um erro, provavelmente mais de um. Esse pode ser o caso em um conjunto de dados muito grande. Que tipos de erros pode haver? Os erros podem ser atribuídos aos pesquisadores – talvez eles tenham distribuído um questionário em que uma questão esteja faltando. Talvez tenham esquecido de perguntar a idade ou o sexo dos participantes. Quando enviamos pacotes de questionário para um grande número de pessoas, é muito fácil mandarmos, acidentalmente, dois questionários idênticos e omitir outro. Uma vez que os participantes os receberam, alguns podem não perceber certas questões ou simplesmente não respondê-las.

Em um estudo, experimento ou ensaio clínico em que os participantes precisam fornecer dados em dois ou mais pontos do tempo, eles podem não ser contatados ou podem, simplesmente, não comparecer a uma seção de testes. Em estudos envolvendo medicamentos ou ensaios de suplementos alimentares, alguns podem se esquecer de tomar seus comprimidos por um dia, por uma semana ou mais.

Imprecisões geralmente ocorrem no estágio da entrada de dados. Uma vez que os escores foram digitados na base de dados, os pesquisadores precisam "examinar" a base de dados a procura de erros e, então, lidar com essas falhas de alguma forma (esta é a parte da "limpeza"). Isso envolve verificar escores imprecisos, lidar com a falta de alguns dados, entre outros procedimentos. Às vezes, autores de artigos de periódicos falam pouco sobre as formas com que prepararam seus conjuntos de dados, mas é uma boa prática informar aos leitores sobre isso. Existe uma tendência de se atribuir um número limitado de palavras permitidas em relatórios de laboratório ou em artigos de periódicos. Por isso, não é necessária uma descrição detalhada do processo de exame e limpeza, mas é certamente útil fornecer alguma informação concisa e básica; iremos reproduzir algumas seções de resultados de artigos relevantes de periódicos em que os autores forneceram esse tipo de informação.

MINIMIZANDO PROBLEMAS NO ESTÁGIO DE DELINEAMENTO

Existem maneiras de minimizar o esforço envolvido no exame e na limpeza de dados, e isso é feito logo no começo, quando o estudo ou o experimento está sendo delineado.

Em projetos de estudantes, que geralmente são executados com pouco tempo e com poucos recursos, os estudantes costumam usar questionários disponíveis na *web*, não protegidos pelos direitos do autor. Eles precisam ser digitados novamente pelos estudantes em um formato mais compreensível, e é nesta etapa que os erros acontecem. Às vezes, duas questões idênticas são digitadas por engano, enquanto outra é omitida. Você ficará surpreso em ver como isso é comum, e, se alguém tivesse revisado o questionário, o problema teria sido identificado. Quando centenas de pacotes de questionários são enviados, é decepcionante constatar que muitos dos que retornam não podem ser utilizados. Alguns participantes reagem a questionários mal digitados ou mal apresentados não respondendo nenhuma das questões; outros respondem a algumas questões e deixam outras de fora; e outros, ainda, escrevem comentários grosseiros.

Quando os questionários são impressos frente e verso, sempre existem alguns participantes que não viram a página para responder as questões do verso. Você pode reduzir a probabilidade de isso acontecer imprimindo em letras maiúsculas: "POR FAVOR, VIRE A PÁGINA – QUESTÕES NO VERSO!", mas isso não eliminará, totalmente, o problema.

Um erro comum, cometido por jovens pesquisadores, é exibir as legendas das respostas apenas na página 1 do questionário, mas omiti-las no verso.

Exemplo: Um pesquisador digitou novamente a página 1 do questionário PSQ-18 (Fig. 6.1).[1]

Os participantes podem avaliar facilmente essas questões, embora o pesquisador pudesse tê-las tornado mais fáceis, colocando CP, C, I, D e DP, em vez dos números acima das cinco colunas.

Entretanto, na página 2, o pesquisador foi omisso e esqueceu-se de colocar números e legendas (Fig. 6.2).

Isso significa que muitos participantes não conseguirão se lembrar o que as respostas 1, 2, 3, etc. significam e terão que continuar recorrendo à primeira página. Isso fará com que alguns deles fiquem irritados e decidam não responder as questões do verso da folha.

As próximas perguntas se referem a como você se sente a respeito dos cuidados médicos que recebe:
Nas páginas seguintes há algumas coisas que as pessoas falam a respeito dos cuidados médicos. Por favor, leia cada uma delas cuidadosamente, tendo em mente o cuidado médico que está recebendo agora. (Se você não recebeu cuidados médicos recentemente, pense no que esperaria se precisasse de cuidados médicos hoje). Estamos interessados nos seus sentimentos, bons ou maus, sobre o cuidado médico que recebeu.
O quanto você CONCORDA ou DISCORDA com cada uma das seguintes afirmações (marque no espaço adequado)?
1 = concordo plenamente
2 = concordo
3 = incerto
4 = discordo
5 = discordo plenamente

Os pesquisadores poderiam ter usado legendas, em vez de números.

		1	2	3	4	5
1	Os médicos são bons em explicar a razão para os testes médicos.					
2	Acho que o consultório de meu médico tem o necessário para fornecer cuidados médicos completos.					
3	O atendimento médico que tenho recebido é quase perfeito.					
4	Às vezes os médicos me fazem pensar se o diagnóstico está correto.					
5	Estou confiante de que posso ter o atendimento médico de que preciso sem ter problemas financeiros.					

FIGURA 6.1

Questionário PSQ-18, página 1.

6	Quando procuro por atendimento médico, eles têm o cuidado de verificar tudo quando me examinam e me tratam.					
7	Tenho que pagar mais do que posso pelo meu atendimento médico.					
8	Tenho fácil acesso a especialistas quando necessito.					
9	Onde me trato, as pessoas têm que esperar muito por uma emergência.					
10	Os médicos agem de forma muito profissional e impessoal em relação a mim.					

> Nenhum texto ou legenda.

FIGURA 6.2

Questionário PSQ-18, página 2.

Masculino ou feminino?

Para ter certeza de que seus participantes são do sexo masculino ou feminino, escreva: "Masculino/Feminino/Outro (sublinhe, por favor)" (em vez de "Sexo:" o que leva participantes mais brincalhões a escrever coisas como "Sim, por favor") e aumente a quantidade de dados omitidos.

REGISTRANDO DADOS EM BASES DE DADOS E PACOTES ESTATÍSTICOS

Quando digitar escores em um pacote estatístico, sempre encontre alguém para ajudá-lo, alguém para ler os escores e alguém para digitar os dados. Em conjuntos de dados pequenos, você pode facilmente verificar se os escores foram colocados corretamente, mas, com um grande conjunto de dados, isso geralmente não é possível; assim, você deve tomar cuidado para não colocar falsos escores. Bons leitores podem ser úteis na observação do conjunto de dados e alertar a pessoa que está entrando com os dados quando um erro for cometido. Isso deveria ser uma prática padrão, mas é impressionante como alunos sociáveis parecem não ter amigos na hora de entrar com os dados.

Um aviso: embora o SPSS numere cada linha (isto é conhecido como número do caso), tenha certeza de ter criado uma variável (com uma identidade ou identificador, como "número do participante"), pois os números alocados pelo SPSS não mudam de posição quando você precisa "classificar" o arquivo de dados (i.e., em vez de olhar o arquivo de dados como o digitou, você pode querer classificá-lo por idade, sexo ou grupo). Você não poderá, nesse caso, identificar os participantes. O que precisa é de um número de identidade que se mova com os dados dos participantes quando os reclassificar; portanto, tenha certeza de que criou uma variável.

BASE DE DADOS SUJA

Vamos assumir que você tenha um conjunto de dados e que tenha feito (ou ache que tenha feito) tudo certo até agora. Você entrou com os dados com a ajuda de seu amigo. Entretanto, não pode presumir que todos os dados foram precisamente digitados. Neste ponto, você tem um conjunto de dados "sujo". A tarefa do pesquisador é assegurar que os dados foram examinados e limpos.

ACURÁCIA

A Captura de tela 6.1 mostra alguns escores de um conjunto de dados de um projeto realizado por um de nossos alunos. O conjunto de dados era grande, mas mostramos a seguir somente 10 participantes com escores em três sintomas diferentes de uma doença. Os sintomas são avaliados de 1 (nenhum sintoma ou pouco grave) a 7 (extremamente grave). Você provavelmente pode localizar um escore impossível, pois mostramos somente uma pequena parte do conjunto de dados. Assim, é muito fácil mudar de 77 para 7. Entretanto, todo o conjunto de dados consiste em 107 variáveis, e apenas a sua visualização não é uma forma confiável de localizar erros.

UTILIZANDO A ESTATÍSTICA DESCRITIVA PARA AUXILIAR A IDENTIFICAR ERROS

Uma maneira simples de se encontrar erros nos dados é executar algumas estatísticas descritivas.

Usar as opções *Descriptives, Explore* ou *Frequencies* (Descritivas, Explorar ou Frequências) no SPSS (ver Cap. 3) pode ser muito útil para ajudar na localização de padrões incomuns de dados. Observe se as médias são o que você espera. Se não forem, faça uma inspeção visual nos dados para encontrar valores inesperados (isto é fácil para conjuntos de dados pequenos) ou verifique os resultados dos escores usando o comando *Frequencies* (Frequências).

A amplitude (ver Cap. 3) é também útil nesse aspecto, pois, se os participantes devem responder em uma escala, digamos de 1 a 7, então ver uma amplitude de 1-77 irá alertá-lo para o problema. Novamente, com um conjunto de dados pequenos você pode olhar diretamente o arquivo de dados do SPSS, mas com um conjunto de dados maior você terá que olhar para a saída de *Frequencies* (Frequências) para ver qual participante tem um erro. Isso precisa, então, ser corrigido manualmente.

Valores atípicos

Os valores atípicos são pontos dos dados que são mais extremos do que o restante dos escores. Na análise quantitativa, estamos principalmente interessados no padrão geral de dados e valores extremos que podem nos induzir ao erro. Por exemplo, veja os escores da Tabela 6.1. A média no primeiro caso é de 24,92. Vamos mudar o primeiro escore para torná-lo extremo. A média ago-

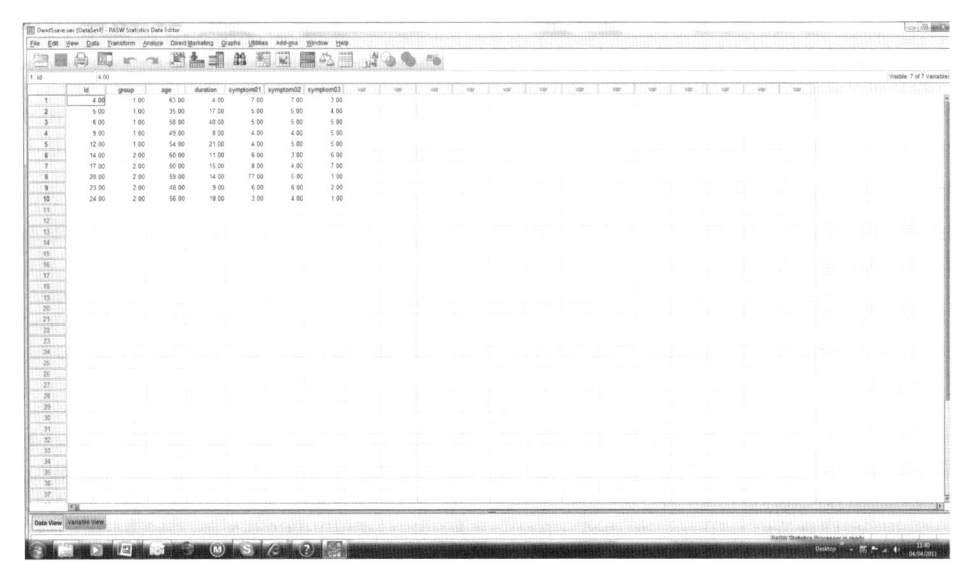

CAPTURA DE TELA 6.1

TABELA 6.1
Três conjuntos de dados ilustrando a influência dos valores atípicos.

	Conjunto de dados 1	Conjunto de dados 2	Conjunto de dados 3
	26,00	54,00	100,00
	23,00	23,00	23,00
	24,00	24,00	24,00
	27,00	27,00	27,00
	25,00	25,00	25,00
	23,00	23,00	23,00
	31,00	31,00	31,00
	30,00	30,00	30,00
	28,00	28,00	28,00
	24,00	24,00	24,00
	22,00	22,00	22,00
	22,00	22,00	22,00
	18,00	18,00	18,00
	25,00	25,00	25,00
	20,00	20,00	20,00
Média	24,92	26,40	29,47

ra é de 26,40. Vamos mudar o primeiro escore para 100. A média é agora de 29,47.

Se estivermos tentando obter uma medida apropriada da tendência central – uma medida que reflete o padrão geral dos escores –, não queremos o escore extremo – 100 – para elevar a média dessa maneira. É claro, não podemos simplesmente excluir escores apenas porque eles são extremos – precisamos pensar se esse participante difere dos outros em outras medidas (não apenas nessa). Se o valor atípico é diferente de outras maneiras também, então você pode excluí-lo da análise, uma vez que ele parece não pertencer ao grupo, por ser muito diferente do restante. Os valores atípicos são importantes, mas contar somente com os pesquisadores para localizá-los não é um método confiável para lidar com tais escores.

Um método bem simples é executar sua análise estatística usando tanto um teste paramétrico quanto o seu equivalente não paramétrico (ver Cap. 7). Se eles fornecem os mesmos resultados gerais, então os valores atípicos não são um problema. Se você obtiver resultados significativos com o teste paramétrico, mas não com o não paramétrico, então os valores atípicos são um problema. Isso porque os valores atípicos reduzem mais o poder dos testes paramétricos do que os do teste não paramétricos.

Se os valores atípicos parecem ser similares ao restante do grupo (exceto pelo escore incomum), então você precisará mantê-los em sua análise, mas pode tomar providências para reduzir a sua influência. Assim, no exemplo da Tabela 6.1, o valor atípico tem um escore 100 – o mais alto do grupo. Nesse caso, podemos deixá-lo ter o escore mais alto, mas podemos reduzir a sua influência, dando a ele um escore de 32, em vez de 100. Assim, retornamos ao conjunto de dados e mudamos o escore. Se havia um valor atípico com um escore extremamente baixo (imagine que alguém tivesse um escore de 7 na coluna 3), então iríamos inserir 17 em vez de 7, visto que 18 é o próximo escore mais extremo (mais baixo) no conjunto de dados. Isso não é "trapacear" (caso seja feito de forma adequada). O valor atípico ainda tem o escore mais alto ou mais baixo, mas a sua influência no padrão geral dos escores é reduzida.

É claro que é fácil localizar valores atípicos em conjuntos de dados pequenos. Entretanto, mesmo com um conjunto de dados grande, a facilidade com que os diagramas de caixa-e-bigodes e outros diagramas gráficos podem ser produzidos (ver Cap. 3) permite a você identificar valores atípicos apenas observando os diagramas de cada distribuição de uma variável.

Os valores atípicos podem ter uma grande influência nos escores – particularmente no caso da análise correlacional, em que procuramos por relacionamentos entre variáveis. Discutiremos isso no Capítulo 10.

DADOS OMISSOS

É muito raro encontrar um conjunto de dados sem dados omissos. Às vezes, os dados são omitidos após serem coletados – uma falha no computador ou um cartão de memória que se torna ilegível pode levar a esse problema. Quando isso acontece, o fato deve ser relatado na seção "Métodos" de um relatório de laboratório ou em um artigo de periódico. Como mencionado na introdução, em um experimento ou estudo executado em um ou mais pontos no tempo, sempre haverá desistentes – pessoas que perdem uma ou mais sessões de testes, que abandonam o estudo por não gostar da tarefa, que se mudam da área ou que faltam por várias razões. Os participantes podem também não completar os questionários ou as avaliações dados a eles. Os dados omissos aumentam quando os pesquisadores usam questionários enviados pelos correios. Se você for capaz de administrar questionários pessoalmente e possui um grupo bem pequeno, então é possível verificar se os participantes negligenciaram algumas questões. Entretanto, por não ser ético colocar pressão nas pessoas para que respondam às questões que elas não querem responder, você ainda encontrará alguns dados omissos. Tratar dados omissos é um problema que todos temos que lidar quando analisamos dados.

Como lidamos com os dados omissos depende das razões pelas quais eles estão faltando. As estratégias para lidar com os dados omissos são chamadas de *técnicas para dados omissos*.

Existem três tipos de "omissão":

a) OCA = Omissos completamente ao acaso.
b) OA = Omissos ao acaso.
c) ONA = Omissos não ao acaso.

OCA

Dados omissos completamente ao acaso (OCA) ocorrem quando a falta de dados não tem nada a ver com as medidas ou variáveis observadas ou com a variável para a qual os dados estão faltando. O participante pode simplesmente ter negligenciado uma pergunta ou não retornou à sessão de testes porque estava doente. Este é o melhor cenário para o exame e limpeza de dados, pois podemos fazer uma "estimativa" para saber qual seria o escore e repor o dado omisso com tal escore. Normalmente, a melhor "estimativa" é a média do grupo.

OA

Dados omissos ao acaso (OA) ocorrem quando a omissão está relacionada a outra variável no conjunto de dados, mas não à variável que está omissa. Imagine que, em uma pesquisa relacionada ao uso de drogas, os homens responderam às perguntas, mas as mulheres, não. A não resposta às perguntas sobre o uso de drogas é dependente do sexo do participante, e não ao uso das drogas. Isso significa, como no OCA, que podemos empregar uma das técnicas de dados omissos que temos ao nosso dispor.

ONA

Dados omissos não ao acaso (ONA) são o pior cenário, pois aqui temos dados que estão faltando devido a influências sistemáticas. Geralmente, a omissão está relacionada a uma variável que esteja faltando. Imagine que perguntamos às pessoas quantos cigarros elas fumam por dia. Alguns fumantes compulsivos podem não gostar de admitir o quanto fumam, e, portanto, as respostas podem ser maiores para os não fumantes e fumantes moderados. Isto é, haverá mais dados omitidos por parte dos fumantes compulsivos. Neste caso, os valores omissos (quantos cigarros eles fumam) estão diretamente relacionados à quantidade de cigarros consumidos – e eles estão faltando! Em um de nossos estudos, descrito mais adiante, aproximadamente metade dos participantes não respondeu às perguntas relacionadas à sua vida sexual (ou à falta de sexo). Os valores omissos dessa variável provavelmente dependerão da vida sexual – da qual nada sabemos, pois os dados estão faltando. Dados omissos não ao acaso são sempre um problema. É melhor prever esses problemas e tratar deles no estágio do delineamento. Para isso, deve-se elaborar um questionário-piloto, para um pequeno grupo de pessoas, a fim de assegurar que as perguntas não são ambíguas, mas sim de fácil entendimento.

Dados omissos não ao acaso são também um problema em ensaios clínicos, e, quanto mais longo o ensaio, mais dados são omitidos. Embora as pessoas geralmente assumam que os dados são omitidos aleatoriamente, esse pode não ser o caso. Imagine que um participante de um ensaio clínico não tenha tomado seu medicamento nas últimas duas semanas do ensaio. É improvável que essa seja uma atitude aleatória. Além disso, os grupos podem diferir em seus padrões de dados omissos (p. ex., talvez o grupo saudável tenha participado de todas as três sessões, mas um percentual muito alto do grupo com uma doença não tenha participado das duas últimas sessões). Aqui, outra vez, os dados não estão faltando aleatoriamente. Se os participantes desistem devido a problemas com o ensaio clínico, então os dados são omissos de forma não aleatória.

Você pode saber se os valores omissos estão relacionados a outras variáveis criando um grupo para pessoas cujos dados estejam faltando. Por exemplo, se o item "número de cigarros fumados" possui muitos dados omissos, você poderia criar um grupo chamado "cigarros omissos"; logo, a todos que tivessem dados omissos seria dado um valor de 1, significando que eles estão no Grupo 1. A todos que tivessem escores para "número de cigarros fumados" seria dado um valor de 2. Isso chama-se criar uma variável fictícia. A maneira mais fácil de ver se o grupo com os dados omissos difere daquele sem dados omissos é usar o teste t (ver Cap. 7). Se os grupos mostram uma diferença, então os dados são ONA, portanto, técnicas avançadas são necessárias para lidar com eles. Como estudante de graduação, esse nível de conhecimento não será esperado de você caso esteja executando um estudo ou um experimento. Você poderia, entretanto, ao fazer seu relatório, repetir a análise com e sem os dados omissos. Se os resultados forem similares, então não é preciso fazer mais nada (ver, neste capítulo, sobre como lidar com um problema como este). Se eles forem diferentes, você precisará aprofundar-se mais nos dados e descobrir as razões para as diferenças e, então, relatar os dois conjuntos de resultados.

Técnicas para dados omissos

Um participante será retirado da análise se tiver um valor omisso para a variável dependente que está sendo analisada.

Eliminação completa (análise completa dos casos)

O SPSS fornece a opção de eliminar os casos completamente (*listwise deletion*). Isso significa que ele irá excluir todos os participantes que têm um valor omisso em qualquer uma das variáveis. Assim, se um participante forneceu informações em 99 das 100 variáveis, ele não será incluído na análise. Note que, usando essa técnica, você pode acabar quase sem participantes.

Eliminação pareada
(análise dos casos disponíveis)

O SPSS também fornece a opção de eliminação pareada (*pairwise deletion*). Um participante será eliminado da análise se apresentar um valor omisso para a variável sendo analisada. Enquanto essa opção pode parecer melhor do que a eliminação completa, ainda assim ela apresenta alguns problemas. O tamanho da amostra pode ser reduzido, e, ao se usar técnicas correlacionais (ver Cap. 10), podem surgir problemas, pois as correlações serão baseadas em números diferentes de participantes, com tamanhos de amostra diferentes e, portanto, com variâncias diferentes. Algumas vezes, isso poderá levar a correlações acima de 1, o que não é algo de fato possível, e, assim, seu programa estatístico não seguirá adiante!

Inserindo uma medida
de tendência central

Em grandes conjuntos de dados, as variáveis tendem a ser distribuídas normalmente, e é aceitável inserir a média de um grupo no lugar dos escores omissos. Na ausência de qualquer outra informação, a média do resto do grupo dos participantes para aquela variável em particular é a melhor estimativa que existe, devendo ser utilizada. Para conjuntos de dados menores, a medida de tendência central apropriada pode não ser a média – mas a mediana (ver Cap. 3). Alguns pesquisadores relatam qual(is) medida(s) de tendência central eles usaram para substituir os dados omissos. O texto a seguir é de Castle (2005, p. 121), que examinava a associação entre a qualidade do cuidado em casas de repouso e a probabilidade do fechamento. Castle tinha duas condições neste estudo – "instalações fechadas" e "instalações não fechadas". Foi importante para ele tranquilizar os leitores de que os dois grupos eram similares nos seus padrões de valores extremos e omissos:

Seguindo a abordagem descrita por outros pesquisadores que usaram esses dados, diagramas de distribuição de frequências foram utilizados para identificar valores extremos óbvios... Todos os valores omissos e extremos para as variáveis contínuas e ordinais foram substituídos pela média amostral... Instalações duplicadas, valores extremos e valores omissos estavam distribuídos uniformemente em instalações fechadas e não fechadas.

Algumas vezes não é
apropriado inserir uma
medida de tendência central

Imagine que há *cinco* escores omissos no Grupo 1 (Tab. 6.2). Nesse caso, não é válido usar os outros seis escores para calcular e inserir uma medida de tendência central – existem muitos dados omissos, e colocar uma medida de tendência central para 50% do grupo pode ser equivocado. A partir de que ponto temos muitos dados omissos? Newgard e colaboradores (2006) afirmam ser difícil determinar isso. Mesmo 3% de dados omissos podem ser muito em certas situações. Na Tabela 6.2, temos 27% de dados faltantes, o que é considerado muito, especialmente porque os dados omissos ocorrem em maior parte no Grupo 1.

Nesse caso, é melhor tentar encontrar mais participantes – embora isso nem sempre seja possível, em um estágio tardio do processo de pesquisa – especialmente se os participantes são selecionados de grupos raros, como pessoas com doenças incomuns.

Última observação levada adiante

Essa é uma técnica usada em ensaios clínicos e em outras pesquisas longitudinais de medidas repetidas. Se, por exemplo, uma pessoa faltou aos últimos cinco dias de medidas, então os dados omissos seriam substituídos pelo último valor registrado para aquele participante. Outra forma de lidar com isso seria pegar os valores registrados

TABELA 6.2

Conjuntos de dados para participantes com síndrome de fadiga crônica (SFC) e participantes saudáveis

Participante	Grupo I – SFC	Participante	Grupo 2 – pessoas saudáveis
1	15	12	Omisso
2	Omisso	13	13
3	9	14	11
4	Omisso	15	12
5	Omisso	16	10
6	14	17	14
7	15	18	12
8	Omisso	19	10
9	13	20	Omisso
10	Omisso	21	13
11	15	22	14
		23	7

nos últimos cinco dias e calcular a média desses escores. Entretanto, de acordo com Harris e colaboradores (2009), o uso dessa técnica pode influenciar severamente o tratamento do efeito.

Sempre que lidar com dados omissos, você precisa relatá-los. Isso é o que dissemos para um ensaio duplo-cego, com placebo, em que buscou-se observar se um suplemento nutricional contribuiu para os sintomas da síndrome do intestino irritável:

> Cada participante esqueceu de tomar pelo menos uma cápsula durante a duração do ensaio, mas isso se resumiu a somente uma cápsula em qualquer dia. Houve duas exceções – um participante da condição do placebo tomou as cápsulas de forma errada após as primeiras cinco semanas. Esse participante teve uma mudança de circunstâncias pessoais durante o período (fora realizada uma histerectomia). O outro participante não tomou as cápsulas por cinco dias na última semana da condição experimental pois viajou e esqueceu de levar as cápsulas consigo... Para o registro dos sintomas, três participantes tiveram alguns dados omissos sequenciais, isto é, para o primeiro participante, o ato ocorreu por sete dias na condição experimental; para o segundo, por três dias na condição experimental; e para o terceiro, por três dias durante a linha de base. Para cada dado omisso, a frequência de ponto de dados foi obtida para a condição, em que os dados omissos ocorreram, e a medida de tendência central mais apropriada (representativa) foi inserida. (Dancey et al. 2006)

ATIVIDADE 6.1

Quais são os dois problemas mais importantes a se considerar ao realizarmos o exame e a limpeza dos dados?

Quando descrevem os resultados de um estudo, os pesquisadores devem sempre ser honestos quanto a esses problemas e dizer como tratá-los. Apresentamos parte de uma seção do exame de dados realizado por Booij e colaboradores (2006), descrevendo as taxas de desistências de seu estudo, que envolvia observar como uma dieta rica em alfa-lactalbumina poderia ajudar participantes com depressão e sem depressão:

> De um total de 49 participantes incluídos, 43 (23 pacientes recuperados da depressão; 20 controles) completaram o estudo. Três pacientes recuperados foram incluídos, mas decidiram não participar. Três pacientes desistiram após a primeira sessão: o primeiro devido a náuseas (após alfa-lactalbumina); o segundo por se sentir desconfortável com a punção venosa durante a primeira sessão; [...] e o terceiro não pode ser contatado para marcar a segunda sessão a tempo. [...] Esses pacientes foram deixados de fora de todas as análises. (p. 529)

Eles também descreveram os problemas tidos com falhas técnicas que levaram a dados omissos:

> Devido a uma falha no computador, os dados das tarefas cognitivas durante a sessão de exame de um paciente-controle foram perdidos. Para outro paciente, os dados da tarefa de Verificação da Memória, realizada durante a sessão de exame, foram perdidos. Os dados da TOL (Tarefa da Torre de Londres), realizada durante a sessão de exame, estão omissos para outro paciente. As avaliações matutinas da tarefa Esquerda/Direita na condição caseína não estavam disponíveis para um dos paciente. Vinte e duas das 172 amostras de sangue (12,7%) foram perdidas por causa de dificuldades com a punção venosa. Casos com dados suprimidos foram omitidos separadamente pela análise. (p.529)

LOCALIZANDO DADOS OMISSOS

Em um grande conjunto de dados (p. ex., centenas de variáveis e/ou centenas de participantes) seria impossível uma verificação a olho nu para se assegurar que foram localizados todos os valores omissos. Examinar a olho nu, nesse caso, seria certamente a estratégia errada. Se você inserir medidas de tendência central e analisar os dados, será preciso começar novamente caso, mais tarde, perceba que há alguns valores que continuam omissos. Caso compute os totais para qualquer questionário ainda tendo dados omissos, você deverá iniciar todo o processo novamente ao notar que ainda há dados omissos.

Análise dos valores omissos (AVO)

O SPSS tem uma Análise dos Valores Omissos (AVO) que pode indicar quais valores estão faltando. O procedimento da AVO é complexo e pode nos dar mais informação do que as aqui apresentadas. Discutiremos alguns procedimentos básicos que podem nos ajudar a identificar quais casos estão omissos e se são omitidos aleatoriamente.

A seguir, uma saída da AVO executada em um conjunto de dados pequeno com três variáveis que são os totais *do avanço da doença*, *da incerteza da doença* e *do suporte social*. A saída (Tab. 6.3) mostra que existe um ponto de dados omisso para o *avanço da doença*, um para a *incerteza da doença* e três para o *suporte social*. A saída também mostra que não há escores extremos fora da amplitude indicada (ver Cap. 3 para detalhes do IIQ – intervalo interquartílico).

Você pode substituir os dados omissos nas variáveis pela média simples, algo que pode ser feito a mão, sem executar uma AVO. Entretanto, em um grande conjunto de dados, em que é difícil ver se os dados são omissos ao acaso ou não, a AVO será muito útil. O SPSS tem diferentes maneiras de calcular as médias que poderiam ser inseridas no lugar das variáveis omissas. Ele pode calculá-las com base em dados omissos aos pares e em dados omissos completamente, bem como estimativa da maximização da expectativa (ME) e estimativa pela regressão múltipla (a última será vista no Cap. 11). Nosso exemplo é baseado na ME.

TABELA 6.3
Saída do SPSS: estatísticas univariadas para o avanço da doença, a incerteza da doença e o suporte social.

Médias das variáveis

Para o avanço da doença, existe um escore omisso, representando 4,3% dos escores da variável

	Estatísticas univariadas						
				Omissos		Números de extremos[a]	
	N	Média	Desvio-padrão	Contagem	%	Abaixo	Acima
Avanço da doença	22	36,4545	12,29775	1	4,3	0	0
Incerteza da doença	22	58,3636	26,84975	1	4,3	0	0
Suporte social	20	54,0000	24,90403	3	13	0	0

[a] Número de casos fora da amplitude (Q1 − 1,5*IQR, Q3 + 1,5*IQR)

Você pode ver na Tabela 6.4 que as médias da ME são quase idênticas às univariadas apresentadas anteriormente. A opção mais fácil é inserir as médias da ME em vez dos valores omissos.

A Tabela 6.5 confirma que três participantes têm valores omissos para o *suporte social* (em que "O" significa "omisso") e que esses casos são os números 5, 8 e 16 (esses são os números dos casos atribuídos pelo SPSS).

ATIVIDADE 6.2

a) Qual(ais) participante(s) tinha(m) dados omissos no avanço da doença (dê o número do participante)?
b) Qual(ais) participante(s) tinha(m) dados omissos na incerteza da doença?

Se houvesse valores extremos, eles seriam indicados por a + para um valor alto e a − para um valor baixo.

Existem várias outras tabelas que podem ser produzidas; no entanto, a estatística que importa aqui é o "Teste OCA de Little" (Tab. 6.6). Se o nível de significância é > 0,05, então podemos concluir que os dados são omissos ao acaso – felizmente para nós, pois sabemos que é muito mais fácil lidar com dados faltantes se eles forem omissos ao acaso.

Análise dos valores omissos no SPSS

Clique em *Analyze* (Analisar) e em *Missing Values Analyses* (Análise dos Valores Omissos). Uma caixa de diálogo aparece (Captura de tela 6.2)

Clique em *EM* (maximização-expectativa) e depois em *Continue* e *Patterns* (Padrões)

Clique em *Cases with missing values* (Casos com valores omissos) e em *Sorted by*

TABELA 6.4
Saída do SPSS: resumo das médias estimadas

	Resumo das médias estimadas		
	Avanço da doença	Incerteza da doença	Suporte social
Todos os valores	36,4545	58,3636	54,0000
ME	36,1608	58,3314	54,0272

TABELA 6.5
Saída do SPSS: análise dos padrões omissos

Estatísticas univariadas

Caso	Número omissos	% Omissos	Padrões dos valores extremos e omissos[a]			Valor das variáveis		
			Avanço da doença	Incerteza da doença	Suporte social	Avanço da doença	Incerteza da doença	Suporte social
5	1	33,3			S	55,00	95,00	.
8	1	33,3			S	24,00	97,00	.
16	1	33,3			S	13,00	12,00	.
15	1	33,3		S		35,00	.	55,00
10	1	33,3	S			.	18,00	39,00

("S" representa valores omissos)

– indica um valor muito baixo, enquanto + indica um valor muito alto. A amplitude usada é (Q1 − 1,5*IIQ, Q3 = 1,5*IIR).
[a] Casos e variáveis estão ordenados nos padrões omissos.
Nota: Não existem valores extremos aqui.

TABELA 6.6

Saída do SPSS: pequeno teste de OCA[a]

	Médias ME[a]	
Avanço da doença	Incerteza da doença	Suporte social
36,1608	58,3314	54,0272

[a] Teste OCA de Little: Qui-quadrado = 4,357, df = 6, Sig. = 0,628

missing value patterns (Ordenado pelo padrão dos valores omissos); então, mova as variáveis (avanço da doença, incerteza da doença e suporte social) do lado esquerdo para *Additional information for* (Informações adicionais para), no lado direito (Captura de tela 6.3). Agora, clique em *Continue* e em *OK*.

O programa AVO permite que alguém verifique a existência de dados omissos. Uma vez tratados os escores dos dados omissos, a AVO pode ser executada novamente como uma verificação a mais nos valores omissos que não tenham sido observados. Se você executar uma AVO, deve prosseguir para o próximo estágio somente quando o programa lhe mostrar não há mais dados omissos.

Dados omissos: questionário de estudos

Se os participantes respondem às perguntas da página frontal do questionário, mas não àquelas existentes no verso, não há nada a fazer a não ser retirar aqueles participantes da análise. Seria melhor enviar questionários somente uma página por falha. Isso é bom quando você tem um número pequeno de questionários, mas imprimi-los de um só lado aumenta os custos consideravelmente e parece mais intimidador para os participantes.

Participantes que não respondem uma ou mais questões em um ou mais questionários precisam ser excluídos da análise. Muitos questionários têm subescalas incorpo-

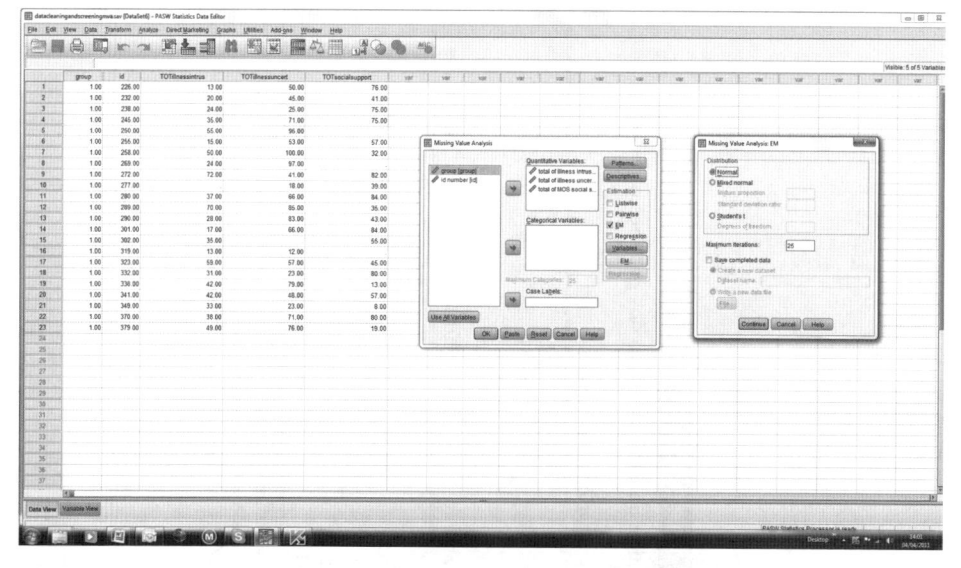

CAPTURA DE TELA 6.2

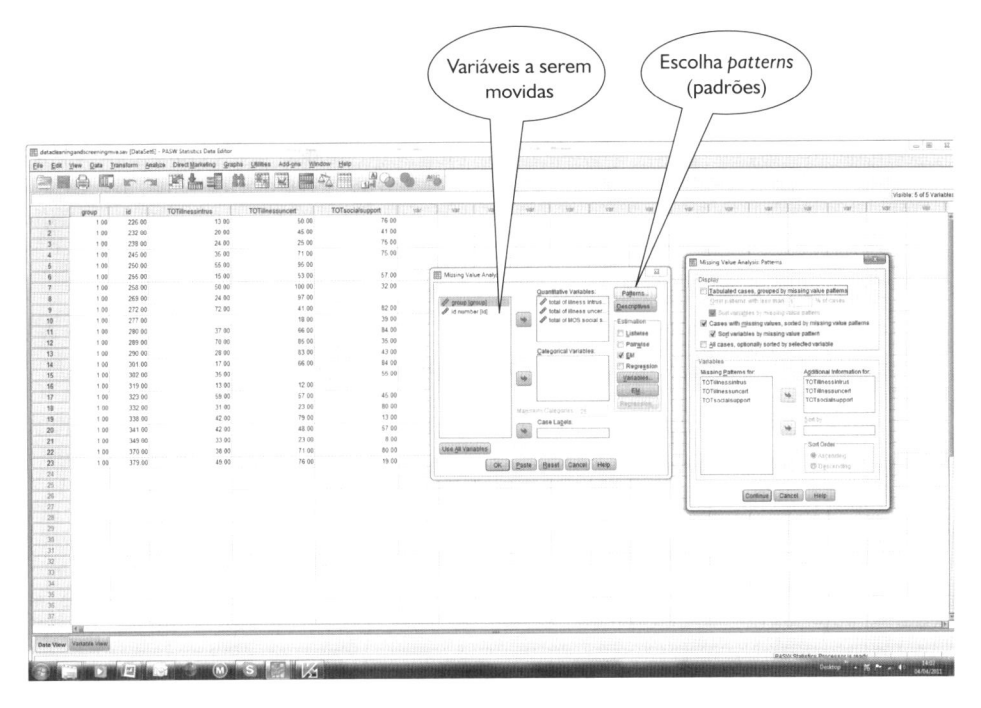

CAPTURA DE TELA 6.3

radas. Por exemplo, um questionário da qualidade de vida (QDV) pode ter sessões relacionadas à saúde, ao trabalho, à vida social, à vida pessoal, e assim por diante. As questões relacionadas à saúde seriam somadas, dando um escore total da "subescala saúde". Os itens relacionados a outras escalas também seriam somados. Então, todos os escores das subescalas seriam somados para dar o escore total da QDV. A não ser que projete seus próprios questionários, você usará questionários existentes que já foram testados e conhecidos por sua confiança e validade. Se, em virtude dos dados omissos, não for possível calcular uma subescala, então ela não poderá contribuir para o total do escore da QDV. Embora você possa calcular o escore total sem a subescala omissa, você não saberia sua validade ou confiabilidade (pois ela foi alterada, e suas medidas de confiança e validade são baseadas na QDV com todas as suas subescalas incluídas). Foi o que aconteceu em um estudo conduzido por um de nossos estudantes. Uma proporção de homens e uma proporção maior de mulheres não responderam às questões que formava a "subescala de relações sexuais" em um questionário da QDV. Com tantos dados omissos, achamos impossível simplesmente inserir uma medida de tendência central. Pensamos em deixar essa escala totalmente de fora, mas não sabíamos como isso afetaria a validade do questionário. Em contrapartida, incluí-la significaria que a subescala de relações sexuais seria baseada somente em um pequeno número de participantes – participantes que poderiam ser muito diferentes daqueles que não responderam o questionário. Nossa solução foi executar a análise duas vezes – uma com a subescala incluída e outra sem ela. Felizmente, as análises foram quase idênticas, e, então, decidimos usar a escala QDV sem a subescala das relações sexuais.

Como acontece com a maioria dos problemas, sempre há uma maneira de resolvê-los.

A seguir, relatamos como lidamos com essa situação:

O QDV compreende nove setores da vida, um deles sendo o das relações sexuais. Infelizmente, um grande número de participantes – 18 homens (33%) e 26 mulheres (41%) – escreveram "não apropriado" na seção ou não responderam às questões relacionadas ao sexo. O escore total da QDV foi calculado com e sem essa escala: os resultados foram quase idênticos em todas as análises. Os resultados deste artigo se referem à escala total da QDV com a subescala sexo excluída.

Dancey e colaboradores (2002, p. 393).

Uma maneira mais avançada para lidar com dados omissos

Existem maneiras mais avançadas de lidar com dados omissos não ao acaso. Uma dessas maneiras consiste em prever o que os indivíduos *iriam* pontuar caso não omitissem os dados, com base nas informações que foram fornecidas. Essa técnica está incluída na AVO e envolve o uso de análise de regressão – e, portanto, será apresentada no Capítulo 11.

NORMALIDADE

Em geral, fazemos uma suposição razoável de que todas as variáveis foram retiradas de uma população normalmente distribuída (ver Cap. 4). Se uma ou mais variáveis não são normalmente distribuídas, então a distribuição terá uma assimetria positiva ou negativa (ver Cap. 4). Para verificar a assimetria, é comum que se observe os histogramas (ver Cap. 4) ou o coeficiente de assimetria produzido pelos comandos *Analyze, Descriptives, Frequencies* (Analisar, Descritivas, Frequências). A seguir, temos a média e o coeficiente de assimetria para a variável chamada de "causas biológicas" produzida por esses comandos (Tab. 6.7).

Como você sabe, quanto maior o tamanho da amostra, mais a distribuição da média se aproxima da normalidade (ver Cap. 4). Se os escores fossem normalmente distribuídos, a assimetria seria 0, mas como é improvável que tenhamos essa distribuição normal perfeita em nossos estudos, um valor da assimetria próximo de zero é aceitável. O coeficiente de assimetria aqui é 0,024. Um histograma confirma isso, e, nesse caso, temos uma distribuição razoavelmente normal (Fig. 6.3).

Para a estatística multivariada (ver Cap. 12), assumimos que todas as combinações das variáveis são normalmente distribuídas.

O coeficiente de assimetria deve ser visto em conjunto com o desvio-padrão da assimetria. Se o desvio-padrão é igual ou maior a 1,98 (isto iguala $p = 0,05$), então podemos dizer que o conjunto é assimétrico o suficiente para decidirmos quanto a:

a) usar estatísticas não paramétricas; ou
b) transformar os escores para que sejam menos assimétricos.[2]

TABELA 6.7

Saída do SPSS: estatísticas descritivas para as causas biológicas

Causas biológicas	Estatísticas	
N	Válida	116
	Omissa	2
Média		18,3966
Mediana		19,0000
Moda		19,00
Assimetria		0,024
Desvio-padrão da assimetria		0,225

Causas biológicas

Histograma

Média = 18,40
Desvio-padrão = 4,409
N = 116

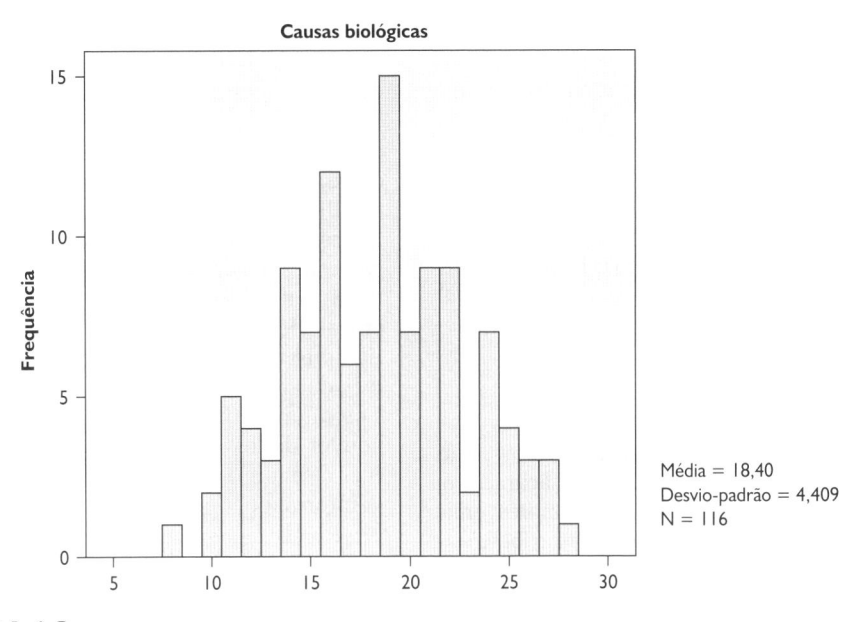

FIGURA 6.3

Saída do SPSS: histograma para causas biológicas.

Às vezes, no entanto, transformar os dados não leva a uma melhoria na assimetria. Existem opiniões diferentes sobre se os dados devem ser transformados e se é realmente útil fazer isso. Da mesma forma, muitas pessoas acham difícil transformar os dados e entender o significado das estatísticas depois da transformação. Para estudantes da graduação que usam estatísticas, é melhor ficar longe das transformações. Entretanto, você precisa saber que os pesquisadores às vezes transformam seus dados dessa forma. Por exemplo, Gunstad e colaboradores (2006) relataram que uma das suas variáveis era assimétrica e informaram aos leitores que eles haviam considerado a sua transformação. Contudo, forneceram o motivo para não tê-lo feito. A descrição do exame dos dados é tanto concisa quanto informativa:

Exame dos dados

Antes da análise, os desempenhos de todos os 364 indivíduos foram examinados para valores omissos e ajustes entre as distribuições e as suposições. Nenhum participante tinha dados omissos. Suposições de normalidade e possíveis escores extremos foram, então, determinados separadamente para cada grupo da idade e da variável. Uma assimetria positiva leve foi detectada para a medida de função executiva (Mudança da atenção – II) em cada grupo da idade. Entretanto, essa pequena violação é consistente com os modelos teóricos da função executiva e não foi transformada (p. 60).

Booij e colaboradores (2006) fizeram uma breve descrição das maneiras como examinaram e limparam seus dados. Observe que eles não entram em detalhes sobre quais participantes tinham dados omissos ou como lidaram com estes. Editores de revistas trabalham usando um número exato de palavras, e os autores não precisam entrar em grandes detalhes quanto à limpeza dos dados. No exemplo seguinte, os leitores sabem que os autores estão cientes dos procedimentos do exame e da limpeza dos dados, que trataram de assuntos importantes como a precisão e os dados omissos e que as suposições foram satisfeitas em suas análises estatísticas. Você verá que uma das medidas – tempos de reação em uma tarefa chamada de Torre de Londres – foi transformada por uma mudança utilizando o log^3 e que os autores informaram aos leitores o uso de estatísticas não paramétricas nos escores PEH (perfil do estado de humor), já que as transformações não tiveram êxito, ou seja, não levaram a uma distribuição normal desses escores.

Análise estatística

Antes da análise, todas as variáveis foram examinadas quanto à acurácia da entrada dos dados, aos valores omissos e à aderência entre as distribuições e as suposições da análise estatística. [...] Os tempos de reação da tarefa da Torre de Londres e da tarefa Esquerda/Direita foram transformadas em log antes da análise. Os escores do Perfil do Estado de Humor (PEH) foram analisados com estatísticas não paramétricas, já que as transformações não tiveram êxito, como mostrado por uma inspeção visual. (p. 530)

EXAMINANDO GRUPOS SEPARADAMENTE

Se existem subgrupos dentro de um conjunto de dados, como homens e mulheres, doença e saúde, etc., então é de boa prática examinar e limpar os grupos separadamente. Gustad e colaboradores (2006) (ver informações anteriores, neste capítulo) relataram ter feito isso.

RELATANDO O EXAME DOS DADOS E OS PROCEDIMENTOS DA LIMPEZA

Acreditamos que a descrição dos procedimentos de limpeza e exame de dados que surgem das análises quantitativas deve ser incluída em relatórios e em artigos de periódicos. Na prática, muitos autores não incluem informações sobre as maneiras com que limparam e examinaram os dados, e entre aqueles que o fazem, existe muita variabilidade no tipo e na quantidade de informações que são incluídas. É claro que parte dessa variabilidade pode ser ocasionada graças às restrições de espaço impostas pelo periódico. No mínimo, deveria constar um breve parágrafo com detalhes das formas com que os dados omissos e os valores atípicos foram tratados. Se não houver dados omissos ou valores atípicos (ver a seguir), é uma boa ideia que isso seja informado.

Exemplo da literatura

Byford e Fiander (2007) desenvolveram um método prospectivo de coletar informações da contribuição profissional no cuidado de pessoas com problemas mentais graves. A frente e o verso de uma folha A5 foi utilizada para registrar informações de todos os contatos entre os profissionais e seus pacientes. A descrição completa do estudo pode ser acessada *on-line* (ver Byford e Fiander, 2007). Para os propósitos deste capítulo, relatamos a seção que informa o exame e a limpeza dos dados:

> Os dados foram colocados no SPSS, dentro do mês da coleta, e omissões e erros óbvios foram investigados nesse período. A integridade dos dados registrados no evento foi verificada por auditores da clínica e por notas da assistência social de todo os participantes do estudo. As auditorias ocorreram, aproximadamente, em intervalos anuais, a fim de identificar contatos diretos e tentativas face a face com pacientes não registrados nos relatórios dos eventos. Foram enviadas listas de dados omissos à equipe, e foi solicitado que completassem um registro do evento para cada situação

omitida. A limpeza dos dados foi completa, com cada variável sendo submetida a testes de frequência, e todas as entradas incorretas, omissas ou incomuns foram, então, investigadas, primeiro com respeito ao registro escrito do evento e, quando necessário, consultando o membro da equipe que preencheu o registro. Uma vez completada a limpeza dos dados, quaisquer dados omissos das variáveis contínuas (i.e., tempo) foram substituídas pela média para aquele tipo de evento executado com um paciente em particular, ou, quando isso não foi possível (p. ex., quando o paciente não recebeu outra atividade do tipo), pela média daquele tipo de evento obtida por todos os pacientes no grupo de tratamento dos pacientes. O tempo foi arredondado para os próximos cinco minutos, de acordo com o protocolo de registro de dados. Embora não fosse possível substituir os dados categóricos omitidos, a incidência destes foi baixa.

Aqui está um exemplo de uma declaração muito breve e, talvez, um pouco ambígua, sobre a limpeza e o exame dos dados:

> A limpeza dos dados ocorreu antes da quebra do código de aleatorização, e o estatístico não estava ciente do fato durante a análise estatística.
>
> Silveira e colaboradores (2002)

☑ ATIVIDADE 6.3

Olhe para o conjunto de dados na Captura de tela 6.4. Digite-os no seu pacote estatístico e decida qual a melhor forma de lidar com os dados omissos. Por exemplo, que número deve ser inserido nas células omitidas da "idade"? Qual deve ser inserido na dos sintomas? E assim por diante. Compare suas descobertas com as nossas. A limpeza e o exame dos dados não é uma ciência exata; assim, em alguns casos, podemos ter tomado decisões diferentes das suas.

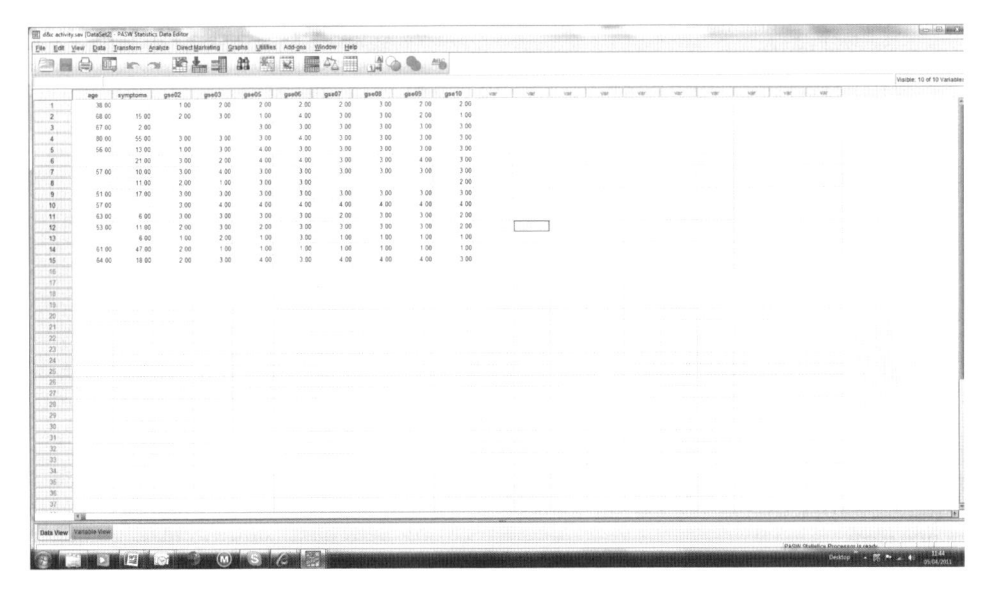

CAPTURA DE TELA 6.4

Resumo

As técnicas de exame e limpeza de dados implicam na inspeção dos dados e na garantia de que estejam "limpos", ou seja, que não existam erros, que os dados omissos tenham sido tratados e que os dados satisfaçam todas as suposições da análise que os pesquisadores pretendem usar (p. ex., que os escores estejam normalmente distribuídos e tenham variâncias iguais). Técnicas para examinar e limpar dados costumam estar disponíveis em pacotes estatísticos como o SPSS.

O problema dos dados omissos talvez seja o mais difícil de ser tratado e depende do fato de a omissão ocorrer ao acaso ou de existir um padrão na omissão. Este capítulo discutiu vários métodos utilizados por pesquisadores para lidar com problemas que envolvem a acurácia e os dados omitidos. Bons pesquisadores irão sempre relatar suas técnicas de exame e limpeza de dados em seus relatórios.

QUESTÕES DE MÚLTIPLA ESCOLHA

1. Um conjunto de dados sujo é aquele que:
   a) Não foi examinado.
   b) Não foi limpo.
   c) Pode ter escores incorretos.
   d) Contêm todas as alternativas anteriores.

2. Suponha que você tenha um conjunto de dados pequeno e que eles não estejam distribuídos normalmente. Os dados são omissos aleatoriamente. Qual medida de tendência central é mais apropriada para a inserção nas células vazias?
   a) Média.
   b) Mediana.
   c) Moda.
   d) Não se pode dizer.

3. Valores atípicos são pontos de dados que têm:
   a) Somente escores altos.
   b) Somente escores baixos.
   c) Escores extremos dos dados, que podem ser altos ou baixos.
   d) Algo a ver com um jogo de *cricket*.

4. Quando *não* é apropriado inserir uma medida de tendência central no lugar dos dados omissos?
   a) Quando os dados estão no nível intervalar.
   b) Quando os dados estão no nível ordinal.
   c) Quando existem muitos dados omitidos.
   d) Quando não existem dados omitidos.

5. O SPSS é capaz de executar uma análise dos dados omissos. Isso nos dá informações sobre:
   a) Quantos participantes têm dados omissos para as variáveis selecionadas.
   b) Quantos participantes têm escores extremos.
   c) Quais casos têm dados omissos.
   d) Todas as alternativas anteriores.

6. Quando os dados são coletados de uma população normal, a medida de tendência central mais apropriada para ser utilizada na substituição dos valores omitidos é provavelmente:
   a) A média.
   b) A mediana.
   c) A moda.
   d) O desvio-padrão.

7. O maior problema prático em um conjunto de dados é(são):
   a) Dados imprecisos.
   b) Dados omissos.
   c) Multicolinearidade.
   d) Dados não normais.

8. Apagar os dados totalmente (*listwise*) significa que um participante que tem valores omissos:
   a) Será excluído em qualquer uma das variáveis.
   b) Será eliminado em mais do que 3% das células.
   c) Será eliminado da variável dependente que esteja sendo analisada.
   d) Todas as alternativas anteriores.

9. Suponha que você tenha um grande conjunto de dados – existem alguns dados omissos ao acaso em variáveis como a idade, o QI, a altura e o peso. Qual medida de tendência central é a mais adequada?

   a) A média.
   b) A mediana.
   c) A moda.
   d) Não se pode dizer.

10. Quando os dados omissos não estão relacionados com as variáveis medidas ou observadas ou com a variável que apresenta os dados omitidos, dizemos que os dados são:

    a) Omissos completamente ao acaso.
    b) Omissos ao acaso.
    c) Omissos não ao acaso.
    d) A última observação levada adiante.

11. Apagar os dados aos pares (*pairwise*) significa:

    a) Em uma análise de medidas repetitivas, pares de participantes serão apagados se todos tiverem valores omissos nas variáveis.
    b) Excluir todos os participantes que tenham um valor omisso em qualquer uma das variáveis.
    c) Um participante será apagado da análise se tiver um valor omisso para a variável.
    d) Todas as alternativas acima.

12. Se os dados não são normalmente distribuídos, então é possível normalizá-los:

    a) Eliminando os valores extremos.
    b) Executando transformações aritméticas.
    c) Usando estatísticas paramétricas.
    d) Todas as alternativas anteriores.

13. Se, em um ensaio clínico, uma pessoa não foi avaliada nos últimos cinco dias em uma variável, então os dados omissos poderiam ser substituídos pelo último valor registrado daquele participante. Essa técnica é conhecida pela seguinte abreviatura (acrônimo):

    a) OCA.
    b) OA.
    c) ONA.
    d) UOLA.

14. O pior cenário possível para tratar dos dados omissos é:

    a) OCA.
    b) OA.
    c) ONA.
    d) UOLA.

15. Se os participantes de um ensaio clínico desistem devido a problemas com o próprio ensaio clínico, então os dados são:

    a) OCA.
    b) OA.
    c) ONA.
    d) Não se pode dizer.

NOTAS

1. Somente cinco questões são mostradas em cada uma das duas páginas do PSQ-18 apresentadas aqui.
2. Para transformar escores, um cálculo matemático é executado (p. ex., a transformação mais simples é somar uma constante a todos os escores em uma variável – como somar 50 aos os escores de todos os participantes). Cálculos usando a raiz quadrada ou a transformação logarítmica são os mais comuns nesse tipo de situação.
3. Um logaritmo é a potência em que um número deve ser elevado para que se obtenha o número original. Aqui, os pesquisadores usaram logaritmos decimais (base 10). Assim, 1 é 10^0, porque 10 elevado a potência 0 é igual a 1; 100 é 10^2, porque 10 na potência 2 é igual a 100.

7
Diferenças entre dois grupos

Panorama do capítulo

Neste capítulo, observaremos estatísticas que nos dizem se duas condições (ou grupos) diferem entre si em uma ou mais variáveis. As duas condições podem ser:

✓ O mesmo grupo de pessoas testado em duas condições (tradicionalmente chamadas de A e B);
✓ Dois grupos diferentes de pessoas que foram submetidos à condição A ou à condição B.[1]

Este capítulo ilustrará maneiras como os pesquisadores testam as suas hipóteses, baseadas em suas questões de pesquisa. Os testes que apresentaremos são os paramétricos (ver Cap. 4, para explicações): os testes t e o teste z e seus equivalentes não paramétricos, como o teste U de Mann-Whitney e o teste da soma dos postos de Wilcoxon. Apresentaremos, também, um conceito básico do entendimento dessas avaliações, e mostraremos como os pesquisadores relatam seus resultados, executam os testes no SPSS e interpretam o resultado. Detalharemos intervalos de confiança e tamanhos do efeito (ver Cap. 5), especificamente relacionados a dois grupos.

Neste capítulo, você irá:

✓ Obter um entendimento conceitual dos testes de diferença para dois grupos.
✓ Ser capaz de decidir quando usar um teste de diferença para dois grupos.
✓ Ser capaz de identificar quando usar um teste paramétrico ou não paramétrico e se a avaliação deve ser de medidas repetitivas ou independentes.

✓ Aprender a interpretar os tamanhos dos efeitos e os intervalos de confiança em torno da média para testes de dois grupos.
✓ Ser capaz de interpretar os relatórios dos pesquisadores que usaram as técnicas aqui apresentadas e as relataram em suas seções de resultados.
✓ Ser capaz de entender e de usar as técnicas em seu próprio trabalho.

INTRODUÇÃO

Na comparação entre dois grupos ou duas condições, os pesquisadores lançam uma hipótese de que haverá uma diferença significativa entre eles. A hipótese nula é que qualquer diferença nos escores entre as condições ocorra devido ao erro amostral (frequentemente chamado de chance) (ver Cap. 4).

Às vezes, os pesquisadores preveem a direção da diferença, sendo, então, a hipótese considerada direcional (p. ex., é previsto que o grupo A tenha escores, em média, mais altos do que o grupo B, e, nesse caso um teste unicaudal pode ser usado).[2] Em outras vezes, os pesquisadores preveem que haverá uma diferença significativa entre as condições, mas não podem especificar a direção dela; portanto, nessa situação, um teste bicaudal precisará ser usado (ver Cap. 4).

Um teste paramétrico comparando dois grupos é o denominado teste t. Os testes paramétricos foram delineados para conjuntos de dados que tenham uma distribuição normal. Assim, por muitos anos, orientou-se estudantes para que, antes de executar testes paramétricos como o teste t, assegurarem-se de que suas amostras fossem retiradas de uma população normalmente distribuída e que as variâncias em cada condição fossem similares (suposição de homogeneidade das variâncias).

Era difícil (e ainda é) saber se os escores foram retirados de uma população normalmente distribuída. Assim, pedia-se aos estudantes que olhassem para as distribuições amostrais; caso fossem assimétricas, poderiam inferir que os escores da população também o seriam. Eles, portanto, deveriam concluir que um teste paramétrico não poderia ser utilizado. Observe que essa era/é uma ciência inexata!

Entretanto, avanços recentes na teoria e na prática da estatística indicam que a violação dessas suposições não faz muita diferença nos resultados (i.e., eles são "robustos" em relação às violações das suposições). Com o advento de programas estatísticos computadorizados, tornou-se fácil a comparação de testes paramétricos e não paramétricos para o mesmo conjunto de dados, e, para muitos conjuntos, pode-se observar que existe pouca diferença nos resultados.

Programas estatísticos, como o SPSS, podem ajustar a fórmula do teste t quando a suposição de homogeneidade da variância é violada. Em pontos em que os pesquisadores acreditam que a distribuição dos dados é muito assimétrica para ser normal, um método alternativo de calcular o teste t se tornou disponível, chamado de *bootstraping*. Essa abordagem não faz suposições sobre a distribuição da variável dependente. O *bootstrapping* ainda não é um método comum, mas é provável que se torne com o passar do tempo (ver o *site* associado).

No entanto, o *bootstrapping* não está disponível para todos os procedimentos estatísticos, e muitas pessoas ainda não o usam. Muitos pesquisadores ainda usam os equivalentes não paramétricos do teste t, testes ainda disponíveis em pacotes estatísticos modernos e geralmente usados em artigos de pesquisa relacionados às ciências da saúde.

Estatísticas não paramétricas não fazem suposições sobre a normalidade, os tipos de dados ou a equivalência de variâncias, e, por isso, seu poder para detectar uma diferença estatisticamente significativa entre as condições é mais baixo do que o dos testes paramétricos.

Assim, como você pode decidir quando utilizar ou não um teste paramétrico?

Se seus dados são normalmente distribuídos, então use o teste *t*. Entretanto, principalmente nas ciências da saúde, os pesquisadores têm amostras pequenas com dados assimétricos. Se você estiver realizando sua própria pesquisa, recomendamos que observe se seus dados são significativamente assimétricos (ver Cap. 4). Em caso afirmativo, você pode utilizar a abordagem *bootstrapping* ou testes não paramétricos tradicionais para o cálculo do teste *t*. Os não paramétricos equivalentes ao teste *t* são o Mann-Whitney, para grupos independentes, e o Wilcoxon, para medidas repetitivas.

Todos os testes neste capítulo são "inferenciais". Já que eles vão além das estatísticas descritivas, e você pode inferir algo deles, isto é, se qualquer diferença entre os grupos é real (ou devido ao acaso) e qual a direção dela.

Aqui estão alguns objetivos e hipóteses que mostram claramente que pesquisadores procuram por diferenças entre condições. À medida que você os lê, pense se o delineamento é de grupos independentes ou de medidas repetitivas.

1. Yu e colaboradores (2007) estavam examinando a eficácia de um programa de treinamento de rastreamento do câncer de mama. O grupo testado era de estagiários (que estavam sendo treinados como consultores leigos de saúde para promover o rastreamento do câncer de mama). Foi dada a eles uma pré-intervenção, mensurando o conhecimento e a eficácia pessoal. O grupo foi engajado em um autoestudo de materiais de treinamento. No fim do programa, eles responderam a questionários para mensurar o conhecimento e a autoeficácia.
2. Skumlien e colaboradores (2007) investigaram os benefícios da reabilitação intensiva em pacientes com doença pulmonar obstrutiva crônica (DPOC). Eles observaram as mudanças na incapacidade funcional e na saúde em relação à reabilitação pulmonar (RP). Quarenta pessoas com DPOC participaram da reabilitação pulmonar multidisciplinar de pacientes, o que consistiu em um treinamento de tolerância, em um treinamento de paciência, em uma sessão de educação e em sessões individuais de aconselhamento. Esse grupo foi, então, comparado a um grupo de pacientes que estavam na lista de espera (chamado de *grupo-controle da lista de espera*).
3. Shearer e colaboradores (2009) compararam os valores da glicose nos pontos de cuidado com valores de laboratório em pacientes críticos. Sessenta e três desses indivíduos tinham os níveis de glicose medidos no leito por meio de um glicosímetro, utilizando sistemas de ponto de cuidados (POC). Esse método é geralmente utilizado com o medidor de glicose, em vez de enviar amostras a um laboratório. Os pesquisadores, então, compararam os valores da glicose obtidos dos 63 pacientes por ambos os métodos.
4. Giovannelli e colaboradores (2007) queriam observar se a fisioterapia aumentava os efeitos da toxina botulínica tipo A na redução da espasticidade em pacientes com esclerose múltipla (EM). Havia 38 pacientes no estudo (um ensaio aleatório controlado), consistindo em um grupo de intervenção (que tomou uma injeção da toxina botulínica mais fisioterapia adicional) e um grupo-controle (injeção botulínica).

Em 1, o delineamento é de "medidas repetidas", pois existe um grupo de pessoas que são testadas em ambos os pontos do tempo – antes e depois do programa de treinamento.

Em 2, o delineamento é de "grupos independentes", isto é, um grupo de intervenção e um grupo-controle.

Em 3, o delineamento é de "medidas repetidas", pois o sangue dado pelos pacientes foi medido em laboratório e por um medidor de glicose.

Já em 4, o delineamento é de "medidas independentes", pois um grupo de tratamento foi comparado a um de controle.

Você precisa identificar se há grupos independentes ou de medidas repetidas. A maneira de calcular *t* difere de acordo com os delineamentos.

DESCRIÇÃO CONCEITUAL DOS TESTES t

Vamos dizer que existem dois grupos de pessoas. O grupo 1 consiste em pacientes com esclerose múltipla (EM) em um novo tratamento, e o grupo 2 é composto por pacientes na lista de espera (grupo-controle). A variável independente é "Tratamento", e a variável dependente é a medida da memória.

Você pode observar que os escores do tratamento variam de 10 a 18 (Tab. 7.1). Embora todos os 10 pacientes na condição tratamento tenham EM, seus escores da memória mostram variabilidade dentro do grupo (ou dentro das colunas). Os pacientes da lista de espera também variam. Seus escores variam de 4 a 14. Assim, temos duas medidas na variação intragrupos, uma para o grupo de tratamento e uma para o de controle.

Existe, também, variação nos escores entre os grupos. Isso é chamado de *variação entre grupos* (entre as colunas).

Existem diferentes medidas da variação. Você aprendeu sobre elas no Capítulo 3.

Se quisermos saber se os dois grupos diferem, não podemos simplesmente olhar as suas médias. Precisamos saber se a variância entre grupos (no que estamos de fato interessados) difere daquela intragrupos (o que, se quisermos encontrar resultados estatisticamente significativos, é apenas uma chateação para nós!).

O teste estatístico t é calculado obtendo-se a diferença entre as duas médias e, então, dividindo o resultado por uma medida representando a variação nos escores para os grupos. Essa medida de variância é o "erro padrão da diferença".

A fórmula do teste t pode ser pensada como:

diferença entre as médias (sinal)
÷ variabilidade indesejada (ruído)

O "ruído" é a variabilidade para cada grupo.

Quanto maior o ruído, mais baixa será a razão sinal-ruído (ou seja, o valor t será mais baixo); quanto menor o ruído, maior a razão sinal-ruído (o valor t será mais alto). Observe a Figura 7.1.

A Figura 7.1 mostra que o grupo 1 tem uma média mais alta (13,1) do que o grupo 2 (9). A diferença das médias é de 4,1. Entretanto, a variabilidade é similar (mas não idêntica) em cada um. Não existe muita sobreposição entre os grupos – isso dá um sinal claro, pois o "ruído" foi reduzido. O valor t será grande e o valor-p será estatisticamente significativo. Embora as distribuições se sobreponham, os resultados do teste t são estatisticamente significativos: $t = 3,3$,

TABELA 7.1
Conjunto de dados para os grupos de tratamento e controle

Número do paciente	Tratamento	Número do paciente	Controle
1	14	11	9
2	18	12	7
3	10	13	12
4	13	14	11
5	15	15	14
6	15	16	5
7	12	17	4
8	12	18	10
9	10	19	9
10	12	20	9
Média	13,1	Média	9

$p = 0,002$ (você terá que acreditar em nós, neste momento).

Observe a Figura 7.2; as médias diferem por quatro, o mesmo que acontece na Figura 7.1. Entretanto, nesse caso, a variabilidade intra participantes para ambos os grupos é grande; logo, a sobreposição será maior. O ruído obscurece o sinal – ou seja, o t será menor do que no caso dos grupos 1 e 2, pois o ruído é grande.

O "valor t" pode ser negativo ou positivo; isso dependerá de qual grupo está codificado como 1 e de qual grupo está codificado como 2. Por exemplo, baseado no caso anterior, codificamos o grupo do tratamento como 1 e o de controle como 2. Nossa hipótese é que o primeiro terá um escore significativamente maior do que o segundo. Descobrimos que as médias dos grupos são as seguintes:

✓ Grupo 1 – grupo do tratamento: média 13,1.
✓ Grupo 2 – grupo-controle: média 9.

A diferença das médias é positiva e o valor t é, portanto, positivo.

O que acontece se codificamos o grupo-controle como grupo 1 e o grupo do tratamento como grupo 2?

✓ Grupo 1 – grupo-controle: média 9.
✓ Grupo 2 – grupo do tratamento: média 13,1.

A diferença das médias (-4,1) é negativa e o valor t é, portanto, negativo, o que nos leva a um valor de t igual a –3,3, e de p igual a 0,002.

Assim, *não* importa como você codifica os grupos, um valor t negativo é tão importante e significativo quanto um valor positivo.

O teste t pareado, usado para delineamentos de medidas repetitivas, é mais sensível do que o teste t para grupos indepen-

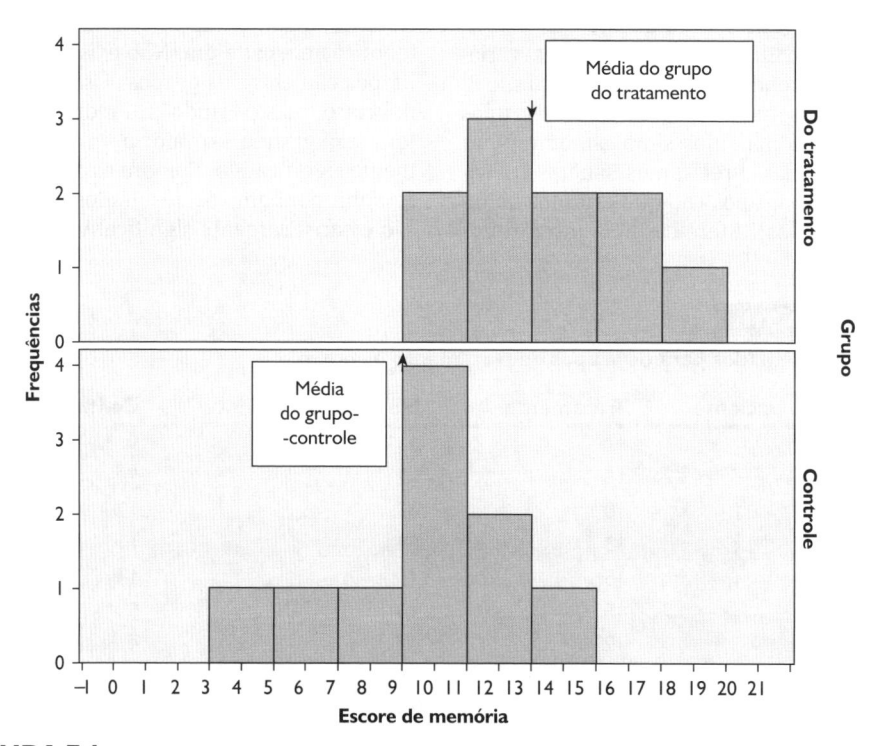

FIGURA 7.1

Histograma de frequências para dois grupos na medida da memória (pequena sobreposição).

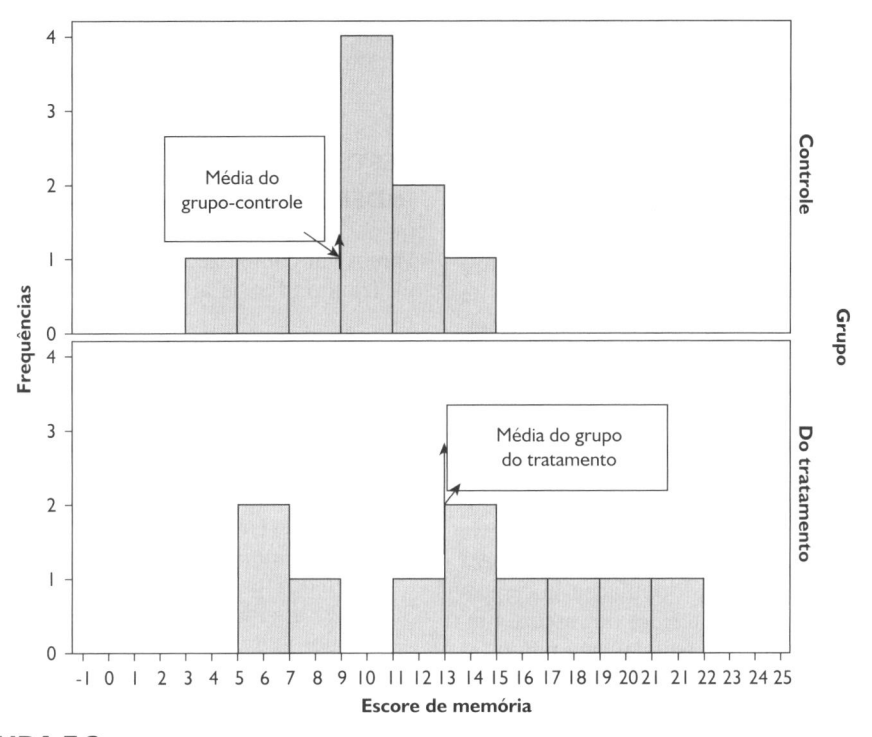

FIGURA 7.2

Histograma de frequências para dois grupos na medida da memória (maior sobreposição).

dentes – isto é, é mais provável que você encontre um resultado estatisticamente significativo, o que acontece pois a variabilidade é reduzida, em que cada participante age como o seu próprio controle. A fórmula para o teste t de medidas repetidas leva isso em consideração.

GENERALIZANDO PARA A POPULAÇÃO

Qualquer pessoa que realiza uma pesquisa envolvendo a observação de diferenças entre dois grupos ou condições tenta assegurar que suas amostras do grupo (ou dos grupos) sejam representativas da população da qual foram retiradas. Os pesquisadores querem ser capazes de generalizar para a população (ver Cap. 4). Embora possamos achar que nossas duas condições diferem significativamente, queremos ser capazes de generalizar para populações maiores – isto é, a partir de esquemas executado com intervalos de confiança, explicados no Capítulo 4 e neste aqui.

Estendendo o exemplo anterior, se temos um valor t de 3,3 e p de 0,002, podemos concluir que nossas duas amostras são significativamente diferentes e que nossa hipótese foi confirmada: o grupo do tratamento teve um escore mais alto do que o de controle. Entretanto, a média de ambos são "estimativas por pontos". Se tivéssemos executado o experimento em um dia diferente, com uma nova amostra, ou até mesmo com a mesma amostra, é provável que as médias fossem diferentes. Se executarmos o experimento outra vez, as médias poderiam ser novamente diferentes. Portanto, existe sempre algum erro quando realizamos experimentos ou estudos. Existe uma maneira de calcular o erro provável e obter uma amplitude em que estaremos confiantes de que as médias da população cairão. Com o teste *t* somos capazes de encontrar esses "intervalos de confiança" (ver Cap. 4) em torno da média da diferença (4,1 no exemplo anterior). Na verdade, no exemplo dado, os limites de 95% de confiança para a diferença entre as médias das condições são 1,49 – 6,71, o que implica que, embora na amostra a diferença média seja de 4,1, estamos 95% confiantes de que a diferença média na população estaria entre 1,49 e 6,71. Quanto mais estreitos os intervalos de confiança, melhor. Observe que se os limites de confiança tivessem sido algo entre 3,9 e 4,2, a diferença da média da amostra seria quase a mesma da diferença média da população. Se, entretanto, o intervalo de confiança tivesse sido de –4,1 a +8,2, a amplitude seria tão grande que não poderíamos ter certeza de que as pessoas na população que receberam o tratamento teriam um escore médio mais alto do que aquelas que não o receberam. Quando o intervalo de confiança inclui 0 (zero), o valor *t* será baixo e não será estatisticamente significativo.

TESTE t PARA GRUPOS INDEPENDENTES NO SPSS

Vamos ver como executar a análise anterior utilizando SPSS (Captura de tela 7.1).

1. Selecione *Analyze, Compare means, Independent_Samples t Test* (Analisar, Comparar médias, Teste *t* para Amostras Independentes), o que resultará na Captura de tela 7.2.
2. Mova a variável de interesse *memory measure* (medida da memória) para *Test Variable(s)* (Variável[eis] do Teste) à direita.
3. Mova a variável de agrupamento *group* (grupo) para a caixa da *Grouping Variable* (Variável de agrupamento) à direita, o que resultará na Captura de tela 7.3.

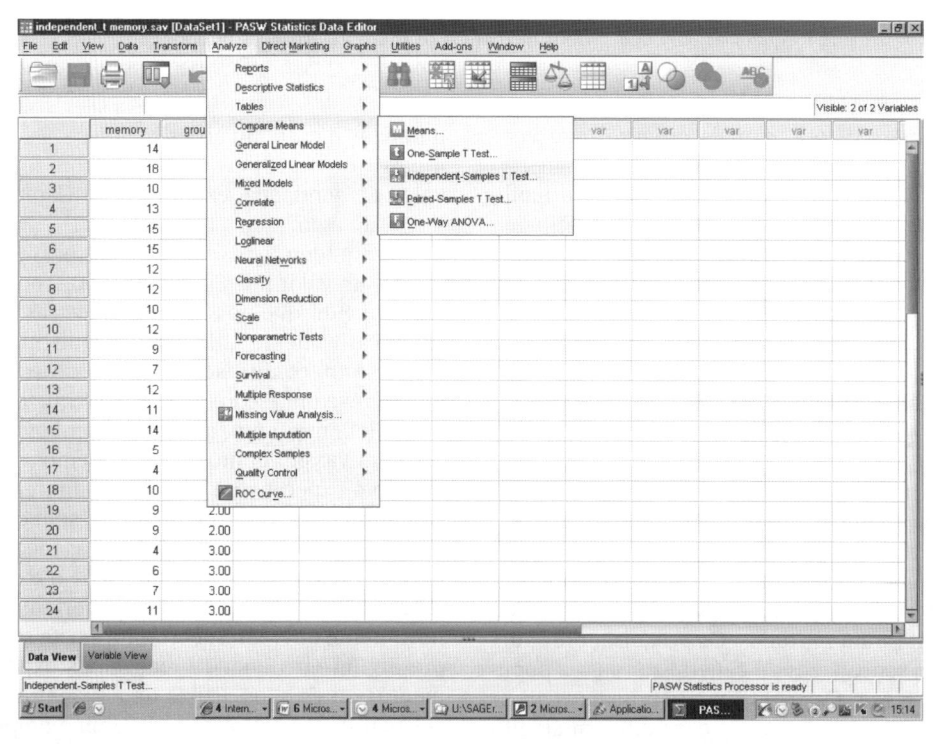

CAPTURA DE TELA 7.1

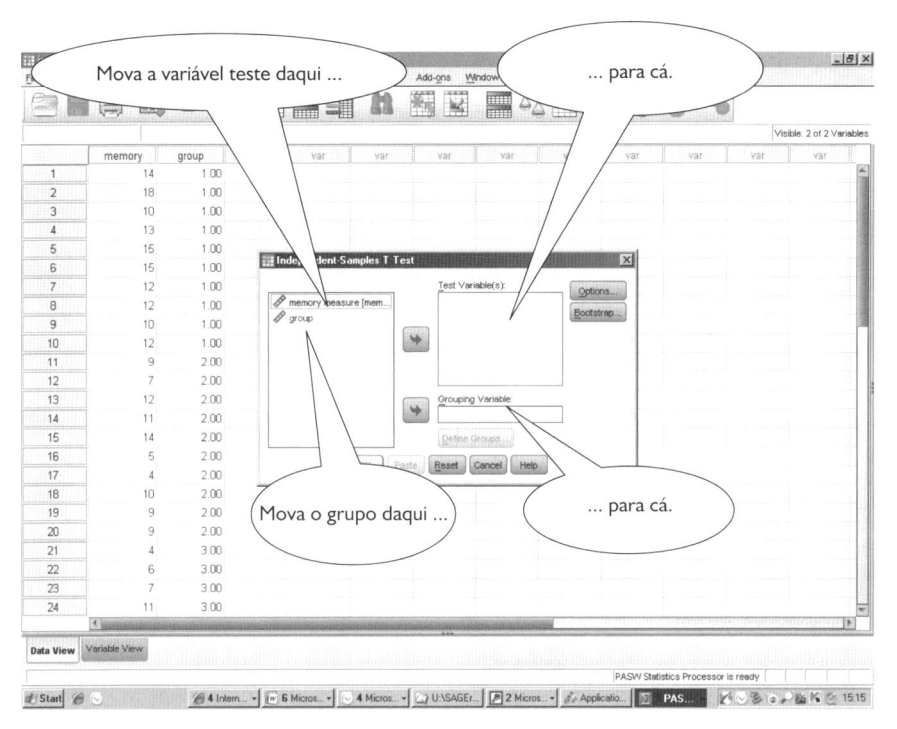

CAPTURA DE TELA 7.2

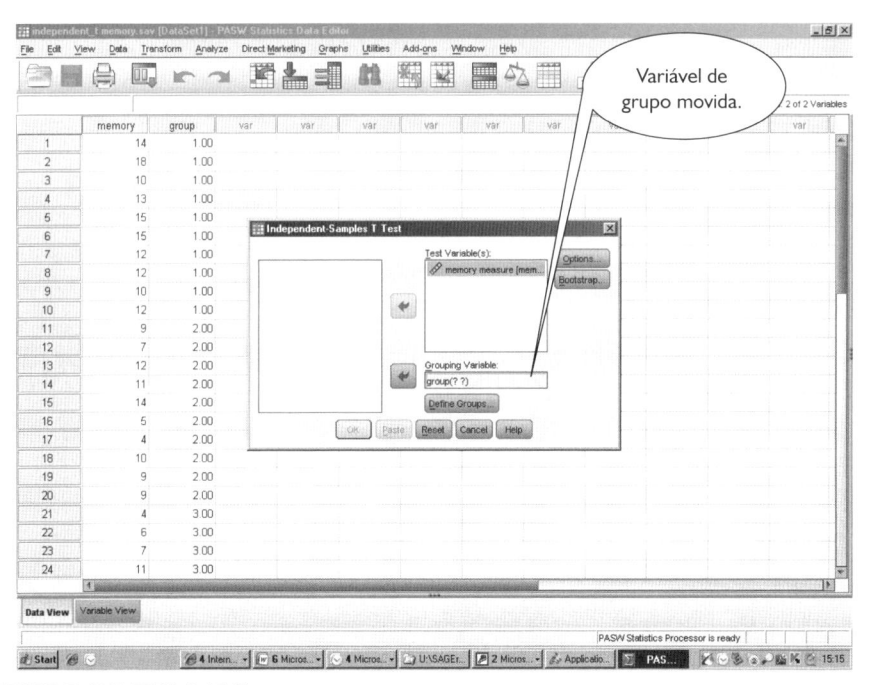

CAPTURA DE TELA 7.3

4. Clique no botão *Define Groups* (Definir Grupos), o que nos resultará na caixa de diálogos de mesmo nome (Captura de tela 7.4).

5. Como chamamos nossos grupos de 1 e 2, entre com esses valores, como mostrado anteriormente, e, então, pressione *Continue*. Você verá agora a Captura de tela 7.5.

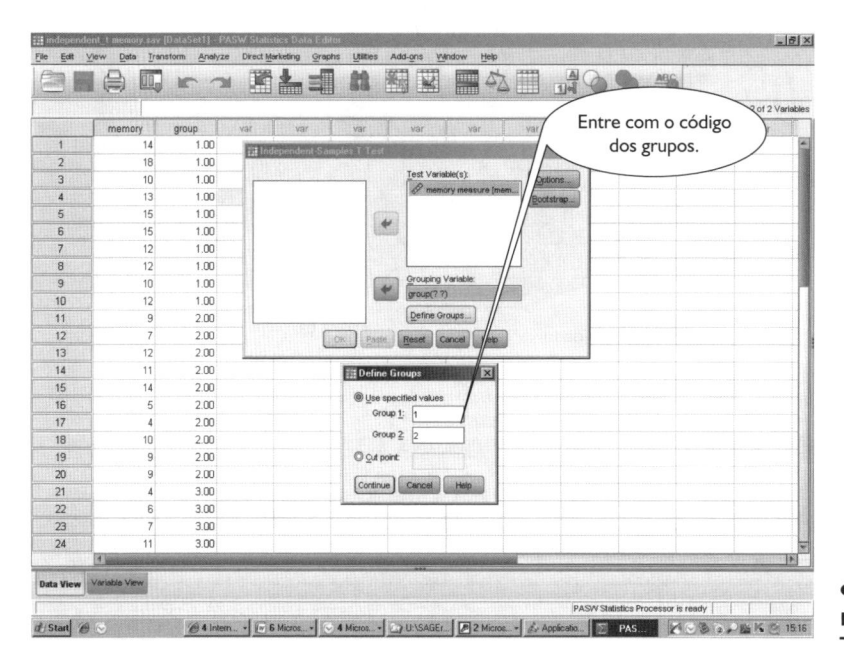

CAPTURA DE TELA 7.4

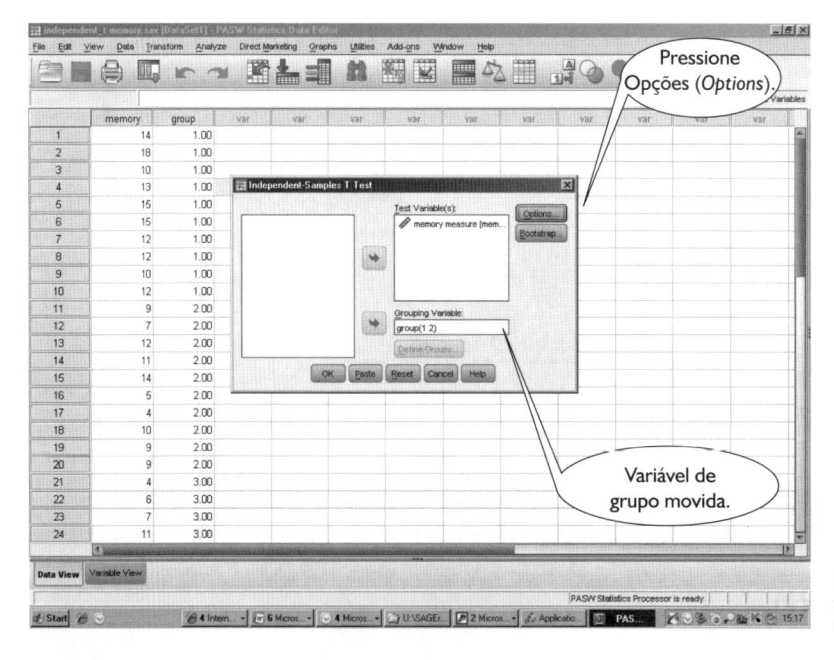

CAPTURA DE TELA 7.5

6. Pressione *Options* (Opções), o que lhe fornecerá a caixa de diálogos de mesmo nome (Captura de tela 7.6). Você pode mudar o intervalo de confiança para 99 ou 90%, por exemplo. Mas é mais comum termos intervalos de 95% de confiança.
7. Agora clique em *Continue* e em *OK*, o que nos fornecerá o resultado. A primeira parte do resultado é de estatística descritiva (Tab. 7.2). A segunda é estatística inferencial (Tab. 7.3).

A primeira coisa que você deve saber é que o SPSS utiliza uma fórmula levemente diferente conforme semelhanças ou diferenças de variâncias nos dois grupos (linha 1 = *Variâncias supostamente iguais*; linha 2 = *Variâncias supostamente diferentes*). Para encontrar qual linha usar, verificamos o *Teste de Levene para a Igualdade das Variâncias*. O valor importante é o valor-*p*. Se ele não for significativo, podemos deduzir que nossas variâncias são iguais e utilizar os valores da primeira linha. Esse é o caso para o nosso exemplo.

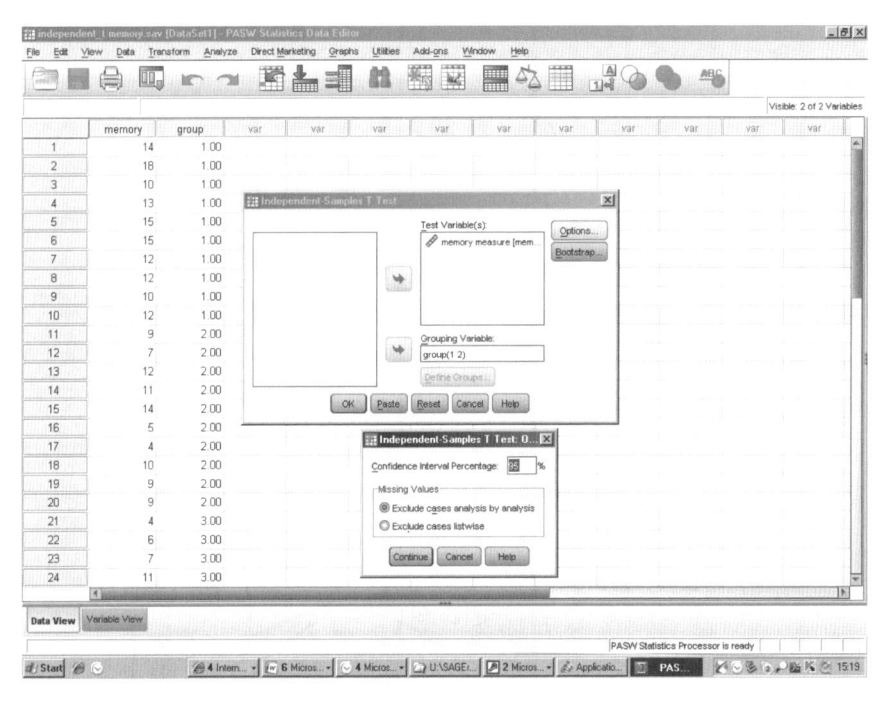

CAPTURA DE TELA 7.6

TABELA 7.2

Estatística descritiva para os grupos de tratamento e controle

Estatística dos grupos

Grupo		N	Média	Desvio-padrão	Erro padrão da média
Medida da memória	Grupo do tratamento	10	13,1	2,470	0,781
	Grupo-controle	10	9	3,055	0,966

TABELA 7.3
Teste t independente para a diferença entre os dois grupos nos escores de memória

Teste para amostras independentes

		Teste de Levene para a igualdade das variâncias		Teste t para a igualdade das médias					Intervalo de confiança de 95% para a diferença	
		F	Sig.	t	gl	Sig. (bilateral)	Diferença das médias	Erro padrão da diferença	Inferior	Superior
Escore de memória	Supondo variâncias iguais	0,132	0,721	3,300	18	0,004	4,100	1,242	1,490	6,710
	Supondo variâncias desiguais			3,300	17,243	0,004	4,100	1,242	1,482	6,718

> O teste de Levene não é significativo; logo, podemos utilizar a linha que assume a igualdade das variâncias.

> Existe uma diferença significativa entre os grupos.

> Estamos 95% confiantes que a diferença populacional está entre 1,5 e 6,7 (correta até o primeiro dígito decimal).

Um relato detalhado do resultado poderia ser:

> Os resultados mostraram que o grupo do tratamento teve escores mais altos na memória (x = 13,1, DP = 2,47) do que o grupo-controle (x = 9, DP = 3,06). A diferença média (4,1) entre os dois grupos foi estatisticamente significativa (t = 3,3 (18); p = 0,002). O intervalo de 95% de confiança mostrou que a diferença das médias populacionais está provavelmente entre 1,49 e 6,71.

Observe que:

a) os graus de liberdade (*gl*) são relatados entre parênteses;
b) utilizamos apenas a metade do valor-*p*, já que os resultados do teste *t* dão um valor-*p* relevante para um teste bilateral, e, portanto, para se encontrar o valor-*p* de um teste unilateral, devemos dividi-lo por dois.

Se o teste de Levene fosse estatisticamente significativo, isto é, se as variâncias dos dois grupos fossem significativamente diferentes, teríamos que relatar as estatísticas da linha 2. As diferenças nos números, como você pode ver, são poucas. Com respeito ao *gl*, que parece um pouco estranho, não se preocupe: simplesmente o relatamos arredondando para duas casas decimais, ou seja, *gl* = 17,24.

O *d* DE COHEN

O *d* de Cohen é uma medida de efeito. Uma vez encontrada uma diferença significativa nas médias entre os grupos, você deseja saber algo sobre o *tamanho* da diferença. Simplesmente saber que as médias diferem por 4,1 não é bom o suficiente, sobretudo se você quiser comparar o tamanho do efeito deste estudo com o tamanho do efeito de outro estudo em que a variável dependente possa ter sido avaliada em uma escala diferente. O que precisamos fazer é converter 4,1 em um escore padronizado, no caso, o escore *z* (ver Cap. 4). O SPSS não calcula isso para nós. Entretanto, existem programas *on-line* que calculam, como aquele em http://www.uccs.edu./~faculty/lbecker/.

No entanto, é muito fácil calculá-lo manualmente. Você pega a média do grupo 2 e a subtrai da média do grupo 1. Então, divida esse número pela média dos desvios-padrão dos dois grupos. Você obtém essas estatísticas na saída *Group Statistics* (Estatísticas do Grupo) (Tab. 7.4).

1. média 1 – média 2 = 4,1 (subtrair média 2 da média 1).
2. 2,470 + 3,055 = 5,525 (somar os dois desvios-padrão).*
3. 5,525 ÷ 2 = 2,7625 (encontrar a média dos desvios-padrão dividindo por dois).
4. 4,1 ÷ 2,7625 = 1,48 (dividir a diferença média do passo 1 pela média dos desvios-padrão).

Portanto, z^3 é 1,48. Isso significa que as médias diferem por 1,48 desvios-padrão. Como você sabe, a distribuição normal padronizada é semelhante à da Figura 7.3.

Quando você verificar o *d* de Cohen aqui relatado, deve imediatamente ser capaz de visualizar onde se encontra o valor na curva, mesmo caso ele não esteja bem na sua frente. O *d* de Cohen é informado com os valores *t* e *p*, mas, às vezes, ele é informado sem os valores do teste *t*.

TABELA 7.4

Médias e desvios padrão para o grupo do tratamento e para o grupo-controle

Grupo	Média	Desvio-padrão
Grupo do tratamento	13,1	2,470
Grupo-controle	9	3,055

---

* N. de R.T. Neste caso foi feita uma média aritmética simples em virtude de os grupos apresentarem o mesmo tamanho. Caso isso não aconteça, é necessário fazer uma média ponderada dos desvios-padrão.

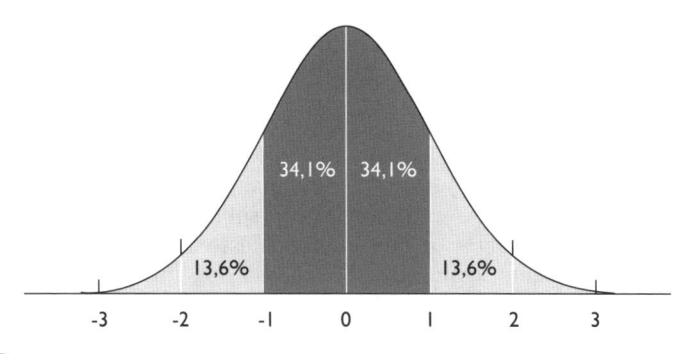

FIGURA 7.3

Curva da distribuição normal padrão.

Exemplo da literatura

Omam e colaboradores (2008), em um ensaio aleatório controlado, perceberam que a meditação diminui o estresse e encoraja o perdão entre estudantes universitários. O estudo foi organizado em dois grupos: estudantes que foram "tratados" por meio de aulas de técnicas de meditação e estudantes que aguardavam tratamento (controles da lista de espera). Os autores dizem:

> Comparados aos controles, os participantes tratados (N = 29) demonstraram benefícios significativos para o estresse ($p < 0,05$, d de Cohen = $-0,45$) e perdão ($p < 0,05$, d = $-0,34$). (p. 56)

Embora não tenham fornecido o valor t, eles relataram o tamanho do efeito, d. Assim, para o estresse, a diferença entre as médias dos dois grupos pode ser considerada aproximadamente a metade do desvio-padrão. Para o perdão, o tamanho do efeito foi de um terço do desvio-padrão. Os autores nos dizem que a diferença era em favor do grupo tratado, ou seja, eles mostraram menos estresse e mais perdão. Desse estudo, portanto, existe evidência de que a meditação funciona em relação ao estresse e ao perdão.

Exemplo da literatura

Jaiswal e colaboradores (2010) observaram o efeito da terapia anti-hipertensiva na função cognitiva de pacientes com hipertensão. Eles compararam pacientes que estavam sendo tratados para hipertensão por três meses a um grupo que tinha a pressão sanguínea dentro dos valores normais.

Primeiro, eles usaram o teste t independente para comparar os dois grupos no início. Havia 50 participantes em cada amostra. As médias, desvios-padrão e valores-p de algumas das medidas da função cognitiva para os dois grupos são retratadas na Tabela 7.5.

Cohen produziu diretrizes sobre o que constitui um efeito pequeno, médio ou grande. Um d de 0,2, por exemplo, é pequeno; isso representa uma sobreposição de 85% das duas distribuições. Um efeito médio (0,5) é igual a 67% de sobreposição, e um efeito grande (0,8) representa uma sobreposição de 53%. Um efeito muito grande (1,5 ou mais) representa 25% de sobreposição.

TABELA 7.5
Médias e desvios-padrão para pacientes e grupos-controle

	Pacientes		Grupo-controle	
	Média	Desvio-padrão	Média	Desvio-padrão
Memória remota	5,82	0,44	5,81	0,44
Memória recente	5,00	0,00	4,95	0,20
Lembrança imediata	**8,80**	**1,28**	**9,77**	**1,50****
Equilíbrio mental	6,13	0,96	6,63	1,12*
Enumeração em ordem reversa	3,28	0,66	3,43	0,69
Memória de listagem de palavras	**4,88**	**0,95**	**5,36**	**0,83****

* valor-$p < 0,05$; ** valor-$p < 0,01$; *** valor-$p < 0,001$; teste t não pareado.

Dos testes acima, "Lembrança imediata" e "Memória de listagem de palavras" mostram diferenças estatisticamente significativas entre os grupos no início do estudo.

ATIVIDADE 7.1

Aqui estão os outros seis resultados que omitimos na Tabela 7.5 (Tab. 7.6).

TABELA 7.6
Médias e desvios-padrão para pacientes e grupos-controle

	Pacientes		Grupo-controle	
	Média	Desvio-padrão	Média	Desvio-padrão
Teste associado pareado	3,13	0,99	3,47	1,32
Teste Numérico de Ray	5,82	2,08	6,31	1,73
Reconhecimento	10,73	1,07	11,34	0,88**
Teste de cancelamento de seis letras	14,11	3,90	17,31	3,48***
Teste de linha	8,48	0,75	8,34	0,91
Teste de lembrança tardia	3,48	1,16	3,84	1,41

* valor-$p < 0,05$; ** valor-$p < 0,01$; *** valor-$p < 0,001$; teste t não pareado

Escreva um breve parágrafo interpretando esses resultados. Compare-o com a nossa interpretação no final do livro.

TESTE t PAREADO NO SPSS

O teste *t* pareado ou teste *t* relacionado é usado quando os mesmos sujeitos participam em ambas as condições (delineamento intraparticipantes). O teste *t* pareado compara cada participante consigo próprio, e, assim, esperamos que os dois escores estejam correlacionados. Isso reduz o erro da variância e leva a um teste mais sensível. Se você tem 60 participantes em um delineamento independente de grupos, só precisará de 30 para o teste *t* pareado atingir o mesmo nível de poder (ver Cap. 4)

Para ilustrar o teste *t* pareado usaremos parte de um conjunto de dados de nossa própria pesquisa, que continha três grupos independentes (pessoas com doença inflamatória intestinal, pessoas com síndrome do intestino irritável e controles saudáveis). Os participantes foram mensurados em várias variáveis, incluindo QI de Desempenho (QID) e QI Verbal (QIV). Nesse estudo, haviam 99 participantes, e o delineamento usado foi misto (não apresentado neste texto introdutório; ver Dancey e Reidy [2011] para saber mais sobre ANOVAs mais complexas).

Entretanto, para ilustrar a maneira com que os testes *t* pareados foram executados, focaremos apenas nos 20 participantes com doenças crônicas e nas duas variáveis QID e QIV. Todos os participantes foram mensurados em ambas as variáveis (QID e QIV), portanto, este é um delineamento de medidas repetidas com duas condições. Como exemplo, vamos prever a existência de uma diferença significativa nos escores das pessoas com doença crônica entre o QID e o QIV, de tal modo que irão ter escores significativamente mais baixos no QIV do que no QID. A hipótese foi derivada da literatura, a qual mostra que, ao contrário das pessoas saudáveis, aquelas com doenças crônicas têm o QIV mais baixo do que o QID (Attree et al., 2003).

1. Escolha *Analyze, Compare Means, Paired-Samples t Test* (Analisar, Comparar Médias, Amostras do Teste *t* Pareado) (Captura de tela 7.7). Isso fornecerá a caixa

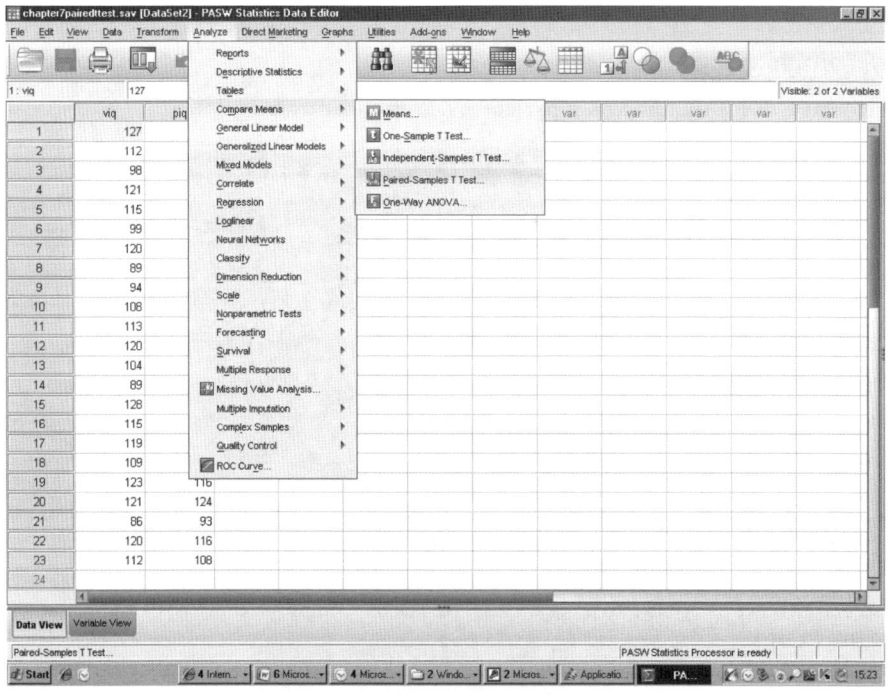

CAPTURA DE TELA 7.7

de diálogos apresentada na Captura de tela 7.8.
2. Destaque o par de escores (QID e QIV) e mova para a caixa *Paired Variables* (Variável Pareada) à direita. Pressione *OK*. Isso apresentará a Captura de tela 7.9.
3. Pressione *Options* (Opções) e você verá a caixa *Paired Samples t Test Options* (Opções de Teste *t* de Amostras Pareadas). Pressione *Continue* e *OK*.

A saída relevante é apresentada na Tabela 7.7.

Ela mostra as médias, o número de participantes do estudo, o desvio-padrão e o erro padrão da média.

Existem algumas circunstâncias em que não devemos usar o teste *t* pareado, principalmente quando os escores não estão correlacionados. Observe na Tabela 7.8 que a correlação entre os escores é apenas moderada (0,41) e estatisticamente significativa com *valor-p* igual a 0,05. Isso mostra que estamos corretos em usar o teste *t* pareado (Tab. 7.9).

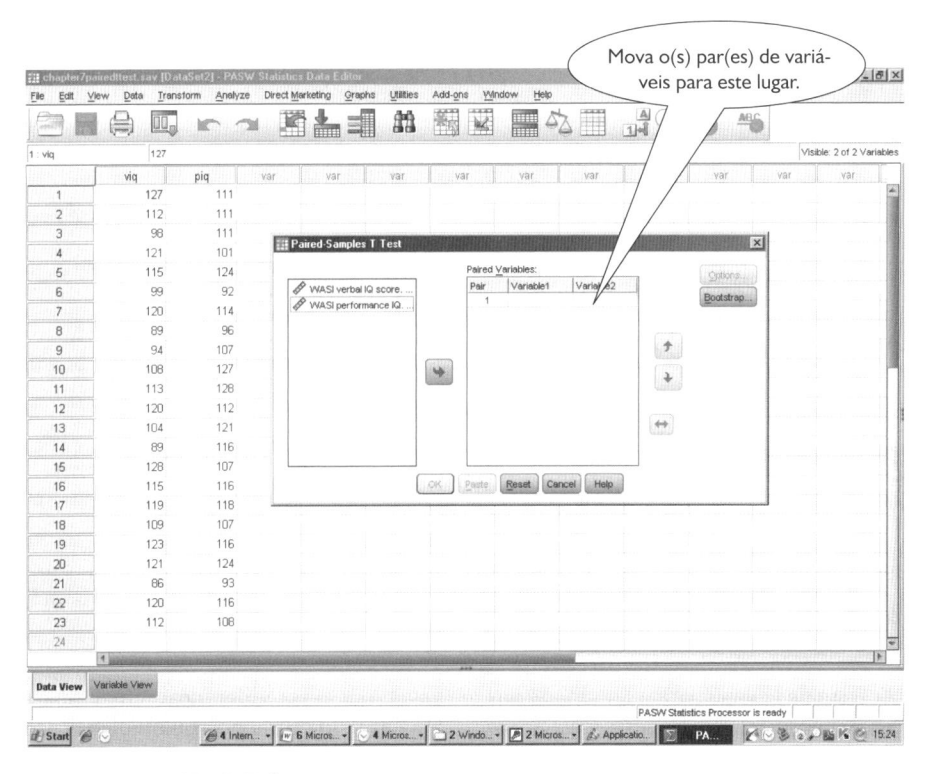

CAPTURA DE TELA 7.8

TABELA 7.7

Estatísticas de amostras pareadas para os participantes com doenças crônicas

		Média	N	Desvio-padrão	Erro padrão da média
Par 1	Escore QI Verbal WASI	110,52	23	12,587	2,625
	QI desempenho WASI	112,00	23	9,968	2,078

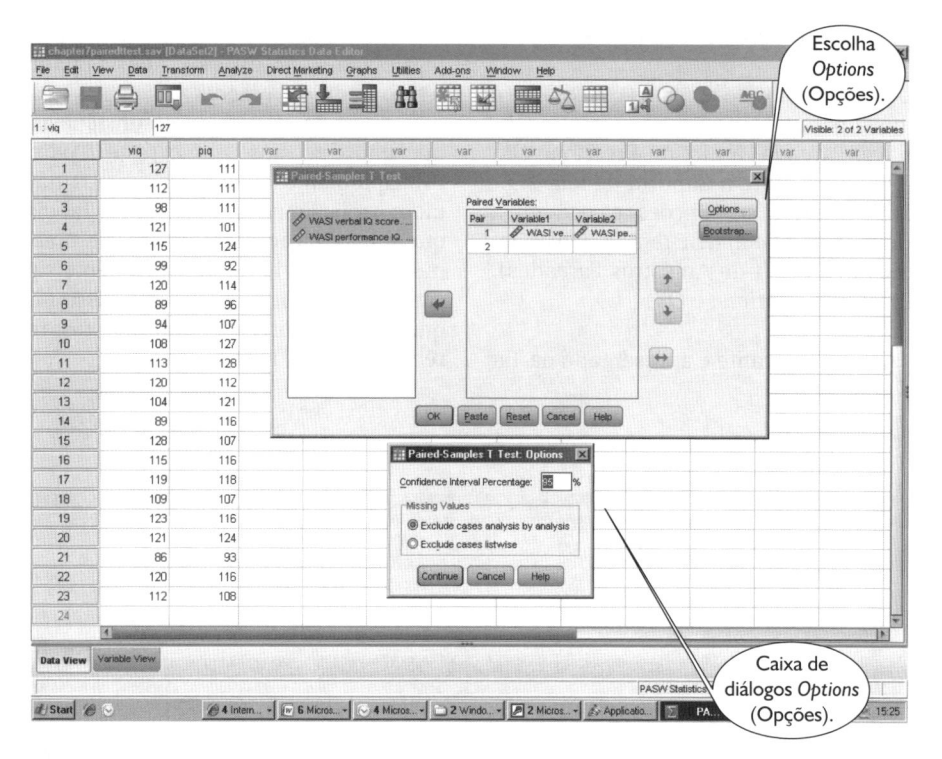

CAPTURA DE TELA 7.9

TABELA 7.8
Correlações de amostras pareadas para os participantes com doenças crônicas

		N	Correlação	Sig.
Par 1	Escore QI Verbal WASI e QI desempenho WASI	23	0,409	0,053

O Teste de Levene para a Igualdade das Variâncias não é relevante nesse caso, pois temos somente um grupo de participantes. Podemos ver, aqui, que a diferença média é –1,478 e que o valor t é –0,569. O valor negativo ocorre simplesmente porque os escores do QIV foram codificados como variável 1, e os do QID como variável 2. O nível de significância é o valor-p igual a 0,575, que não é significativo. Aqui, a hipótese não foi confirmada. Mesmo que o grupo tenha um escore maior no QID do que no QIV, não podemos rejeitar a hipótese nula, já que é provável que essa diferença tenha aparecido apenas pelo erro amostral ou pelo acaso. Pode-se dizer que:

> *Embora a diferença entre os grupos esteja na direção esperada, os resultados mostraram que ela não foi estatisticamente significativa:* $t = 0,569$ (22), *valor-*p $= 0,575$.

Não existe evidência suficiente, portanto, para concluir que os participantes diferem nas suas medidas de QIV e QID.

TABELA 7.9

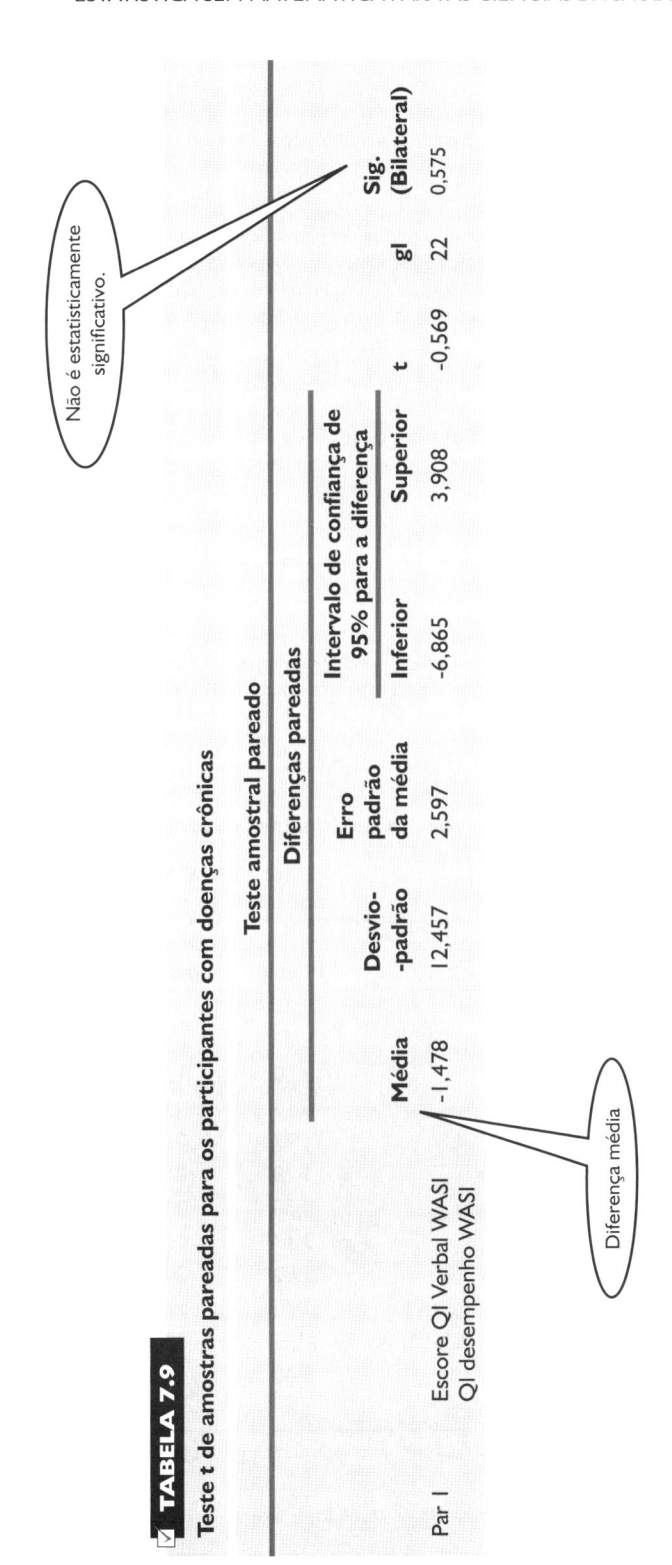

Teste t de amostras pareadas para os participantes com doenças crônicas

Teste amostral pareado

		Diferenças pareadas						
		Média	Desvio-padrão	Erro padrão da média	Intervalo de confiança de 95% para a diferença		t	gl	Sig. (Bilateral)
					Inferior	Superior			
Par 1	Escore QI Verbal WASI QI desempenho WASI	-1,478	12,457	2,597	-6,865	3,908	-0,569	22	0,575

Diferença média (← -1,478)

Não é estatisticamente significativo. (← 0,575)

Exemplo da literatura

Anzalone (2008) queria determinar se havia diferenças significativas na glucose do sangue amostrado no lóbulo da orelha em relação àquela retirada na ponta dos dedos. Cinquenta participantes forneceram amostras tanto da ponta dos dedos quanto do lóbulo da orelha. Isto é o que foi dito:

> Os resultados indicaram que o valor médio para a punção da polpa digital (M = 180,14, DP = 64,16) foi significativamente maior do que o resultado do lóbulo da orelha (M = 174,38, DP = 63,18, t(49) = 2,81, valor-p = 0,007).[4] O tamanho do efeito padronizado (d) foi de 0,40 (tamanho pequeno). O intervalo de confiança de 95% da diferença média entre os dois resultados foi de 1,64 a 9,89.

Isso nos fornece muitas informações – não apenas as médias, a direção da diferença e a estatística teste, mas também o tamanho do efeito e o intervalo de confiança. É tudo o que precisamos para interpretar corretamente a análise. Baseados na seção de resultados, parece que há evidências para concluir que existe uma diferença significativa na glucose amostrada no lóbulo da orelha em comparação àquela amostrada na ponta dos dedos.

☑ ATIVIDADE 7.2

Jaiwal e colaboradores (2010) também executaram um teste t pareado para comparar a maneira com que os pacientes mudaram no início do estudo e após três meses de acompanhamento. A Tabela 7.10 fornece os resultados.

☑ TABELA 7.10
Médias e desvios-padrão para os participantes no início do estudo e após três meses

	Escore inicial dos pacientes ($n = 50$)		Escores dos pacientes aos 3 meses ($n = 45$)	
	Média	Desvio-padrão	Média	Desvio-padrão
Memória remota	5,82	0,44	5,75	0,48
Memória recente	5,00	0,00	4,97	0,14
Lembrança imediata	8,80	1,28	9,42	1,28**
Equilíbrio mental	6,13	0,96	6,28	0,96
Teste de dígitos	4,77	0,79	4,88	0,48
Teste de dígitos invertidos	3,28	0,66	3,31	0,55
Memória da lista de palavras	4,88	0,95	5,17	0,77*
Teste pareado associado	3,13	0,99	3,13	0,97
Teste de figuras de Ray	5,82	2,08	6,13	1,70
Reconhecimento	10,73	1,07	11,42	0,72***
Teste de cancelamento de seis letras	14,22	3,90	16,77	3,57***
Teste de linha	8,48	0,75	8,44	0,69
Teste de memória retrógrada	3,48	1,16	4,06	1,13***

*valor-p < 0,05; ** valor-p < 0,01; *** valor-p < 0,001; teste t pareado

Escreva um parágrafo interpretando os resultados. Compare-o com o nosso no final do livro.

TESTE z PARA DUAS AMOSTRAS

Este teste é usado em determinadas situações no lugar do teste t. Ele costuma ser usado quando o tamanho da amostra está acima de 30 e quando os dados são normalmente distribuídos. Costumava ser usado por não exigir a igualdade das variâncias. Com o advento de programas estatísticos computadorizados como o SPSS, em que se pode fazer uma correção caso as variâncias sejam desiguais, esse teste se torna um tanto redundante, uma vez que a maioria das pessoas prefere usar o mais popular, o teste t. Ocasionalmente, entretanto, o teste z para duas amostras pode ser encontrado na literatura de pesquisa.

Caso queira usar o teste z para duas amostras, consulte o *site* associado. Entretanto, você precisa saber como interpretar artigos que o utilizam.

Exemplo da literatura

É bem difícil encontrar um artigo que tenha utilizado o teste z. O Relatório Semanal da Morbidez e Mortalidade, de 1º de maio de 2009, foi um de seus usuários. Ele discutiu a prevalência e as causas mais comuns de deficiência entre adultos nos Estados Unidos no ano de 2005, apresentando o número estimado e o percentual de adultos com deficiências autorrelatadas por grupos de idade. O relatório diz:

> Diferenças na prevalência de deficiências por sexo em grupos de idade e outras comparações foram avaliadas pelo teste z e consideradas estatisticamente significativas se o intervalo de confiança de 95% excluía o zero ($p < 0,05$). (p. 422)

As análises foram baseadas em uma população total estimada de 47.501 pessoas. Eles apresentaram a Figura 7.4.

Foram executados, então, testes z para comparar homens e mulheres, em diferentes grupos de idade, e, por conseguinte, novos três testes z. Os autores relatam:

> A prevalência da deficiência é significativamente mais alta entre mulheres do que entre homens para todos os grupos de idade (teste z para as diferenças entre mulheres e homens por grupo de idade: 18-44 anos, $p = 0,006$; 45-64 anos, $p < 0,0001$; ≥ 65 anos, $p < 0,0001$). (p. 426)

Os valores calculados dos escores z não foram relatados, embora recomendemos a você que inclua estatísticas desse tipo em seus relatórios.

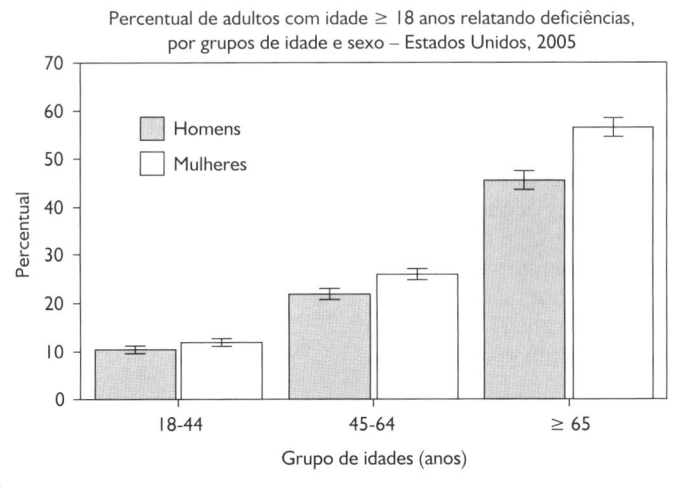

FIGURA 7.4

Deficiências por grupos de idade e sexo (intervalo de confiança de 95%).

TESTES NÃO PARAMÉTRICOS

Os seguintes testes não paramétricos transformam escores em dados ordenados. Desse modo, são resistentes a valores atípicos e à assimetria, o que os torna ideais para amostras pequenas e assimétricas.

MANN-WHITNEY PARA GRUPOS INDEPENDENTES

O teste de Mann-Whitney usa os postos em uma fórmula que calcula a estatística teste "U". Na verdade, se você pegar os dados que usou para um teste *t* independente, determinar os postos das condições e, então, executar um teste de Mann-Whitney, o valor da probabilidade será quase idêntico ao do teste *t*. Antes dos programas estatísticos computadorizados, os estudantes determinavam os postos manualmente para executar o teste Mann-Whitney (ver Cap. 3). Os escores são postos atribuídos aos grupos em conjunto. A partir deles, é encontrado um posto médio para cada grupo. Se não existem diferenças significativas entre as condições A e B, então os postos devem ser igualmente distribuídos nas duas condições. O U de Mann-Whitney é calculado com base nos postos e no tamanho da amostra.

Determinar os postos manualmente causava muitos problemas, especialmente quando havia um grande número de casos ou um grande número de empates. Por exemplo, 10 pessoas tinham um escore de 3,00. Era necessário, então, encontrar o posto médio dos 10 casos. Os programas estatísticos são muito mais confiáveis. O SPSS calcula o número de vezes que um posto da condição A precede um escore da condição B e o número de vezes que um posto do grupo B precede um escore da condição A. A medida de tendência central apropriada pode ser a média ou mediana (ver Cap. 3).

TESTE DE MANN-WHITNEY NO SPSS

Imagine que tenhamos uma amostra pequena de pacientes; oito tiveram um tratamento para melhorar a fadiga, e sete estão na lista de espera. A fadiga é avaliada em uma escala de 1 (dificilmente com fadiga) até 7 (fadiga severa). A hipótese é que a amostra tratada terá menos fadiga. Essa é uma hipótese direcional, assim poderemos usar um teste unicaudal.

1. Escolha *Analyze, Nonparametric Statistics, Legacy Dialogs, 2 Independent Samples* (Analisar, Estatísticas Não Paramétricas, Caixa de Diálogos Legacy, 2 Amostras Independentes), como mostra a Captura de tela 7.10. Isso fornece a caixa de diálogos apresentada na Captura de tela 7.11.
2. Mova a variável de interesse para a caixa *Test Variable List* (Lista da Variável do Teste) à direita e a variável de grupo para a caixa *Grouping Variable* (Variável de Agrupamento) à direita. Assegure que a caixa do *Mann-Whitney U Test Type* (Teste U de Mann-Whitney) esteja marcada.
3. Clique no botão *Define Groups* (Definir Grupos) (Captura de tela 7.12) e entre com 1 como Grupo 1 e 2 como Grupo 2 (Captura de tela 7.13).
4. Então, pressione *Continue* e em seguida *Options* (Opções). Isso fornece outra caixa de diálogos (Captura de tela 7.14).
5. Verifique *Descriptives* (Descritivas) caso deseje, então *Continue* e *OK*. A Tabela 7.11 mostra a parte relevante da saída.

A tabela mostra que a média dos postos do grupo do tratamento (N = 8) é 5,75, enquanto a média dos postos para o grupo-controle (N = 7) é de 10,57. Portanto, o grupo do tratamento avaliou a si mesmo como menos fatigado se comparado ao grupo-controle.

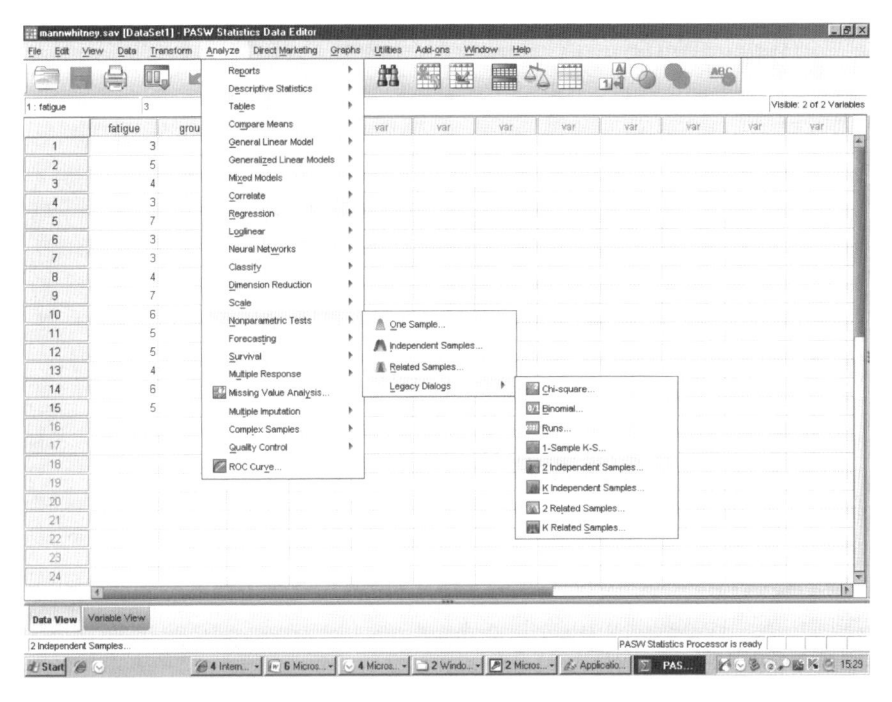

CAPTURA DE TELA 7.10

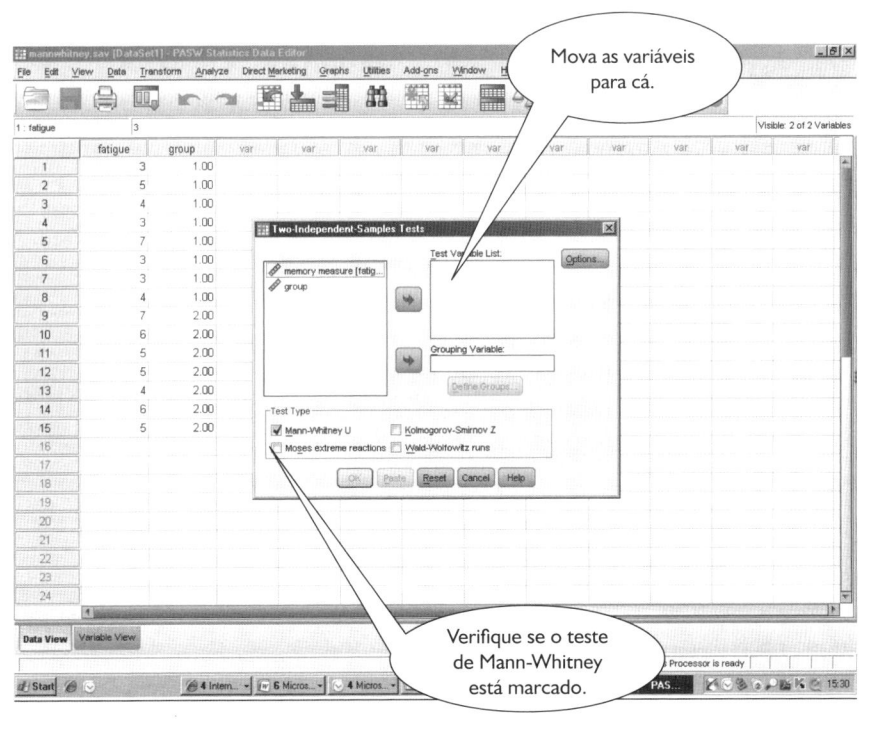

CAPTURA DE TELA 7.11

Mova as variáveis para cá.

Verifique se o teste de Mann-Whitney está marcado.

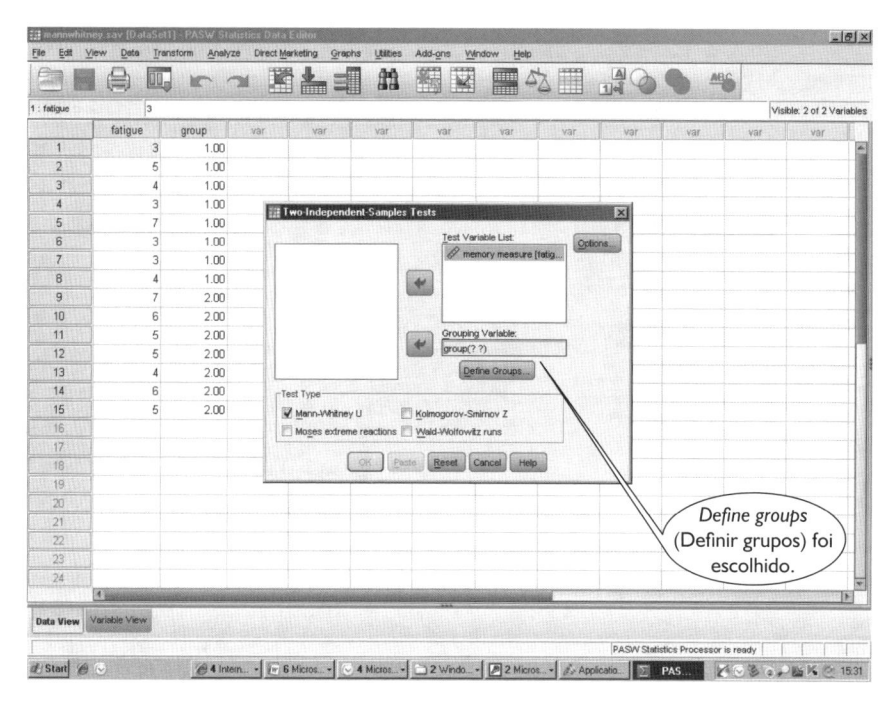

CAPTURA DE TELA 7.12

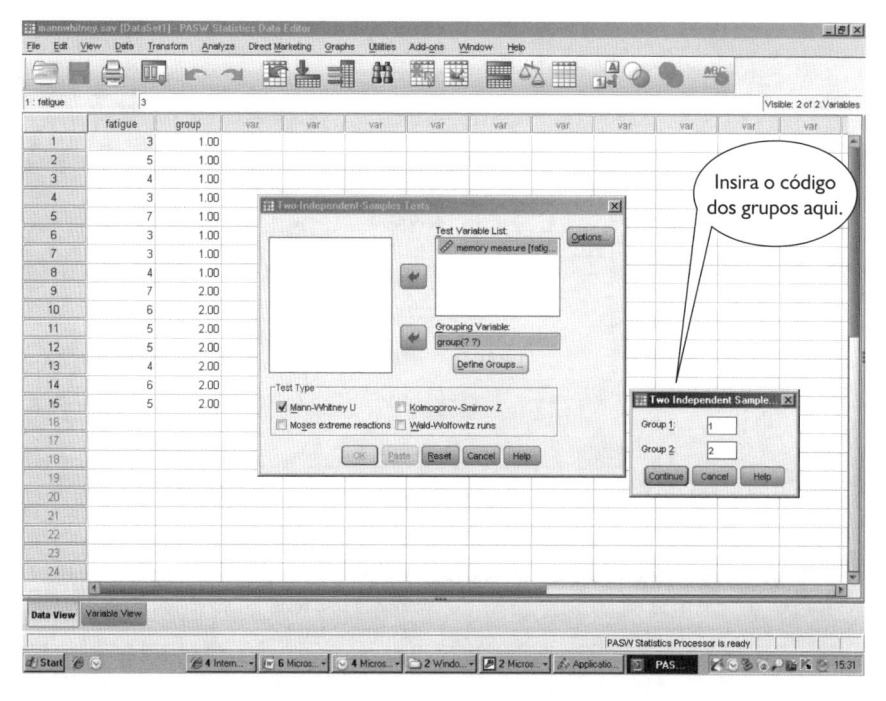

Define groups (Definir grupos) foi escolhido.

CAPTURA DE TELA 7.13A

Insira o código dos grupos aqui.

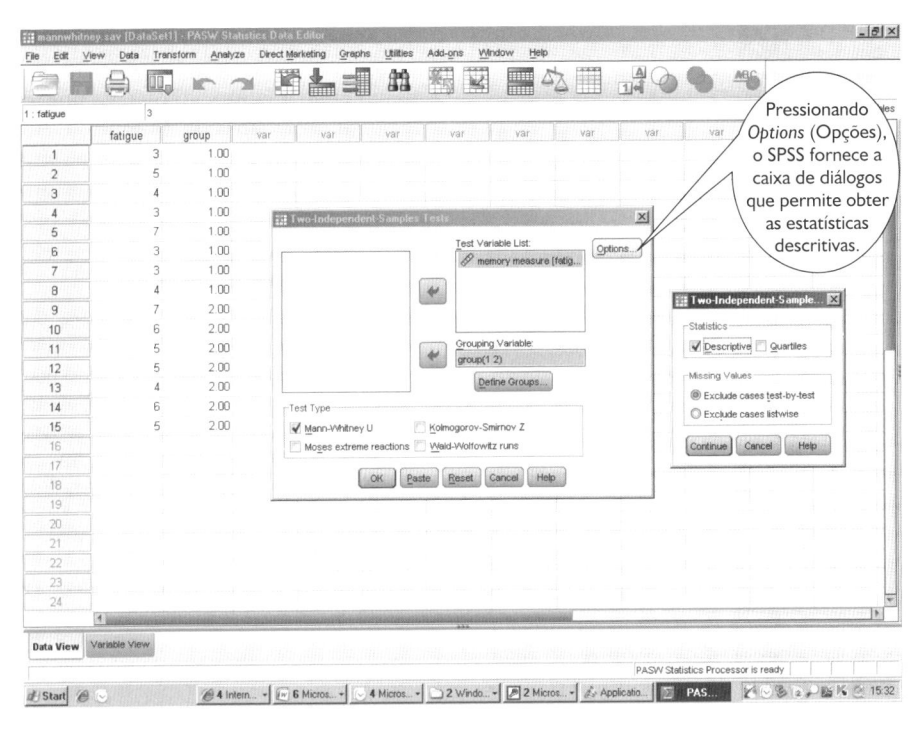

CAPTURA DE TELA 7.13B

TABELA 7.11

Média dos postos e soma dos postos para os grupos do tratamento na medida da memória

	Grupo	N	Médias dos postos	Soma dos postos
Medida da memória	Do tratamento	8	5,75	46,00
	Controle	7	10,57	74,00
	Total	15		

Métodos exatos e métodos simétricos

Valores assintóticos nos dão um pouco mais de poder estatístico do que valores exatos. Entretanto, a significância estatística é baseada na suposição de que temos um grande conjunto de dados normalmente distribuído. Com amostras que são assimétricas, *não podemos contar* com valores assintóticos, portanto, temos que relatar os valores exatos. A significância estatística do método exato é baseada na distribuição da amostra que temos, ou seja, na sua distribuição exata.

A Tabela 7.12 fornece mais informações do que necessitamos. A estatística teste é o U de Mann-Whitney (comumente chamado de U). Você o verá relatado com mais frequência nas seções de resultados. Você poderá ver, também, o z. Nesse caso, teremos $U = 10$ e $z = 2,133$. Caso possua uma hipótese unicaudal, você deve dividir por 2 o valor da significância bicaudal apresentada na tabela. Como o valor exato (bicaudal) é de 0,040, o nível exato da significância (unicaudal) se torna 0,020.

Podemos relatar os resultados desta maneira:

TABELA 7.12
Estatísticas teste para a medida da memória

Estatísticas teste[b]	Medida da memória
U de Mann-Whitney	10,000
W de Wilcoxon	46,000
Z	-2,133
Sig. Assintótica (bicaudal)	0,033
Sig. Exata [2*(Sig. unicaudal)]	0,040[a]

[a] Não corrigido para empates
[b] Variável de agrupamento: grupo

O teste de Mann-Whitney mostrou que o grupo tratado avaliou a si próprio como menos fatigado do que o grupo-controle (U = 10, z = 2,133, valor-p = 0,020).

Entretanto, as seções de resultados de muitos periódicos relacionados às ciências da saúde não relatam o U ou o valor z; e simplesmente relatam que Mann-Whitney foi usado para comparar dois grupos e fornecem um valor-p associado com o teste estatístico.

ATIVIDADE 7.3

Pedimos aos autores do artigo se poderíamos ter os arquivos de dados do SPSS para que pudéssemos usá-lo como um exercício neste livro, e eles concordaram. Para o propósito do exercício, iremos pedir que você execute o teste de Mann-Whitney nos dados do QGS-12 (ver Tab. 7.13). Observe os dados mostrados na Captura de tela 7.14. A variável dependente é o escore no QGS-12, e os grupos são de controle (codificado como 0) e do exercício (codificado como 1). Execute o teste de Mann-Whitney, obtenha os resultados e compare-os aos de Blake e Batson. O resultado correto é apresentado no final do livro.

Exemplo da literatura

Blake e Batson (2008) tinham a seguinte pergunta de pesquisa:

A participação em um exercício de intervenção Qigong melhora o humor, a autoestima, a flexibilidade perceptiva, a coordenação, a atividade física e o suporte social em pessoas com lesão cerebral traumática? (p.50)

Para respondê-la, Blake e Batson executaram o exercício de intervenção Tai Chi Qigong por uma hora semanal, ao longo de oito semanas, em 20 pessoas com lesão cerebral. Outras 20 pessoas participaram em uma atividade não baseada no exercício por oito semanas, agindo como controles. Os autores verificaram que os grupos eram similares nas variáveis dependentes antes da intervenção.

Os resultados obtidos pelos autores são apresentados na Tabela 7.13.

Você pode ver que foram fornecidos os escores medianos para ambos os grupos no início e no acompanhamento e que também foi estabelecido o escore mediano da mudança. Para cada uma das variáveis medidas, os autores executaram um teste Mann-Whitney entre os grupos do exercício e de controle presentes no acompanhamento. Eles deram o valor U e o valor exato da probabilidade associada, destacando a única diferença significativa.

Eles também forneceram uma interpretação desses resultados como texto:

Os testes U de Mann-Whitney conduzidos nos resultados das medidas do acompanhamento de oito semanas mostraram uma diferença significativa no humor avaliado pelo Questionário Geral da Saúde-12 (QGS-12) entre os grupos do exercício e de controle. Não houve diferenças significativas entre os grupos nas medidas de Suporte Social para Hábitos de Exercícios (SSHE) de familiares e amigos, de coordenação do Questionário de Autodescrição Física (QADF), de autoestima, de flexibilidade e de atividade física. (p. 593)

TABELA 7.13
Comparação entre os grupos de controle e do exercício

	Grupo-controle (n = 10)			Grupo do exercício (n = 10)			Teste* de Mann-Whitney comparando as oito semanas	
	Mediana início (AIQ)	Mediana acompanhamento (AIQ)	Diferença mediana (AIQ)	Mediana início (AIQ)	Mediana acompanhamento (AIQ)	Diferença mediana (AIQ)	U	Valor-p (bilateral)
Suporte familiar ao SSHE	20,5 (10)	14 (13,25)	-6,5 (3,25)	23,5 (14)	16 (12,25)	-7,5 (-1,75)	42,5	0,567
Suporte dos amigos ao SSHE	18 (10,75)	12,5 (4,75)	-5,5 (-6)	21 (14)	14 (13,5)	-7 (-0,5)	35,5	0,266
GHQ-12	3,5 (4,75)	2,5 (2,75)	-1 (-2)	1,5 (3,75)	0 (1)	-1,5 (-2,75)	22	0,026**
Coordenação do QADF	3,75 (2,55)	4,25 (2,67)	0,5 (0,12)	3,42 (2,67)	3,42 (2,66)	0 (-0,01)	45,5	0,733
Autoestima do QADF	2,55 (1,12)	2,88 (1,16)	0,33 (0,04)	2,83 (0,96)	3,44 (1,12)	0,61 (0,16)	37,5	0,344
Flexibilidade do QADF	3,58 (2,59)	4,17 (3,09)	0,59 (0,5)	3,33 (1,96)	2,92 (1,62)	-0,41 (-0,34)	41	0,496
Atividade Física do QADF	1,5 (3,12)	1,67 (3,41)	0,17 (0,29)	3,17 (1,71)	3,50 (2,04)	0,33 (0,33)	34,5	0,240

SSHE – Suporte Social para Hábitos de Exercícios; QGS-1 – Questionário Geral da Saúde; QADF – Questionário de Autodescrição Física; AIQ – Amplitude Inter Quartílica; U – Estatística U de Mann-Whitney.
* O teste U de Mann-Whitney foi realizado para comparar o grupo-controle com o grupo do exercício em cada medida de saída no acompanhamento.
** Significante a $p < 0,05$.

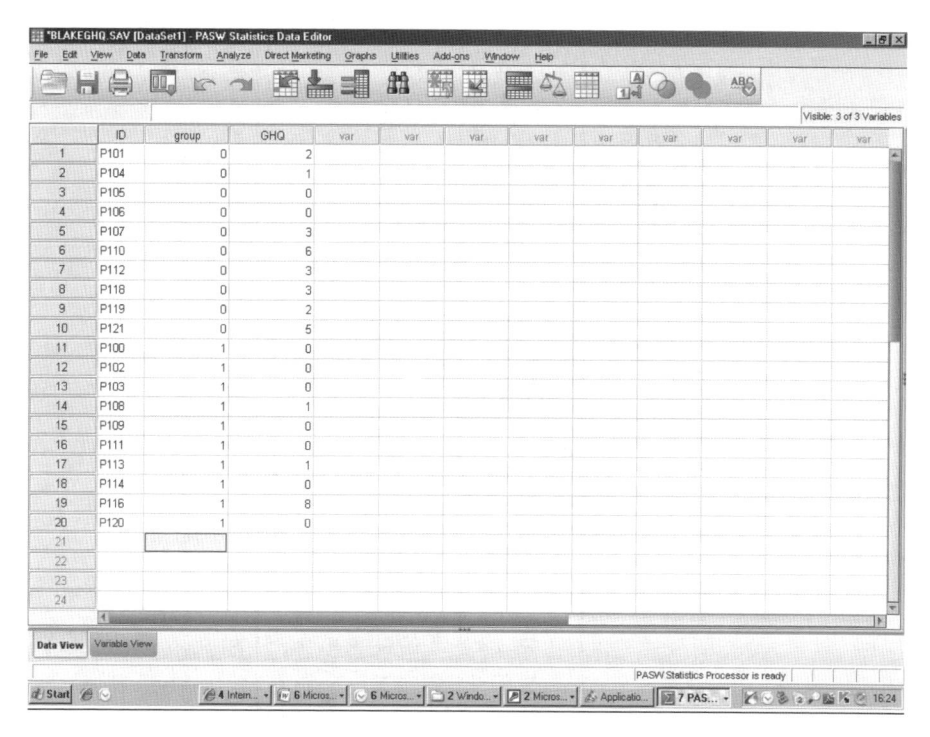

CAPTURA DE TELA 7.14

TESTE DOS POSTOS COM SINAIS DE WILCOXON PARA MEDIDAS REPETIDAS

O teste Wilcoxon é similar, mas, como o teste t pareado, ele faz uso do conhecimento que os participantes apresentam em ambas as condições. Em vez de ordenar os escores em um conjunto de dados combinados, como no teste Mann-Whitney, para cada caso um escore é subtraído de outro (esse resultado é denominado de "diferença de escores"), e, então, essas diferenças são ordenadas. A soma dos postos positivos e negativos é calculada separadamente. Quando calculamos o teste dos postos com sinais de Wilcoxon à mão, a soma dos postos de menor valor (independentemente do sinal) fornece a estatística teste, que é representada por T. Quando executamos o teste usando um programa estatístico como o SPSS, a estatística teste resultante é a z.

TESTES DOS POSTOS COM SINAIS DE WILCOXON NO SPSS

Usaremos o seguinte conjunto de dados para ilustrar o teste dos postos com sinais de Wilcoxon. Vinte pacientes foram medidos em uma escala de depressão antes e depois da intervenção.

1. Escolha *Analyze, Nonparametric Statistics, Legacy Dialogs, 2-related samples* (Analisar, Estatística Não Paramétrica, Diálogos Legacy, 2 Amostras Relacionadas) (Captura de tela 7.15), o que nos fornece uma caixa de diálogo (Captura de tela 7.16).
2. Destaque o par de variáveis à esquerda e mova-as para a próxima caixa à direita. Tenha certeza de que a opção do teste Wilcoxon esteja marcada.

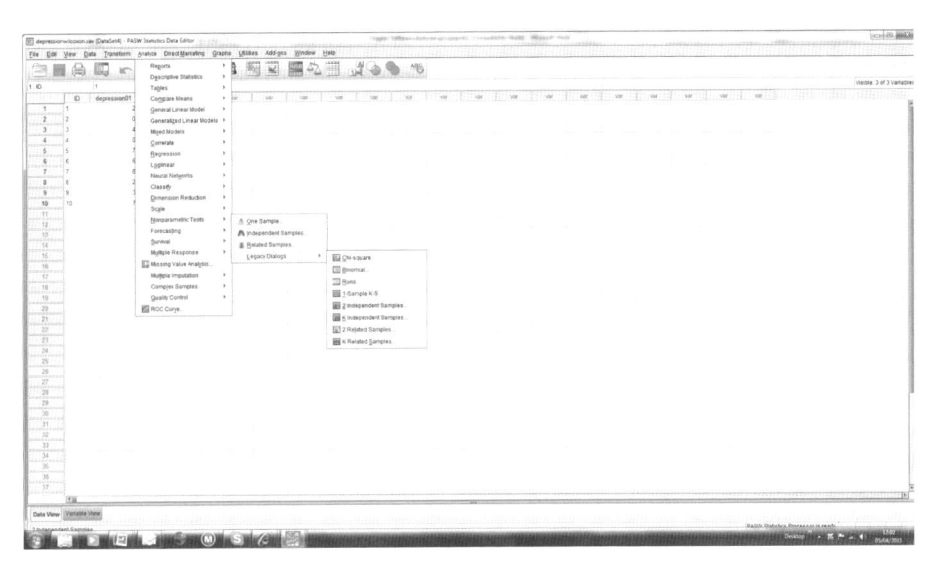

CAPTURA DE TELA 7.15

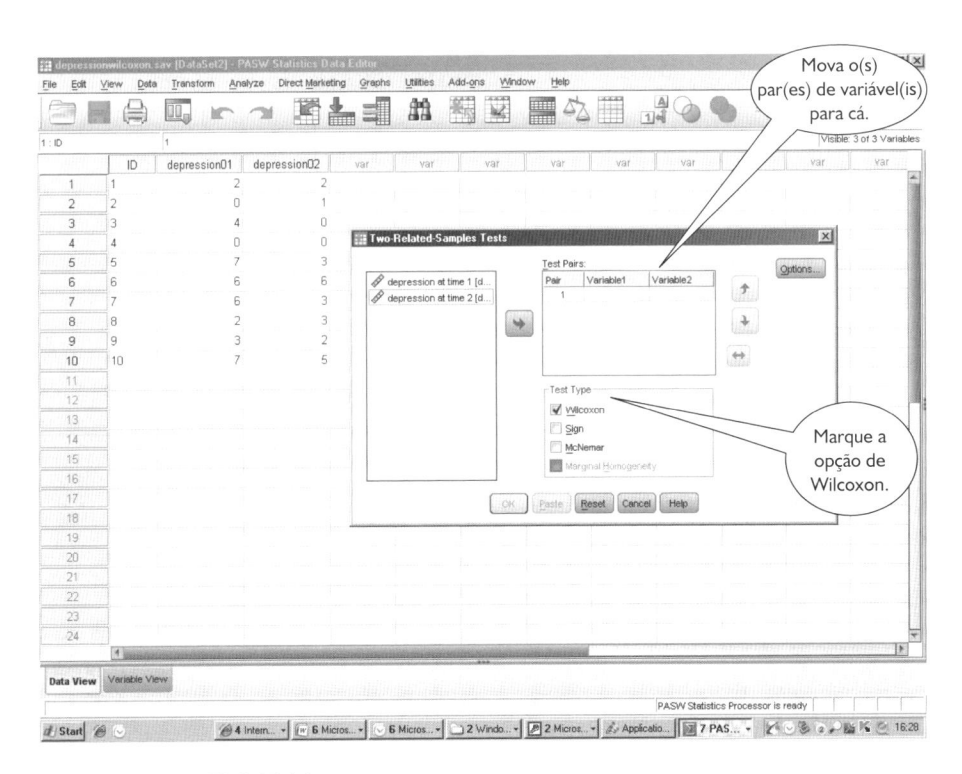

CAPTURA DE TELA 7.16

1. Clique em *Options* (Opções).
2. Mova os pares para o local indicado.
3. Marque *Decriptives* (Descritivas) caso você as queira (Captura de tela 7.17), e clique, então em *Continue* e, após, em *OK*.

A Tabela 7.14 fornece a saída relevante. Isso mostra que:

1. Cinco postos eram negativos (i. e., a depressão no tempo 2 era menor do que a depressão no tempo 1);

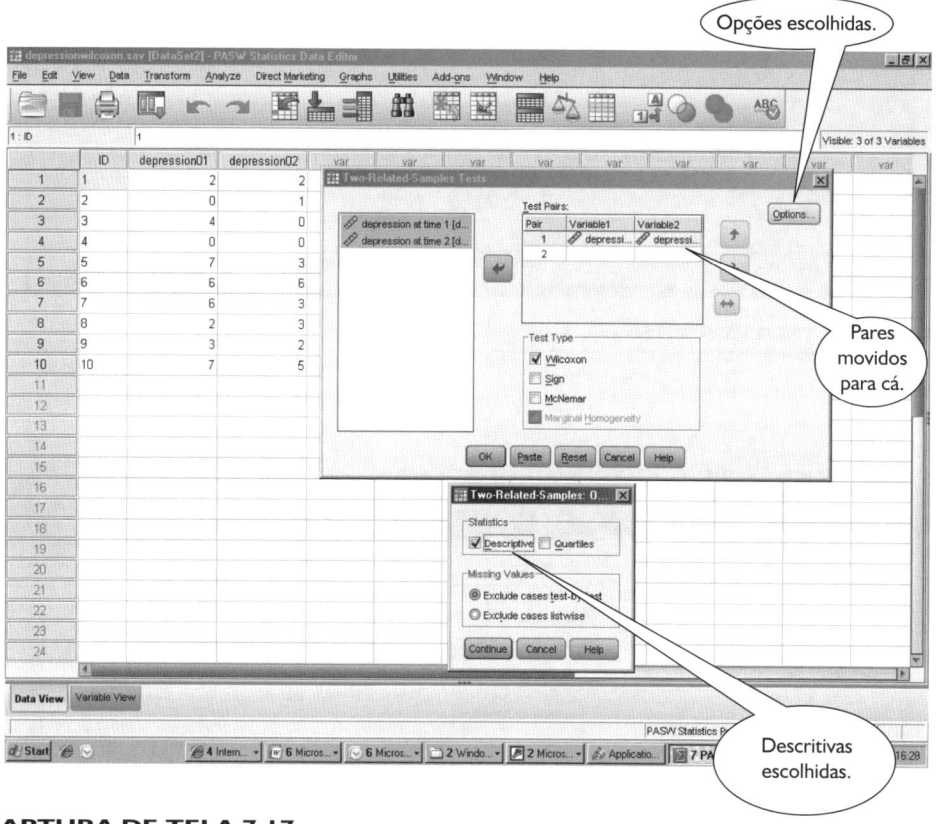

CAPTURA DE TELA 7.17

TABELA 7.14

Postos para a depressão nos tempos 1 e 2

		Postos		
		N	Posto médio	Soma dos postos
Depressão no tempo 2 – Depressão no tempo 1	Postos negativos	5[a]	4,80	24,00
	Postos positivos	2[b]	2,00	4,00
	Empates	3[c]		
	Total	10		

[a] depressão no tempo 2 < depressão no tempo 1
[b] depressão no tempo 2 > depressão no tempo 1
[c] depressão no tempo 2 = depressão no tempo 1

2. Dois postos eram positivos (i. e., depressão no tempo 2 era maior do que a depressão no tempo 1); e
3. Houve três empates (i. e., a depressão no tempo 2 era igual à depressão no tempo 1).

O valor do teste Wilcoxon usa z (Tab. 7.15). Nesse caso, $z = 1,706$, com uma probabilidade associada de 0,044 para uma hipótese unicaudal. Podemos, então, dizer:

Os resultados mostram que houve uma diferença estatisticamente significativa entre as duas condições ($z = 1,71$),[5] p = 0,044, o que mostra que a intervenção surtiu efeito.

TABELA 7.15
Estatísticas teste para depressão

	Estatística teste[b]
	Depressão no tempo 2 – depressão no tempo 1
Z	-1,706[a]
Sig. Assint. (bicaudal)	0,088

[a] Baseado em postos positivos
[b] Teste dos postos com sinais de Wilcoxon

Exemplo da literatura:
Programa de redução do ruído em unidades hospitalares

Taylor-Ford e colaboradores (2008) queriam determinar se o programa de redução do ruído reduziu os níveis de som e distúrbios devidos ao som conforme percebido pelos pacientes em duas unidades hospitalares diferentes. Os pacientes, que completaram um questionário sobre distúrbios causados pelo som adaptado de Margaret Topf para pacientes durante as fases de pré-intervenção e pós-intervenção, forneceram os dados. Os pesquisadores escolheram Wilcoxon como o seu teste e alegaram o seguinte:

Os escores possíveis variaram entre 30, indicando nenhum distúrbio de som, e 150, indicando graves distúrbios do som. A diferença entre médias e medianas da soma dos postos de Wilcoxon nos escores das duas unidades não foi significativa (p = 0,16), e a diferença entre os escores pré e pós na unidade de tratamento não foram significativos (p = 0,67). (p. 81)

ATIVIDADE 7.4

Que conclusões você pode tirar da seção de resultados anterior quanto à prática baseada na evidência? Compare a sua resposta com a nossa, apresentada no final do livro.

AJUSTE PARA MÚLTIPLOS TESTES

Como você pode observar, muitos pesquisadores executam comparações com duas condições em mais de uma variável. Executar testes múltiplos dessa forma torna mais provável que um ou mais testes t sejam significativos apenas pelo erro amostral ou pelo acaso. É conveniente, então, "ajustar" o nível de significância para torná-lo mais estrito. Por exemplo: se tivéssemos executado três testes *t*, então, o ajuste seria dividir o nosso nível de significância padrão (0,05) pelo número de comparações feitas (3): 0,05/3 = 0,017 (arredondado para duas casas decimais). Isso significa que somente testes *t* com $p < 0,017$ seriam declarados estatisticamente significativos, embora relatemos isso como $p < 0,05$. Essa alteração do nível de significância é conhecida como correção de Bonferroni, e você aprenderá mais sobre isso nos capítulos seguintes (em particular os Caps. 8 e 9).

Resumo

Se você estiver executando sua própria pesquisa, recomendamos que verifique se seus dados são significativamente assimétricos (ver Cap. 4). Caso sejam, você pode usar a abordagem *bootstrapping* para o cálculo do teste *t* ou os testes não paramétricos tradicionais. As estatísticas descritivas apropriadas para os testes *t* são as médias e os desvios-padrão. Intervalos de confiança em torno das diferenças entre as médias permitem generalizar para a população – e você pode afirmar que a diferença da população média é provavelmente caia em certo intervalo. Um tamanho do efeito, o *d* de Cohen, permite que você declare a força da diferença entre as condições em unidades padronizadas (escore z).

Ao usar o teste de Mann-Whitney para grupos independentes e o teste de postos com sinais de Wilcoxon para medidas repetidas, escolha uma medida de tendência central apropriada (ver Cap. 3). Intervalos de confiança baseados na média não são apropriados para as estatísticas não paramétricas.

QUESTÕES DE MÚLTIPLA ESCOLHA

1. Se o *d* de Cohen = –0,33, então:
   a) Os grupos diferem por 3,3 DP.
   b) Os grupos diferem por um terço do DP.
   c) Os grupos diferem por menos de 30% do DP.
   d) Eles não diferem.

O seguinte enunciado se refere às questões 2 e 3:.

Um pesquisador previu que um exercício de intervenção para pacientes com problemas respiratórios melhoraria sua função física, medida pela força muscular e pelo consumo de oxigênio. Havia um grupo de intervenção (N = 20) e um grupo-controle (N = 20).

2. Isto é:
   a) Um delineamento independente de dois grupos.
   b) Um delineamento de medidas repetidas de dois grupos.
   c) Um delineamento correlacional.
   d) Um teste *z* de uma amostra.

3. Dos testes listados anteriormente, um teste estatístico apropriado para analisar esses dados é:
   a) Teste *z* de uma amostra.
   b) Teste *t* pareado.
   c) Teste de Mann-Whitney.
   d) Teste de Wilcoxon.

4. Se o *d* de Cohen = 2,5, isso é considerado:
   a) Um efeito pequeno.
   b) Um efeito médio.
   c) Um efeito grande.
   d) Um resultado impossível.

5. O teste de Levene mostra se:
   a) Os escores de dois grupos independentes têm variâncias aproximadamente iguais.
   b) Os escores de um grupo de pessoas atuando em duas condições têm variâncias iguais.
   c) Os escores são distribuídos normalmente:.
   d) Todas as alternativas anteriores.

6. Uma pesquisadora executa um teste *t* para analisar as diferenças entre duas condições. Ela deseja usar uma hipótese unicaudal. O resultado do SPSS dá uma probabilidade bicaudal de 0,07. Que valores ela deve usar para relatar uma probabilidade associada unicaudal?
   a) 0,070

b) 0,035
c) 0,05
d) 0,14

O seguinte enunciado se refere às questões 7 e 8:
Dez pessoas com a síndrome da fadiga crônica avaliaram sua fadiga em uma escala de 1 a 5 em dois pontos do tempo, antes e depois do almoço. Os dados são assimétricos.

7. Isto é um:
   a) Delineamento independente de dois grupos.
   b) Delineamento de medidas repetidas de dois grupos.
   c) Delineamento correlacional.
   d) Teste z de uma amostra.

8. O teste estatístico apropriado para analisar esses dados é:
   a) O teste t independente.
   b) O teste de postos com sinais de Wilcoxon.
   c) O teste de Mann-Whitney.
   d) O teste t pareado.

9. Qual dos seguintes *não* consitui uma suposição subjacente do teste t de amostras independentes:
   a) Os escores podem ser retirados de uma população normalmente distribuída.
   b) As variâncias devem ser aproximadamente iguais em ambos os grupos.
   c) Deve haver um relacionamento linear entre os escores na condição 1 e na condição 2.
   d) Os dados devem ser de nível intervalar.

O seguinte enunciado se refere às questões 10 a 12:
Observe o seguinte resultado, que compara a quantidade de movimentos medida em pacientes com esclerose múltipla após o tratamento (0 = sem movimento, 5 = muito movimento) com a de pacientes aguardando o tratamento (grupo-controle)

Estatísticas do grupo

Grupo		N	Média	Desvio-padrão	Erro padrão da média
movimento	grupo do tratamento	12	4,00	0,853	0,246
	grupo-controle	12	1,67	1,435	0,414

Testes para amostras independentes

		Teste de Levene para a igualdade das variâncias		Teste t para a igualdade das médias						
		F	Sig.	t	gl	Sig. (bila-teral)	Diferença das médias	Erro padrão da diferença	Intervalo de confiança de 95% para a diferença	
									Inferior	Superior
Movimento	Supondo variâncias iguais	3,667	0,069	4,841	22	0,000	2,333	0,482	1,334	3,333
	Supondo variâncias desiguais			4,841	17,905	0,000	2,333	0,482	1,320	3,346

10. Qual é a conclusão mais apropriada?
    a) O grupo do tratamento mostra mais movimento do que o grupo-controle e essa diferença é estatisticamente significativa $p < 0,001$.
    b) O grupo-controle mostra mais movimento do que o grupo do movimento, e essa diferença é estatisticamente significativa $p < 0,001$.
    c) O grupo do tratamento mostra mais movimento do que o grupo-controle, e essa diferença é estatisticamente significativa $p < 0,069$.
    d) O grupo-controle mostra mais movimento do que o grupo-controle, e essa diferença é estatisticamente significativa $p < 0,069$.

11. Qual é a conclusão mais apropriada? Estamos 95% confiantes de que a diferença da média da população:
    a) É 2,33.
    b) Está em algum lugar entre 1,33 e 3,33.
    c) Está em algum lugar entre 1,32 e 3,35.
    d) É 4,84.

12. Qual é a conclusão mais apropriada?
    a) Os escores no grupo do tratamento são mais variáveis do que os do grupo-controle.
    b) Os escores no grupo-controle são mais variáveis do que os do grupo do tratamento.
    c) Os grupos têm variâncias idênticas.
    d) Não é possível determinar qual grupo tem a maior variância.

13. Um pesquisador testa dois grupos de participantes (N = 300) em uma medida de estresse (unidade: 1-20). Se o d de Cohen é 1,5, então os grupos diferem por:
    a) 1,5 desvios-padrão
    b) 1,5 unidades de estresse
    c) 150
    d) 15 desvios-padrão

O seguinte enunciado se refere às questões 14 e 15:

Esta é uma análise de medidas repetitivas com movimento em nove pessoas com esclerose múltipla em dois pontos do tempo (foi executada uma intervenção entre o pré e o pós-teste). A hipótese era que o movimento seria maior após a intervenção. Veja o resultado:

Postos

		N	Posto médio	Soma dos postos
Movimento no pós-teste – movimento no pré-teste	Postos negativos	1[a]	2,00	2,00
	Postos positivos	6[b]	4,33	26,00
	Empates	2[c]		
	Total	9		

[a] Movimento no pós-teste < movimento no pré-teste
[b] Movimento no pós-teste > movimento no pré-teste
[c] Movimento no pós-teste = movimento no pré-teste

Estatística teste[b]

	Movimento no pós-teste – movimento no pré-teste
Z	-2,058[a]
Sig. Assint. (bicaudal)	0,040
Sig. Exata (bicaudal)	0,063
Sig. Exata (unicaudal)	0,031
Probabilidade pontual	0,023

[a] Baseado em postos negativos
[b] Teste dos postos com sinais de Wilcoxon

14. Qual é a conclusão mais apropriada?
    a) Havia seis postos em que o movimento pós-teste era maior do que o movimento pré-teste.
    b) Havia seis postos em que o movimento pré-teste era maior do que o movimento pós-teste.
    c) Havia um posto em que o movimento pós-teste era maior do que o movimento pré-teste.
    d) Havia um empate.

15. Qual é o valor da probabilidade apropriado?
    a) 0,040
    b) 0,063
    c) 0,031
    d) 0,023

NOTAS

1. Quando você descrever os resultados de seus próprios estudos, *deve sempre dar nomes pertinentes às variáveis*, como sexo, grupo da doença, etc.
2. Embora chamemos as condições de A e B para ilustrar o método, ao descrever seus resultados você sempre deve assegurar que suas condições tenham nomes pertinentes.
3. Observe que isso é idêntico ao d de Cohen.
4. Observe que o cálculo dos graus de liberdade para o teste t pareado é $N - 1$.
5. Lembre-se que não importa se z é positivo ou negativo; é apenas a maneira como codificamos as variáveis; também arredondamos os valores para duas casas decimais.

8
Diferenças entre três ou mais condições

Panorama do capítulo

Neste capítulo, serão observadas estatísticas que apontam se três ou mais condições ou grupos diferem entre si em uma ou mais variáveis. Trata-se de uma continuação dos testes de duas condições do capítulo anterior. As duas condições podem ser:

✓ O mesmo grupo de pessoas testadas em todas as condições; ou
✓ Grupos diferentes de pessoas testadas em apenas uma condição.

Este capítulo irá ilustrar como os pesquisadores testam as suas hipóteses, baseadas nas questões de pesquisa por eles formuladas. Os testes abordados aqui são os paramétricos, a Análise da Variância (ANOVA) e seus equivalentes não paramétricos, como o teste Kruskal-Wallis e a ANOVA de Friedman. Serão apresentados um conceito básico do entendimento dos testes e o modo como os pesquisadores relatam seus achados, executam os testes no SPSS e interpretam o resultado. Também serão abordados os intervalos de confiança e os tamanhos do efeito.

Neste capítulo, você irá:

✓ Obter um entendimento conceitual da Análise de Variância (ANOVA);
✓ Ser capaz de decidir quando usar a ANOVA – um teste paramétrico – e quando usar *bootstrapping* ou testes não paramétricos equivalentes a ANOVA paramétrica: Kruskal-Wallis ou a ANOVA de Friedman;
✓ Aprender a distinguir entre comparações planejadas e testes *post hoc*;
✓ Aprender a executar Análises de Variância no SPSS;
✓ Aprender a relatar os tamanhos do efeito e os intervalos de confiança para a ANOVA;
✓ Aprender a interpretar os resultados dos pesquisadores que usaram ANOVAs paramétricas e não paramétricas em seus artigos.

INTRODUÇÃO

Ao manipular uma única variável com três ou mais condições e lançar a hipótese de que haverá uma diferença significativa entre elas, os pesquisadores usam um dos testes abordados neste capítulo. A hipótese experimental seria a de que existirá uma diferença significativa entre algumas ou todas as condições. A hipótese nula é que quaisquer diferenças nos escores entre as condições devem-se ao erro amostral (acaso).

O teste paramétrico para três ou mais condições é simplesmente chamado de Análise de Variância (ANOVA). Existem dois tipos de ANOVA: uma para grupos independentes e outra para o delineamento de medidas repetidas.

Tradicionalmente, aconselha-se aos estudantes que, antes de usar qualquer teste paramétrico, tenham a certeza de que o teste a ser utilizado satisfaz certas suposições (ver Cap. 7).

Na prática, similar ao teste t, a ANOVA é "robusta" em relação a essas suposições. Portanto, ela é recomendada, a não ser que os escores da amostra sejam assimétricos (ver Cap. 4), contexto em que você pode utilizar a ANOVA. Na existência de dados assimétricos, testes equivalentes não paramétricos podem ser usados, como a ANOVA de Kruskal-Wallis para grupos independentes e a ANOVA de Friedman para medidas repetidas. Esses testes, contudo, são muito mais restritos em escopo do que a ANOVA.

A ANOVA é uma extensão do teste t. Na verdade, mesmo que uma ANOVA seja executada em dois grupos, substituindo a utilização do teste t, os resultados serão os mesmos, embora na ANOVA a estatística teste seja chamada de F. Existe um relacionamento direto entre o teste t e o teste F (t^2 = F). Portanto, a ANOVA pode ser usada no lugar do teste t com resultados idênticos em termos de níveis de significância.

A ANOVA mostra a existência de quaisquer diferenças significativas entre as condições. Assim, para um delineamento de três condições, uma ANOVA estatisticamente significativa costuma apontar que:

a) a condição 1 pode ser significativamente diferente da condição 2; ou

---

☑ ATIVIDADE 8.1

A seguir estão alguns estudos que mostram claramente que os pesquisadores estão procurando por diferenças entre algumas ou todas as três ou mais condições. À medida que você lê os estudos, pense se o delineamento é de grupos independentes ou de medidas repetidas. Verifique suas respostas no final do livro.

- ✓ Scarpellini e colaboradores (2008) afirmaram que anticorpos dirigidos contra os peptídeos citrulinados são os marcadores sorológicos mais específicos para o diagnóstico da artrite reumatoide (AR). Os autores queriam determinar se havia diferenças significativas nos peptídeos citrulinados cíclicos (PCC) entre pessoas com AR, com osteoartrite, com artrite psoriática e com outras condições de artrite. Eles descobriram que o PCC era significativamente mais alto na AR do que nas outras condições.
- ✓ Button (2008) investigou a possível diferença entre fatores de estresse e níveis de saúde e diferentes níveis de enfermeiros (auxiliares, de equipe, irmãs enfermeiras, chefe e parteiras). A autora descobriu que havia uma diferença significativa nos "níveis de estresse do tempo", com as irmãs enfermeiras relatando um estresse do tempo mais alto do que os outros enfermeiros.
- ✓ Paterson e colaboradores (2009) queriam descobrir se a cafeína iria interromper o sono e também se duas drogas de indução ao sono iriam reverter a potencial interrupção. Doze homens saudáveis participaram em um estudo duplo-cego em que todos receberam placebo, cafeína, cafeína mais zolpidem e cafeína mais trazodone.
- ✓ Gariballa e Forster (2009) executaram um estudo sobre os efeitos do fumo no estado nutricional e na resposta aos suplementos alimentares durante uma doença grave. Como parte da pesquisa, o estado nutricional foi comparado entre fumantes, ex-fumantes e aqueles que nunca haviam fumado.

b) a condição 1 pode ser significativamente diferente da condição 3; ou
c) a condição 2 pode ser significativamente diferente da condição 3.

Mais testes podem ser aplicados para explorar essas possibilidades, conforme o discutido na página 232. Para um delineamento experimental verdadeiro, os pesquisadores designaram participantes, de forma aleatória, às diferentes condições (ver Cap. 3); no entanto, nas ciências da saúde, é mais provável que os participantes componham grupos pré-existentes, por exemplo, homens e mulheres ou amostras com diferentes tipos de doenças. O delineamento é chamado de quase-experimental, e as conclusões retiradas sobre a causa e o efeito não podem ser tão fortes como as de um delineamento experimental verdadeiro. A análise estatística é a mesma em experimentos verdadeiros ou quase verdadeiros; entretanto, a ANOVA é aplicável em ambos.

DESCRIÇÃO CONCEITUAL DA ANOVA (PARAMÉTRICA)

A Análise de Variância (ANOVA) investiga as diferentes fontes em que surge a variação nos escores.

Observe a Tabela 8.1, que apresenta dados fictícios para ajudar a explicação. Os dados são escores de um teste.

TABELA 8.1

Grupo A	Grupo B	Grupo C
3	10	20
3	9	18
3	10	28
3	11	22
3	10	24
3	11	20
3	10	16
3	9	20
3	10	12

ATIVIDADE 8.2

Qual grupo mostra a maior variabilidade?[1]
Qual grupo mostra a menor variabilidade?
Veja as respostas no final do livro.

A variação *dentro* dos grupos é chamada de *variância intragrupos*. Quase sempre existe variabilidade dentro de um grupo de pessoas, simplesmente porque são indivíduos diferentes que nem sempre reagem da mesma forma aos tratamentos. A variância intragrupos também pode ser uma função das medidas usadas. Infelizmente, existe sempre um erro devido a problemas nos métodos ou nas execuções de estudos e experimentos – participantes passam mal, o equipamento falha, e assim por diante. De modo particular, o "erro de medição" também contribuirá para a variância intragrupos. Por exemplo, se o equipamento experimental errou e bagunçou o escore registrado para um participante, então esse escore iria, provavelmente, variar muito em relação aos outros do grupo. A variância do erro está presente tanto na estimativa da variância intragrupos quanto entre grupos. Tudo o que é medido possui algum erro de medição, não importa quão sofisticado seja o instrumento. O que espera-se é que a variância intragrupos e a variância devido a erros experimentais sejam pequenas.

Observando a Tabela 8.1, pode-se perceber que também haverá uma diferença nas *médias* de cada grupo – mesmo sem calculá-las, é possível, com facilidade, dizer qual grupo tem a média mais alta. A variação entre os grupos é, previsivelmente, chamada de *variação entre grupos*. Quando um experimento ou estudo são executados, espera-se que os grupos divirjam em virtude da intervenção ou de suas diferenças (e não apenas devido ao erro de medida, ao erro amostral ou a algo que os pesquisadores fizeram de errado).

Ao executar-se uma ANOVA entre grupos, deve-se dividir toda a variância do conjunto de dados em variância intragrupos e variância entre grupos:

a) variância entre grupos (variância EG) – devido aos efeitos do tratamento, às diferenças individuais e ao erro experimental.
b) variância intragrupos (variância IG) – devido a diferenças individuais e erro experimental.

ANOVA DE UM FATOR

A ANOVA de um fator aponta a existência de somente uma variável independente. As variáveis independentes são chamadas de "fatores". No exemplo a seguir, o fator é "grupo da doença".

A ANOVA de um fator pode ter três ou mais *níveis* do fator.

Por exemplo, na testagem de três grupos diferentes de doença, o fator poderia ser chamado de "grupo da doença", e os três níveis poderiam ser "esclerose múltipla", "síndrome do intestino irritável" e "síndrome da fadiga crônica". De forma alternativa, na testagem de cinco diferentes doses de medicações em pessoas com esclerose múltipla, então o fator seria "níveis das medicações", e haveria cinco níveis dos "níveis das drogas", como, por exemplo, placebo, 5 mg, 10 mg, 15 mg e 20 mg.

> **☑ ATIVIDADE 8.3**
>
> Um pesquisador queria determinar a existência de diferenças significativas no nível de cortisol entre pessoas com a síndrome da fadiga crônica e aquelas com síndrome do intestino irritável, doenças inflamatórias intestinais e artrite reumatoide.
> Identifique a variável independente e a dependente. Declare quantos níveis a variável ou o fator independente têm.
> Confira suas respostas no final do livro.

Em qualquer conjunto de dados, a variância total mede a dispersão de cada observação em torno da média geral de todas as observações, ignorando quaisquer grupos diferentes ou condições especificadas no delineamento. A fórmula para a ANOVA de um fator divide a variância total em variância EG e variância IG. A estimativa da variância IG inclui diferenças individuais e erros de mensuração, enquanto a variância EG inclui também os efeitos do tratamento. Portanto, se existe um efeito da variável independente, a estimativa da EG será maior do que a da IG.

Como no teste t, se a variância EG for relativamente maior do que a variância IG, o valor F será maior; se a variância IG for maior, então o valor F será menor. O tamanho relativo da variância EG em relação à variância IG é expresso como uma razão, chamada de razão F (normalmente abreviada apenas por F), que encontra-se no núcleo do teste de significância na ANOVA.

$$\text{razão } F^2 = \text{estimativa da variância entre grupos} \div \text{estimativa da variância intragrupos}$$

Cada ANOVA de um fator calcula somente uma razão F, que é denominada de "razão F geral". No passado, dizia-se aos alunos para que observassem a razão geral, e, caso ela fosse significativa, eles poderiam, então, localizar as diferenças. Entretanto, pode haver diferenças, em algum lugar, entre as condições, mesmo que a razão F geral seja ou não estatisticamente significativa. Ao executar a sua própria pesquisa, sugere-se o uso de comparações pareadas para descobrir onde estão as diferenças. Note, entretanto, que você pode encontrar casos em que os autores de artigos, observando um F geral não significativo, decidem não seguir a pesquisa. Veja Howell (2009) para uma discussão mais profunda desses pontos.

Às vezes, os pesquisadores decidem quais comparações pareadas serão executadas antes da realização da análise principal. Elas são chamadas de *comparações planejadas* (em alguns momentos também chamadas de *a priori*). Frequentemente, os pesquisadores usam testes t para isso. Em outras ocasiões, comparações não são planejadas com antecedência, mas torna-se clara, durante o estudo, a sua utilidade. Elas são denominadas de testes *post hoc*, e o SPSS tem opções para vários desses testes. Mais detalhes são fornecidos a seguir, na descrição de testes de múltiplas comparações.

> **Testes de múltiplas comparações**
>
> Como visto anteriormente, o valor F geral não diz onde estão as diferenças significativas. Você pode perguntar por que os pesquisadores não executam toda as comparações possíveis. A resposta é que, com cada comparação pareada, o erro do Tipo I aumenta (i. e., aumenta a probabilidade de que falsamente será rejeitada a hipótese nula: você concluirá que a diferença é estatisticamente significativa quando, na verdade, não há diferença na população – ver Cap. 4). Quando os pesquisadores fazem comparações planejadas, eles escolhem com cuidado as comparações pareadas, de acordo com a teoria e a hipótese, sem olhar antecipadamente para os dados. Dessa maneira, poucas comparações pareadas são feitas, e as chances de um erro do Tipo I são reduzidas. Caso você não tenha qualquer base teórica para a escolha de comparações, então um teste *post hoc* é o procedimento-padrão a ser executado. Esse tipo de teste executa todas as comparações possíveis com o conjunto de médias. Por exemplo, ao ter-se um fator com três condições (grupo 1, pessoas com doença inflamatória intestinal; grupo 2, pessoas com síndrome do intestino irritável; e grupo 3, pessoas saudáveis), as comparações seriam: 1 *versus* 2; 1 *versus* 3; e 2 *versus* 3.
>
> A probabilidade de se cometer um erro do Tipo I é controlada ao longo do conjunto de comparações. Uma gama de diferentes métodos de controle da taxa de erro está disponível, e eles diferem na severidade em que controlam a probabilidade do erro do Tipo I. Quando existir um grande número de comparações, você deve usar um teste conservador, isto é, que tenha cautela ao decidir se uma comparação pareada é estatisticamente significativa. A descrição dos testes oferecidos pelo SPSS pode ser encontrada clicando no botão *Help* (Ajuda) e procurando pelos testes *post hoc*. Uma discussão detalhada desses testes está além dos objetivos de um livro de estatística introdutória, mas pode ser encontrada em Howell (2009).

ANOVA DE UM FATOR NO SPSS

O exemplo a seguir é um conjunto de dados reais, de um estudo que executado em 2009 (Attree et al., 2009). No exemplo, busca-se descobrir se os grupos (doença inflamatória intestinal – DII; síndrome do intestino irritável – SII; e controle saudável – CS) diferem uns dos outros. Previmos que as pessoas com DII e SII teriam escores do Quociente de Inteligência verbal (QI verbal) mais baixos do que os controles saudáveis, isso porque a literatura prévia mostrou que outros grupos de doentes tiveram QI verbais mais baixos do que os controles saudáveis.

1. Escolha *Analyze, Compare means, One-way ANOVA* (Analisar, Compare médias, ANOVA de um fator).

    Isso fornecerá a caixa de diálogos da Captura de tela 8.1.

2. Mova a variável de interesse (QI verbal) para a *Dependent List* (Lista Dependente) à direita e mova a variável de agrupamento (grupo) para a caixa *Factor* (Fator) à direita (Captura de tela 8.2). Então, pressione o botão *Post hoc*, o que permitirá que você veja onde estão as diferenças, caso realmente existam quaisquer diferenças significativas entre os grupos. Pressionando o botão *Post hoc*, outra caixa de diálogos será obtida (Captura de tela 8.3).

    Para ilustrar esse exemplo escolhemos, para a análise *post hoc*, o teste de Bonferroni.

3. Clique em *Continue* e, então, em *Options* (Opções), para obter, assim, estatísticas descritivas (Captura de tela 8.4).

    Para finalizar, pressione *Continue* e *OK*. O resultado obtido é apresentado na Tabela 8.2.

    A tabela mostra o número de pessoas em cada grupo – você pode ver que há uma pessoa a mais no grupo-controle do que nos outros dois grupos. O grupo-controle tem,

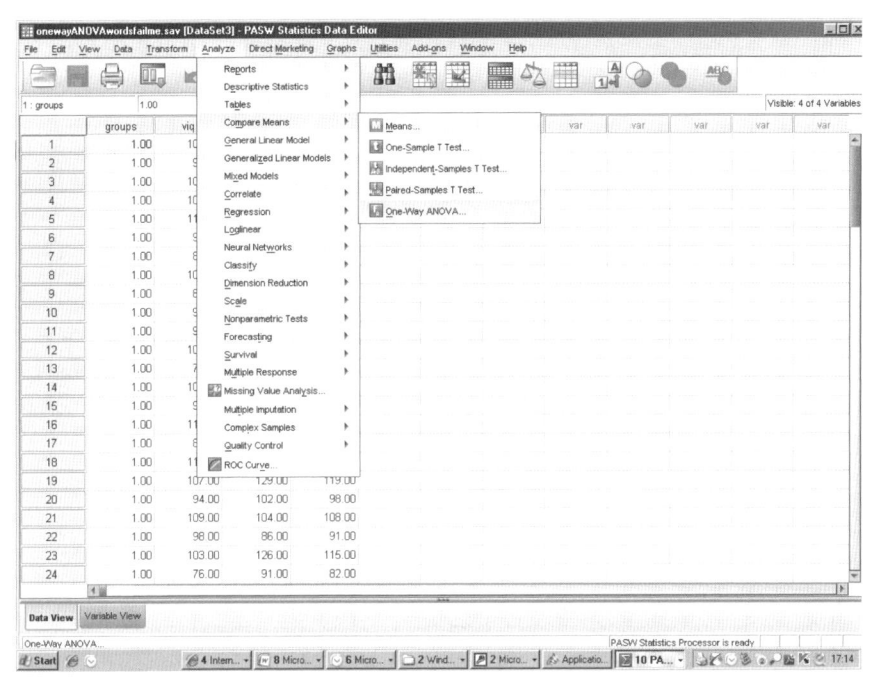

CAPTURA DE TELA 8.1

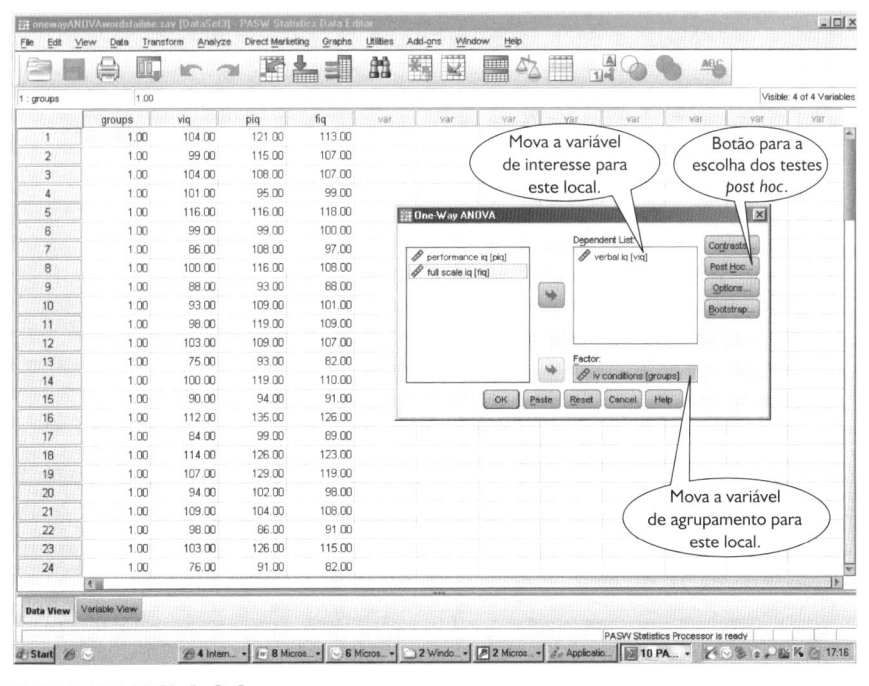

CAPTURA DE TELA 8.2

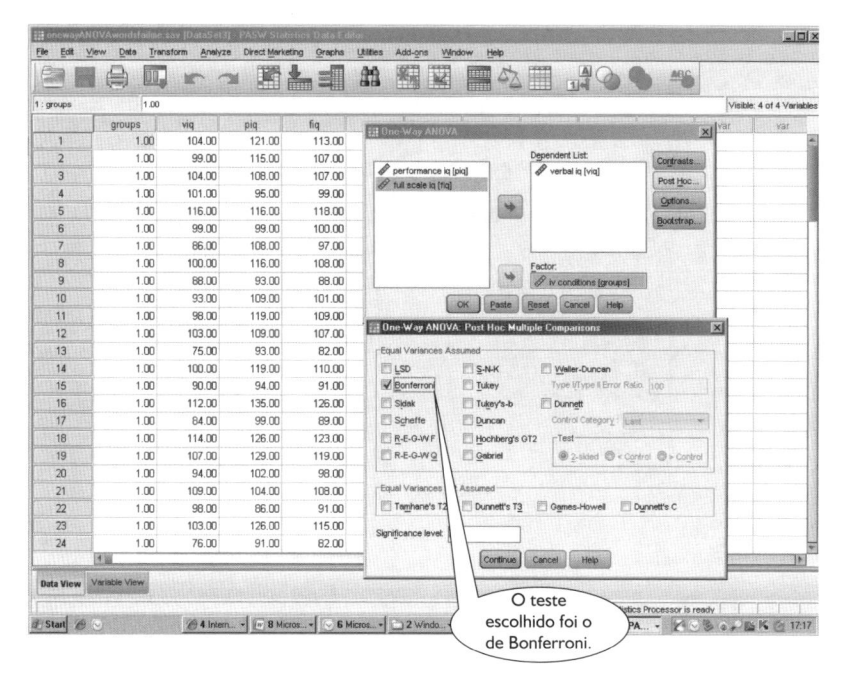

CAPTURA DE TELA 8.3

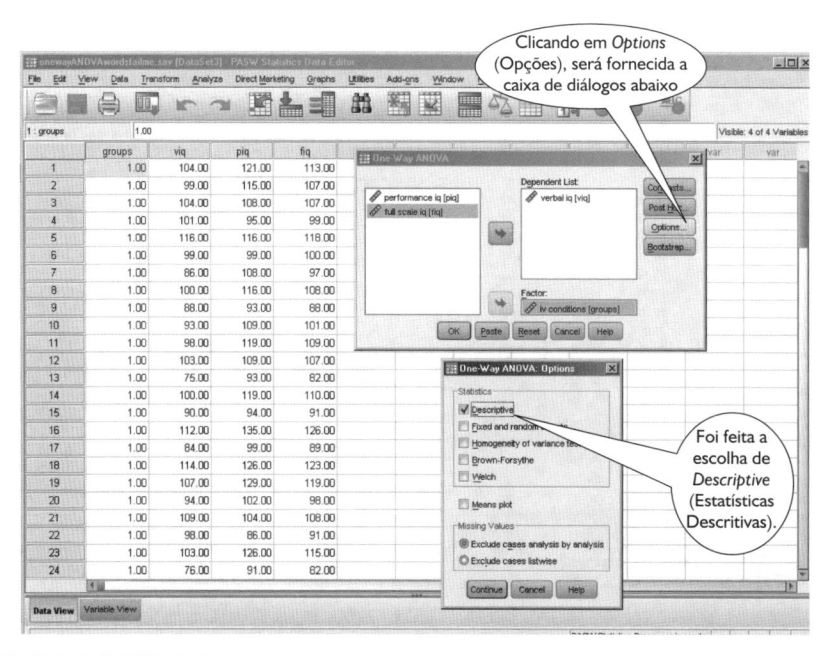

O teste escolhido foi o de Bonferroni.

CAPTURA DE TELA 8.4

Clicando em *Options* (Opções), será fornecida a caixa de diálogos abaixo

Foi feita a escolha de *Descriptive* (Estatísticas Descritivas).

TABELA 8.2

Estatísticas descritivas para DII, SII e controles saudáveis

QI verbal

	N	Média	Desvio--padrão	Erro padrão	Intervalo de confiança de 95% para a média		Mínimo	Máximo
					Limite inferior	Limite superior		
SII	29	97,4828	11,26188	2,09128	93,1990	101,7666	75,00	116,00
DII	29	93,2069	13,42008	2,49205	88,1022	98,3116	67,00	119,00
Controles	30	107,8667	11,66998	2,13064	103,5090	112,2243	80,00	129,00
Total	88	99,6136	13,52259	1,44151	96,7485	102,4788	67,00	129,00

ainda, um QI verbal mais alto do que os outros dois grupos. Se isso é ou não uma diferença estatisticamente significativa, não pode ser visto a partir das estatísticas descritivas. Os grupos são razoavelmente iguais quanto à variância, como mostra o desvio--padrão e o erro padrão de cada grupo. O intervalo de confiança de 95% nos permite generalizar para a população. Portanto, para o grupo SII, a média é 97,48 e podemos estar 95% certos de que a média da população verdadeira para pessoas com SII está entre 93,20 e 101,77 (arredondado os valores).

O resultado da ANOVA (Tab. 8.3) aponta uma diferença estatisticamente significativa entre alguns grupos ou todos os grupos. Isso é chamado de F geral. As razões F vêm com dois números separados para os graus de liberdade: um relacionado à variância entre grupos (EG) e um relacionado à variância intragrupos (IG). Eles são 2 e 85 neste caso, e, por convenção, os citamos ao relatar a razão F. O nível de significância é também dado como 0,000, o que deve ser relatado como $p < 0,001$. No caso em análise, o relatório total deve ser $F_{2,85} = 11,40$, $p < 0,001$. Portanto, existe uma diferença significativa entre alguns ou todos os grupos.

Agora, busca-se realizar um teste de múltiplas comparações para identificar quais grupos são significativamente diferentes. A Tabela 8.4 fornece as comparações pareadas para diferenças significativas depois de aplicada a correção de Bonferroni. O asterisco significa uma diferença estatisticamente significativa entre os pares. A primeira linha mostra que a SII não era significativamente diferente da DII. A diferença média é de apenas 4,28, e a probabilidade associada (valor-p) é de 0,551. Podemos ver que a SII é diferente dos controles – a diferença média é de 10,39, e o valor da probabilidade associada é $p = 0,004$. Na segunda linha, podemos ver que o grupo DII é significativamente diferente dos controles – uma diferença maior (14,66). Ela é significativa

TABELA 8.3

Tabela da ANOVA para DII, SII e controles saudáveis

QI verbal

	Soma dos quadrados	Df	Médias ao quadrado	F	Sig.
Entre grupos	3365,397	2	1682,698	11,403	0,000
Intragrupos	12543,467	85	147,570		
Total	15908,864	87			

TABELA 8.4
Comparações múltiplas para DII, SII e controles da saúde

QI verbal
Bonferroni

Comparações múltiplas

(I) Condições iv	(J) Condições iv	Diferença média (I-J)	Erro padrão	Sig.	Intervalo de confiança de 95%	
					Limite inferior	Limite superior
SII	Dimensão 3	4,27586	3,19018	0,551	-3,5155	12,0672
	Controle	-10,38391*	3,16348	0,004	-18,1100	-2,6578
DII	Dimensão 3	-4,27586	3,19018	0,551	-12,0672	3,5155
	Controle	-14,65977*	3,16348	0,000	-22,3859	-6,9337
Controles	Dimensão 3	10,38391*	3,16348	0,004	2,6578	18,1100
	DII	14,65977*	3,16348	0,000	6,9337	22,3859

Dimensão 2

*A diferença média é significativa ao nível de 0,005.

em < 0,001. Os intervalos de confiança de 95% são os limites de confiança em torno da diferença média (como no teste *t*).

Podemos relatar isso em uma seção de resultados da seguinte forma:

> *Uma ANOVA de um fator entre participantes mostrou diferenças significativas entre os grupos da doença em termos dos escores do QI ($F_{2,85} = 11,40$, $p < 0,001$). Um teste post hoc (correção de Bonferroni) mostrou que os controles tinham QI significativamente mais altos do que ambos os grupos DII e SII ($p = 0,004$ e $p < 0,001$, respectivamente). A diferença entre os grupos DII e SII não foi estatisticamente significativa ($p = 0,551$).*

Observe como o relatório dá a direção do efeito quando uma diferença significativa é relatada. Nós simplesmente não dissemos que os grupos DII e de controle diferem. Dissemos que o grupo-controle tinha um QI significativamente *mais alto* do que o grupo DII. É crucial dar a direção do efeito dessa maneira sempre que testes de significância estatística forem relatados. Geralmente, ao ler a seção de resultados de um artigo em um periódico, é útil ser capaz de calcular o tamanho do efeito *d* à mão. Com o tempo, você se tornará mais familiarizado com a fórmula, sendo capaz de fazer um cálculo mental. A fórmula foi apresentada no Capítulo 7.

ATIVIDADE 8.4

Usando a informação das estatísticas descritivas (descrita anteriormente), calcule o *d* de Cohen para as comparações significativas relatadas (exatas até duas casas decimais) e declare se o efeito é fraco, moderado ou forte.
Reescreva os resultados relatados da seção anterior, incorporando, desta vez, os tamanhos do efeito. Verifique o que você escreveu com a nossa seção revisada ao final do livro.

Exemplo da literatura

Button (2008), como mencionado no início deste capítulo, queria investigar possíveis diferenças nos fatores de estresse e níveis de saúde entre diferentes graduações de enfermeiros (auxiliares, de carreira, irmãs enfermeiras, chefes e parteiras). Pode ser visto um delineamento quasi-experimental por causa da ausência de alocação aleatória para as condições, ou seja, são grupos pré-existentes. Havia 212 enfermeiros no estudo. Como parte do estudo, observou-se o "tempo de estresse", uma variável composta formada por itens como horas contratadas por semana e horas realmente trabalhadas por semana. Escores altos indicam um nível de estresse maior. Eles executaram uma ANOVA de um fator para determinar as diferenças no tempo de estresse entre as graduações do trabalho. A Tabela 8.5 apresenta a análise.

Conforme o relato dos autores:

> *Havia uma diferença significativa nos níveis de tempo do estresse, com as irmãs enfermeiras relatando um escore mais alto do que os enfermeiros auxiliares e as parteiras [$F(4, 207) = 6,72$, $p = < 0,005$]. Em adição às irmãs enfermeiras, os enfermeiros auxiliares também relataram tempo do estresse mais baixo do que os enfermeiros chefes.*

Isso está relacionado ao teste F geral, ou seja, havia uma diferença significativa entre alguns grupos ou entre todos os grupos. Para fornecer evidência estatística definitiva de quais grupos diferem uns dos outros, um teste de múltiplas comparações é necessário a fim de complementar a razão F geral.

MODELOS DE ANOVA PARA DELINEAMENTOS DE MEDIDAS REPETIDAS

Vimos na ANOVA entre participantes que a variação total nos escores estava dividida entre a variação entre grupos e a variação intragrupos. Como observado anteriormente, essas fontes de variação representam:

TABELA 8.5

Níveis do tempo de estresse na graduação do trabalho

	Técnicos de enfermagem	Enfermeiros	Irmãs enfermeiras	Enfermeiras--chefe	Parteiras
Média	-0,56[a, b]	0,01[c]	0,99	0,50	-0,33[d]
Desvio-padrão	0,86	0,91	0,26	0,54	1,05
N	8	160	13	20	11

[a] Irmãs enfermeiras *versus* técnicos de enfermagem $p < 0.001$.
[b] Enfermeiras auxiliares *versus* enfermeiras-chefe $p < 0,05$.
[c] Irmãs enfermeiras *versus* enfermeiros $p < 0,001$.
[d] Irmãs enfermeiras *versus* parteiras $p < 0,005$.

a) variação entre grupos (variação EG) – devido aos efeitos do tratamento, às diferenças individuais e ao erro experimental;
b) variação intragrupos (variação IG) – devido às diferenças individuais e ao erro experimental.

A característica que define um delineamento de medidas repetidas é que todos tomam parte em todas as condições. Portanto, os participantes agem como os seus próprios controles. Isso significa que a variância entre condições não pode incluir diferenças individuais. Por exemplo, em um experimento de tempo de reação, pode-se ter um participante com reações tão rápidas quanto um relâmpago. Em um experimento entre participantes, isso poderia reduzir significativamente a média de um grupo em relação aos outros. Em um delineamento de medidas repetidas, entretanto, essa pessoa aparece em todas as condições e irá afetar todas as suas médias da mesma maneira. Assim, um indivíduo extremo não tornará uma condição diferente da outra.

A fórmula para a ANOVA de medidas repetidas leva isso em consideração. A variância devido a diferenças individuais no conjunto de dados pode ser estimada e removida da equação:

$$F = \text{variância entre grupos} \div \text{variância intragrupos (com diferenças individuais removidas)}^3$$

As ANOVAs de medidas repetidas são baseadas nas mesmas suposições do que aquelas que eram tradicionalmente requeridas para as ANOVAs de grupos independentes. Uma diferença, entretanto, é que a ANOVA de medidas repetidas presume que as variâncias das diferenças entre os escores de cada indivíduo em um par de condições são aproximadamente iguais por todos os pares de condições. Isso é chamado de "esfericidade", e, embora pareça complicado, você provavelmente não precisará entendê-la por completo. Caso realmente queira entendê-la por inteiro, sugere-se a explicação de Andy Field, de fácil compreensão, por meio da leitura de seu livro (Field, 2009). O que você de fato precisa-se entender é que a suposição é frequentemente violada nos experimentos de medidas repetidas.

Uma vez que a violação da esfericidade é um problema, a boa notícia é que o SPSS produz toda a informação para lidar com a violação, por padrão, ao ser solicitada uma ANOVA de medidas repetidas. Em primeiro lugar, é fornecido um teste que diz se seus dados violaram a suposição de esfericidade: o teste de esfericidade de Mauchly. Caso o resultado seja significativo, ele indica, então, a violação da esfericidade. Portanto, tem-se agora um território novo esperando que o resultado de um teste seja não significativo ($p > 0,05$). Se o teste Mauchly for significativo, tem-se um problema, e o teste de significância deve ser corrigido a fim de evitar o erro do Tipo I. O SPSS também produz resultados da ANOVA corrigidos para a violação de esfericidade por padrão. Na verdade, ele fornece várias abordagens para a correção, incluindo a correção amplamente usada de Greenhouse-Geiser.

ANOVA DE MEDIDAS REPETIDAS NO SPSS

O exemplo a seguir é baseado em um conjunto de dados de pacientes com síndrome do intestino irritável. As variáveis do conjunto de dados incluem a duração da doença, a ruminação e a depressão relacionadas a medidas cognitivas. Aqui, estamos simplesmente observando as diferenças entre quatro testes cognitivos, realizados por todos os participantes. Dessa forma, as quatro condições relacionadas são analisadas por uma ANOVA de medidas repetidas, que produzem a razão F, os graus de liberdade e o valor p similares em formato às condições de ANOVAs entre participantes. A interpretação dos efeitos e a necessidade de testes de múltiplas comparações também é a mesma. Entretanto, a maneira como o teste é conduzido no SPSS é um pouco diferente.

1. Escolha *Analyze, General Linear Model, Repeated Measures* (Analisar, Modelo Linear Geral, Medidas Repetidas) (Captura de tela 8.5).

    Isso fornece uma caixa de diálogo (Captura de tela 8.6).

2. Mude a palavra "fator" para um nome mais lógico (no exemplo, trocamos para "testes") e, então, insira o número de níveis (no exemplo, quatro). Depois pressione *Add* (Adicionar).
3. Pressione, então, *Define* (Definir) (Captura de tela 8.7).

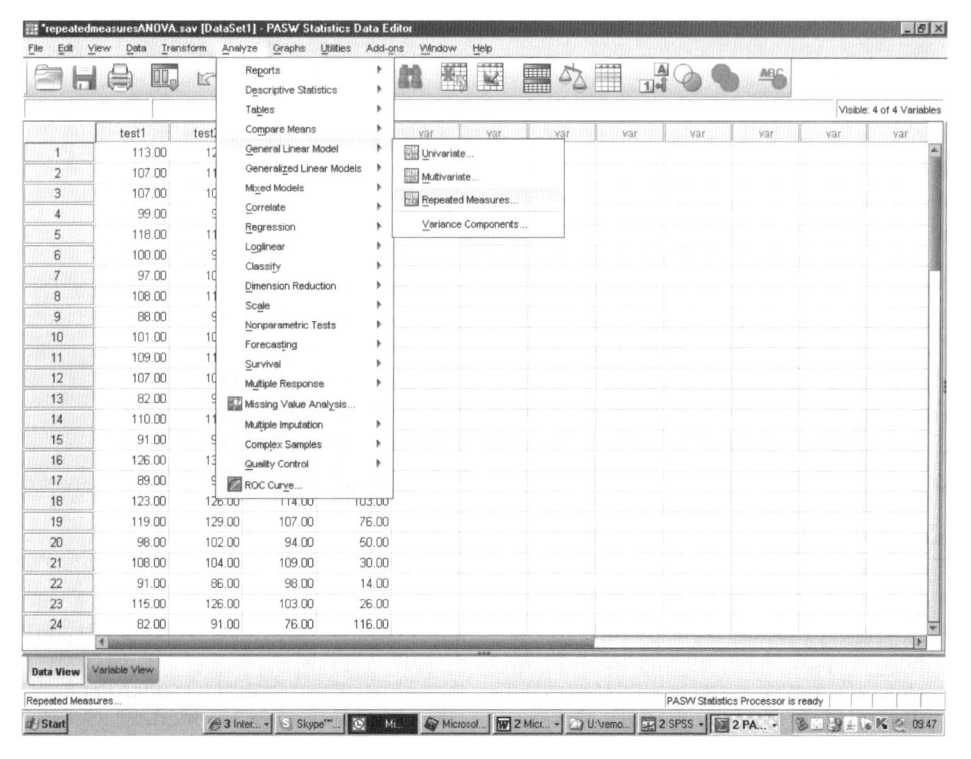

CAPTURA DE TELA 8.5

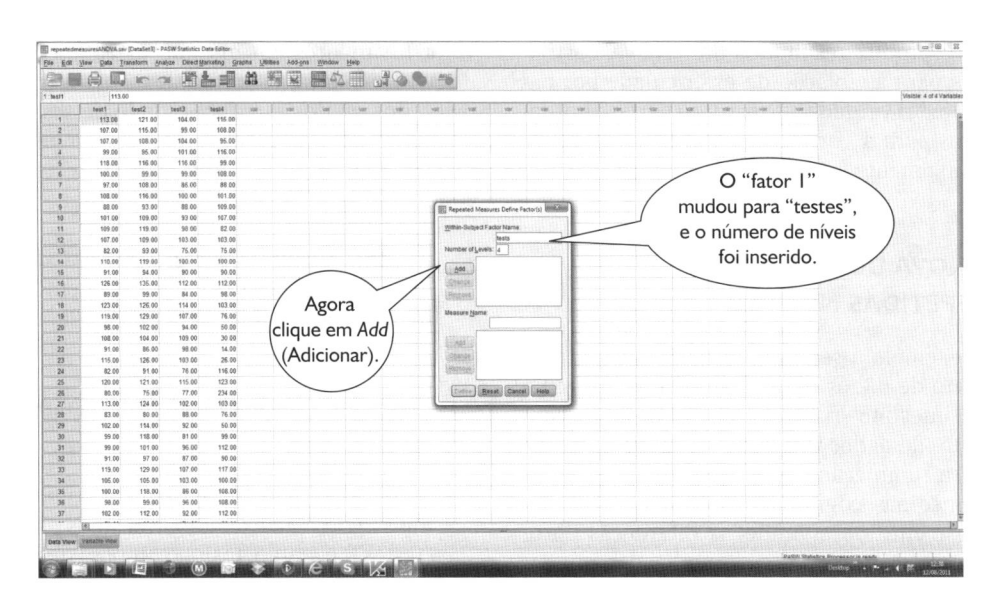

CAPTURA DE TELA 8.6

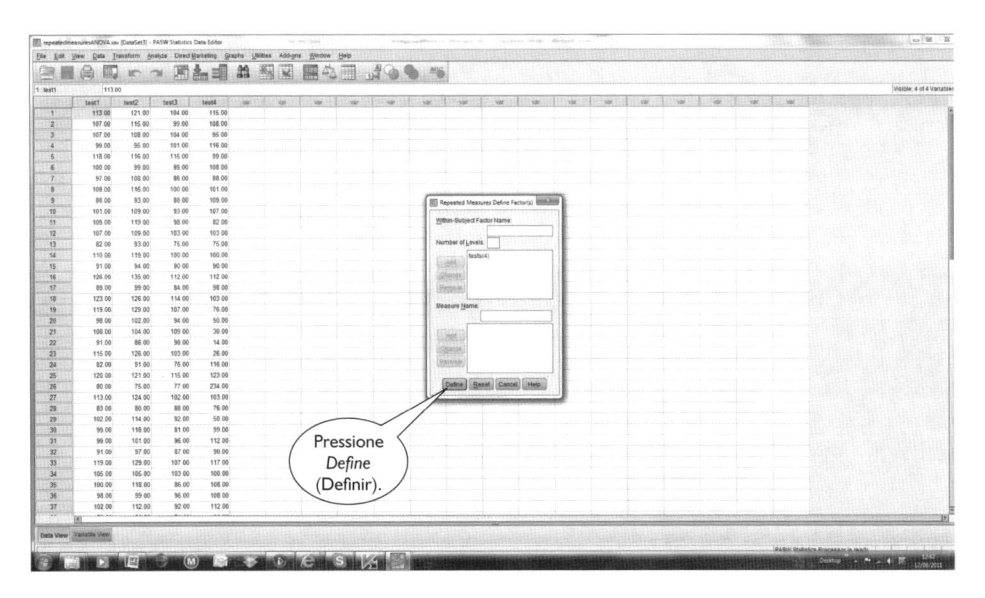

O "fator 1" mudou para "testes", e o número de níveis foi inserido.

Agora clique em *Add* (Adicionar).

CAPTURA DE TELA 8.7

Pressione *Define* (Definir).

4. Destaque as variáveis intraparticipantes e mova-as para as *Within-subjects variables (tests)* (Variáveis intrasujeitos [testes]) à direita (Captura de tela 8.8). Observe que será preciso movê-las na ordem em que você quer que elas apareçam.

5. Pressione *Options* (Opções) (Captura de tela 8.9).
6. Mova as variáveis da esquerda para *Display means* (Exibir médias), à direita. Marque a caixa *Compare main effects* (Comparar efeitos principais). Por pa-

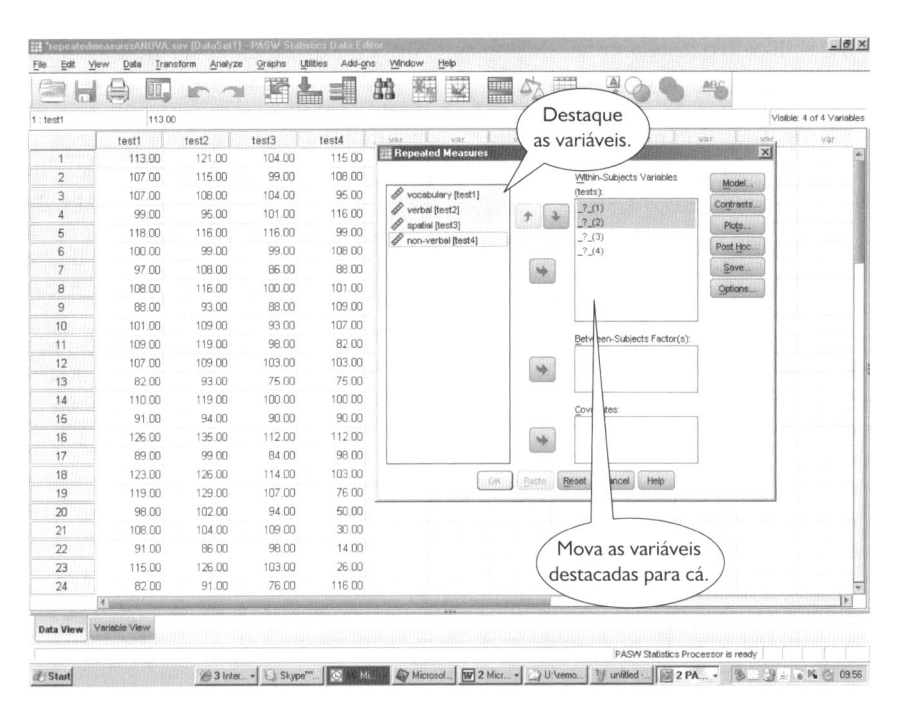

ESTATÍSTICA SEM MATEMÁTICA PARA AS CIÊNCIAS DA SAÚDE **241**

CAPTURA DE TELA 8.8

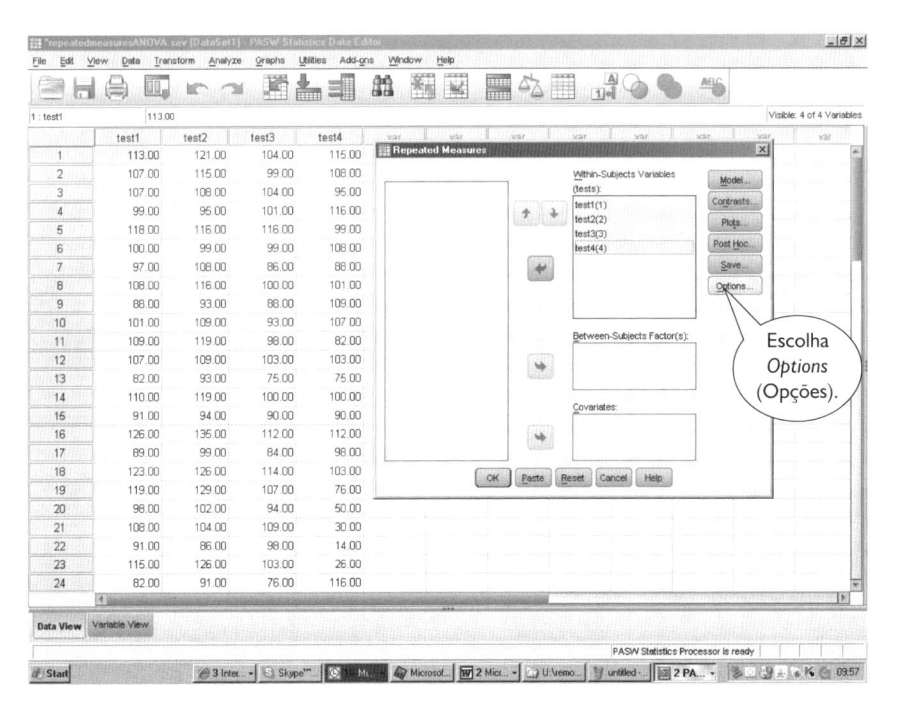

CAPTURA DE TELA 8.9

drão, é realizado o teste *post hoc* de Bonferroni. Marque *Descriptive Statistics* (Estatísticas Descritivas) e *Estimates of effect size* (Estimativas do tamanho do efeito) (Captura de tela 8.10).
7. Clique em *Continue* e em *OK*.

O resultado será similar ao da Tabela 8.6.
A tabela mostra as médias, os desvios-padrão e os *N*s das quatro condições.
O teste de esfericidade de Mauchly mostra que não se pode assumir a esfericidade (Tab. 8.7), portanto, é necessário corrigirmos isso usando a parte de Greenhouse-Geiser do principal resultado da ANOVA. Se o teste de Mauchly não for significativo, relate os números da linha em que a esfericidade foi assumida.

Percebe-se que existe uma diferença geral entre as quatro condições ($F_{1,17,\ 69,26}{}^4$ = 6,01, p = 0,013) (Tab. 8.8). A medida do efeito geral (eta² parcial) é 0,092. Isso significa que 9,2% da variação nos escores deve-se às diferentes condições.

A parte do resultado mostrado na Tabela 8.9 mostra as médias das quatro condições com intervalos de confiança de 95% em torno das médias.

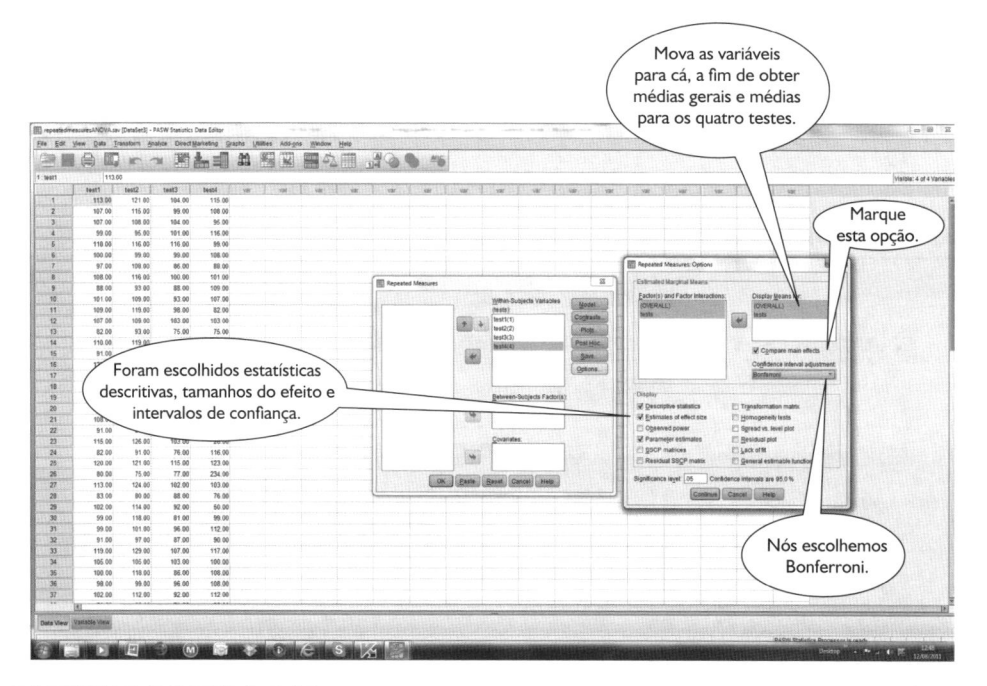

CAPTURA DE TELA 8.10

☑ TABELA 8.6

Estatísticas descritivas para quatro condições

	Média	Desvio-padrão	N
Vocabulário	102,7667	13,29759	60
Verbal	108,9167	14,15566	60
Espacial	96,1333	12,99213	60
Não verbal	98,8000	29,67725	60

TABELA 8.7
Teste de esfericidade de Mauchly para quatro condições

Testes de esfericidade de Mauchly[b]

Medida: MEDIDA_1

Efeitos intrasujeitos		W de Mauchly	Qui-quadrado aproximado	gl	Sig.	Epsilon[a]		
						Greenhouse--Geisser	Huynh--Feldt	Limite inferior
Dimensão 1	Testes	0,004	324,792	5	0,000	0,391	0,394	0,333

Teste a hipótese nula de que a matriz de covariâncias do erro da variável dependente ortonormalizada transformada é proporcional a uma matriz identidade.
[a] Pode ser utilizado para ajustar os graus de liberdade para os testes de significância das médias calculadas. Os testes corrigidos são apresentados na tabela dos testes dos efeitos intrasujeitos.
[b] Delineamento: intercepto.
Delineamento intrasujeitos: testes.

TABELA 8.8
Testes para determinar a existência de diferenças entre as quatro condições

Testes dos efeitos intra sujeitos

Medida: MEDIDA_1

Fonte		Soma dos quadrados do Tipo III	gl	Quadrados da média	F	Sig.	Eta parcial ao quadrado
Testes	Esfericidade assumida	5556,446	3	1852,149	6,005	0,001	0,092
	Greenhouse--Geiser	5556,446	1,174	4733,525	6,005	0,013	0,092
	Huynh-Feldt	5556,446	1,183	4695,358	6,005	0,013	0,092
	Limite inferior	5556,446	1,000	5556,446	6,005	0,017	0,092
Erros (Testes)	Esfericidade assumida	54590,804	177	308,423			
	Greenhouse--Geiser	54590,804	69,257	788,234			
	Huynh-Feldt	54590,804	69,820	781,878			
	Limite inferior	54590,804	59,000	925,268			

TABELA 8.9
Média, erro padrão e intervalos de confiança de 95% para as quatro condições

Estimativas

Medida: MEDIDA_1

Testes	Média	Erro padrão	Intervalo de confiança de 95%	
			Limite inferior	Limite superior
1	102,767	1,717	99,332	106,202
2	108,917	1,827	105,260	112,573
3	96,133	1,677	92,777	99,490
4	98,800	3,831	91,134	106,466

A Tabela 8.10 mostra a significância das condições pareadas usando as correções de Bonferroni.

> ☑ **ATIVIDADE 8.5**
>
> Quais condições são significativamente diferentes umas das outras? Veja as respostas no final do livro.

EQUIVALENTES NÃO PARAMÉTRICOS

Nas ciências da saúde têm-se geralmente amostras pequenas e distribuições assimétricas. Caso esteja executando sua própria pesquisa, recomendamos que observe se seus dados são significativamente assimétricos (ver Cap. 4). Em caso afirmativo, use, então, os testes não paramétricos. Como você sabe, esses testes não fazem suposição em relação à distribuição normal.

A ANOVA de um fator de Kruskal-Wallis é o equivalente não paramétrico da ANOVA paramétrica entre participantes. Ele é uma extensão do teste de Mann-Whitney, teste não paramétrico usado para dois grupos. O teste de Kruskal-Wallis, por sua vez, é usado para três ou mais grupos, e é baseado na ordem dos escores, procurando por uma diferença significativa entre as ordens médias dos grupos. A estatística descritiva apropriada para esse teste é, algumas vezes, a mediana, em vez da média.

O TESTE DE KRUSKAL-WALLIS

A fórmula para o teste consiste em ordenar os escores de todas as condições. As ordens de cada grupo são, então, somadas, obtendo-se uma média das ordens de cada grupo. As medidas são, então, comparadas por

☑ TABELA 8.10

Comparações pareadas para as quatro condições (Bonferroni)

Comparações pareadas

Medida: MEDIDA_1

(I) Testes		(J) Testes	Diferença média (I − J)	Erro padrão	Sig.[a]	Intervalo de confiança de 95% para a diferença[a]	
						Limite inferior	Limite superior
Dimensão 1	1	Dimensão2 2	−6,150*	0,857	0,000	−8,489	−3,811
		3	6,633*	0,758	0,000	4,565	8,702
		4	3,967	4,349	1,000	−7,906	15,840
	2	Dimensão2 1	6,150*	0,857	0,000	3,811	8,489
		3	12,783*	1,560	0,000	8,524	17,043
		4	10,117	4,479	0,166	−2,113	22,346
	3	Dimensão2 1	−6,633*	0,758	0,000	−8,702	−4,565
		2	−12,783*	1,560	0,000	−17,043	−8,524
		4	−2,667	4,355	1,000	−14,556	9,223
	4	Dimensão2 1	−3,967	4,349	1,000	−15,840	7,906
		2	−10,117	4,479	0,166	−22,346	2,113
		3	2,667	4,355	1,000	−9,223	14,556

Baseado em médias marginais estimadas.
* A diferença média é significativa ao nível de 0,05.
[a] Ajuste para as comparações múltiplas: Bonferroni.

meio do teste qui-quadrado (ver Cap. 9). A hipótese nula seria a de que os grupos têm ordens similares, uma vez que, se realmente não houver diferenças, as ordens devem ser distribuídas aleatoriamente nos diferentes grupos. A hipótese experimental é a de que haverá uma diferença nas ordens dos grupos. Não é provável que os pesquisadores formulem a hipótese experimental nesses termos; é mais provável que aleguem estar procurando por diferenças entre grupos e especifiquem a direção da diferença.

Quando os testes forem calculados a mão, um teste estatístico chamado de *H* será obtido (às vezes, é possível encontrar esse teste com o nome de *H* de Kruskal-Wallis). Entretanto, pacotes estatísticos como o SPSS convertem o *H* em um valor do qui-quadrado. A tabela de resultados fornece a média das ordens dos grupos, o valor do qui-quadrado e o valor da probabilidade associada.

O *teste da mediana* é também usado para descobrir se três ou mais condições são retiradas de populações com a mesma mediana. Entretanto, esse teste se relaciona somente ao número de casos que são maiores, menores ou iguais à mediana em cada categoria e, portanto, é menos poderoso que o teste de Kruskal-Wallis.

A diferença no poder pode ser vista comparando-se os resultados do teste de Kruskal-Wallis aos resultados do teste da mediana usando o mesmo conjunto de dados; isso será abordado na próxima seção.

O TESTE DE KRUSKAL-WALLIS E O TESTE DA MEDIANA NO SPSS

1. Escolha *Analyze, Nonparametric tests, Legacy Dialogs, K Independent Samples* (Analisar, Testes não paramétrios, Caixa de diálogos, K Amostras independentes).

   Isso fornece a caixa de diálogo (Captura de tela 8.11).

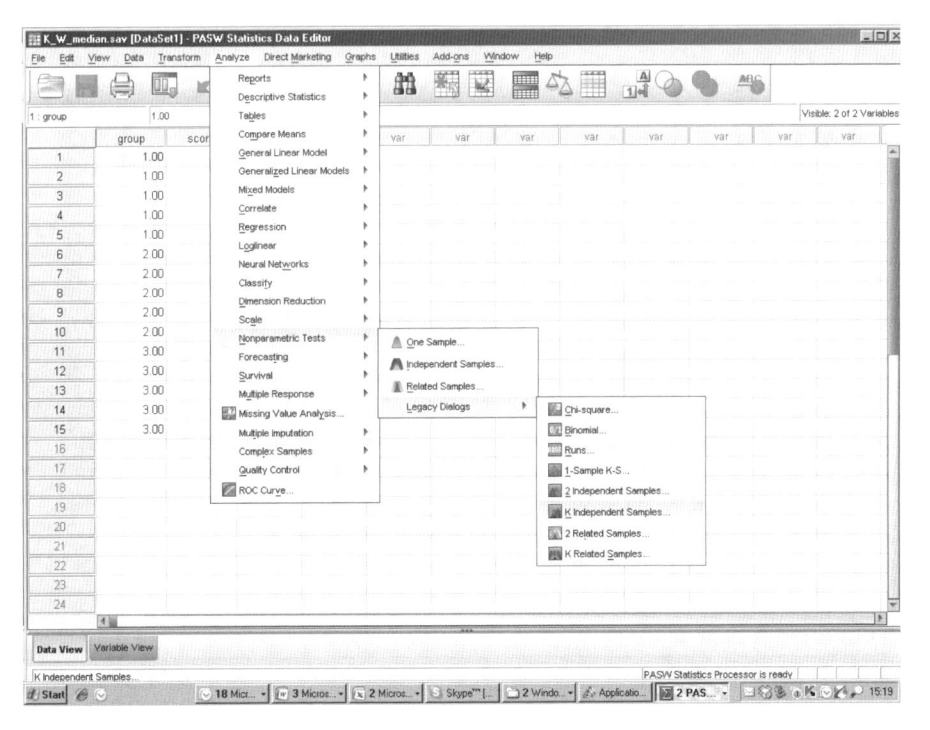

CAPTURA DE TELA 8.11

2. Mova a variável *score* (escore) do lado esquerdo para a *Test Variable List* (Lista do Teste da Variável) e mova a variável de *group* (agrupamento) para a caixa *Grouping Variable* (Variável de Agrupamento) à direita. Clique em *Define Range* (Definir amplitude). Isso fornecerá outra caixa de diálogos (Captura de tela 8.12).
3. Entre com a amplitude para *Grouping Variable* (Variável de agrupamento) – neste caso, o mínimo é 1, e o máximo é 3. Pressione *Continue* e, então, *Options* (Opções) (para escolher as descritivas). Se você quer o teste da mediana, então marque a opção *Mediana*.

Clique então em *Continue* e em *OK* (Captura de tela 8.13).

A Tabela 8.11 apresenta a parte relevante do resultado.

Esse resultado mostra que o grupo 1 obteve a média mais baixa; o grupo 3, a mais alta; e o grupo 2, uma média intermediária.

A estatística teste para Kruskal-Wallis é dada como um qui-quadrado (Tab. 8.12). Podemos relatar os resultados da seguinte maneira:

O teste Kruskal-Wallis mostrou uma diferença significativa entre os grupos (qui-quadrado = 11,03, gl = 2, p = 0,004). Grupo 3 > grupo 2 > grupo 1.

Se as comparações pareadas forem necessárias, então é apropriado comparar os grupos por meio do teste de Mann-Whitney com níveis de significância corrigidos para múltiplos testes.

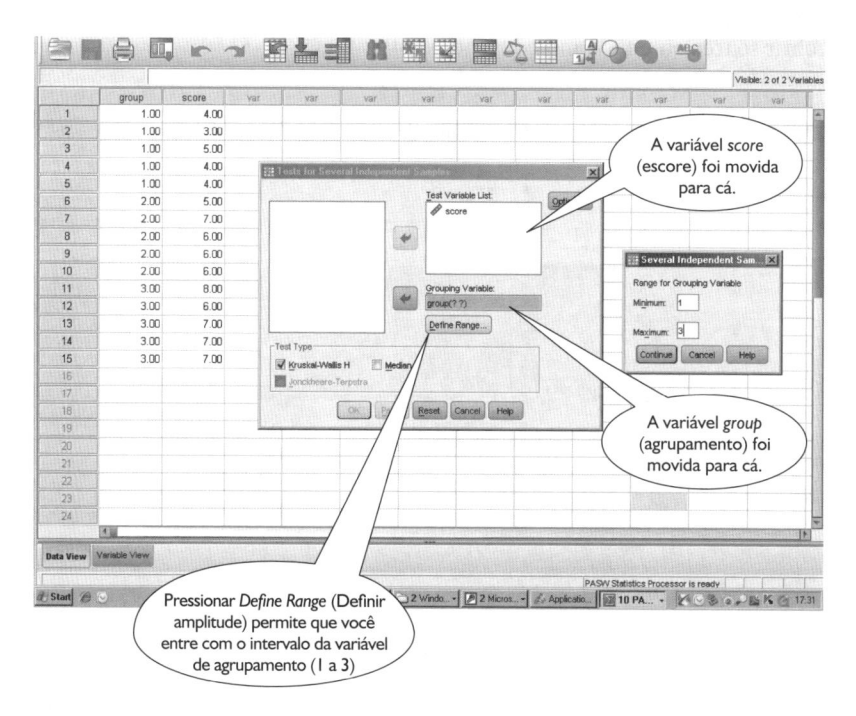

CAPTURA DE TELA 8.12

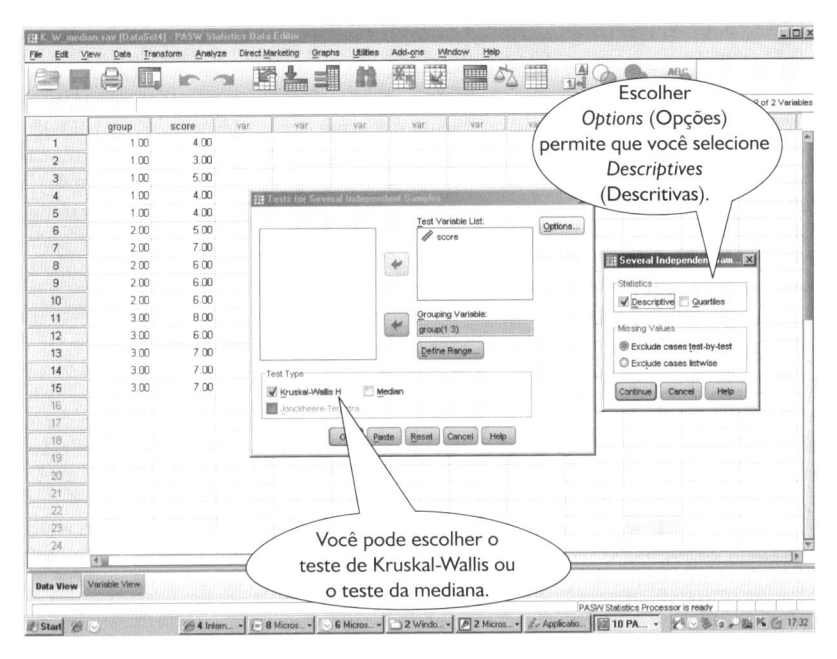

CAPTURA DE TELA 8.13

TABELA 8.11
Postos médios dos três grupos

Postos

	Grupo	N	Escore médio
Escore	1,00	5	3,10
	2,00	5	8,70
	3,00	5	12,20
	Total	15	

TABELA 8.12
Estatísticas do teste para os três grupos

Estatísticas do teste[a, b]

	Escore
Qui-quadrado	11,027
gl	2
Sig. Assint.	0,004

[a] Teste de Kruskal-Wallis
[b] Variável de agrupamento: grupo

Exemplo da literatura: Kruskal-Wallis

Doest e colaboradores (2007) usaram a teoria do comportamento planejado (TCP) para determinar o poder explicativo da construção do comportamento planejado em relação ao ato de fumar e de não fumar em 248 estudantes secundários da Holanda. Os autores explicam que existem quatro maneiras de conceber e operacionalizar os determinantes da TCP em relação ao fumo: a) o modelo de não fumar; b) o modelo de fumar; c) o modelo de avaliação duplo; e d) o modelo de avaliação mista. Se você quiser saber mais sobre esse artigo, ele está disponível no *site* associado. O estudo avaliou e comparou a habilidade desses quatro modelos de avaliação para explicar as intenções dos adolescentes de fumar ou não. Os autores alegam que, "devido às diferenças nos tamanhos das amostras e nas variâncias entre as quatro categorias do comportamento tabagista, um teste não paramétrico (Kruskal-Wallis) foi usado para avaliar as diferenças dos grupos" (p. 664).

Uma das tabelas de resultados (Tab. 8.13) mostra as médias e os desvios-padrão para os quatro grupos independentes em sete construtos. A estatística teste de Kruskal-Wallis (neste caso o qui-quadrado) é dada, junto com o *gl*.[5] Cada valor tem três asteriscos, mostrando que $p < 0,001$. Os autores também forneceram os resultados das comparações pareadas executadas, mostrando a direção das diferenças médias dos vários grupos nos sete construtos. Os pesquisadores consideraram a média como a melhor medida de tendência central para relatar o estudo.

Os pesquisadores concluíram, com base nesses resultados (e em outros não relatados aqui), que "as atitudes para o tabagismo, observaram normas subjetivas e observaram que o controle comportamental sobre fumar e não fumar – explicaram melhor as intenções dos adolescentes de fumar e comportamento de fumante". (p. 660)

☑ TABELA 8.13
Construtos do TCP e comportamento tabagista atual

	Fumantes atuais (n = 22)		Ex--fumantes (n = 181)		Experimentadores (n = 62)		Nunca fumaram (n = 143)		Kruskal--Wallis X^2 (3 gl)	Comparações pareadas
	M	DP	M	DP	M	DP	M	DP		
ATT-S	3,47	0,73	2,36	0,88	1,51	0,55	1,31	0,55	84,47***	Cur > *** Ex > *** Exp > ** Nev
ATT-NS	5,45	0,93	5,63	0,82	5,99	1,45	6,26	1,47	42,63***	Cur = Ex <* Exp <** Nev
SN	3,50	0,87	2,78	1,24	1,91	1,15	1,65	0,97	49,19***	Cur >* Ex >** Exp = Nov
PBC-S	6,27	1,52	6,33	1,28	4,90	2,15	4,17	2,38	27,43***	Cur = Ex > *Exp >* Nev
PBC-NS	4,41	2,36	6,11	1,53	6,34	1,44	6,19	1,68	18,77***	Cur < * Ex = Exp = Nev
INT-S	5,07	1,58	2,22	1,61	1,40	0,99	1,17	0,73	109,61***	Cur > *** Ex >* Exp > ** Nev
INT-NS	2,63	1,63	5,50	1,75	6,34	1,37	6,72	0,80	99,45***	Cur < *** Ex <* Exp <** Nev

Nota: TCP = Teoria do comportamento planejado; ATT = Atitude; SN = Norma subjetiva; PBC = Controle comportamental percebido; INT = Intenção; –S = Construto avaliado para fumar; –NS = Construto avaliado por não fumar; Cur = Fumantes atuais; Ex = Ex-fumantes; Exp = Experimentadores; Nev = Nunca fumaram.
*$p < 0,05$, **$p < 0,01$, ***$p < 0,001$.

O TESTE DA MEDIANA

Como mencionado anteriormente, o teste da mediana mostra apenas o número de casos que são maiores e menores ou iguais à mediana em cada categoria; ele não leva em consideração a distância da mediana.

No grupo 1, não havia escores maiores que a mediana, mas cinco escores eram iguais ou menores. No grupo 3, havia quatro escores maiores e um menor (Tab. 8.14).

A estatística teste (e também o qui-quadrado) resultou em 7,8; $gl = 2$, $p = 0,02$ (Tab. 8.15). Observe que, usando o mesmo conjunto de dados, o valor do qui-quadrado é mais baixo e o valor p é mais alto, mesmo ao se utilizar o teste da mediana.

Tal teste é raramente usado por ser difícil ver suas vantagens quando comparado ao teste de Kruskal-Wallis.

TABELA 8.14
Frequência dos escores para os três grupos

Frequências

		Grupo		
		1,00	2,00	3,00
Escore	> Mediana	0	1	4
	<= Mediana	5	4	1

ANOVA DE MEDIDAS REPETIDAS DE FRIEDMAN

O teste de Friedman é o equivalente não paramétrico à ANOVA de medidas repetidas e é uma extensão do teste de Wilcoxon para duas condições. A ANOVA de Friedman é, portanto, usada para três ou mais condições. Para cada participante, as variáveis são ordenadas, e a soma dos postos dos participantes é calculada. Por exemplo, se houvesse três condições e os participantes tivessem escores mais altos na segunda e na terceira condições e mais baixo na primeira condição, então a ordem dos postos de cada

TABELA 8.15
Estatísticas do teste para os três grupos

Estatísticas do teste[a, b]

	Escore
N	15
Mediana	6,0000
Qui-quadrado	7,800[a]
gl	2
Sig. Assint.	0,020

[a] 6 células (100,0%) apresentam frequências esperadas menores que 5. A frequência mínima esperada em uma célula é de 1,7.
[b] Variável de agrupamento: grupo.

Exemplo da literatura

Al-Faris (2000) comparou as avaliações dos estudantes de um curso tradicional e de um curso inovador na área de medicina familiar na Arábia Saudita. A abordagem tradicional era muito centrada no professor, e a maioria do ensino era dada por aulas tradicionais. A avaliação focou no conhecimento obtido pelos alunos. A abordagem inovadora, por sua vez, consistia na combinação de grupos de discussão e aulas interativas, e a avaliação focou na verificação do desempenho dos alunos em clínicas de saúde.

Al-Faris dividiu aleatoriamente os estudantes em dois grupos. Vinte e seis alunos foram ensinados de acordo com o curso tradicional, e 27 seguiram o curso inovador. O autor declara que "o teste da mediana (um teste não paramétrico) [...] foi usado para estimar a significância" (p. 233). Al-Faris fornece os resultados obtidos na Tabela 8.16.

Perceba que há apenas um resultado estatisticamente significativo. O autor diz: "ambos os grupos de estudantes estavam relativamente insatisfeitos com a competência de seus tutores da clínica de saúde. Os estudantes do curso inovador estavam significativamente mais satisfeitos com o interesse de seus tutores" (p. 234).

TABELA 8.16
Comparação da avaliação de estudantes de um curso tradicional e de um curso inovador sobre diferentes aspectos do seu currículo, de acordo com a mensuração feita por meio do teste da mediana

Itens	Curso tradicional Número (%) de estudantes acima da mediana	Curso inovador Número (%) de estudantes acima da mediana	Valor-p
Ensino com aulas expositivas	6 (26,1)	5 (18,5)	0,76
Ensino em grupos de discussão	10 (41,7)	15 (55,6)	0,48
Acessibilidade e disponibilidade de referências	8 (33,3)	14 (51,9)	0,29
Conteúdo curricular	7 (29,2)	7 (26,9)	0,89
Competência dos tutores dos centros de saúde	0	2 (7,7)	0,49
Interesse dos tutores dos centros de saúde	0	7 (25,9)	0,01*
Avaliação geral	2 (8,3)	4 (14,8)	0,78

* valor-p < 0,05 utilizando o teste da mediana

condição para essa pessoa seria: Condição 1 = 3, Condição 2 = 1, Condição 3 = 2. Funciona da mesma forma que o teste paramétrico da ANOVA de medidas repetidas, mas usando os postos dos escores dos participantes em vez dos próprios escores. A hipótese nula é a de que os postos das diferentes condições serão similares (uma vez que, se não existem, realmente, diferenças entre eles, então os postos serão mais ou menos os mesmos em cada grupo). Já hipótese experimental é a de que haverá diferenças nos postos entre cada grupo. Os pesquisadores costumam não expressar a hipótese experimental dessa forma; é mais provável que eles especifiquem a hipótese (em termos de diferenças entre condições) e a direção das diferenças. A estatística teste é o qui-quadrado.

ANOVA DE FRIEDMAN NO SPSS

Seis participantes com síndrome da fadiga crônica relataram quão exaustos se sentiam, respondendo um questionário de 20 itens sobre fadiga. O total dos escores que poderiam ser obtidos variava de 0 a 100. Foi feita uma intervenção que mostrou como reduzir a fadiga, o que incluiu conselhos sobre diminuir o ritmo (diária, semanal e mensalmente) e sobre como relaxar e praticar diversas técnicas de meditação. O questionário foi aplicado outra vez logo após a intervenção e após 6 e 12 meses de acompanhamento. O pequeno número de participantes indicou que uma análise não paramétrica seria mais adequada.

1. Clique em *Analyze, Nonparametric Tests, Legacy Dialogs* e *K Related Samples* (Analisar, Testes não paramétricos, Caixa de Diálogos Legacy e K Amostras Relacionadas) (Captura de tela 8.14).

   Isso fornece a Captura de Tela 8.15.

2. Mova todos os grupos da fadiga da esquerda para a caixa *Test variables* (Variáveis teste) à direita, então pressione *Statistics* (Estatísticas). Isso fornece a Captura de tela 8.16.

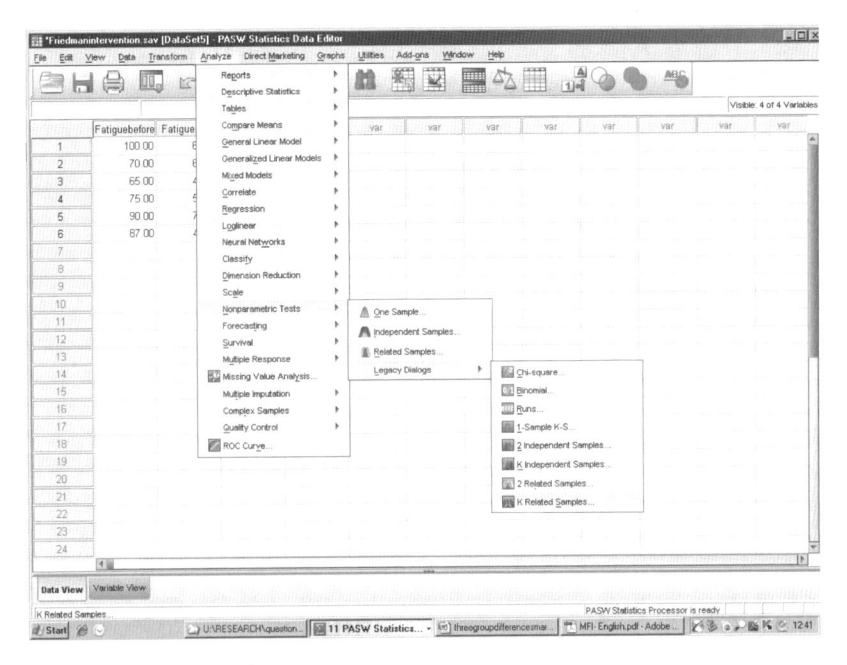

CAPTURA DE TELA 8.14

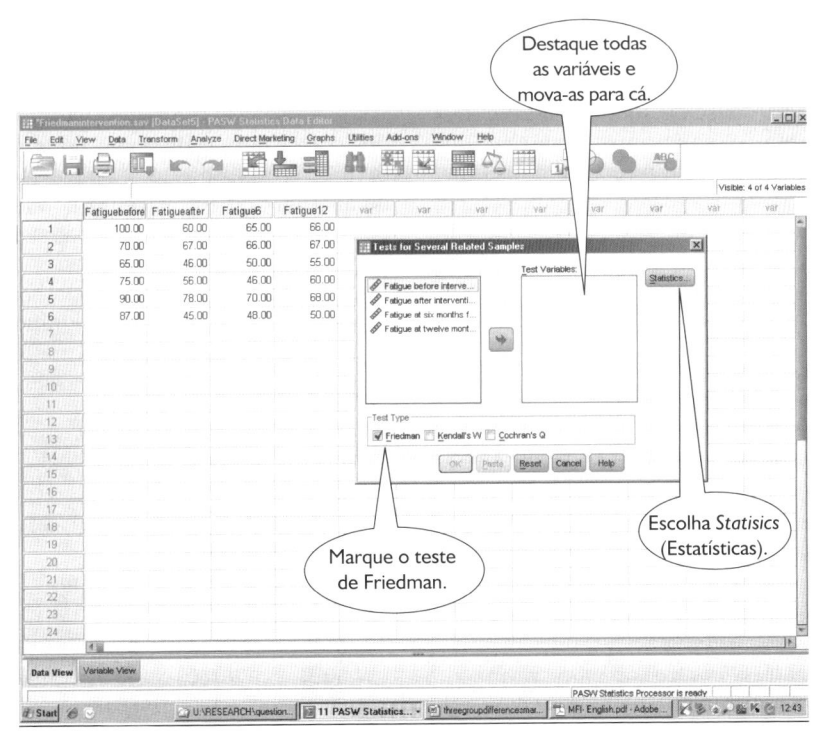

CAPTURA DE TELA 8.15

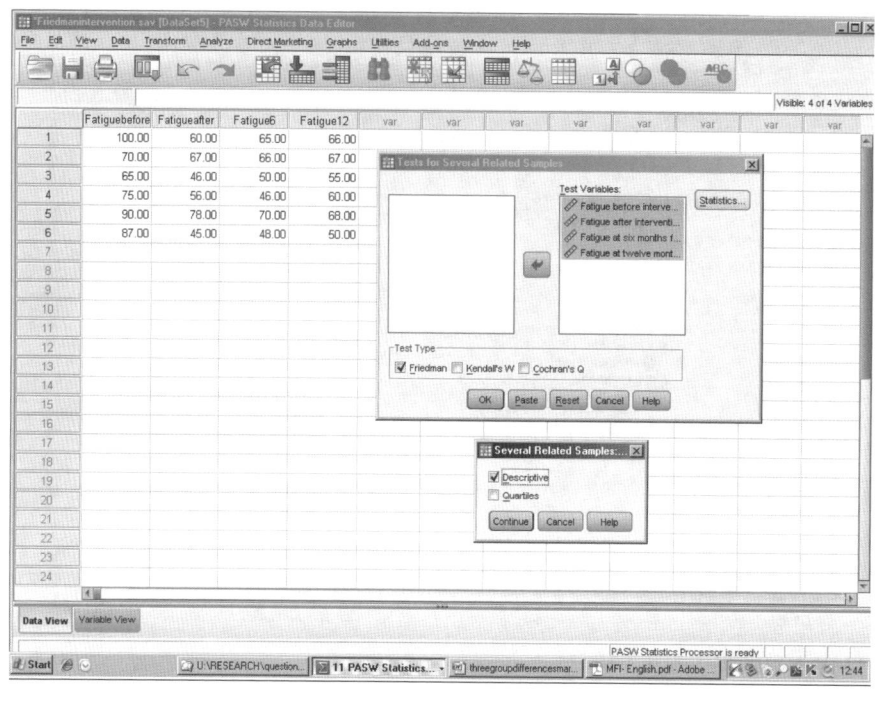

CAPTURA DE TELA 8.16

Se você desejar, marque *Descriptives* (Descritivas); e, então, pressione *Continue* e *OK*, o que fornecerá o resultado da Tabela 8.17.

A tabela mostra, além dos escores mínimos e máximos, o número de participantes, a média dos escores da fadiga e os seus desvios-padrão em cada ponto do tempo.

A próxima parte fornece as médias dos postos para cada ponto no tempo (Tab. 8.18). Percebe-se que a fadiga foi reduzida após a intervenção, reduzindo levemente após seis meses de acompanhamento, mas aumentando após os 12 meses.

A Tabela 8.19 mostra que houve uma mudança estatisticamente significativa na

TABELA 8.17

Estatísticas descritivas para a fadiga em quatro pontos no tempo

Estatísticas descritivas

	N	Média	Desvio-padrão	Mínimo	Máximo
Fadiga antes da intervenção	6	81,1667	13,34791	65,00	100,00
Fadiga após a intervenção	6	58,6667	12,64384	45,00	78,00
Fadiga após seis meses de acompanhamento	6	57,5000	10,61603	46,00	70,00
Fadiga após um ano de acompanhamento	6	61,0000	7,32120	50,00	68,00

TABELA 8.18
Postos da fadiga nos quatro pontos do tempo

Postos

	Média dos postos
Fadiga antes da intervenção	4,00
Fadiga após a intervenção	1,75
Fadiga após seis meses de acompanhamento	1,67
Fadiga após um ano de acompanhamento	2,58

TABELA 8.19
Estatísticas do teste para fadiga em quatro pontos do tempo

Estatísticas do teste[a]

N	6
Qui-quadrado	12,864
gl	3
Sig. Assint.	0,005

[a] Teste de Friedman

fadiga (qui-quadrado = 12,86, gl = 3, p = 0,005). Embora seja evidente que a mudança mais forte ocorre entre as duas condições, sem a execução de uma análise complementar não é possível saber se as diferenças entre as outras condições são estatisticamente significativas. Entretanto, pode-se fazer isso executando os testes pareados disponíveis. Por exemplo, queremos comparar a condição 1 à condição 4, para ver se a fadiga foi reduzida desde o período inicial até o momento após a avaliação, um ano mais tarde.

ATIVIDADE 8.6

Execute um teste pareado apropriado entre a fadiga inicial e a fadiga após um ano. Relate as estatísticas apropriadas e dê uma interpretação dos resultados. Talvez você precise recorrer ao Capítulo 7. Compare seus resultados àqueles apresentados na seção de respostas.

Exemplo da literatura

Chiou e Kuo (2008) queriam avaliar o efeito de mascar betel (*bétele*) na modulação do autônomo nervoso por meio de uma análise espectral da frequência cardíaca. Betel é uma substância psicoativa amplamente usada em todo o mundo. Vinte participantes foram mensurados em uma análise da variabilidade da frequência cardíaca (VFC) após 5, 30 e 60 minutos mascando a substância. Os pesquisadores mediram os participantes usando uma goma de mascar normal e, também, após mascar a goma de betel. Ambos os dados da goma de mascar comum e do betel foram analisados (separadamente) pela ANOVA de Friedman. Parte da tabela de resultados está reproduzida na Tabela 8.20.

A tabela mostra que existe uma diferença significativa entre as primeiras duas medidas antes de mascar o betel e após 5 minutos mascando a substância e, também, antes de mascá-la e após 60 minutos mascando-a. Os autores apresentam médias e desvios-padrão, mas nenhuma estatística teste. Entretanto, sabemos que essas comparações são significativas no nível de $p < 0,05$.

Os pesquisadores concluíram, com base nesses resultados e em outras descobertas significativas (não relatadas aqui), que "o efeito em curto prazo de mascar a goma de betel era um aumento inicial na modulação simpática e uma redução na modulação vagal, seguidos de um aumento gradual nas modulações simpática e vagal do sujeito".

TABELA 8.20
Mudanças sequenciais nas medidas da frequência cardíaca antes e depois de mascar a goma de betel

Medida da VFC	Antes	Após 5 minutos	Após 30 minutos	Após 60 minutos
Mn_{RRI} (ms)	885 +/- 119	772 +/- 113*	896 +/- 116	939 +/- 137*
HR (bpm)	69,0 +/- 9,3	79,3 +/- 11,6*	68,1 +/- 9,4	65,2 +/- 9,4*
SD_{RR} (ms)	61,2 +/- 25,7	53,5 +/- 17,8	67,3 +/- 31,6	66,5 +/- 22,8
CV_{RR} (ms)	6,82 +/- 2,38	6,80 +/- 1,58	7,40 +/- 2,82	7,10 +/- 1,99

Os dados foram apresentados como média ± desvio-padrão. *$p < 0,05$ comparado com valores obtidos antes de os participantes mascarem a goma Betel (ANOVA de medidas repetidas de Friedman em postos). Mn_{RRI} – Média do intervalo RR; HR – frequência cardíaca; SD_{RR} – desvio-padrão do intervalo RR; CV_{RR} – coeficiente de variação dos intervalos RR; ms – milissegundos; bpm – batidas por minuto.

> **Resumo**
>
> Ao realizar testes para estabelecer diferenças entre três ou mais grupos ou condições, é preciso escolher um modelo de ANOVA.
>
> Sugerimos que você escolha a ANOVA de um fator para grupos independentes ou a ANOVA de medidas repetidas para intragrupos, a não ser que se tenha dados assimétricos. As estatísticas descritivas apropriadas são as médias e os desvios-padrão. Os intervalos de confiança em torno das médias e das medidas de efeito são apropriadas para essas estatísticas. O eta^2 parcial (um tamanho do efeito) pode ser obtido como parte do resultado do SPSS. Ao executar a ANOVA, as estatísticas descritivas podem levá-lo a acreditar, por exemplo, que há uma diferença significativa entre os grupos 1 e 2, em vez de entre os grupos 2 ou 3. Testes complementares podem confirmar se as diferenças mentem. O teste não paramétrico equivalente para a ANOVA de grupos independentes é o teste de Kruskal-Wallis, e o equivalente para a ANOVA de medidas repetidas é o teste de Friedman.

QUESTÕES DE MÚLTIPLA ESCOLHA

1. O teste que procura por uma diferença significativa entre a média dos postos de três ou mais grupos independentes é chamado de:
   a) Teste de Mann-Whitney.
   b) Teste de Wilcoxon.
   c) ANOVA de Friedman.
   d) Teste de Kruskal-Wallis.

2. Para determinar a força da diferença entre pares de condições por meio de um teste paramétrico, qual seria o mais adequado?
   a) d de Cohen.
   b) Eta^2.
   c) Teste t.
   d) Mann-Whitney.

3. Um pesquisador executa cinco comparações pareadas e decide ajustar o critério de significância para controlar o erro do Tipo I. O nível de probabilidade mais lógico em que as descobertas devem ser declaradas estatisticamente significativas é
   a) < 0,05
   b) 0,04
   c) 0,50
   d) 0,10

4. Um pesquisador tem quatro grupos diferentes mensurados em uma escala de

nível intervalar. Os escores são distribuídos normalmente, e os grupos têm variâncias similares. Qual é o teste de diferença mais apropriado?

a) Teste de Kruskal-Wallis.
b) ANOVA de Friedman.
c) ANOVA de um fator para grupos independentes.
d) ANOVA de medidas repetidas.

5. Pesquisadores investigam três amostras de pacientes; cada grupo sofre de uma doença rara e, assim, o número de participantes é pequeno e os escores não são distribuídos normalmente. Além disso, os dados estão no nível ordinal. Qual é o teste de diferença mais apropriado?

a) Teste de Kruskal-Wallis.
b) ANOVA de Friedman.
c) ANOVA de um fator para grupos independentes.
d) ANOVA de medidas repetidas.

6. Após executar uma ANOVA e encontrar uma diferença significativa, os pesquisadores precisam encontrar onde estão as diferenças significativas. Isso pode ser obtido por meio da execução de um:

a) Teste t.
b) Teste da diferença mínima significativa.
c) Teste de Tukey.
d) Nenhuma das alternativas anteriores.

As questões 7 a 9 dizem respeito ao resultado da ANOVA de um fator apresentado a seguir:

Descritivas

Ansiedade

	N	Média	Desvio-padrão	Erro padrão	Intervalo de confiança de 95% para a média		Mínimo	Máximo
					Limite inferior	Limite superior		
SII	29	15,1034	4,26233	0,79150	13,4821	16,7248	7,00	27,00
DII	29	14,6552	3,83849	0,71279	13,1951	16,1153	8,00	23,00
Controles	30	12,5000	3,60794	0,65872	11,1528	13,8472	7,00	21,00
Total	88	14,0682	4,03090	0,42970	13,2141	14,9222	7,00	27,00

ANOVA

Ansiedade

	Soma dos quadrados	gl	Quadrado da média	F	Sig.
Entre grupos	114,850	2	57,425	3,758	0,027
Intragrupos	1298,741	85	15,279		
Total	1413,591	87			

Ansiedade LSD		Comparações múltiplas				
					Intervalo de confiança de 95% para a diferença	
(I) Condições iv	(J) Condições iv	Diferença média (I − J)	Erro padrão	Sig.	Limite inferior	Limite superior
SII	DII	0,44828	1,02652	0.663	−1,5927	2,4893
	Controles	2,60345*	1,01793	0,012	0,5795	4,6274
DII	SII	−,44828	1,02652	0,663	−2,4893	1,5927
	Controles	2,15517*	1,01793	0,037	0,1313	4,1792
Controles	SII	−2,60345*	1,01793	0,012	−4,6274	−0,5795
	DII	−2,15517*	1,01793	0,037	−4,1791	−0,1313

* A diferença média é significativa ao nível de 0,05.

7. Arredondando para o inteiro mais próximo, estamos 95% confiantes de que o nível de ansiedade médio na população SII estará entre:

   a) 13,48 e 16,72.
   b) 13,20 e 16,12.
   c) 11,15 e 13,85.
   d) 13,21 e 14,92.

8. Qual é a afirmação mais apropriada?

   a) Existe um efeito estatisticamente significativo do grupo na ansiedade ($F_{2,85} = 3,76$; $p = 0,027$).
   b) Existe um efeito estatisticamente significativo do grupo na ansiedade ($F_{2,87} = 3,76$; $p = 0,027$).
   c) Não existe um efeito estatisticamente significativo do grupo na ansiedade ($F_{2,85} = 3,76$; $p = 0,027$).
   d) Não existe um efeito estatisticamente significativo do grupo na ansiedade ($F_{2,87} = 3,76$; $p = 0,027$).

9. Quais grupos não são estatística e significativamente diferentes uns dos outros?

   a) DII e controles.
   b) SII e DII.
   c) SII e controles.
   d) Nenhuma das alternativas anteriores.

As questões 10 a 12 dizem respeito ao resultado da ANOVA de medidas repetidas apresentado a seguir:

Estatísticas descritivas			
	Média	Desvio-padrão	N
Motivação	8,4659	4,61619	88
Distração	11,1364	4,08581	88
Emoção	12,4091	4,36716	88

Medida: MEDIDA_I

Teste de esfericidade de Mauchly[b]

Efeitos intrassujeitos	W de Mauchly	Qui-quadrado aproximado	gl	Sig.	Epsilon[a]		
					Greenhouse--Geisser	Huynh--Feldt	Limite inferior
Ruminação	0,994	0,518	2	0,772	0,994	1,000	0,500

Teste a hipótese nula de que matriz de covariâncias do erro da variável dependente ortonormalizada transformada é proporcional à matriz identidade.

[a] Pode ser utilizado para ajustar os graus de liberdade para os testes de significância das médias calculadas. Os testes corrigidos são apresentados na tabela de testes dos efeitos intrasujeitos.

[b] Delineamento: intercepto.

Delineamento intrasujeitos: ruminação.

Testes dos efeitos intrasujeitos

Medida: MEDIDA_I

Fonte		Soma dos quadrados do Tipo III	gl	Quadrados da média	F	Sig.	eta parcial ao quadrado
Ruminação	Esfericidade assumida	712,795	2	356,398	18,597	0,000	0,176
	Greenhouse--Geiser	712,795	1,988	358,540	18,597	0,000	0,176
	Huynh-Feldt	712,795	2,000	356,398	18,597	0,000	0,176
	Limite inferior	712,795	1,000	712,795	18,597	0,000	0,176
Erros (ruminação)	Esfericidade assumida	3334,538	174	19,164			
	Greenhouse--Geiser	3334,538	172,960	19,279			
	Huynh-Feldt	3334,538	174,000	19,164			
	Limite Inferior	3334,538	87,000	38,328			

Comparações pareadas

Medida: MEDIDA_I

(I) Ruminação	(J) Ruminação	Diferença média (I − J)	Erro padrão	Sig.[a]	Intervalo de confiança de 95% para a diferença[a]	
					Limite inferior	Limite superior
1	2	-2,670*	0,668	0,000	-3,998	-1,343
	3	-3,943*	0,677	0,000	-5,288	-2,598
2	1	2,670*	0,668	0,000	1,343	3,998
	3	-1,273*	0,634	0,048	-2,534	-0,012
3	1	3,943*	0,677	0,000	2,598	5,288
	2	1,273*	0,634	0,048	0,012	2,534

Baseado em estimativas das médias marginais.

*A diferença média é significativa ao nível de 0,05.

[a] Ajuste para as comparações múltiplas: diferença menos significativa (equivalente a sem ajuste).

10. A suposição de esfericidade foi satisfeita?
    a) Sim.
    b) Não.

11. A análise geral de medidas repetidas mostra que:
    a) Existe(m) diferença(s) significativa(s) entre algumas ou todas das condições de ruminação ($F_{2,174}$ = 18,60, $p < 0,001$).
    b) Existe(m) diferença(s) significativa(s) entre algumas ou todas as condições de ruminação ($F_{2,173}$ = 18,60, $p < 0,001$).

12. Qual comparação pareada mostra o efeito mais forte?
    a) Condições 1 e 2.
    b) Condições 2 e 3.
    c) Condições 1 e 3.
    d) Não é possível dizer.

13. No procedimento da ANOVA de um fator, o teste de Bonferroni é:
    a) Um tipo de carro veloz.
    b) Um teste *post hoc*.
    c) Uma comparação planejada.
    d) Nenhuma das alternativas anteriores.

14. Um grupo de pesquisa tem quatro categorias de comportamento tabagístico autorrelatados. Existem diferenças do tamanho da amostra e da variância entre as categorias. O teste apropriado para determinar a existência de diferenças nos quatro grupos independentes é:
    a) ANOVA de um fator.
    b) ANOVA de medidas repetidas.
    c) Teste de Kruskal-Wallis.
    d) NOVA de Friedman.

15. Na ANOVA de medidas repetidas, uma medida de efeito geral apropriada obtida pelo SPSS é:
    a) eta^2 parcial.
    b) *d* de Cohen.
    c) Qui-quadrado.
    d) Nenhuma das alternativas anteriores.

NOTAS

1. Observe que esta tabela é somente ilustrativa. Como a ANOVA analisa as fontes de diferentes variâncias, ela não é apropriada quando todos os escores em uma ou mais condições forem idênticos.
2. Essas estimativas são representadas na tabela da ANOVA por valores das médias dos quadrados.
3. Geralmente é chamado de erro residual.
4. Arrendondado para duas casas decimais.
5. Para o teste de Kruskal-Wallis, gl = número de grupos − 1.

9
Testando associações entre variáveis categóricas

Panorama do capítulo

Este capítulo foca nos testes de associação entre duas variáveis categóricas ou nominais. As variáveis categóricas podem assumir um número limitado de valores, e nenhuma ordem de categorias é pressuposta. Iremos discutir a tabulação dos pares de variáveis categóricas (em tabelas de contingência) e examinaremos as estatísticas descritivas que são mais úteis no momento de resumir os resultados. A significância da associação é avaliada usando a estatística do qui-quadrado. Iremos considerar a base conceitual do teste e sua aplicação no SPSS. Abordaremos, também, a interpretação dos resultados do SPSS e como eles devem ser escritos.

    O teste de associação do qui-quadrado não requer as suposições dos testes paramétricos; porém, ele tem suposições próprias. Iremos discuti-las e considerar o que você pode fazer caso essas suposições não sejam satisfeitas, incluindo a apresentação do teste exato de Fisher. Finalmente, apresentaremos também a aplicação da estatística do qui-quadrado para a análise de uma variável categórica simples (teste de aderência do qui-quadrado).

    Após ler este capítulo, você irá:

- ✓ Entender em que momento uma tabela de contingência é apropriada;
- ✓ Apreciar a base conceitual do teste qui-quadrado;
- ✓ Ser capaz de escolher entre uma análise direta pelo qui-quadrado e pelo teste exato de Fisher;
- ✓ Saber como conduzir uma análise relevante usando o SPSS e como interpretar os resultados;
- ✓ Ser capaz de elaborar tabelas de contingência e escrever os resultados;
- ✓ Entender o uso das análises das tabelas de contingência na literatura publicada.

INTRODUÇÃO

Como o nome sugere, as variáveis categóricas agrupam os participantes em um número limitado de categorias. Podemos contar a frequência com que os participantes caem em cada categoria. Por exemplo, o gênero é uma variável categórica com dois valores possíveis: as pessoas podem ser categorizadas como do gênero "masculino" ou "feminino". As variáveis categóricas podem ter mais do que dois valores, como quando na categorização de acordo com profissões (enfermeiro, radiologista, médico, professor, professor universitário, investidor bancário, ladrão, bandido). Entretanto, você pode incluir somente uma pessoa em cada categoria. Assim, se alguém é um médico durante o dia e um bandido à noite, você deve escolher qual categoria representa melhor essa pessoa. Dependendo da sua pergunta de pesquisa, você pode combinar algumas categorias (geralmente chamadas de categorias agregadas). Isso é perfeitamente admissível desde que as categorias agregadas sejam significativas. Por exemplo, você pode formar categorias maiores como trabalhadores da saúde (agregando médicos e enfermeiros) e criminosos (incluindo os investidores bancários de acordo com o seu critério).

Muitas hipóteses de pesquisa preveem que uma variável está associada a outra. Em muitos casos, essas variáveis são categóricas. Alguns exemplos de pesquisas que estudaram associações desse tipo:

✓ Rowe e colaboradores (2004) testaram a hipótese de que a habilidade de leitura deficiente de crianças (definida como os 10% mais baixos em um teste de leitura) estaria associado com envenenamento involuntário.

✓ Merline e colaboradores (2004) investigaram se o nível de educação universitária (definido como nenhum, incompleto ou completo) estava associado ao uso de substâncias (presente ou ausente) na idade de 35 anos.
✓ Green e colaboradores (2005) testaram a hipótese de que a presença do transtorno mental infantil estaria associada à classificação socioeconômica da família (p. ex., profissão mais eminente, rotina da ocupação, etc.)

A associação entre duas variáveis categóricas pode ser resumida em uma tabela de contingência. As categorias de uma variável estão listadas na primeira linha da tabela e as categorias da segunda variável na primeira coluna. Podemos lançar a hipótese de que motoristas do sexo masculino têm uma probabilidade maior de sofrer um acidente de carro do que motoristas do sexo feminino. Para testar essa hipótese, pode-se recrutar 100 motoristas e lhes perguntar se, alguma vez, já estiveram envolvidos em acidentes. Contamos, então, o número de acidentes nos quais estiveram envolvidos, mas pode haver alguns participantes que tiveram múltiplos acidentes. Portanto, criaremos uma variável categórica simples com dois valores possíveis, um para aquelas pessoas que nunca tiveram um acidente e outro para pessoas que tiveram um ou mais acidentes.

Assim, para os nossos 100 participantes, imagine que 56 dos participantes sejam mulheres (portanto, 44 são homens). Vinte participantes tiveram um acidente (portanto, 80 não tiveram). As frequências observadas estão exibidas na Tabela 9.1. Listamos o envolvimento em acidentes na primeira linha e o gênero na primeira coluna. Não faz diferença se você fizer o contrário, com

TABELA 9.1

	Sem acidente	Acidente	Total
Mulheres	51	5	56
Homens	29	15	44
Total	80	20	100

gênero no topo e envolvimento em acidentes na primeira coluna. As células destacadas mostram a contagem da frequência para cada combinação de valores. Por exemplo, 51 das observações são mulheres que não se envolveram em acidentes.

O teste inferencial da associação entre essas variáveis não está baseado em porcentagens, mas pode ser útil resumir os dados dessa forma, como descrito no Capítulo 5. Nós achamos que os mais úteis são os percentuais de homens e mulheres que tiveram acidentes. Para calcular o percentual de mulheres que tiveram acidentes, simplesmente dividimos o número daquelas que já se acidentaram (5) pelo total de mulheres (56), o que nos dará a proporção das envolvidas em algum acidente (0,09). Assim 9% das mulheres relataram que estiveram envolvidas em um acidente de carro.

> **☑ ATIVIDADE 9.1**
>
> Calcule o percentual de homens que relataram um histórico de acidente. A resposta está no parágrafo a seguir (não vale espiar).

Esperamos que você tenha calculado que 34% dos homens estiveram envolvidos em acidentes. A cifra de 34% parece ser muito maior do que os 9% das mulheres. Portanto, você pode pensar que existe uma associação entre o gênero e o envolvimento em acidentes, de forma que homens têm uma probabilidade maior de sofrer acidentes. Nós temos somente uma amostra, portanto as diferenças aparentes poderiam ser produto do erro amostral. Necessitamos da estatística inferencial para testar a probabilidade de que essa associação possa ter ocorrido por acaso. A estatística do qui-quadrado (χ^2) é apropriada nessa situação. Da mesma forma que as estatísticas inferenciais que encontramos, calculamos a probabilidade de os dados observados serem gerados no caso de a hipótese nula ser verdadeira (i. e., que os acidentes não estão associados com o gênero). Mantendo as demais condições inalteradas, quanto maior a estatística χ^2, menor a probabilidade da hipótese nula ser verdadeira. Se a probabilidade for menor que 0,05, então rejeitamos a hipótese nula e aceitamos que existe uma associação na população.

A LÓGICA DA ANÁLISE DAS TABELAS DE CONTINGÊNCIA

O cálculo da estatística χ^2 é baseado nas frequências existentes nas células da tabela de contingência. Como veremos a seguir, o SPSS fará os cálculos para você. Em primeiro lugar, ele calcula as frequências que você esperaria em cada célula caso a hipótese nula fosse verdadeira (*frequências esperadas*). No nosso exemplo, a hipótese nula é que não existe associação entre o gênero e os acidentes de carro. Você pode pensar que sob a hipótese nula esperaríamos que nossas observações estivessem igualmente nas quatro células, com 25 em cada uma. Entretanto, esse não é o caso. Sabemos que apenas 20 da nossa amostra geral envolveram-se em um acidente de carro, portanto, não faz sentido prever que teremos 25 em cada uma das células do acidente. Nós também recrutamos números desiguais de mulheres (56) e homens (44), possivelmente porque as mulheres tem maior probabilidade de se voluntariar para tomar parte em estudos que envolvam pesquisa. Os totais de linhas e colunas devem ser considerados quando calculamos as frequências esperadas em cada célula. Para encontrá-las, simplesmente multiplicamos o total da linha observada pelo total da coluna observada e dividimos o resultado pelo número de participantes de toda a tabela. Como temos 56 mulheres e 20 vítimas de acidentes de carro em um estudo de 100 pessoas, iríamos esperar observar 11,2 mulheres com histórico de acidentes – (56x20)/100 – sob a hipótese nula. As frequências esperadas para as quatro células são exibidas na Tabela 9.2.

A estatística χ^2 é baseada na diferença entre as frequências observadas e as esperadas. Para cada célula, a frequência esperada é subtraída da observada. O número resultante é, então, elevado ao quadrado, para

TABELA 9.2

	Sem acidentes	Acidentes	Total
Mulheres	44,8	11,2	56
Homens	35,2	8,8	44
Total	80	20	100

TABELA 9.3

	Sem acidente	Acidente
Mulheres	$(51 - 44,8)^2/44,8 = 0,86$	$(5 - 11,2)^2/11,2 = 3,43$
Homens	$(29 - 35,2)^2/35,2 = 1,09$	$(15 - 8,8)^2/8,8 = 4,37$

$\chi^2 = 0,86 + 3,43 + 1,09 + 4,37 = 9,75$

que possamos lidar com a mistura de números positivos e negativos que inevitavelmente serão calculados. Isso funciona pois números positivos e negativos se tornam positivos quando elevados ao quadrado. A seguir, dividimos o resultado pela frequência esperada. Então, simplesmente somamos os números calculados em cada célula, e isso nos dá a estatística χ^2. Quanto maior a estatística, maior a diferença entre os valores observados e esperados entre as células. O cálculo está ilustrado na Tabela 9.3.

A seguir, precisamos testar a significância da estatística χ^2. Observaremos isso à medida que vemos como executar o cálculo usando o SPSS.

EXECUTANDO A ANÁLISE NO SPSS

Entrando com os dados

No visualizador de dados do SPSS, você deve entrar com os dados para cada participante em uma linha separada e executar uma análise na tabela de contingência nos dados. Existe, também, um atalho para entrar com os dados caso você já tenha construído sua tabela de contingência, em que cada linha na planilha de dados representa uma célula na tabela. Iremos focar nessa abordagem. São necessárias três variáveis para isso; as duas primeiras dizem ao SPSS qual categoria de cada variável a célula se refere, e a terceira contém o número de observações presentes naquela célula. Essa variável é geralmente chamada de frequência ou, abreviando, "freq". Por exemplo, na nossa análise anterior, a planilha de dados seria como a exibida na Captura de tela 9.1.

Codificamos o gênero como 1 para os homens e 0 para as mulheres; o envolvimento em acidentes é codificado como 1 para aqueles com histórico de acidentes

	gender	crashhist	freq
1	women	no crash	51.00
2	women	crash	5.00
3	men	no crash	29.00
4	men	crash	15.00
5			

CAPTURA DE TELA 9.1

de carro e 0 para aqueles sem tal histórico. Providenciamos rótulos para esses valores, e o SPSS os mostra na planilha, a fim de torná-la mais informativa. Você pode ativar ou desativar essa característica usando a caixa *Value Labels* (Rótulos dos Valores) no menu *View* (Visualizar), como mostra a Captura de tela 9.2.

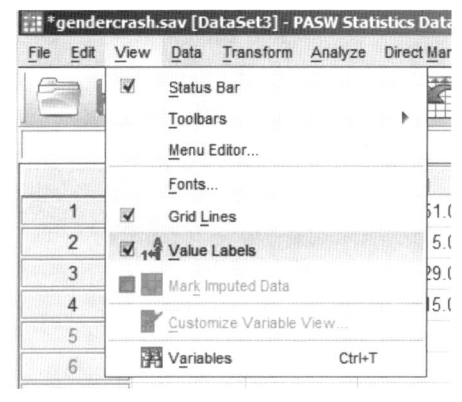

No momento, o SPSS não sabe que você entrou com uma tabela de contingência – ele acha que você tem um conjunto de dados com quatro observações. Para esclarecer as coisas, você precisa selecionar *Weight Cases* (Casos Ponderados) no menu *Data* (Dados) (Captura de tela 9.3).

Na caixa de diálogos *Weight Cases* (Casos Ponderados), você deve clicar em *Weight Cases by* (Ponderar por Casos). Então, identifique *freq* como a variável de frequência para ponderar os casos, movendo-a da lista da esquerda da caixa *Frequency Variable* (Variável Frequência) para a direita, como mostra a Captura de tela 9.4. Em seguida, pressione *OK*. Agora o SPSS sabe que cada linha no conjunto de dados representa o número de casos especificados na variável *freq*.

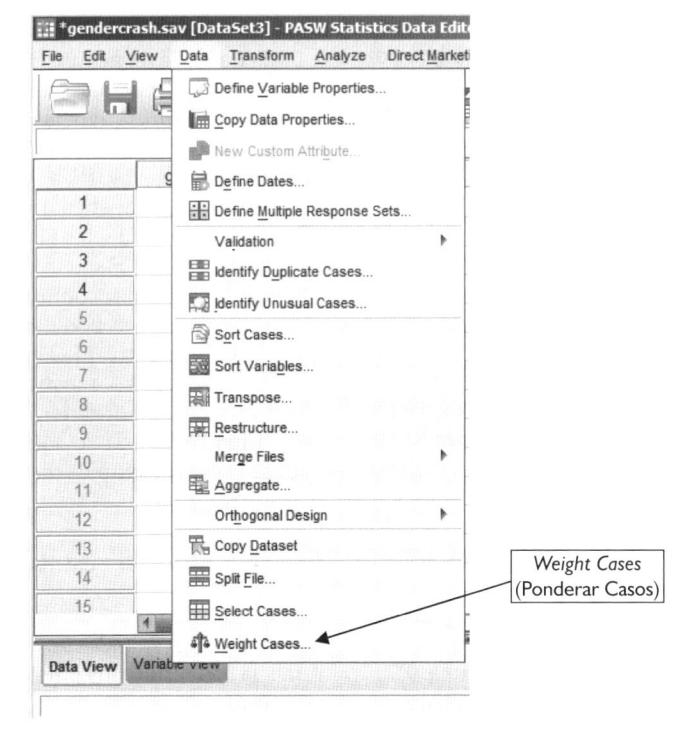

CAPTURA DE TELA 9.2

CAPTURA DE TELA 9.3

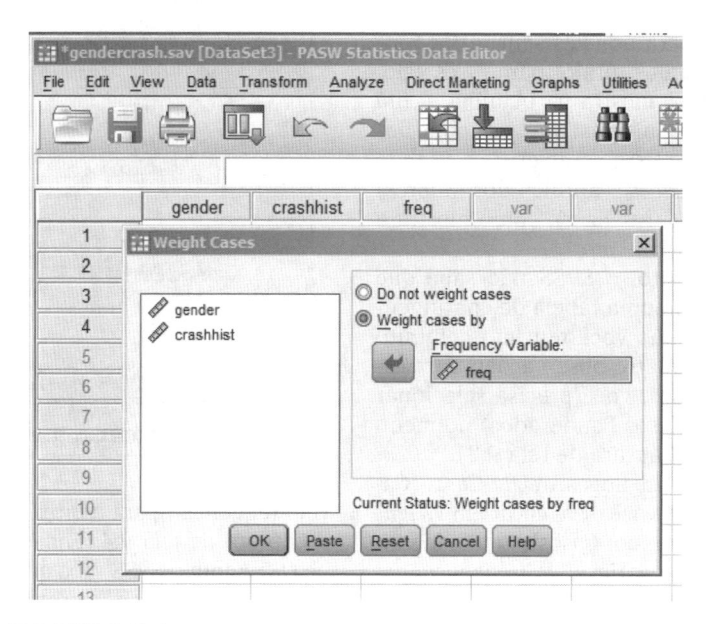

CAPTURA DE TELA 9.4

Executando a análise

Agora que os dados estão configurados, podemos executar a análise, acessando os *menus Analyze, Descriptive Statistics* (Analisar, Estatísticas Descritivas) e *Crosstabs* (Tabelas Cruzadas) (Captura de tela 9.5).

Na caixa de diálogos *Crosstabs* (Tabelas Cruzadas), entre com *gender* (gênero) na caixa *Row(s)* (Linha[s]) e *Crashhist* (Histórico de acidentes) na caixa *Column(s)* (Coluna[s]) (Captura de tela 9.6). Como observado anteriormente, não haverá problemas em entrar com os dados invertendo a ordem – isso simplesmente mostraria a tabela em ordem inversa. A estatística χ^2 permanece a mesma. Aqui, você não deve fazer nada com a variável *freq*.

Então, você deve clicar no botão *Cells* (Células) caso queira obter informações adicionais.

Marque as caixas das frequências Observadas (*Observed*) e Esperadas (*Expected*) caso queira exibi-las (Captura de tela 9.7). É provável que, ao solicitar os percentuais, sejá útil anotar o resultado. Nesse caso, é preciso clicar na Linha (*Row*) dos percentuais para obter o percentual de mulheres e homens que tiveram um acidente de carro, uma vez que o gênero foi especificado como a linha da variável acima. Quando terminar, clique em *Continue* para retornar à caixa de diálogos *Crosstabs* (Tabelas Cruzadas).

Finalmente, precisamos dizer ao SPSS para calcular a estatística χ^2. Clique no botão *Statistics* (Estatísticas) na caixa de diálogos *Crosstabs* (Tabelas Cruzadas) e, após, clique no botão *Chi-square* (Qui-quadrado) no topo à esquerda, como mostra a Captura de tela 9.8. Você pode, também, marcar a caixa para obter o Fi (*Phi*) e o *V* de Cramer (*Cramer's V*) – mostraremos a seguir por que isso é importante.

Uma vez feito isso, clique em *Continue* e, então, em *OK* para executar a análise.

Interpretando o resultado

Como normalmente acontece com o SPSS, são exibidos mais resultados do que os solicitados. A tabela dos resultados principais a que se deve prestar atenção é a *gender*crashist Crossatabulation* (Cruzamento gênero*histórico de acidente) – ou seja, a tabela de contingência e a tabela seguinte *chi-Square Tests*

CAPTURA DE TELA 9.5

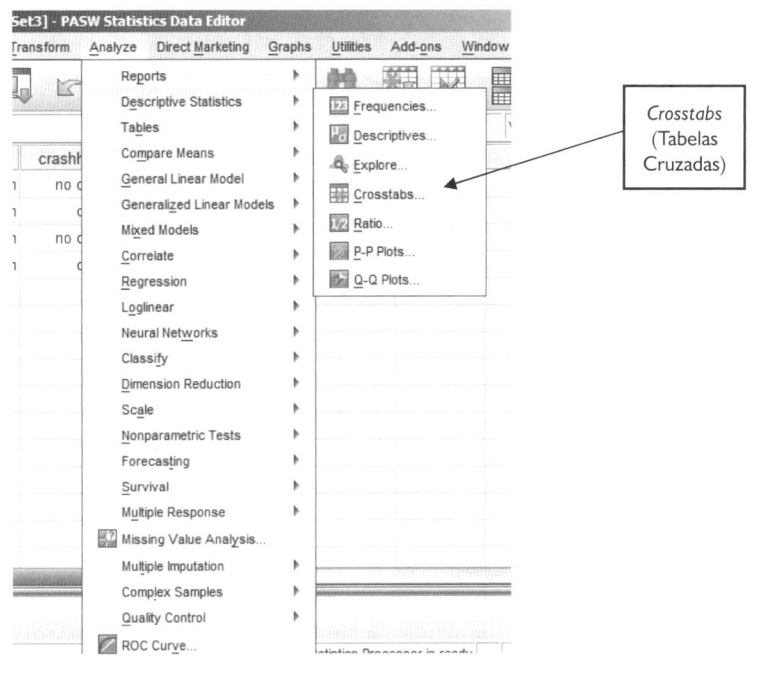

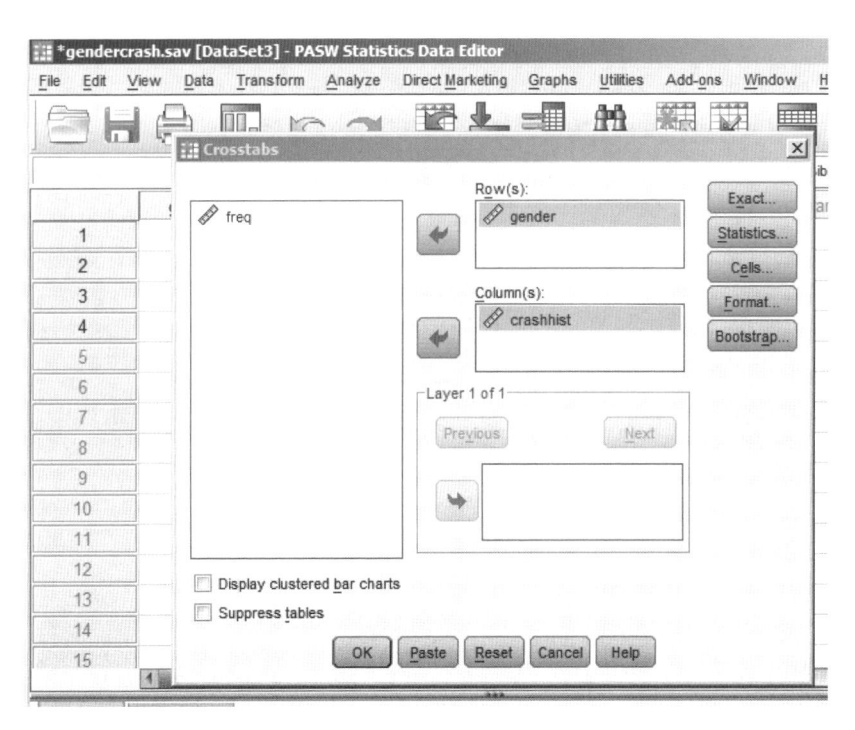

CAPTURA DE TELA 9.6

CAPTURA DE TELA 9.7

CAPTURA DE TELA 9.8

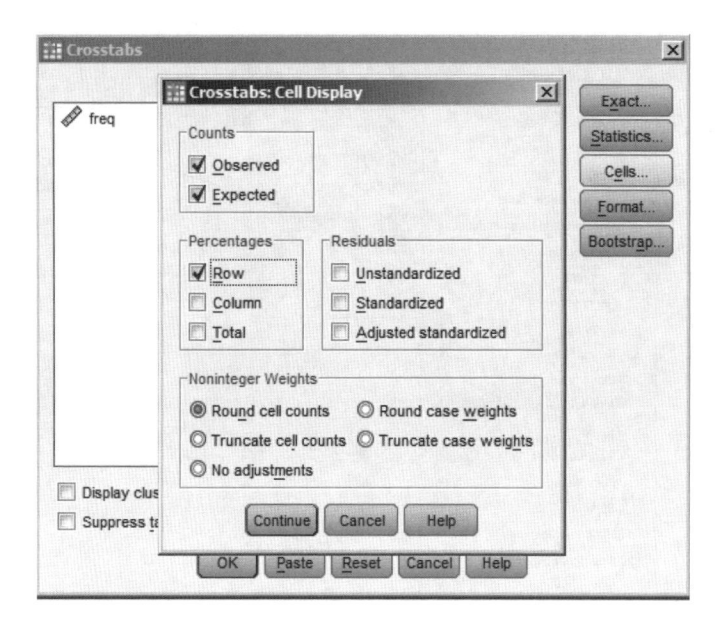

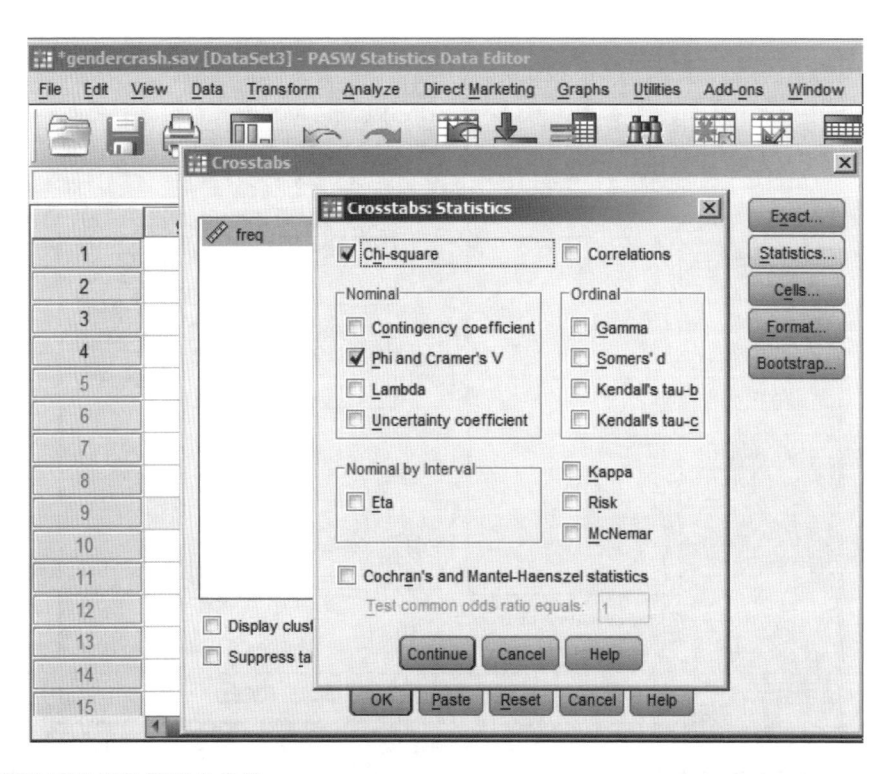

(Testes do qui-quadrado). A tabulação cruzada (Captura de tela 9.9) mostra as frequências observadas em cada célula – rotulada de *Count* (Contagem) – e as frequências esperadas.

O SPSS imprime uma variedade de resultados na caixa *Chi-square Tests* (Testes do qui-quadrado) (Captura de tela 9.10), e somente alguns deles precisam da sua atenção nesse estágio.

Nós descrevemos o cálculo da estatística χ^2 de Pearson anteriormente, e essa é a linha a ser observada em primeiro lugar. Ela mostra um valor de χ^2 de 9,750. O grau de liberdade de uma análise χ^2 é calculado como o produto do número de linhas (da tabela de contingência) menos 1 multiplicado pelo número de colunas menos 1. Portanto, temos 1 grau de liberdade nessa análise. O SPSS nos diz que a probabilidade de se observar um valor de χ^2 de 9,750 com 1 grau de liberdade é de 0,002 caso a hipótese nula seja verdadeira. Isso é muito improvável e abaixo do ponto de corte crítico de 0,05. Portanto, podemos rejeitar a hipótese nula. Os resultados mostram que

gender * crashhist Crosstabulation

			crashhist		Total
			no crash	crash	
gender	women	Count	51	5	56
		Expected Count	44.8	11.2	56.0
		% within gender	91.1%	8.9%	100.0%
	men	Count	29	15	44
		Expected Count	35.2	8.8	44.0
		% within gender	65.9%	34.1%	100.0%
Total		Count	80	20	100
		Expected Count	80.0	20.0	100.0
		% within gender	80.0%	20.0%	100.0%

CAPTURA DE TELA 9.9

Chi-Square Tests

	Value	df	Asymp. Sig. (2-sided)	Exact Sig. (2-sided)	Exact Sig. (1-sided)
Pearson Chi-Square	9.750[a]	1	.002		
Continuity Correction[b]	8.241	1	.004		
Likelihood Ratio	9.918	1	.002		
Fisher's Exact Test				.002	.002
Linear-by-Linear Association	9.653	1	.002		
N of Valid Cases	100				

a. 0 cells (.0%) have expected count less than 5. The minimum expected count is 8.80.

b. Computed only for a 2x2 table

CAPTURA DE TELA 9.10

os homens têm maior probabilidade de ter se envolvido em um acidente de carro. O SPSS relata um teste de significância bilateral (ver Cap. 4).

AVALIANDO O TAMANHO DO EFEITO NA ANÁLISE DE TABELAS DE CONTINGÊNCIA

Como observado no Capítulo 4, existem medidas diferentes disponíveis do tamanho do efeito. Para essa análise, o SPSS produz o *V* de Cramer. Ele fornece uma medida intuitiva do tamanho do efeito em análises onde ambas as variáveis têm duas categorias; sua interpretação é similar ao coeficiente de correlação de Pearson (*r*). Como mostra a Captura de tela 9.11, o *V* de Cramer é 0,31.

Escrevendo o resultado

Um bom relatório da análise de uma tabela de contingência nomeia as variáveis envolvidas, indica o valor da estatística χ^2, os graus de liberdade, o número de observações e o valor-*p*. Você deve providenciar, também, o tamanho do efeito, algumas estatísticas descritivas e dar a direção do efeito quando o resultado for significativo. No nosso exemplo, poderíamos dizer:

> Existia uma associação significativa entre o gênero e o envolvimento em acidentes de carro. (χ^2 [1, N = 100] = 9,75, *p* = 0,002). Os homens tinham uma probabilidade significativamente maior de ter se envolvido em um acidente de carro (34,1%) do que as mulheres (8,9%). A medida *V* de Cramer do tamanho do efeito foi de 0,31.

Os graus de liberdade são escritos primeiro nos parênteses, e só depois escreve-se o número de observações N. Em vez de os percentuais, seria possível, também, dar a razão de chances (ver Cap. 5).

Exemplo da literatura

Chris Armitage (2006) estudou o papel das intenções de implementação na mudança alimentar. Intenções de implementação implicam que os participantes expliquem seus planos de como irão se comportar em situações críticas, a fim de se evitar comportamentos indesejados (p. ex., comer comidas com alto teor de gordura). Nesse estudo, os participantes foram alocados aleatoriamente tanto na intenção de implementação quanto na condição-controle. As medidas do resultado principal do estudo foram contínuas e mostraram que a abordagem da intenção da implementação melhorou o comportamento alimentar. A natureza contínua dessas medidas as tornou inadequadas para a análise por uma tabela de contingência. No entanto, um passo inicial importante na análise foi assegurar que a intenção de implementação e os grupos-controle não diferiam quanto à sua composição. A análise da tabela de contingência foi usada para verificar se a alocação era igual no que diz respeito às variáveis categóricas, incluindo o gênero. Com respeito ao gênero, uma tabela de contingência (Captura de tela 9.12) pode ser reconstruída com os detalhes fornecidos no artigo.
A estatística χ^2 não foi significativa (χ^2[1, N = 554] = 2,2, *p* = 0,138). Portanto, como o esperado, não houve evidência de uma distribuição desigual de gênero entre os grupos experimental e de controle.

Symmetric Measures

		Value	Approx. Sig.
Nominal by Nominal	Phi	.312	.002
	Cramer's V	.312	.002
N of Valid Cases		100	

CAPTURA DE TELA 9.11

GRANDES TABELAS DE CONTINGÊNCIA

Até agora, observamos somente as tabelas de contingência em que cada variável tinha apenas dois valores. Elas são normalmente chamadas de tabelas 2 x 2, porque são necessárias duas linhas e duas colunas para exibir os dados. Podemos estender a análise para variáveis com mais categorias (p. ex., uma tabela 3 x 2 ou 4 x 3 ou o que você quiser x o que você quiser). Imagine que nossos dados originais do acidente incluíram apenas pessoas envolvidas em acidentes dos quais não tiveram culpa. Poderíamos, facilmente, adicionar alguns dados de pessoas que estiveram envolvidas em acidentes em que a polícia as considerou culpadas. Agora, a variável do histórico de acidente possui três categorias: nenhum acidente, acidentes sem culpa, acidentes com culpa. Precisamos decidir como categorizar essas pessoas, pois elas não podem ser contadas em todas as categorias. Uma abordagem possível seria não incluir em determinada categoria pessoas envolvidas em acidentes e consideradas culpadas, independentemente de não terem culpa em outros acidentes. A tabela 3 x 2 resultante pode ser semelhante à exibida na Tabela 9.4.

> **ATIVIDADE 9.2**
>
> Como ficaria a planilha do SPSS se você estivesse executando essa análise?

Nessa análise ainda temos um resultado significativo ($\chi^2[2, N = 119] = 19{,}9$, $p = 0{,}001$). Observe que os graus de liberdade são, agora, dois, pois temos uma tabela 3 x 2. O resultado significativo ainda implica que o histórico de acidentes e o gênero estão associados, mas, na interpretação de uma tabela grande, isso já não fica mais tão claro. A significância do χ^2 não nos diz se a distribuição de homens e mulheres difere entre todas as categorias da variável acidentes ou somente em algumas delas. Uma forma de resolver o problema é agregar as categorias até se obter uma tabela 2 x 2. Por exemplo, você pode agregar as categorias culpa e sem culpa em uma única categoria de aciden-

condition * gender Crosstabulation

			gender		Total
			female	male	
condition	control	Count	178	80	258
		Expected Count	185.8	72.2	258.0
	experimental	Count	221	75	296
		Expected Count	213.2	82.8	296.0
Total		Count	399	155	554
		Expected Count	399.0	155.0	554.0

CAPTURA DE TELA 9.12

TABELA 9.4

	Sem acidentes	Acidentes sem culpa	Acidentes com culpa
Mulheres	51	5	3
Homens	29	15	16

tes caso todos os acidentes sejam de nosso interesse teórico, independentemente da culpa.

A análise de tabelas de contingência, da forma discutida neste capítulo, ficará limitada a duas variáveis categóricas. Se você deseja incluir mais variáveis, então a análise log-linear pode ser apropriada, mas esse tema vai além do escopo deste livro. Entretanto, a regressão logística (Cap. 13) pode ser útil para algumas análises desse tipo e, também, possui a vantagem de que tanto variáveis contínuas quanto categóricas podem ser incluídas como previsoras.

SUPOSIÇÕES DA ANÁLISE DE TABELAS DE CONTINGÊNCIA

Como vimos, as categorias para cada variável devem ser mutuamente exclusivas. Cada participante pode ser colocado apenas em uma categoria de cada variável, o que significa que a análise da tabela de contingência não é adequada para delineamentos intra participantes.

A segunda suposição é que existe pelo menos uma observação em cada célula da tabela. Se isso for um problema, então você pode resolvê-lo agregando as categorias, caso aquelas que forem agregadas formem categorias significativas.

A terceira suposição é que as frequências esperadas não estão abaixo de cinco em mais de 20% das células da tabela de contingência. Felizmente, existe uma estatística teste alternativa que não é vulnerável a frequências esperadas baixas: o teste exato de Fisher. O SPSS o calcula como padrão quando calcula um teste χ^2 de associação. Usando nossa análise original do início do capítulo, destacamos o resultado de relevância na Tabela 9.5.

Os testes de significância unilateral e bilateral são apresentados com os resultados do teste exato de Fisher. O nível de significância unilateral seria o valor correto a ser usado caso você tivesse uma hipótese unilateral (p. ex., os homens têm maior probabilidade de se envolver em um acidente de carro do que as mulheres). Se sua hipótese for bilateral (i. e., se você previu que o gênero e o histórico de acidente estavam associados, sem especificar como), então usaria a probabilidade bilateral. Nesse caso, a probabilidade está em torno do mesmo valor de 0,002 tanto para os cálculos unilaterais quanto bilaterais e também está em torno da mesma probabilidade exibida no topo da linha do qui-quadrado de Pearson. Não havia a necessidade de se usar o teste exato de Fisher uma vez que as frequências esperadas são maiores do que 5 em todas as células. O SPSS relatou isto para nós na nota a (em negrito), e o programa irá avisá-lo caso você tenha muitas células com frequências esperadas abaixo de cinco. Por exemplo, se tivéssemos recrutado somente 30 participantes para o nosso estudo de gênero

TABELA 9.5

Testes qui-quadrado

	Valor	gl	Sig. Assint. (Bilateral)	Sig. Exata (Bilateral)	Sig. Exata (Unilateral)
Qui-quadrado de Pearson	9,750[a]	1	0,002		
Correção de continuidade[b]	8,241	1	0,004		
Razão de verossimilhança	9,918	1	0,002		
Teste exato de Fisher				0,002	0,002
Associação Linear-Linear	9,653	1	0,002		
N de casos válidos	100				

[a] **0 célula (0%) tem frequência esperada menor que 5. A frequência mínima esperada é 8,80.**
[b] Calculado apenas para tabelas 2 x 2.

e histórico de acidentes, teríamos calculado a análise das Capturas de tela 9.13 e 9.14.

As frequências esperadas são baixas nas células do acidente. O SPSS nos alerta (na nota a, Captura de tela 9.14) que temos 50% das células com frequências esperadas abaixo de cinco. Portanto, usaremos o teste exato de Fisher nesta análise.

O teste exato de Fisher resolve o problema das frequências esperadas pequenas quando lidamos com tabelas 2 x 2, mas não é calculado para tabelas maiores. Quando você tem tabelas maiores, porém com pequenas frequências esperadas, pode solucionar o problema agregando as categorias.

O TESTE DE ADERÊNCIA χ^2

A estatística χ^2 também pode ser útil caso você tenha somente uma variável categórica e queira testar se as frequências observadas em cada categoria são como o esperado. Por exemplo, você pode escolher uma de quatro mensagens possíveis para desencorajar o fumo (Tab. 9.6) as quais sejam expostas nas salas de espera de médicos de família.

gender * crashhist Crosstabulation

			crashhist		Total
			no crash	crash	
gender	women	Count	13	1	14
		Expected Count	10.3	3.7	14.0
		% within gender	92.9%	7.1%	100.0%
	men	Count	9	7	16
		Expected Count	11.7	4.3	16.0
		% within gender	56.3%	43.8%	100.0%
Total		Count	22	8	30
		Expected Count	22.0	8.0	30.0
		% within gender	73.3%	26.7%	100.0%

CAPTURA DE TELA 9.13

Chi-Square Tests

	Value	df	Asymp. Sig. (2-sided)	Exact Sig. (2-sided)	Exact Sig. (1-sided)
Pearson Chi-Square	5.117[a]	1	.024		
Continuity Correction[b]	3.416	1	.065		
Likelihood Ratio	5.660	1	.017		
Fisher's Exact Test				.039	.030
Linear-by-Linear Association	4.946	1	.026		
N of Valid Cases	30				

a. 2 cells (50.0%) have expected count less than 5. The minimum expected count is 3.73.

b. Computed only for a 2x2 table

CAPTURA DE TELA 9.14

TABELA 9.6

O fumo aumenta as chances de problemas cardíacos	O fumo aumenta a chance de câncer	A saúde de sua família está em risco ao inalar a sua fumaça	O fumo torna suas roupas malcheirosas
35	45	40	280

Você pergunta a uma amostra de 400 pacientes qual mensagem eles preferem (lembre-se que a preferida nada tem a ver com sua eficácia na redução do tabagismo, mas, talvez, você queira equilibrar a situação providenciando uma mensagem de saúde efetiva em uma sala de espera agradável). Se cada mensagem tiver a mesma preferência (hipótese nula), então você prevê que um número igual de pessoas escolherá cada uma delas como sua favorita: 400/4 = 100 para cada mensagem. Assim, 100 em cada categoria são as nossas *frequências esperadas* (Tab. 9.6). Parece que a mensagem das roupas mal cheirosas é mais popular do que as outras; temos muito mais pessoas escolhendo essa mensagem do que o esperado por acaso. Um número de pessoas menor do que o esperado escolheu as outras. Entretanto, você não iria prever que as frequências observadas seriam exatamente iguais às frequências esperadas mesmo se não houvesse diferenças entre as mensagens – sempre haverá alguma variação devido ao erro amostral.

O teste χ^2 de uma variável nos ajuda decidir quão provável é que a diferença entre as frequências observadas e esperadas tenha ocorrido por acaso. Esse teste é chamado de teste de "aderência", pois testa quão bem as frequências observadas aderem às esperadas. A estatística teste é calculada de uma maneira similar à χ^2 para a associação entre duas variáveis categóricas, discutidas anteriormente. Você identifica a diferença entre as frequências observadas e as esperadas para cada categoria, elevando a diferença ao quadrado e dividindo o resultado pela frequência esperada. Então você soma os valores obtidos em cada célula da tabela para gerar a estatística χ^2. Ilustraremos, a seguir, esse cálculo, e executaremos a análise usando o SPSS, com um exemplo um pouco mais complicado.

Os graus de liberdade para essa estatística teste são calculados como o número das categorias menos 1 (3, neste caso). Para o nosso exemplo, o χ^2 é 432,5, o que é altamente significativo para três graus de liberdade. Portanto, podemos rejeitar a hipótese nula e concluir que existe uma diferença significativa na preferência das mensagens. Se quisermos agradar aos pacientes na sala de espera, então devemos exibir a mensagem que fala das roupas malcheirosas.

O teste χ^2 de uma variável também nos permite definir seus próprios valores esperados para cada categoria. Por exemplo, você pode lançar a hipótese de que canhotos correm um risco maior de problemas cardíacos do que pessoas destras. Para testar essa hipótese, você poderia coletar uma amostra aleatória de indivíduos com problemas cardíacos e verificar se são canhotos ou destros. O que você esperaria ver se não houvesse uma associação entre canhoto ou destro e doenças cardíacas? Uma divisão de 50:50 entre pessoas canhotas e destras? Não, pois pessoas canhotas e destras não são igualmente comuns na população geral. Vamos assumir que 90% da população seja destra. Portanto, se não há uma associação entre a pessoa ser canhota ou destra e um problema cardíaco, esperaríamos que 90% dos pacientes seriam destros, e 10% canhotos. Você pode recrutar uma amostra de 400 pacientes com problemas cardíacos e esperar, portanto, que 90% (360) sejam destros e 10% (40) sejam canhotos. Observe os dados na Tabela 9.7.

Novamente, a estatística χ^2 de uma variável pode ser usada para testar se as fre-

TABELA 9.7

	Destros	Canhotos
Observados	305	95
Esperados	360	40

quências observadas diferem daquelas antecipadas além do que seria esperado por acaso. O cálculo é similar àquele recém-estudado. Para cada célula, a frequência esperada é subtraída da observada e elevada ao quadrado, e, então, o resultado é dividido pela frequência esperada. Por fim, os valores calculados para as duas células são somados para dar a estatística χ^2 de Pearson. Esse cálculo é exibido na Tabela 9.8.

Os graus de liberdade são calculados como o número de categorias menos 1 (o que dá 1). O χ^2 de 84,03 para um grau de liberdade é altamente significativo ($p < 0,001$). Portanto, esse resultado mostra que a frequência de canhotos entre os pacientes com problemas cardíacos é significativamente maior do que o encontrado na população geral.

EXECUTANDO O TESTE DE ADERÊNCIA χ^2 UTILIZANDO O SPSS

Para executar uma análise para o exemplo anterior utilizando o SPSS, a planilha deve parecer como a exibida na Captura de Tela 9.15.

Os dados precisam ser ponderados para dizer ao SPSS que os dados das frequências foram fornecidos. Apresentamos isso

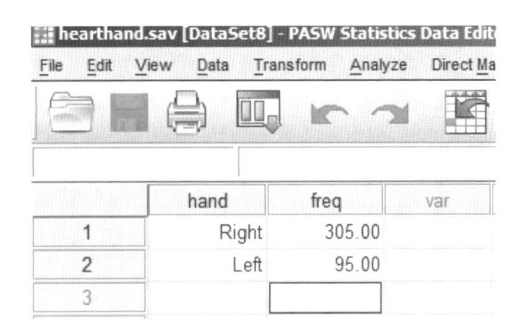

CAPTURA DE TELA 9.15

no contexto da análise das tabelas 2 x 2, visto anteriormente neste capítulo. Uma vez ponderados os dados, selecione *Analyze, Nonparametric Tests, Legacy Dialogs, Chi-square* (Analisar, Testes não paramétricos, Caixa de Diálogo Legacy, Qui-quadrado) (Captura de tela 9.16).

Na caixa de diálogos, a variável gênero (*gender*) deve ser movida para a lista *Test Variable* (Variável Teste). A seguir, observe a caixa *Expected Values* (Valores Esperados). Você precisa dizer ao SPSS os valores que espera para cada categoria. Se você espera que as observações estejam igualmente dispersas ao acaso por meio das categorias, como fizemos no exemplo da escolha de uma mensagem antitabagismo, então

TABELA 9.8

Destros	Canhotos
$(305 - 360)^2/360 = 8,4$	$(95 - 40)^2/40 = 75,63$

$$\chi^2 = 8,4 + 75,63 = 84,03$$

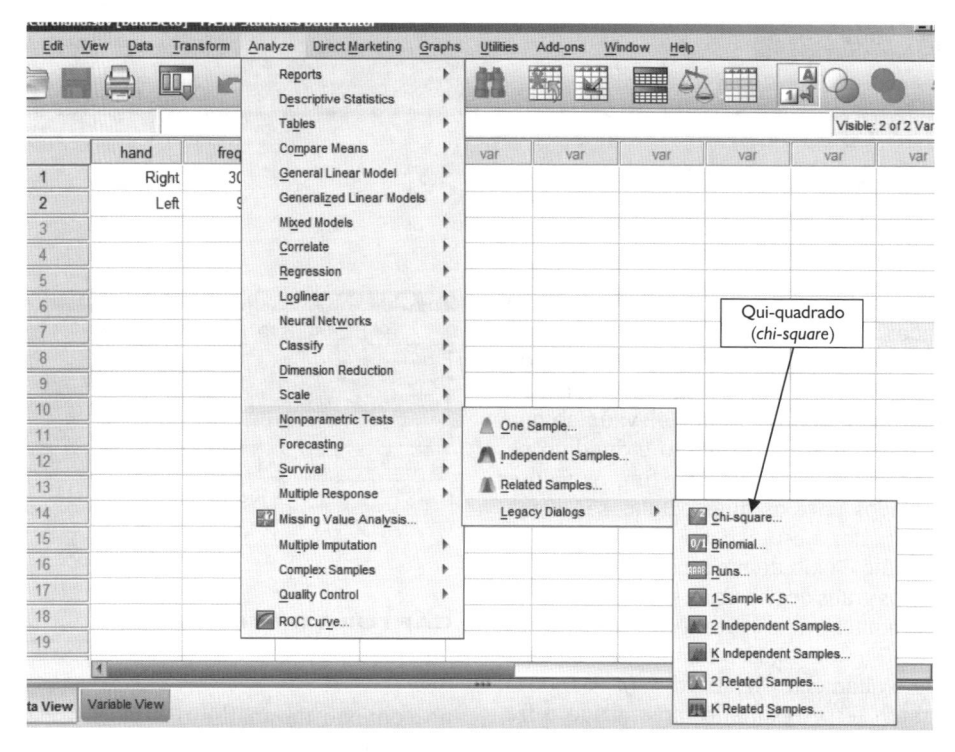

CAPTURA DE TELA 9.16

isso pode ser deixado na configuração padrão *All categories equal* (Todas as categorias iguais). Não podemos fazer isso neste caso, uma vez que não esperamos proporções iguais de canhotos e destros. Primeiro entre com 360 – a frequência esperada para destros. Esses dados vão primeiro pois os destros têm o código mais baixo da categoria destreza manual (destro é codificado como 1, canhoto como 2). A seguir, pressione o botão *Add* (Adicionar). Entre, então, com o valor 40 (a frequência esperada) para os canhotos e pressione *Add* (Adicionar) novamente (Captura de tela 9.17) e, então, pressione *OK*.

Os resultados apresentam duas tabelas. A primeira (Captura de tela 9.18) mostra as frequências observadas e esperadas e também o cálculo das diferenças (os resíduos). Recomendamos verificar se as frequências esperadas foram alocadas como o planejado, pois a caixa de diálogos referida pode ser complicada de preencher.

A segunda tabela (Captura de tela 9.19) mostra a estatística χ^2, os graus de liberdade e a probabilidade. Esses são os mesmos números que encontramos antes. O χ^2 é 84,03, altamente significativo para um grau de liberdade. Observe que o nível p deve sempre ser escrito como $p < 0,001$ quando o SPSS informa 0,000.

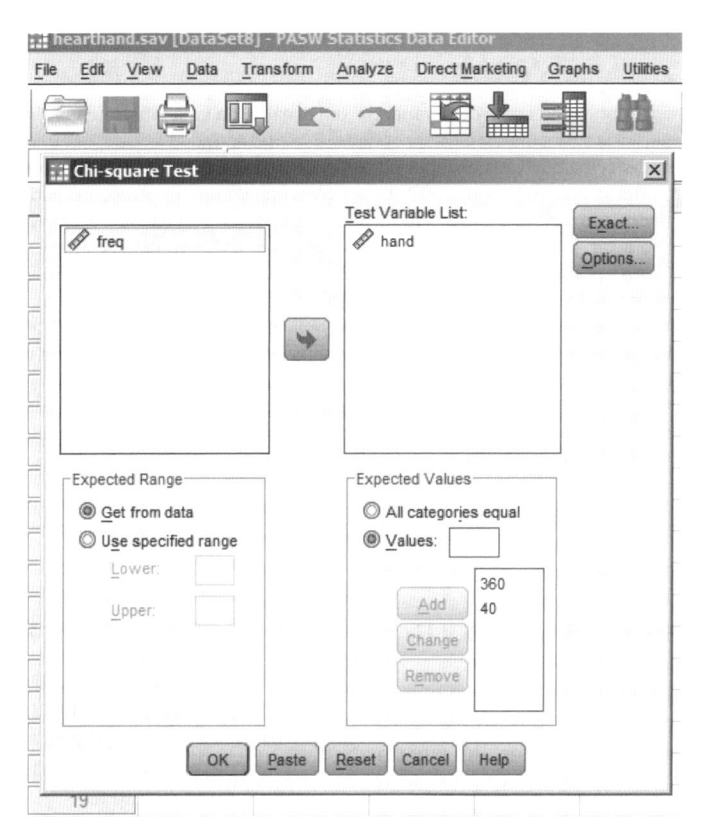

CAPTURA DE TELA 9.17

Test Statistics

	hand
Chi-square	84.028[a]
df	1
Asymp. Sig.	.000

a. 0 cells (.0%) have expected frequencies less than 5. The minimum expected cell frequency is 40.0.

hand

	Observed N	Expected N	Residual
Right	305	360.0	-55.0
Left	95	40.0	55.0
Total	400		

CAPTURA DE TELA 9.18

CAPTURA DE TELA 9.19

> **Resumo**
>
> Quando testamos a associação entre duas variáveis, uma análise de uma tabela de contingência com um teste de significância χ^2 é uma escolha apropriada. É importante que as categorias sejam mutuamente exclusivas, de forma que cada observação esteja presente em apenas uma célula da tabela. O teste também assume que no máximo 20% das células tenham um número esperado de cinco ou menos. Se seus dados não satisfazem essa suposição e você possui uma tabela 2 x 2, então pode usar, como alternativa, o teste exato de Fisher. Ao testar associações entre variáveis com três ou mais categorias, uma análise por uma tabela de contingência é apropriada caso as suposições mencionadas anteriormente tenham sido satisfeitas. A interpretação é mais complicada em tabelas maiores; nesses casos, você pode agregar categorias em variáveis com muitas categorias, de modo a facilitar a interpretação. Isso também pode ajudá-lo caso você tenha problemas com frequências esperadas baixas.
>
> O teste de aderência χ^2 de uma variável é útil para verificar se a distribuição dos participantes de uma variável categórica é como o esperado. Um teste χ^2 significativo indica que as frequências observadas não aderem a essa expectativa e que o pesquisador terá que encontrar uma explicação teórica para isso.

QUESTÕES DE MÚLTIPLA ESCOLHA

1. Um pesquisador quer saber se um número igual de universitários consome álcool em três categorias diferentes. Em que ordem devem ser colocadas as categorias para assegurar que o teste de aderência χ^2 possa ser calculado corretamente?

   a) Abstêmios, bebedores saudáveis (menos que 27 unidades por semana), bebedores não saudáveis (28 ou mais unidades por semana).
   b) Bebedores não saudáveis, bebedores saudáveis, abstêmios.
   c) Bebedores saudáveis, abstêmios, bebedores não saudáveis.
   d) Não importa a ordem.

2. O teste exato de Fisher é usado quando:

   a) Um parente de Ronald Fisher está olhando por cima de seu ombro.
   b) Você tem uma tabela 2 x 2 e todas as células têm uma frequência esperada acima de cinco.
   c) Você tem uma tabela 2 x 2 e uma ou mais células têm uma frequência esperada abaixo de cinco.
   d) Você tem uma tabela de contingência maior (p. ex., 4 x 3).

   As questões 3 a 8 se referem ao seguinte resultado, extraído de um estudo fictício de gênero e pressão alta em pessoas de meia-idade.

		Mulheres	Homens	Total
Pressão normal	Observada	375	335	710
	Esperada	355	?	
Pressão alta	Observada	125	165	290
	Esperada	145	?	
Total	Observada	500	500	1.000

Testes qui-quadrado

	Valores	gl	Sig. Assint. (Bilateral)	Sig. Exata (Bilateral)	Sig. Exata (Unilateral)
Qui-quadrado de Pearson	7,771[a]	1	0,005		
Correção de continuidade[b]	7,387	1	0,007		
Razão de verossimilhança	7,790	1	0,005		
Teste exato de Fisher				0,007	0,003
Associação linear-linear	7,763	1	0,005		
Número de casos válidos	1.000				

[a] 0 célula (0%) tem frequência esperada menor que cinco. A frequência mínima esperada é 145.
[b] Calculado apenas para tabelas 2 x 2.

Medidas simétricas

		Valor	Sig. Aprox.
Nominal por Nominal	Phi	0,088	0,005
	V de Cramer	0,088	0,005
	N de casos válidos	1.000	

3. Como deve ser descrita a tabela de contingência?
   a) 1 x 1
   b) 1 x 2
   c) 3 x 2
   d) 2 x 2

4. Quantas mulheres não têm pressão alta?
   a) 375
   b) 335
   c) 355
   d) 125

5. Qual o percentual de homens que têm pressão alta?
   a) (165/1000) x 100 = 16,5%
   b) (165/290) x 100 = 56,9%
   c) (165/500) x 100 = 33,0%
   d) (290/500) x 100 = 58%

6. Qual par de números deve substituir os pontos de interrogação na tabela (eles são frequências esperadas para homens em cada uma das categorias de pressão alta)?
   a) 167,5 e 82,5.
   b) 355 e 145.
   c) 250 e 250.
   d) Nenhuma das alternativas anteriores.

7. O que devemos interpretar desta análise?
   a) A pressão alta é significativamente mais comum em homens do que em mulheres.
   b) Os homens têm taxas mais baixas de pressão alta do que as mulheres.
   c) Não existe associação entre o gênero e a pressão alta.
   d) A pressão alta tem causas diferentes em homens e mulheres.

8. Como pode ser mensurado o tamanho do efeito do relacionamento?
   a) Pela opinião do pesquisador sobre o projeto.
   b) Pelo χ^2 de 7,77.
   c) Pelos graus de liberdade (1).
   d) Pelo V de Cramer (0,09).

9. Quais serão os graus de liberdade para um teste χ^2 de uma tabela de contingência 3 x 4?
   a) 12
   b) 4
   c) 6
   d) 11

10. O que significa agregar categorias de uma variável categórica?

    a) Combinar duas ou mais categorias.
    b) O modelo teórico do experimento é deficiente.
    c) Esconder dados que não aderem a nossa hipótese.
    d) Remover observações que sejam valores atípicos.

11. No SPSS você calcula um teste χ^2 para tabelas de contingência via:

    a) *Analyze, Descriptive Statistics, Crosstabs* (Analisar, Estatísticas Descritivas, Tabelas Cruzadas).
    b) *Analyze, Regression, Linear* (Analisar, Regressão, Linear)
    c) *Analyze, Correlate, Bivariate* (Analisar, Correlacionar, Bivariada)
    d) *Analyze, Compare Means* (Analisar, Comparar Médias)

12. Um teste de aderência χ^2 é assim denominado porque:

    a) Testa se as frequências observadas são uma boa aderência ao CV do pesquisador.
    b) Testa se as frequências observadas são uma boa aderência às frequências esperadas especificadas.
    c) Testa se o casaco do pesquisador é do tamanho certo.
    d) Testa se o tamanho da amostra é grande o suficiente para testar a hipótese.

As questões 13 a 15 se referem às tabelas a seguir. Esses resultados foram extraídos de um estudo fictício examinando se médicos de acidentes e emergência variam quanto à preferência de quais noites querem trabalhar durante a semana. As seguintes frequências foram observadas:

Sexta	Sábado	Domingo
140	70	10

Estatísticas do teste

	Kotime
Qui-quadrado	1.155E2
gl	2
Sig. Assint.	0,000

a 0 célula (0%) tem uma frequência esperada menor que cinco. A frequência mínima esperada em cada célula é de 73,3.

13. Quantos médicos participaram do estudo?

    a) 220
    b) 140
    c) 500
    d) 200

14. Quais são as frequências esperadas para cada dia, sob a hipótese nula de que os médicos não têm preferência?

    a) Todas 70,0.
    b) Todas 33,3.
    c) Todas 73,3.
    d) 140, 70 e 10, respectivamente.

15. Quão bem as frequências observadas aderem às esperadas?

    a) Muito bem, elas não parecem tão diferentes.
    b) Não muito bem, elas parecem um pouco diferentes.
    c) Elas diferem significativamente, como mostram os resíduos.
    d) Elas diferem significativamente, como mostra o χ^2.

10
Avaliando a concordância: técnicas correlacionais

Panorama do capítulo

Neste capítulo, você irá aprender sobre a análise de relações entre variáveis. Iniciaremos com o relacionamento mais simples – entre duas variáveis, também chamado de relacionamento bivariado. Os pesquisadores lançam a hipótese de que haverá um relacionamento significativo ou uma associação entre duas variáveis x e y. A hipótese será direcional, isto é, à medida que x aumenta, y aumenta (um relacionamento positivo), ou, à medida que x aumenta, y diminui (um relacionamento negativo). A hipótese nula é que qualquer relacionamento entre x e y se deve ao erro amostral (ao acaso). Técnicas correlacionais são utilizadas para testar a hipótese de que as variáveis estão relacionadas entre si. As conclusões retiradas de uma análise correlacionada bivariada não podem ser tão fortes quanto as conclusões retiradas de um estudo que utilize um delineamento experimental ao envolver questões de causalidade. Descobrir que duas variáveis estão relacionadas não é o mesmo que ser capaz de declarar que x causou y.

É possível, também, descobrir o relacionamento entre duas variáveis, enquanto controlamos o efeito de uma terceira. Por exemplo, qual o relacionamento entre *suporte social* e *felicidade* com a *incerteza da doença* controlada? Isso será explicado nas páginas 280 e seguintes.

Técnicas correlacionais são utilizadas, também, para mensurar a concordância entre avaliações feitas por dois avaliadores diferentes e testar a confiabilidade de questionários. Essas são técnicas avançadas que explicaremos brevemente, mas não as abordaremos em detalhes.

Neste capítulo, você irá:

✓ Obter um entendimento conceitual da análise correlacional;
✓ Ser capaz de decidir quando usar um teste paramétrico (r de Pearson) e quando usar o não paramétrico equivalente (rô de Spearman);
✓ Entender as situações em que você pode sugerir causalidade ao usar a análise de correlação;
✓ Aprender como executar a análise correlacional bivariada e controlar covariadas;
✓ Aprender a interpretar os resultados dos pesquisadores que usaram a análise correlacional em suas publicações.

INTRODUÇÃO

A análise correlacional é amplamente usada nas ciências sociais e na saúde. As técnicas correlacionais observam os relacionamentos ou as associações entre as variáveis, e não olham para as diferenças entre médias. A análise correlacional é ideal quando os pesquisadores estão observando um comportamento que ocorre naturalmente. Eles não alocam pessoas aos grupos, não existem variáveis "independentes" ou "dependentes", no sentido literal da palavra (i. e., normalmente não manipulamos as variáveis). Existem somente variáveis, que costumamos chamar de x e y. Se tomarmos uma amostra de pessoas e pedirmos a elas que preencham questionários relacionados a a) estresse e b) felicidade, podemos, então, entrar com dados em nosso pacote estatístico e descobrir se esses fatores estão relacionados – ou correlacionados – um com o outro. Se descobrirmos que estresse e felicidade estão altamente associados, sendo que pessoas mais felizes tendem a ser menos estressadas, e aquelas que não eram tão felizes eram mais estressadas, não poderíamos dizer se um baixo nível de estresse é a causa das pessoas serem mais felizes ou se ser mais feliz as torna menos estressadas (na verdade, uma terceira variável, como comer chocolate regularmente, pode ser a causa de elas serem mais felizes e menos estressadas).[1] Entretanto, às vezes, a causa pode ser sugerida. Por exemplo, se em um ensaio clínico foi dado a um grupo de pacientes uma dose de droga dependente no dia 1, e a gravidade dos efeitos colaterais no dia 3 foi positivamente correlacionado com a dose, parece razoável sugerir que a dose da droga causou os efeitos colaterais, pois a causalidade não retrocede (não na esfera não física).

RELACIONAMENTOS BIVARIADOS

Um relacionamento bivariado ocorre quando uma variável mostra uma associação ou correlação com uma segunda variável. Técnicas de correlação bivariada avaliam a força e a magnitude da associação (relacionamento) entre duas variáveis, e o valor-p associado nos mostra se esse relacionamento ocorre devido ao erro amostral (ou acaso). Técnicas correlacionais não são usadas para avaliar diferenças entre variáveis.

Quando os pesquisadores formulam hipóteses corelacionais (i. e., procuram ou esperam que exista um relacionamento entre variáveis), então o estudo (ou talvez parte de um estudo) é correlacional. A hipótese formulada será escrita de forma que ficará óbvia a procura por uma associação entre as variáveis.

Eis algumas hipóteses e objetivos que mostram claramente que os pesquisadores procuram por associações entre variáveis em vez de diferenças.

- Bell e Belski (2008) queriam testar a hipótese de que a paternidade/maternidade com mais apoio e menos negativa está associada a uma pressão sanguínea mais baixa em crianças.
- "O objetivo deste estudo foi avaliar a correlação entre a incidência de adenoma duodenal esporádico e neoplasias colorectais." (Dariusz e Jochen, 2009)
- Um estudo de Mok e Lee (2008) examinou o relacionamento entre ansiedade e intensidade da dor em pacientes com dor nas costas recentemente admitidos em um ambiente hospitalar de cuidados intensivos.

As hipóteses são geralmente direcionais, isto é, "prevemos que escores altos na Escala dos Resultados Médicos do Suporte Social estejam associados a escores mais altos de felicidade".

Isso significa que os pesquisadores têm boas razões para acreditar que pessoas com escores altos em *suporte social* tenderão a ter escores altos em *felicidade*, e que, portanto, aquelas com escores mais baixos em *suporte social* tenderão a pontuar mais baixo em *felicidade*.

Os pesquisadores testam suas hipóteses executando um teste estatístico apropriado para determinar se qualquer relacionamento entre as variáveis é provavelmente devido ao erro amostral (ou se pode ser concluído que há um relacionamento significativo entre as variáveis – ver Cap. 4). Quando os pesquisadores formulam uma hipótese direcional, pode-se utilizar um nível de significância unilateral na avaliação dos resultados. Se eles simplesmente preveem um relacionamento, mas não têm nenhuma razão lógica para prever sua direção, então será utilizado um nível de significância bilateral (ver Cap. 4).

Às vezes, as variáveis estão estatisticamente relacionadas umas com as outras, mas o relacionamento não significa muito. Por exemplo, o período de tempo que os autores têm lecionado mostra um relacionamento positivo com o número de estudantes que frequentam nossas três universidades. Mas, o relacionamento entre essas duas variáveis ocorre apenas por causa do tempo – a cada ano que estamos na universidade, o número de estudantes tem aumentado, mas o relacionamento não tem nenhuma importância! Chamamos isso de relacionamento "espúrio".

Observe a Captura de tela 10.1. Para cada participante existe um escore para o total do *suporte social* e um escore para o total da *felicidade*. O que queremos saber é: conforme os escores do *suporte social* aumentam, há uma tendência de os escores da *felicidade* também aumentarem? Ou, colocando de outra forma, à medida que os escores no *suporte social* diminuem, existe uma tendência da *felicidade* diminuir? Você não pode verificar isso simplesmente olhando para os dados.

Olhar os diagramas de dispersão nos permite visualizar o relacionamento entre as duas variáveis. Um diagrama de dispersão tem um eixo horizontal que chamamos de x e um vertical que chamamos de y. Na Figura 10.1, os escores no eixo x são *suporte social* (rotulados como "Total de suporte social MOS") e os escores no eixo y são *felicidade* (rotulados como "Total de felicidade Oxford").

Cada ponto dos dados representa o escore de *uma* pessoa. Assim, Darren teve um escore de 8 em *suporte social* e 21 em *felicidade*, ou seja, possui escores baixos nessas variáveis. Mostramos esses escores a ele. Para ilustrar o local em que o ponto dos dados foi retirado, desenhamos uma linha vertical de 8 em suporte social MOS e uma linha horizontal de 21 na felicidade Oxford. O ponto dos dados será marcado no lugar onde as linhas se cruzam.

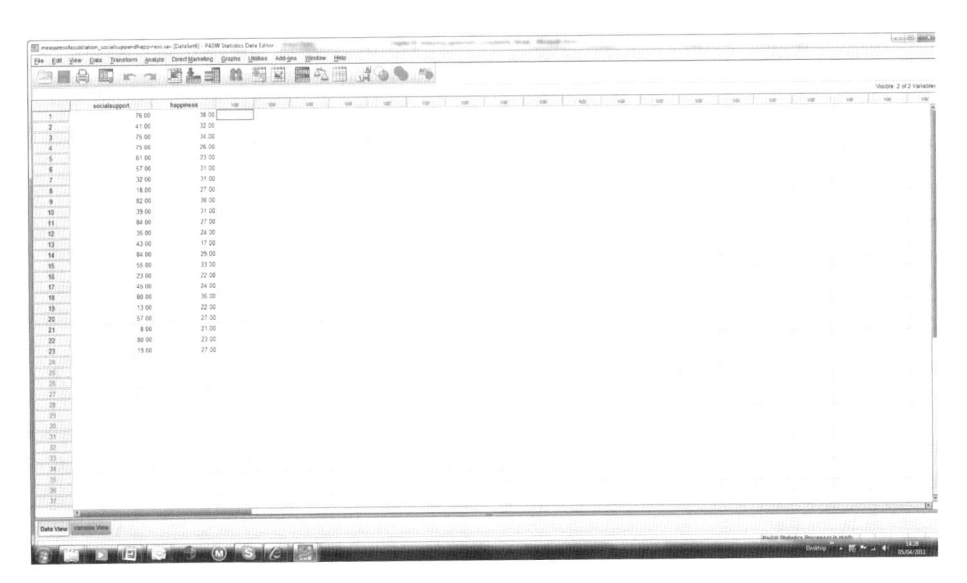

CAPTURA DE TELA 10.1

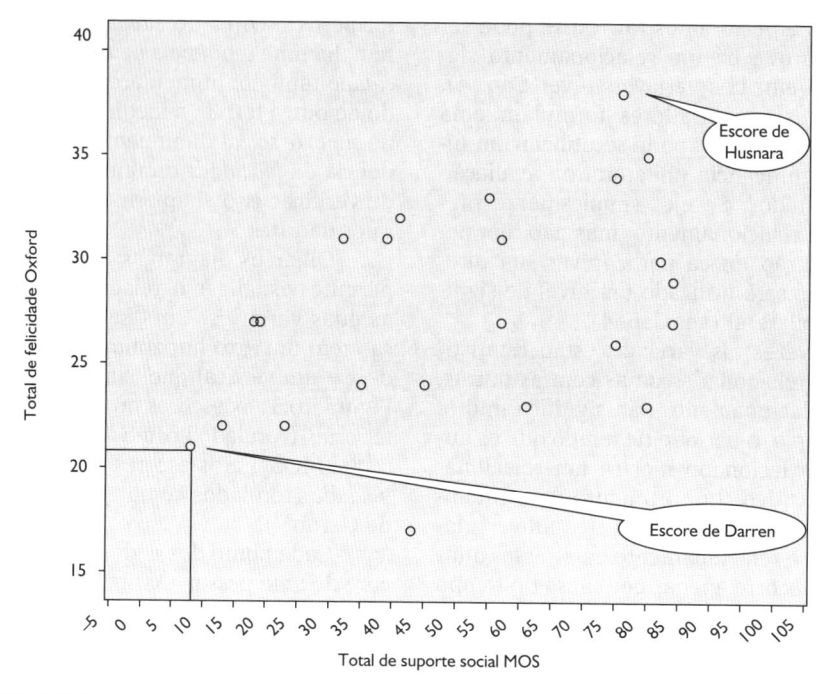

FIGURA 10.1

Diagrama de dispersão mostrando o relacionamento entre *suporte social* e *felicidade*.

Husnara tem escores altos em ambas as variáveis. O padrão geral dos escores é do canto inferior esquerdo para o canto superior direito, o que ilustra um relacionamento positivo, isto é, escores baixos em *suporte social* tendem a estar associados com escores altos em *felicidade*. Sempre haverá algumas pessoas que não seguem a tendência comum. No entanto, estamos interessados no padrão geral dos resultados.

Podemos, também, prever um relacionamento negativo:

Prevemos um relacionamento negativo entre suporte social e fadiga.

Isso significa que esperamos que pessoas com escores baixos em *suporte social* venham a ter escores altos em *fadiga* e, em contrapartida, que aquelas com escores altos em *suporte social* teriam escores baixos em *fadiga*.

Como você pode observar, nossa previsão parece ter sustentação (Fig. 10.2).

Geralmente, escores baixos no *suporte social* estão associados a escores baixos na escala de *fadiga*. O padrão geral dos escores vai do canto superior esquerdo para o canto inferior direito. Novamente, pode haver pessoas que não sigam a tendência geral. Porém, o relacionamento negativo pode ser visto claramente: escores baixos em uma variável estão associados com escores altos na outra. Aqui, o padrão dos pontos dos dados é do canto superior esquerdo para o canto inferior direito.

Imagine uma situação em que não exista uma associação entre as variáveis. Nesse caso, esperaríamos que o diagrama de dispersão não mostrasse nenhuma tendência em particular, e os pontos dos dados iriam estar distribuídos aleatoriamente no diagrama de dispersão (Fig. 10.3). No entanto, nenhuma tendência fica aparente.

Quando os pesquisadores executam uma análise correlacional, eles observam os diagramas de dispersão para ter uma ideia

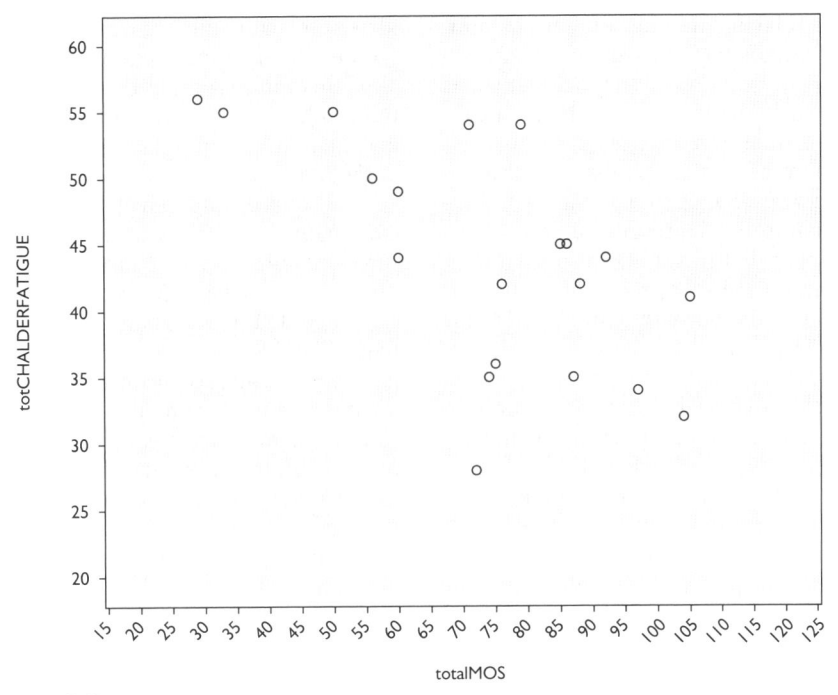

FIGURA 10.2

Diagrama de dispersão mostrando o relacionamento entre *suporte social* e *fadiga*.

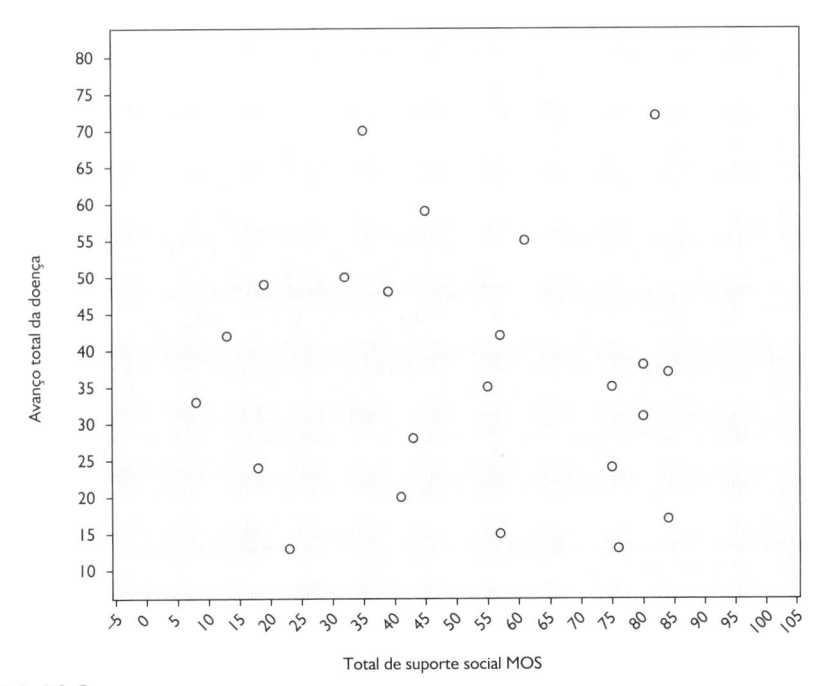

FIGURA 10.3

Diagrama de dispersão mostrando o relacionamento entre *suporte social* e *doença invasiva*.

geral dos relacionamentos, embora os omitam nos artigos que subsequentemente escrevem. A força do relacionamento entre as variáveis é avaliada não pelo diagrama de dispersão, mas por um teste estatístico. O teste paramétrico que avalia os relacionamentos correlacionais é chamado de "correlação produto momento de Pearson", abreviado como r de Pearson. Os testes paramétricos, como você sabe, são usados quando seus dados estão normalmente distribuídos (ver Cap. 4). Se seus dados são assimétricos, recomendamos que use um não paramétrico equivalente chamado de rô de Spearman. Mostraremos, ainda neste capítulo, como obter essas estatísticas usando o SPSS.

A força de um relacionamento correlacional é mensurado em uma escala de 0 (nenhum relacionamento) a +1 (relacionamento positivo perfeito). Quanto mais próximo a 1 (tanto positivo ou negativo), mais forte o relacionamento; quanto mais próximo de 0, mais fraco (Fig. 10.4).*

Se todos os pontos dos dados estão em uma linha reta, então o relacionamento é considerado perfeito. O r de Pearson seria, então, igual a 1.

É quase impossível encontrar relacionamentos perfeitos quando executamos uma pesquisa real (e quando vamos a um encontro às cegas). Por exemplo, imagine que você deu aos seus amigos um questionário simples sobre seus encontros às cegas dois dias após o encontro. Você deve ter apenas perguntas simples (p. ex., "O quanto você gostou do seu encontro às cegas?"), que poderiam ser avaliadas em uma escala de cinco pontos (p. ex., de 1 = "Eu odiei cada segundo" até 5 = "Eu amei cada segundo"). Então, você decide solicitar a eles que avaliem o encontro às cegas novamente, duas semanas depois. Embora, teoricamen-

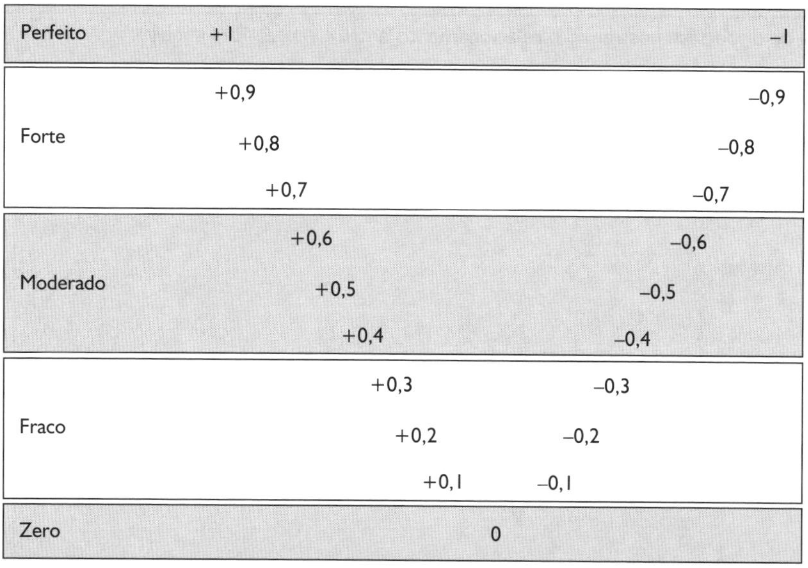

Perfeito	+1		−1
Forte	+0,9 +0,8 +0,7		−0,9 −0,8 −0,7
Moderado	+0,6 +0,5 +0,4		−0,6 −0,5 −0,4
Fraco		+0,3 +0,2 +0,1	−0,3 −0,2 −0,1
Zero		0	

FIGURA 10.4

Força dos coeficientes de correlação.
Fonte: *Estatística sem matemática para a psicologia*. Quinta Edição. Christine Dancey e John Reidy. Artmed/Bookman. 2013.

---

* N. de R.T.: O relacionamento mencionado aqui é o linear. O coeficiente de correlação de Pearson avalia apenas relacionamentos desse tipo.

te, todos *pudessem* avaliar o encontro do mesmo modo em ambos os pontos do tempo, isso é improvável. Depois de duas semanas algumas pessoas poderiam se sentir melhor (ou pior) em relação a ele (Tab. 10.1).

Não existe um relacionamento perfeito nesse exemplo. A Figura 10.5 é o diagrama de dispersão relacionado ao encontro às cegas.

TABELA 10.1

Avaliações dos participantes a respeito de seus encontros às cegas, dois dias depois do encontro e duas semanas após o encontro[2]

Participante avaliando o seu encontro às cegas	2 dias após o encontro	2 semanas após o encontro
Micky	3	3
Husnara	4	3
Sharon	4	5
Joy	1	1
Darren	2	3
Chung	3	2
Patricia	5	5

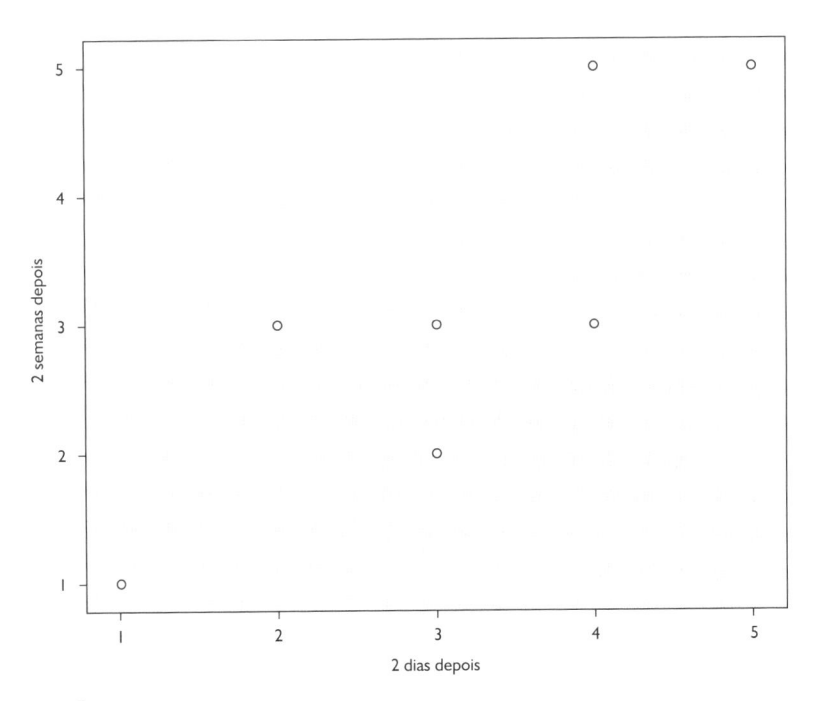

FIGURA 10.5

Diagrama de dispersão mostrando o relacionamento entre dois dias e duas semanas após o encontro às cegas.

Existe uma correlação positiva entre os dois conjuntos de escores, mas ela não é perfeita.

CORRELAÇÕES PERFEITAS

Uma correlação perfeita se parece com aquela mostrada na Figura 10.6.

Para cada aumento de uma unidade em x, y aumenta uma quantia constante (5, neste caso), o que significa que os pontos estão em uma linha reta e que $r = +1$ (ou seja, esta é uma correlação positiva perfeita).

A Figura 10.7 mostra uma correlação negativa perfeita.

Nem sempre encontramos relacionamentos negativos. Neste diagrama de dispersão, para cada unidade de aumento nos escores de x, os escores de y aumentam por um número constante (5, neste caso). Você pode traçar uma linha através dos pontos dos dados e cada um deles estará sobre ela. Isso mostra que o relacionamento é perfeito. Um relacionamento negativo perfeito significa $r = -1$.

Os relacionamentos que observamos são geralmente relacionamentos imperfeitos. Uma vez que calculamos o r, tendemos a encontrar valores fracos (0,1 a 0,3), moderados (0,4 a 0,6) ou fortes (0,7 a 0,9) (ver Cohen, 1998).

Às vezes, não é fácil avaliar a força e/ou direção do relacionamento entre duas variáveis apenas olhando para o diagrama de dispersão. Felizmente, temos o coeficiente de correlação r para nos ajudar. Os valores r dão uma indicação da força do relacionamento entre as duas variáveis, e a probabilidade informa a possibilidade de se obter esse resultado por acaso ou pelo erro amostral (começando da suposição de que não há relacionamento algum entre elas). Entretanto, ainda é importante que você observe os diagramas de dispersão para que tenha uma ideia clara do relacionamento entre as variáveis e, assim, poder identificar os valores atípicos (ver Cap. 6).

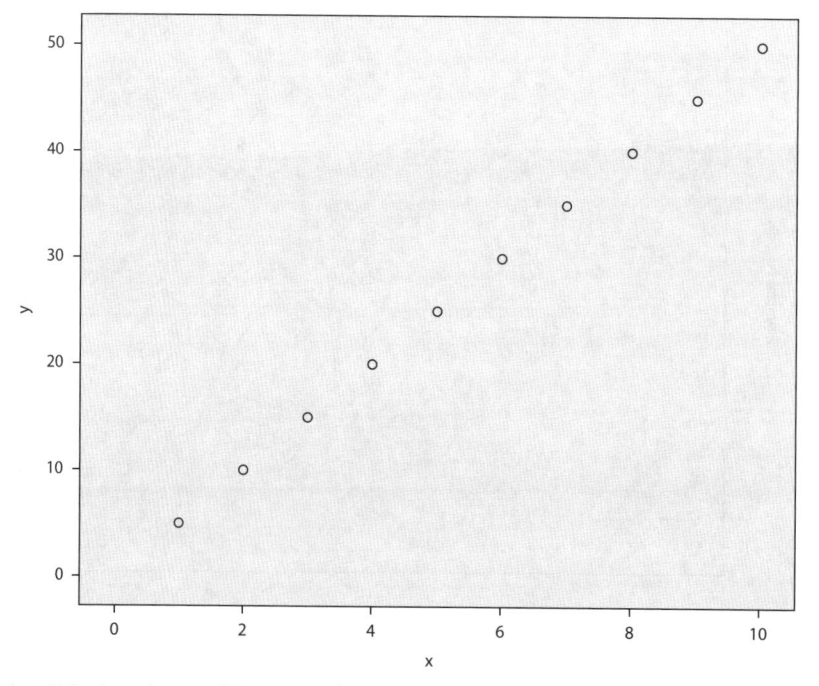

FIGURA 10.6

Diagrama de dispersão mostrando uma correlação positiva perfeita.

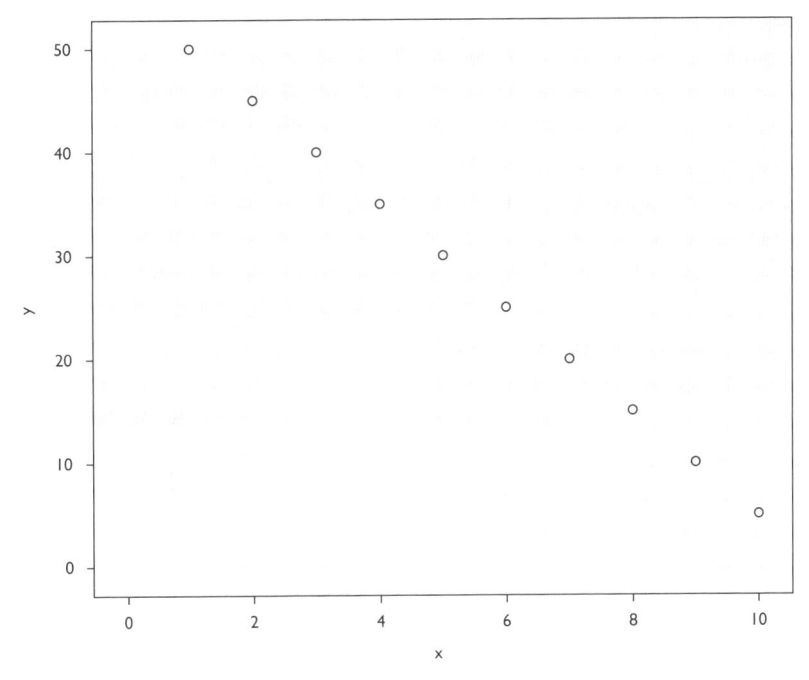

FIGURA 10.7

Diagrama de dispersão mostrando uma correlação negativa perfeita.

☑ ATIVIDADE 10.1

Bramwell e Morland (2009) desenvolveram uma nova medida para descrever a satisfação com a aparência genital (SAG) em mulheres e para explorar o relacionamento da SAG com a autoestima, a satisfação corporal e os "esquemas da aparência" (importância da aparência geral física). Como parte do estudo, foi executada uma análise de correlação e produzida uma tabela (p.22) (Tab. 10.2).

☑ TABELA 10.2

Coeficientes de correlação para esquemas da aparência, da satisfação corporal, da autoestima e da satisfação com a aparência genital

	Escala de Satisfação com o Corpo (ESC)	Escala de Auto-estima (EAE)	Escala de Satisfação com a Aparência Genital (ESAG)
Inventário dos esquemas de aparência	0,46**	-0,64**	0,28**
Escala de satisfação com o corpo		-0,55**	0,30**
Escala de autoestima			-0,41**

** $p < 0,1$

É importante perceber que, neste estudo, a ESAG teve escore reverso, isto é, escores altos na ESAG significa que os participantes estavam *menos satisfeitos* com a sua aparência genital.

Qual relacionamento é mais forte? (Dê o nome das variáveis e o valor do coeficiente de correlação.)

Qual é a correlação mais fraca? (Dê o nome das variáveis e o valor do coeficiente de correlação.)

Escreva uma frase explicando o relacionamento entre a autoestima e a ESAG. Compare seus resultados com os nossos, apresentados no final do livro.

CALCULANDO O COEFICIENTE DE CORRELAÇÃO *r* DE PEARSON UTILIZANDO O SPSS

Usaremos os dados do *total de suporte social* e do *total de felicidade*.

1. Clique em *Analyze, Correlate, Bivariate* (Analisar, Correlação, Bivariada) para obter a caixa de diálogos *Bivariate Correlations* (Correlações Bivariadas) (Captura de tela 10.2).
2. Destaque as duas variáveis que você quer correlacionar (Captura de tela 10.3).
3. Mova as duas variáveis para a caixa *Variables* (Variáveis) no painel direito.

Observe que você pode selecionar coeficientes de correlação diferentes – escolha um teste ou unilateral ou bilateral e selecione destacar as correlações estatisticamente significativas. Existe, também, um botão *Options* (Opções) à direita (Captura de tela 10.4).

Você pode permitir que o SPSS exclua os casos aos pares ou totalmente (ver Cap. 6) e forneça estatísticas adicionais.

4. Clique em *Continue*.
5. Então, clique em *OK*.

A Tabela 10.3 mostra o resultado que irá aparecer na *Statistics Viewer* (Janela Estatística):

As duas variáveis mostram um relacionamento positivo moderado ($r = 0,44$) que é estatisticamente significativo ($p = 0,018$). Embora esse relacionamento tenha sido destacado e demonstre ser significativo ao nível $p < 0,05$, é melhor relatar o valor exato da probabilidade – já que você o tem – em vez de relatar $p < 0,05$.

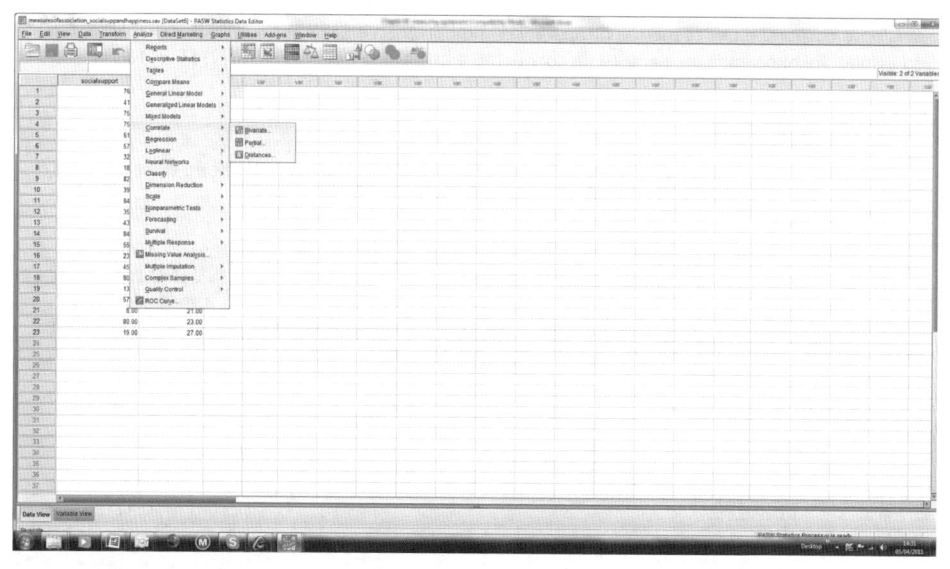

CAPTURA DE TELA 10.2

ESTATÍSTICA SEM MATEMÁTICA PARA AS CIÊNCIAS DA SAÚDE **289**

Mova as variáveis destacadas para cá.

Escolha options (opções).

CAPTURA DE TELA 10.3

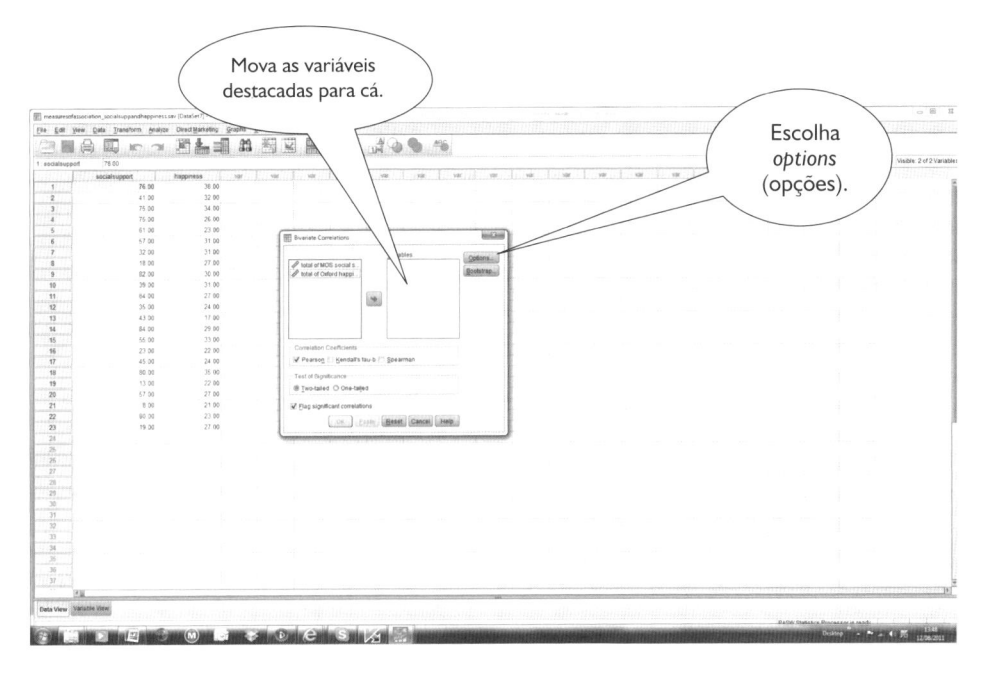

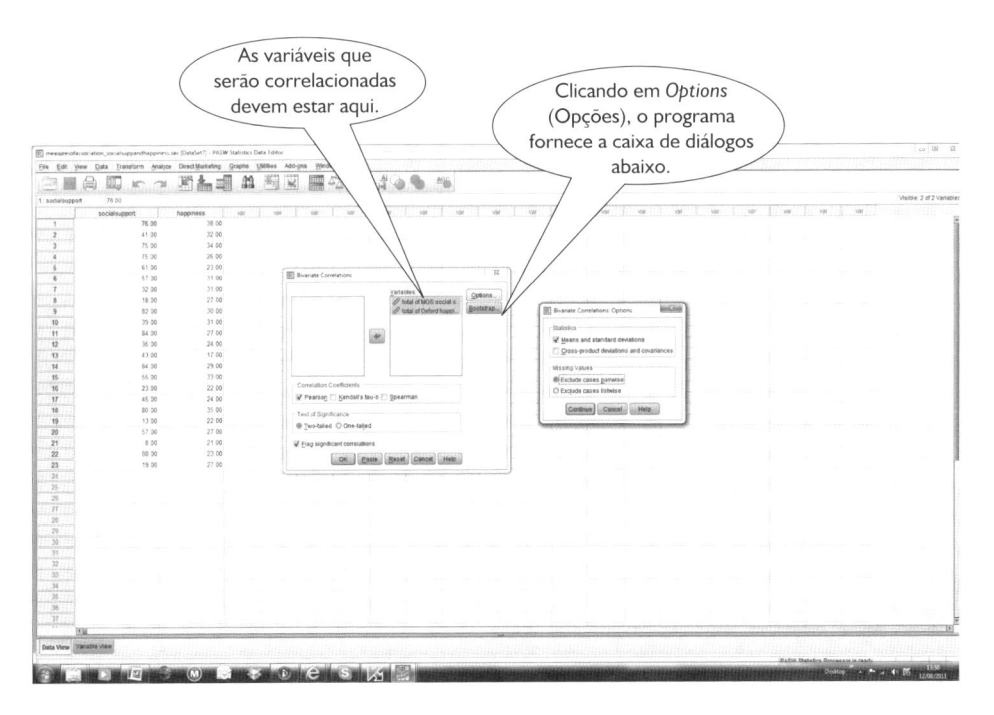

As variáveis que serão correlacionadas devem estar aqui.

Clicando em Options (Opções), o programa fornece a caixa de diálogos abaixo.

CAPTURA DE TELA 10.4

TABELA 10.3

Coeficientes de correlação entre *suporte social* e *felicidade*

		Total de suporte social MOS	Total de felicidade Oxford
Total do suporte social MOS	Correlação de Pearson	1	0,440*
	Sig. (Unilateral)		0,018
	N	23	23
Total de felicidade Oxford	Correlação de Pearson	0,440*	1
	Sig. (Unilateral)	0,018	
	N	23	23

Portanto, do resultado exposto anteriormente, podemos dizer: "o total do suporte social e o total da felicidade mostraram um relacionamento positivo estatisticamente significativo ($r = 0{,}440, p = 0{,}018$)".

COMO OBTER DIAGRAMAS DE DISPERSÃO

Clique em *Graphs, Legacy Dialogs, Scatterplots* (Gráficos, Caixa de Diálogos *Legacy*, Diagramas de Dispersão) (Captura de tela 10.5).

Você verá a Captura de tela 10.6.

Clique em *Simple Scatter* (Diagrama de Dispersão Simples) e, então, em *Define* (Definir).

Mova as duas variáveis do painel esquerdo para os painéis da direita (Captura de tela 10.7). Tenha certeza de que a variável x (aqui, *suporte social*) seja movida para a linha x e que a variável y (aqui, *felicidade*) seja movida para a linha y. É possível, também, clicar em *Options* (Opções) se desejar.

Depois, clique em *Continue* e em *OK*. O resultado é semelhante ao apresentado na Figura 10.8.

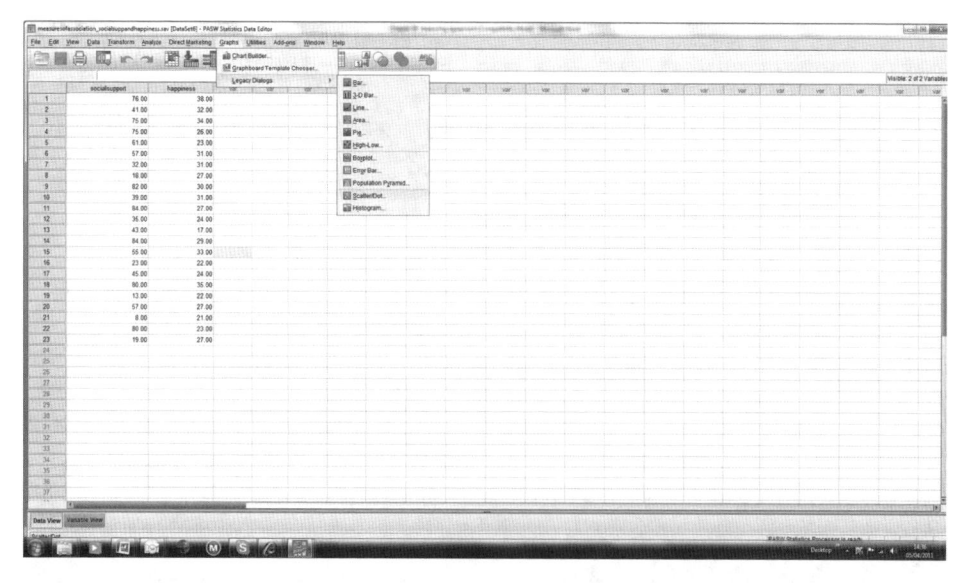

CAPTURA DE TELA 10.5

ESTATÍSTICA SEM MATEMÁTICA PARA AS CIÊNCIAS DA SAÚDE

CAPTURA DE TELA 10.6

As variáveis devem ser movidas daqui...

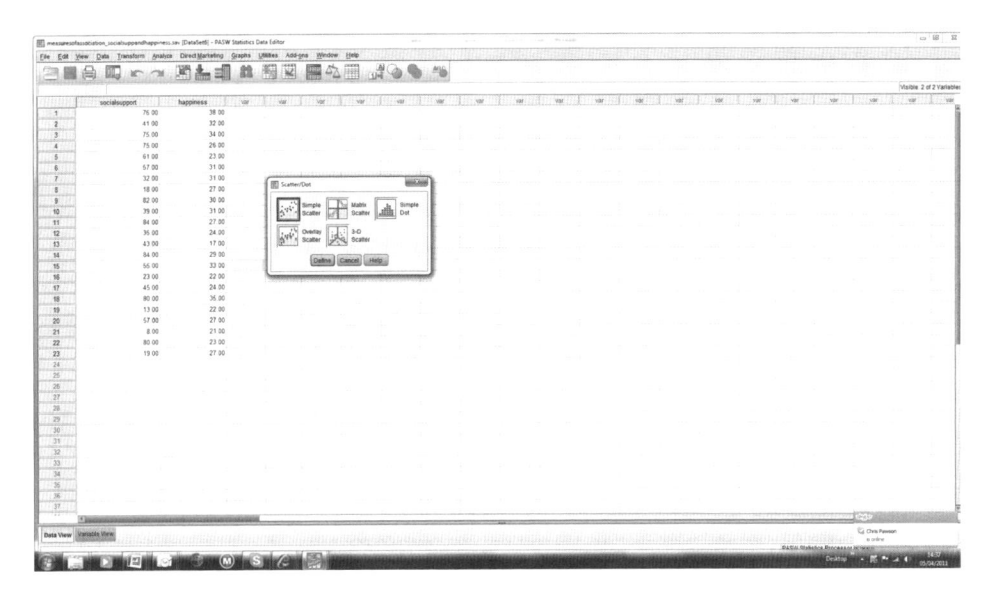

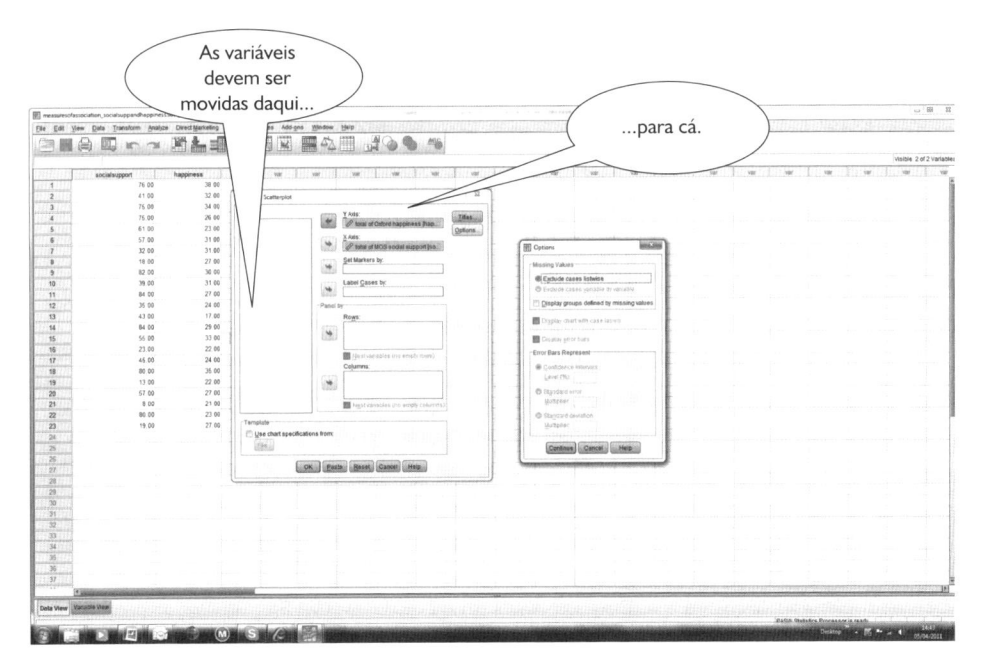

...para cá.

CAPTURA DE TELA 10.7

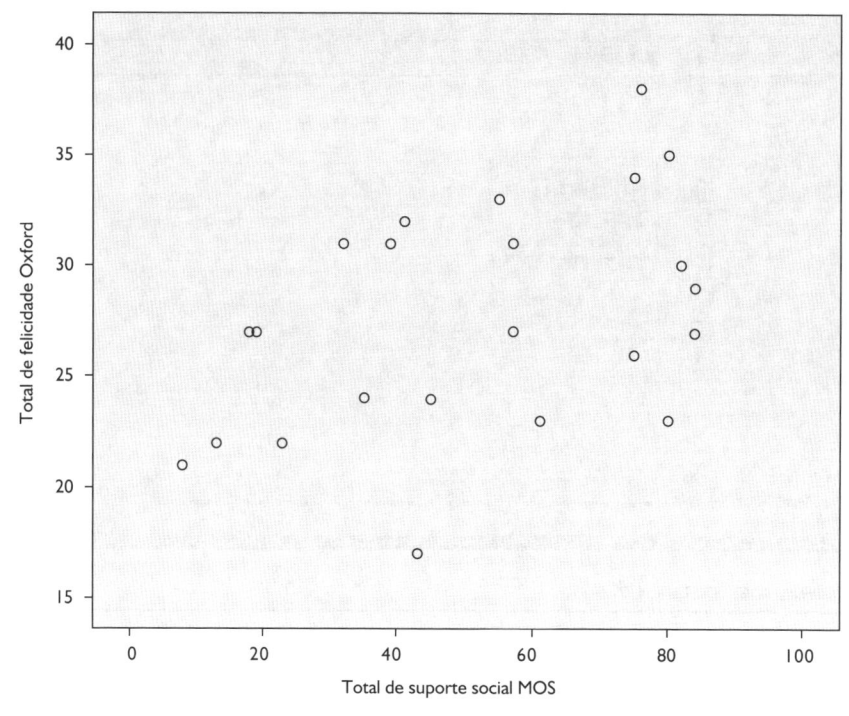

FIGURA 10.8

Diagrama de dispersão mostrando o relacionamento entre *suporte social* e *felicidade*.

Exemplo da literatura: ansiedade e depressão em pacientes com dor lombar

Vamos ver o estudo de Mok e Lee (2008), que mencionamos anteriormente neste capítulo. Eles examinaram o relacionamento entre ansiedade, depressão e intensidade da dor em pacientes com dor lombar admitidos em um ambiente hospitalar de cuidados intensivos. Havia 102 participantes no estudo. Os pesquisadores relataram que a ansiedade era significativamente positiva quanto à dor ($r = 0{,}446$, $p = < 0{,}005$) e que a depressão também era significativamente positiva correlacionada com a intensidade da dor ($r = 0{,}447$, $p = < 0{,}0005$). Embora não tenham mostrado diagramas de dispersão em seu artigo, os autores gentilmente nos enviaram os diagramas por eles elaborados. A Figura 10.9 mostra o diagrama de dispersão para a dor.

Esperamos que você possa ver, a partir desses diagramas, que os relacionamentos são positivos – são correlações moderadas. Embora o padrão dos resultados seja do canto inferior esquerdo para o canto direito, o relacionamento está longe de ser perfeito – como seria o esperado. Existem algumas pessoas com escores baixos de depressão e alta intensidade da dor, mas a tendência é positiva – em geral, pessoas com escores mais baixos em depressão tendem a ter escores mais baixos na intensidade da dor e vice-versa. Normalmente, esperaríamos algumas pessoas com escores altos na depressão e baixa intensidade da dor. Entretanto, não é o caso com este exemplo. Não podemos dizer se o relacionamento positivo encontrado é estatisticamente significativo sem executar um teste estatístico – neste caso, o r de Pearson. Os pesquisadores descobriram que esses padrões de resultados não são prováveis de terem surgido por erro amostral ou acaso ($p < 0{,}0005$). Assim, inferimos que existe um relacionamento real entre as variáveis.

Tais técnicas assumem que o relacionamento entre as duas variáveis é linear, isto é, pode ser descrito por uma linha reta (o padrão geral é linear). Às vezes, existe um relacionamento entre duas variáveis, porém não linear.

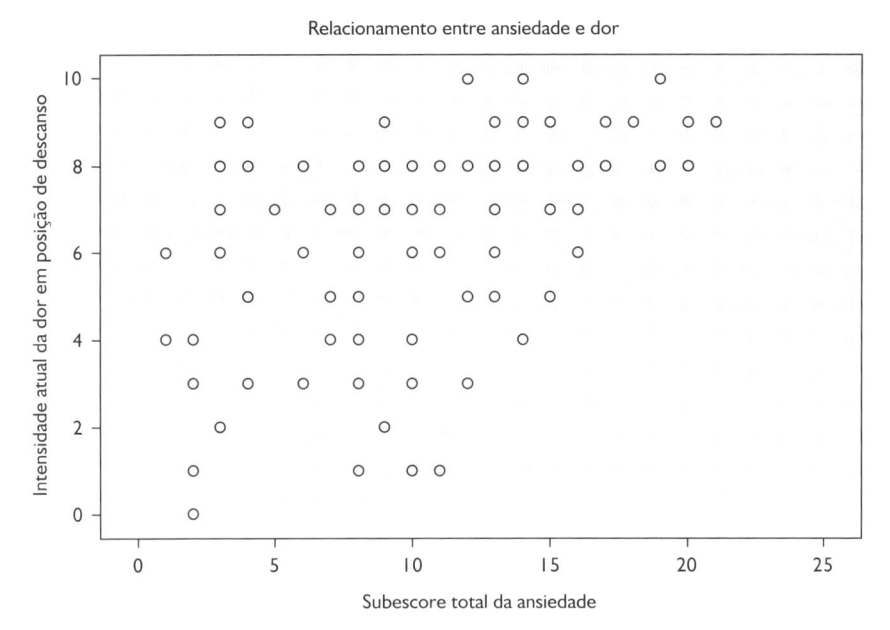

FIGURA 10.9

Diagrama de dispersão mostrando o relacionamento entre ansiedade e dor.

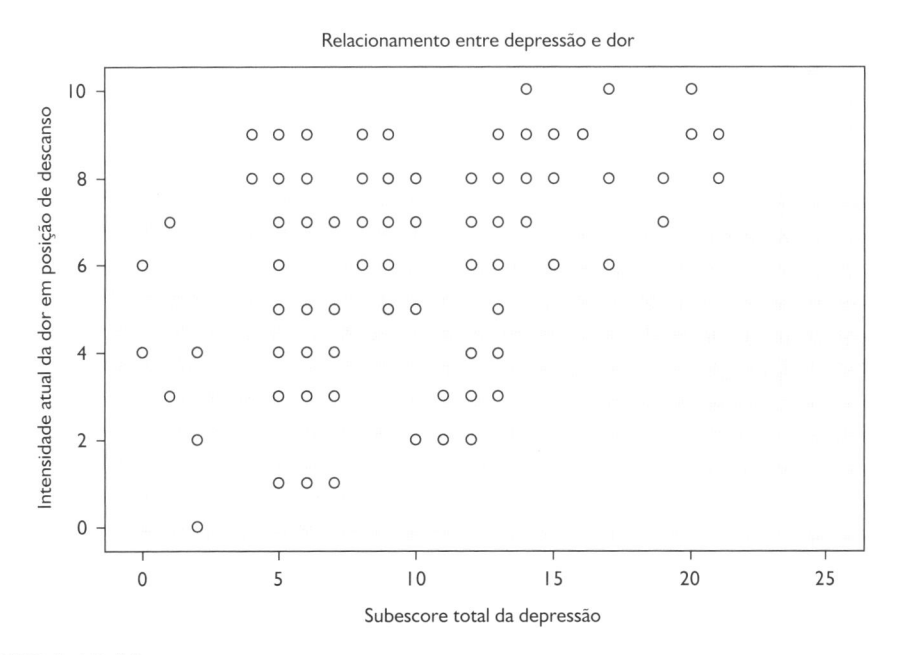

FIGURA 10.10

Diagrama de dispersão mostrando o relacionamento entre depressão e dor.

> **Exemplo da literatura: correlações da doença da vesícula biliar**
>
> Simon e Hudes (1998) examinaram as correlações da doença biliar clínica e se os níveis do ácido ascórbico no soro estavam associados com o decréscimo da prevalência da doença biliar.
>
> Eles afirmam: "Uma relação em forma de U invertido foi encontrada entre o nível do ácido ascórbico no soro e a doença biliar clínica entre mulheres, mas não entre homens" (p. 1.208).
>
> A Figura 10.11 apresenta o diagrama de dispersão. Você pode ver que o relacionamento é curvilíneo em vez de linear.
>
> O relacionamento é importante, mas o r de Pearson ou o rô de Spearman não seriam apropriados para testar o relacionamento, pois esses testes assumem linearidade. Se você os executasse, iria obter um coeficiente de correlação que pode não ser estatisticamente significativo ou expressivo.

EXPLICAÇÃO DA VARIÂNCIA DE r

Embora o r seja uma "medida de efeito", os pesquisadores costumam usar o r^2 (r x r). O r^2 é fácil de ser calculado a mão e diz quanta variância as variáveis compartilham em termos percentuais.

Assim, neste caso, para descobrir quanta variância essas duas variáveis compartilham, multiplicamos 0,447 por 0,447, o que resulta em 0,199. Isso significa que as duas variáveis compartilham 19,9% da variância – nesse caso, provavelmente arredondaríamos o valor e concluiríamos que as variáveis compartilham 20% da variância.

Isso pode ser visualizado por círculos representando as variáveis. Se a depressão e a intensidade da dor não estão relacionadas, os círculos seriam mutuamente excludentes (Fig. 10.12). Em contrapartida, se elas compartilham a variância, então existirá uma sobreposição entre os círculos (Fig. 10.13).

O r de Pearson é obtido calculando-se uma medida da variância compartilhada e dividindo-se esse número por uma medida das variâncias separadas. Isso reflete o grau no qual as duas variáveis variam em conjunto.

No nosso exemplo anterior, o r foi calculado como 0,447. Elevamos esse valor ao quadrado ($0,447^2 = 0,199$) e o arredondamos, dizendo que 20% da variação nos escores de depressão pode ser respon-

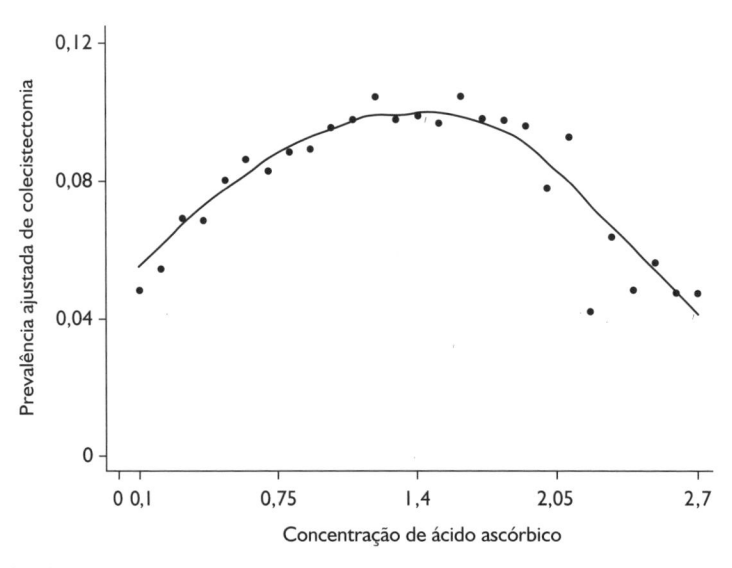

FIGURA 10.11

Diagrama de dispersão mostrando o relacionamento entre a concentração do ácido ascórbico (mg/dL) e a prevalência de colecistectomia entre 4.840 mulheres.

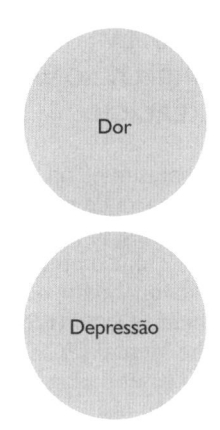

FIGURA 10.12

FIGURA 10.13

sável (ou explicado) pela variação nos escores de intensidade da dor. Inversamente, 20% da variação nos escores de intensidade da dor podem ser explicados pela depressão. Explicados os 20% da variação nos escores, ainda restam 80% da variação a ser explicada por outros fatores. Que outros fatores? Bem, aqueles que os pesquisadores não mensuraram – talvez estresse, ou a ausência de vida social? Não existe maneira de saber sem a execução de um estudo que inclua esses outros fatores.

Não podemos dizer, definitivamente, se depressão e ansiedade tornaram a dor pior ou se a dor causou a depressão nos pacientes. Na verdade, pode existir um relacionamento bilateral. Talvez uma terceira variável (fatores da personalidade, outras condições de saúde preexistentes) poderia ter causado o aumento da dor, a depressão e a ansiedade. Neste estudo, os autores não deram uma explicação causal, mas sugeriram que profissionais da saúde precisam levar em consideração a depressão e a ansiedade em qualquer intervenção para dor lombar crônica.

O r e o r^2 nos permitem entender a força do relacionamento entre as duas variáveis. Na Tabela 10.4 (Bell e Beski, 2008) podemos ver os valores r entre os dois tipos de pressão arterial (PA), a frequência cardíaca e as medidas de cuidados paternais

TABELA 10.4
Coeficientes de correlação mostrando o cuidado dos pais e a atividade cardiovascular para meninos e meninas

	Meninos			Meninas		
	Média da PAD	Média da PAS	Média do FC	Média da PAD	Média da PAS	Média do FC
Cuidados precoces dos pais (54 meses)						
Sensibilidade paternal/maternal	-0,19**	-0,12*	-0,17**	-0,11	-0,06	0,04
Proximidade/Conflito dos pais	0,01	-0,02	-0,01	-0,03*	-0,13*	0,01
Cuidados intermediários dos pais (6 a 8 anos)						
Sensibilidade paternal/maternal	-0,13*	-0,08	-0,11*	-0,07	-0,02	-0,06
Proximidade/Conflito dos pais	0,06	0,01	0,00	-0,07	-0,02	0,03
Cuidados tardios dos pais (10 anos)						
Sensibilidade paternal/maternal	-0,06	0,04	-0,10	-0,13*	-0,06	-0,11
Proximidade/Conflito dos pais	-0,02	-0,01	-0,4	-0,09	-0,01	0,02

para meninos e meninas, separadamente. Os valores probabilísticos são dados abaixo dos valores r e os pesquisadores chamaram nossa atenção para as correlações "estatisticamente significativas" usando um asterisco. Algumas delas são bem fracas. Por exemplo, a primeira linha e a primeira coluna mostram que a média da PA diastólica de meninos se correlaciona com a sensibilidade dos cuidados paternais, –0,19 (como você pode ver, ela é negativa). Os pesquisadores lançaram a hipótese de que o maior suporte paternal estaria associado com uma frequência cardíaca baixa – por conseguinte, o coeficiente de correlação seria negativo. Embora isso seja estatisticamente significativo, é um relacionamento muito fraco. Como dissemos no Capítulo 4, não podemos simplesmente olhar o valor-p para julgar se os resultados são importantes. A significância estatística não necessariamente se equipara à importância prática ou à significância clínica.

☑ ATIVIDADE 10.2

Observe a Tabela 10.5.

a) Qual é o coeficiente de correlação para a média da PA diastólica com sensibilidade paternal em meninas? (Cuidados paternais nos primeiros 54 meses.)
b) Escreva uma frase interpretando esse coeficiente de correlação.

Exemplo da literatura

Meyer e Gast (2008) queriam investigar o relacionamento existente entre a influência entre pares e o comportamento de transtorno alimentar em jovens.

Os coeficientes de correlação de Pearson foram calculados. Correlações positivas fracas-moderadas foram encontradas entre os escores da influência dos pares e da subescala "compulsão para magreza" ($r = 0,598$, $p < 0,05$) e a subescala "bulimia" ($r = 0,284$, $p < 0,05$). Correlações significativas positivas fortes foram encontradas entre os escores da influência dos pares e da subescala "insatisfação com o corpo" ($r = 0,658$, $p < 0,05$) (p. 39).

REALIZANDO UMA ANÁLISE CORRELACIONAL NO SPSS: EXERCÍCIO

Observe dados presentes na Captura de tela 10.8, que são parte de nosso conjunto de dados que correlacionava a fadiga com duas medidas da SF-12, que oferecem duas medidas principais da qualidade de vida: a Escala do Componente Físico (ECF) e a Escala do Componente Mental (ECM).

Entre com esses dados no SPSS e verifique se você obtém resultados similares aos nossos (Tab. 10.5)

CORRELAÇÕES PARCIAIS

A correlação parcial é a correlação entre duas variáveis enquanto se controla uma terceira (ou mais) variável, processo também denominado de "covariável". Um exemplo fácil para ilustrar essa situação é o relacionamento entre altura e peso em crianças.

A Captura de tela 10.9 fornece um pequeno conjunto de dados ilustrativo gerado no SPSS.

1. Selecione *Analyze, Correlation, Partial* (Analisar, Correlação, Parcial).
2. Mova as duas variáveis que queremos correlacionar para a caixa *Variables* (Variáveis) e a que queremos controlar para a caixa *Controlling for* (Controle) (Captura de tela 10.10).
3. Pressione *Options* (Opções). Você precisa marcar *Zero-order Correlations* (Correlações de Ordem Zero), o que nos dará a correlação entre altura e peso (sem controlar a idade).
4. Então pressione *Continue* e *OK*.

Isso produz o resultado apresentado na Tabela 10.6.

A primeira coluna é rotulada de "Controle das variáveis". A primeira seção é rotulada de "-nenhuma-". Isso significa que a primeira seção fornece as correlações de ordem zero, sem controlar nenhuma variável. Como antes, metade da matriz é uma

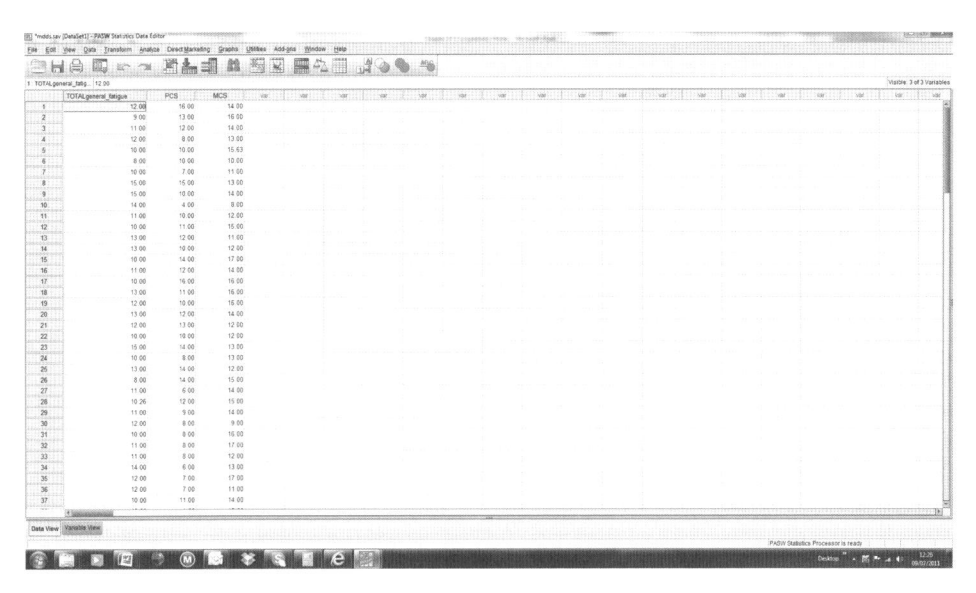

CAPTURA DE TELA 10.8

TABELA 10.5
Correlações completas entre fadiga, ECF e ECM

		Total de fadiga geral MFI	Total da componente física – escalas resumo	Total da componente mental – escalas resumo
Total da fadiga geral MFI	Correlação de Pearson Sig. (Bilateral) N	1 130	-0,069 0,435 130	-0,196* 0,025 130
Total da componente física – escalas resumo	Correlação de Pearson Sig. (Unilateral) N	-0,069 0,435 130	1 130	0,271** 0,002 130
Total da componente mental – escalas resumo	Correlação de Pearson Sig. (Unilateral) N	-0,196* 0,025 130	0,271** 0,002 130	1 130

imagem espelhada da outra, e, desse modo, precisamos ler somente uma das metades. Nós colocamos em negrito as correlações relevantes.

a) Você pode ver que altura e peso estão fortemente relacionados entre si: $r = 0,943$, $p < 0,001$.
b) Altura e idade estão fortemente relacionadas: $0,919$, $p < 0,001$.

c) Peso e idade estão fortemente relacionados: 0,984, $p < 0,001$.

Na segunda seção, mostramos que "idade em meses" foi covariada. A corre-

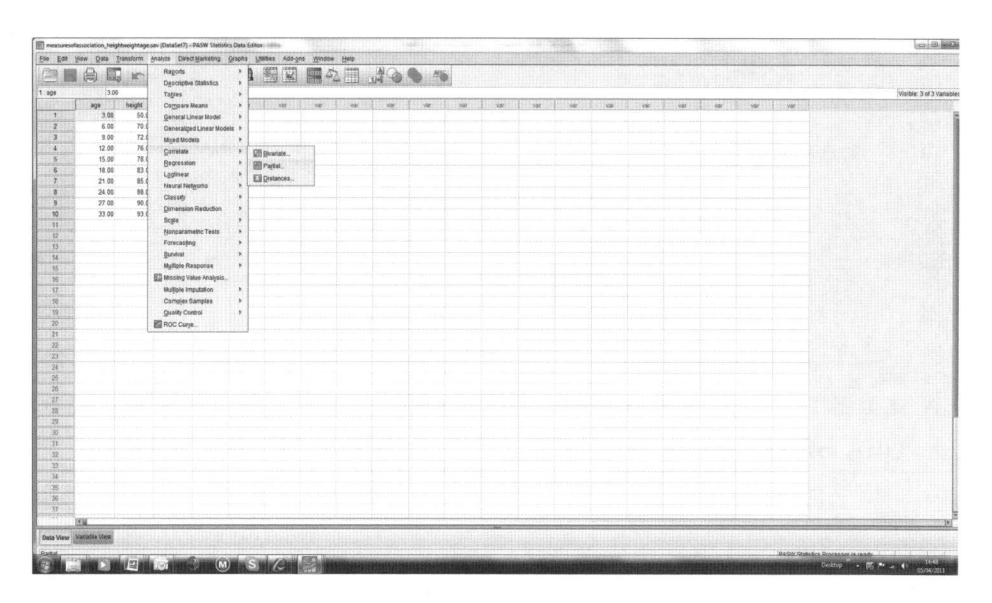

CAPTURA DE TELA 10.9

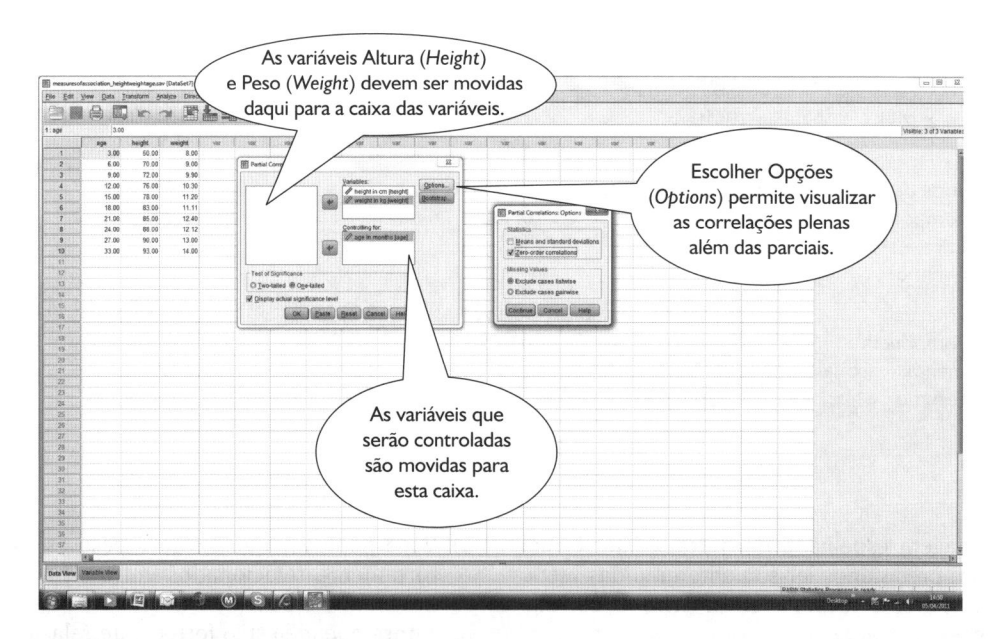

CAPTURA DE TELA 10.10

TABELA 10.6
Correlações completas e parciais para altura e peso com a idade

		Correlações			
Variáveis de controle			Altura em cm	Peso em kg	Idade em meses
-nenhum-[a]	Altura em cm	Correlação	1,000	0,943	0,919
		Sig. (unilateral)	.	0,000	0,000
		gl	0	8	8
	Peso em kg	Correlação	0,943	1,000	0,984
		Sig. (Unilateral)	0,000	.	0,000
		gl	8	0	8
	Idade em meses	Correlação	0,919	0,984	1,000
		Sig. (unilateral)	0,000	0,000	.
		gl	8	8	0
Idade em meses	Altura em cm	Correlação	1,000	0,551	
		Sig. (Unilateral)	.	0,062	
		gl	0	8	
	Peso em cm	Correlação	0,551	1,000	
		Sig. (Unilateral)	0,000	.	
		gl	8	0	

[a] As células contêm as correlações de Pearson de ordem zero.

lação entre altura e peso foi reduzida para 0,551 ($p = 0,062$), pois o cálculo removeu aquela parte da correlação entre altura e peso que era devido à idade.

Altura e peso estão correlacionados, mas a idade está correlacionada à altura e à idade.

VARIÂNCIA ÚNICA E COMPARTILHADA: ENTENDIMENTO CONCEITUAL EM RELAÇÃO ÀS CORRELAÇÕES PARCIAIS

O diagrama mostrando círculos sobrepostos para cada uma de nossas três variáveis é um diagrama simplificado para que você possa ver claramente os relacionamentos entre elas (Fig. 10.14). Ele não é matematicamente preciso, pois, no interesse do entendimento conceitual, perdemos a precisão matemática.[3]

O peso está relacionado à altura (peso compartilha variância com altura). Isso está representado pelos círculos sobrepostos. A variância compartilhada entre altura e peso está representada pelas áreas **a** e **b**.

A idade está relacionada (compartilha variância) tanto à altura quanto ao peso. O relacionamento de idade e altura está representado pelas áreas **c** e **b**. O relacionamento da idade com o peso está representado pelas áreas **b** e **d**. Aqui, estamos falando de variâncias *compartilhadas*. Também falamos de variâncias *não compartilhadas*. A área **a** mostra a variância não compartilhada do peso em relação à altura (e vice-versa). A área **c** ilustra a variância não compartilhada da idade em relação à altura (e vice-versa). A área **b** representa a parte do relacionamento entre altura e peso devido à idade. Se a influência da idade fosse removida (área **b**), a correlação entre altura e peso baixaria e seria representada somente pela área **a** (Fig. 10.15).

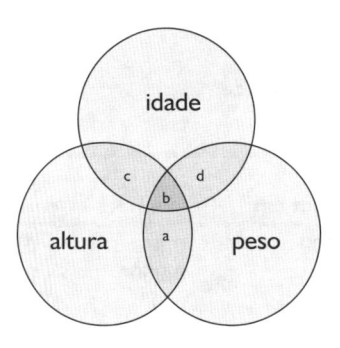

FIGURA 10.14
Diagrama para ilustrar as variâncias compartilhada e não compartilhada.

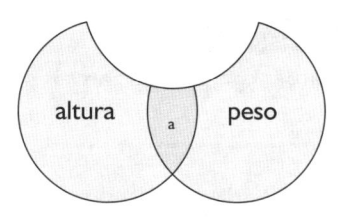

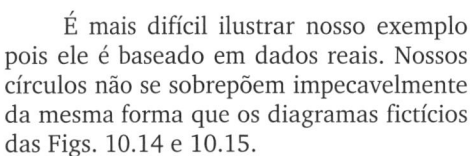

FIGURA 10.15
Relacionamento entre peso e altura controlados pela idade.

É mais difícil ilustrar nosso exemplo pois ele é baseado em dados reais. Nossos círculos não se sobrepõem impecavelmente da mesma forma que os diagramas fictícios das Figs. 10.14 e 10.15.

Em nosso exemplo real, altura e peso compartilham a variância (0,943 x 0,943 = 89%), (idade e altura também compartilham a variância (0,919 x 0,919 = 84%) e idade e peso idem (0,984 x 0,984 = 97%).

No cálculo, a variância compartilhada de idade com altura e peso é removida (mantida constante).

Assim como o exemplo fictício, remover essa variância compartilhada levará à redução na variância compartilhada de altura e peso. A correlação entre altura e peso foi reduzida de 0,943 para 0,551. Assim, concluímos que o relacionamento entre altura e peso é parcialmente devido à idade. Duvidamos que você seja capaz de ver isso tão claramente na descrição de nossos dados reais (Fig. 10.16)!

Os pesquisadores geralmente usam a correlação parcial dessa forma. Eles podem querer verificar o relacionamento entre sintomas e qualidade de vida com depressão mantida constante (controlada). Se a correlação entre sintomas e qualidade de vida é reduzida após o controle da depressão, então a conclusão é que aquela parte do relacionamento entre sintomas e qualidade de vida é devido à depressão.

ATIVIDADE 10.3

Gheissari e colaboradores (2010) investigaram a espessura das camadas íntima e média da carótida em crianças com doença renal terminal em diálise. Como parte do estudo, os autores executaram correlações parciais.

Leia o seguinte texto:

Após ajustar para a idade, análises de correlação parcial mostraram uma correlação significativa entre a carótida e a espessura da camada íntima e média do bulbo (EIMC) e o nível n-PTH ($r = 0,85$, $p = 0,04$) e fosfatase alcalina sérica ($r = 0,86$, $p = 0,02$). (p.30)

Qual das seguintes resposta *não está correta*? (As respostas estão no final do livro.)

a) A correlação entre EIMC e fosfatase alcalina sérica é significativa quando a idade é controlada.
b) A correlação entre o nível de PTH e a fosfatase alcalina sérica é significativa quando a idade é controlada.
c) As correlações entre a carótida e a espessura das camadas íntima e média do bulbo (EIMC) e entre o nível de PTH ($r = 0,85$, $p = 0,04$) e a fosfatase alcalina sérica ($r = 0,86$, $p = 0,02$) não seriam estatisticamente significativas caso a idade não tivesse sido controlada.

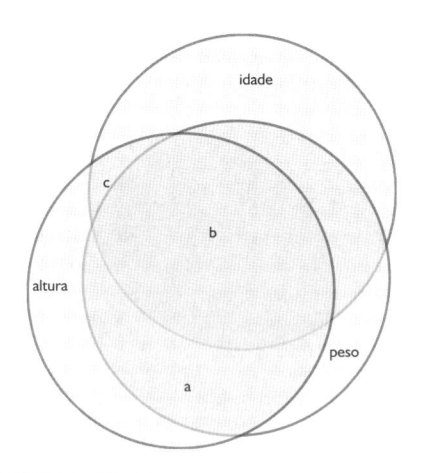

FIGURA 10.16

O RÔ DE SPEARMAN

Frequentemente, em ciências sociais, os pesquisadores têm amostras pequenas que costumam ser assimétricas; portanto, o uso do rô de Spearman é muito comum. Os testes não paramétricos não fazem suposições sobre a normalidade. Excetuando-se outras condições, os testes não paramétricos não são tão poderosos quanto os paramétricos. Entretanto, em circunstâncias em que é apropriado usar testes não paramétricos, eles podem ser de fato mais poderosos.

Um pesquisador pegou informações sobre quantas medicações diferentes 14 pacientes tomaram na semana anterior e as correlacionou com a medida da memória. De acordo com a literatura, o autor espera que quanto maior o número de medicamentos, pior será a memória do indivíduo, e, então, ele opta por usar um teste unilateral. Como há somente 14 pacientes no estudo, ele escolhe o rô de Spearman. As instruções para o SPSS são exatamente as mesmas do r de Pearson até você obter a caixa de diálogo *Bivariate Options* (Opções Bivariadas) (Captura de tela 10.11).

5. Selecione a opção *Spearman* entre os *Correlation Coefficients* (Coeficientes de Correlação) (Captura de tela 10.12).
6. Selecione *One-tailed* (Unilateral) para o Teste de Significância (*Test of Significance*).
7. Selecione *Options* (Opções) se você quiser.
8. Pressione *Continue* e, então, *OK*.

A Tabela 10.7 fornece os resultados que aparecerão na janela do SPSS.

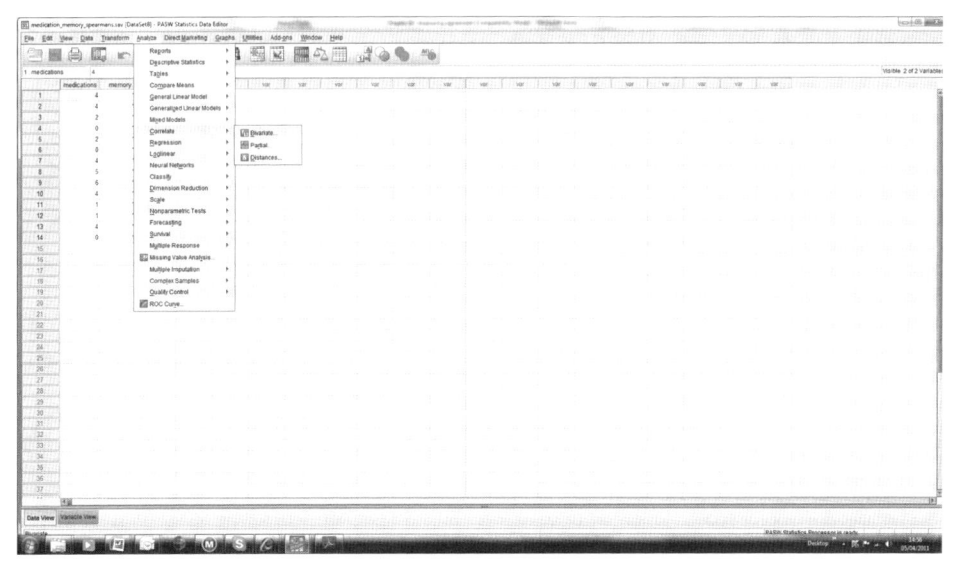

CAPTURA DE TELA 10.11

CAPTURA DE TELA 10.12

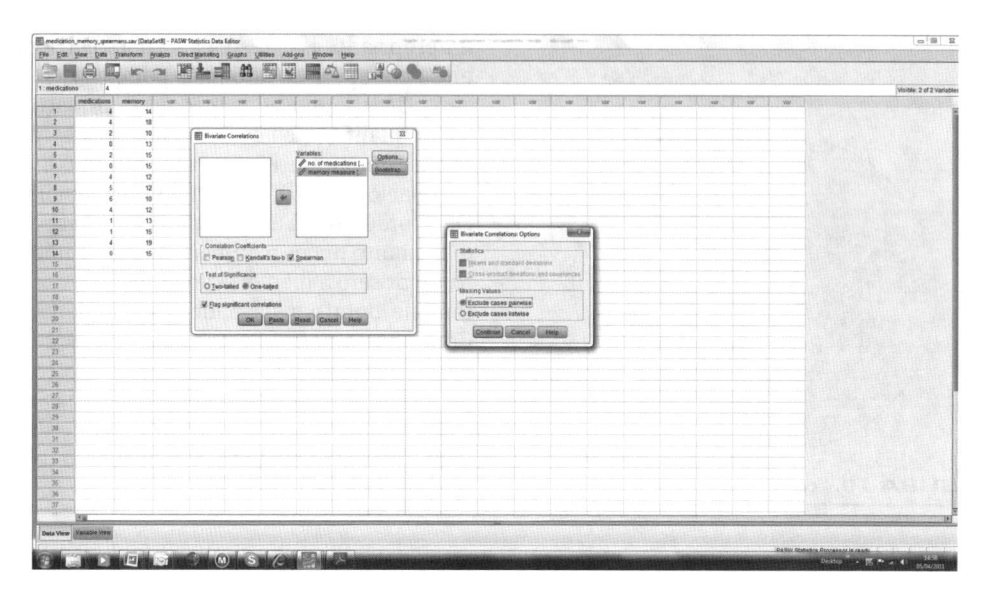

TABELA 10.7

Coeficientes de correlação (rô) para número de medicamentos e medida da memória

		Correlações		
			Número de medicações	Medida da memória
rô de Spearman	Número de medicações	Coeficiente de correlação	1,000	-0,346
		Sig. (unilateral)	.	0,113
		N	14	14
	Medida da memória	Coeficiente de correlação	-0,346	1,000
		Sig. (Unilateral)	0,113	.
		N	14	14

Como você pode ver, essa tabela é muito parecida com aquela das correlações obtida para o *r* de Pearson, e os números são interpretados exatamente da mesma forma.

O coeficiente de correlação é negativo (como previsto), mas é fraco e estatisticamente não significativo em qualquer nível aceitável de significância. Portanto, o pesquisador conclui que o número de medicamentos não estava significativamente relacionado à memória fraca.

> **Exemplo da literatura: gasometria arterial**
>
> Andrews e Waterman (2008) investigaram se as amostras dos padrões da gasometria arterial (GA) eram influenciadas por valores da fração inspiratória de oxigênio (FIO_2), da pressão parcial do dióxido de carbono ($PaCO_2$) e da saturação de oxigênio ($\%SaO_2$). Embora seja comum fornecer os resultados correlacionais em uma tabela, Andrews e Waterman deram essa informação em forma de texto. Uma pequena parte do texto da seção dos resultados está reproduzida a seguir:
>
>> *Examinando os padrões amostrais por dia, o número de GA retirados no dia I estava correlacionado com valores altos de $PaCO_2$ (p = 0,003; Sp – Coeficiente de Correlação por Postos de Spearman – = 0,3615) e valores baixos de PO_2 (p = 0,002; Sp = –0,3758). (p.133)*
>
> Geralmente, o coeficiente de Spearman é escrito como "rô". Neste caso, você escreveria:
>
>> *Examinando os padrões amostrais por dia, o número de GA retirados no dia I estava correlacionado com valores altos de $PaCO_2$ (p = 0,003, rô = 0,3615) e valores baixos de PO_2 (p = 0,002; rô = –0,3758).*

OUTROS USOS PARA TÉCNICAS CORRELACIONAIS

As técnicas correlacionais são usadas para avaliar o grau no qual nossas medidas podem ser reproduzidas. Essas são técnicas avançadas; caso você precise usá-las, indicamos o Capítulo 36 de Howitt e Cramer (2008) e as páginas 368-378 do *SPSS for Psychologists* (Brace et al., 2009). Como este é um livro introdutório, não iremos explicar como usar técnicas correlacionais avançadas para sua própria pesquisa. Entretanto, é importante que você tenha um conhecimento básico de tais técnicas, pois irá querer entendê-las caso encontre-as em artigos de periódicos. Assim, apresentaremos um breve panorama das formas como elas podem ser usadas. As estatísticas mencionadas aqui – o *kappa* de Cohen, o *alfa* de Cronbach, etc. – são todas coeficientes correlacionais, interpretados da mesma forma que o *r* de Pearson.

MEDIDAS DE CONFIABILIDADE

Em uma amostra de indivíduos saudáveis, é esperado que exista uma associação alta entre a temperatura do corpo hoje e amanhã – ou em uma semana ou em um mês. Haverá variabilidade, é claro, mas esperamos que essa medida tenha uma correlação alta. Se o coeficiente de correlação for 0,90, existirá, então, uma alta confiabilidade.

Questionários são mais problemáticos – pode ser que o relacionamento entre estresse e sintomas seja forte –, mas caso os inventários utilizados não sejam confiáveis, você pode não encontrar uma associação forte entre estas variáveis.

Quando projetam questionários, os pesquisadores precisam assegurar a sua confiabilidade. Parte do procedimento é fornecê-los às pessoas no tempo 1 e, então, testá-los novamente mais tarde. Esse tipo de confiabilidade é chamado de teste-reteste. As diferenças reais de tempo variam de acordo com o estudo ou experimento. Os escores no(s) questionário(s) nos tempos 1 e 2 estão correlacionados, e o *r* de Pearson mostrará o grau de confiabilidade. Normalmente, em artigos de periódicos, você observará que os pesquisadores dão medidas de confiabilidade. É comum aceitar 0,7 ou acima como uma boa confiabilidade.

> **Exemplo da literatura: teste-reteste das escalas de Bem-estar Espiritual**
>
> Em relação a esse tipo de confiabilidade, Arnold e colaboradores (2007) queriam conferir a confiabilidade do teste-reteste da Escala do Bem-estar Espiritual (desenvolvido por Paloutzian e Ellison, 1982). Os autores (2007) afirmam:
>
>> A confiabilidade do teste-reteste em um período de 4 a 10 semanas varia de 0,88 a 0,99 para o bem-estar religioso, 0,73 a 0,98 para o bem-estar existencial e 0,82 a 0,94 para o bem-estar espiritual. (p. 4)
>
> Isso mostra que as escalas têm confiabilidade acima da escala de tempo especificada.

CONSISTÊNCIA INTERNA

Às vezes, você pode projetar um questionário com escalas discretas incorporadas. Por exemplo, a Escala de Ansiedade e Depressão Hospitalar (EADH) é composta de itens relacionados à depressão e itens relacionados à ansiedade. Nesse caso, os sete itens relacionados à depressão devem mostrar uma correlação alta entre os itens de depressão. Os sete itens relacionados à ansiedade devem, também, mostrar uma correlação alta entre os itens de ansiedade. Esse tipo de confiabilidade mede a consistência interna. O *alfa* de Cronbach é geralmente relatado quando os pesquisadores querem dar a medida da consistência interna. Assim, da mesma forma que em outros coeficientes de correlação, a escala deve ter um valor acima de 0,7 para ser considerada confiável.

CONFIABILIDADE INTERAVALIADORES

Esse tipo de medida de confiabilidade é geralmente usado em estudos observacionais, em que dois ou mais avaliadores observam algum tipo de comportamento. Por exemplo, duas ou mais enfermeiras podem observar pacientes e avaliá-los em um questionário, em particular. Se o questionário tiver uma confiabilidade interavaliadores de 100%, quaisquer pessoas usando o questionário e avaliando os pacientes devem obter escores idênticos.

VALIDADE

A análise correcional pode ajudar também com a confiabilidade. Uma maneira de avaliar isso é correlacionar seu questionário com outros questionários consagrados com confiabilidade conhecida. Se você for projetar um questionário para medir a depressão, por exemplo, você poderia dar seu questionário para os participantes juntamente com a EADH e/ou com a Escala do Centro para Estudos Epidemiológicos da Depressão (CEE-D). Se seu questionário realmente medir a depressão, deve haver um alto grau de correlação entre o questionário novo e os questionários já consagrados.

> **Exemplo da literatura: enfermeiros e médicos usando a Escala de Agitação-Sedação**
>
> Ryder-Lewis e Nelson (2008) queriam descobrir se enfermeiros e médicos avaliariam 69 pacientes (em unidade de terapia intensiva) de forma similar, usando a Escala de Agitação-Sedação (EAS). A EAS avalia o comportamento dos pacientes de 1 (entorpecido) a 7 (agitação perigosa). Pares de enfermeiros e médicos, ao mesmo tempo, avaliaram cada paciente nessa escala. Não foi permitido que consultassem um ao outro.

PERCENTUAL DE CONCORDÂNCIA

Um percentual simples de concordância é facilmente calculado. Você conta o número de vezes que os avaliadores concordaram e o divide pelo número total de observações ou codificações. Os autores do estudo citado anteriormente afirmam que os avaliadores médicos e enfermeiros selecionaram os mesmos escores da EAS em 74% das avaliações. Isso indica uma boa concordância.

O *KAPPA* DE COHEN

Uma maneira mais confiável de avaliar a concordância do que um percentual simples de concordância é o *kappa* de Cohen. Ele usa um coeficiente de correlação como uma medida de concordância e é mais confiável porque a fórmula corrige o resultado da concordância ocorrida apenas ao acaso.

Ele faz isso tomando o percentual de concordância observado e subtraindo aqueles que seriam esperados apenas devido ao acaso. O cálculo envolve dividir o número resultante por 1 menos os percentuais de concordância que seriam esperados devido ao acaso. Às vezes, as pessoas dizem que o *kappa* é o "percentual de concordância corrigido pelo acaso".

No exemplo anterior, os pesquisadores alegam: "O resultado ponderado do *kappa* de 0,82 indicou uma boa concordância (confiabilidade)" (p.215).

O SPSS pode calcular essas estatísticas no procedimento *Reliability Analysis* (Análise de Confiabilidade). Essas são técnicas avançadas e indicamos outros livros caso você necessite saber sobre elas.

Resumo

As análises de correlação são úteis para descobrir a força e a magnitude de um relacionamento entre duas ou mais variáveis. Os coeficientes de correlação, isto é, o *r* de Pearson para dados que satisfazem as suposições dos testes paramétricos ou o rô de Spearman para aqueles que não as satisfazem, variam de 0 (nenhum relacionamento) até +1 (relacionamento perfeito positivo) ou −1 (relacionamento perfeito negativo). Um relacionamento entre variáveis pode ser facilmente visto quando um diagrama de dispersão for traçado. O *r* de Pearson e o rô de Spearman assumem que existe um relacionamento linear entre as variáveis; se um relacionamento é curvilíneo, esses testes não são adequados. As correlações parciais mostram o relacionamento entre duas variáveis quando uma ou mais variáveis são controladas. Existem outros coeficientes de correlação (p. ex., o *alfa* de Cronbach e o *kappa* de Cohen) que são usados para medir a confiabilidade ou a concordância. Tais medidas são geralmente utilizadas no projeto do questionário. Não podemos naturalmente assumir causalidade quando interpretamos análise correlacional, embora existam situações em que a causalidade pode ser sugerida.

QUESTÕES DE MÚLTIPLA ESCOLHA

1. Observe o seguinte diagrama de dispersão.

   Qual conclusão é a mais lógica? O relacionamento é:

   a) Positivo.
   b) Negativo.
   c) Zero.
   d) Não linear.

2. Se você quiser testar o relacionamento entre *superação* e *qualidade de vida*

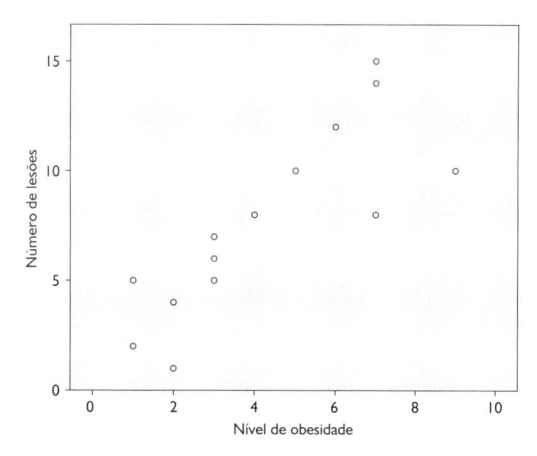

com a depressão controlada (fixada), você usaria:

a) *Alfa* de Cronbach.
b) *Kappa* de Cohen.
c) Correlação parcial.
d) Correlação bivariada.

3. Assuma que o aumento geral de preços e o consumo de água engarrafada estejam relacionados positivamente. Qual é a conclusão mais lógica?

a) O aumento dos preços leva as pessoas a beber mais água.
b) O consumo de muita água engarrafada leva ao aumento dos preços.
c) As pessoas bebem mais água engarrafada para ajudá-las a superar o aumento dos preços.
d) Existe um relacionamento espúrio entre o consumo de água engarrafada e o aumento geral dos preços.

Observe a seguinte tabela, extraída de uma seção de resultados de um artigo de Patel (2009).

Variável explanatória	Pressão sistólica (PS)			Pressão diastólica (PD)		
	Meninos (n = 250)	Meninas (n = 250)	Total (N = 500)	Meninos (n = 250)	Meninas (n = 250)	Total (N = 500)
Peso	0,32*	0,41*	0,34*	0,27*	0,33*	0,30*
Altura	0,35*	0,33*	0,32*	0,19**	0,24*	0,22*
Idade	0,32*	0,06*	0,24*	0,03	0,05	0,03

* Significativo no nível de 1%.
** Significativo no nível de 5%.

4. Qual é a correlação mais forte da seguinte variável PD?

a) Meninas PD e peso.
b) Meninos PD e altura.
c) Meninas PD e altura.
d) Meninos PD e peso.

5. Qual é a correlação mais fraca da seguinte variável PS?

a) Meninas PS e peso.
b) Meninas PS e idade.
c) Meninos PS e peso.
d) Meninos PS e idade.

6. À medida que *x* aumenta, *y* diminui. Esse é um exemplo de:

a) Relacionamento positivo.
b) Relacionamento negativo.
c) Zero relacionamento.
d) Relacionamento não linear.

7. Observe o seguinte diagrama de dispersão. Ele é um exemplo de:

a) Relacionamento positivo.
b) Relacionamento negativo.
c) Zero relacionamento.
d) Relacionamento não linear.

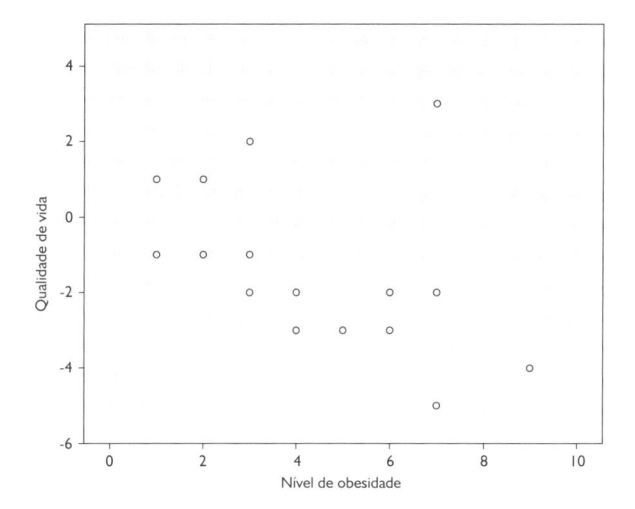

[Gráfico: Qualidade de vida vs. Nível de obesidade]

8. À medida que *x* aumenta, *y* aumenta. Isso é um exemplo de:

   a) Relacionamento positivo.
   b) Relacionamento negativo.
   c) Zero relacionamento.
   d) Relacionamento não linear.

As questões 9, 10 e 11 estão relacionadas com a seguinte tabela, retirada de Baumhover e Hughes (2009), cujo objetivo era investigar a associação entre a espiritualidade de profissionais da saúde e seu suporte para a presença da família durante procedimentos invasivos e esforços de ressuscitação em adultos.

Variáveis do estudo	r	p
Espiritualidade e suporte para a presença da família durante os esforços de ressuscitação.[a]	0,24	0,05
Idade dos profissionais da assistência médica e o suporte para a presença da família durante os esforços de ressuscitação.[a]	-0,27	0,01
Espiritualidade e a crença de que a presença da família é um direito do paciente.[a]	0,33	0,01
Entender que a presença da família é tanto um direito do paciente quanto da família.[a]	0,52	0,01
Espiritualidade e crença de fornecimento de cuidado total.[a]	0,32	0,01
Espiritualidade e crença de fornecimento de cuidado total.[b]	0,28	>0,05
Espiritualidade e crença de fornecimento de cuidado total.[c]	0,32	0,01

[a] Todos os participantes.
[b] Médicos e médicos assistentes.
[c] Enfermeiros.

9. Qual grupo tem o relacionamento mais forte entre a espiritualidades e a crença de fornecer cuidado total?

   a) Todos os grupos combinados.
   b) Médicos.
   c) Assistentes de médicos.
   d) Enfermeiros.

10. Observe o relacionamento entre a idade dos profissionais da saúde e o suporte pela presença da família durante os esforços de ressuscitação. A associação significa que, quanto mais velho o profissional da saúde,

    a) mais suporte para a presença familiar; isso é estatisticamente significativo.
    b) mais suporte para a presença familiar; isso não é estatisticamente significativo.
    c) menos suporte para a presença familiar; isso é estatisticamente significativo.
    d) menos suporte para a presença familiar; isso não é estatisticamente significativo.

11. Qual das seguintes correlações não é estatisticamente significativa em qualquer nível de significância?

    a) Espiritualidade e suporte para a presença familiar durante esforços de ressuscitação.
    b) Observar a presença da família como um direito do paciente e da família.
    c) Espiritualidade e crença de fornecer cuidado holístico (médicos e assistentes).
    d) Espiritualidade e crença de fornecer cuidado holístico (enfermeiros).

12. Se, em um diagrama de dispersão, os pontos de dados estão dispersos aleatoriamente, então o coeficiente de correlação mais provável é:

    a) -0,01
    b) -0,35
    c) +0,35
    d) -0,46

13. Suponha a existência de uma correlação significativa entre estratégias de superação e qualidade de vida (+0,76, $p < 0,001$). Assuma que a autoeficácia é controlada e a correlação é reduzida a 0,21 ($p = 0,70$). Qual é a conclusão mais lógica?

    a) O relacionamento entre as estratégias de superação e qualidade de vida é espúrio.
    b) A autoeficácia não mostra relacionamento entre as estratégias de superação e qualidade de vida.
    c) Uma pequena parte do relacionamento entre as estratégias de superação e qualidade de vida pode ser explicada pelo relacionamento entre a autoeficácia e as outras variáveis.
    d) Uma grande parte do relacionamento entre as estratégias de superação e a qualidade de. vida pode ser explicada pelo relacionamento entre a autoeficácia e as outras variáveis

As questões 14 e 15 se referem à seguinte tabela:

Correlações

Variáveis de controle			Avanço total da doença	Incerteza total da doença	Total da escala de autoeficácia
-nenhum-[a]	Avanço total da doença	Correlação Sig. (Bilateral) gl	1,000 . 0	0,283 0,191 21	-0,582 0,004 21
	Incerteza total da doença	Correlação Sig. (Bilateral) gl	0,283 0,191 21	1,000 . 0	-0,251 0,249 21
	Total da escala de autoeficácia	Correlação Sig. (Bilateral) gl	-0,582 0,004 21	-0,251 0,249 21	1,000 . 0
Total da escala de autoeficácia	Avanço total da doença	Correlação Sig. (Bilateral) gl	1,000 . 0	0,174 0,439 20	
	Incerteza total da doença	Correlação Sig. (Bilateral) gl	0,174 0,439 20	1,000 . 0	

[a] Células contêm correlações (de Pearson) de ordem zero.

14. Qual é a correlação de ordem zero entre a incerteza da doença e o avanço da doença?
    a) +0,283
    b) +0,174
    c) +1,00
    d) +0,439

15. O relacionamento entre o avanço da doença e a incerteza da doença com a autoeficácia controlada é:
    a) +0,439
    b) +0,174
    c) +0,283
    d) -1,00

NOTAS

1. De qualquer forma, funciona para nós.
2. Esse conjunto de dados pequeno é apenas para ilustração; normalmente, você tem mais participantes no estudo.
3. A forma real para calcular as correlações parciais é dada por $r^2 = a/(a + \text{altura})$ ou $a/(a + \text{peso})$.

11
Regressão linear

Panorama do capítulo

A regressão linear é uma extensão da análise correlacional. No Capítulo 10, você aprendeu que, quando os escores em x mostravam um relacionamento linear com y, o r de Pearson ou o rô de Spearman produzem uma estatística teste (r ou rô, respectivamente) que resulta em uma medida da força do relacionamento entre eles. O que a análise correlacional nos dá é uma medida de quão bem os pontos dos dados estão aglomerados em torno de uma linha imaginária. A análise de regressão linear estende isso ao traçar uma linha por meio dos pontos dos dados (linha de melhor aderência) e nos confere uma medida que mostra o quanto a variável y muda como resultado da mudança de uma unidade na variável x. Daremos a você um entendimento conceitual da regressão linear bivariada, além de mostrar como obter a estatística teste no SPSS e como interpretar o resultado. Apresentaremos, também, intervalos de confiança e tamanhos do efeito em relação à regressão linear. A regressão linear responde às seguintes questões: quão forte é o relacionamento entre x e y? Existe uma aderência entre x e y? Conhecendo os escores em x, podemos prever quais serão os prováveis escores em y?
Neste capítulo, você irá:

✓ Aprender como avaliar o relacionamento entre duas variáveis usando a linha de melhor aderência e estatísticas associadas;
✓ Entender a necessidade de satisfazer as suposições da regressão linear;
✓ Aprender como prever um escore de um indivíduo em y conhecendo seu escore em x;
✓ Ser capaz de construir um diagrama de dispersão com a linha de melhor aderência;
✓ Entender como interpretar as estatísticas testes: r, r^2 e b;
✓ Ter conhecimento das formas com que a regressão linear pode ser usada na pesquisa.

INTRODUÇÃO

A regressão linear é uma extensão da análise correlacional. A análise correlacional nos permite entender o relacionamento entre uma variável (chamada de x) e outra (chamada de y). Para executar uma análise correlacional (e, consequentemente, uma análise de regressão linear bivariada), fazemos a suposição de que existe um relacionamento linear entre elas, isto é, que uma linha reta descreve melhor o relacionamento entre ambas. Assim como na análise correlacional, em que olhamos para um diagrama de dispersão para nos ajudar a visualizar o relacionamento entre duas variáveis, podemos olhar para um diagrama de dispersão com uma linha reta traçada através dos pontos dos dados. Então, podemos ver o quanto esses pontos se aproximam da reta. A linha é chamada de "linha de melhor aderência", pois ela é traçada no melhor lugar possível; uma reta traçada em qualquer outro lugar não descreveria o relacionamento tão bem. A regressão linear leva a uma equação matemática (a equação de regressão) que permite aos pesquisadores prever os escores y a partir dos escores x. É da linha da regressão (ou mais propriamente da equação usada para traçar a linha) que podemos prever um escore y de uma pessoa (chamado de variável dependente ou variável critério) a partir de um escore x (chamado de variável independente, variável previsora ou variável explanatória). Note que, neste capítulo, existem nomes diferentes para alguns dos conceitos. Por exemplo, enquanto os pesquisadores avançaram, agora chamando de "participantes" o que costumava ser "sujeitos de pesquisa", o SPSS ainda os chama de "sujeitos"; enquanto os pesquisadores passam a usar nomes como "variáveis previsoras" e "variáveis explanatórias" para as variáveis x, o SPSS ainda as chama de "variáveis independentes". Da mesma forma, enquanto os pesquisadores denominam o y como "variável critério", o SPSS ainda a chama de "variável dependente". Portanto, você pode ficar um pouco confuso. De qualquer modo, a variável previsora é x, e a variável critério é y!

A maioria dos pesquisadores usa a *regressão múltipla* (que usa dois ou mais previsores – ver Cap. 12) em vez da regressão linear simples, e, assim, é difícil encontrar artigos, em periódicos, para ilustrar a regressão linear bivariada. Entretanto, é essencial entender a regressão linear bivariada antes da regressão múltipla; portanto, tomamos algumas liberdades com as seguintes hipóteses (i. e., mencionamos apenas uma variável previsora em vez das várias usadas na pesquisa relatada a seguir).

- ✓ Bruscia e colaboradores (2008) executaram uma análise de regressão linear para determinar a extensão com que a duração da doença em pacientes hospitalizados devido a problemas cardíacos e câncer poderia prever o senso de coerência.
- ✓ Hanna e colaboradores (2009) estudaram enfermeiros. O objetivo foi observar se a preocupação com a transmissão de infecções previa a importância percebida de lavar as mãos.

Exemplo

Aqui está um simples exemplo que ilustra a regressão linear. A Figura 11.1 é um diagrama de dispersão mostrando o relacionamento entre a idade de crianças (em meses) e o peso (em kg). À medida que as crianças ficam mais velhas, esperamos que elas tenham um aumento de peso, e é isso o que o diagrama de dispersão mostra. Essa é uma correlação positiva quase perfeita ($r = 0,969$).

Uma análise correlacional mostra quão próximos os pontos se aglomeram em torno de uma linha reta imaginária. Mas, a regressão linear vai além – traçamos uma linha da melhor aderência, conforme o exibido, feito em nosso *software* estatístico.

Podemos usar a linha de regressão para prever quanto uma criança (que temos somente a idade) irá pesar. Por exemplo,

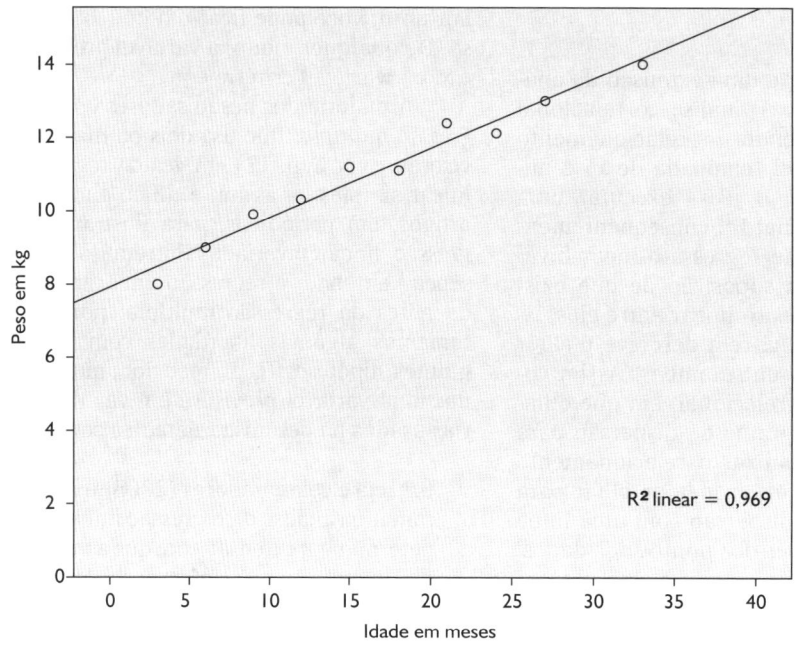

FIGURA 11.1

Diagrama de dispersão entre idade e peso com linha de regressão.

imagine que queremos saber quanto uma criança provavelmente pesará aos 22,5 meses de idade. Poderíamos traçar uma linha vertical sobre o valor de 22,5 meses até encontrarmos a linha de regressão. Traçar, então, uma linha horizontal, desse ponto até alcançar o eixo y, nos mostrará o quanto uma criança com 22,5 meses provavelmente irá pesar – nesse caso, um pouco mais de 12 kg (a linha em negrito na Fig. 11.2).

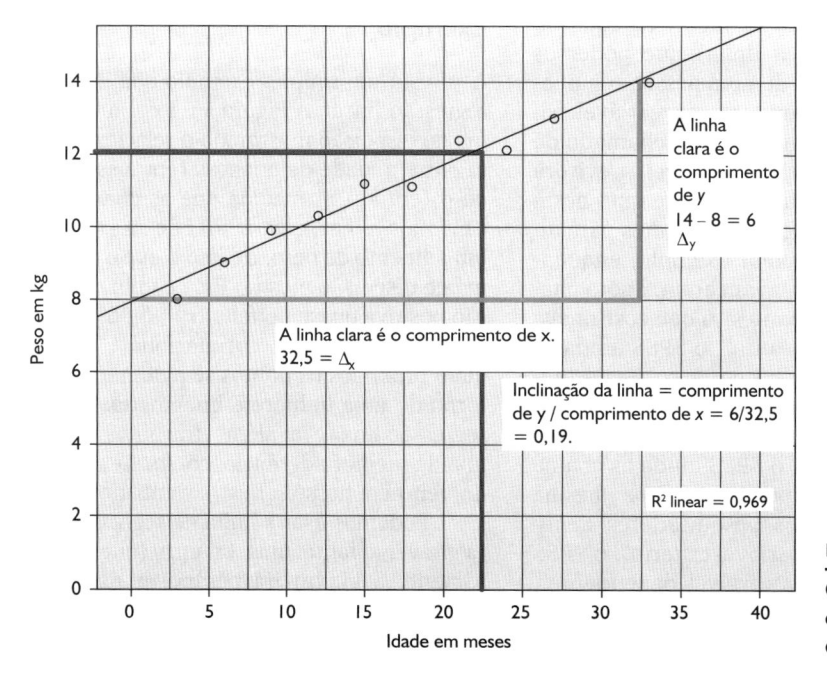

FIGURA 11.2

Gráfico ilustrando o cálculo da linha de regressão.

É claro, uma criança de 22,5 meses talvez não pese 12 kg, podendo ter um peso mais baixo ou mais alto. Mas, baseados na informação que temos aqui, a previsão é que uma criança de 22,5 meses pese 12 kg, e essa é a melhor estimativa possível, embora, é claro, exista uma variação entre os casos individuais. A linha de regressão é calculada por um programa estatístico, baseado nas idades e nos pesos de todas as crianças do conjunto de dados e é a linha de melhor aderência, ou seja, aquela traçada no melhor lugar possível para esse conjunto. Ela minimiza as distâncias verticais entre os pontos e a linha, e é traçada de acordo com a fórmula calculada pelo *software* estatístico. Em vez de usar a linha de melhor aderência para prever pesos de crianças com idades intermediárias, poderíamos usar a fórmula.

A fórmula para a regressão linear é:

$$\hat{y} = bx + a$$

ou

$$\hat{y} = a + bx$$

$\hat{y}$ = a variável a ser prevista (nesse caso, o peso, a variável do eixo *y*).
b = um valor representando a inclinação da linha – dado pelo *software* estatístico.
x = o valor dos escores no eixo *x* (nesse caso, a idade).
a = a constante – o ponto em que a linha de regressão cruza com o eixo y.[1] Isso pode ser visto no diagrama de dispersão, e o valor também é dado como parte do resultado.

Como calcular a linha de regressão

Simplesmente tome a distância entre quaisquer dois pontos no eixo *x* (ver as linhas na Fig. 11.2) e calcule o comprimento dessa linha. Trace uma reta vertical para cima até encontrar a linha de regressão, e então calcule o comprimento dessa linha em termos de unidades sendo medidas. Então, divida o comprimento da linha *y* (rotulada de Δy) pelo comprimento da linha *x* (rotulada de **Δx**) em termos de unidades de medidas (*x*). O resultado é *b*, a inclinação da linha. O resultado, utilizando esse método, é 0,1846 (arredondamos esse valor no diagrama de dispersão).

Você pode ver do diagrama de dispersão que *a* intercepta o eixo *y* quase em 8. O valor real, dado pela saída do SPSS é 7,918. O valor de *b* é dado como 0,190.

Quando uma regressão linear é executada por um *software* estatístico, esses valores são fornecidos como parte do resultado. Assim,

$$\hat{y} = 0{,}190 \times \text{idade} + 7{,}918$$

Vamos usar essa fórmula para prever um escore *y* de uma criança em particular. Vamos chamá-la de Jules. O escore de Jules em *x* (que é a idade, neste caso) é de 22,5. Assim, a previsão para Jules é:

$$\hat{y} = bx + a \ (a = 7{,}918; b = 0{,}190; x = 22{,}5)$$
$$\hat{y} = 0{,}190 \times 22{,}5 + a = 4{,}275 + a$$
$$\hat{y} = 4{,}275 + 7{,}918$$
$$\hat{y} = 12{,}193$$

Portanto, a resposta é 12,193.

Isso vai de encontro à previsão que obtivemos usando réguas e nossa linha de regressão. Às vezes, os pesquisadores usam a equação da linha de regressão linear a fim de prever novos casos para os quais eles têm informação em *x*, mas não em *y*.

Entretanto, a maioria dos pesquisadores de ciências da saúde usa as estatísticas obtidas pela regressão linear a fim de mostrar a força do relacionamento das duas variáveis (aquelas nos eixos *x* e *y*). A inclinação da linha (o valor *b*) tem um significado especial: para cada unidade de aumento em *x*, *y* muda pelo valor de *b*.

Assim, no nosso caso, para cada mês de vida, o peso aumenta em 0,190 kg. Isso nos dá uma ideia mais concreta de como uma mudança em uma variável está relacionada a uma mudança em outra variável quanto às respectivas unidades de medida. O *software* estatístico também fornece informações relacionadas à significância estatística.

REGRESSÃO LINEAR NO SPSS

Usaremos, agora, duas variáveis, idade e peso, para ilustrar uma regressão linear simples. Nesse caso, queremos avaliar o relacionamento entre idade e peso. Lançamos a hipótese de que a idade das crianças irá

> ### ☑ ATIVIDADE 11.1
>
> Observe o diagrama de dispersão com linhas de regressão apresentado na Figura 11.3, extraído da vigilância bacteriológica sobre o MRSA* elaborada pelo Serviço Nacional de Saúde da Inglaterra entre abril de 2002 e março de 2003.
>
> **FIGURA 11.3**
>
> Dê as seguintes informações:
>
> a) O valor de a.
> b) O valor de r^2.
> c) Para cada aumento em 10.000 no total dos conjuntos de hemocultura, o número de bacteremias pelo MRSA aumenta em aproximadamente _____

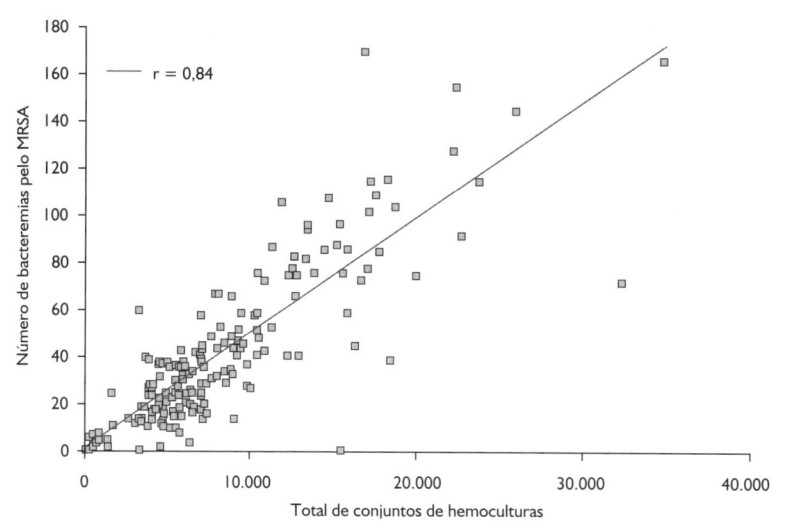

prever seu peso. Portanto, "idade" é a variável x, e "peso" é a variável y.

1. Escolha *Analyze, Regression, Linear* (Analisar, Regressão, Linear) (Captura de tela 11.1).

   Isso nos fornece uma caixa de diálogo (Captura de tela 11.2).

2. Mova a variável critério (y, peso) para a caixa *Dependent* (Dependente) à direita. Mova a variável previsora (y, idade) para a caixa *Independent(s)* (Independente[s]) à direita.

3. Pressione o botão *Statistics* (Estatística). Isso nos fornece a caixa de diálogo exibida na Captura de tela 11.2. É sempre uma boa ideia obter Intervalos de Confiança (*Confidence Intervals*) em torno da linha de regressão e Estatísticas Descritivas (*Descriptives*); portanto, marque essas caixas.

4. Pressione *Continue* e, então, *OK*.

A Tabela 11.1 apresenta os resultados.

---

* N. de R.T.: MRSA é a sigla inglesa para *Staphylococcus Aureus* Resistente à Meticilina.

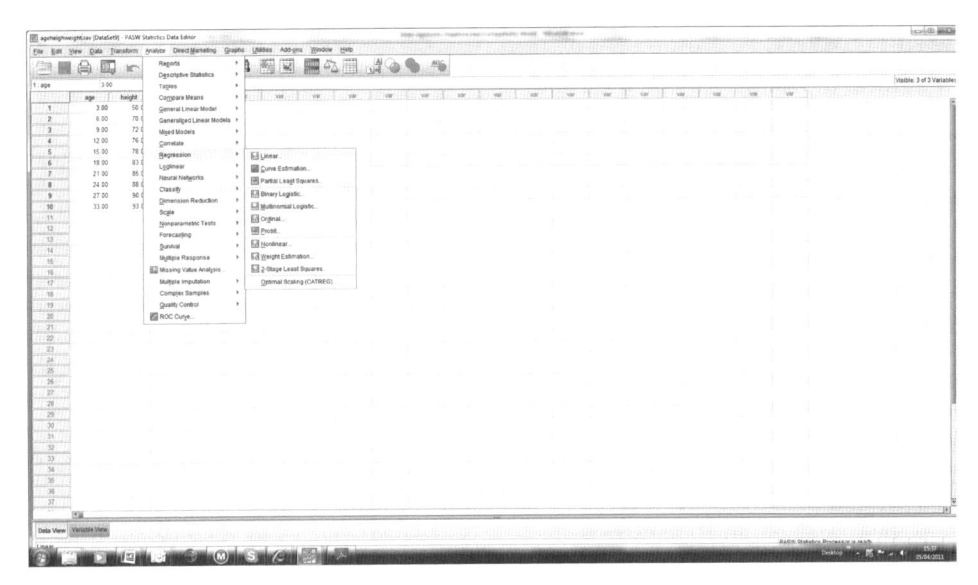

ESTATÍSTICA SEM MATEMÁTICA PARA AS CIÊNCIAS DA SAÚDE

CAPTURA DE TELA 11.1

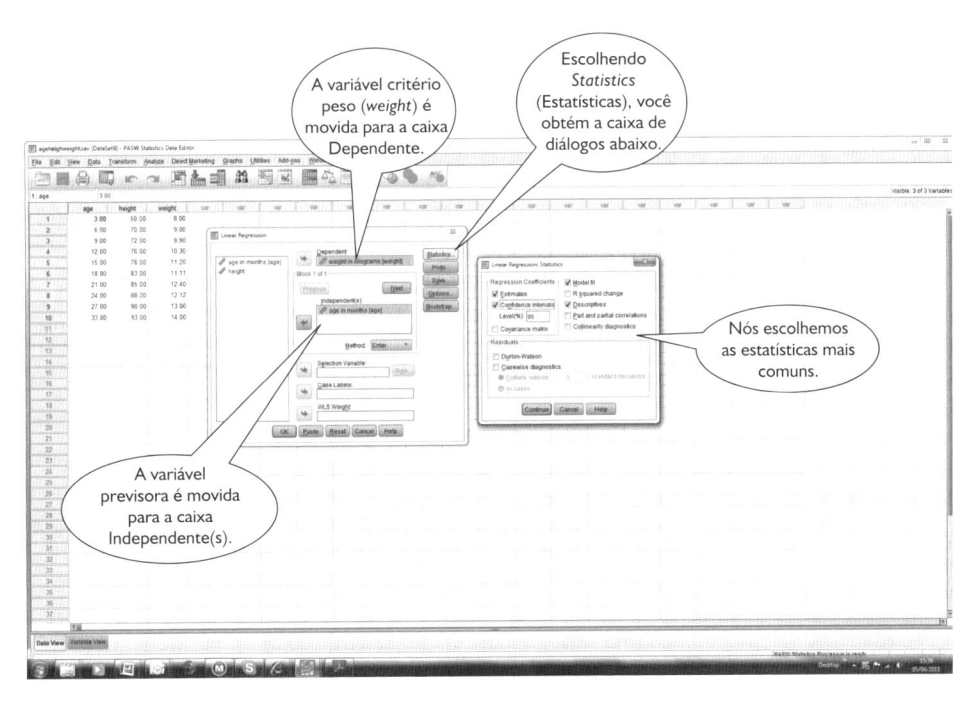

CAPTURA DE TELA 11.2

TABELA 11.1
Estatísticas descritivas para peso e idade

	Média	Desvio-padrão	N
Peso em kg	11,1030	1,85174	10
Idade em meses	16,8000	9,61249	10

Isso mostra as médias e os desvios-padrão para ambas as variáveis.

O resumo do modelo (Tab. 11.2) mostra que a *idade em meses* é a variável previsora. O valor R é simplesmente o r de Pearson para as duas variáveis, *idade em meses* (x) e *peso em quilogramas* (y). O valor R, como já sabemos, é alto (0,984). O R^2, como observamos no Capítulo 10, mostra o quanto as variações dos escores y podem ser explicadas pelas variações dos escores x. Entretanto, os resultados de uma análise de regressão linear aderem melhor à amostra do que à população, e, assim, para refletir esse resultado bem otimista, o SPSS ajusta o R^2 para baixo, como uma medida de precaução. É comum que se relate o resultado do R^2 ajustado em vez daquele do R^2. Portanto, neste caso, em vez de relatar o resultado do R^2, relatamos que 96,5% (R^2 ajustado) da variação do *peso* pode ser explicada pela variação da *idade*.

A tabela da ANOVA (Tab. 11.3) nos diz se a análise de regressão é estatisticamente significativa ou se nossos resultados são devidos ao acaso, ou seja, ao erro amostral. Nesse caso, a análise de regressão é estatisticamente significativa ($F_{1,8} = 246,06$, $p < 0,001$).[2]

A tabela dos coeficientes (Tab. 11.4) fornece os valores de *a* (chamado de constante) e de *b*. Esses valores são (confusamente) dados na coluna denominada de *Unstandardized Coefficients* (Coeficientes

TABELA 11.2
Resumo do modelo para a previsão do peso pela idade

Resumo do modelo				
Modelo	R	R^2	R^2 ajustado	Erro padrão da estimativa
1	0,984[a]	0,969	0,965	0,34852

[a] Previsores: (Constante), idade em meses.

TABELA 11.3
ANOVA para a previsão do peso pela idade

ANOVA[b]					
Modelo	Soma dos quadrados	gl	Quadrados médios	F	Sig.
1 Regressão	29,889	1	29,889	246,062	0,000[a]
Resíduo	0,972	8	0,121		
Total	30,860	9			

[a] Previsores: (Constante), idade em meses.
[b] Variável dependente: peso em quilogramas.

TABELA 11.4
Coeficientes para a previsão do peso pela idade

Coeficientes[a]

Modelo		Coeficientes não padronizados		Coeficientes padronizados	t	Sig.	Intervalo de confiança de 95% para B	
		B	Erro padrão	Beta			Limite inferior	Limite superior
1	(Constante)	7,918	0,231		34,274	0,000	7,385	8.451
	Idade em meses	0,190	0,012	0,984	15,686	0,000	0,162	0,217

[a] Variável dependente: peso em quilogramas.

Não Padronizados), B. A constante é igual a 7,918 e o b, igual a 0,190. O valor b não é padronizado nas unidades de medida originais, neste caso *idade em meses*.

O resultado do SPSS também converte o valor b original (0,190) em um escore z padronizado. O valor b convertido é chamado de beta (β) e interpretado da mesma maneira que os desvios-padrão (ver Cap. 3). Nesse caso, para cada aumento de um desvio-padrão na idade, o peso aumenta por aproximadamente um desvio-padrão (0,984). Você provavelmente deve ter observado que 0,984 é idêntico ao valor R neste exemplo – ou seja, essa informação é, de certa forma, redundante. Esse é sempre o caso para a regressão linear bivariada. Entretanto, na regressão múltipla (Cap. 12), em que temos várias variáveis x, os valores beta não serão iguais ao valor do R.

Essa tabela fornece o valor t (15,686) e o nível de significância associado ($p < 0,001$), embora, uma vez que já foram relatados o valor F e o nível de probabilidade associado, não seja necessário relatar esses resultados (novamente, essa informação é, de certa forma, redundante em uma regressão linear bivariada, mas será importante na regressão múltipla).

Os intervalos de confiança de 95% nos permitem afirmar que, embora a inclinação da linha de regressão na amostra seja 0,190, podemos generalizar para a população dizendo que estamos 95% confiantes de que tal inclinação estará em algum ponto entre 0,162 e 0,217.

Falaremos mais sobre intervalos de confiança em torno do valor de b e o resultado dado pelo SPSS posteriormente.

OBTENDO O DIAGRAMA DE DISPERSÃO COM A LINHA DE REGRESSÃO E OS INTERVALOS DE CONFIANÇA COM O SPSS

1. Clique em *Graphs, Legacy Dialogs, Scatter/Dot* (Gráficos, Diálogos Legacy, Dispersão/Ponto) (Captura de tela 11.3).
2. Selecione *Simple Scatterplot* (Diagrama de Dispersão Simples) e *Define* (Diagrama de Dispersão Simples) (Captura de tela 11.4).
3. Mova a variável previsora *idade* para a linha x e a variável critério *peso* para a linha y (Captura de tela 11.5).

Então, pressione *OK*. Isso fornece a Captura de tela 11.6.

Entretanto, o eixo y inicia em 8, o que pode ser enganoso. Portanto, queremos mudar isso. Clique duas vezes no diagrama de dispersão, que irá abrir o Editor Gráfico (*Chart Editor*) (Captura de tela 11.7).

4. Selecione *Y*. Isso abrirá a caixa de Propriedades (*Properties*) (Captura de tela 11.8). Você pode, então, mudar o valor mínimo de 8 para 0. Pressione *Apply* (Aplicar).

CAPTURA DE TELA 11.3

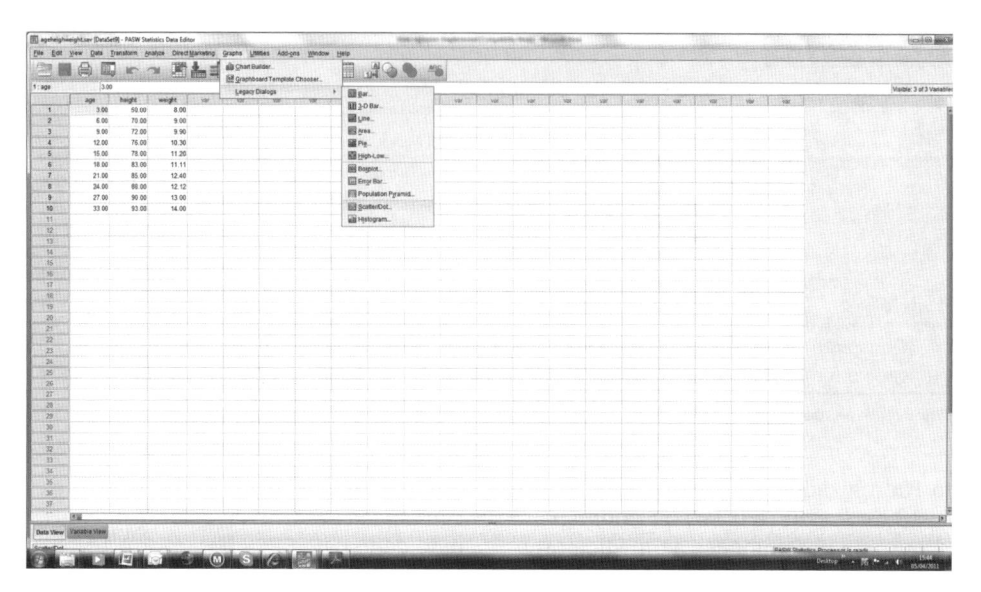

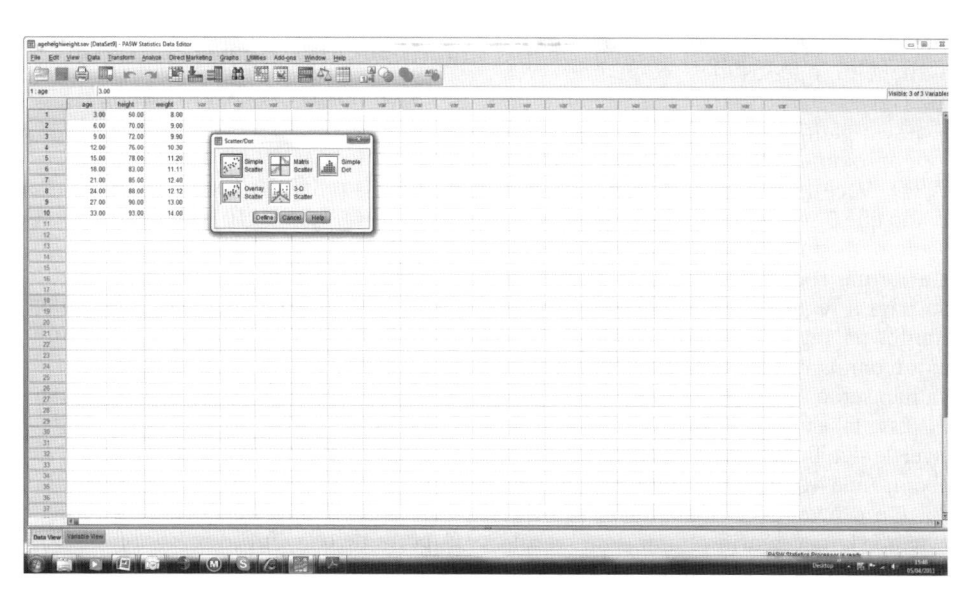

CAPTURA DE TELA 11.4

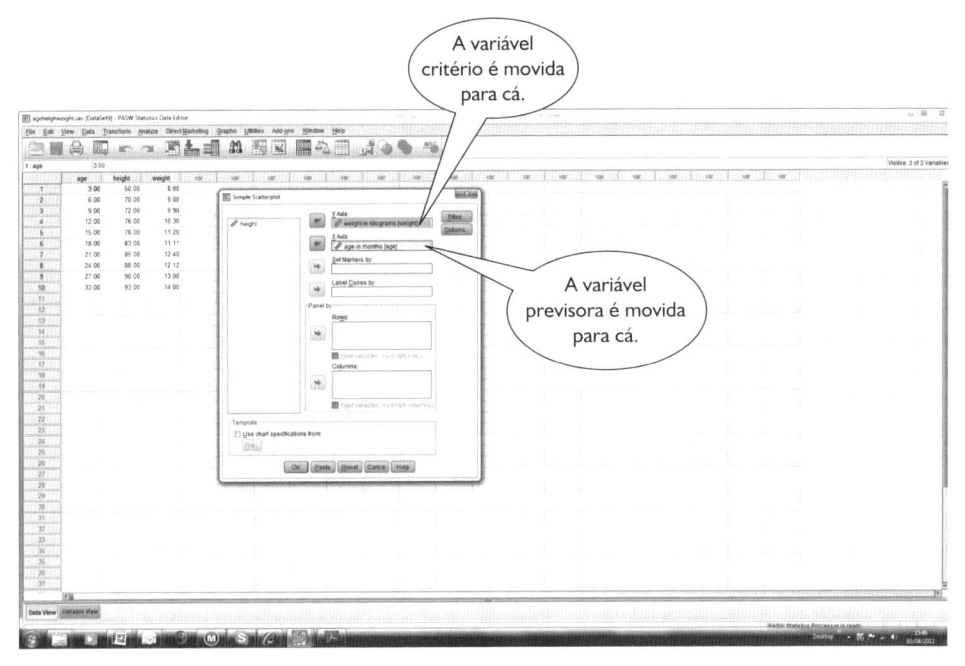

CAPTURA DE TELA 11.5

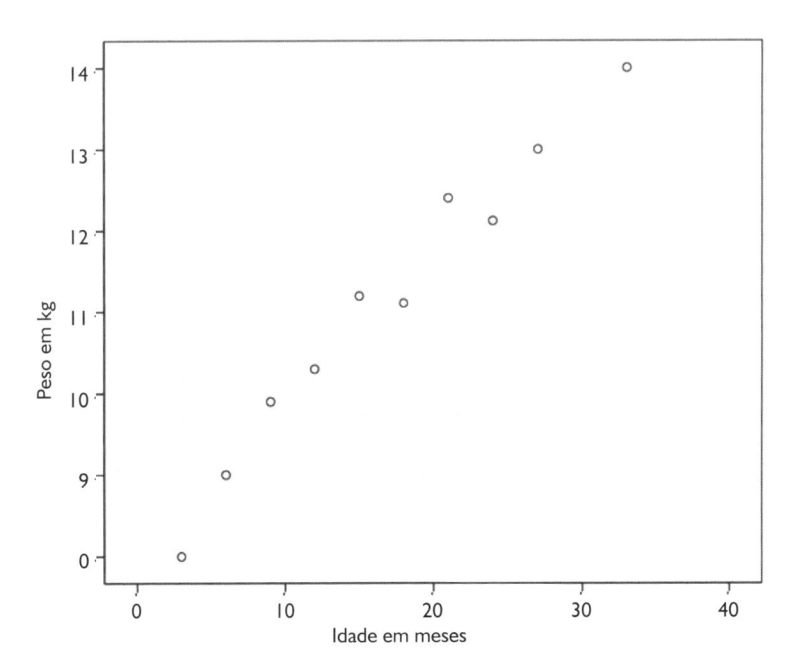

CAPTURA DE TELA 11.6

Diagrama de dispersão para a idade e o peso.

CAPTURA DE TELA 11.7

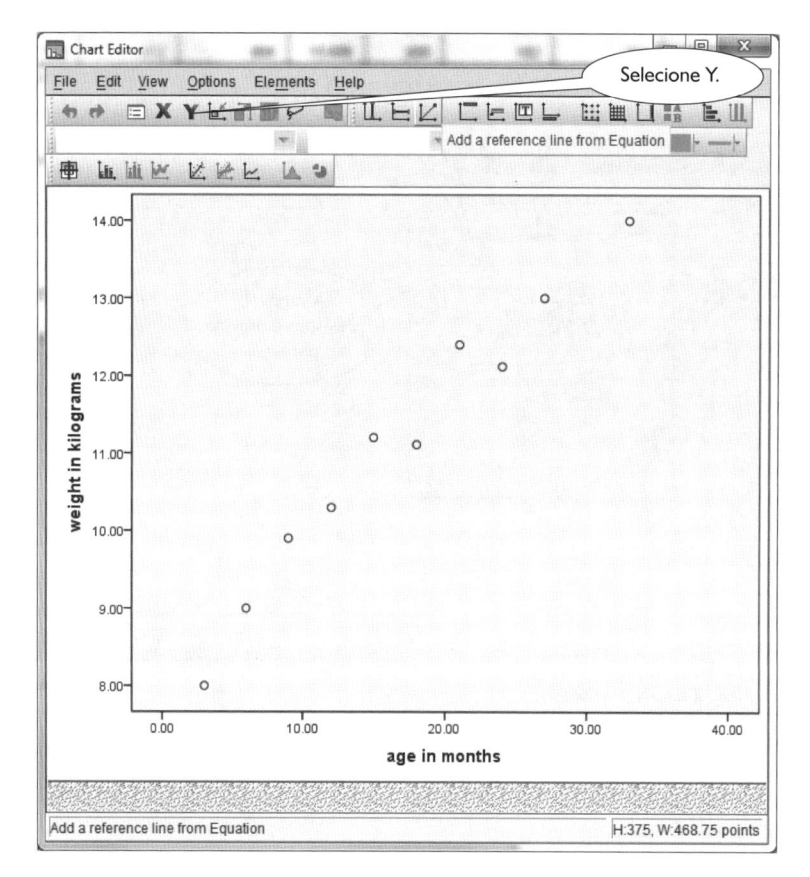

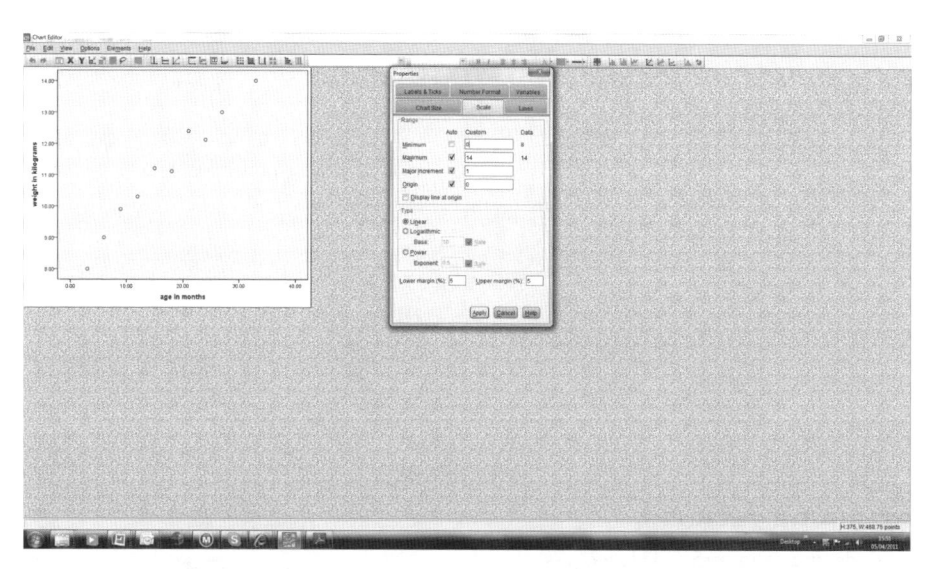

CAPTURA DE TELA 11.8

Você pode, agora, ver que o eixo *y* começa no zero (Captura de tela 11.9).

5. Escolha, então, *Elements* (Elementos) e *Fit Line at Total* (Ajuste Linha no Total) (Captura de tela 11.10).

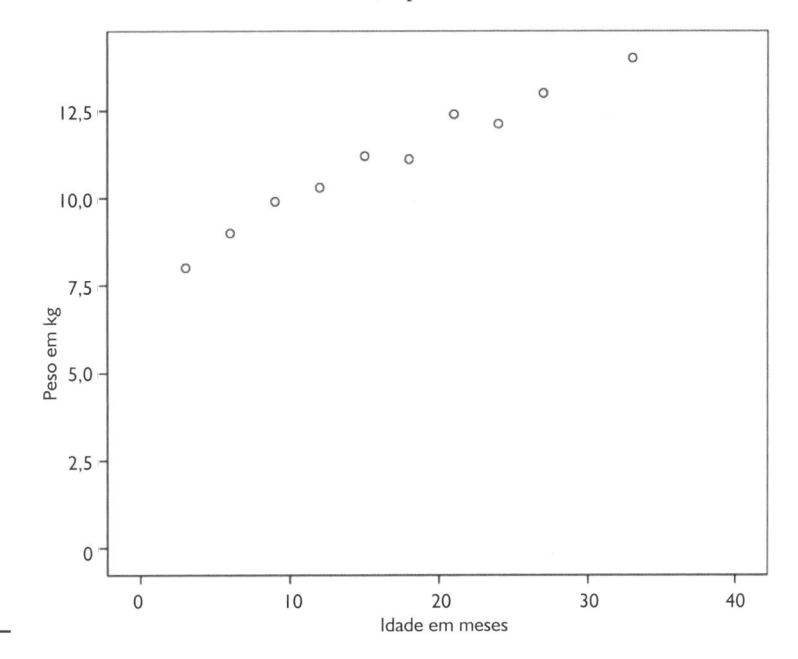

CAPTURA DE TELA 11.9

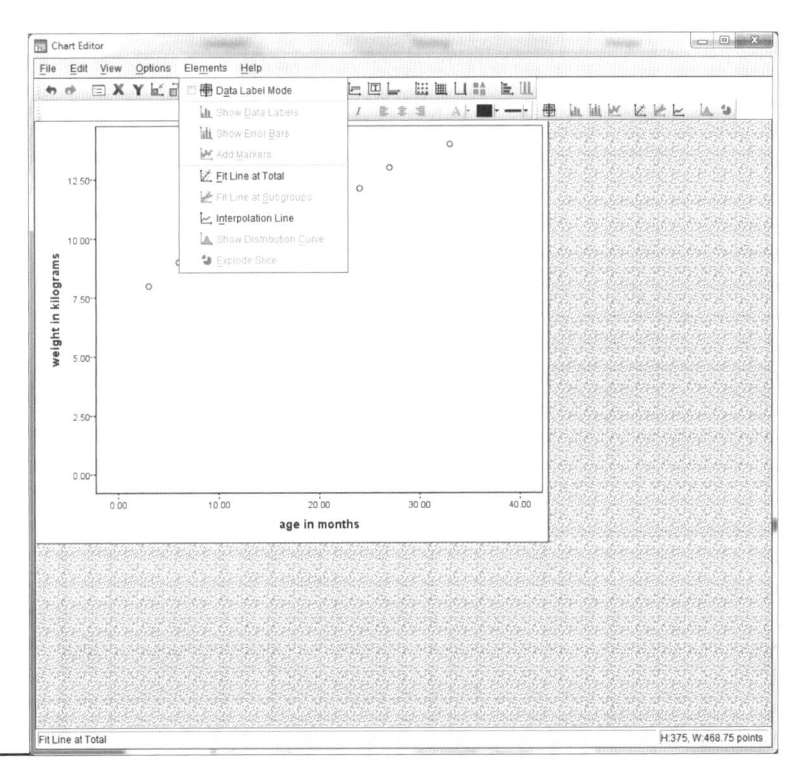

CAPTURA DE TELA 11.10

6. Uma caixa de diálogo (Captura de tela 11.11) também permite que você escolha intervalos de confiança em torno da linha de melhor aderência. Escolha *Individual* para os intervalos de confiança e *Linear* para as propriedades.
7. Pressione *Apply* (Aplicar).

Você pode observar que os intervalos de confiança são exibidos em torno de b, a inclinação da linha (Captura de tela 11.12). Assim, embora nossa linha amostral seja a melhor aderência para a amostra, podemos generalizar para a população e dizer que estamos 95% certos de que a linha de regressão estaria em algum lugar entre a linha superior e a linha inferior.

Os exemplos supracitados dizem respeito a relacionamentos positivos. Quando o relacionamento é negativo, conforme x aumenta, y diminui em determinada quantidade. Neste caso, o valor de b será negativo. Embora a fórmula geral seja

$$\hat{y} = bx + a$$

o valor de a ou b ou ambos podem ser negativos.

Exemplo

Aqui está uma regressão linear simples: x equivale à severidade do sintoma de uma doença (avaliado de 1 a 7), e y ao escore da felicidade (de 1 a 5). Assumimos que existe um relacionamento linear entre eles. Esperamos um relacionamento negativo – ou seja, quanto mais severo os sintomas, menor a felicidade. As Tabelas 11.5 e 11.6 fornecem um resultado (parcial) do SPSS.

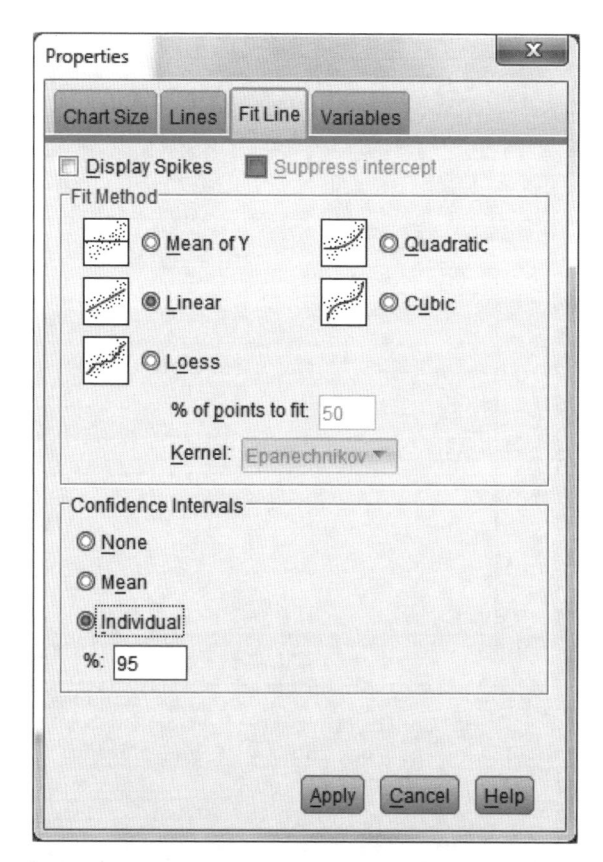

CAPTURA DE TELA 11.11

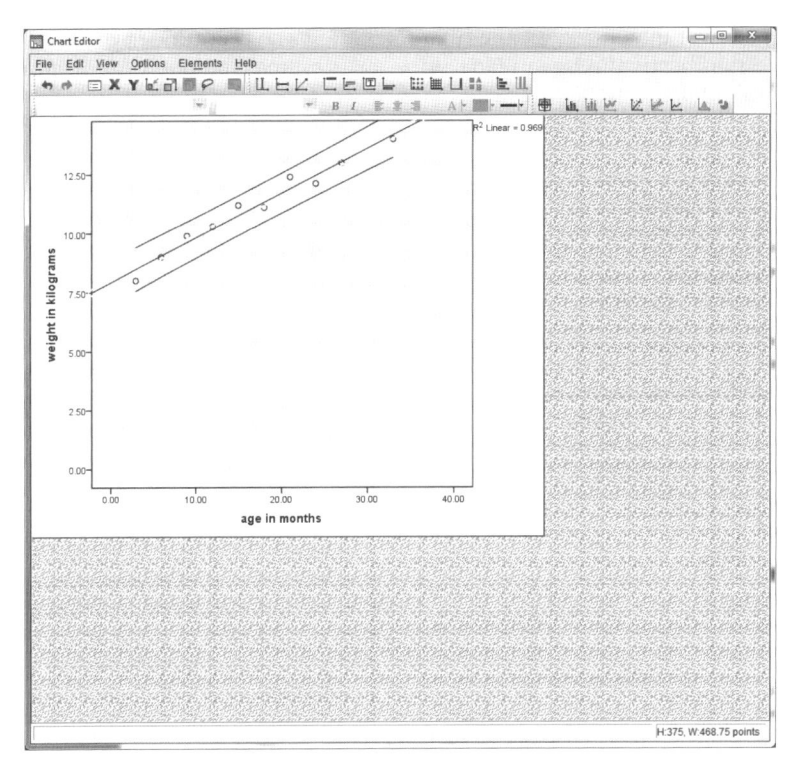

CAPTURA DE TELA 11.12

TABELA 11.5
ANOVA para a previsão da felicidade a partir dos sintomas

ANOVA[b]

Modelo		Soma dos quadrados	gl	Quadrados médios	F	Sig.
1	Regressão	39,448	1	39,448	22,694	0,000[a]
	Resíduo	201,637	116	1,738		
	Total	241,085	117			

[a] Previsores: (Constante), sintomas.
[b] Variável dependente: felicidade.

TABELA 11.6
Coeficientes para a previsão da felicidade pela severidade dos sintomas

Coeficientes[a]

Modelo		Coeficientes não padronizados		Coeficientes padronizados	t	Sig.
		B	Erro padrão	Beta		
1	(Constante)	3,269	0,212		15,415	0,000
	Sintomas	-0,404	0,085	-0,405	-4,764	0,000

[a] Variável dependente: felicidade.

Você pode ver que a regressão é estatisticamente significativa. A severidade do sintoma prevê a felicidade ($F_{1,116} = 22,69$, $p < 0,001$).

A inclinação da linha é –0,404. Assim, para cada unidade de aumento na severidade do sintoma, a felicidade baixa por 0,404 (quase meio ponto na felicidade).

Para prever um escore individual para este estudo, a fórmula será:

$$\hat{y} = 3,269 - 0,404$$

Você pode relatar os resultados desta maneira:

> Uma análise de regressão linear foi executada para determinar se a severidade dos sintomas estava relacionada (negativamente) à felicidade. A análise mostrou que a severidade dos sintomas previu a felicidade, algo estatisticamente significativo ($F_{1,116} = 22,69$, $p < 0,001$). A inclinação da linha de regressão foi de –0,404, mostrando que, para cada unidade de aumento na severidade dos sintomas, a felicidade diminuiu quase meio escore.

Ou:

> Para cada duas unidades de aumento na severidade dos sintomas, a felicidade diminuiu um ponto.

SUPOSIÇÕES DA ANÁLISE DE REGRESSÃO

Para executar uma regressão linear bivariada, os dados devem satisfazer certas suposições básicas, o que inclui:

✓ O relacionamento entre x e y é linear (ver. Cap. 10).

✓ A variável critério (VC) deve ser extraída de uma população de escores normalmente distribuída.

✓ Os valores extremos podem ser eliminados.

LIDANDO COM VALORES ATÍPICOS (*OUTLIERS*)

Quando executamos uma regressão linear, acontece, às vezes, de um ou dois pontos dos dados serem bem diferentes do resto do grupo. Os pesquisadores têm debatido se devemos permitir ou não que alguém bem diferente do conjunto de dados geral tenha um efeito desproporcional no resultado do estudo. Afinal, o que os pesquisadores estão tentando fazer é entender o padrão geral dos resultados. Um valor extremo (alguém que é muito diferente do resto do grupo em termos de escores x e y) pode ter uma grande influência na linha da regressão.

Por exemplo, em um grupo de 15 escores em que b seja igual a 2,179, a presença de um único valor atípico pode "mover" a linha na direção do valor atípico, de forma que b será igual a 3,965.

No entanto, pesquisadores não deveriam apenas remover um valor atípico sem a devida consideração. Se esse valor realmente for diferente do restante do grupo, sobretudo se o indivíduo difere do restante nas outras variáveis também, então talvez seja sensato removê-lo. Embora não seja comum para graduandos ter de lidar com esse tipo de problema, nós o apontamos porque você verá que isso é uma prática comum em estudos que usam a regressão. Os pesquisadores devem sempre declarar essa prática, como fizeram os seguintes autores.

Exemplo da literatura: o comportamento de lavar as mãos dos enfermeiros

Hanna e colaboradores (2009) executaram um estudo observando os processos psicológicos subjacentes ao comportamento dos enfermeiros. Os autores executaram uma análise de regressão linear. Primeiro, verificaram se as suposições da regressão linear tinham sido satisfeitas. Eles afirmam:

> Os dados foram verificados para assegurar que as suposições da regressão linear foram satisfeitas. Uma das suposições subjacentes à análise da regressão é que nenhum ponto dos dados teve uma influência indevida no resultado da análise. Eles são conhecidos como pontos de alavancagem. Em nossa análise, encontramos um único ponto de alavancagem, isto é, um caso que se comporta diferentemente do restante da amostra. Como o objetivo da análise é resumir o relacionamento entre as variáveis intragrupos, então é melhor que qualquer caso que não se adapte ao restante do grupo seja removido, para que a análise represente a amostra. [...] Um caso foi removido por ser um valor extremo. (p.92)

O objetivo foi observar se a autoeficácia, o risco percebido, a suscetibilidade percebida e o sofrimento psicológico (especialmente o estresse ocupacional) previam a "importância percebida de lavar as mãos". Embora Hanna e colaboradores tenham usado a regressão múltipla para as suas análises, pedimos a eles o conjunto de dados a fim de ilustrar a regressão linear bivariada para vocês. Eles gentilmente nos enviaram seus dados. O seguinte resultado foi obtido usando a variável "preocupado com a transmissão de infecção (x)" para prever a "importância percebida de lavar as mãos (y)". A hipótese era que a preocupação com a transmissão de infecção estaria relacionada positivamente com a importância percebida de lavar as mãos.

O resultado do SPSS (Tab. 11.7) mostra que "preocupado com a transmissão de infecção" foi colocada na equação, ou seja, *transmissão de infecção* é a variável previsora/explanatória em uma regressão linear padrão, e confirma que e a variável dependente (i. e., a variável critério) é *importância percebida de lavar as mãos*.

O sumário modelo (Tab. 11.8) mostra que o valor R entre a variável previsora (preocupado com a transmissão de infecção) e a variável critério (importância percebida de lavar as mãos) é de 0,437. É o r de Pearson. Esta é, portanto, uma correlação moderada. R^2 (0,437 x 0,437) é 0,191. Assim, 19% da variação nos escores da importância percebida de lavar as mãos podem ser explicados pela variação nos escores do medo de transmitir a infecção. No entanto, esse número é específico para a amostra de 76 pessoas que Hanna e colaboradores tinham em seu estudo. Generalizando para a população, 0,191 foi ajustado para baixo (o número de 0,191 é muito otimista). Assim, iremos relatar o valor do R^2 ajustado (18%) em vez de 19%. A última coluna inclui informação sobre o erro padrão (uma medida de variabilidade aplicada às médias amostrais).

A saída da ANOVA (Tab. 11.9) nos mostra o quão provável é que nossos resultados tenham sido obtidos apenas devido ao erro amostral (acaso). Porém, $F_{1, 75} = 17,49$, $p < 0,001$; portanto, é muito improvável que os resultados tenham surgido ao acaso, se realmente não havia um relacionamento entre eles. Isso significa que a variável explanatória, no caso, a preocupação com a transmissão de infecção, previu de forma significativa a importância percebida de lavar as mãos. A hipótese, portanto, foi confirmada.

A Tabela 11.10 mostra as estatísticas da regressão mais importantes, bem como os valores t e as correspondentes significâncias de cada uma. Isso mostra que, para cada aumento de um ponto no escore do (medo de) *transmissão da infecção*, a importância percebida de lavar as mãos aumenta em 0,735 (i. e., b, a inclinação da linha). Nós sabemos que é um acréscimo (e não um decréscimo), pois 0,735 é um valor positivo. A inclinação não padronizada da linha (0,735) foi convertida em um escore padronizado denominado beta. Esse resultado pode ser interpretado exatamente como você interpretou o escore z (ver Cap. 4, p. 141).

Nesse caso, para cada desvio-padrão de aumento em x (preocupado com a transmissão de infecção), y (importância percebida de lavar as mãos) aumenta em 0,437 de um desvio-padrão. O valor t é 4,182, e o valor p associado é $< 0,001$. Os intervalos de confiança de 95% são dados em torno da inclinação *não padronizada*. Assim, b (a inclinação da linha) para essa amostra é 0,735. Entretanto, generalizando para a população, podemos esperar que b esteja entre 0,385 e 1,086.

No caso de você ter esquecido, a constante é o valor de a, o intercepto. A única razão para saber o valor de a (2,330) é deixar clara a equação da regressão, que pode ser usada para prever o escore de alguém para quem você tenha informação em x, mas não em y.

Aqui está a fórmula:

$$\text{Percepção da importância de lavar as mãos} = (0{,}735 \times \text{escores da preocupação com a transmissão de infecção}) + 2{,}330$$

☑ TABELA 11.7
Variáveis na equação

	Variáveis que entraram/removidas		
Modelo	Variáveis que entraram	Variáveis removidas	Método
1	Transmissão da infecção[a]	.	Enter

[a] Todas as variáveis solicitadas entraram.
[b] Variável dependente: importância percebida de lavar as mãos.

☑ TABELA 11.8
Resumo do modelo para a previsão de lavar as mãos a partir da preocupação com a transmissão de infecção

	Resumo do modelo			
Modelo	R	R^2	R^2 ajustado	Erro padrão da estimativa
1	0,437[a]	0,191	0,180	1,13846

[a] Previsores: (Constante), transmissão da infeção.

☑ TABELA 11.9
ANOVA para a importância percebida de lavar as mãos pelo medo da transmissão de infecção

	ANOVA[b]				
Modelo	Soma dos quadrados	gl	Quadrados médios	F	Sig.
1 Regressão	22,665	1	22,665	17,488	0,000[a]
Resíduo	95,910	74	1,296		
Total	118,576	75			

[a] Previsores: (Constante), transmissão da infecção.
[b] Variável dependente: importância percebida de lavar as mãos.

☑ TABELA 11.10
Coeficientes para a previsão da importância percebida de lavar as mãos pelo medo da transmissão de infecção

	Coeficientes[a]						
	Coeficientes não padronizados		Coeficientes padronizados			Intervalo de confiança de 95% para B	
Modelo	B	Erro padrão	Beta	t	Sig.	Limite inferior	Limite superior
1 (Constante)	2,330	1,725		1,351	0,181	-1,107	5,767
Transmissão da infecção	0,735	0,176	0,437	4,182	0,000	0,385	1,086

[a] Variável dependente: importância percebida de lavar as mãos.

ATIVIDADE 11.2

Se alguém tem um escore de 8 em "preocupação com a transmissão de infecção", qual seria seu escore previsto para a "percepção da importância de lavar as mãos"?

Exemplo

Executamos um estudo investigando as variáveis que contribuem para a felicidade de pessoas com a síndrome do intestino irritável. Como parte do estudo, olhamos se a autoeficácia pode prever a felicidade. A hipótese é que a autoeficácia estaria relacionada positivamente com a felicidade.

A Figura 11.4 fornece um diagrama de dispersão com a linha de regressão e os limites de 95% de confiança em torno da linha.

Descobrimos que a autoeficácia previu significativamente a felicidade ($F_{1, 21}$ = 14,97, $p < 0,001$), explicando 42% da variação. O valor b foi de 0,07, mostrando que para cada unidade de aumento na autoeficácia, a felicidade aumentou em 0,07. Generalizando para a população, os intervalos de confiança mostram que estamos 95% confiantes de que a inclinação da linha de regressão estará entre 0,03 e 1. A hipótese foi, portanto, confirmada.

O QUE ACONTECE SE A CORRELAÇÃO ENTRE x E y ESTÁ PRÓXIMA DE ZERO?

Como você viu sobre a análise correlacional, caso a correlação seja zero ou próxima de zero, os pontos dos dados não mostrarão uma tendência linear perceptível – em vez disso, estarão dispersos aleatoriamente. Nesse caso, b é igual a 0 (ou próximo a 0) porque a linha de regressão vai ser horizontal, ou quase horizontal. Observe o diagrama de dispersão com a linha de regressão apresentado na Figura 11.5.

As estatísticas para o conjunto de dados, exibidas em forma de um diagrama de

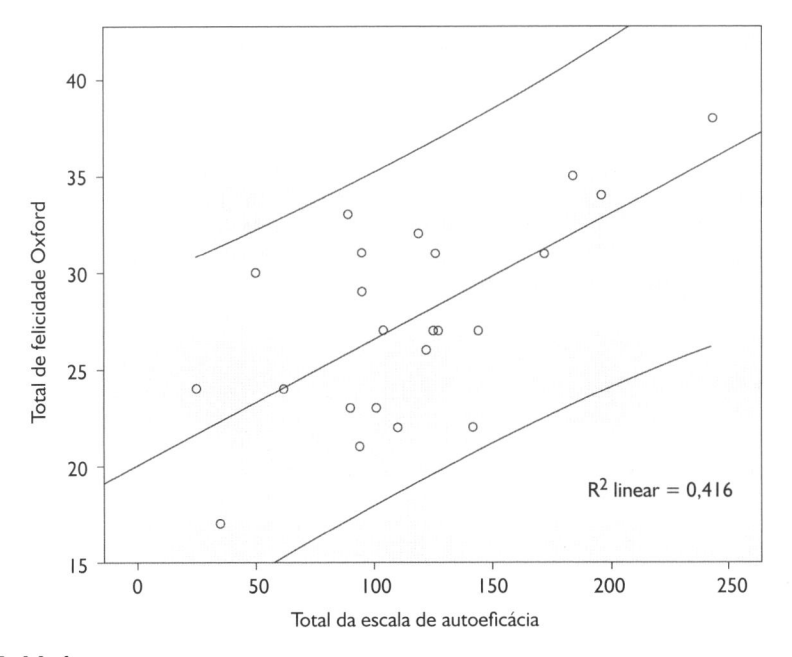

FIGURA 11.4

Diagrama de dispersão entre autoeficácia e felicidade com limites de 95% de confiança.

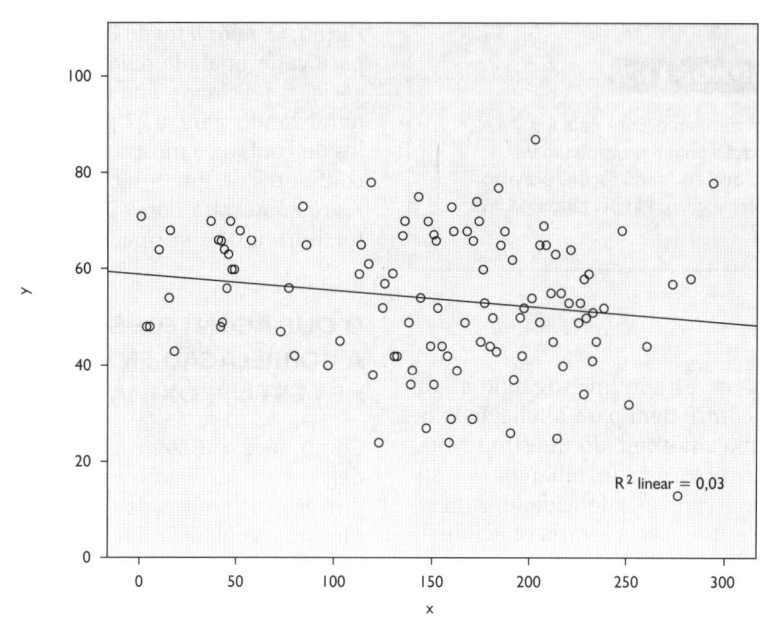

FIGURA 11.5

Diagrama de dispersão não mostrando um relacionamento entre x e y.

dispersão, mostram que b é igual a –0,34. Os pontos dos dados não mostram nenhuma tendência e possuem a linha quase horizontal, e a análise de regressão mostra que isso não é estatisticamente significativo.

Observe que, na interpretação dos resultados, Bize e Plotnikoff arredondaram para cima o escore do *status* da saúde – de 374,822 para 375 – e a variância explicada – de 0,048 para 0,05. Os escores para o *status* da saúde e para os minutos MET são positivos, de forma que, para cada unidade de aumento no *status* da saúde, os minutos MET aumentavam em 375. Isso foi estatisticamente significativo, com $p < 0,001$. Embora o *status* da saúde explique 5% da variação nos minutos MET e seja estatisticamente significativo, é difícil saber se isso é tem importância prática/clínica. Com um grande número de participantes, pequenos efeitos podem levar resultados como esse a ser declarados estatisticamente significativos. Havia 573 pessoas no estudo.

Exemplo da literatura

Bize e Plotnikoff (2009) observaram o relacionamento entre uma pequena medida do *status* da saúde e da atividade física no lugar de trabalho de uma população. Como parte do estudo, eles observaram a forma como o *status* da saúde está relacionado à atividade física. A atividade física (gasto de energia) foi calculada por uma fórmula que resultou em um escore médio chamado de minutos MET. Os pesquisadores usaram a regressão linear simples para determinar se o *status* da saúde previa o MET. Eles produziram uma tabela (Tab. 11.11).

Os autores dizem:

> *O status da saúde previu um gasto de energia ($p < 0,001$). [...] Cada unidade de aumento no nível do status da saúde foi traduzido por um aumento médio de 375 minutos MET em gasto de energia. O nível do status da saúde explicou 5% da variação (R^2 ajustado = 0,05) do gasto de energia.*

TABELA 11.11
Coeficientes dos dados de Bize e Plotnikoff

	Coeficientes não padronizados		Coeficientes padronizados		
	b	Erro padrão	Beta	t	Sig.
Constante	-95,073	259,540		-0,366	0,714
Status da saúde	374,822	68,338	0,224	5,485	<0,001

R^2 ajustado = 0,048.

UTILIZANDO A REGRESSÃO PARA PREVER DADOS OMISSOS NO SPSS

No Capítulo 6, sobre exame e limpeza de dados, dissemos que a análise de regressão poderia ser usada para prever o valor dos escores omissos. Ilustraremos como isso é feito usando parte de um conjunto de dados com o qual estamos trabalhando no momento. Temos muitas variáveis nesse conjunto, mas as duas que estamos focando agora são as *falhas cognitivas* (medida pelo Questionário de Falhas Cognitivas – QFC) e o Questionário de Memória Prospectiva (QMP).

Existem 44 participantes, e três deles têm escores omissos no QFC, enquanto todos possuem escores no QMP.

Estes são os passos para usar a análise de regressão para prever escores que possam estar omitidos:

1. Execute uma análise de regressão usando o QMP como variável previsora e o QFC como variável critério.
2. Utilize o resultado para obter a equação da regressão.
3. Utilize a equação da regressão para prever os valores omissos. Para isso:

Escolha *Analyze, Regression, Linear* (Analisar, Regressão, Linear) (Captura de tela 11.13).

Isso fornece a Captura de tela 11.14.

Mova a variável previsora para a caixa *Independent(s)* (Independente[s]) à direita

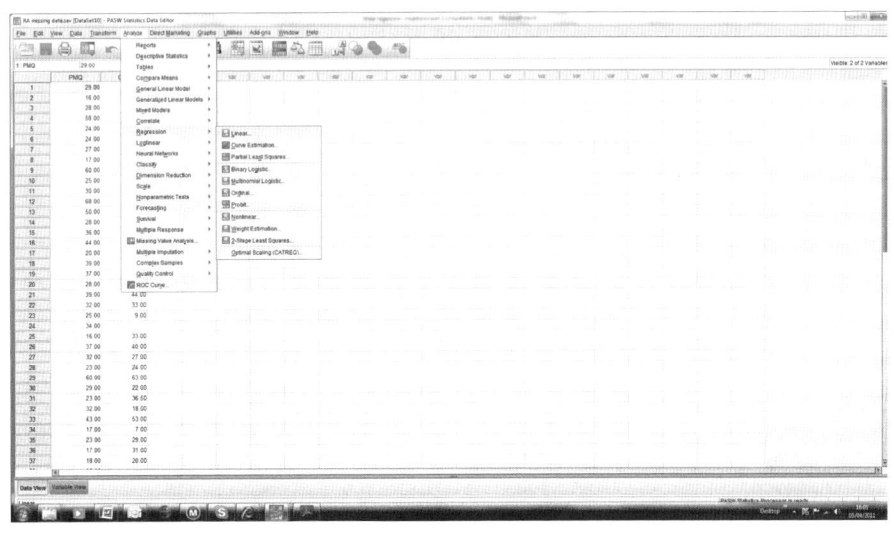

CAPTURA DE TELA 11.13

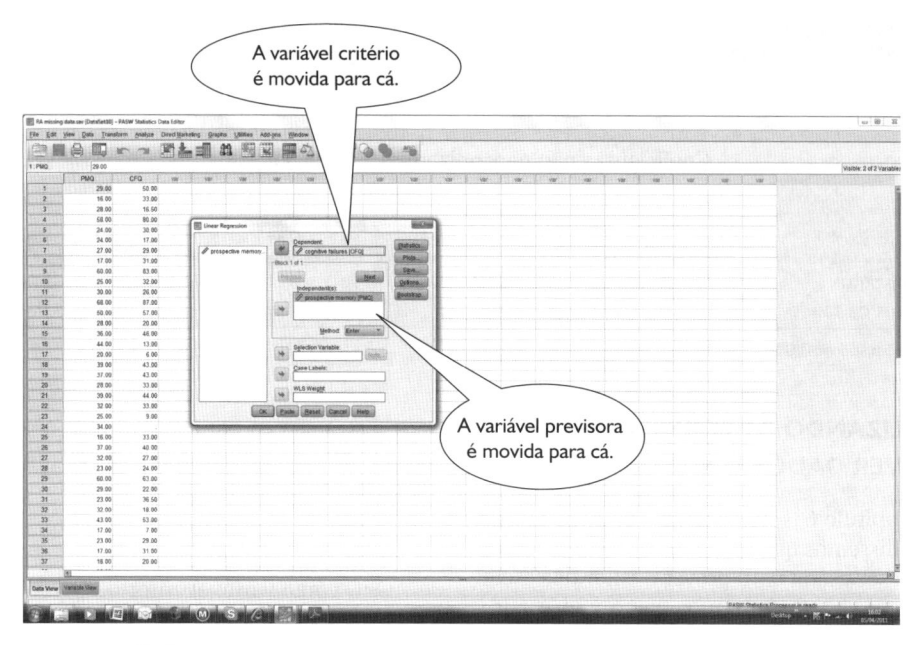

CAPTURA DE TELA 11.14

e a variável critério para a caixa *Dependent* (Dependente) à direita. Clique em *OK*.

As Tabelas 11.12, 11.13 e 11.14 fornecem o resultado.

TABELA 11.12
Resumo do modelo para a previsão de falhas cognitivas pelos escores de memória prospectiva

	Resumo do modelo			
Modelo	R	R^2	R^2 ajustado	Erro padrão da estimativa
1	0,771[a]	0,594	0,584	12,34697

[a] Previsores: (Constante), memória prospectiva.

TABELA 11.13
ANOVA para a previsão de falhas cognitivas pelos escores de memória prospectiva

		ANOVA[b]			
Modelo		Soma dos quadrados	gl	Quadrados médios	F	Sig.
1	Regressão	8.696,915	1	8.696,915	57,048	0,000[a]
	Resíduo	5.945,463	39	152,448		
	Total	14.642,378	40			

[a] Previsores: (Constante), memória prospectiva.
[b] Variável dependente: falhas cognitivas.

TABELA 11.14

Coeficientes para a previsão de falhas cognitivas pelos escores de memória prospectiva

	Coeficientes[a]				
	Coeficientes não padronizados		Coeficientes padronizados		
Modelo	B	Erro padrão	Beta	t	Sig.
1 (Constante)	-1,655	5,138		-0,322	0,749
Memória prospectiva	1,116	0,148	0,771	7,553	0,000

[a] Variável dependente: falhas cognitivas.

A tabela mostra que a correlação entre as duas variáveis é forte ($r = 0,771$).

A análise é estatisticamente significativa: $F_{1,\ 39} = 57,05$, $p < 0,001$. Isso significa que, como estamos certos de que a memória prospectiva é um bom previsor das falhas cognitivas, podemos usar a equação da regressão para prever novos casos ou casos com valores omissos nas falhas cognitivas.

A fórmula é:

falhas cognitivas = $b_1 x_1 - a$

Os números, tirados da Tabela 11.14, são:

falhas cognitivas = (1,116 x escore na memória prospectiva) – 1,655

Agora que sabemos a fórmula, podemos usá-la para prever os escores omissos nas falhas cognitivas (Tab. 11.15).

PREVISÃO DE ESCORES OMISSOS EM FALHAS COGNITIVAS NO SPSS

Escolha *Transform, Compute Variable* (Transformar, Calcular Variável) (Captura de tela 11.15).

Escolha um nome para a variável previsora. Escolhemos QFCprevisora – isto é digitado na caixa *Target Variable* (Variável Objetivo) à esquerda (Captura de tela 11.16).

Coloque, então, a equação da regressão na caixa *Numeric Expression* (Expressão Numérica) à direita. Escolha o "()" do teclado numérico e digita 1,116*; então, mova a variável previsora da esquerda para a caixa *Numeric Expression* (Expressão Numérica). Mova "-" para a mesma caixa e, finalmente: 1,655.

Pressione *OK*.

Se você olhar para o seu conjunto de dados, verá que uma nova variável foi adicionada – a QFCprevisora (Captura de tela 11.17).

O primeiro escore omisso é para o caso 24, que tem um valor faltante no QFC. O escore previsto é 36,29. Portanto, podemos usar esse valor para substituir o escore omisso. Entretanto, como os escores no QFC são números inteiros, podemos arredondar para o valor mais próximo. Nesse caso, podemos substituir o valor omisso por 36.

TABELA 11.15

Médias da regressão para os escores de falhas cognitivas e de memória prospectiva

Médias da regressão[a]	
QFC	QMP
34,1732	32,1591

[a] O resíduo de um caso selecionado aleatoriamente foi adicionado a cada estimativa.

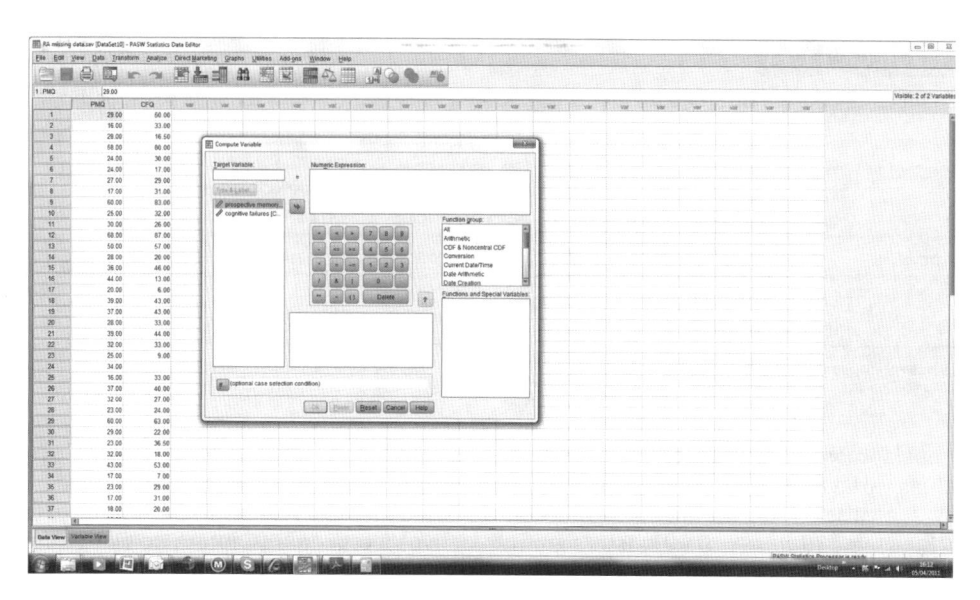

CAPTURA DE TELA 11.15

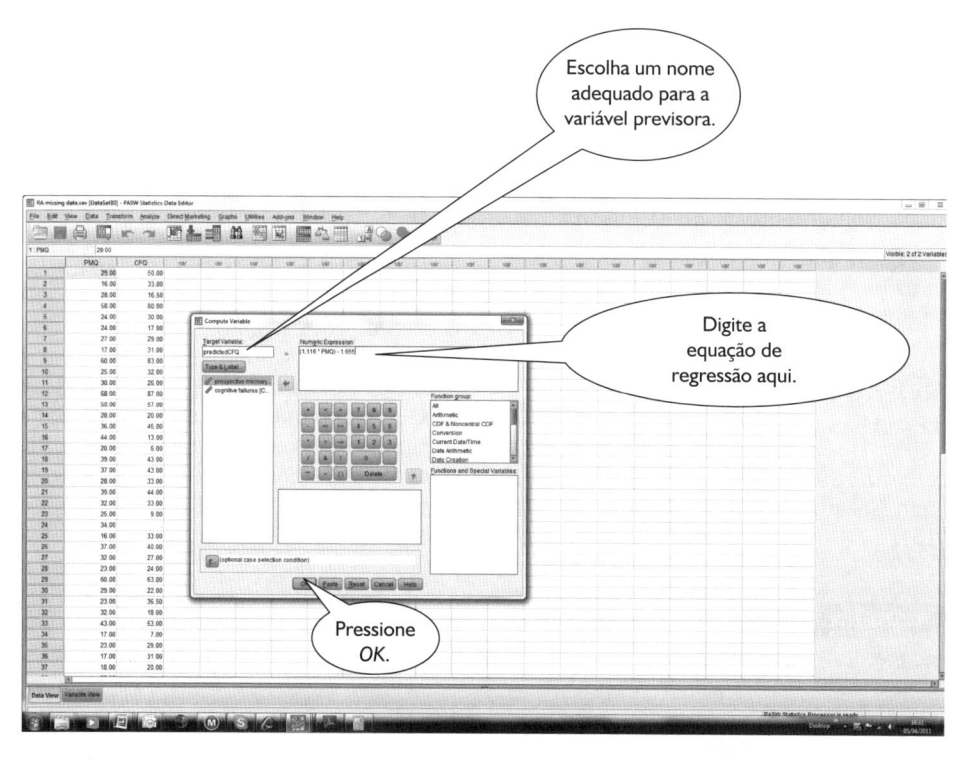

Escolha um nome adequado para a variável previsora.

Digite a equação de regressão aqui.

Pressione *OK*.

CAPTURA DE TELA 11.16

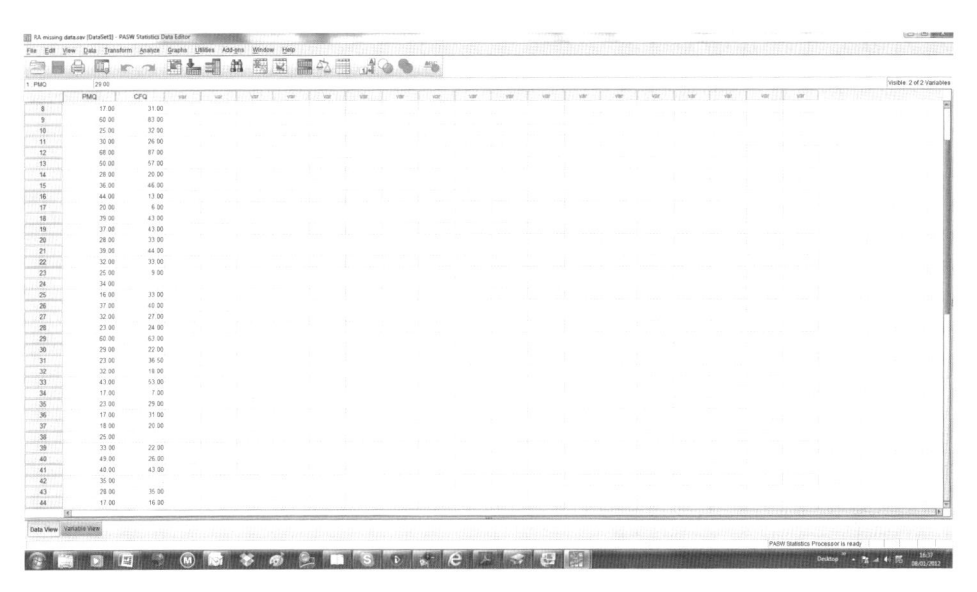

CAPTURA DE TELA 11.17

☑ ATIVIDADE 11.3

Preencha o Número de Casos (*Case Numbers*), a QFC Previsora (*Predicted CFQ*) e o escore que você colocaria em vez do escore omisso para os outros dois escores omissos (Captura de tela 11.17). As respostas estão no final do livro.

Caso	CFQ previsto	Escore que você utilizaria no lugar de um valor omisso
24	36,29	36

Resumo

A regressão linear é uma extensão da análise correlacional. Ela nos permite determinar a força de uma associação entre a variável independente, chamada de explanatória ou previsora, e a dependente, chamada de variável critério. A inclinação da linha de melhor aderência (*b*) mostra quanto *y* muda em decorrência de um aumento em *x*. Isso nos permite prever escores a partir de *x* em uma amostra em que *y* seja desconhecido. Um diagrama de dispersão com uma linha de melhor aderência e intervalos de confiança em torno da reta nos fornece uma maneira de generalizar para a população. A estatística inferencial mostra se a linha de melhor aderência tenha ou não ocorrido apenas em razão do erro amostral. A regressão linear – ou mais comumente, a regressão múltipla – é uma técnica correlacional que se adapta muito bem à investigação de fenômenos de ocorrência natural.

QUESTÕES DE MÚLTIPLA ESCOLHA

As questões 1 a 3 se referem ao seguinte diagrama de dispersão com a linha de regressão:

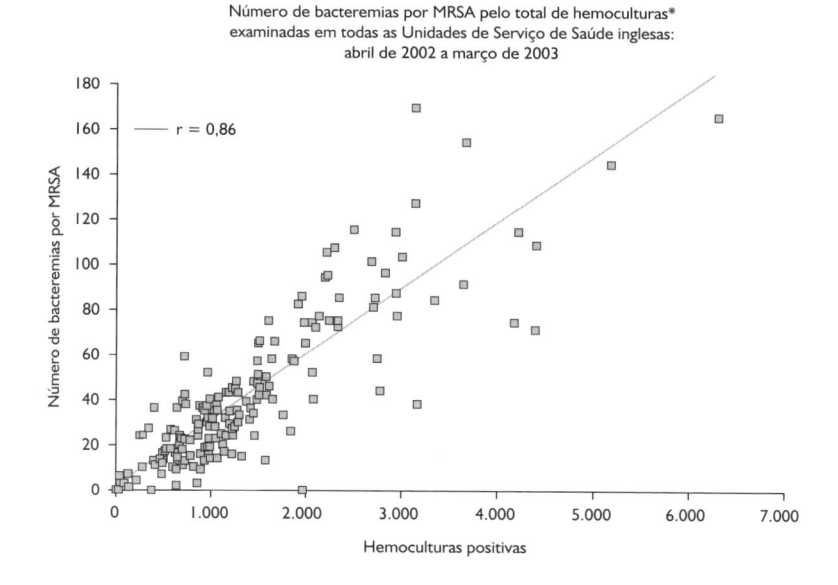

1. O valor de *a* é:
   a) 0
   b) 1.000
   c) 7.000
   d) Não podemos dizer.

2. Calcule a inclinação da linha de regressão do diagrama de dispersão. A inclinação *b* da linha é aproximadamente:
   a) 0,33
   b) 0,55
   c) 0,66
   d) 0,77

3. Para o valor de 5.500 hemoculturas, qual é o número (aproximado) de bacteremias por MRSA?
   a) 100
   b) 120
   c) 140
   d) 160

As questões 4 a 8 se referem ao resultado a seguir, relacionado à regressão linear entre suporte social (x) e felicidade (y).

Resumo do modelo

Modelo	R	R^2	R^2 ajustado	Erro padrão da estimativa
1	0,440[a]	0,194	0,155	4,74225

[a] Previsores: (Constante), total do apoio social na ERM (MOS).

---

* N. de R. T.: MRSA é a sigla inglesa para *Staphylococcus Aureus* Resistente à Meticilina.

ANOVA[b]

Modelo		Soma dos quadrados	gl	Quadrados médios	F	Sig.
I	Regressão	113,384	1	113,384	5,042	0,036[a]
	Resíduo	472,268	21	22,489		
	Total	585,652	22			

[a] Previsores: (Constante), total do apoio social na ERM (MOS).
[b] Variável dependente: total de felicidade Oxford.

Coeficientes[a]

		Coeficientes não padronizados		Coeficientes padronizados			Intervalo de confiança de 95% para B	
Modelo		B	Erro padrão	Beta	t	Sig.	Limite inferior	Limite superior
I	(Constante)	22,929	2,289		10,016	0,000	18,169	27,690
	Total do apoio social na ERM	0,090	0,040	0,440	2,245	0,036	0,007	0,174

[a] Variável dependente: total de felicidade Oxford.

4. Estamos 95% confiantes de que a linha de regressão da população verdadeira estará entre:

    a) 18,169 e 27,690.
    b) 0,007 e 0,174.
    c) 2,245 e 27,690.
    d) Nenhuma das alternativas anteriores.

5. Qual é o coeficiente de correlação para as duas variáveis?

    a) 0,440
    b) 0,194
    c) 0,155
    d) 4,74

6. Qual afirmação é verdadeira?

    a) A análise de regressão é estatisticamente significativa ($F_{1,22} = 5,042$, $p = 0,36$).
    b) A análise de regressão é estatisticamente significativa ($F_{1,21} = 5,042$, $p = 0,36$).
    c) A análise de regressão não é estatisticamente significativa ($F_{1,22} = 5,042$, $p = 0,36$).
    d) A análise de regressão não é estatisticamente significativa ($F_{1,21} = 5,042$, $p = 0,36$).

7. A equação da regressão é $\hat{y} =$

    a) $2,289x + 0,040$
    b) $22,929x + 0,09$
    c) $0,09x + 22,929$
    d) Nenhuma das alternativas anteriores.

8. O peso padronizado b é:

    a) 0,090
    b) 0,040
    c) 0,440
    d) 2,245

9. Qual das afirmações seguintes *não* é verdadeira?

    a) A linha de regressão é conhecida como linha de melhor aderência.
    b) b é a inclinação da linha de regressão.
    c) a é a constante.
    d) b é o escore padronizado.

10. A variável previsora é também conhecida como:

   a) A variável explanatória.
   b) A variável critério.
   c) Alternativas a e b.
   d) Nem a nem b.

11. Qual das afirmações seguintes *não* é verdadeira quanto à regressão linear bivariada?

   a) O relacionamento entre x e y deve ser linear.
   b) A variável critério deve ser traçada de uma população de escores normalmente distribuída.
   c) A variável previsora deve ser traçada de uma população de escores normalmente distribuída.
   d) Os valores atípicos devem ser considerados para a eliminação.

12. A equação geral para a regressão linear bivariada é $\hat{y} =$

   a) $bx + a$
   b) $ax + b$
   c) $a \div bx$
   d) Nenhuma das alternativas anteriores.

13. A inclinação da linha da regressão pode ser calculada por:

   a) $Dx \div Dy$
   b) $Dy \div Dx$
   c) $Dy + Dx$
   d) $Dx - Dy$

14. A constante é:

   a) O ponto em que a linha da regressão cruza o eixo x.
   b) O ponto em que a linha da regressão cruza o eixo y.
   c) A inclinação da linha da regressão.
   d) Nenhuma das alternativas anteriores.

15. b significa que, para cada unidade de aumento em

   a) y, x muda por um desvio-padrão.
   b) x, y muda por um desvio-padrão.
   c) x, y muda por um valor constante.
   d) y, x muda por um valor constante.

NOTAS

1. Observe que os diagramas do SPSS geralmente não têm o canto do gráfico posicionado no eixo y (como fizemos).
2. Como foi mostrado no Capítulo 8, os graus de liberdade são relatados para os valores F. Esses graus são obtidos da tabela da ANOVA. Relate-os para a regressão e para o resíduo (neste caso, 1,8).

12
Regressão múltipla padrão

Panorama do capítulo

A regressão múltipla é uma extensão da análise correlacional e da regressão linear bivariada, em que os pesquisadores usam várias variáveis previsoras para ver como elas se relacionam ou preveem uma variável critério. A regressão múltipla nos permite determinar quanto da variância é partilhada pelas variáveis previsoras, juntas ou separadamente. Uma vez entendida a regressão linear bivariada, a regressão múltipla não será tão difícil. A hipótese experimental é formulada para responder uma ou mais destas questões: quão forte é o relacionamento entre todas as variáveis explanatórias/previsoras x e a variável critério y? Existe uma boa aderência entre as variáveis combinadas x e y? Conhecendo todos os escores x, podemos prever quais serão os escores em y? A regressão múltipla é uma técnica comum nas ciências sociais – os pesquisadores geralmente buscam entender a maneira com que várias variáveis influenciam uma variável critério, em vez de olhar para apenas uma variável (regressão linear bivariada).

Neste capítulo, você irá:

✓ Aprender como avaliar o relacionamento entre um conjunto de variáveis x e y;
✓ Entender a necessidade de satisfazer as suposições da regressão múltipla;
✓ Aprender como prever um escore de um indivíduo em y com o conhecimento de seus escores nas variáveis previsoras;
✓ Entender como interpretar as estatísticas teste: R múltiplo, r^2, r^2 ajustado, pesos b (não padronizados) e pesos beta (padronizados);
✓ Ter um conhecimento das maneiras com que a regressão múltipla pode ser usada na pesquisa.

INTRODUÇÃO

A regressão múltipla, sendo uma extensão da análise correlacional e da regressão linear bivariada, permite aos pesquisadores avaliar os relacionamentos entre um conjunto de variáveis previsoras (x_1, x_2, x_3...) e uma variável critério (y).

Portanto, agora podemos usar os exemplos do capítulo anterior, mostrando como os pesquisadores usaram a regressão múltipla para responder perguntas de pesquisa.

- ✓ Bruscia e colaboradores (2008) executaram uma análise de regressão múltipla para determinar a extensão com que seis variáveis (idade, gênero, diagnóstico, raça, duração da doença e educação) poderiam prever um senso de coerência em pacientes hospitalizados com câncer e problemas cardíacos.
- ✓ Hanna e colaboradores (2009) buscaram determinar se quatro variáveis (importância percebida de lavar as mãos, percepção de autorrisco, percepção de risco para com os outros e assistência do local de trabalho para lavar as mãos) previam o comportamento de lavar as mãos dos enfermeiros.
- ✓ Unwin e colaboradores (2009) buscaram verificar a influência de variáveis demográficas, de amputação e psicossociais em resultados de ajustes psicológicos positivos para pessoas com pernas amputadas.

Para executar uma regressão múltipla, os dados devem satisfazer certas suposições básicas:

- ✓ o relacionamento entre as variáveis previsoras/explanatórias (x) e critério (y) é linear (ver Caps. 10 e 11);
- ✓ valores atípicos multivariados (escores extremos em muitas variáveis) devem ser considerados para eliminação;
- ✓ você precisa ter muito mais participantes do que variáveis. Uma boa fórmula é dada por Tabachnick e Fidell (2007) (N > 104 + 8m, em que m corresponde ao número de variáveis explanatórias).

A fórmula geral para a regressão múltipla é:

$$\acute{y} = (b_1x_1) + (b_2x_2) + (b_3x_3) \ldots + a$$

A fórmula também pode ser escrita desta forma:

$$\acute{y} = a + (b_1x_1) + (b_2x_2) + (b_3x_3)\ldots$$

$\acute{y}$ = é denominado "y chapéu", e o chapéu em cima do y significa "y previsto", ao contrário de y, que significa o "valor real de y".
y = a variável a ser prevista (neste caso, o peso, variável no eixo y).
b = um valor representando a inclinação da linha para cada variável previsora – calculado pelo *software* estatístico.
a = a constante – o ponto em que a linha da regressão cruza o eixo y.[1]
k = número de variáveis previsoras.

Isso amplia o que você aprendeu no capítulo anterior.

Exemplo da literatura

Para ilustrar a regressão múltipla, usaremos o exemplo do Capítulo 11, que são os dados de Hanna e colaboradores (2009) sobre o hábito dos enfermeiros de lavar as mãos. Em uma de suas análises, eles usaram quatro variáveis como previsoras (a importância percebida de lavar as mãos em enfermeiros, o autorrisco percebido em relação à infecção, o risco percebido para com os outros em relação à infecção e o grau em que os enfermeiros achavam que seu local de trabalho os ajudava quanto ao ato a lavar as mãos).

Essas são as variáveis previsoras (x_1, x_2, x_3 e x_4). A variável critério (y) indica com que frequência os enfermeiros lavavam as suas mãos.

REGRESSÃO MÚLTIPLA NO SPSS

Como Hanna e colaboradores gentilmente nos enviaram seu conjunto de dados (reproduzimos somente parte dele), ilustraremos a regressão múltipla usando os seus dados. Nossos resultados diferem levemente dos deles, pois não removemos a influência dos valores atípicos.

1. Clique em *Analyze Regression, Linear* (Analisar Regressão, Linear) (Captura de tela 12.1).
2. Isso fornece a Captura de tela 12.2.
3. Mova as variáveis previsoras à esquerda para a caixa *Independent(s)* (Independente[s]) usando o botão. Mova a variável critério (frequência de lavar as

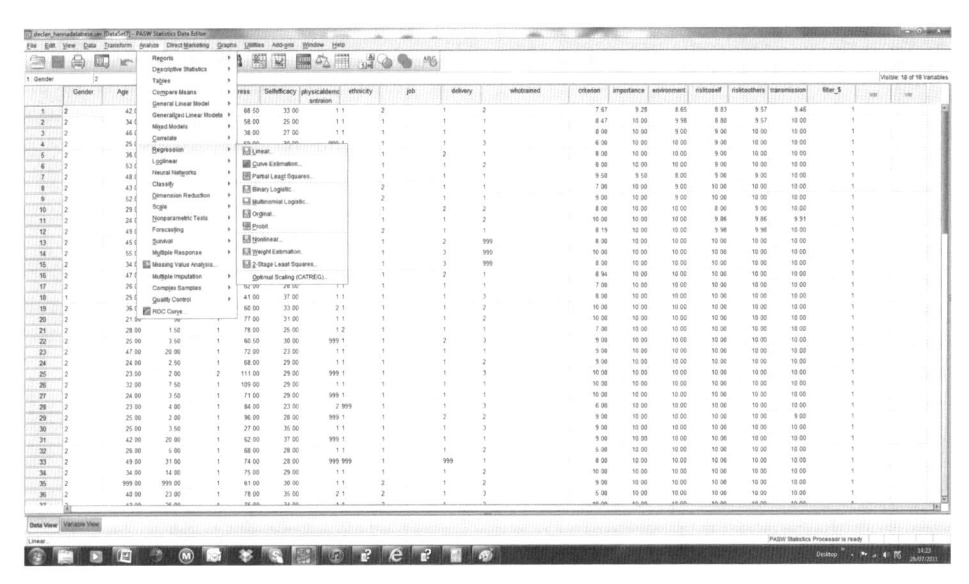

CAPTURA DE TELA 12.1

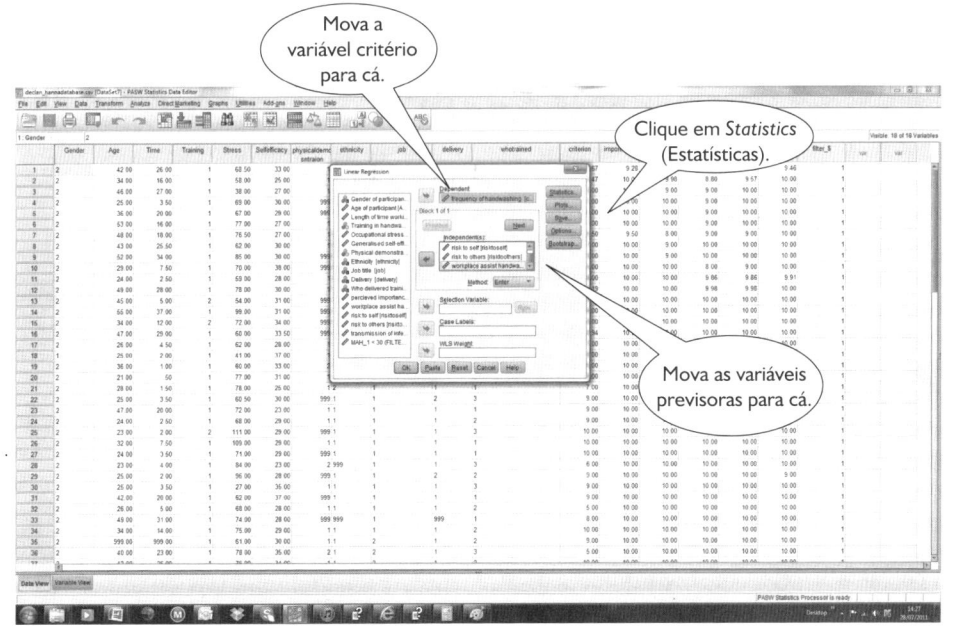

CAPTURA DE TELA 12.2

mãos) da esquerda para a caixa *Dependent* (Dependente) usando o botão. Então, clique em *Statistics* (Estatísticas). Isso fornecerá a Captura de tela 12.3.

Selecionamos *Descriptives* (Descritivas) e *Confidence Intervals* (Intervalos de Confiança). Clique em *Continue* e, então, em *OK*.

O SPSS pode fornecer uma variedade de resultados. A Tabela 12.1 fornece os mais importantes. A maioria dos pesquisadores inclui em seus relatórios estatísticas descritivas simples. Entretanto, eles não iriam simplesmente copiar o resultado do SPSS. Não é comum, por exemplo, fornecer uma tabela de estatísticas descritivas usando tantas casas decimais. A maioria dos pesquisadores arredondaria os resultados para duas casas decimais. Também não é necessário ter uma coluna rotulada de N, pois eles são todos iguais.

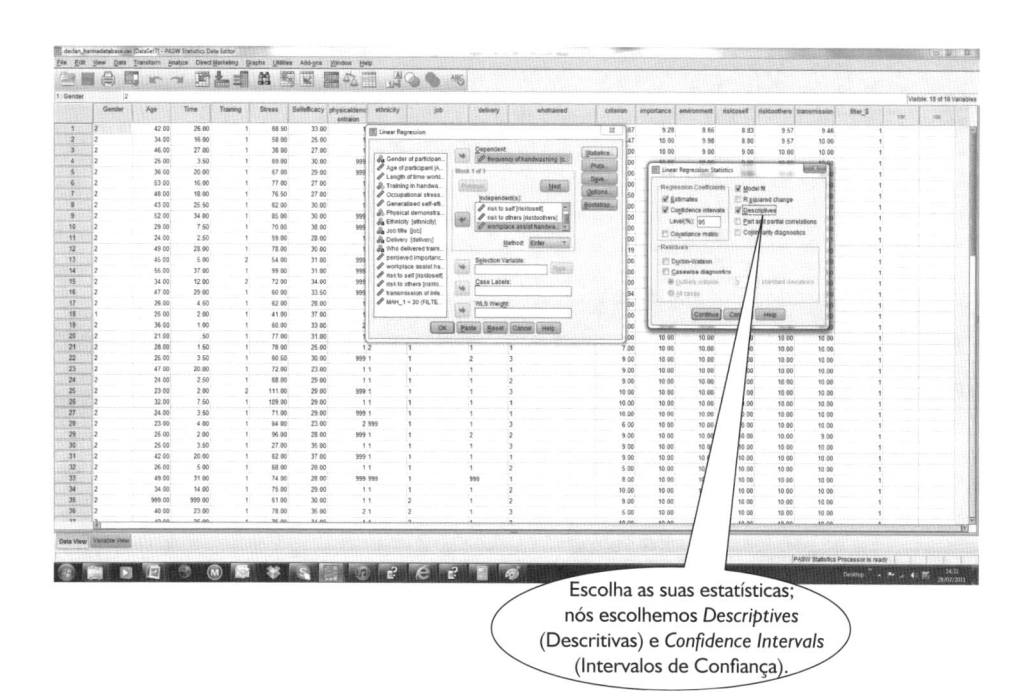

Escolha as suas estatísticas; nós escolhemos *Descriptives* (Descritivas) e *Confidence Intervals* (Intervalos de Confiança).

CAPTURA DE TELA 12.3

TABELA 12.1

Estatísticas descritivas para lavar as mãos e o risco

Estatísticas descritivas			
	Média	Desvio-padrão	N
Frequência com que as mãos são lavadas	7,6935	2,04361	76
Importância percebida de lavar as mãos	9,5222	1,25738	76
Risco próprio	8,7373	1,62950	76
Risco para os outros	9,4674	1,06901	76
Assistência do local de trabalho na higiene das mãos	8,9633	2,03099	76

A tabela simplesmente fornece a média, os desvios-padrão e o número de participantes para as quatro variáveis previsoras e para a variável critério.

Hanna e colaboradores (2009) relataram a média e o desvio-padrão com duas casas decimais. Eles também forneceram a mediana, o intervalo e o intervalo potencial.

VARIÁVEIS NA EQUAÇÃO

A Tabela 12.1 simplesmente confirma as variáveis que foram colocadas dentro da equação, isto é, as quatro variáveis previsoras. "*Method = enter*" significa que a regressão múltipla que está sendo executada é uma regressão múltipla padrão (às vezes chamada simplesmente de regressão múltipla). Esse é o tipo mais simples de regressão múltipla, e é a padrão do SPSS. Hanna e colaboradores (2009) usaram esse modelo.

A Tabela 12.2 confirma a) as "variáveis adicionadas" (i. e., as variáveis previsoras) e b) a variável dependente (que chamamos de variável critério). Os pesquisadores não usaram essa tabela para relatar seus resultados.

R múltiplo

A Tabela 12.3 é importante pois nos mostra a correlação entre os escores previstos e os reais. O R é 0,638, o que é considerado uma correlação forte.

R^2

R^2 (0,638 x 0,638) é dado como 0,407. Isso mostra que aproximadamente 41% da variação dos escores da "frequência de lavar as mãos" podem ser explicadas pela variação dos escores das quatro variáveis previsoras.

R^2 ajustado

Como vimos no capítulo anterior, R^2 se refere à amostra (N = 76) que Hanna e cola-

TABELA 12.2
Resultados do SPSS: variáveis na equação da regressão

Variáveis adicionadas/removidas[b]

Modelo	Variáveis adicionadas	Variáveis removidas	Método
1	Assistência do local de trabalho na higiene das mãos, risco próprio, importância percebida de lavar as mãos, risco para os outros[a]		Enter

[a] Todas as variáveis requisitadas foram utilizadas.
[b] Variável dependente: frequência com que as mãos são lavadas.

TABELA 12.3
Resultado do SPSS: sumário do modelo

Resumo do modelo

Modelo	R	R^2	R^2 ajustado	Erro padrão da estimativa
1	0,638[a]	0,407	0,373	1,61770

[a] Previsoras: (Constante), assistência do local de trabalho na higiene das mãos, risco próprio, importância percebida de lavar as mãos, risco para os outros.

boradores tinham e, para generalizar para a população, precisamos ajustar o R^2. A fórmula para o R^2 ajustado leva em consideração o número de variáveis e o tamanho da amostra, ajustando o R^2 para baixo. Assim, podemos dizer que esperamos que aproximadamente 37% da variância na frequência de lavar as mãos sejam explicadas pelas quatro variáveis previsoras.

Tabelas de saída

Os pesquisadores não reproduziram a Tabela 12.3 em seus resultados – eles relataram a estatística teste na forma de um texto.

A tabela da ANOVA

Os pesquisadores geralmente relatam o valor F, os graus de liberdade e o valor da probabilidade em forma de texto, em vez de utilizar uma tabela.

A ANOVA (Tab. 12.4) nos mostra que a previsão é significativamente maior do que seria esperada por acaso, isto é, as quatro variáveis previsoras juntas preveem de modo significativo a frequência do comportamento de lavar as mãos em enfermeiros ($F_{4,71} = 12{,}173$, $p < 0{,}001$).

Assim, conhecemos o efeito combinado das variáveis previsoras na variável critério. Agora, queremos ver os efeitos separados das variáveis previsoras na variável critério.

Coeficientes individuais

Às vezes, os pesquisadores relatam os coeficientes e as estatísticas associadas em uma tabela – embora, geralmente, nem todas as informações sejam relatadas. É útil quando os pesquisadores relatam os intervalos de confiança em torno da inclinação, pois esses dados nos dão uma ideia de quão bem os resultados da regressão são generalizados para a população.

Por exemplo, no artigo de Hanna e colaboradores, os autores relataram os coeficientes não padronizados e padronizados, inclusos o erro padrão, os valores t e as probabilidades exatas.

A constante, *a*

A Tabela 12.5 mostra o valor da constante, a (de forma confusa sob a coluna b). Ela é $-5{,}397$. Isso não é de grande interesse para nós, a não ser que queiramos usar a fórmula da regressão para prever escores em uma nova amostra de pessoas.

Pesos *b* não padronizados

Vamos olhar para "a importância percebida de lavar as mãos". O coeficiente b não padronizado é de 0,403. Isso significa que para cada unidade de aumento na importância percebida de lavar as mãos (x_1), a frequência prevista de lavar as mãos aumenta

TABELA 12.4
Tabela da ANOVA

Modelo		Soma dos quadrados	gl	Quadrados médios	F	Sig.
1	Regressão	127,421	4	31,855	12,173	0,000[a]
	Resíduo	185,803	71	2,617		
	Total	313,224	75			

[a] Previsoras: (Constante), assistência do local de trabalho na higiene das mãos, risco próprio, importância percebida de lavar as mãos, risco para os outros.
[b] Variável dependente: frequência com que as mãos são lavadas.

TABELA 12.5

Coeficientes[a]

Modelo		Coeficientes não padronizados		Coeficientes padronizados	t	Sig.	Intervalo de confiança de 95% de para B	
		B	Erro padrão	Beta			Limite inferior	Limite superior
1	(Constante)	-5,397	2,009		-2,686	0,009	-9,403	-1,391
	Importância percebida de lavar as mãos	0,403	0,160	0,248	2,523	0,014	0,084	0,721
	Risco próprio	0,215	0,134	0,171	1,602	0,114	-0,052	0,482
	Risco para os outros	0,453	0,211	0,237	2,147	0,035	0,032	0,874
	Assistência do local de trabalho na higiene das mãos	0,345	0,095	0,343	3,630	0,001	0,156	0,535

[a] Variável dependente: frequência com que as mãos são lavadas.

0,403 (y). Portanto, para cada ponto de aumento na "importância percebida de lavar as mãos", a frequência de lavar as mãos aumenta quase meio ponto.

Beta, os pesos padronizados

Beta é o peso padronizado b – isto é, o peso b não padronizado original (neste caso, 0,403) é convertido em um escore padronizado (um escore z; ver Cap. 4). O escore padronizado é 0,248. Assim, para cada desvio-padrão de aumento na importância percebida de lavar as mãos, a frequência de lavar as mãos aumenta 0,248 de um desvio-padrão (aproximadamente 1/4 de desvio-padrão). O valor t é 2,523, e isso é estatisticamente significativo (p = 0,014). Os intervalos de confiança se relacionam aos pesos b não padronizados. Assim, embora na amostra de Hanna e colaboradores o b seja igual a 0,248, na população geral iríamos esperar, com 95% de probabilidade, que o valor real de b esteja entre 0,084 e 0,721.

A importância percebida de lavar as mãos não é, contudo, o previsor mais forte – este é encontrado a partir da análise dos pesos beta padronizados. Se você observar a tabela, verá que o previsor mais forte é a percepção do grau com que os enfermeiros pensam que seu local de trabalho os auxilia a lavar as mãos, pois isso tem um peso beta de 0,343. O "autorrisco percebido" não é significativo, isto é, ele não prevê a frequência de lavar as mãos.

ATIVIDADE 12.1

Como você explicaria o relacionamento do "risco para com os outros" percebido e a "frequência de lavar as mãos"? Na sua explicação, tenha certeza de falar sobre os pesos b não padronizados, os pesos b padronizados e as estatísticas associadas. Compare a sua explicação com a nossa, no final do livro.

A EQUAÇÃO DA REGRESSÃO

A equação da regressão não é normalmente relatada nas seções de resultados de artigos de periódicos por não ser relevante.

A equação da regressão múltipla genérica, é:

$$\hat{y} = (b_1x_1) + (b_2x_2) + (b_3x_3) + (b_4x_4)... + a$$

Assim, neste caso ela seria:

Frequência prevista de lavar as mãos = (x_1 x importância percebida de lavar as mãos) + (x_2 x autorrisco) + (x_3 x risco para com os outros) + (x_4 x auxílio do local de trabalho para lavar as mãos) + a.

Isso significa que nós simplesmente encontramos os pesos b não padronizados apropriados e os colocamos na equação, junto com a, que, neste caso, é negativo:

Frequência prevista de lavar as mãos =
(0,403 x importância percebida de lavar as mãos) + (0,215 x autorrisco)
+ (0,453 x risco para com os outros) +
(0,345 x ajuda do local de trabalho para lavar as mãos) − 5,397.

PREVENDO ESCORES INDIVIDUAIS

Assuma que um novo participante, Imogen, tem escores nas variáveis previsoras; contudo, nós não temos informações da sua frequência e lavagem de mãos. Podemos prever seu escore (estimar, provavelmente) nesse quesito usando seus escores x:

Importância percebida de lavar as mãos = 9
Autorrisco = 8
Risco para com os outros = 8
Percepção do grau com que os enfermeiros pensam que o local de trabalho os ajuda a lavar as mãos = 10

Frequência prevista de lavar as mãos =
(0,403 x 9) + (0,215 x 8) =
(0,453 x 8) + (0,345 x 10) − 5,397
= Frequência prevista de lavar as mãos =
(3,627 + 1,72 + 3,624 + 3,45) − 5,397
= Frequência prevista de lavar as mãos =
12,421 − 5,397

= Frequência prevista de lavar as mãos =
7,024

O participante 50 no conjunto de dados de Hanna e colaboradores realmente tinha esse conjunto de escores e possuía um escore de 7 na frequência de lavar as mãos. Assim, a previsão foi muito boa.

TESTE DE HIPÓTESES

Em relação ao teste de hipótese, a regressão múltipla é geralmente usada de modo exploratório, de maneira que os pesquisadores não formulam uma hipótese formal. Por exemplo, no estudo apresentado anteriormente, os pesquisadores dizem: "Este estudo explorou a associação entre um conjunto de variáveis psicológicas e o autorrelato de lavar as mãos em uma amostra de enfermeiros que trabalham em um grande hospital" (p. 1). Enquanto esperavam que suas variáveis explanatórias estivessem relacionadas ao ato de lavar as mãos, eles não especificaram quais de suas variáveis seriam mais importantes. Como não foi declarada uma hipótese formal, os pesquisadores não podem confirmar ou rejeitar qualquer hipótese. Os resultados, entretanto, são importantes, pois nos dizem que certas variáveis são capazes de prever muito bem o comportamento de lavar as mãos dos enfermeiros, e possibilita aos hospitais mudar seus procedimentos para que os enfermeiros tenham uma probabilidade maior de lavar as mãos, reduzindo, assim, o potencial para a transmissão de infecções.

Exemplo da literatura

Bruscia e colaboradores (2008) estudaram o senso de coerência (SC) em pacientes que estavam no hospital devido a câncer ou problemas cardíacos. Eles queriam descobrir se idade, gênero, diagnóstico, raça, educação e duração da doença previam o SC. Observe que os pesquisadores não deram uma hipótese formal que possa ser confirmada ou rejeitada. O estudo foi exploratório, porque eles queriam "avaliar e comparar os escores do SC", bem como determinar se as variáveis que escolheram são previsores significativos do SC em seu grupo de pacientes (p. 3). Os autores reduziram a probabilidade de um erro do Tipo I usando um nível *alfa* de 0,01. Isso é referido como a correção Bonferroni.

A amostra era composta por 172 pacientes. Muitas vezes, os pesquisadores relatam os resultados de uma regressão múltipla em uma tabela, mas Bruscia e colaboradores o fizeram em forma de texto.

> A análise revelou o R como 0,27; as seis variáveis eram responsáveis por 0,07 (R^2) da variância do SC. Uma ANOVA mostrou que, quando a correção Bonferroni ($p < 0,01$) foi aplicada, essas seis variáveis, consideradas em conjunto, não eram previsores significativos do SC ($F = 2,2$, gl = 6, $p = 0,04$).
> Os coeficientes beta padronizados mostraram que duas variáveis contribuíram de forma mais significativa para a previsão do SC: duração da doença ($b = 0,20$, $p < 0,01$) e idade ($b = 0,16$, $p < 0,05$). (p. 289)

Os autores, portanto, nos mostraram que as seis variáveis usadas foram previsores pobres do SC, explicando somente 7% da variação nos escores do SC, e que a duração da doença e a idade foram as que mais contribuíram para a previsão.

Exemplo da literatura

Unwin e colaboradores (2009) observaram fatores que acreditavam ser capazes de prever o resultado do ajuste para pessoas com membros amputados. Várias medidas foram usadas – a Escala da Esperança, a Escala Multidimensional para o Suporte Social Percebido (EMSSP), a Escala Trinity de Amputação e Experiências Prostéticas, a subescala da dor TAEP e a Escala do Abalo Positivo e Negativo (EAPN). Essas medidas foram tomadas na orientação e seis meses depois. Duas análises de regressão múltipla foram executadas. A primeira usou a EAPN como a variável critério e sete variáveis como variáveis previsoras (explanatórias). A Tabela 12.6 foi extraída do estudo (p. 1.047).

TABELA 12.6

Análise de regressão múltipla para humor positivo (subescala EAPN)

	b	EP B	Beta
(Constante)	1,945	9,589	
Intensidade da dor (TAEP)	0,334	0,830	0,04
Idade	-0,020	0,073	-0,03
Gênero	1,705	2,457	0,07
Nível da amputação	2,597	1,772	0,16
Causa	-0,427	2,085	-0,02
EMSSP	0,080	0,060	0,15
Escala de esperança**	0,761	0,227	0,38

$R^2 = 0,22$ para o modelo, **$p < 0,001$.

Existem sete variáveis previsoras, e isso significa que, de acordo com Tabachnick e Fidell (2007), o número de participantes deveria ser $104 + 8m = 160$. Esse estudo tinha 99 participantes que contribuíram em ambos os pontos do tempo, mas o número de participantes ficou aquém das orientações exibidas anteriormente. Por que isso é importante? Porque se você tem muitas variáveis e poucos participantes, as estatísticas obtidas serão "otimistas". Assim como na regressão linear bivariada, o procedimento matemático fornece a linha de melhor aderência, a regressão múltipla é um procedimento matemático que fornece o "hiperplano de melhor aderência" (pois existem mais do que duas variáveis). Portanto, as estatísticas podem aderir muito bem às amostras, mas podem não ser generalizáveis para a população. Ter poucos participantes para o número de variáveis leva à "superaderência". Isso significa que os resultados aderem melhor à amostra do que à população.

Observe que alguns dos pesos b e beta são negativos. Eles são interpretados como as correlações negativas. Entretanto, como nenhum dos pesos b negativos é forte, não faz sentido interpretá-los. Embora os autores não tenham dado os níveis de probabilidade para as variáveis não significativas, podemos ver nos pesos beta que as linhas da melhor aderência estão próximas do zero.

Na Tabela 12.6, pode-se observar que somente 22% da variação nos escores do "humor positivo" podem ser explicados pelas sete variáveis previsoras/explanatórias do modelo (observe que os autores não relataram o R^2 ajustado, que seria ainda menor do que isso). Apenas uma variável explanatória (esperança) é capaz de prever significativamente o humor positivo ($p < 0,001$). Podemos interpretar essa variável observando o b ou o coeficiente beta. Ao escolher o peso padronizado (beta), podemos dizer que para cada desvio-padrão de aumento na esperança, o humor positivo aumenta por 0,38 de um desvio-padrão. Embora esse seja um efeito muito fraco, ele é estatisticamente significativo.

ATIVIDADE 12.2

Os pesquisadores do exemplo anterior produziram uma tabela similar usando o Ajuste Geral (uma subescala da TAEP) como a variável critério e sete variáveis explanatórias (previsoras). Observe a Tabela 12.7 e escreva um breve parágrafo explicando os resultados. Se você entendeu o parágrafo anterior, não terá muito trabalho para interpretar essa tabela (Unwin et al., 2009, p. 1.048). Você pode conferir os seus resultados com os nossos no final do livro.

Exemplo da literatura

Farren (2010) examinou a contribuição do poder, da incerteza e da autotranscendência à qualidade de vida em sobreviventes de câncer de mama. O autor relatou os resultados de sua análise em forma de texto. Aqui está apenas uma parte dos resultados:

> Uma análise de regressão múltipla simultânea foi conduzida para determinar a extensão com que a variância na qualidade de vida poderia ser explicada pelo poder, pela incerteza e pela autotranscendência quando considerados em conjunto. O modelo explicou 39%, F = (3,100) 21,411, p = 0,000^2 (R^2 ajustado = 0,373) da variância da qualidade de vida. Entretanto, os coeficientes padronizados da regressão mostram que, enquanto a incerteza (beta = 0,174, t = 2,076, p = 0,40) e a autotranscendência (beta = 0,551, t = 5,988, p = 0,000) tiveram uma contribuição estatisticamente significativa para a variância explicada, o poder não teve (p = 0,898). (p.68)

Isso nos mostra que as variáveis em conjunto explicam 37,3% da variação nos escores de qualidade de vida (usamos o R^2 ajustado). Farren explicou que a incerteza e a autotranscendência tiveram uma contribuição estatisticamente significativa para a previsão da qualidade de vida, ao contrário do poder. Entretanto, observe que a incerteza é um previsor fraco (enquanto a incerteza aumenta 1 desvio-padrão, a qualidade de vida é reduzida em 0,17 de um desvio-padrão), mas que a autotranscendência é um previsor muito mais forte. À medida que a autotranscendência aumenta 1 desvio-padrão, a qualidade de vida aumenta em 0,55 de um desvio-padrão, significativo a $p < 0,001$. Um efeito de 0,5 é considerado moderado (Cohen, 1988).

TABELA 12.7
Análise de regressão múltipla para o ajuste geral (subescala TAEP)

	b	EP B	Beta
(Constante)	5,153	4,826	
Intensidade da dor (TAEP)	-0,006	0,512	-0,011
Idade	-0,019	0,038	-0,058
Gênero	1,027	1,232	0,087
Nível da amputação	-0,805	0,897	-0,094
Causa	0,652	1,064	0,070
Suporte social**	0,102	0,030	0,363
Escala de esperança**	0,146	0,054	0,293

$R^2 = 0,22$ para o modelo, *$p < 0,01$, **$p < 0,001$.

OUTROS TIPOS DE REGRESSÃO MÚLTIPLA

Existem outros dois tipos (modelos) de regressão múltipla. Eles diferem na forma como a variância é distribuída. Você já usou círculos sobrepostos para representar a variância compartilhada e única no Capítulo 10, mas um pouco de repetição é bom!

Os pesquisadores falam sobre a variância em termos de percentual. Como você aprendeu nos Capítulos 10 e 11, para se obter uma medida de efeito, elevamos o r ao quadrado (ou, na regressão múltipla, R) de forma a obter uma medida de fácil entendimento do relacionamento entre elas. Se R é igual 0,5, então R^2 será 0,25 (0,5 x 0,5). Podemos dizer que 25% da variação nos escores em uma variável se explica ou se deve à variação nos escores das outras variáveis. Isso se chama "variância explicada". A Figura 12.1 mostra as áreas das variâncias sobrepostas, e a as áreas a, b, c e d são todas áreas de variâncias comportalhi-

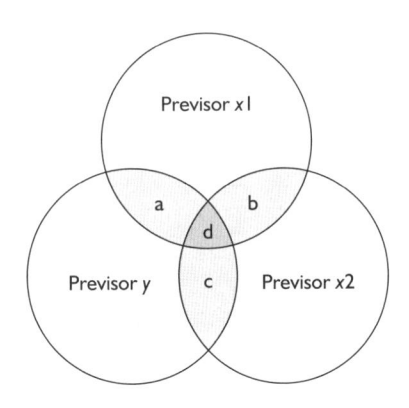

FIGURA 12.1
Áreas de variâncias sobrepostas.[3]

das,[4] o que revela que a previsora $x1$ compartilha variância única com a variável critério y (área a) e variância única com a previsora $x2$ (área b). Além disso, a previsora $x2$ compartilha variância com a variável critério y (área c). A variância compartilhada para $x1$, $x2$ e y está ilustrada pela área d, ao centro. O R múltiplo representa toda a variância compartilhada entre as variáveis previsoras e critério. Assim, a variância representada pelo R contém as áreas a, d e c.

Quando você observa os resultados individuais de cada variável, eles representam somente a variância única. Portanto, no exemplo anterior, a variância de $x1$ em y é representada pela área a; e a variância para a previsora $x2$ em y, pela área c.

Isso significa que, se tivermos muitas variáveis previsoras, todas altamente correlacionadas, o R múltiplo pode ser grande e estatisticamente significativo, enquanto as previsoras individuais talvez não sejam tão importantes em sua individualidade.

Exemplo

Observe a Captura de tela 12.4 para seis sintomas da síndrome do intestino irritável (SII). Queremos ver quanto da variância em "depressão" (*depression*) é devida (a y, a variável critério) pelos sintomas da SII ($x1$ a $x6$). Executamos, portanto, uma análise da regressão múltipla.

Uau! Veja isso! Na amostra, isso significa que explicamos 78% da variância, ou seja, 78% da variância nos escores da depressão devem-se aos sintomas da SII, algo perceptivelmente significativo ($F_{6,14} = 8,08$, $p = 0,001$) (Tabs. 12.8 e 12.9).

TABELA 12.8

Sumário modelo

Modelo	R	R^2	R^2 ajustado	Erro padrão da estimativa
1	0,881[a]	0,776	0,680	12,31674

[a] Previsoras: (Constante), incompleto, urgência do movimento intestinal, inchaço, dor abdominal, diarreia, flatulência.

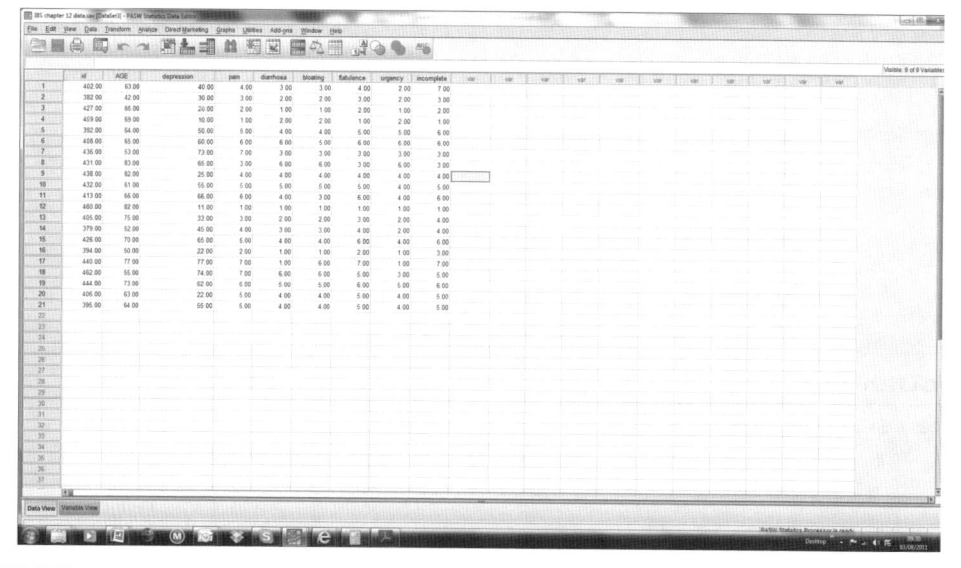

CAPTURA DE TELA 12.4

TABELA 12.9

ANOVA[b]

Modelo		Soma dos quadrados	gl	Quadrados médios	F	Sig.
1	Regressão	7352,457	6	1225,409	8,078	0,001[a]
	Resíduo	2123,829	14	151,702		
	Total	9476,286	20			

[a] Previsoras: (Constante), incompleto, urgência do movimento intestinal, inchaço, dor abdominal, diarreia, flatulência.
[b] Variável dependente: depressão.

Agora pensamos: ótimo, vamos examinar os previsores individuais (Tab. 12.10)

Com exceção da dor abdominal, nenhuma das variáveis explanatórias parece explicar alguma coisa. Bem, isso é uma descoberta importante, pois significa que cada sintoma, por si só (com exceção da dor abdominal), não é tão importante para a depressão – são os sintomas combinados que importam.

A razão pela qual nós temos um R^2 tão alto é que ele inclui toda a variância – ambas única e combinada. Entretanto, os resultados individuais incluem somente a variância única. Pelo fato de os sintomas estarem altamente correlacionados uns com os outros, como é esperado, a variância única é baixa.

O modelo padrão da regressão múltipla é o recomendado, por ser o mais "seguro" em termos de sobreaderência (ver p. 486) e por permitir que você veja a contribuição individual das variáveis explanatórias para a variável critério.

Entretanto, existem outros dois modelos conhecidos como *estatístico* ou *regressão passo a passo* e *regressão hierárquica* A regressão hierárquica tende a ser usada com maior frequencia do que a regressão estatística, e o que segue agora é uma breve introdução à regressão hierárquica, por ser o tipo mais encontrado em artigos.

REGRESSÃO MÚLTIPLA HIERÁRQUICA

Enquanto na regressão múltipla padrão, todas as variáveis previsoras são inseridas na equação (pelo programa estatístico) de forma simultânea, na regressão múltipla hie-

TABELA 12.10

Coeficientes[a]

		Coeficientes não padronizados		Coeficientes padronizados		
Modelo		B	Erro padrão	Beta	t	Sig.
1	(Constante)	0,203	7,973		0,026	0,980
	Dor abdominal	8,589	3,016	0,742	2,848	0,013
	Diarreia	-0,831	4,502	-0,064	-0,185	0,856
	Inchaço	4,603	3,423	0,345	1,345	0,200
	Flatulência	-2,166	5,716	-0,172	-0,379	0,710
	Urgência do movimento intestinal	0,672	4,062	0,050	0,166	0,871
	Incompleto	0,373	4,021	0,031	0,093	0,927

[a] Variável dependente: depressão.

rárquica pode-se controlar a ordem de entrada das variáveis. Os pesquisadores usam esse tipo de regressão quando têm boas razões teóricas para colocar as variáveis em uma ordem específica. Com frequência, eles querem covariar as variáveis sociais, demográficas ou outras. Elas são colocadas primeiro no programa, para "tirá-las do caminho" e ver o quanto de variância extra é de responsabilidade das variáveis que realmente interessam (Fig. 12.2).[5]

Exemplo

Vamos presumir que pesquisadores estejam executando um estudo para determinar se medidas fisiológicas (como a pressão arterial) preveem o declínio cognitivo. Eles podem já saber, por meio de dados da literatura, que a idade e o consumo de álcool são bons previsores do declínio cognitivo. Neste caso, podem, em primeiro lugar, inserir "idade" e uma medida do consumo de álcool no programa, no Passo 1. No Passo 2, eles podem inserir suas variáveis de interesse, como a medida da pressão arterial. Isso mostraria o quanto de variância extra a medida da pressão arterial explica, uma vez que a idade e o consumo de álcool são covariáveis (e, portanto, estão controladas).

Eles podem descobrir, por exemplo, que a idade e o consumo de álcool são responsáveis por 10% da variação nos escores da medida cognitiva. No Passo 2 eles podem descobrir que um extra de 20% da variância poderia ser explicado pela medida da pressão arterial (Fig. 12.3 e 12.4).

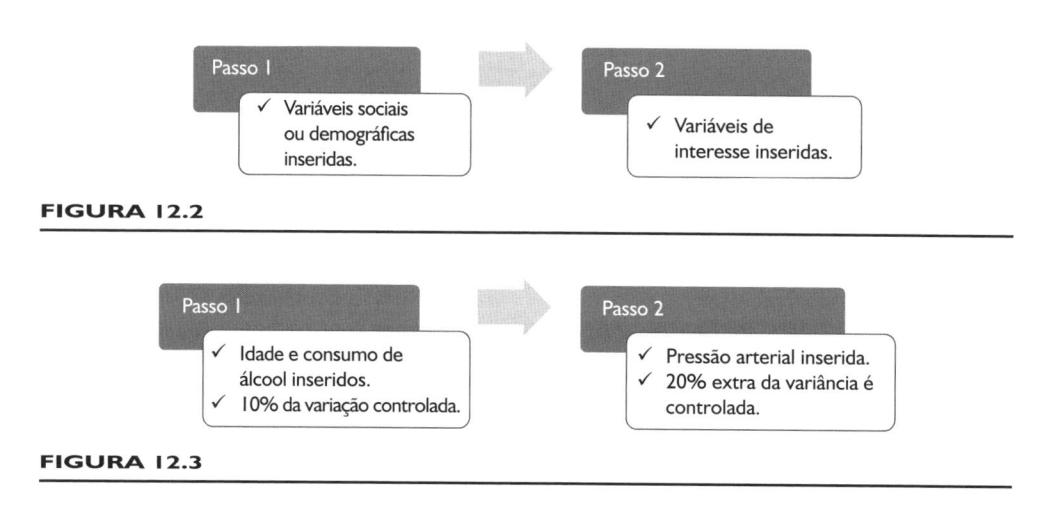

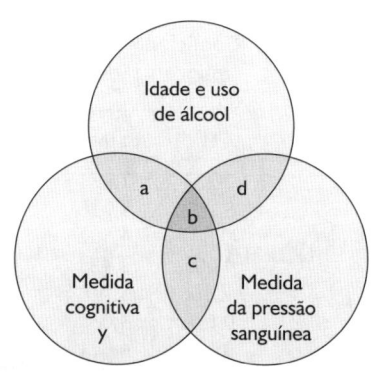

FIGURA 12.2

FIGURA 12.3

FIGURA 12.4

Diagrama mostrando a sobreposição da variância entre $x1$, $x2$ e y.

Como a idade e o consumo de álcool foram inseridos primeiro no Passo 1, ambos são inseridos no programa (Fig. 12.5)

Assim, a contribuição da idade e do consumo do álcool é representada pela área a e leva o crédito por esse montante de variância.

Uma vez que a medida da pressão arterial é inserida, ela é responsável somente pelo montante *extra* da variância, isto é, apenas pela variância única de $x2$ e y (a parte mais baixa da área b, Fig. 12.6).

FIGURA 12.5

Idade e consumo de álcool inseridos no Passo 1: correlação completa entre $x1$ e y.

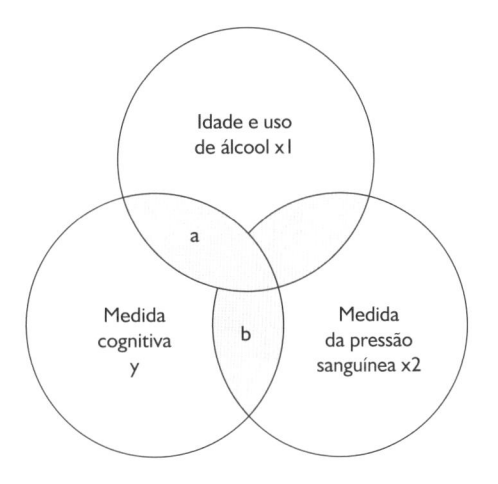

FIGURA 12.6

Medida do consumo do álcool ($x2$) inserida no Passo 2.

Resumo

A regressão múltipla padrão é uma extensão da análise de regressão linear. Ela nos permite determinar a força de uma associação entre um número de variáveis x (chamadas de variáveis explanatórias ou previsoras) e a variável dependente, chamada de variável critério. A análise pode responder à pergunta: "quanto da variância nos escores da variável critério é responsável por todas as variáveis explanatórias juntas?" (Isto é o R^2.) A tabela da ANOVA nos mostra se a previsão é estatisticamente significativa.

A regressão múltipla padrão também nos permite observar a contribuição única de cada variável explanatória separada para a variável critério (a tabela dos coeficientes). Isso nos mostra cada inclinação individual da linha de melhor aderência (b) e o valor t nos mostra a significância estatística de cada um. Os intervalos de confiança em torno da inclinação da linha também podem ser obtidos. Cada variável explanatória é avaliada como se todas as outras variáveis tivessem sido inseridas primeiro, ou seja, cada variável explanatória mostra a variância única responsável por cada variável explanatória individual. Os pesos beta padronizados permitem uma comparação homogênea de cada uma das variáveis explanatórias de forma individual. A regressão múltipla é uma técnica correlacional que se adapta muito bem à investigação de fenômenos de ocorrência natural.

QUESTÕES DE MÚLTIPLA ESCOLHA

1. ý = valor:
   a) Da variável critério.
   b) Da variável critério prevista.
   c) Da variável previsora.
   d) Valor de b.

2. Qual alternativa não é verdadeira? As variáveis previsoras são também chamadas de:

a) Variáveis explanatórias.
b) Variáveis critério.
c) Variáveis independentes.
d) Variáveis x.

3. Qual destas opções não é verdadeira? Os pesquisadores usam a regressão múltipla hierárquica quando:

   a) Querem controlar a ordem de entrada.
   b) Querem inserir covariáveis no modelo.
   c) Têm razões teóricas para inserir variáveis no programa em uma ordem específica.
   d) Querem inserir simultaneamente todas as variáveis na equação.

As questões 4 a 6 estão relacionadas a um estudo de pessoas com a doença de Menière. A variável critério é *depressão* e as variáveis previsoras são *autoeficácia geral, Escala de incapacidade funcional* e *incerteza da doença*.

Observe o seguinte resumo do modelo.

Resumo do modelo

Modelo	R	R^2	R^2 ajustado	Erro padrão da estimativa
1	0,557[a]	0,310	0,281	12,48793

[a] Previsoras: (Constante), total de autoeficácia geral, total da escala de incapacidade funcional, total da incerteza da doença.

4. Quanto da variação nos escores da depressão pode ser de responsabilidade das variáveis previsoras, neste exemplo em particular?

   a) 56%
   b) 31%
   c) 28%
   d) 12%

Coeficientes[a]

Modelo		Coeficientes não padronizados		Coeficientes padronizados		
		B	Erro padrão	Beta	t	Sig.
1	(Constante)	70,267	12,577		5,587	0,000
	Total na escala de incapacidade funcional	0,540	0,158	0,350	3,429	0,001
	Total de incerteza da doença	0,144	0,089	0,166	1,615	0,111
	Total da autoeficácia geral	-0,607	0,223	-0,282	-2,720	0,008

[a] Variável dependente: total da depressão CESD.

5. Qual é o previsor mais forte da depressão?

   a) A Escala de Incapacidade Funcional.
   b) Incerteza da doença.
   c) Autoeficácia geral.
   d) Todas são iguais quanto à força.

6. Qual das alternativas a seguir é verdadeira?

   a) À medida que a autoeficácia geral aumenta 1 desvio-padrão, a depressão diminui 0,607.
   b) À medida que a incerteza da doença aumenta uma unidade, a depressão diminui em 0,144.
   c) À medida que os escores na Escala de Incapacidade Funcional aumentam uma unidade, a depressão aumenta 0,54 de um desvio-padrão.
   d) À medida que os escores na Escala de Incapacidade Funcional aumentam 1 desvio-padrão, a depressão aumenta 0,54 de um desvio-padrão.

As questões 7 e 8 dizem respeito ao que segue:

Leia o seguinte texto de Dingle e King (2009). Eles estavam observando o impacto de várias variáveis no resultado de um programa de tratamento de drogas e álcool de um hospital particular. Como parte do estudo, executaram uma regressão múltipla padrão para prever a porcentagem dos dias do acompanhamento da abstinência (do uso de substância) dos seguintes escores: depressão, ansiedade, estresse, número de transtornos mentais coocorrendo na admissão (0 a 4).

Eles apontam que

"o modelo de regressão geral foi altamente significativo ($R^2 = 0,42$; $F = 12,1$, $p < 0,001$). Entretanto, o número de diagnósticos de comorbidade verificado nos pacientes na admissão não estava relacionado ao acompanhamento da abstinência. Novamente, apenas [...] os sintomas da depressão foram um previsor univariado significativo no modelo (= 0,713, $t = 6,52$, $p < 0,001$)." (p. 19)

7. O quanto da variação, em %, nos escores de dias de abstinência é de responsabilidade dos previsores de sua análise? (Os números foram arredondados para o número inteiro mais próximo.)

   a) 18%
   b) 12%
   c) 42%
   d) 72%

8. Os escores na depressão aumentam por 1 desvio-padrão; logo, 0 (zero) % dos dias de abstinência:

   a) aumenta 0,71 de um desvio-padrão.
   b) diminui 6,52 desvios-padrão.
   c) diminui 0,71 de um desvio-padrão.
   d) diminui 6,52 desvios-padrão.

9. Se um pesquisador tem dez variáveis previsoras, quantos participantes (aproximadamente) ele deve ter?

   a) 480
   b) 380
   c) 280
   d) 180

As questões 10 e 11 dizem respeito a um estudo de Bramwell e Morland (2009), que pesquisaram a aparência genital e a satisfação das mulheres. Como parte do estudo, eles usaram uma regressão múltipla para determinar a contribuição dos esquemas da aparência (uma medida autorrelatada relacionada à importância da aparência física em geral), da satisfação corporal e da autoestima para a Satisfação da Aparência Genital (SAG – um novo questionário, desenvolvido pelos autores). A tabela a seguir é uma reprodução do artigo (p. 22). Quanto mais alto o escore na SAG, menos satisfeitas estavam as mulheres.

Regressão da SAG sobre o inventário dos esquemas da aparência, da satisfação corporal e da autoestima

Variáveis independentes	Coeficientes padronizados	p
Esquemas de aparência	-0,02	0,85
Satisfação com o corpo	0,07	0,53
Autoestima	-0,38	0,002

R^2 ajustado $=0,14$, $F_{3,117} = 7,17$, $p < 0,01$.

10. Qual das alternativas seguintes não é verdadeira?
    a) À medida que a autoestima aumenta um desvio-padrão, a satisfação com a aparência genital aumenta 0,38 de um desvio-padrão.
    b) À medida que a autoestima aumenta um desvio-padrão, a satisfação com a aparência genital diminui 0,38 de um desvio-padrão.
    c) O esquemas da aparência é o previsor mais fraco da satisfação com a aparência genital.
    d) O relacionamento entre a satisfação corporal e a satisfação com a aparência genital é quase zero e é provavelmente devido ao erro padrão.
11. Qual das alternativas a seguir é verdadeira?
    a) O previsor mais fraco é a satisfação corporal.
    b) O modelo geral é estatisticamente não significativo.
    c) Este estudo não tem participantes suficientes, e, portanto, os resultados podem não ser confiáveis.
    d) Juntas, as variáveis previsoras são responsáveis por 14% da variação em SAG.

As questões 12 a 15 estão relacionadas a um estudo de van der Colff e Rothmann (2009), que avaliaram se o estresse ocupacional, o senso de coerência e as estratégias de superação previam a exaustão e o empenho no trabalho de enfermeiros registrados. A tabela a seguir mostra uma análise de regressão múltipla com exaustão emocional como a variável critério e três tipos de estresse como as variáveis explanatórias (previsoras).

Análise de regressão múltipla: exaustão emocional prevista por três tipos de estresse

	Coeficientes não padronizados	Coeficientes padronizados	t	p
Constante	7,110		5,10	0,00
Falta de suporte organizacional	0,060	0,19	3,89	0,00
Estresse do trabalho	0,120	0,27	6,14	0,00
Exigências do trabalho	-0,030	-0,06	-1,45	0,15

$R = 0,37$, $R^2 = 0,14$.

12. A exaustão emocional é prevista pela seguinte equação de regressão:

    a) y = (0,060 x ausência de suporte organizacional) + (0,120 x estresse das exigências profissionais) – (0,03 x exigências específicas da enfermagem) + 7,110
    b) y = (0,19 x ausência de suporte organizacional) + (0,120 x estresse das exigências profissionais) – (0,03 x exigências específicas da enfermagem) + 7,110
    c) y = (0,60 x ausência de suporte organizacional) + (0,120 x estresse das exigências profissionais) – (0,03 x exigências específicas da enfermagem) – 7,110
    d) y = (0,19 x ausência de suporte organizacional) + (0,120 x estresse das exigências profissionais) – (0,03 x exigências específicas da enfermagem) + 7,110

13. Qual é o previsor mais forte da exaustão emocional?

    a) Ausência de suporte organizacional.
    b) Estresse das exigências profissionais.
    c) Exigências específicas da enfermagem.
    d) Nenhum deles prevê muito bem.

14. Os pesquisadores relataram alguns de seus valores p como 0,00. Teria sido melhor ter relatado esses valores como:

    a) $p < 0,05$
    b) $p < 0,01$
    c) $p < 0,001$
    d) $p = 0,01$

15. Qual das alternativas a seguir é verdadeira?

    a) As três variáveis previsoras juntas são responsáveis por 14% da variação nos escores da exaustão emocional.
    b) A ausência do suporte organizacional não prevê a exaustão emocional.
    c) As exigências específicas da enfermagem são muito importantes na previsão.
    d) À medida que o estresse das exigências profissionais aumenta por um desvio-padrão, a exaustão emocional aumenta por 0,27 de um desvio-padrão.

NOTAS

1. Observe que os diagramas de dispersão do SPSS geralmente não tem a margem do gráfico posicionado no eixo y (como fizemos).
2. Observe que, quando você vê as probabilidades relatadas como $p = 0,000$ no SPSS, o valor relatado deveria ser de $p < 0,001$.
3. Esta é uma explicação conceitual em vez de uma material. Abre-se mão da precisão matemática pelo interesse da compreensão conceitual.
4. O diagrama é meramente ilustrativo; ele não se relaciona a Hanna e colaboradores.
5. Essas técnicas avançadas, incluindo a regressão estatística ou passo a passo, estão além do escopo de um livro introdutório. Os estudantes que desejarem aprender mais sobre essas técnicas devem ler Todman e Dugard (2007) ou Tabachnick e Fidel (2007).

13
Regressão logística

Panorama do capítulo

A regressão logística pode ser imaginada como uma extensão das regressões linear e múltipla. Até agora, você viu modelos de regressão em que um resultado contínuo (y) está associado a uma ou mais variáveis previsoras (x; ver Caps. 11 e 12). A regressão logística compartilha muitas similaridades, e a principal diferença é que a variável de saída deve ser dicotômica em vez de contínua. Uma variável dicotômica significa que cada observação pode assumir somente um de dois valores. Por exemplo, a pressão arterial teve um escore tão alto (acima de 140/90 mmHg) ou normal (abaixo de 140/90 mmHg) quanto seria o resultado adequado para a regressão logística. Uma medida da pressão arterial em uma escala contínua deve ser analisada usando a regressão linear. As perguntas feitas pela regressão logística são similares àquelas realizadas pela linear: Você pode avaliar a força do relacionamento entre a variável dicotômica de resultado e uma ou mais variáveis previsoras. Você pode, também, prever a probabilidade de que uma observação terá determinado valor na variável de resultado, conhecendo os escores de seus previsores.

Neste capítulo, você aprenderá a:

✓ Avaliar o relacionamento entre um conjunto de variáveis x e uma variável dicotômica y;
✓ Interpretar os modelos de regressão logística com variáveis previsoras contínuas e categóricas;
✓ Ler e entender artigos de pesquisa usando modelos de regressão logística.

INTRODUÇÃO

A regressão logística estende a regressão linear a situações em que a variável de saída é dicotômica. As variáveis dicotômicas são variáveis categóricas com somente dois valores possíveis. Por exemplo, o sexo é dicotômico – é uma variável simples que pode assumir os valores masculino ou feminino. Como vimos nos capítulos anteriores, as variáveis dicotômicas são muito comuns nas ciências da saúde. Consequentemente, a regressão logística tem sido geralmente usada nos estudos epidemiológicos discutidos no Capítulo 5. Por exemplo, as variáveis dicotômicas podem ser usadas para codificar se os participantes:

1. Estão sofrendo de uma doença ou estão bem.
2. São obesos ou estão no peso normal.
3. São fumantes ou não fumantes.

As variáveis dicotômicas costumam ser codificadas como 0 e 1. O valor 1 geralmente significa que o fator de risco ou que o resultado de interesse está presente (p. ex., o participante é doente, obeso e/ou fumante), e o 0 significa que o resultado está omisso. Sempre que você analisar dados, é crucial verificar como suas variáveis foram codificadas e assegurar-se de que rótulos de valor tenham sido criados. A seguir, listamos três exemplos de estudos que empregaram a regressão logística:

- Hibbeln e colaboradores (2007) usaram a regressão logística para estudar os efeitos de variar níveis de consumo de frutos do mar durante a gravidez no desenvolvimento neurológico de crianças até a idade de 8 anos. As medidas de fraco desenvolvimento neurológico inclusas encontravam-se nos 25% mais baixos para a inteligência verbal e motricidade fina.
- Cohen e colaboradores (2000) testaram o efeito do consumo de frutas e vegetais com o risco de câncer de próstata.
- Yusuf e colaboradores (2004) executaram uma análise de regressão logística para estimar a contribuição de fatores de risco modificáveis para enfartos do miocárdio em 52 países.

AS BASES CONCEITUAIS DA REGRESSÃO LOGÍSTICA

Como em outras técnicas vistas neste livro, o SPSS fará todos os cálculos para você. Discutiremos algumas características conceituais da regressão logística para ajudá-lo a entender, interpretar e usar a regressão logística. Inspirados pelo artigo de Yusuf e colaboradores (2004), ilustraremos o uso da regressão logística para avaliar a associação entre o histórico de ataques cardíacos e a frequência de fumar em um estudo fictício de 1.000 fumantes do sexo masculino. Inicialmente, com um propósito ilustrativo, trabalharemos com uma amostra de somente 30 participantes, como mostra a Figura 13.1.

A figura se parece com os diagramas de dispersão vistos nos capítulos anteriores, exceto que a variável dicotômica do ataque cardíaco (no eixo y) pode somente assumir os valores 0 (não houve ataque cardíaco) ou 1 (houve ataque cardíaco). Podemos ver que os ataques cardíacos não são muito comuns em participantes que não fumam muitos cigarros por dia. Em direção à esquerda do gráfico, os pontos dos dados tendem a estar na linha 0 do eixo y. À medida que olhamos para a direita do gráfico, em que encontra-se os participantes que fumam com maior frequência, torna-se mais provável que eles tenham tido um evento cardíaco (escore 1 no eixo y). Assim, a partir desse gráfico, parece que, quanto mais o sujeito fuma, maior é o risco de ataque cardíaco. No entanto, como em todas as análises, é crucial que se execute um teste inferencial para ver se é provável que exista esse relacionamento na população ou se ele é apenas consequência do erro amostral. Como observaremos mais adiante, o procedimento correto aqui é a regressão logística. Entretanto, antes de vermos a regressão logística em ação, iremos gastar um pouquinho de tempo pensando sobre os problemas de se analisar esses dados usando a regressão linear.

Uma regressão linear foi ajustada aos pontos dos dados no diagrama de dispersão apresentado na Figura 13.1. Para alguns valores do fumo diário, a linha de regressão prevê valores de ataque cardíaco entre 0 e 1. O valor aderido pode ser interpretado como a probabilidade prevista de ataque cardíaco dado o nível de cigarros consumidos.

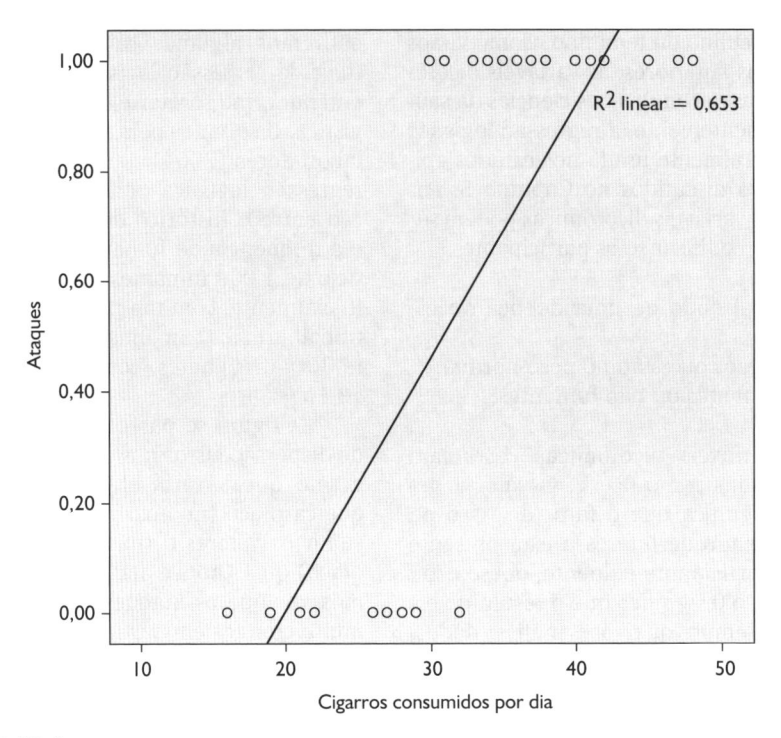

FIGURA 13.1

É previsto que os participantes tenham uma probabilidade de ataque cardíaco menor do que 0 caso fumem menos de 20 cigarros por dia ou maior do que 1 caso fumem mais de 45 cigarros por dia. O valor da probabilidade deve estar entre 0 e 1, e isso é, portanto, um problema. Ajustar um modelo linear também viola algumas das suposições da própria regressão linear. Resumindo, não é uma boa ideia usar modelos lineares com saídas dicotômicas – e é por isso que precisamos da regressão logística.

Em vez de ajustar uma reta de regressão para os dados na Figura 13.1, seria ideal ajustar uma linha com a forma de um "s", como mostra a Figura 13.2. Ela não prevê valores de probabilidades acima de 1 ou abaixo de 0. Na análise de regressão, entretanto, preferimos linhas retas que possam ser descritas com equações como:

$$\acute{y} = a + bx$$

Esse foi o tipo de relacionamento visto na regressão linear (Cap. 11). Assim, o que realmente queremos é o melhor dos dois mundos. Queremos ser capazes de ter uma linha em forma de "s" para prever as probabilidades e descrever essa linha curva com os coeficientes da regressão linear. Definitivamente: isso é ter o melhor dos dois mundos?

Bem, com a regressão logística isso é possível, pois ela transforma a linha em forma de "s" das probabilidades previstas em uma linha reta que pode ser descrita com os coeficientes **a** (intercepto) e **b** (inclinação). A transformação envolve dois passos. Primeiro, as probabilidades são transformadas em chances. Como você deve lembrar do Capítulo 5, as chances são calculadas como a probabilidade de um evento acontecer dividido pela probabilidade de não acontecer (o que pode ser calculado como 1 menos a probabilidade do evento). Formalmente, isso pode ser escrito como:

Chance = probabilidade/(1 – probabilidade)

O segundo passo envolve transformar a chance em seu logaritmo natural.[1] O resultado pode ser referido como o log das chances ou o logit. A vantagem dessa transformação é que ela torna a linha em forma de "s" das probabilidades previstas na Figura 13.2 em uma linha reta do logaritmo das chances previstas, como na Figura 13.3.

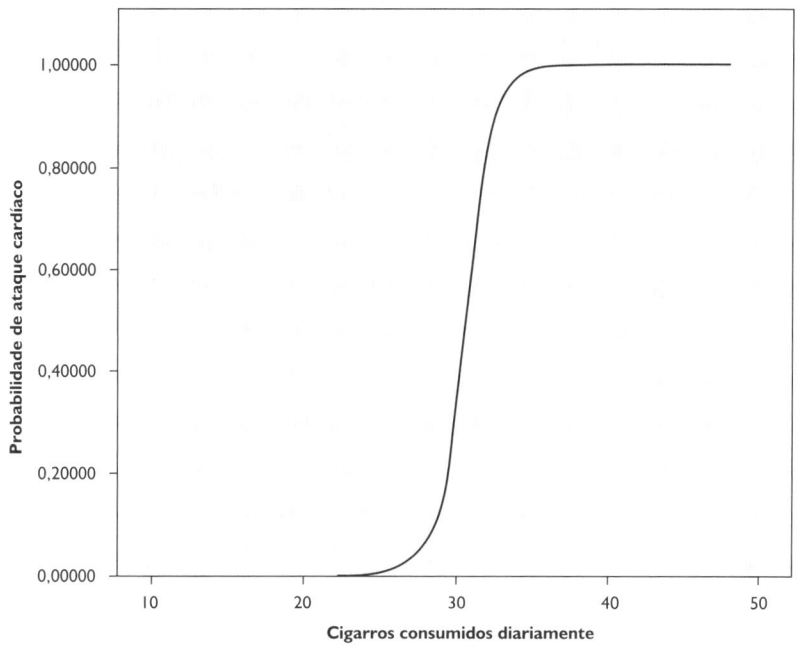

FIGURA 13.2

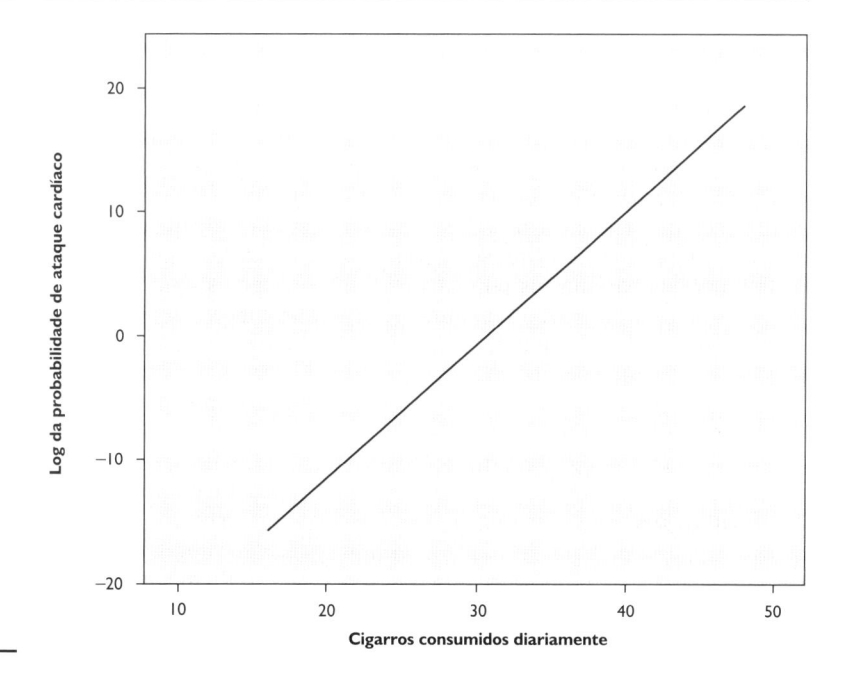

FIGURA 13.3

A equação gerada pela regressão logística especifica esse relacionamento linear entre a variável previsora e o log das chances do evento ocorrer no mesmo formato da regressão linear, com o qual você já está familiarizado (Cap. 11).

A fórmula geral para a regressão logística (com um único previsor) é:

$$\text{logit}(\hat{y}) = a + bx$$

logit $(\hat{y})$ = log da chance prevista do resultado (ataque cardíaco, em nosso caso).
b = um valor representando a inclinação da linha.
a = a constante – log da chance previsto quando o previsor é 0.
x = valor da variável previsora.

Como na regressão linear, a representa a log das chances previsto do evento em que o previsor é 0, e b é a inclinação da linha de regressão e representa a mudança no log das chances para uma unidade de aumento na variável x. O log da chance pode assumir qualquer valor, positivo ou negativo. Um valor acima de 0 significa que o relacionamento é positivo; um aumento na variável previsora está associado a aumento na chance do resultado. Um valor abaixo de 0 significa que, à medida que a variável previsora aumenta, a chance do resultado diminui. Um valor de 0 informa que não existe um relacionamento.

O computador identifica os valores de a e b para nós. Isso envolve um processo chamado de *estimativa por máxima verossimilhança*, que encontra os valores para a e b. Os valores são determinados como os mais prováveis parâmetros populacionais a gerar os dados amostrais observados.

No exemplo do ataque cardíaco, o SPSS calcula a equação como:

$$\text{log da chance (ataque cardíaco')} = -32,89 + 1,07 * \text{cigarros}$$

Assim como acontece na regressão linear, essa equação poderia ser usada para prever o log da chance de pessoas que têm um histórico de ataque cardíaco com base no número de cigarros fumados diariamente. Isso poderia ser transformado em uma probabilidade. Mostraremos esse processo mais adiante neste capítulo. Normalmente, os pesquisadores da ciência da saúde usam essa informação para ilustrar a força do relacionamento entre as variáveis. Da mesma forma que na regressão linear, a inclinação da linha da regressão é a estatística-chave aqui. Em nosso exemplo, o coeficiente b é positivo, mostrando que o aumento no número de cigarros consumidos está associado com uma chance maior de ataque cardíaco. O log da chance de ataque cardíaco aumenta em 1,07 para cada unidade de aumento da variável previsora (número de cigarros fumados por dia).

Você provavelmente não deve ter uma ideia de quanto um aumento no log da chance de 1,07 significa em termos da magnitude desse aumento. Tampouco nós temos uma ideia – o log da chance não é um indicador métrico intuitivo para se trabalhar. Felizmente, podemos converter, com facilidade, o log da chance em um indicador métrico mais familiar, como uma razão log da chance, e o SPSS faz isso automaticamente na saída da regressão logística. Discutimos a razão da chance no Capítulo 5. Ela nunca pode ser menor que 0. Um valor entre 0 e 1 significa que escores crescentes na variável previsora estão associados a um risco menor de acontecer um resultado; um valor maior que 1 indica que escores mais altos na variável previsora estão associados a uma chance maior do resultado. Uma razão de chance igual a 1 significa que não existe um relacionamento entre a variável previsora e o resultado. Em nosso exemplo, a razão de chances é de 2,93. Quando comparamos as chances em termos de razões, estamos dizendo que as chances de ataque cardíaco são 2,93 vezes maiores após uma unidade de aumento na variável previsora. Isso significa que a chance de um ataque cardíaco é *multiplicada* por 2,93 para cada cigarro extra fumado por dia. Não esqueça que esse conjunto de dados é fictício!

Veremos mais características da regressão logística à medida que passarmos por todo o conjunto de dados do estudo fictício sobre a relação entre o hábito de fumar e ataques cardíacos, utilizando o SPSS.

> **☑ ATIVIDADE 13.1**
>
> Você pode trabalhar a regressão logística conosco, usando o conjunto de dados *cardiac.sav*, disponível no *site* do livro.

1. Para executar uma análise de regressão logística, escolha *Analyze, Regression, Binary Logistic* (Analisar, Regressão, Logística Binária) (Captura de tela 13.1). Você verá uma caixa de diálogo (Captura de tela 13.2).
2. A variável de saída, *attacks* (ataques), está codificada como 1 para aqueles que tiveram um ataque cardíaco e 0 para aqueles que não tiveram. É sempre importante verificar o código de suas variáveis. No SPSS, o modelo de regressão logística irá prever a probabilidade de o resultado ser igual a 1. Mova essa variável para a caixa *Dependent* (Dependente). Mova, então, a variável previsora *smokes* (fuma; não confunda com a variável *smokes10*) para a caixa de covariáveis. É também uma boa ideia clicar no botão *Options* (Opções) e marcar a caixa para gerar intervalos de confiança para a estatística exp(B) (que é a razão de chances). A confiança padrão é composta de intervalos de 95%, e isso é o que você irá querer para a maioria dos seus propósitos.
3. Clique em *Continue* e em *OK*. A saída inicial do SPSS (não exibida) fornece detalhes descritivos, como o número de casos, os valores ausentes e o código da variável de saída.

Sob o título *Block 0* (Bloco 0), o SPSS produz a saída exibida na Captura de tela 13.3.

O modelo relatado não contém variáveis previsoras. Você pode ver que somente a "*Constante*" está incluída na equação

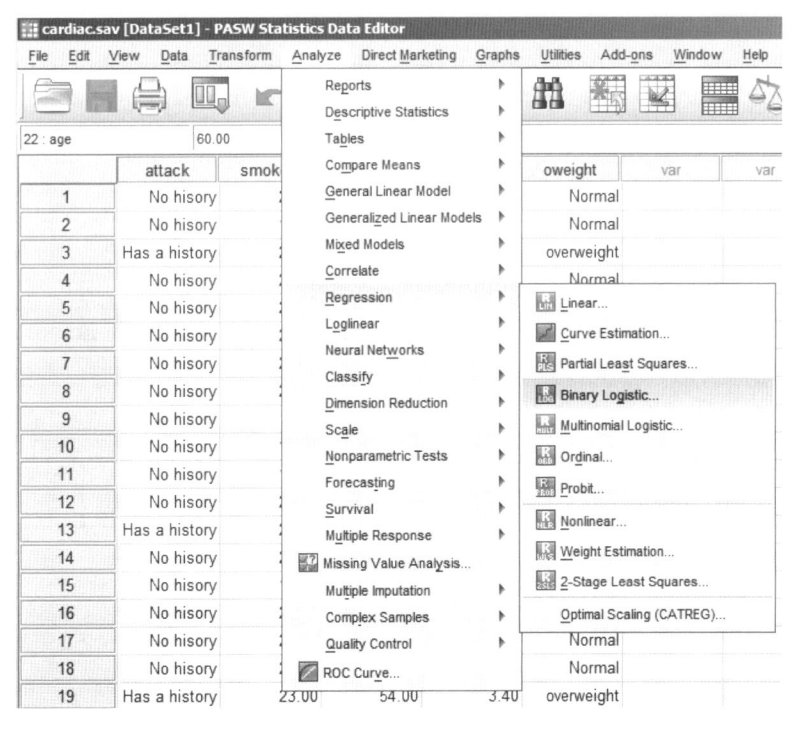

CAPTURA DE TELA 13.1

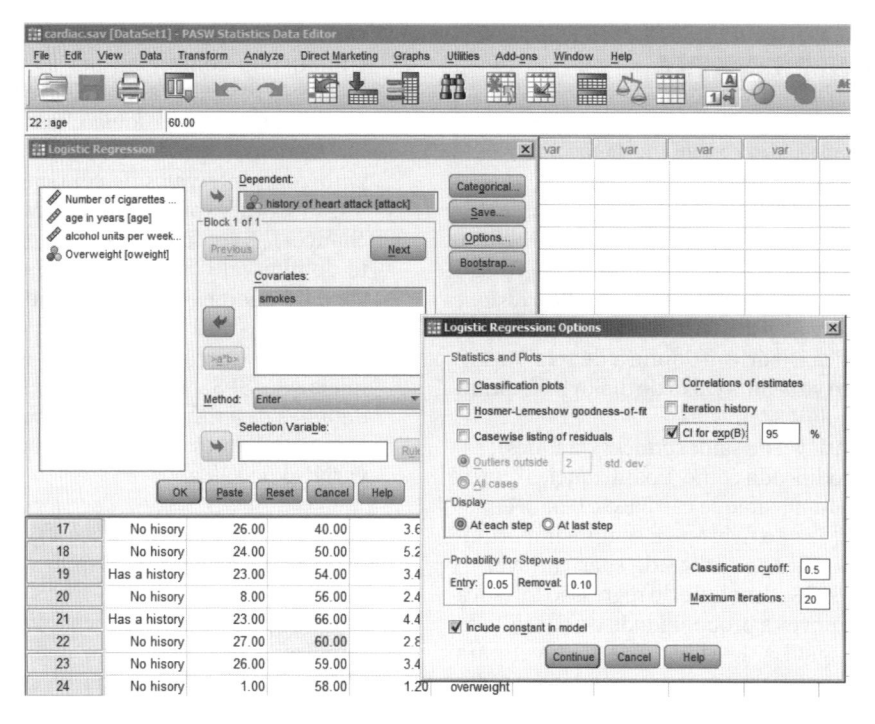

CAPTURA DE TELA 13.2

e que a variável *smokes* (*fuma*) está listada sob o título *Variables not in the equation* (Variáveis que não estão na equação). Você pode se perguntar por que o SPSS produz essa saída e, com frequência, não vai querer analisá-la. Entretanto, ela é um componente importante do cálculo, e, assim, vale a pena dispensar uns minutos analisando-a.

O modelo relatado na saída *Block 0* (Bloco 0) é o modelo básico. Ele testa quão bem podemos prever a saída observada sem quaisquer variáveis previsoras. Quão bem o modelo de previsão adere aos dados observados é resumido em uma estatística chamada "verossimilhança −2Log". Quanto mais baixo esse número, melhor a aderência do modelo aos dados. Não iremos discutir o cálculo aqui; teríamos que mudar o título do livro para *Estatística com matemática avançada para as ciências da saúde* caso fossemos discuti-lo! Embora a verossimilhança −2Log do modelo básico não seja

Variables in the Equation

		B	S.E.	Wald	df	Sig.	Exp(B)
Step 0	Constant	-1.386	.079	307.490	1	.000	.250

Variables not in the Equation

			Score	df	Sig.
Step 0	Variables	smokes	60.360	1	.000
	Overall Statistics		60.360	1	.000

CAPTURA DE TELA 13.3

exibida na saída do SPSS, ela se tornará importante mais adiante. O SPSS irá comparar a verossimilhança −2Log desse modelo com o modelo que inclui seu(s) previsor(es), a fim de dizer se eles melhoram ou não a previsão.

Sob o título *Block 1* (Bloco 1) são exibidos os resultados do modelo, incluindo a variável previsora. Primeiro, observaremos a tabela *Model Summary* (Resumo do Modelo) (Captura de tela 13.4); ela mostra a verossimilhança −2Log para esse modelo como 937,78. O modelo prevê a probabilidade de um ataque cardíaco (na forma de logit[ataque cardíaco´]) para cada observação na análise. A aderência do modelo é baseada em quão bem a previsão adere ao *status* do ataque cardíaco observado.

Veja, a seguir, os Testes Gerais dos Coeficientes Modelo (Captura de tela 13.5).

Essa tabela compara a verossimilhança −2Log do modelo atual com o modelo básico. A estatística qui-quadrado relatada é calculada pela diferença entre as verossimilhanças −2Log dos dois modelos. Casualmente, podemos inferir a verossimilhança −2Log do modelo básico adicionando a do modelo atual à diferença entre os dois modelos (em geral, não desejamos fazer isso):

$$937{,}78 + 63{,}03 = 1.000{,}81$$

Quanto maior a diferença, melhor as variáveis previsoras do modelo irão prever a saída em relação ao modelo básico. Nesse caso, a melhora na aderência é significativa (qui-quadrado(1) = 63,03, $p < 0{,}001$). Isto nos diz que adicionar a variável previsora "hábito de fumar" fornece uma previsão significativamente melhor de ataque cardíaco em comparação ao modelo básico. Se o teste não fosse significativo, então não haveria evidência de que a variável previsora foi útil na previsão do resultado. Os graus de liberdade para esse teste são calculados como o número de parâmetros extras estimados no novo modelo. Temos um parâmetro extra aqui: o coeficiente b para o número de cigarros fumados (ambos os modelos estimam a constante). O teste de significância qui-quadrado é análogo ao teste de aderência geral ANOVA de um modelo de regressão linear, como descrito no capítulo 11.

No Capítulo 11 você também viu que o modelo de regressão linear fornece uma medida R^2 de quanto da variação da variável de saída é explicada pela(s) variável(is) previsora(s). Na regressão logística, o cálculo de uma estatística análoga não é tão fácil, e vários métodos diferentes foram propostos. O SPSS fornece os resultados a partir de duas abordagens: pelas medidas de Cox e Snell e pelo R^2 de Nagelkerke. A abordagem de Nagelkerke parece ser a medida

Model Summary

Step	-2 Log likelihood	Cox & Snell R Square	Nagelkerke R Square
1	937.777[a]	.061	.097

a. Estimation terminated at iteration number 5 because parameter estimates changed by less than .001.

CAPTURA DE TELA 13.4

Omnibus Tests of Model Coefficients

		Chi-square	df	Sig.
Step 1	Step	63.028	1	.000
	Block	63.028	1	.000
	Model	63.028	1	.000

CAPTURA DE TELA 13.5

mais frequentemente relatada; assim, sugerimos que você a utilize. Elas são apresentadas na tabela *Model Summary* (Captura de tela 13.6).

O logit (ataque cardíaco´) pode ser facilmente convertido em uma probabilidade prevista de ataque cardíaco. A saída do SPSS mostra uma tabela de classificação (Captura de tela 13.7) que nos diz quão bem o modelo prevê quem sofreu ou não esse evento. Se a probabilidade prevista para um caso está acima de 0,5, então ela será classificada como a ocorrência do ataque. Se está abaixo de 0,5, então a previsão é de que o sujeito não teve um ataque cardíaco. No geral, esse modelo classificou corretamente 80,5% da amostra, o que pode parecer impressionante, mas é apenas uma pequena melhora na precisão em relação ao modelo básico exibido no Bloco 0 (*Block 0*) da saída do SPSS (80% de precisão).

A próxima parte da saída do SPSS (Captura de tela 13.8) exibe como a variável previsora se relaciona à saída.

Como foi observado anteriormente, o modelo de regressão logística tem a seguinte forma:

$$\text{logit}(ý) = a + bx$$

Podemos detalhar a equação a partir da Captura de tela 13.8 observando a coluna intitulada *B*. A linha da constante é o *a* da equação (-3,37). A linha dos fuman-

Model Summary

Step	-2 Log likelihood	Cox & Snell R Square	Nagelkerke R Square
1	937.777a	.061	.097

a. Estimation terminated at iteration number 5 because parameter estimates changed by less than .001

CAPTURA DE TELA 13.6

Classification Table[a]

Observed			Predicted		
			history of heart attack		Percentage Correct
			No hisory	Has a history	
Step 1	history of heart attack	No hisory	798	2	99.8
		Has a history	193	7	3.5
	Overall Percentage				80.5

a. The cut value is .500

CAPTURA DE TELA 13.7

Variables in the Equation

		B	S.E.	Wald	df	Sig.	Exp(B)	95% C.I.for EXP(B)	
								Lower	Upper
Step 1[a]	smokes	.094	.013	56.255	1	.000	1.098	1.072	1.126
	Constant	-3.370	.291	134.133	1	.000	.034		

a. Variable(s) entered on step 1: smokes.

CAPTURA DE TELA 13.8

tes (*smokes*) mostra o coeficiente *b*, que é o aumento previsto da razão de chances de ter um ataque cardíaco para um aumento de um cigarro fumado por dia (0,094). Como o coeficiente da razão de chances é positivo, sabemos que fumar está associado ao aumento da chance de ataque cardíaco. Podemos calcular o logit (ataque cardíaco´) para cada participante usando a seguinte equação. Por exemplo, para um participante que fuma 11 cigarros por dia, a equação seria:

$$\text{logit (ataque cardíaco´)} = -3{,}37 + (0{,}09 \times 11) = -2{,}38$$

Podemos converter o logit novamente em chances e, então, em probabilidade a partir de uma simples soma (colocada como uma nota de rodapé).[2] Isso fornece a um sujeito que fuma 11 cigarros por dia a probabilidade de 0,08 de ter um ataque cardíaco (baseado em dados fictícios).

> **ATIVIDADE 13.2**
>
> Se alguém fuma 42 cigarros por dia, qual é o seu logit (ataque cardíaco´)?

Assim como com a regressão linear o SPSS também produz um teste de significância para cada variável previsora no modelo. No caso da regressão logística, utiliza-se o teste de Wald em vez do teste *t*. A estatística de Wald é calculada dividindo-se a razão de chances pelo erro padrão estimado (exibido na coluna S.E. [EP] da saída do SPSS) e elevando-se o resultado ao quadrado. A significância da estatística de Wald é testada usando a distribuição qui-quadrado. Ela é altamente significativa aqui ($p < 0{,}001$), confirmando que altos níveis de cigarros consumidos estão associados a uma chance maior de ataque cardíaco.

Como observado anteriormente, o log das chances não é um indicador (uma métrica) conveniente para se trabalhar, enquanto a razão de chances é mais intuitiva. O SPSS fornece a razão de chances para o aumento de um cigarro consumido na coluna exp(B) (1,10), conforme o exposto na Captura de tela 13.8. A razão de chances pode ser interpretada como a chance de ter ataque cardíaco multiplicada por 1,10 para cada cigarro fumado a mais diariamente. Os intervalos de confiança de 95% para a razão de chances são também fornecidos aqui, pois os solicitamos via opções quando executamos a análise. Podemos interpretá-los indicando que estamos 95% confiantes de que a razão de chances na população estará entre 1,07 e 1,13. Como a razão de chances é mais fácil de ser entendida do que o log das chances, é ela que utilizaremos na interpretação dos resultados.

É importante observar que tanto o log das chances quanto a razão de chances não são padronizados. Não há nada de análogo ao coeficiente beta da regressão linear apresentado aqui. Se você mudar a escala em que o consumo de cigarros é avaliado, mudará tanto o log das chances quanto a razão de chances. Escolhemos graduar (medir) a variável previsora de modo que uma unidade equivale a um cigarro por dia. Podemos graduar novamente a variável previsora "fumar", de modo que uma unidade seja equivalente a 10 cigarros. Para isso, podemos simplesmente dividir a variável fumar por 10 antes de executar a análise. Se fizermos isso, o coeficiente do log das chances será 0,938, e a razão de chances será 2,56 (intervalo de confiança de 95% com valores entre 2,00 e 3,27). A significância da variável previsora e a aderência do modelo não são alteradas. Incluímos a variável fumar dividida por 10 no arquivo de dados *cardiac.sav* disponível no *site*, caso você queira conferir.

RELATANDO OS RESULTADOS

Você deve ter percebido que a regressão logística produz muita informação complexa, difícil de interpretar. Entretanto, quando você relata seus resultados, não é necessário incluir muitos detalhes. É melhor focar na razão de chances, porque o log das chances não é intuitivo para se fazer entender.

Com referência ao exemplo utilizado neste capítulo, você poderia dizer que:

> *Um modelo de regressão logística foi conduzido para testar se a frequência do ato de fumar prevê um histórico de ataque cardíaco. A análise mostrou que fumar com maior frequência está significativamente associado ao evento (qui-quadrado(1) = 63,03, p < 0,001). A razão de chances para um aumento de 10 cigarros diários é de 2,56 (intervalo de confiança de 95%: 2,00 a 3,27).*

REGRESSÃO LOGÍSTICA COM MÚLTIPLAS VARIÁVEIS PREVISORAS

Até agora, vimos a regressão logística com uma única variável previsora. A regressão logística também pode acomodar múltiplas variáveis previsoras. Desse modo, ela funciona como os modelos da regressão múltipla vistos no Capítulo 12, com a exceção de que a variável de saída é binária. A equação de uma regressão logística com múltiplas variáveis previsoras tem a seguinte forma:

$$\text{logit (resultado)} = a + (b_1 x_1) + (b_2 x_2) + (b_3 x_3)...$$

Para ilustrar a regressão logística com múltiplos previsores, iremos adicionar mais variáveis previsoras ao nosso conjunto de dados fictício, prevendo histórico de ataque cardíaco em uma amostra de fumantes. As duas variáveis adicionais são:

- ✓ Idade (medida em anos).
- ✓ Consumo de álcool (medido em uma escala em que uma unidade equivale a cinco unidades de álcool semanais).

☑ ATIVIDADE 13.3

Vamos executar a análise com o SPSS utilizando o conjunto de dados *cardiac.sav*. Precisamos acessar a caixa de diálogos da regressão logística da mesma forma que vimos anteriormente. Você deve configurar a caixa de diálogos para que ela se pareça com aquela apresentada na Captura de tela 13.9.

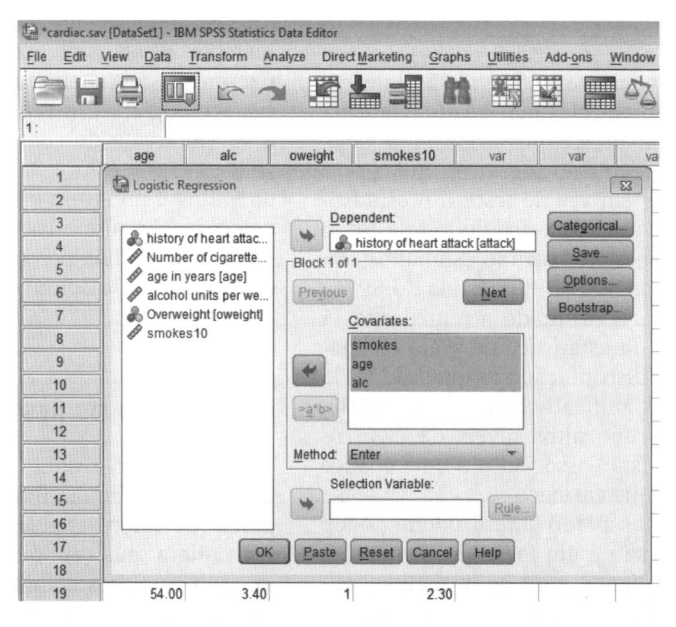

CAPTURA DE TELA 13.9

Não esqueça de pedir os intervalos de confiança de 95% para a razão das chances (exp[B]) da caixa de diálogos *Options* (Opções).

No Bloco 0 (*Block 0*) da saída, encontramos novamente um modelo básico sem quaisquer variáveis previsoras e com apenas a constante. Essa é exatamente a mesma saída que vimos antes, portanto não iremos comentá-la mais uma vez. Nosso modelo com três previsores será comparado a um modelo básico.

No Bloco 1 (*Block 1*), vemos os resultados do modelo com todas as três variáveis previsoras incluídas. Os Testes Gerais dos Coeficientes do Modelo (Captura de tela 13.10) comparam a aderência do modelo geral ao modelo básico. O valor do qui-quadrado é a diferença entre a verossimilhança do -2log dos dois modelos. Existem três graus de liberdade, pois esse modelo tem três parâmetros a mais do que o modelo básico: um para cada um dos coeficientes *b* do fumo, do álcool e da idade. Esse teste é significativo (qui-quadrado(3) = 153,03, $p < 0,001$), mostrando que o modelo geral adere melhor aos dados do que o modelo básico.

Omnibus Tests of Model Coefficients

		Chi-square	df	Sig.
Step 1	Step	153.027	3	.000
	Block	153.027	3	.000
	Model	153.027	3	.000

CAPTURA DE TELA 13.10

O Resumo do Modelo (Captura de tela 13.11) contém as medidas R^2 que fornecem uma avaliação mais interpretável de quão bem o modelo geral adere aos dados.

Model Summary

Step	-2 Log likelihood	Cox & Snell R Square	Nagelkerke R Square
1	847.778[a]	.142	.224

a. Estimation terminated at iteration number 5 because parameter estimates changed by less than .001

CAPTURA DE TELA 13.11

A informação das previsoras individuais é apresentada na tabela das Variáveis na Equação (Captura de tela 13.12).

Variables in the Equation

		B	S.E.	Wald	df	Sig.	Exp(B)	95% C.I.for EXP(B) Lower	95% C.I.for EXP(B) Upper
Step 1[a]	smokes	.053	.015	12.601	1	.000	1.055	1.024	1.086
	age	.060	.009	45.422	1	.000	1.061	1.043	1.080
	alc	.619	.106	33.768	1	.000	1.857	1.507	2.288
	Constant	-7.880	.660	142.636	1	.000	.000		

a. Variable(s) entered on step 1: smokes, age, alc.

CAPTURA DE TELA 13.12

Vamos iniciar olhando a linha *smokes* (fuma). Essa foi a variável que usamos ao prever o ataque cardíaco com uma única variável na análise anterior. Quando havia somente uma previsora, encontramos uma razão de chances de 1,10. Neste modelo, temos exatamente os mesmos escores de ataque cardíaco e fumo, mas também adicionamos previsoras extras. Após adicioná-las, o fumo, agora, tem uma razão de chances de 1,06. O teste de Wald mostra que o efeito é significativo ($p < 0,001$).

Assim, se comparado a quando era a única variável previsora, o fumo passou a ter uma razão de chances mais baixa neste novo modelo, que inclui outras previsoras. Por que isso aconteceu? A resposta é que, quando existem múltiplos previsores, somente a contribuição *independente* de cada previsor é representada nesses números. Aqui, é representada somente a contribuição de fumo que não está associada com o consumo de álcool e a idade. A interpretação da razão de chances para o fumo neste modelo é similar àquela do modelo com uma única variável previsora, com uma pequena adição. Podemos dizer que o aumento de um cigarro diário multiplica a chance de ataque cardíaco por 1,06, *mantendo os demais previsores constantes*.

As outras previsoras no modelo podem ser interpretadas de forma similar. Por exemplo, na escala semanal do álcool, um ponto de aumento no consumo (que realmente representa cinco unidades de álcool) tem uma razão de chances de 1,9. Assim, o consumo de álcool é uma previsora mais importante para ataque cardíaco do que o fumo? Não. Lembre-se que o log das chances e a razão de chances são dependentes da escala de mensuração. Como vimos anteriormente, o tamanho da razão de chances para o fumo varia de acordo com uma unidade que representa o aumento de um cigarro ou de 10 cigarros fumados por dia. Para tornar as previsoras mais comparáveis, você pode padronizá-las (como descrito no Cap. 4) antes da análise. Isso coloca todas as previsoras na mesma escala, que possui média de 0 e desvio-padrão 1. Escores z desse tipo são fáceis de fazer no SPSS:

Selecione *Analyze, Descriptive Statistics, Descriptives* (Analisar, Estatísticas Descritivas, Descritivas) (Captura de tela 13.13).

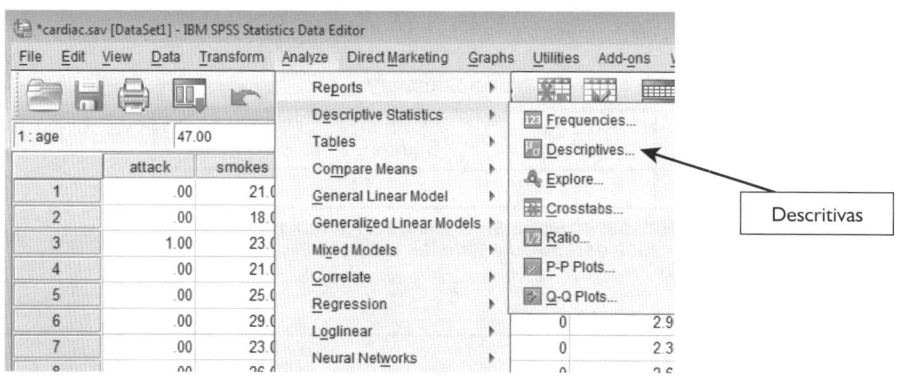

CAPTURA DE TELA 13.13

Na caixa de diálogo, mova as variáveis a serem padronizadas para a lista *Variables* (Variáveis). Para o nosso objetivo atual, a coisa mais importante é marcar a caixa *Save standardized values as variables* (Salvar os valores padronizados como variáveis), de acordo com a Captura de tela 13.14. Então, clique em *OK*.

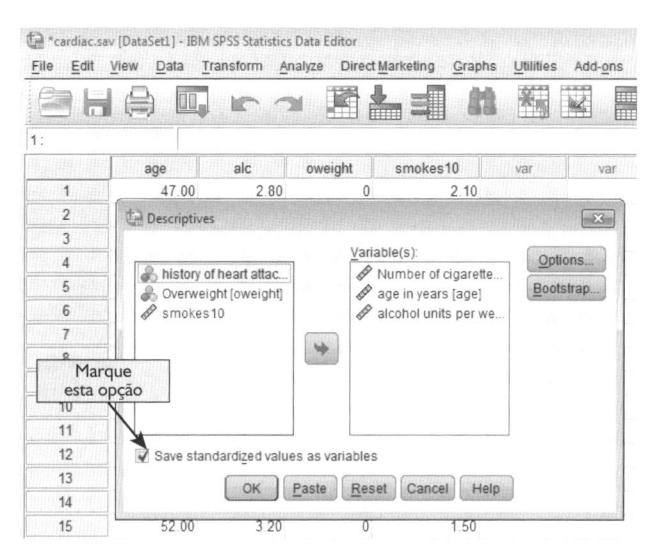

CAPTURA DE TELA 13.14

Ao fazer isso, a saída mostrará as estatísticas descritivas (média, desvio-padrão, etc.) para as variáveis selecionadas. Entretanto, não estamos particularmente interessados nessa saída para o nosso propósito atual. Se você olhar para o conjunto de dados (no *Data View* [Painel dos Dados]), perceberá que colunas extras foram adicionadas com um Z na frente dos nomes das variáveis (Captura de tela 13.15).

Zsmokes	Zage	Zalc
.16801	-.81885	-.15640
-.25343	1.35055	-2.32581
.44897	1.44916	1.02692
.16801	-2.49521	.43526
.72993	-1.01607	1.42136
1.29186	1.15333	-.74805
.44897	-.02998	-.94527
.87041	.75890	-.55083
-1.65823	1.74499	.04082
-.95583	-.42441	.04082
-.53439	1.05473	-.35361
1.29186	-1.01607	.43526
.02753	1.05473	.43526
.30849	.06863	-.15640

CAPTURA DE TELA 13.15

Essas são as versões padronizadas das previsoras, com médias de 0 e desvios-padrão de 1. Você pode verificar isso usando o comando *Descriptives* (Descritivas), caso não acredite em nós!

Agora, executaremos novamente a análise de regressão logística usando as previsoras padronizadas. Observe que a variável ataque cardíaco não mudou, mas iremos prevê-la usando nossos novos escores z. Assim, quando você definir o modelo (verifique anteriormente, caso precise de um lembrete), ele deve ficar como o da Captura de tela 13.16.

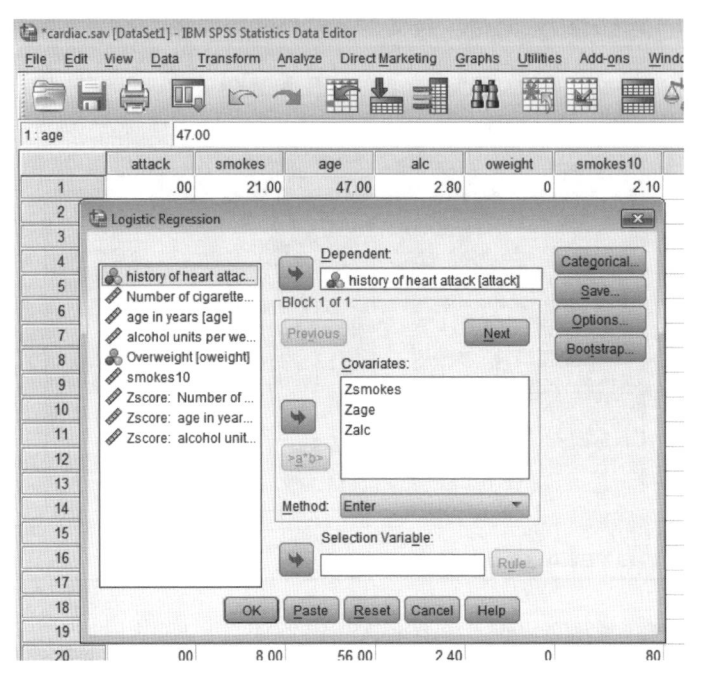

CAPTURA DE TELA 13.16

A maioria dos resultados ficará exatamente como deve quando usarmos as previsoras padronizadas, o que inclui as estatísticas de Wald e os valores p associados para as previsoras. Padronizar as previsoras não muda a sua associação fundamental com a saída. Os coeficientes da razão de chances (e o log das chances) para as previsoras devem ser diferentes, como mostra a Captura de tela 13.17.

Variables in the Equation

		B	S.E.	Wald	df	Sig.	Exp(B)	95% C.I.for EXP(B) Lower	Upper
Step 1[a]	Zsmokes	.379	.107	12.601	1	.000	1.461	1.185	1.802
	Zage	.604	.090	45.422	1	.000	1.829	1.534	2.180
	Zalc	.628	.108	33.768	1	.000	1.873	1.516	2.314
	Constant	-1.702	.100	288.148	1	.000	.182		

a. Variable(s) entered on step 1: Zsmokes, Zage, Zalc.

CAPTURA DE TELA 13.17

Nos escores padronizados, uma única unidade representa 1 desvio-padrão. Portanto, a coluna exp(B) mostra a razão de chances associadas a um aumento de 1 desvio-padrão em cada previsora. Por exemplo, um aumento de 1 desvio-padrão no fumo multiplica a chance de ataque cardíaco por 1,46 (intervalo de confiança de 95% entre 1,19 e 1,80). Um aumento de 1 desvio-padrão na idade multiplica a chance por 1,80 (intervalos de confiança de 95% entre 1,53 e 2,18). Como todas as previsoras têm, agora, escores nas mesmas escalas, as comparações fazem mais sentido.

No entanto, responder perguntas sobre que previsoras são mais importantes não é tão simples. A comparação entre as previsoras pode ter se tornado mais difícil por causa de seus padrões de intercorrelação. "Importância" pode, também, significar coisas diferentes em contextos diferentes.

REGRESSÃO LOGÍSTICA COM PREVISORES CATEGÓRICOS

Assim como lida com as variáveis previsoras contínuas, a regressão logística pode, também, incluir previsores categóricos (assim como pode a regressão linear). Estenderemos o exemplo do ataque cardíaco adicionando uma previsora categórica que pode assumir um de dois valores (note que podemos incluir previsores que assumem quaisquer números de valores); os participantes são codificados como acima do peso ou em seu peso normal, dependendo do índice de massa corporal acima de 25 ou abaixo. Essa variável é chamada de *oweight* no conjunto de dados *cardiac.sav*.

☑ ATIVIDADE 13.4

Acesse a caixa de diálogos da regressão logística como descrito anteriormente e defina *attack* (ataque) como a variável dependente e *oweight* como uma covariada. Então, pressione o botão *Categorical* (Categórica) e mova *oweight* da lista das covariadas para a lista *Categorical Covariates* (Covariadas Categóricas), como mostra a Captura de tela 13.18. A configuração da categoria de referência é muito importante para a interpretação, como iremos mostrar a seguir. Nesta primeira análise, clique no botão *First* (Primeiro), como mostra a Captura de tela 13.18, e, então, clique no botão *Change* (Mudar) imediatamente acima dele.

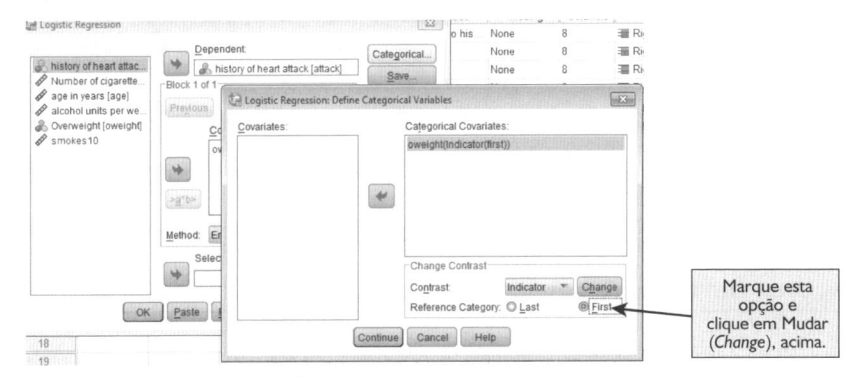

CAPTURA DE TELA 13.18

Pressione, então, *Continue* e *OK* para executar o modelo, que, em muitos aspectos, é executado como os modelos de regressão logística vistos anteriormente. A caixa Variáveis na Equação é exibida na Captura de tela 13.19.

Variables in the Equation

		B	S.E.	Wald	df	Sig.	Exp(B)	95% C.I.for EXP(B) Lower	Upper
Step 1ª	oweight(1)	1.211	.165	54.090	1	.000	3.358	2.432	4.638
	Constant	-1.977	.125	250.543	1	.000	.139		

a. Variable(s) entered on step 1: oweight.

CAPTURA DE TELA 13.19

Como essa é uma variável previsora categórica com dois níveis, os coeficientes se referem às comparações das chances nos dois diferentes níveis da variável previsora. A caixa de diálogos foi criada com a categoria de referência *First* (Primeiro). A primeira categoria é aquela com o código mais baixo. Em nosso caso, é 0, que indica peso normal. A saída compara todas as outras categorias de *oweigth* a esta. No exemplo, existe somente outra categoria – acima do peso –, codificada como 1. Assim, a saída na linha de *oweight(1)* compara as pessoas na categoria acima do peso àquelas na categoria do peso normal. Se olharmos para a razão das chances, veremos que as chances de ataque cardíaco são 3,36 vezes maiores para homens acima do peso do que para aqueles com peso normal. O teste de Wald mostra que esse é um efeito significativo ($p < 0,001$), e os intervalos de confiança mostram que estamos 95% confiantes de que a razão de chances na população estará entre 2,43 e 4,64.

Para você se tornar mais familiarizado com as variáveis previsoras categóricas, execute novamente a análise, mas selecione *Last* (Última) como a categoria de referência ao definir o modelo, como mostra a Captura de tela 13.20.

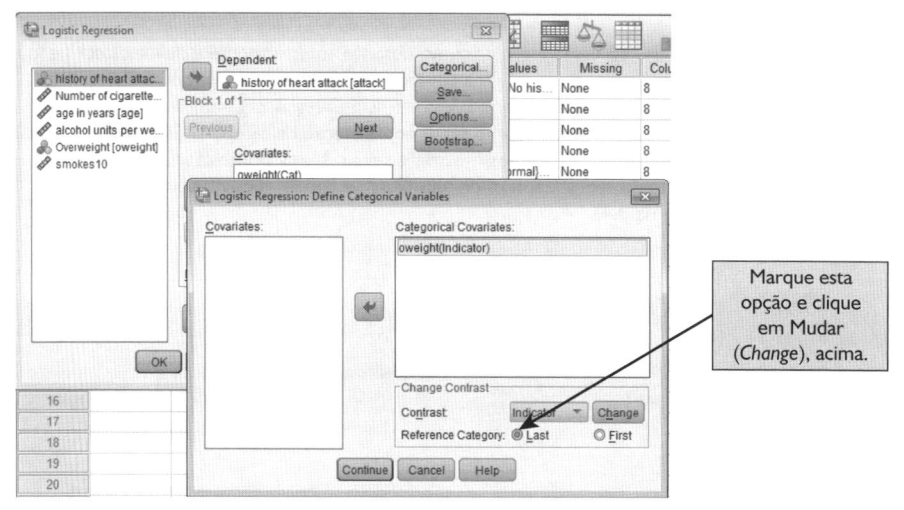

CAPTURA DE TELA 13.20

Isso não muda a aderência geral do modelo. Agora, definimos o grupo acima do peso como a categoria de referência, e as chances relativas na categoria peso normal serão apresentadas. O que aconteceu ao log das chances é que o sinal mudou: ele era 1,21 na análise anterior e é –1,21 agora (Captura de tela 13.21). A razão das chances está muito diferente, valendo 0,30. Lembre-se que uma razão de chances menor que 0 não é possível. Esse resultado mostra que as chances diminuem por um fator de 0,30 quando comparamos as pessoas com peso normal àquelas com sobrepeso. Portanto, existe uma pequena probabilidade de ataque cardíaco para homens com peso normal.

Variables in the Equation

		B	S.E.	Wald	df	Sig.	Exp(B)	95% C.I.for EXP(B)	
								Lower	Upper
Step 1[a]	oweight(1)	-1.211	.165	54.090	1	.000	.298	.216	.411
	Constant	-.765	.107	50.764	1	.000	.465		

a. Variable(s) entered on step 1: oweight.

CAPTURA DE TELA 13.21

PREVISORES CATEGÓRICOS COM TRÊS OU MAIS NÍVEIS

Muitos pesquisadores decidiram categorizar os previsores contínuos. Como veremos a seguir, Emerson e colaboradores (2006) previam a presença de uma gama de resultados de saúde com a renda familiar usando a regressão logística. A renda foi mensurada continuamente em libras, e eles dividiram os seus escores em quintis. Isso significa que categorizaram os participantes em cinco grupos de renda de mesmo tamanho (cada um contendo 20% da amostra). O primeiro quintil incluía os 20% da renda mais baixa, o segundo incluía os 20% da próxima, etc. Eles incluíram uma variável categórica de cinco níveis na análise de regressão logística para prever os resultados de doenças.

Uma vantagem de categorizar variáveis contínuas dessa forma é que isso permite que sejam identificados relacionamentos curvilíneos. Pode ser que um escore muito baixo na renda familiar aumente o risco de ataque cardíaco. Quando sua família só pode arcar com os alimentos mais baratos, isso pode implicar em comer muita comida não saudável, com muitas calorias, mas baixo valor nutritivo. Esse tipo de dieta poderia aumentar o risco de problemas cardíacos. Estar no topo da distribuição de renda pode, também, ser ruim para a dieta: todo aquele champanhe no café da manhã e vinho do porto e charutos à noite, por exemplo! Nesse cenário, são as pessoas que estão no meio da distribuição de renda que têm o melhor desempenho, e aquelas que estão na cauda, o pior. Em nossas leituras sobre desigualdades na saúde, esses tipos de relacionamentos não são normalmente encontrados. Rendas altas estão associadas a melhor saúde ao longo de toda a faixa de variação. No entanto, faz sentido, para os pesquisadores, executar análises de maneira que permitam detectar relacionamentos curvilíneos, o que significa que seus leitores podem ver, por si próprios, a extensão na qual o relacionamento é linear. Mostraremos a interpretação de modelos em que um previsor contínuo foi dividido em categorias. Observe o artigo de Emerson e colaboradores (2006) em detalhes no nosso exemplo da literatura.

Exemplo da literatura

Emerson e colaboradores (2006) usaram a Pesquisa da Saúde Mental da Criança e do Adolescente Britânicos para examinar se as desigualdades sociais estavam presentes na infância e na adolescência em um leque de resultados de saúde. A pesquisa incluiu 10.438 jovens de todo o Reino Unido. Os resultados estudados foram todos construídos como medidas binárias e analisados usando a regressão logística. Alguns desses resultados eram naturalmente binários, como eczema, asma e transtorno mental (codificado como presente ou ausente). Eles também estudaram a resposta a uma pergunta geral sobre o estado de saúde, codificado em uma escala de cinco pontos (muito boa, boa, regular, ruim, muito ruim). Para transformar essa variável em um resultado binário adequado para a regressão logística, combinaram as categorias muito boa e boa em uma única, "boa", e as categorias regular e ruim em outra, "regular a ruim".

Essas variáveis de saída foram previstas da renda familiar utilizando-se a regressão logística. O quintil da renda (descrito anteriormente) foi colocado nos modelos da regressão logística como uma variável categórica. Os autores examinaram se o efeito da renda iria diferir para meninos e meninas e para crianças mais jovens (5-10 anos de idade) e mais velhas (11-15 anos de idade). Relatamos a análise para crianças mais jovens na Tabela 13.1. Observe que cada linha da tabela relata um modelo de regressão logística separado.

Existem várias características interessantes nesses resultados. Primeiro, observaremos as estatísticas para a aderência do modelo geral, começando com os valores-p. Este é o teste de significância nas diferenças entre a aderência para os modelos que incluem a renda como um previsor e os modelos básicos que não incluíram previsores. Eles são significativos em todos os casos, com exceção de eczema em meninos; não existe evidência de que a renda preveja essa condição em meninos. Em todos os outros casos, o conhecimento da renda melhorou a previsão dos resultados estudados em crianças. A seguir, olharemos as estimativas do R^2 de Nagalkerke, que fornecem uma indicação de quão bem o conhecimento da renda melhora a previsão da doença. Em todos os casos, elas parecem ser bem baixas. Até mesmo efeitos muito pequenos serão significativos em um conjunto de dados tão grandes. Entretanto, estatisticamente, pequenos efeitos podem ser muito importantes em termos de política de saúde pública.

A seguir, olhe para as razões de chances. Lembre-se de que a renda foi colocada como um previsor com cinco categorias. O quintil 5, contendo as rendas familiares mais altas, foi escolhida como a categoria de referência. Todos os outros quintis são comparados separadamente a essa categoria de referência. As razões de chances exibidas são as chances de doença em cada quintil relativo às chances na categoria de referência. Portanto, as razões de chances exibidas na coluna da categoria de referência são iguais a 1. Nos pontos em que as razões de chances são significativamente diferentes de 1 ($p < 0,05$), elas foram marcadas com um asterisco (*). Por exemplo, a chance de ter uma saúde regular ou muito ruim no quintil mais pobre é significativamente diferente daquela no quintil mais rico. A razão de chances é calculada como 3,4. Isso significa que a chance de uma saúde ruim é 3,4 vezes maior no quintil mais pobre em relação ao mais rico. As chances no segundo quintil são, também, significativamente diferentes da categoria de referência; a razão de chances é mencionada como 2,4. As chances no quintil 1 são diferentes daquelas no quintil 2 (os dois quintis mais influentes)? Isso não está claro a partir dos resultados apresentados aqui. A pergunta poderia ser respondida ao se executar novamente o modelo especificando uma categoria de referência diferente da variável previsora.

Para a maioria dos resultados de saúde estudados aqui, vemos o gradiente social esperado na saúde: aqueles que são mais ricos têm menos risco de doenças. Isso não é verdade para eczema em meninas. A renda é um previsor significativo do resultado, mas as razões de chances nos quintis de renda mais baixa são menores que 1. Isso indica que a chance de eczema é menor nos quintis de baixa renda em relação aos mais altos. Entretanto, a única comparação significativa está entre os quintis de renda mais baixa e mais alta.

TABELA 13.1

Saída	Prevalência (em %)	Quintil da renda 1 (Baixa)	2	3	4	5 (Alta)	R^2 de Nagal-kerke	Valor-p
Saúde muito ruim (meninos)	7	3,4*	2,4*	2,0*	1,3	1	0,03	<0,001
(meninos)	18	1,8*	1,6*	1,4*	1,4	1	0,01	<0,01
Asma (meninos)	14	1,1	0,9	0,8	0,9	1	0,00	n.s.
Eczema (meninos)	15	0,6*	0,8	1,0	0,8	1	0,01	<0,05
Eczema (meninas)	10	3,0*	2,1*	1,2	1,1	1	0,04	<0,001
Transtorno mental (meninos)								

*$p < 0,05$

> **Resumo**
>
> A regressão logística binária é usada para analisar as variáveis de saída que podem assumir um ou dois valores. Ela divide muitas similaridades com os modelos de regressão para variáveis de saída contínuas estudadas nos Capítulos 10 e 11. Elas podem incluir uma ou mais variáveis previsoras e ser contínuas e/ou categóricas. Como vimos no Exemplo da literatura, é comum que pesquisadores das ciências da saúde particionem as variáveis contínuas em grupos e os usem como previsores categóricos.
>
> Como em outros tipos de regressão, a regressão logística fornece um teste de significância do modelo geral e indica quão bem o modelo adere aos dados. O relacionamento entre os previsores e o resultado são mais proveitosamente expressos como previsores categóricos. A regressão logística binária é amplamente usada por cientistas da saúde e forma a base de muitos modelos avançados. Portanto, é uma técnica relevante para você se familiarizar.

QUESTÕES DE MÚLTIPLA ESCOLHA

1. A regressão logística binária pode ser usada com os seguintes tipos de variáveis de saída:
   a) Variáveis que podem assumir um de dois valores possíveis.
   b) Variáveis contínuas com escores em uma escala intervalar.
   c) Variáveis que podem assumir um de muitos valores possíveis.
   d) Variáveis contínuas com escores em uma escala razão-intervalar.

2. A regressão logística pode incluir que tipo de variáveis previsoras?
   a) Contínuas.
   b) Categóricas com somente dois valores possíveis.
   c) Categóricas com três ou mais valores possíveis.
   d) Alternativas a, b e c estão corretas.

3. Se uma variável previsora contínua tem uma razão de chances de 1,4 em um modelo de regressão logística, isso implica que, para cada unidade de aumento no previsor:
   a) A probabilidade do resultado aumenta por 1,4.
   b) A probabilidade do resultado é multiplicada por 1,4.
   c) As chances do resultado aumentam por 1,4.
   d) As chances do resultado são multiplicadas por 1,4.

4. Na regressão logística, o modelo básico contém:
   a) Uma linha branca atrás da qual você deve ficar quando for se servir.
   b) Todas as suas variáveis previsoras e um termo constante.
   c) Uma constante, mas não variáveis previsoras.
   d) Todas as variáveis previsoras, mas nenhuma constante.

5. O log das chances pode assumir valores entre:
   a) – infinito e + infinito.
   b) 0 e 1.
   c) 0 e infinito.
   d) -1 e 1.

6. Na regressão logística, a verossimilhança do –2log mensura:
   a) A aderência do modelo – quanto mais alto o valor, melhor a aderência.
   b) A aderência do modelo – quanto menor o valor, melhor a aderência.
   c) A probabilidade de um erro do Tipo 1.
   d) As chances de tropeçar em um log ao correr (multiplicado por –2).

7. Quais das seguintes alternativas seriam variáveis previsoras adequadas em um modelo de regressão logística?

   a) Pressão sanguínea (medida em batidas por minuto).
   b) Razão da cintura/quadril (dividida em quintis).
   c) Gênero (masculino ou feminino).
   d) Todas as alternativas anteriores.

   As questões seguintes se referem a um estudo prevendo a presença da depressão a partir da gravidade dos eventos vividos nos seis meses anteriores (medidos em uma escala contínua, com escores altos indicando uma gravidade maior) e do gênero (codificado como 0 para feminino, e 1 para masculino).
   O resultado do resumo do modelo mostrou:

   Omnibus Tests of Model Coefficients

		Chi-square	df	Sig.
Step 1	Step	24.664	2	.000
	Block	24.664	2	.000
	Model	24.664	2	.000

   Model Summary

Step	-2 Log likelihood	Cox & Snell R Square	Nagelkerke R Square
1	20.323[a]	.460	.682

   a. Estimation terminated at iteration number 7 because parameter estimates changed by less than .001.

8. Por que existem dois graus de liberdade nos Teste Geral dos Coeficientes Modelo?

   a) Porque a depressão pode assumir dois valores possíveis.
   b) Porque o modelo básico contém dois parâmetros adicionais.
   c) Porque o modelo incluindo os previsores contém dois parâmetros adicionais.
   d) Porque o gênero pode assumir dois valores possíveis.

9. O modelo como um todo melhora significativamente a previsão da depressão em relação ao modelo básico?

   a) Não.
   b) Sim, pois o teste do qui-quadrado é significativo.
   c) Sim, pois o R^2 de Nagalkerke está acima de 0.
   d) Sim, pois a verossimilhança do −2log é positiva.

As variáveis na saída da equação do modelo prevendo depressão são exibidas a seguir:

Variables in the Equation

		B	S.E.	Wald	df	Sig.	Exp(B)	95% C.I.for EXP(B)	
								Lower	Upper
Step 1[a]	lifeevents	.928	.300	9.575	1	.002	2.529	1.405	4.552
	gender(1)	.403	1.278	.099	1	.752	1.497	.122	18.332
	Constant	-10.084	3.086	10.679	1	.001	.000		

a. Variable(s) entered on step 1: lifeevents, gender.

10. Como são calculadas as estatísticas de Wald?

    a) O log das chances^2/erro padrão.
    b) O log das chances/erro padrão^2.
    c) O (log das chances/erro padrão^2).
    d) Pensar em um número e, então, duplicá-lo.

11. De acordo com os testes de Wald, que previsor(es) faz(em) uma contribuição significativa ao modelo?

    a) Eventos da vida.
    b) Gênero.
    c) Alternativas a e b.
    d) Nenhum dos previsores é significativo.

12. Podemos estar 95% confiantes de que a razão de chances na população para eventos da vida estão entre:

    a) Não temos ideia dos intervalos de confiança de 95% desse resultado.
    b) 1,41 e 4,55.
    c) 0,12 e 18,33.
    d) 0,30 e 9,58.

13. Se a variável "eventos da vida" fosse padronizada antes de executarmos a análise, o efeito seria:

    a) Alterar a aderência do modelo geral.
    b) Alterar o efeito do teste de significância de Wald para a variável eventos da vida.
    c) Alterar a razão de chances para a variável eventos da vida.
    d) Alterar a razão de chances para a variável gênero.

14. Qual das seguintes alternativas são abordagens diferentes para calcular a estatística do tipo R^2 para a regressão logística?

    a) Teste de Wald.
    b) Nagelkerke.
    c) Cox e Snell.
    d) Alternativas b e c.

15. Se você tivesse uma exp(B) de –1,4, isso significaria que:

    a) Se você aumentar sua variável previsora por uma unidade, a chance de estar na condição codificada como 1 seria 1,4 vezes menor.
    b) Se você aumentar sua variável previsora por uma unidade, a chance de estar na condição codificada como 1 seria 1,4 vezes maior.
    c) Você cometeu um erro, pois não se pode ter um exp(B) negativo.
    d) Nenhuma das alternativas anteriores.

NOTAS

1. Não nos aprofundaremos no processo de transformação do logaritmo pois estamos tentando evitar detalhes matemáticos neste livro. Se você estiver interessado, pode facilmente encontrar mais sobre o assunto com uma rápida pesquisa na internet.
2. Converter o log das chances envolve tomar o inverso do logaritmo natural de –2,28, o que resulta em 0,09. As chances podem ser convertidas em probabilidades dividindo-se as chances por 1 + chances. Isso resulta em 0,08. Chances e probabilidade são muito parecidas quando a probabilidade é baixa.

14
Intervenções e análise de mudanças

Panorama do capítulo

Neste capítulo, iremos medir e analisar a mudança; mostraremos como delinear uma pesquisa que pode medir a mudança em uma variável de saída e como analisar os dados de delineamentos desse tipo; e explicaremos também a importância de um relato apropriado de intervenção e pesquisa da mudança. Nosso objetivo é apresentar ensaios controlados aleatorizados e delineamentos de um único caso, bem como fazê-lo entender como são executadas as análises no SPSS.

Assim, neste capítulo, você aprenderá sobre:

- ✓ Intervenções;
- ✓ Ensaios controlados aleatorizados (ECAs);
- ✓ Orientações CONSORT para relatar os ECA;
- ✓ Análises dos ECA;
- ✓ Delineamentos de caso único;
- ✓ Análises visuais de delineamentos de caso único;
- ✓ Execução da análise usando o SPSS;
- ✓ Para entender melhor nossas discussões, leia os capítulos sobre mensuração de associações (Cap. 9), diferenças entre dois grupos (Cap. 7) e diferenças entre três grupos (Cap. 8).

INTERVENÇÕES

Muitas pesquisas médicas e da ciência da saúde são delineadas para medir a efetividade de um tratamento ou outro. Os tratamentos podem ser de natureza farmacêutica, física, cirúrgica ou até mesmo psicológica. Geralmente chamamos esses tratamentos de "intervenções". A intervenção ocorre quando alguns pesquisadores (ou profissionais) intervêm para alterar uma variável de interesse. Normalmente, as variáveis de interesse das ciências da saúde são doenças ou variáveis relevantes para uma vida saudável e, portanto, uma intervenção é quase sempre um procedimento delineado para reduzir uma patologia ou melhorar comportamentos saudáveis (p. ex., exercitar-se mais ou usar fio dental). Se você pensar sobre isso, as intervenções são muito similares às variáveis independentes no experimento típico descrito no Capítulo 1, em que temos uma variável de interesse (a dependente) e manipulamos outra variável (a independente) para ver se esta tem um efeito sobre aquela. Sugerimos, no Capítulo 1, que um delineamento experimental consiste em uma variável em que os participantes são alocados aleatoriamente às diferentes condições dessa variável e que, então, fazemos algo diferente para cada grupo (p. ex., dar a elas tratamentos diferentes) para ver que efeito isso tem na variável dependente. Os tratamentos que introduzimos como condições da variável independente poderiam, dentro do contexto da pesquisa clínica, ser considerados intervenções.

COMO VOCÊ SABE QUE AS INTERVENÇÕES SÃO EFETIVAS?

Vamos imaginar um caso. Você é um clínico e acha que tem uma maneira nova e fantástica de tratar pessoas com halitose. Então, convida pessoas para tomarem parte de um ensaio para a sua nova intervenção, e percebe que a maioria delas melhora seus sintomas. Ao que parece, o tratamento funciona. Mas, por um momento de reflexão (ou relendo o Capítulo 1), você lembra de vários problemas ao tentar tirar conclusões desse ensaio. Em primeiro lugar, como sabemos que seu tratamento melhorou os sintomas? Pode ser que os participantes tenham tido melhoras espontâneas, ou, talvez, tomar parte do estudo os tenha deixado mais cuidadosos quanto à condição em que se encontravam, o que os fez tomar medidas adicionais, além daquelas inclusas na intervenção, para melhorar seus sintomas. Além disso, se você fosse a pessoa a avaliar os sintomas antes e depois da intervenção, poderia, inconscientemente, influenciar sua avaliação dos sintomas alinhados com as suas expectativas. Por fim, a diferença nos sintomas de halitose observados antes e depois de sua intervenção podem ser consequência do erro amostral. Esses são problemas associados à tentativa de determinar se a intervenção foi ou não efetiva.

Exemplo da literatura

Porter e Scully (2006) apresentaram um breve artigo sobre as causas e o tratamento da halitose. Embora não seja um artigo de pesquisa, ele fornece uma boa visão geral do tratamento dessa condição e sugere que uma limpeza suave da língua e um enxágue bucal com gluconato de clorexidina são efetivos, pelo menos em curto prazo. No entanto, é interessante observar que a evidência citada para os benefícios do gluconato de clorexidina é somente um estudo-piloto (Quirynen et al., 1998).

O que precisamos então?

Uma melhora significativa para o delineamento seria a introdução de uma condição de não intervenção, de modo que teríamos um grupo de comparação para atuar como "controle". Se obtivermos uma melhora no grupo da intervenção, então temos uma evidência mais plausível da eficácia da nova intervenção. Um problema com esse tipo de delineamento está em como alocamos as pessoas às condições. Por exemplo, você pode alocar os 20 primeiros participantes ao novo grupo de intervenção e os próximos 20 ao grupo-controle. O problema com esse método de alocação é que pode haver alguma característica que distingue as primeiras 20 pessoas voluntariadas para o seu estudo das últimas 20. Talvez os primeiros voluntários estejam mais entusiasmados em melhorar seus sintomas e seja isso o que conta para as melhoras posteriores, em vez de sua intervenção. Temos, então, que ter uma forma menos sistemática para alocar os participantes aos grupos. De forma ideal, devemos usar a alocação aleatória (ver Cap. 1). Se alocarmos aleatoriamente os participantes aos grupos (p. ex., lançando uma moeda ou usando listas de números aleatórios), então qualquer diferença verificada entre os dois grupos (em termos de motivação, etc.) será provavelmente minimizada e terá natureza aleatória. Com esse método de alocação, os participantes podem ficar muito mais confiantes de que foi a nossa nova intervenção que ocasionou uma melhora nos sintomas, e não algumas variáveis externas que não conseguimos controlar.

Cegamento

Um grupo-controle e a alocação aleatória dos participantes às condições são formas de garantir que nossa avaliação da intervenção seja confiável. Entretanto, eles não são um delineamento de pesquisa perfeito. Aludimos a uma das razões anteriormente. Se você planejou uma nova intervenção e decidiu avaliar tanto o grupo-controle quanto o da intervenção para os sintomas de halitose antes e depois da intervenção, então pode, inconscientemente, influenciar na avaliação dos sintomas. Isso geralmente é impossível de se evitar, não interessa o quanto nos esforcemos como pesquisadores. Além disso, mesmo sendo totalmente imparcial em suas avaliações, você ainda pode sofrer críticas das pessoas que duvidam de sua nova intervenção. Eles podem (com razão) dizer: "Você sabia em que grupo estava cada participante e, portanto, pode ter sido parcial no registro dos sintomas". Esse é um fardo difícil a ser carregado em um estudo; então, como resolvemos isso?

Resolvemos isso com o cegamento (ou mascaramento). No cegamento, você, como pesquisador, não sabe em que condição cada participante foi alocado. Uma vez que se manteve cego para cada condição dos participantes no ensaio, suas avaliações não podem ser influenciadas pelas condições em que cada participante se encontrava, tampouco por suas expectativas como pesquisador. Esse processo é uma parte crucial de um ensaio clínico. No mínimo, você precisa cegar os pesquisadores às condições em que se encontram os participantes. Tal procedimento é conhecido como ensaio cego simples.

Estamos criando, agora, um bom delineamento de pesquisa que nos permitirá determinar a eficácia da nova intervenção. Existem outros problemas que precisamos superar? Existem. Observamos os problemas com a parcialidade do pesquisador influenciando o resultado, mas e a parcialidade dos participantes? Frequentemente, eles estão bem ávidos em fazer o que é solicitado pelo pesquisador e modificam seu comportamento para agradá-lo. Isso significa que pode não ser a intervenção que não seja efetiva, mas mudanças de comportamento dos sujeitos. As mudanças sutis dos participantes são chamadas de *efeito de demanda*. Outro problema tem a ver com o *efeito placebo*. O efeito placebo surge quando a intervenção não possui um ingrediente ativo, mas ainda é capaz de ocasionar a melhora dos sintomas. Por exemplo, quando tentamos estabelecer se uma nova droga é ou não eficaz, damos a alguns participantes uma pílula que se parece com a nova medicação, mas que não possui um ingrediente ativo (p. ex., uma pílula de açúcar). Os participantes não sabem se estão tendo o novo tratamento ou o placebo, e, assim, podemos ver quão forte é o efeito do placebo nos ensaios executados. Para isso, os participantes devem ser alocados aleatoriamente às condições do placebo e da intervenção e devem ignorar (ou estar cegos) à condição em que se encontram. Ou seja, todos devem acreditar que estão tomando a pílula de açúcar ou todos devem acreditar que estão tendo a intervenção. Nesse tipo de estudo, os participantes são considerados "cegos à intervenção". Quando combinamos o cegamento dos pesquisadores com o cegamento dos participantes, temos o que é chamado de um estudo *duplo-cego*. Tais procedimentos tornam nossas descobertas mais confiáveis e menos abertas a questões de outros pesquisadores e clínicos.

O efeito placebo

Existe evidência considerável de que o efeito placebo tem forte influência nas respostas dos participantes (p. ex., Price et al., 2008). O efeito placebo ocorre quando o participante de um estudo recebe uma intervenção que não possui um "ingrediente ativo" significativo. Um exemplo seria o de participantes de um estudo sobre os efeitos do paracetamol em enxaquecas que receberam uma pílula de açúcar em vez de um tablete de paracetamol. A pílula de açúcar não contém nenhum ingrediente analgésico ativo e, portanto, não deveria produzir efeitos benéficos no alívio da enxaqueca. Se a pílula de açúcar está atuando como placebo, veríamos uma melhora da enxaqueca nos participantes que a receberam como um tratamento. Embora haja considerável evidência para a existência do efeito placebo, há, também, pesquisas que sugerem que esses efeitos podem não ser confiáveis. Por exemplo, Hrobjartsson e Gotzsche (2001) descobriram que a força dos efeitos do placebo parece estar ligada ao tamanho da amostra e, portanto, sugeriram que tais efeitos não eram confiáveis. Essa descoberta foi repetida três anos mais tarde (Hrobjartsson e Gotzsche, 2004).

Embora ainda exista uma pequena controvérsia em torno do efeito placebo, temos que levar em consideração esses efeitos em nossos ensaios. Por isso, precisamos estar certos de incluir o cegamento nos estudos quando possível e apropriado.

ATIVIDADE 14.1

Pense a respeito de nosso exemplo sobre a halitose. Escreva como você seria capaz de reduzir a explicação de um efeito placebo para a melhora observada em nossa nova condição de intervenção (você pode encontrar algumas sugestões no final do livro).

ENSAIOS CONTROLADOS ALEATORIZADOS (ECAs)

Descreveremos, agora, todos os principais elementos da forma mais robusta de se pesquisar a eficácia de uma intervenção, o ensaio controlado aleatorizado (ECA). O ECA tem as seguintes características principais:

- ✓ intervenção e uma ou mais condições de controle;
- ✓ alocação aleatória dos participantes às condições;
- ✓ cegamento (geralmente duplo-cego).

Devido a essas características, essa forma de pesquisa é considerada o "padrão-ouro" para ensaios clínicos. Alguns autores sugeriram a existência de uma hierarquia nos métodos de pesquisa em termos da confiabilidade da evidência que fornecem. Um exemplo da "escada da evidência" (retirado de Sutherland, 2001) é apresentado na Figura 14.1.

Observe que no topo da escada estão as revisões sistemáticas de pesquisas publicadas, mas que no próximo degrau estão os ECA. Uma vez que as revisões sistemáticas são tão boas quanto os estudos em que se baseiam, pode-se argumentar que os ECA são o degrau mais importante da escada. Sem eles, não teríamos pesquisa de boa qualidade para basear as revisões sistemáticas.

DELINEANDO UM ECA: CONSORT

Como delinear um ECA? Existem inúmeras coisas a serem consideradas para a execução de um ECA de alta qualidade. No passado, esses ensaios publicados eram extremamente variados quanto à qualidade, e, por isso, pesquisadores e editores de periódicos se juntaram para criar algumas orientações sobre como executá-los e relatá-los. Essas orientações são chamadas de CONSORT[*] (*Consolidated Standard of Repor-*

---

[*] N. de R.T.: Iremos manter a sigla sem tradução, por ser o mais comum na literatura técnica.

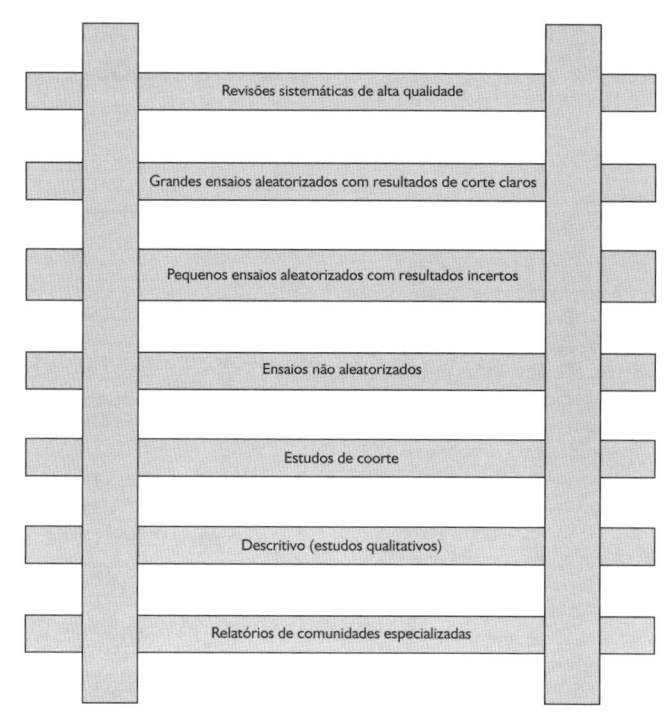

FIGURA 14.1

Escada da evidência.

(De cima para baixo:)
- Revisões sistemáticas de alta qualidade
- Grandes ensaios aleatorizados com resultados de corte claros
- Pequenos ensaios aleatorizados com resultados incertos
- Ensaios não aleatorizados
- Estudos de coorte
- Descritivo (estudos qualitativos)
- Relatórios de comunidades especializadas

ting Trials – padrão consolidado para relatar ensaios) e foram originalmente publicadas por Begg e colaboradores em 1996. A versão mais atual do CONSORT (Moher et al., 2010) contém uma lista de 25 itens e um fluxograma que os pesquisadores podem usar para ajudá-los a delinear e a relatar seus ECA. A lista de 25 itens está focada nas características do ensaio que devem ser relatadas quando os pesquisadores publicam suas conclusões (ver Tab. 14.1). Se você observar a lista, poderá ver que está dividida em seções normalmente inclusas em um relatório de pesquisa (i. e., resumo, introdução, método, resultados e discussão). Dentro de cada uma dessas seções, há uma indicação da informação mínima requerida sobre o ECA. Se você estiver delineando e relatando um ECA, deve consultar a tabela CONSORT e, também, o artigo original de Moher e colaboradores (2010), disponível no *site* do CONSORT (www.consort-statement.org), que contém explicações detalhadas do que é necessário para cada item da lista e exemplos úteis de como relatar cada informação em um relatório de pesquisa. Deve-se observar que as orientações do CONSORT foram desenvolvidas com dois grupos de ECA em mente, mas elas podem ser estendidas com cuidado para outras formas de ECA.

Você observará, na tabela, que existe uma coluna com o título de "Relatado na página nº". Isso serve para que autores de artigos de periódicos indicarem em que página dos seus manuscritos cada item da lista foi abordado. A lista assegura não apenas a consistência no relato dos ECA, mas também uma melhor consistência de seus delineamentos.

Uma salvaguarda adicional para o relato correto e para a interpretação dos ECA

TABELA 14.1
Lista do CONSORT

Seção/Tópico	Item n.	Item da lista	Relatado na página n.
Título e Resumo			
	1a	Relatado como um ECA no título.	
	1b	Resumo deve ser estruturado a partir da pesquisa.	
Introdução			
Informações e objetivos	2a	Informações científicas e explicação da racionalidade do estudo.	
	2b	Identificar os objetivos específicos e as hipóteses.	
Métodos			
Delineamento do ensaio	3a	Descrição do delineamento do ensaio incluindo a alocação da razão.	
	3b	Mudanças importantes dos métodos após o início do ensaio com razões.	
Participantes	4a	Critério de elegibilidade.	
	4b	Ambiente e locações onde os dados foram coletados.	
Intervenções	5	As intervenções para cada grupo, com detalhes suficientes para permitir replicação, incluindo como e quando elas foram administradas.	
Resultados	6a	Completamente definidos pelas medidas primárias e secundárias pré-especificadas, incluindo como e quando elas foram avaliadas.	
	6b	Mudanças dos resultados do ensaio após o início do ensaio com considerações.	
Tamanho da amostra	7a	Determinação do tamanho da amostra.	
	7b	Explicação da análise temporária e orientações de término.	
Aleatorização			
Geração da sequência	8a	Método usado para gerar a alocação aleatorizada da sequência.	
	8b	Tipo de aleatorização usada.	
Mecanismo de ocultamento da alocação	9	Mecanismo usado para implementar a sequência de alocação aleatória, incluindo detalhes dos passos tomados para ocultar a sequência até as intervenções serem designadas.	
Implementação	10	Quem gerou a sequência de alocação aleatória, quem inscreveu os participantes e quem os designou às intervenções?	
Cegamento	11a	Se foi feito, quem estava cego após a designação às intervenções, e como?	
	11b	Se relevante, descrição da similaridade das intervenções.	

(Continua)

TABELA 14.1
Lista do CONSORT (continuação)

Seção/Tópico	Item n.	Item da lista	Relatado na página n.
Aleatorização			
Métodos estatísticos	12a	Método estatístico usado para comparar os grupos para os resultados primários e secundários.	
	12b	Métodos para análises adicionais com análise de subgrupos.	
Resultados			
Fluxograma dos participantes	13a	Para cada grupo, o número de participantes designados aleatoriamente a receber um tratamento planejado e número de participantes analisados para os resultados primários.	
	13b	Para cada grupo, perdas e exclusões após a aleatorização, com considerações.	
Recrutamento	14a	Datas definindo períodos de recrutamento e acompanhamento.	
	14b	Por que o ensaio terminou ou foi suspenso?	
Data base	15	Uma tabela exibindo características demográficas e clínicas básicas para cada grupo.	
Números analisados	16	Para cada grupo, o número de participantes incluídos em cada análise e se a análise foi feita com grupos originalmente designados.	
Saídas e estimação	17a	Para cada saída primária e secundária, estipular os resultados de cada grupo e o tamanho do efeito estimado com intervalos de confiança.	
	17b	Para saídas binárias, apresentar o tamanho do efeito tanto em termos absolutos quanto relativos.	
Análises auxiliares	18a	Resultados de outras análises executadas, incluindo subgrupos das análises, distinguindo as pré-especificadas de exploratórias.	
Danos	19	Todos os danos ou efeitos não intencionais em cada grupo.	
Discussão			
Limitações	20	Limitações abordando fontes de viés e imprecisão.	
Generalizável	21	Generalizabilidade ou aplicabilidade das descobertas dos ensaios.	
Interpretação	22	Interpretação consistente com resultados, compensando benefícios e perdas e considerando outras evidências relevantes.	
Outras informações			
Registro	23	Número e nome do registro do ensaio.	
Protocolo	24	Local em que todo o protocolo do ensaio pode ser acessado, se disponível.	
Financiamento	25	Fontes do financiamento e outros auxílios.	

é o requisito de registrá-los antes de se executar a pesquisa. O registro pode ser feito no Padrão Internacional de Controle de Registro de Ensaios controlados aleatorizados (*International Standard Randomised Trial Register*), disponível em: http:www.controlled-trials.com/isrctn/search.html.

Ao registrar um ensaio, temos que fornecer informações básicas com a respeito do delineamento e das hipóteses específicas sendo testadas. O registro age com uma salvaguarda contra pesquisadores que mudam suas hipóteses para se adequar às suas descobertas e assegura o respeito aos procedimentos antecipadamente destacados.

O DIAGRAMA DE FLUXO CONSORT

Outro componente importante do CONSORT é o encorajamento para apresentar visualmente a informação sobre o fluxo de participantes por meio de cada fase do ensaio como um diagrama de fluxo.

O formato recomendado para os diagramas de fluxo é apresentado na Figura 14.2. Esse diagrama foi desenvolvido para o ECA típico de dois grupos, mas pode ser modificado para representar a mesma informação em delineamentos mais complexos. Se você observá-lo, verá que os autores são encorajados a fornecer informações sobre o número de participantes originalmente avaliados como elegíveis e que o próximo estágio contém detalhes de quantos foram excluídos do estudo e das razões da exclusão. Seguem-se, então, informações aleatorizadas, em que espera-se que você forneça detalhes do número total de participantes alocados às condições e de quantos realmente receberam as intervenções em cada uma das condições, assim como as razões por que alguns participantes não receberam a intervenção. O próximo nível fornece informações sobre quantos participantes foram avaliados no acompanhamento, quantos não participaram dessa etapa e quantos interromperam a intervenção (junto com as

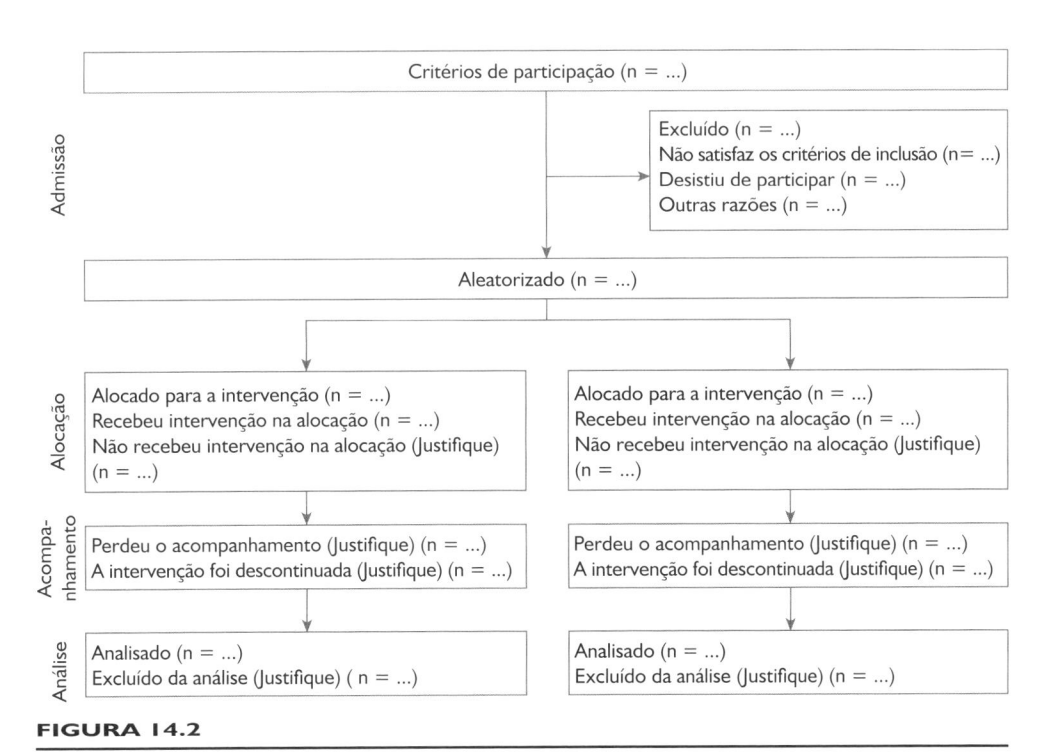

FIGURA 14.2

Diagrama de fluxo CONSORT.

razões para a interrupção). Finalmente, você deve fornecer detalhes de quantos participantes foram incluídos na análise de cada condição, quantos foram excluídos e quais as razões para tal exclusão. Apresentar as informações dessa forma fornece uma visão clara e geral do número de participantes envolvidos no estudo e permite uma comparação apropriada entre estudos. Essa forma de exposição também permite que outros pesquisadores avaliem a qualidade do ECA que você está relatando.

> **Exemplo da literatura**
>
> Um bom exemplo de diagrama de fluxo CONSORT é o apresentando por Williamson e colaboradores (2009) em uma pesquisa que investigava o impacto da intervenção no controle de peso e na qualidade de vida de pacientes com diabetes do tipo 2.
> O diagrama de fluxo apresentado é como o da Figura 14.3.
> Pode-se observar no diagrama que mais de 28.000 pessoas submeteram-se ao processo de seleção e que somente 54,5% foram consideradas qualificadas para o estudo. Das não qualificadas, a maioria foi por causa da idade, por não ter diabetes ou por ter a doença do tipo 1. Podemos ver que, entre os qualificados, 41,9% recusaram-se a tomar parte no estudo. Dos 9.000 remanescentes que foram à clínica para exames, 1.481 recusaram-se a tomar parte e 2.419 não foram qualificados. Isso significa que pouco mais que 5.000 participantes foram aleatorizados. Desses, 2.570 foram alocados à intervenção de estilo de vida intensivo, e 2.575 foram alocados à condição do suporte ao diabetes e à educação. Esses indivíduos foram, então, testados após um ano, e dos participantes do estilo de vida intensivo, 2.496 tomaram parte na sessão de avaliação contra 2.463 dos participantes do suporte ao diabetes e à educação.
> O diagrama de fluxo não diz quantos de cada condição foram incluídos na análise das medidas de saída, e esse é o ponto fraco do relatório. Além disso, ele não contém o relatório real das análises estatísticas realizadas. Temos que presumir que todos os participantes avaliados após um ano de acompanhamento foram incluídos na análise (porém, não temos certeza).

CARACTERÍSTICAS IMPORTANTES DE UM ECA

Você observará que na Tabela 14.1 destacamos alguns itens. Fizemos isso pois eles estão relacionados às características do delineamento do ECA. Declaramos anteriormente que a condição do controle, da alocação aleatória dos participantes às condições e do cegamento são características importantes de uma pesquisa de alta qualidade, e estão incluídas nos relatos do CONSORT apresentados. Porém, existem fatores que precisamos levar em consideração ao implementar tais características do delineamento.

Alocação aleatorizada

A alocação aleatorizada dos participantes às condições não é tão simples como podemos pensar. Para nosso estudo sobre halitose, imaginaremos ter uma condição de intervenção e uma condição de controle. Como podemos alocar aleatoriamente os participantes a cada uma delas?

> **ATIVIDADE 14.2**
>
> Antes de continuar lendo, pense em como você poderia alocar aleatoriamente os participantes às duas condições de nosso estudo sobre halitose.

Uma maneira seria lançar uma moeda. Esse é um processo aleatório, em que existem dois resultados possíveis; um deles ("cara") poderia ser a alocação para a condição da intervenção, e outro (coroa) poderia ser a alocação da condição de controle. Quando um participante é incluído no estudo, o pesquisador poderia lançar uma moeda para ver em que condição ele seria alocado, o que lhe forneceria uma alocação aleatória. As orientações do CONSORT não recomendam essa abordagem para a alocação aleatória. Por que você acha que não? A resposta é que existe potencial para o surgimento de parcialidade. Se é permiti-

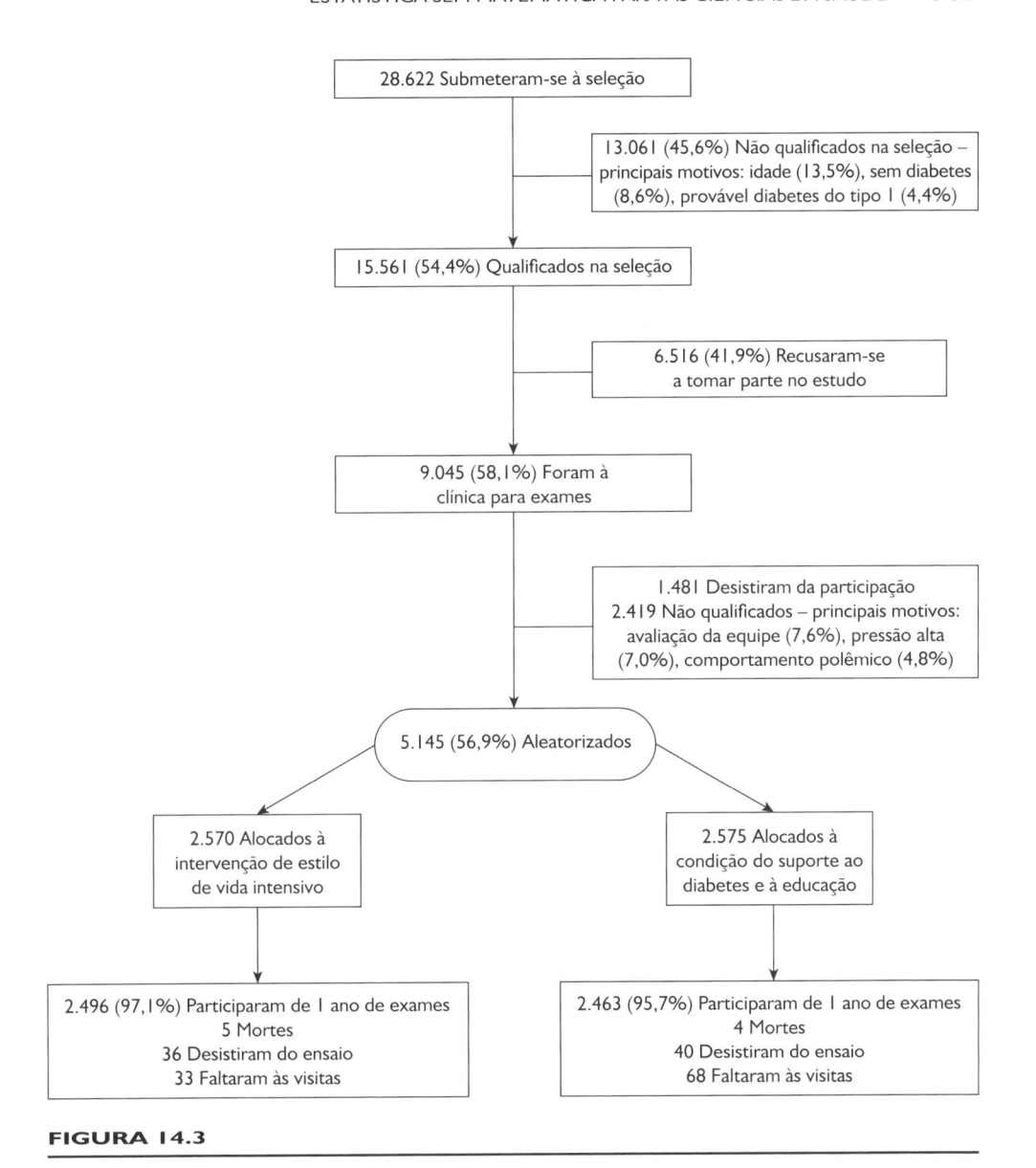

```
┌─────────────────────────────────┐
│ 28.622 Submeteram-se à seleção  │
└────────────────┬────────────────┘
                 │      ┌──────────────────────────────────────────┐
                 ├─────▶│ 13.061 (45,6%) Não qualificados na seleção – │
                 │      │ principais motivos: idade (13,5%), sem diabetes │
                 │      │ (8,6%), provável diabetes do tipo I (4,4%)      │
                 │      └──────────────────────────────────────────┘
                 ▼
┌─────────────────────────────────────┐
│ 15.561 (54,4%) Qualificados na seleção │
└────────────────┬────────────────────┘
                 │      ┌──────────────────────────────┐
                 ├─────▶│ 6.516 (41,9%) Recusaram-se   │
                 │      │ a tomar parte no estudo      │
                 │      └──────────────────────────────┘
                 ▼
┌─────────────────────────┐
│ 9.045 (58,1%) Foram à   │
│ clínica para exames     │
└────────────┬────────────┘
             │      ┌──────────────────────────────────────────────┐
             ├─────▶│ 1.481 Desistiram da participação             │
             │      │ 2.419 Não qualificados – principais motivos: │
             │      │ avaliação da equipe (7,6%), pressão alta     │
             │      │ (7,0%), comportamento polêmico (4,8%)        │
             │      └──────────────────────────────────────────────┘
             ▼
      ╭─────────────────────────────╮
      │ 5.145 (56,9%) Aleatorizados │
      ╰──────────┬──────────┬───────╯
                 │          │
                 ▼          ▼
┌────────────────────┐   ┌───────────────────────┐
│ 2.570 Alocados à   │   │ 2.575 Alocados à      │
│ intervenção de estilo│ │ condição do suporte ao│
│ de vida intensivo  │   │ diabetes e à educação │
└──────────┬─────────┘   └───────────┬───────────┘
           ▼                         ▼
┌──────────────────────────────────┐ ┌──────────────────────────────────┐
│ 2.496 (97,1%) Participaram de 1 ano de exames │ │ 2.463 (95,7%) Participaram de 1 ano de exames │
│ 5 Mortes                         │ │ 4 Mortes                         │
│ 36 Desistiram do ensaio          │ │ 40 Desistiram do ensaio          │
│ 33 Faltaram às visitas           │ │ 68 Faltaram às visitas           │
└──────────────────────────────────┘ └──────────────────────────────────┘
```

FIGURA 14.3

do ao pesquisador alocar cada participante no lançamento de uma moeda, então há espaço para que o pesquisador decida que certo lançamento da moeda não foi válido (p. ex., ele pode ter deixado cair a moeda, decidir que não a lançou alto o suficiente, alegar que esqueceu de usar a moeda da sorte, etc.). Essa abordagem introduz parcialidade na alocação dos participantes às condições, o que a aleatoriedade tinha a intenção de evitar. Então, como devemos proceder? A melhor maneira seria decidir as condições antes mesmo de os sujeitos serem recrutados. Por exemplo, decidimos a alocação de cada indivíduo antes mesmo de sabermos que participantes tomarão parte no estudo. Poderíamos usar o lançamento da moeda para isso. Portanto, se soubéssemos que precisaríamos de 20 participantes no estudo, lançaríamos a moeda 20 vezes, e a ordem para a alocação às condições seria determinada por esses lançamentos. Nossa tabela de alocação seria igual à apresentada na Tabela 14.2.

Você pode ver que as duas primeiras pessoas recrutadas foram alocadas ao grupo de intervenção, e, então, a terceira, quarta e quinta pessoas foram alocadas ao grupo-controle, e assim por diante. Isso é melhor do que lançar a moeda no momento em que o participante é recrutado, pois o pesquisador não é parcial na alocação por ao saber detalhes sobre os participantes. Exis-tem maneiras melhores de assegurar que a sequência de alocação seja verdadeiramente aleatória. Lançar uma moeda está aberto para uma parcialidade potencial; assim, podemos gerar sequências de alocação aleatórias por meio de outros meios, usando, por exemplo, tabelas de números aleatórios ou um gerador de números aleatórios, característica do Excel da Microsoft© ou do SPSS. Produzimos um documento para mostrar como gerar uma sequência de alocação aleatória no SPSS, disponível no *site* deste livro (em inglês). A sequência da alocação aleatória produzida usando o SPSS é apresentada na Captura de tela 14.1.

TABELA 14.2

Sequência de alocação aleatória gerada por meio do lançamento de uma moeda

Participante	Resultado do lançamento da moeda	Condição da alocação
1	Cara	Intervenção
2	Cara	Intervenção
3	Coroa	Controle
4	Coroa	Controle
5	Coroa	Controle
6	Cara	Intervenção
7	Coroa	Controle
8	Cara	Intervenção
9	Cara	Intervenção
10	Cara	Intervenção
11	Cara	Intervenção
12	Coroa	Controle
13	Cara	Intervenção
14	Coroa	Controle
15	Coroa	Controle
16	Coroa	Controle
17	Cara	Intervenção
18	Cara	Intervenção
19	Coroa	Controle
20	Cara	Intervenção

Aleatorização restrita

Todos os métodos de gerar sequências aleatorizadas descritos anteriormente e no *site* deste livro (em inglês; lançamento de uma moeda e uso do SPSS) são exemplos de aleatorização simples (sem restrições). Olhe novamente para elas. O que você observa? Você deve perceber que elas levaram a um número desigual de participantes alocados a cada condição do ECA. Na sequência do lançamento de uma moeda, alocamos 11 participantes à condição de intervenção e 9 à de controle, enquanto na sequência do SPSS alocamos 12 participantes à primeira e 8 à segunda. É desejável que se tenha um número igual de participantes em cada condição, o que torna nossa análise dos dados mais robusta às violações das suposições e mais confiável. Com a alocação aleatória simples, geralmente obtemos tamanhos de amostras diferentes em nossas condições, e, quanto menor a amostra, mais provável que isso aconteça. Há um ótimo artigo publicado no *The Lancet* por Schulz e Grimes, em 2002, que discute a alocação aleatória dos participantes e maneiras de se superar este problema com tamanhos de amostra desiguais. Sugerimos que você leia o artigo para mais informações sobre a aleatorização.

Entretanto, ilustraremos uma maneira de assegurar que não exista grande disparidade entre as suas condições nos tamanhos amostrais. A abordagem que descreveremos aqui é chamada de aleatorização de reposição.

Aleatorização de reposição

Na aleatorização de reposição, você deve decidir, antes de gerar sua sequência aleatória, quanta disparidade entre os grupos você está disposto a tolerar. Assim, tomando como exemplo o estudo da halitose, você pode decidir tolerar uma sequência com 11

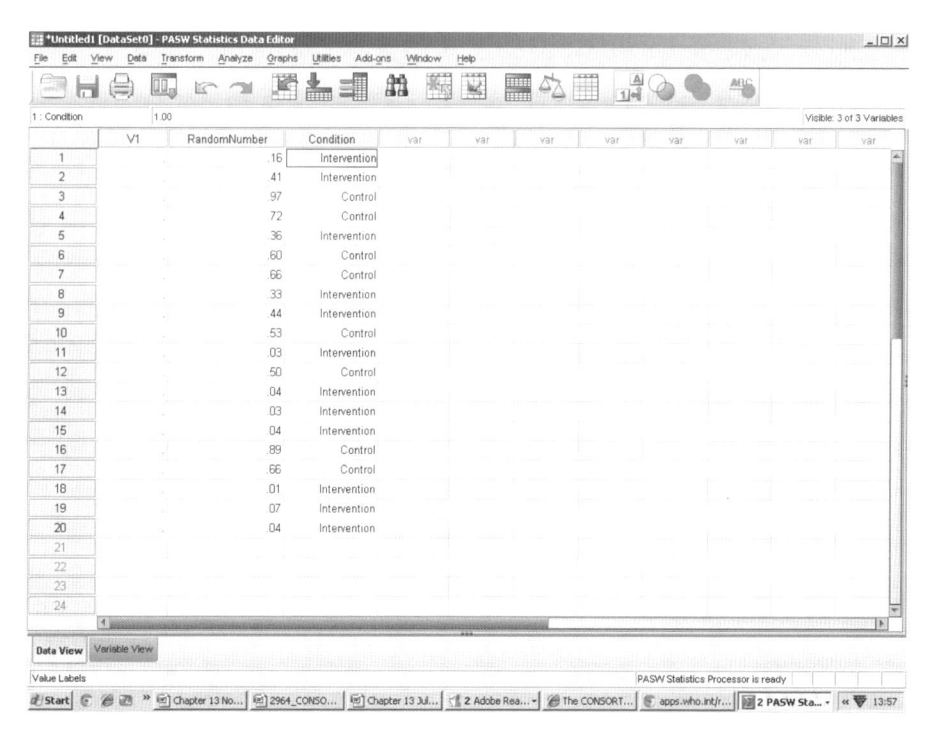

CAPTURA DE TELA 14.1

participantes em uma condição e 9 em outra, mas que essa é a disparidade máxima a ser permitida. Vamos assumir que a primeira sequência que geramos com o SPSS seja a ilustrada anteriormente. Nessa sequência, temos 12 participantes na condição de intervenção e 8 na de controle. A disparidade entre os dois grupos é maior do que dissemos que iríamos tolerar, e, portanto, vamos solicitar ao SPSS que gere outra sequência aleatória. Você pode ver isso na Captura de Tela 14.2.

Aqui, temos, novamente, 12 participantes na condição de intervenção e 8 na de controle. Vamos solicitar novamente ao SPSS que gere outra sequência aleatória e continuar fazendo isso até obter a primeira sequência que esteja dentro dos limites de disparidade especificados antes de iniciar a geração de sequências aleatorizadas (i. e., a primeira sequência contendo 11 ou 10 participantes na condição de intervenção ou na de controle). Schulz e Grimes (2002) sugerem que essa é uma maneira adequada de assegurar tamanhos do efeito equivalentes para todas as condições, desde que seja executado antes do início do ECA.

CEGAMENTO

Não surpreendentemente, a aleatorização é uma característica crucial dos ECA (que faz exatamente o que diz), mas ela não é suficiente para proteger o estudo contra o surgimento de parcialidade. Sugerimos anteriormente que pesquisadores e participantes podem influenciar nas descobertas caso saibam em que condições os participantes se encontram. Sugerimos que a melhor maneira de assegurar que a parcialidade não ocorra é por meio do cegamento, em que pessoas de importância para o estudo não conhecem a sequência do alocamento. Se aqueles que alocam os participantes às condições não sabem em que con-

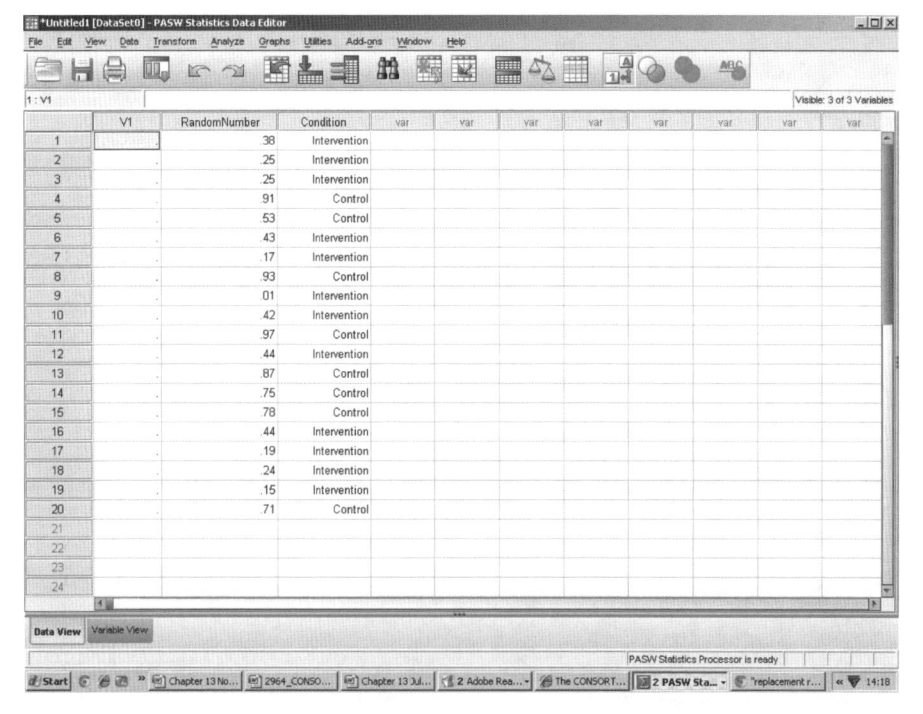

CAPTURA DE TELA 14.2

dição cada indivíduo realmente está, então não é mais possível influenciar a resposta do participante na intervenção. Da mesma forma, caso o indivíduo não saiba que intervenção está recebendo, então, novamente, será possível reduzir a parcialidade devido a efeitos de demanda ou a efeitos placebo. A recomendação do CONSORT para o cegamento é que todas as pessoas que possam influenciar o resultado ao saber da sequência da alocação devam ser cegas para aquela sequência. A recomendação é que aqueles que geram a sequência de alocação não devem ser os mesmos que recrutam e alocam os participantes às condições. Devemos, também, impedir aqueles que fazem o recrutamento e a alocação de saber em que condições os participantes estão sendo alocados. Isso é feito colocando-se a informação da alocação para cada participante em um envelope em branco. A informação sobre a alocação é, então, avaliada assim que o participante tenha sido recrutado e esteja pronto para iniciar a intervenção. Todos os dados básicos devem ser coletados *a priori* para qualquer conhecimento sobre qual condição eles estão. Finalmente, quando a intervenção está completa, as pessoas que efetuam a análise dos dados deveriam, também, estar cegos às condições.

ANÁLISE DE UM ECA

Quando temos grupos paralelos comparativamente simples em um ECA com uma medida de saída, como podemos analisar os dados? Retornemos ao nosso estudo sobre a halitose. Lembre-se que nesse estudo temos uma nova intervenção e uma condição controle. Vamos assumir que, imediatamente antes da aleatorização, todos os participantes foram avaliados na qualidade de seu hálito por um avaliador independente-cego para a condição em que o paciente seria alocado. A avaliação constitui de nossos dados iniciais colocados em uma escala de sete pontos, em que um significa "cheira como um esgoto", e sete, "cheira como rosas". O mesmo avaliador, então, avalia a qualidade do hálito novamente um mês depois,

e esses serão nossos dados de acompanhamento. Na literatura, esse delineamento é geralmente chamado de "pré-teste/pós-teste", pois repetimos o teste antes e depois de uma intervenção. Qual seria a melhor maneira de analisar esses dados? Uma abordagem seria calcular os escores ganhos ou modificados, o que pode ser feito subtraindo as avaliações do hálito no tempo 1 daquelas realizadas no tempo 2 para cada grupo. Poderíamos, então, executar um teste t independente (ou, de forma equivalente, uma ANOVA entre participantes) comparando as duas condições nos seus escores ganhos. Se não existir um efeito na nova intervenção quanto a qualidade do hálito, então esperamos que a mudança do tempo 1 para o tempo 2 seja a mesma para ambos os grupos. Se a intervenção estiver tendo um efeito, esperamos ver uma diferença significativa entre os dois escores ganhos já calculados. Existe, porém, uma crítica na análise de escores ganhos para esses delineamentos (p. ex., Rausch et al., 2003; ver também Dimitrov e Rumrill, 2003).[1]

Talvez a melhor maneira de analisar os dados dos grupos paralelos simples do ECA seja usar a *análise de covariância* (*ANCOVA*). Não entraremos em muitos detalhes sobre essa análise aqui, mas queremos dar uma visão geral do que essa técnica estatística faz. A ANCOVA é como uma mistura entre a regressão múltipla e a ANOVA, em que a variável dependente seria os escores do pós-teste (p. ex., avaliações do pós-teste do hálito) e a variável independente seria as condições em que os participantes foram alocados (intervenção *versus* controle). Entretanto, antes de executar a análise, tentamos levar em consideração os escores da avaliação do hálito do pré-teste dos participantes, e esses seriam incluídos na análise como uma *covariada*. Se você lembrar o Capítulo 12, em que introduzimos a regressão hierárquica, perceberá que a ANCOVA é similar. No primeiro estágio, olhamos para o relacionamento entre os escores do pós e do pré-teste, e, então, verificamos se a condição em que os pacientes foram alocados poderia ser a responsável pela variação dos escores no pós-teste, uma vez que os pré-testes tenham sido controlados (ver Fig. 14.4). Você deve ir ao Capítulo 12 para uma explicação mais detalhada sobre o assunto.

Com referência à Figura 14.4, a diferença entre as condições (intervenção vs. controle) nos escores do pós-teste (após controlados os do pré-teste) está representado pela área rotulada de c. As áreas a e b representam a variância nos escores do pós-teste que foram controlados na análise. Por que temos que levar em consideração os escores do pré-teste? Uma das melhores razões para isso é que fazê-lo tende a tornar a sua análise mais poderosa. Além disso, alguns autores têm argumentado que a análise dos escores alterados apresenta vários problemas associados e, por isso, recomendam a ANCOVA (p. ex., Rausch et al., 2003).

Você deve ter em mente que a ANCOVA tem suposições similares a ANOVA, mas possui uma suposição adicional chamada de *suposição de homogeneidade das inclinações da regressão*, que essencialmente, estipula que a correlação entre os escores do pré e do pós-teste para a condição de intervenção deve ser a mesma que a da condição controle. Não achamos que seja apropriado incluir uma discussão mais profunda disso aqui; portanto, indicaremos outros textos complementares (p. ex., Dancey e Reidy, 2011).

EXECUTANDO UMA ANCOVA NO SPSS

Ilustraremos a análise com os dados do estudo sobre halitose apresentado na Tabela 14.3.

Você deve preparar o seu arquivo de dados no SPSS como fizemos na Captura de tela 14.3.

Para executar a análise você deve selecionar a opção *General Linear Model, Univariate* (Modelo Linear Geral, Univariada) e definir a caixa de diálogos de acordo com a Captura de tela 14.4.

Mova a variável Avaliação do Hálito no Pós-Teste (*Posttests breath ratings*) para a caixa da Variável Dependente (*Dependent Variable*); a variável Condição (*Condition*) para a caixa Fatores Fixos (*Fixed Factors*); e a variável Avaliação do Hálito do Pré-Teste (*Pretest breath ratings*) para a caixa das Covariadas (*Covariates*). Você deve clicar no botão Options (Opções) e selecionar *Descriptive Statistics* (Estatísticas Descritivas) e *Estimates of effect size* (Estimativas do Ta-

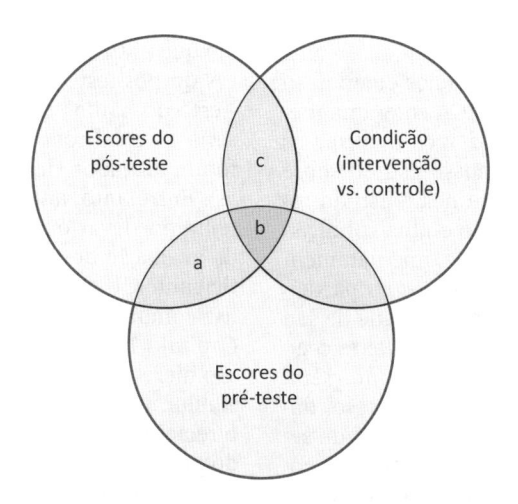

FIGURA 14.4

Ilustração do controle da variância nos escores do pós-teste devido aos escores do pré-teste na ANCOVA.

TABELA 14.3

Avaliações do hálito no pré e no pós-teste para as condições de nova intervenção e controle

Grupo da nova intervenção		Grupo-controle	
Pré-teste	Pós-teste	Pré-teste	Pós-teste
1,00	2,00	2,00	2,00
1,00	4,00	2,00	2,00
2,00	6,00	1,00	0,00
3,00	4,00	3,00	2,00
2,00	3,00	2,00	1,00
2,00	5,00	2,00	0,00
1,00	4,00	2,00	1,00
0,00	5,00	1,00	2,00
1,00	3,00	1,00	2,00
2,00	5,00	1,00	2,00

manho do Efeito). Por fim, clique em *Continue* e em *OK* para executar a análise. Será apresentada a você a saída exibida na Captura de tela 14.5.

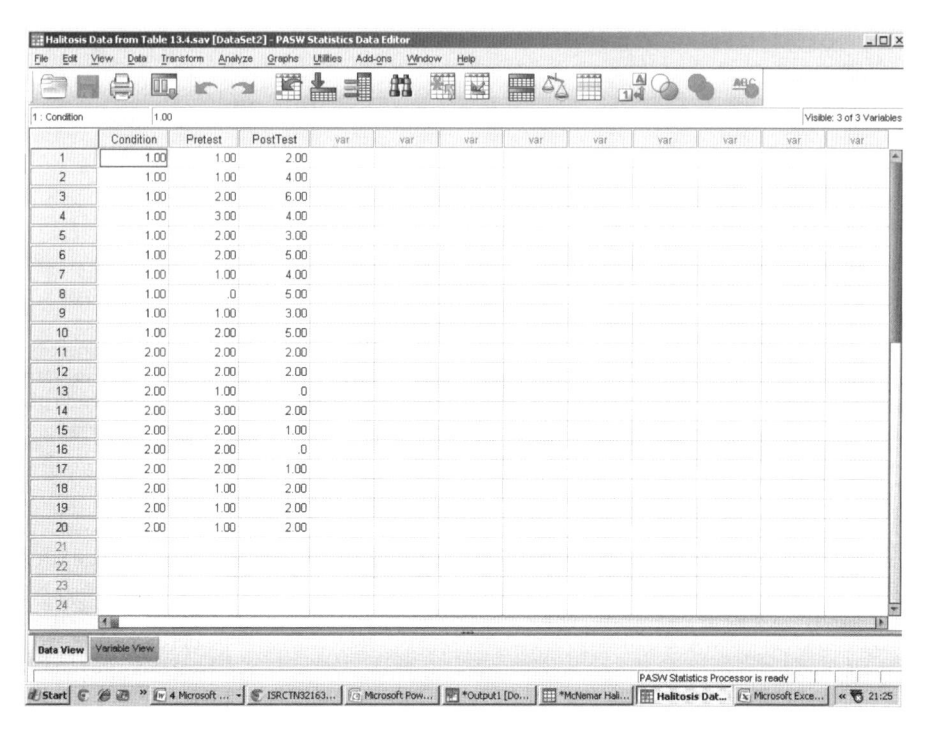

CAPTURA DE TELA 14.3

[Captura de tela da janela Univariate do SPSS com anotação:]

Os escores do pré-teste são colocados aqui.

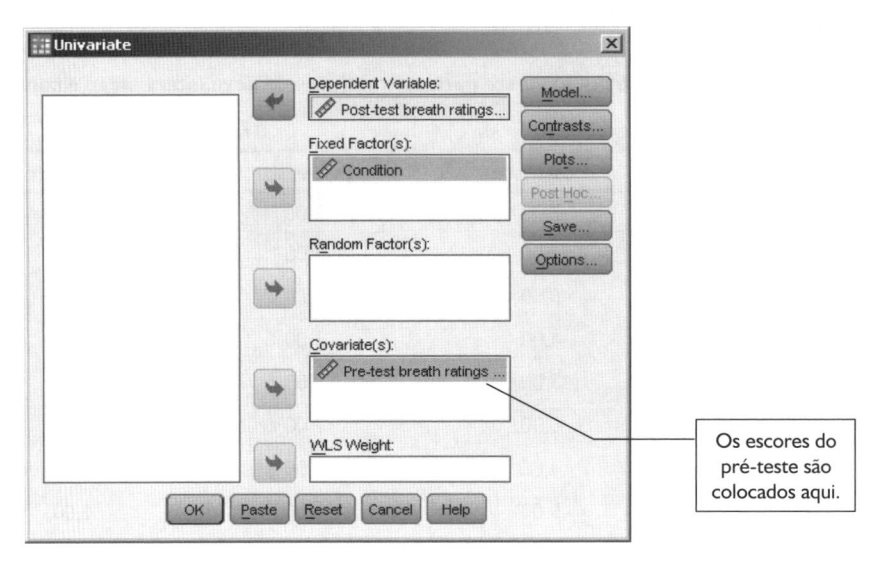

CAPTURA DE TELA 14.4

Descriptive Statistics

Dependent Variable: Post-test breath ratings

Condition	Mean	Std. Deviation	N
Intervention group	4.1000	1.19722	10
Control group	1.4000	.84327	10
Total	2.75000	1.71295	10

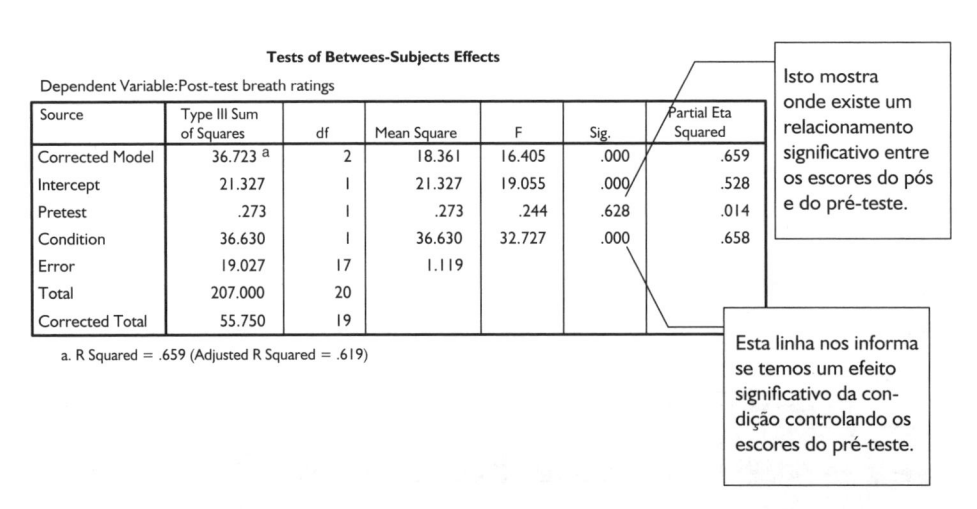

Tests of Betwees-Subjects Effects

Dependent Variable: Post-test breath ratings

Source	Type III Sum of Squares	df	Mean Square	F	Sig.	Partial Eta Squared
Corrected Model	36.723 a	2	18.361	16.405	.000	.659
Intercept	21.327	1	21.327	19.055	.000	.528
Pretest	.273	1	.273	.244	.628	.014
Condition	36.630	1	36.630	32.727	.000	.658
Error	19.027	17	1.119			
Total	207.000	20				
Corrected Total	55.750	19				

a. R Squared = .659 (Adjusted R Squared = .619)

[Anotação: Isto mostra onde existe um relacionamento significativo entre os escores do pós e do pré-teste.]

[Anotação: Esta linha nos informa se temos um efeito significativo da condição controlando os escores do pré-teste.]

CAPTURA DE TELA 14.5

Na saída podemos ver que, após controlado os escores do hálito do pré-teste, temos uma diferença significativa entre as duas condições nos escores do hálito do pós-teste. Podemos apresentar as descobertas da seguinte forma:

> A análise dos escores do hálito do pós-teste foi realizada com uma análise de covariância (ANCOVA) que tinha uma condição de fator entre participantes (intervenção vs. controle) e escores do hálito do pré-teste como covariada. A análise mostrou que não havia relacionamento entre os escores do hálito do pré e do pós-teste ($F_{1,17} = 0,24$, $p = 0,628$, eta ao quadrado parcial = 0,01). Havia, no entanto, uma diferença significativa nas condições dos escores do hálito do pós-teste depois que os escores do hálito do pré-teste foram controlados ($F_{1,17} = 32,73$, $p < 0,001$, eta parcial ao quadrado = 0,66).

TESTE DAS MUDANÇAS DE McNEMAR

A sugestão anterior para a análise seria apropriada quando há escores de pré e pós-teste mensurados em uma escala contínua (ou que possa ser presumida contínua). Às vezes, temos medidas de saída dicotômicas, por exemplo, quando se tem ou não uma doença (no nosso caso, a halitose). Não podemos analisar essas variáveis dicotômicas usando a ANCOVA, a ANOVA ou os testes *t*, e, assim, temos que usar um teste alternativo, como o das mudanças de McNemar. Vamos alterar um pouco o exemplo para ilustrar o teste de McNemar. Vamos supor que selecionamos aleatoriamente um certo número de participantes e, então, utilizamos juízes treinados para avaliar o hálito dos participantes e fazer um diagnóstico de halitose (mau cheiro bucal). Obviamente, alguns participantes irão receber um diagnóstico e outros não. Daremos, então, a todos os participantes uma intervenção que consista em um novo tratamento. Após um mês de acompanhamento, o hálito será avaliado novamente, e será feito um novo diagnóstico de halitose. Devemos observar, neste exemplo, que temos uma variável de saída dicotômica, ou seja, os participantes podem ter recebido ou não um diagnóstico de halitose.

Temos, também, um elemento de medidas repetidas no estudo, pois cada participante é testado em dois pontos do tempo (pré e pós-teste). Com intenção meramente ilustrativa, supomos que recrutamos 200 participantes e que, na avaliação inicial (pré-teste), 56 receberam um diagnóstico de halitose. No pós-teste, encontramos que dos 56 que tinham originalmente halitose, apenas 50 foram diagnosticados novamente com halitose, e que, dos 144 originais que não tinham, 11 agora a apresentam. Queremos saber se há ou não diferenças estatisticamente significativas no diagnóstico ou se elas poderiam ser apenas mudanças casuais. Podemos apresentar os números da halitose em uma tabela de contingência (similar àquela vista, anteriormente, para o qui-quadrado) (Tab. 14.4).

O teste de McNemar consiste na observação de participantes que mudaram de diagnóstico do pré para o pós-teste, o que, intuitivamente, faz sentido, pois apenas haverá evidência da eficácia da intervenção

TABELA 14.4

Tabela de contingência mostrando a frequência do diagnóstico de halitose na intervenção pré e pós-teste

	Halitose pós-teste	Pós-teste sem halitose	Total
Halitose pré-teste	50		56
Pré-teste sem halitose		133	144
Total	61	139	200

caso alguns participantes mudem seu diagnóstico de halitose para não halitose. Se nenhum participante mudar, então a intervenção não teve impacto. Portanto, o teste de McNemar foca nas células da tabela que indicam uma mudança no diagnóstico (as células sombreadas da tabela). Usamos os valores da mudança para calcular o qui-quadrado e, então, usamos isso para descobrir se os valores nas células sombreadas apresentam uma diferença significativa além da que esperaríamos por acaso. Não pretendemos explicar o cálculo do qui-quadrado de McNemar, mas mostraremos como obtê-lo usando o SPSS.

EXECUTANDO O
TESTE DE McNEMAR NO SPSS

Para executar o teste de McNemar, é preciso criar três variáveis que representem as colunas e linhas da tabela apresentada anteriormente (a tabela feita para o qui-quadrado). A primeira variável (nós a chamamos de "pré-teste") representa as linhas da tabela, e a segunda (nós a chamamos de "pós-teste") representa as colunas. A terceira variável contém as frequências que estão nas células reais (nós a chamamos de "contagens"). O arquivo de dados deve estar de acordo com a Captura de tela 14.6.

Você perceberá que digitamos os números da condição nas variáveis pré e pós-teste. Para tornar a tabela dos dados mais relevante, você deve ir para o painel *Variable View* (Janela da Variável) e usar a característica *Values* (Valores) para as variáveis pré e pós-teste, a fim de indicar o que cada número significa. Nós os definimos de forma que 1 represente "halitose" e 2 represente "sem halitose" para as variáveis do pré e do pós-teste. Quando você clicar no ícone da "placa de trânsito", verá algo similar à Captura de tela 14.7 na tela do *Data View* (Painel dos Dados).

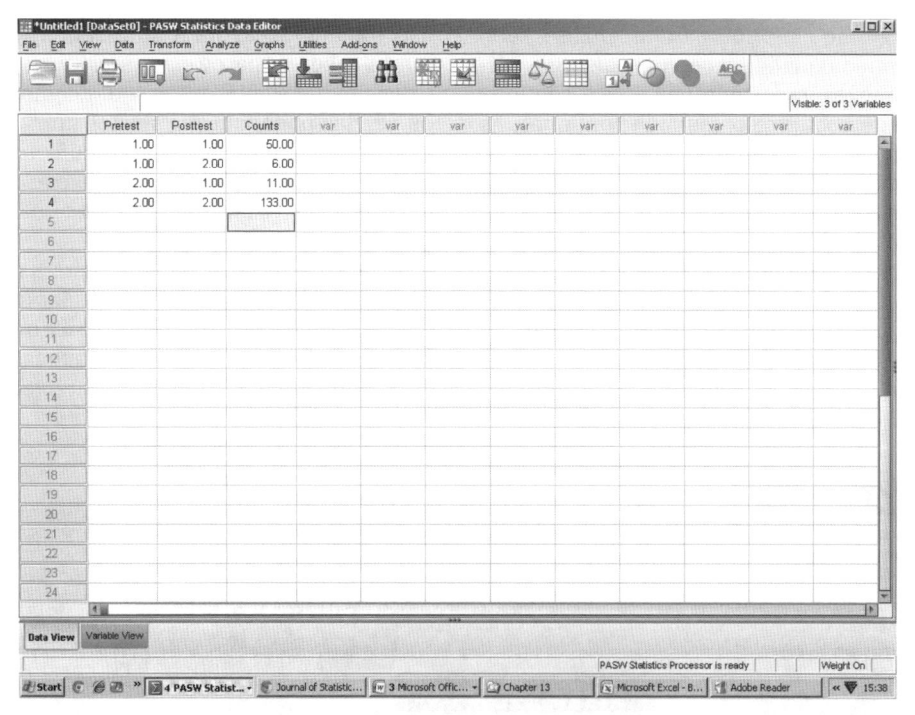

CAPTURA DE TELA 14.6

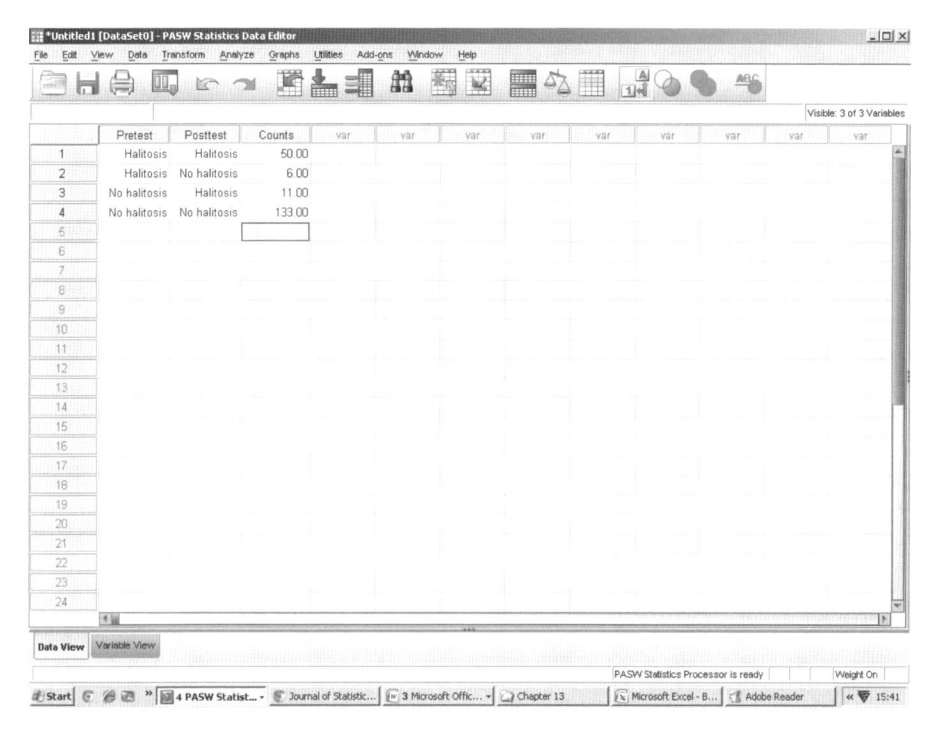

CAPTURA DE TELA 14.7

Para executar a análise, você precisa primeiro ponderar os casos, clicando nas opções *Data* (Dados) e *Weight Cases* (Ponderar casos). Em seguida, selecione a opção *Weight Cases by* (Ponderar Casos Por) e mova a variável Contagem (*Counts*) para o local adequado. Feito isso, clique em *OK*.

Para executar o teste de McNemar, você deve clicar em *Nonparametric Tests, Legacy Dialogs e 2 related samples* (Testes Não Paramétricos, Caixa de Diálogo Legacy e 2 Amostras Relacionadas); será apresentada uma caixa de diálogo (Captura de tela 14.8).

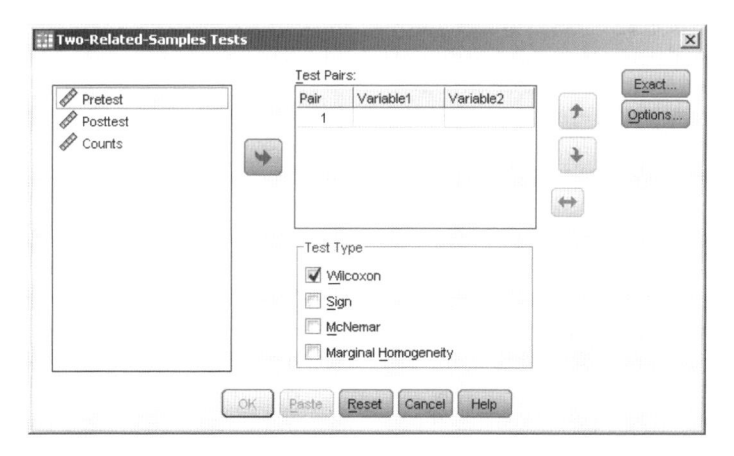

CAPTURA DE TELA 14.8

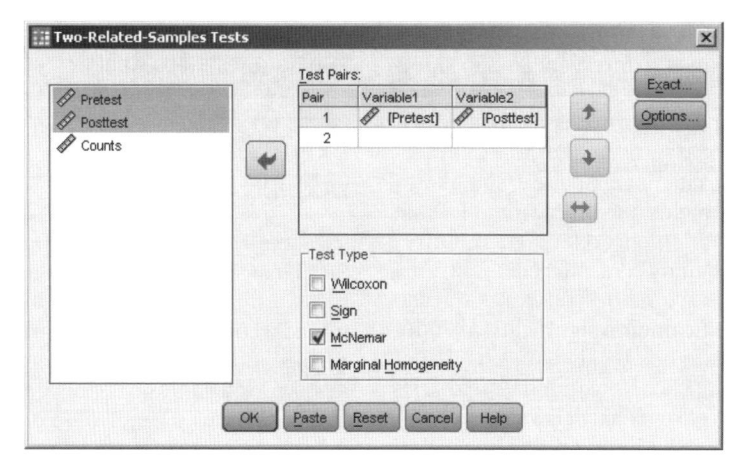

CAPTURA DE TELA 14.9

Você deve selecionar as variáveis Pré-teste (*Pretest*) e Pós-teste (*Posttest*) juntas pressionado a tecla *Shift* no teclado e, então, clicando na variável Pós-teste (*Posttest*). Quando ambas forem destacadas, clique na seta para movê-las para a caixa *Test Pairs* (Teste Pareado). Você deve, então, desmarcar a opção *Wilcoxon* e marcar a opção *McNemar* e clicar em *OK* (Captura de tela 14.9).

A saída será como a da Captura de tela 14.10.

Você pode ver na saída apresentada uma tabela de frequências e uma tabela contendo os resultados da análise estatística. Observe que na tabela do teste estatístico é fornecido apenas o valor-*p* (o SPSS não fornece o valor do qui-quadrado em que o valor-*p* foi baseado), o qual, em nosso caso, é de 0,33; portanto, não existe um efeito significativo em nosso novo tratamento para o diagnóstico de halitose.

O TESTE DOS SINAIS

Uma alternativa mais simples para o teste das mudanças de McNemar é o *teste dos sinais*, um teste baseado na distribuição binomial e caracterizado por respostas dicotômicas (similar ao teste de McNemar). O exemplo sobre receber um diagnóstico de halitose também é adequado para o teste dos sinais. Ou talvez você possa codificar os participantes com base na melhora ou na piora dos sintomas. Com intenção meramente ilustrativa, vamos supor que em nossa condição de intervenção havia apenas 20 participantes. Desses, 13 tinham avaliações mais altas na qualidade do hálito, 3 não mudaram de situação e 4 tinham avaliações

Pretest & Posttest

Pretest	Posttest	
	Halitosis	No halitosis
Halitosis	50	6
No halitosis	11	133

Test Statistics[b]

	Pretest & Posttest
N	200
Exact Sig. (2-tailed)	.332[a]

a. Binomial distribution used.
b. McNemar Test

CAPTURA DE TELA 14.10

Tabela cruzada do teste de McNemar.

mais baixas após a intervenção. As avaliações antes e após a intervenção são apresentadas na Tabela 14.5.

Fica claro, a partir dessas avaliações, que mais participantes melhoraram em termos da qualidade avaliada de seu hálito (13) do que aqueles que pioraram (4). Pode parecer que a intervenção foi efetiva. Entretanto, não sabemos se a diferença entre os dois resultados é uma descoberta por acaso ou algo estatisticamente significativo. Podemos usar o teste dos sinais para nos fornecer essa informação. Note que o teste dos sinais descarta todos os participantes que não mudaram depois da intervenção. Isso é chamado de "empates", e não é usado no cálculo para o teste dos sinais.

EXECUTANDO O TESTE DOS SINAIS NO SPSS

Para realizar o teste dos sinais usando o SPSS, você precisa criar duas colunas de dados, uma contendo os dados para determinada condição e outra para uma condição secundária. No nosso exemplo temos as avaliações de antes e depois da intervenção; assim, criamos o arquivo de dados do SPSS de acordo com a Captura de tela 14.11.

TABELA 14.5
Avaliações da qualidade do hálito antes e depois da intervenção

Participante	1	2	3	4	5	6	7	8	9	10	11	12	13	14	15	16	17	18	18	20
Antes	3	4	3	3	5	6	6	0	6	1	5	3	2	6	4	3	3	7	2	5
Depois	5	7	5	3	4	7	6	3	7	2	5	6	5	4	2	4	4	4	3	7

CAPTURA DE TELA 14.11

Uma vez colocados os dados, você pode executar o teste dos sinais. Para isso, é preciso clicar nas opções *Analyze, Nonparametric Tests, Legacy Dialogs* (Analisar, Testes Não paramétricos, Caixa de Diálogos Legacy) e *2 Related Samples* (2 Amostras Relacionadas). Será apresentada a mesma caixa de diálogos mostrada anteriormente para o teste de McNemar. Você deve, então, selecionar as variáveis Antes (*Before*) e Depois (*After*) e movê-las para a tabela *Test pairs* (Testes Pareados). Desmarque a opção *Wilcoxon* e marque a opção *Sign Test* (Teste dos Sinais). Clique em *OK* e execute o teste dos sinais (Captura de tela 14.12).

A saída será como a apresentada na Captura de tela 14.13.

Observe que a primeira tabela da saída fornece os números dos participantes que melhoraram, que pioraram e que não mudaram. A segunda tabela fornece o valor-*p* para o teste dos sinais, e podemos ver que, nesse caso, existe um efeito significativo, ou seja, há mais pessoas que melhoraram do que pioraram.

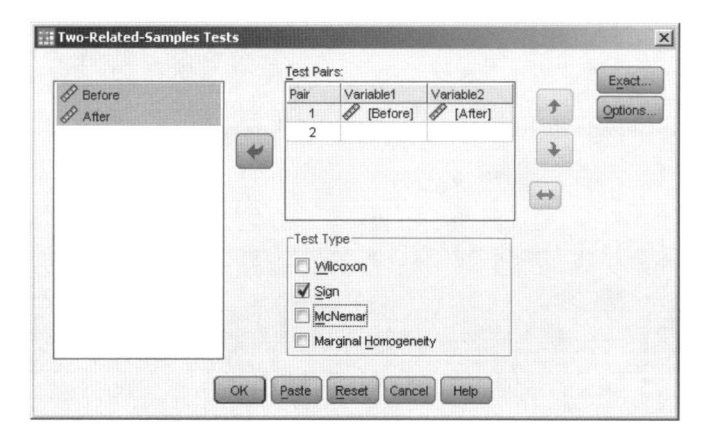

CAPTURA DE TELA 14.12

Frequencies

		N
After - Before	Negative Differences[a]	4
	Positive Differences[b]	13
	Ties[c]	3
	Total	20

a. After < Before
b. After > Before
c. After = Before

Test Statistics[b]

	After - Before
Exact Sig. (2-tailed)	.049[a]

a. Binomial distribution used.
b. Sign Test

CAPTURA DE TELA 14.13

Teste dos sinais.

ANÁLISE POR INTENÇÃO DE TRATAR

É na análise por intenção de tratar que todos os participantes aleatorizados estão incluídos na análise das medidas de saída. Além disso, todos os sujeitos devem ser analisados nos grupos em que foram originalmente aleatorizados. Suponha que tínhamos 20 participantes em nosso estudo sobre a halitose, sendo 11 deles no grupo da nova intervenção e 9 no grupo-controle, e que a medida de saída era a qualidade do hálito mensurada por um avaliador independente cego para a condição.

Com a análise da intenção de tratar, comparamos as duas condições na medida da qualidade do hálito, mas precisamos assegurar que todos os 11 participantes da condição da nova intervenção e todos os 9 da condição de controle tenham sido incluídos na análise. Entretanto, costumam existir problemas em tais ensaios clínicos que tornam difícil a análise da intenção de tratar. Por exemplo, os participantes podem desistir do estudo antes da avaliação do acompanhamento, ou alguns não seguiram as instruções relacionadas às condições em que foram alocados. Suponha que a nova intervenção foi um anticéptico bucal que precisasse ser administrado três vezes ao dia logo após as refeições. Pode ser que alguns participantes esqueçam de fazer isso e, portanto, comprometam, até certo ponto, a intervenção. Precisamos decidir o que fazer com esses indivíduos. A coisa mais óbvia a ser feita é não incluí-los na análise final, pois eles não aderiram adequadamente às instruções da intervenção. Entretanto, se fizermos isso, podemos estar introduzindo parcialidade no estudo e minamos os benefícios da alocação aleatória às condições. Se você decidir excluir os participantes da análise, é preciso registrar quantos participantes foram excluídos e as razões da exclusão (essa informação pode ser incluída no seu diagrama de fluxo). Eles seriam classificados como dados ausentes, e, como visto no Capítulo 6, existem várias maneiras alternativas de lidar com dados ausentes.

DELINEAMENTOS CRUZADOS

O delineamento tradicional do ECA é considerado "padrão-ouro" na pesquisa em saúde e é recomendado sempre que possível (veja a escada da evidência apresentada anteriormente na Fig. 14.1). No entanto, um dos problemas desse delineamento é o fato de ele não ser economicamente viável, e, portanto, delineamentos alternativos são necessários. Uma alternativa comumente utilizada é o delineamento cruzado, em que todos os participantes recebem o tratamento e agem como seus próprios controles. Nesse delineamento, os participantes são designados aleatoriamente a uma ou duas sequências de tratamento:

1. Período do controle seguido pelo período da intervenção;
2. Período da intervenção seguido por um período do controle.

O delineamento ficaria como o apresentado na Figura 14.5.

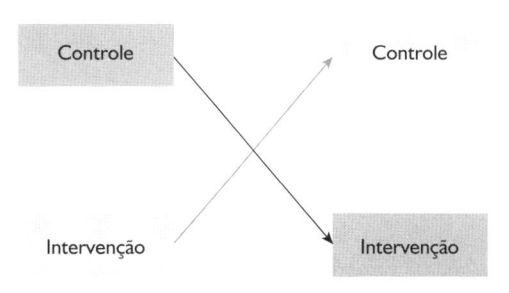

FIGURA 14.5

Ilustração da ordem das condições em um delineamento cruzado de dois períodos.

Você pode ver na figura porque eles são denominados de delineamentos cruzados. Um grupo de participantes receberá a intervenção por um período de tempo fixo, e, então, a intervenção será removida. O outro grupo de participantes terá um período sem tratamento e cruzará, então, para a condição da intervenção. Esses delineamentos podem ser mais éticos do que o ECA padrão pois todos os participantes receberão tratamento no devido tempo, e esta é, portanto, uma vantagem particular dos delineamentos cruzados. Queremos medir a variável de saída em vários pontos do tempo para ver qual é o efeito de se introduzir as condições em ordens diferentes. Desse modo, esperamos primeiro uma redução nos sintomas, seguido por um aumento dos mesmos na sequência "intervenção-controle"; na sequência "controle-intervenção", não esperaríamos mudança nos sintomas, mas uma redução a partir do momento que a intervenção fosse introduzida.

Uma das limitações desse delineamento é que podemos obter efeitos colaterais em que as mudanças ocasionadas pela intervenção continuem na condição de controle. Isso significa que o aumento nos sintomas observados quando a intervenção foi removida pode não ser equivalente à diminuição dos sintomas quando a intervenção é introduzida na sequência "controle-intervenção". Isso pode ser amenizado introduzindo-se um período "lacuna" entre uma fase e a próxima.

O tipo de delineamento cruzado que consideramos até agora é chamado de delineamento de dois períodos, pois existem duas fases para cada uma das sequências do tratamento (controle seguido de intervenção ou intervenção seguida de controle). Podemos estender esse tipo de delineamento para incorporar mais períodos. Ebbutt (1984) recomenda usar um delineamento de três períodos em que existem dois cruzamentos (Fig. 14.6).

Você pode ver na Figura 14.6 que um grupo dos participantes irá iniciar com a condição de controle e, então, irá cruzar para a de intervenção e, por fim, cruzar de volta para a de controle. O outro grupo inicia com a intervenção e, então, cruza para o controle e, finalmente, de volta para a condição da intervenção. De acordo com Ebbutt (1984), a vantagem desse período extra no delineamento é que ele permite ao pesquisador examinar mais de perto os efeitos colaterais de controle para a intervenção (ou vice-versa).

Se você quiser analisar estatisticamente os efeitos desse tipo de delineamento em uma medida de saída, poderíamos conduzir ANOVAs de um fator entre participantes de cada condição para ver como as fases da intervenção diferem das fases do controle.[2]

DELINEAMENTOS DE UM ÚNICO CASO (N = 1)

Até então, abordamos técnicas analíticas baseadas em amostras de participantes e usamos essas amostras a fim de generali-

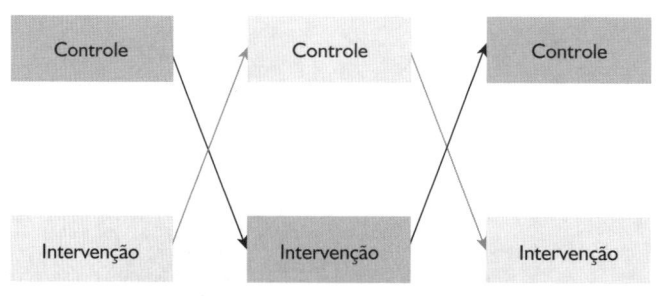

FIGURA 14.6

Exemplo de um delineamento cruzado de três períodos.

zar para as populações subjacentes. Sugerimos, neste capítulo, que o padrão ouro para a pesquisa em ciências da saúde é o ECA, que, se delineado de maneira apropriada, permite que sejam feitas inferências mais fortes sobre a causalidade (p. ex., uma intervenção causou uma mudança na variável de saída). Uma forma de pesquisa que costuma ser negligenciada e equivocada é aquela que envolve um participante em vez de amostras de participantes. Esses tipos de estudos são chamados de *delineamentos de um único caso* ou *delineamentos experimentais de um único caso*.

O delineamento de um único caso típico é aquele em que um clínico pode dar a um paciente uma determinada intervenção e registrar o efeito dessa intervenção em uma variável de saída em particular. De muitas formas, ele é similar aos delineamentos pré/pós-teste que descrevemos anteriormente neste capítulo. Em um delineamento básico de um único caso existem duas fases em que estamos interessados: a inicial e a de intervenção. O clínico, então, monitora uma variável de saída para ver como ela difere entre a fase inicial e a da intervenção. Suponha que estejamos interessados em um novo tratamento para psoríase e queiramos testar um único paciente que tenha sintomas da doença. Precisaríamos de um período inicial em que mediremos os sintomas da psoríase ao longo de alguns dias. De acordo com Kazdin (1978), é muito importante que os dados iniciais sejam estáveis. Isto é, precisamos ter uma fase inicial que seja longa o suficiente para fornecer medidas boas e consistentes da variável de saída. Uma vez tendo uma medida inicial estável, introduzimos a intervenção e medimos os sintomas da psoríase novamente ao longo de um número de dias, até que tenhamos uma medida estável da fase da intervenção. Podemos, então, comparar os sintomas da fase inicial àqueles da fase da intervenção para ver se haverá alguma diferença visível. O método mais comum para decidir se há uma diferença entre a fase inicial e a da intervenção é a representação gráfica ao longo do tempo (ver Fig. 14.7).

Um exame da Figura 14.7 pode sugerir que existem poucos sintomas de psoríase na fase de intervenção se comparada à fase inicial. Podemos ficar tentados a concluir que a intervenção tenha sido efetiva para esse único paciente. Entretanto, tal conclusão pode não ser justificada, e a razão para isso destaca uma das fraquezas potenciais de um delineamento de um único caso como este. Pelo fato de termos uma fase inicial e uma fase de intervenção e de estarmos lidando com pessoas reais vivendo suas vidas

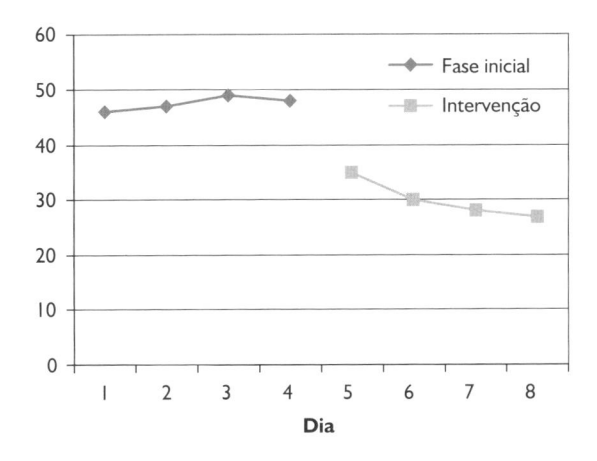

FIGURA 14.7

Gráfico mostrando a diferença entre sintomas durante a fase inicial e a da intervenção para um delineamento de um único caso.

junto com o tratamento, não temos controle sobre fatores de confusão. Pode ser o caso de outro fator, que não a intervenção, ser responsável pela melhora dos sintomas. Por exemplo, talvez a fase da intervenção tenha sido mais ensolarada do que a fase inicial.

Pode ser que o sol seja o responsável pela melhora dos sintomas. Para superar tais problemas, é aconselhável utilizar delineamentos de um único caso um pouco mais complexos, como os de fases inicias repetidas ou de intervenções repetidas. Um delineamento inicial simples com uma intervenção é geralmente denominado de delineamento AB, em que A é a fase inicial e B é a intervenção. A recomendação é ter algo mais parecido com um delineamento ABAB, em que existe uma fase inicial seguida de uma fase de intervenção; então, a fase de intervenção é removida por um período e, após certo tempo, reintroduzida. Se a intervenção for efetiva, esperamos uma melhora nos sintomas durante a primeira fase da intervenção e uma deterioração quando for retirada. Finalmente, a reintrodução da intervenção deve resultar novamente em melhora dos sintomas. A adição das duas etapas extras nos permite ficar mais confiantes quanto ao sucesso da intervenção se observarmos a melhora dos sintomas em ambas as etapas da intervenção. O gráfico desse delineamento é similar ao apresentado na Figura 14.8.

Quando relatamos os resultados de tais estudos, podemos suplementar a descrição dos gráficos com estatísticas descritivas para cada fase do estudo. Sugerimos fornecer valores mínimos, máximos e a média (ou mediana) para cada fase do estudo.[3]

Devemos observar aqui, que, existem alguns problemas com o delineamento ABAB. Talvez o mais enganoso deles esteja relacionado com as preocupações éticas de remover um tratamento que pode ser efetivo na segunda fase A do estudo. Essa é uma consideração importante para a pesquisa em ciências da saúde, em que a intervenção pode ter benefícios significativos a longo prazo para a saúde do paciente. Existem várias maneiras de se enfrentar essa dificuldade. Uma delas seria tirar vantagem das situações em que o paciente, por alguma razão, se retira da intervenção temporariamente. Embora isso não supere algumas preocupações éticas, introduz uma parcialidade potencial ao estudo, pois a razão para se retirar pode influenciar a medida de saída durante a fase da retirada. Um exemplo

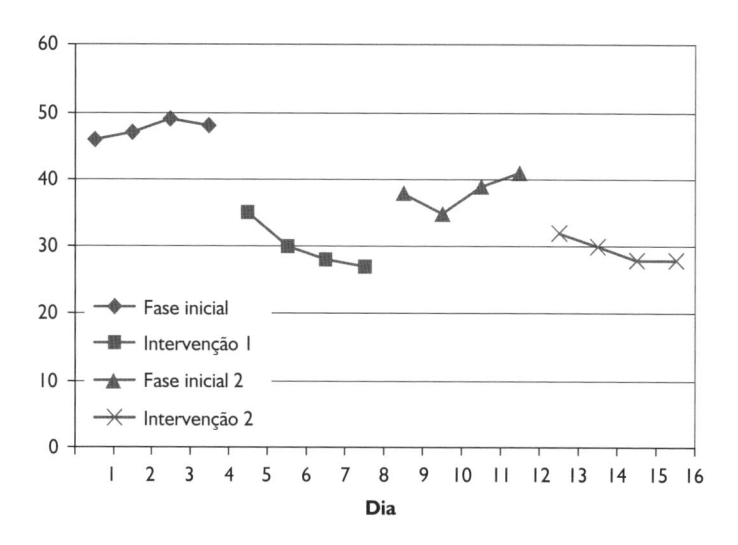

FIGURA 14.8

Ilustração de um delineamento de um único caso com quatro fases.

ATIVIDADE 14.3

Tente interpretar o gráfico do delineamento de um único caso da Figura 14.9 (nossa interpretação está na seção de respostas no final do livro).

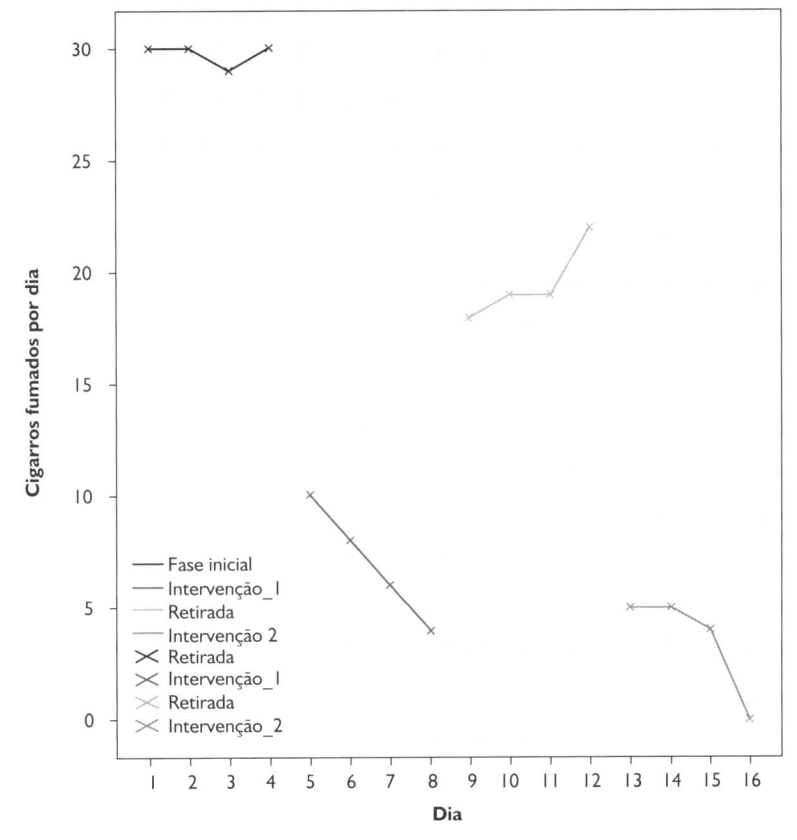

FIGURA 14.9

Exemplo da literatura

Um bom exemplo de delineamento de um único caso é o estudo de Ownsworth e colaboradores (2006), no qual os pesquisadores examinaram os erros que um paciente com trauma cerebral severo cometia em ambientes da vida real, cozinhando em casa ou realizando trabalho voluntário. Para a tarefa de cozinhar, havia três fases do estudo: inicial, intervenção e manutenção; já para a tarefa do trabalho voluntário havia somente a fase inicial e a da intervenção. A intervenção no estudo fornece treinamento para que o participante aumentasse a consciência de seu erro e de seus comportamentos de autocorreção. Os autores apresentaram suas descobertas visualmente usando um gráfico. Reproduzimos o gráfico da tarefa de cozinhar na Figura 14.10.

Observe na figura que o número de erros diminuiu substancialmente entre as fases iniciais e de intervenção e que essa redução continuou na fase de manutenção. Os autores suplementaram a análise gráfica com as estatísticas descritivas de cada fase.

a, Tarefa de cozinhar

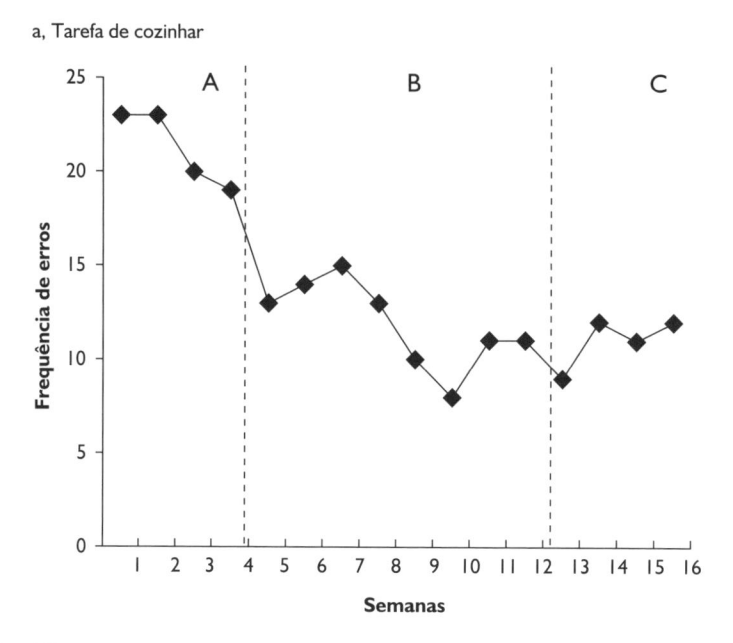

FIGURA 14.10

Frequência dos erros do paciente na tarefa de cozinhar, de acordo com relato de Ownworth e colaboradores (2006). A = início, B = intervenção e C = manutenção.

disso seria um paciente sofrendo de depressão que pode se retirar de uma intervenção da psoríase e não cuidar de si mesmo como normalmente faria. A depressão, em vez da saída da intervenção, pode ser a causa de mudanças na variável da saída.

Delineamento de linha de base múltipla

Em delineamentos de linha de base múltipla, deve haver somente uma fase de referência e uma fase de intervenção para cada participante. Entretanto, as fases de referência (linha base) e de intervenção são introduzidas em diferentes tempos por meio de vários casos de um único participante, inseridos em conjuntos múltiplos ou avaliados com variáveis de saída múltiplas para um único caso. Para as situações de múltiplos casos únicos, pegamos as medidas de referência (linha base) dos participantes em tempos diferentes e introduzimos as intervenções, também em tempos diferentes. Assim, um participante pode ter a fase de referência iniciando no primeiro dia do estudo e terminando no sétimo dia, com a intervenção sendo introduzida no oitavo dia. O segundo participante pode ter a fase de referência iniciando no terceiro dia e terminando no décimo primeiro dia, com a intervenção sendo introduzida, então, no décimo segundo dia. Um terceiro participante pode ter a fase de referência iniciando no sétimo dia e terminando no décimo quarto dia (ver Fig. 14.11).

A variação no início da fase de referência e da intervenção significa que há uma probabilidade menor de termos variáveis fora do controle do pesquisador e que tenham impacto sobre a variável de saída ao longo de todos os casos do estudo. Se obtivermos melhoras como resultado de nossa intervenção ao longo de todos os casos, ficaremos mais confiantes de que foi a intervenção que causou as melhoras do que se tivéssemos incluído um único caso. Temos também a van-

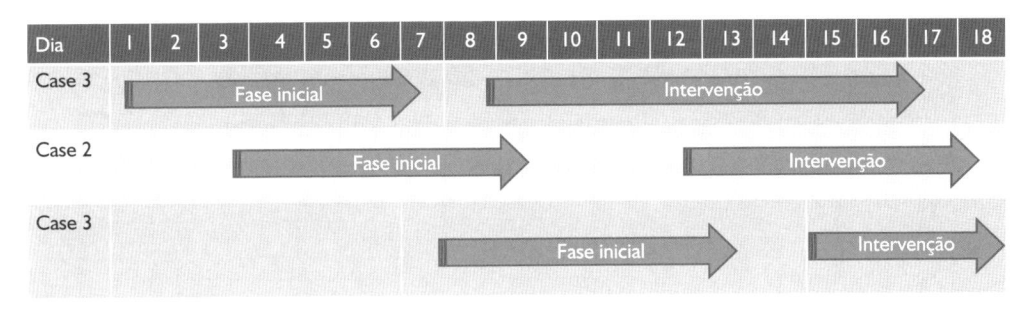

FIGURA 14.11

Ilustração de um estudo com delineamento de um único caso com linha de base múltipla.

tagem de não estarmos retirando uma intervenção potencialmente benéfica.

As outras formas do delineamento de linha de base múltipla são o conjunto múltiplo e as medidas de saída múltipla. O exemplo da literatura que descrevemos anteriormente é um delineamento de conjunto múltiplo, uma vez que, nesse estudo, os pesquisadores procuram erros de seu paciente em uma tarefa como a de cozinhar e a de trabalho em um ambiente de voluntariado. Um exemplo de variáveis de saída múltipla pode ser um estudo que examina a eficácia de uma nova droga para infecções no tórax. Nesse estudo, você deve observar o impacto sobre uma medida subjetiva, como as avaliações dadas pelo paciente sobre a sua falta de ar, e sobre uma medida objetiva, como a avaliação do pico do fluxo expiratório.

GERANDO DIAGRAMAS DE DELINEAMENTOS DE UM ÚNICO CASO UTILIZANDO O SPSS

Vamos mostrar agora como gerar um gráfico com os dados apresentados na Figura 14.7. Esses dados são 46, 47, 49, 48 para a de referência e 35, 30, 28, 27 para a da intervenção, respectivamente. No SPSS você deverá criar três variáveis, uma para o dia do ensaio, uma para os valores de referência e uma para os valores da intervenção. Então, deve colocar os dados de acordo com a Captura de tela 14.14.

Observe que, na coluna Dia (*Day*), numeramos os dias consecutivamente, de 1 a 8. Colocamos, então, os valores da referência nas linhas que correspondem aos dias 1, 2, 3 e 4 e deixamos as outras linhas para uma variável não declarada; entramos com os valores da intervenção nas linhas de 5 a 8 e deixamos as outras linhas para a variável não declarada. Para gerar o gráfico, você deve selecionar as opções *Graphs, legacy Dialogs* e *Line* (Gráficos, Caixa de Diálogos Legacy e Linha) – será apresentada uma caixa de diálogos (Captura de tela 14.15).

Selecione as opções *Multiple* (Múltiplo) e *Values of individual cases* (Valores de casos individuais); clique, então, no botão *Define* (Definir). Será apresentada outra caixa de diálogo (Captura de tela 14.16).

Na seção *Category Labels* (Rótulos da Categoria), você precisa clicar na opção *Variable* (Variável) e, então, mover a variável Dia (*Day*) para a caixa adequada. Mova as variáveis Referência (*Baseline*) e Intervenção (*Intervention*) para a caixa *Lines Represented* (Linhas Representadas) e clique no botão OK. Será apresentado um gráfico igual ao da Captura de tela 14.17.

Se você clicar duas vezes no gráfico, poderá editá-lo e melhorá-lo. Por exemplo, pode ajustar o eixo *y* escalonando de modo que ele inicie do zero. Para isso, clique duas vezes no gráfico para abrir o editor. Você deve, então, clicar no próprio eixo *y* para abrir uma caixa de diálogos com as opções disponíveis (Captura de tela 14.18).

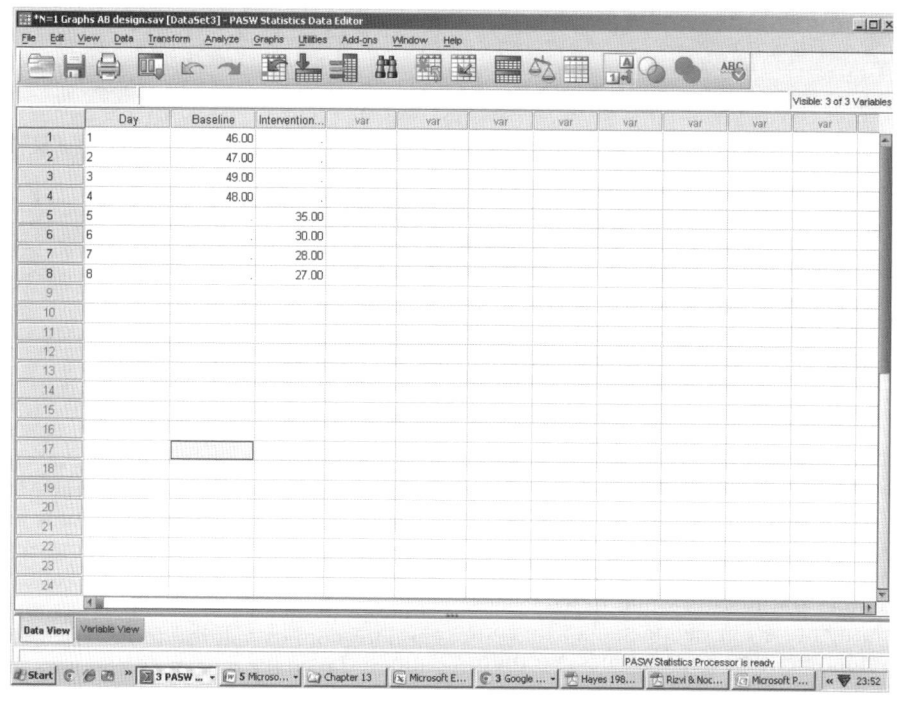

CAPTURA DE TELA 14.14

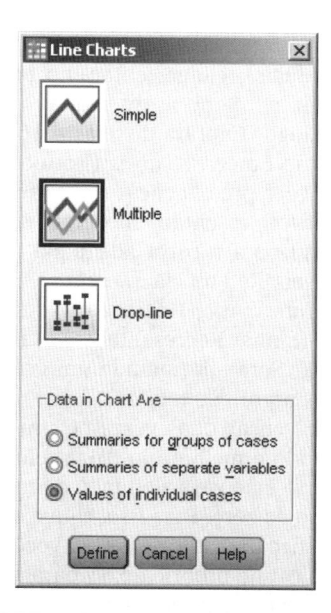

CAPTURA DE TELA 14.15

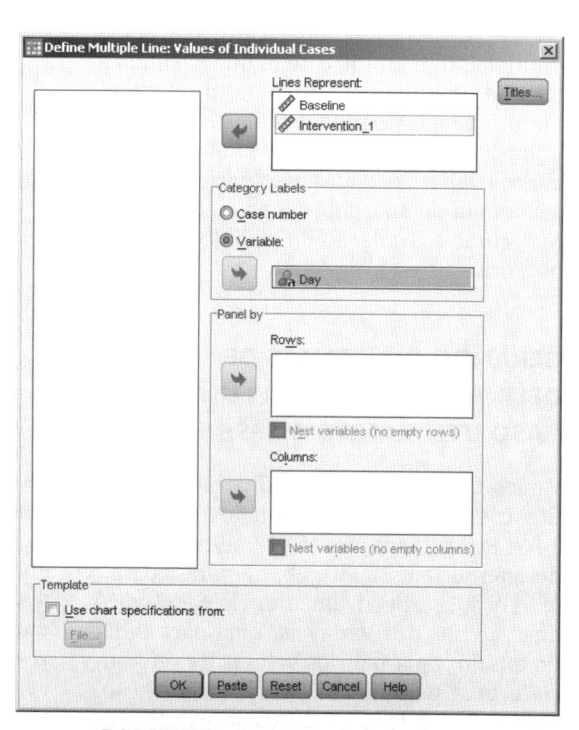

CAPTURA DE TELA 14.16

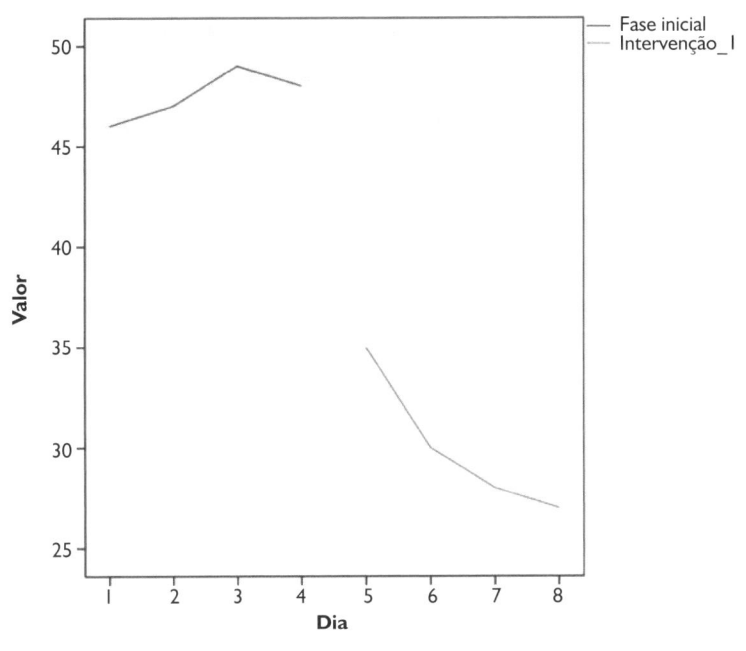

CAPTURA DE TELA 14.17

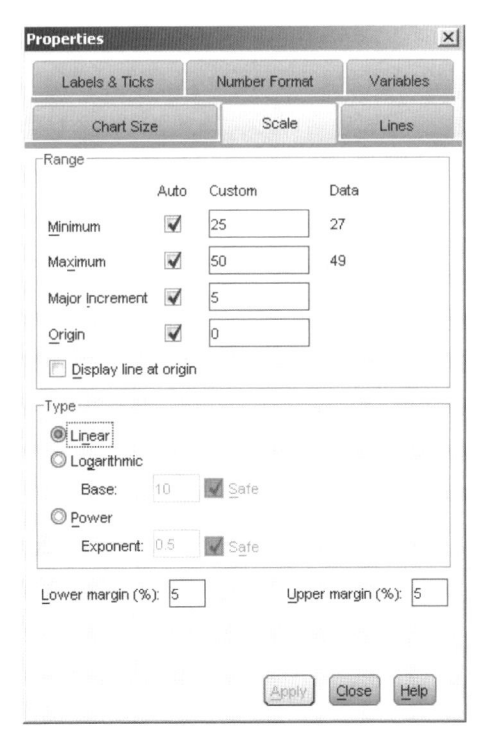

CAPTURA DE TELA 14.18

Você deve mudar o valor na caixa *Minimum* (Mínimo) para 0 e clicar em *Apply* (Aplicar) e *Close* (Fechar).

Se você quiser incluir marcadores em cada ponto e para cada fase, clique no botão *Add Markers* (Adicionar Marcadores) (Captura de tela 14.19).

Será apresentada uma nova caixa de diálogos, e você deverá clicar na aba *Markers* (Marcadores) e, então, no menu suspenso *Marker Type* (Tipo de Marcador) (Captura de tela 14.20).

Selecione o estilo do marcador que você quer e, então, clique em *Apply* (Aplicar) e em *Close* (Fechar). Feche o editor de gráfico clicando no ícone de fechar da janela no topo do canto direito. Uma vez feito isso, seu gráfico será como o da Captura de Tela 14.21.

Se desejar, você pode brincar com o editor para tentar melhorar a aparência do gráfico.

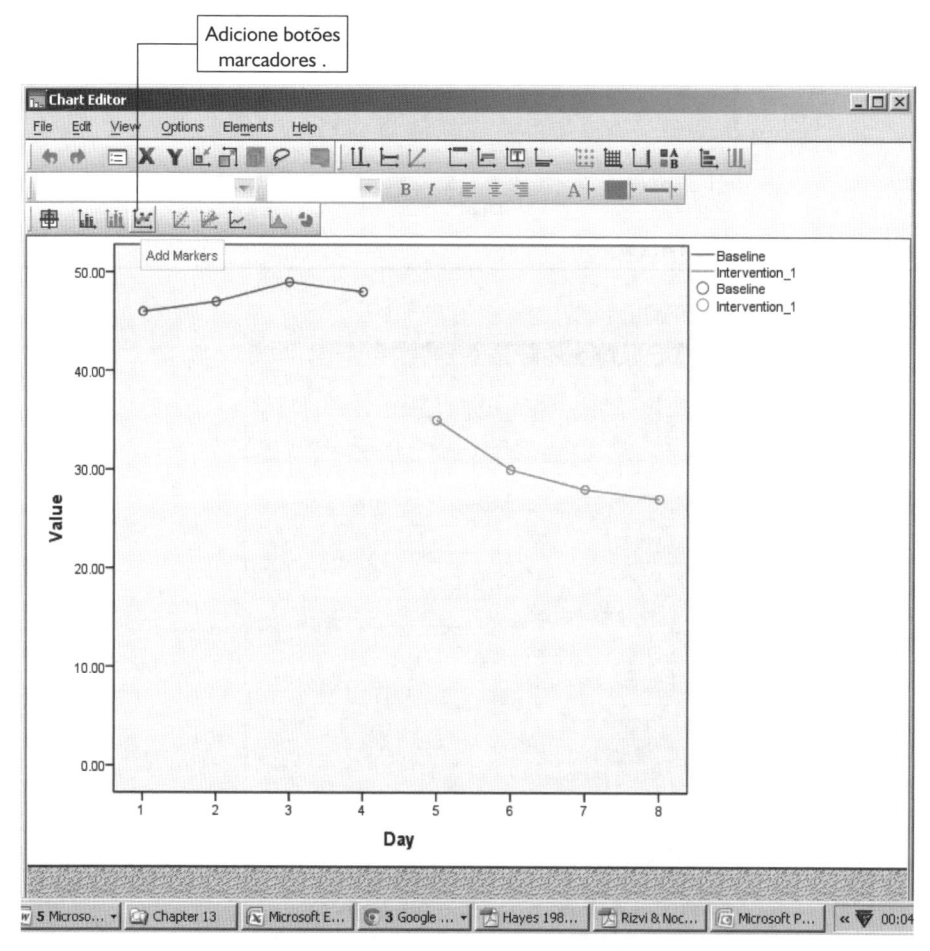

CAPTURA DE TELA 14.19

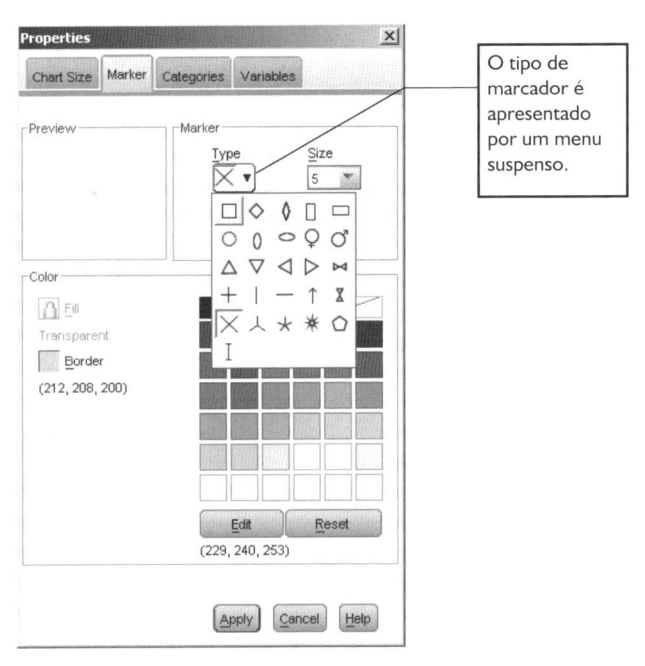

O tipo de marcador é apresentado por um menu suspenso.

CAPTURA DE TELA 14.20

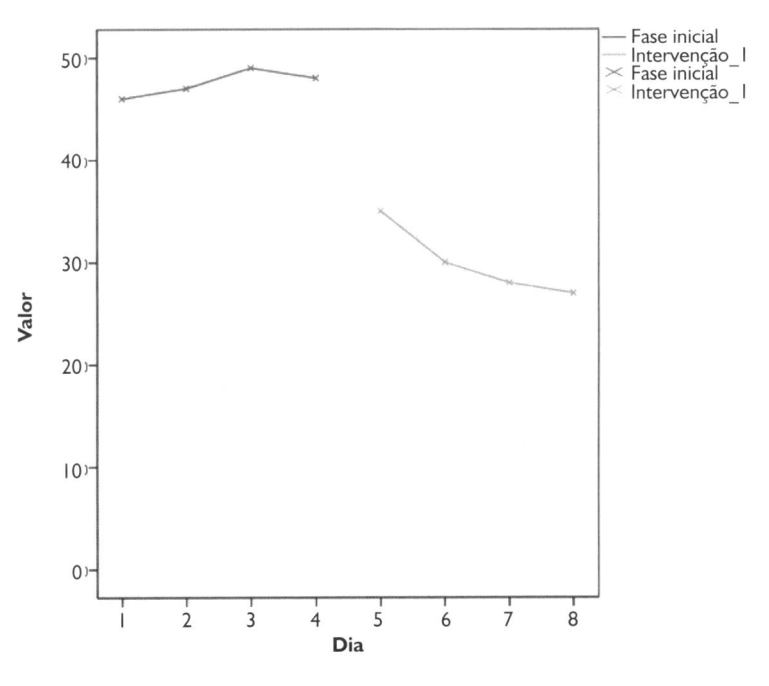

CAPTURA DE TELA 14.21

> **Resumo**
>
> Neste capítulo, destacamos diversos meios de se medir e analisar mudanças decorrentes de uma intervenção. Discutimos as características essenciais dos ensaios controlados aleatorizados (ECAs) e fornecemos orientações para a boa prática tanto para o delineamento quanto para o seu relato. Observamos a análise de variáveis de saída contínuas (usando a ANCOVA) ou dicotômicas (usando o teste de McNemar ou o teste dos sinais). Olhamos, também, as alternativas ao ECA, como os delineamentos cruzados e experimentais de um único caso, bem como aos delineamentos de um único caso, destacando a análise dos dados por meio de técnicas gráficas. Em todos esses delineamentos, destacamos as limitações associadas.

EXERCÍCIO COM O SPSS

Use o SPSS para gerar um delineamento de um único caso para os seguintes dados (as respostas estão no final do livro). Os dados de referência (linha base) foram coletados entre os dias 1 e 7. Os dados para a fase de referência foram:

✓ dia 1 = 17, dia 2 = 15, dia 3 = 19, dia 4 = 21, dia 5 = 19, dia 6 = 18, dia 7 = 18.

Os dados da fase da intervenção foram coletados entre os dias 8 e 14:

✓ dia 8 = 13, dia 9 = 16, dia 10 = 13, dia 11 = 12, dia 12 = 13, dia 13 = 13, dia 14 = 12.

QUESTÕES DE MÚLTIPLA ESCOLHA

1. Qual das alternativas a seguir *não* é uma característica dos ECA?
   a) Alocação aleatória dos participantes às condições.
   b) Cegamento de todas as pessoas relevantes no estudo.
   c) Ocultamento da sequência de alocação.
   d) Nenhuma das alternativas anteriores.

2. O teste de McNemar se aplica a:
   a) Dados contínuos.
   b) Dados dicotômicos.
   c) Dados ausentes.
   d) Todas as alternativas anteriores.

3. Qual das alternativas a seguir se aplica a delineamentos de um único caso?
   a) Você não pode inferir causação.
   b) Você precisa de uma fase de referência.
   c) Você não pode ter referência múltipla.
   d) Você nunca deve retirar a intervenção.

4. Por que editores e grupos de pesquisadores recomendam usar as orientações do CONSORT?
   a) Elas melhoram o relato dos ECA.
   b) Elas melhoram o delineamento dos ECA.
   c) Elas melhoram o entendimento dos resultados dos ECA.
   d) Todas as alternativas anteriores.

5. Um diagrama de fluxo CONSORT é delineado para:
   a) Deixar claro quais participantes foram incluídos em cada estágio do estudo e da análise dos dados.
   b) Deixar claro quem está executando o estudo.
   c) Deixar claro onde o dinheiro foi gasto na condução do estudo.
   d) Deixar claro como a análise foi conduzida.

6. Em um estudo de um delineamento de um único caso ABAB:
   a) Há um começo escalonado na intervenção para diferentes casos.
   b) Não existe uma fase de referência incluída.
   c) Existe uma fase de referência e de intervenção, uma retirada da inter-

venção e, então, a reintrodução da intervenção.
d) Existe uma intervenção seguida de uma retirada, que é, então, seguida de uma intervenção e novamente de uma retirada.

7. Uma análise da intenção de tratar deve incluir:
   a) Uma análise do poder do número de participantes que você pretende incluir no estudo.
   b) Todos os participantes que foram randomizados.
   c) Todos os participantes que completaram o estudo.
   d) Todos os participantes que aderiram às instruções da intervenção.

8. De acordo com a escada de evidência de Sutherland, em que degrau os ECA aparecem?
   a) No degrau do topo.
   b) No segundo degrau.
   c) No terceiro degrau.
   d) No último degrau.

9. Observe o seguinte gráfico de delineamento de um único caso:

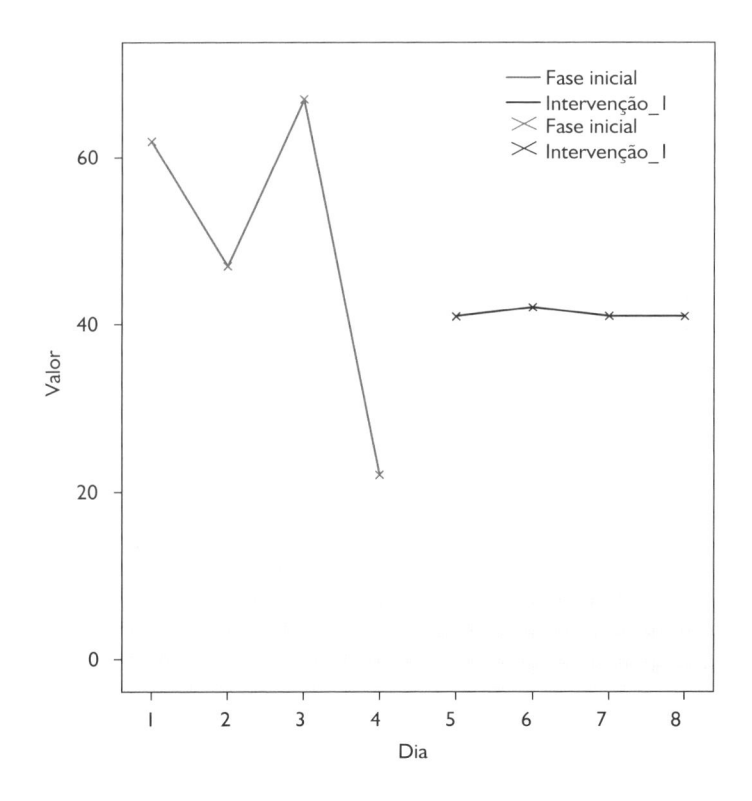

O que você diria da fase de referência:

a) As medidas não são estáveis.
b) As medidas são estáveis.
c) As medidas são equivalentes à da fase de intervenção.
d) Nenhuma das alternativas anteriores.

10. Por que o cegamento é usado nos ECA?

a) Ele ajuda a minimizar a parcialidade nas respostas dos participantes.
b) Ele ajuda a minimizar a parcialidade dos pesquisadores.
c) Ele ajuda a minimizar a parcialidade na alocação dos participantes às condições.
d) Todas as alternativas anteriores.

11. Quantos itens existem na lista CONSORT de 2010?

a) 22
b) 23
c) 24
d) 25

12. Como você analisaria um delineamento pré-teste/pós-teste com uma medida de saída contínua?

a) ANCOVA com os escores do pré-teste incluídos como uma covariada.
b) Correlacionar o pré-teste com os escores do pós-teste.
c) Executar o teste da mudança de McNemar.
d) Nenhuma das alternativas anteriores.

13. Como você deve suplementar uma análise visual gráfica para delineamentos de um único caso?

a) Incluir uma descrição detalhada do método de geração de seus gráficos.
b) Incluir estatísticas descritivas para cada fase do estudo.
c) Incluir gráficos alternativos em um apêndice.
d) Nenhuma das alternativas anteriores.

14. Delineamentos cruzados são úteis quando:

a) Você não pode alocar aleatoriamente os participantes às condições.
b) Não é ético excluir participantes de uma condição da intervenção.
c) Você tem casos únicos.
d) Todas as alternativas anteriores.

15. O teste de mudança de McNemar é usado para delineamentos pré/pós-teste quando:

a) Você tem variáveis de saída contínuas.
b) Você tem variáveis de saída discretas.
c) Você não tem variáveis de saída.
d) Você tem variáveis de saída dicotômicas.

NOTAS

1. Observe que muitos autores sugerem que uma ANOVA com um fator de tempo intraparticipantes (pré-teste vs. pós-teste) e um fator de grupo entre participantes (intervenção vs. controle) é a maneira mais apropriada de analisar os ECA. Entretanto, Rausch e colaboradores (2003) demonstraram que a ANOVA mais complexa é matematicamente equivalente à ANOVA simples de escores mudados descrita aqui. Na verdade, você obterá os mesmos valores F e p conduzindo a ANOVA dessa forma.
2. Poderíamos, também, conduzir uma análise um pouco mais complicada, chamada de ANOVA fatorial, em que temos uma variável intraparticipantes chamada de período e um fator entre participantes chamado de sequência. Esse tipo de análise é uma extensão das ANOVAs que apresentamos no Capítulo 8.
3. Cada vez mais os pesquisadores estão sendo aconselhados a não se valer das análises "visuais" apresentadas aqui. Entretanto, as técnicas estatísticas sugeridas estão além do escopo do livro. Como exemplo, veja Brossart e colaboradores (2006).

15
Análise de sobrevivência: uma introdução

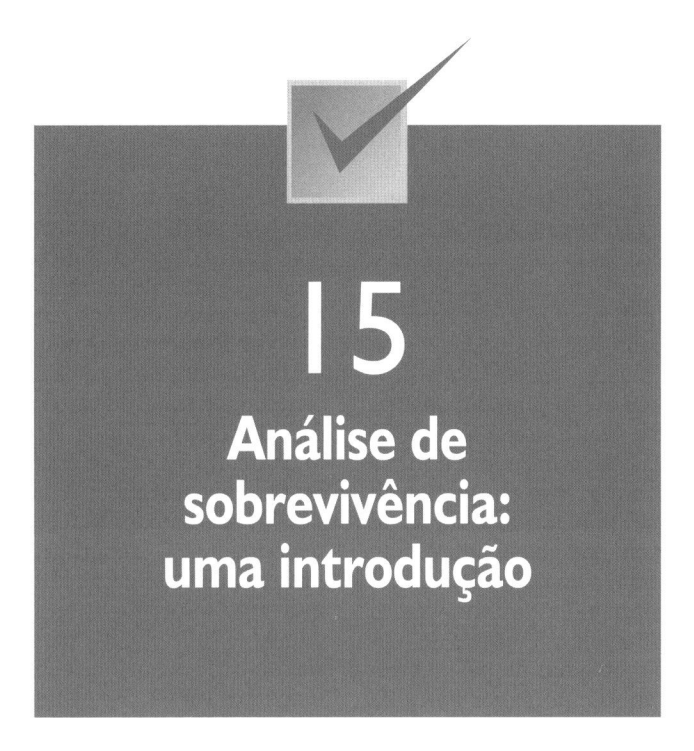

Panorama do capítulo

Neste capítulo, introduziremos uma perspectiva levemente diferente da análise de dados, chamada de análise de sobrevivência. Nas técnicas que apresentaremos aqui, estamos interessados no tempo de um determinado evento para os participantes. Iremos apresentar os conceitos fundamentais da análise de sobrevivência, como as funções de sobrevivência e de risco. Mostraremos como apresentar esses dados em formas gráficas por intermédio das curvas de risco e de sobrevivência acumuladas, além de como dizer se duas curvas de sobrevivência são significativamente diferentes uma da outra. Por fim, ensinaremos a executar as análises de sobrevivência usando o SPSS.

Neste capítulo, você irá:

✓ Aprender sobre as funções de sobrevivência e de risco;
✓ Obter um conhecimento das bases conceituais das curvas e tabelas de sobrevivência;
✓ Aprender sobre a diferença entre as funções de sobrevivência e de risco;
✓ Obter um conhecimento conceitual do teste de Mantel-Cox (log dos postos), que testa a diferença entre curvas de sobrevivência;
✓ Adquirir habilidades para executar as análises de sobrevivência no SPSS;
✓ Aprender a interpretar e a relatar os resultados dessas análises em seu próprio trabalho, e também a entender os resultados de trabalhos produzidos por outras pessoas.

Para entender as técnicas apresentadas neste capítulo, tenha um bom entendimento de probabilidades e proporções, assim como de análises qui-quadrado.

INTRODUÇÃO

Uma técnica analítica interessante que costuma-se usar nas ciências da saúde é a análise de sobrevivência. Nesse tipo de análise, estamos interessados nos tempos em que um determinado evento acontece. Por exemplo, podemos estar interessados em quando uma pessoa tem uma recorrência de problemas de pele após o tratamento, ou em quando um coorte de interesse em particular contata primeiro os serviços médicos após um evento, ou até mesmo em quando uma pessoa morre (daí o nome análise de sobrevivência). Basicamente, o foco é a taxa de ocorrência de um evento em particular. Se desejar, pode-se comparar essas taxas de ocorrência por meio das condições. Assim, por exemplo, podemos ter dois tratamentos diferentes para eczema e estar interessados nas diferenças entre eles em termos do reaparecimento dos problemas de pele. O tratamento A leva um tempo maior antes da recorrência do problema se comparado ao tratamento B? Ou, talvez, podemos estar interessados em saber se o tratamento A leva à eliminação mais rápida dos sintomas de eczema do que o tratamento B. No primeiro exemplo, o evento de interesse é o reaparecimento dos sintomas de eczema, enquanto no segundo, o evento de interesse é a ausência de sintomas (eliminação dos sintomas). Geralmente, estamos interessados em saber algo no tempo do início do estudo até determinado evento que ocorra para os participantes do estudo. Obviamente, pelo fato de as pessoas serem diferentes umas das outras, o tempo para um evento ocorrer irá variar entre os participantes e, potencialmente, entre os tipos de tratamento. Portanto, estamos interessados em analisar os tempos para que um evento aconteça.

Quando estudamos eventos, costuma-se ter um período de tempo finito no qual coletamos e analisamos os dados. Assim, podemos ser capazes apenas de seguir os participantes por um ano após uma intervenção para ver se o evento de interesse acontece. Em nosso exemplo do eczema, podemos seguir os participantes por um ano no total, a fim de ver quanto tempo leva para que os sintomas reapareçam, ou podemos segui-los por três meses para ver quão rápido desaparecem. Deve ficar claro que não é certo que um evento venha a acontecer para todos os participantes dentro do período do estudo. Nem todos os indivíduos terão o reaparecimento dos sintomas dentro de um ano de tratamento e nem todos deixarão de ter mais sintomas dentro de três meses de intervenção. Quando temos participantes que não experimentam o evento de interesse antes do fim do estudo, os denominamos de casos *censurados*. Mais especificamente, casos *censurados à direita*. Podemos visualizar esse caso usando um gráfico (Fig. 15.1).

Nesse estudo, perceba que temos 10 participantes. O comprimento das linhas representa quanto tempo levou para que cada indivíduo sofresse o evento de interesse. Podemos ver que o participante nº 3 foi o mais rápido a vivenciar o evento e que três participantes (nºs 2, 5 e 10) não experimentaram o evento. Esses três casos são denominados de censurados à direita. Vamos, agora, observar a Figura 15.2

Nela temos os mesmos dados da Figura 15.1, mas levemente alterados. Você perceberá, agora, que existem mais participantes com dados censurados. Quando temos dados censurados, isso significa que os participantes não vivenciaram o evento de interesse. Temos os mesmos três indivíduos que foram classificados como censurados à direita, mas temos, ainda, dois participantes adicionais (3 e 7) que também são censurados. Esses dois sujeitos são classificados como não tendo experimentado o evento, mas as suas linhas no gráfico não alcançam o fim do lado direito. Por quê? Eles desistiram do estudo por alguma razão, de forma que o pesquisador não foi capaz de acompanhá-los, sendo registrados como não participantes do evento de interesse. Esses dois são simplesmente chamados de pontos de dados censurados. Agora, observe a Figura 15.3.

Aqui temos um padrão levemente diferente para os participantes. Nesse exemplo, nem todos iniciaram o estudo no mesmo ponto do tempo. Observe que as linhas para

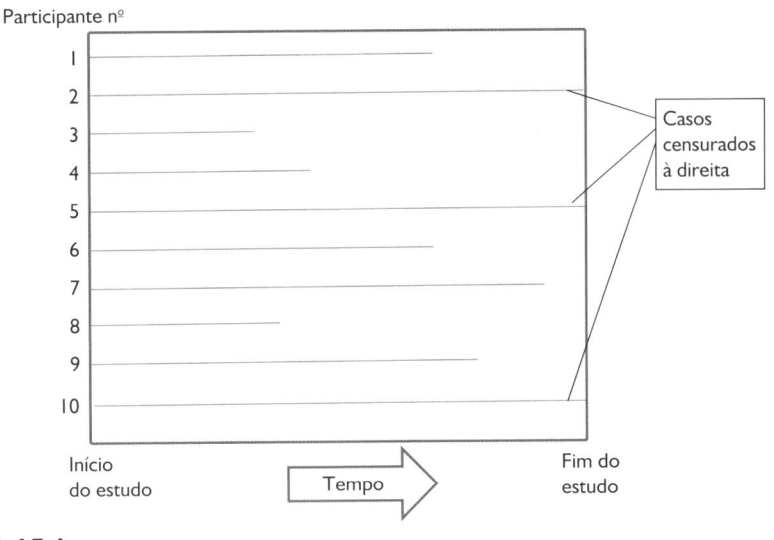

FIGURA 15.1

Ilustração dos tempos de um evento de interesse para 10 participantes em estudo.

os participantes 1, 6 e 8 iniciam em algum tempo ao longo do estudo. Quando apresentamos informações em gráficos similares a esses, temos de deixar claro o que o lado esquerdo do gráfico representa. Significa o tempo de início para todo o estudo ou significa o tempo de início de cada participante? Se significar o tempo de início para cada participante, podemos mudar a Figura 15.3 para que fique como a Figura 15.4, em que sim-

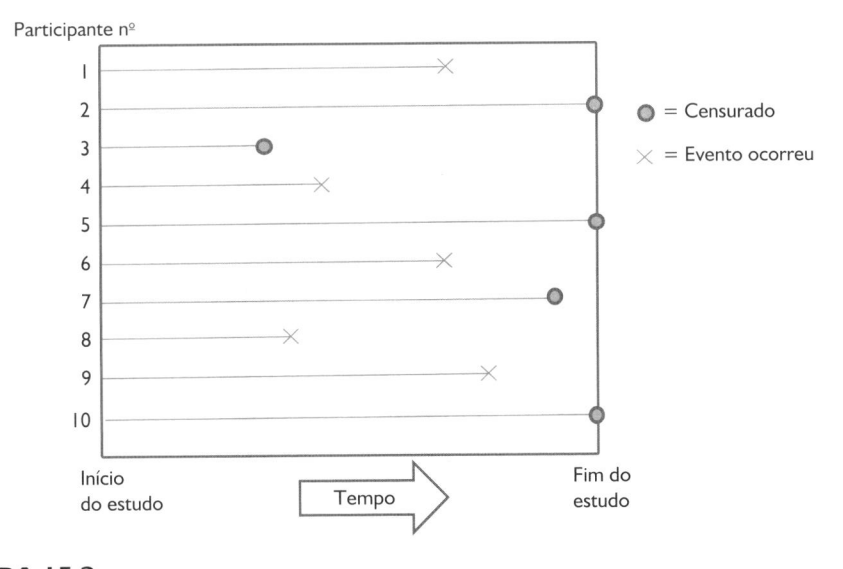

FIGURA 15.2

Diferença entre pontos de dados censurados e não censurados.

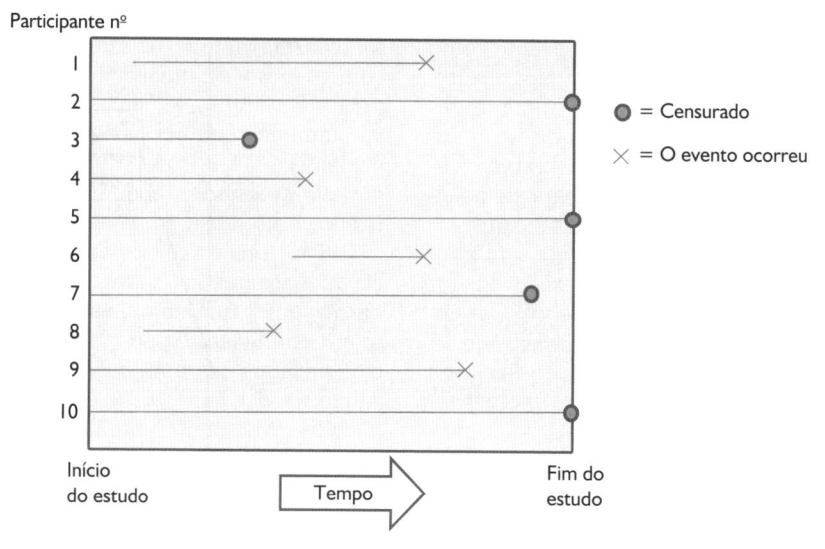

FIGURA 15.3

Ilustração dos participantes incluídos no estudo após o seu início.

plesmente movemos as linhas para os participantes 1, 6 e 8, de forma que a também iniciem no lado esquerdo do gráfico.

Quando apresentado dessa forma, o lado esquerdo do gráfico geralmente é chamado de *tempo de aleatorização*.

CURVAS DE SOBREVIVÊNCIA

Na análise de sobrevivência, costuma-se querer comparar eventos de interesse entre dois ou mais grupos. Uma maneira de se fazer isso é utilizando-se curvas de sobrevivência.

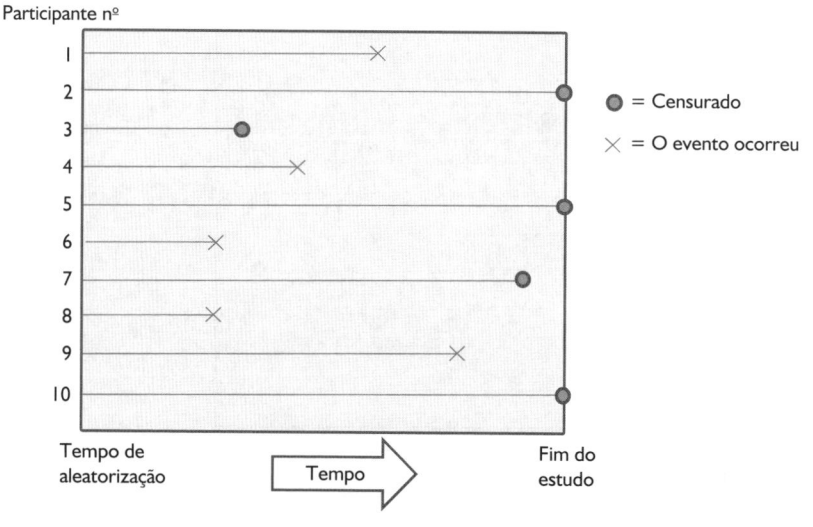

FIGURA 15.4

Informação da Figura 15.3 apresentada como tempo de aleatorização.

Nelas, traçamos a proporção de participantes que não experimentaram o evento como uma função do tempo. Nos exemplos que iremos apresentar aqui, presume-se que todos os participantes estavam disponíveis no início do estudo. Suponha que temos um estudo sobre um novo tratamento para enxaqueca. Queremos comparar isso com um grupo de participantes que somente tomaram remédio sem receita para o alívio da dor (p. ex., paracetamol ou ibuprofeno). O evento de interesse aqui é a próxima enxaqueca sentida pelos participantes após o início do estudo. Suponha que temos 10 participantes em cada condição. A Tabela 15.1 mostra quanto tempo decorreu, em semanas, antes que cada participante tivesse sua próxima enxaqueca. O estudo durou seis meses.

Podemos observar que no grupo do novo tratamento, a primeira pessoa a ter enxaqueca foi o participante nº 2 (na semana 3) seguido pelo participante nº 7 (na semana 4). Podemos ver que, para essa condição, todos os participantes tiveram uma enxaqueca em até 14 semanas após o início do estudo. Na condição padrão do alívio da dor, a primeira pessoa a ter uma enxaqueca foi o participante 6 (na semana 7), e todos, com exceção de um participante, tiveram uma crise em 25 semanas. Pode-se observar, também, que um participante não teve enxaqueca nos seis meses (26 semanas) do período do estudo, sendo ele, então, classificado como censurado à direita.

Para traçar uma curva de sobrevivência, precisamos calcular a proporção dos participantes que não vivenciaram o evento em pontos do tempo específicos. No início do estudo, nenhum dos sujeitos teve enxaqueca – portanto, 100% dos participantes não vivenciaram o evento de interesse.

Observe, na Tabela 15.2, que os participantes na condição do novo tratamento tendem a ter a sua primeira enxaqueca mais cedo do que aqueles na condição do alívio da dor padrão. Apresentar a informação em uma tabela é bom, mas fica muito mais claro apresentar essa informação na forma gráfica. Essa é a situação em que as curvas de sobrevivência são úteis. A Figura 15.5 representa uma curva de sobrevivência para a informação apresentada na Tabela 15.2.

TABELA 15.1

Número de semanas, para cada participante, no tratamento novo, e condições do tratamento padrão do alívio da dor para experienciar a próxima enxaqueca

Tratamento novo		Alívio da dor padrão	
Número do participante	Semanas para o evento	Número do participante	Semanas para o evento
1	12	1	14
2	3	2	17
3	14	3	19
4	9	4	21
5	7	5	12
6	5	6	7
7	4	7	18
8	7	8	Censurado à direita
9	6	9	11
10	11	10	25

TABELA 15.2
Detalhes de quais participantes tiveram uma enxaqueca em cada semana e proporção semanal dos participantes que ainda não tiveram enxaqueca

Semana	Tratamento novo		Analgésicos normais	
	Participante tendo a primeira enxaqueca nesta semana	Proporção que não teve enxaqueca	Participante tendo a primeira enxaqueca nesta semana	Proporção que não teve enxaqueca
1		1		1
2		1		1
3	2	0,90		1
4	7	0,80		1
5	6	0,70		1
6	9	0,60		1
7	5 e 8	0,40	6	0,90
8		0,40		0,90
9	4	0,30		0,90
10		0,30		0,90
11	10	0,20	9	0,80
12	1	0,10	5	0,70
13		0,10		0,70
14	3	0,0	1	0,60
15		0,0		0,60
16		0,0		0,60
17		0,0	2	0,50
18		0,0	7	0,40
19		0,0	3	0,30
20		0,0		0,30
21		0,0	4	0,20
22		0,0		0,20
23		0,0		0,20
24		0,0		0,20
25		0,0	10	0,10
26		0,0		0,10

Normalmente, em uma curva de sobrevivência, a curva desce verticalmente até um ponto em que alguém do estudo vivenciou o evento de interesse; de outra forma, o gráfico permanece horizontal. Na Figura 15.5, pode-se observar que, na condição do alívio da dor padrão, a linha permanece horizontal do início do estudo até a sétima semana. Esse é o primeiro ponto em que alguém, nessa condição, teve uma enxaqueca. Após esse tempo, a próxima pessoa a ter uma enxaqueca será durante a décima primeira semana. Você pode ver que o gráfico permanece horizontal até esse ponto do estudo, quando, então, desce. As curvas de sobrevivência são criadas dessa forma.

Na Figura 15.5, podemos ver duas curvas, uma para a condição do novo tratamento e outra para a condição do alívio da dor padrão. Note que, no início do estudo, a proporção dos participantes que ainda não tiveram enxaqueca é de 1,0 em ambas as

> ### ☑ ATIVIDADE 15.1
>
> Represente os seguintes dados em uma curva de sobrevivência.
>
> | Número do participante | Semanas para o evento |
> |---|---|
> | 1 | 4 |
> | 2 | 3 |
> | 3 | 10 |
> | 4 | 9 |
> | 5 | 7 |
> | 6 | 5 |
> | 7 | 4 |
> | 8 | 7 |
> | 9 | 6 |
> | 10 | 8 |

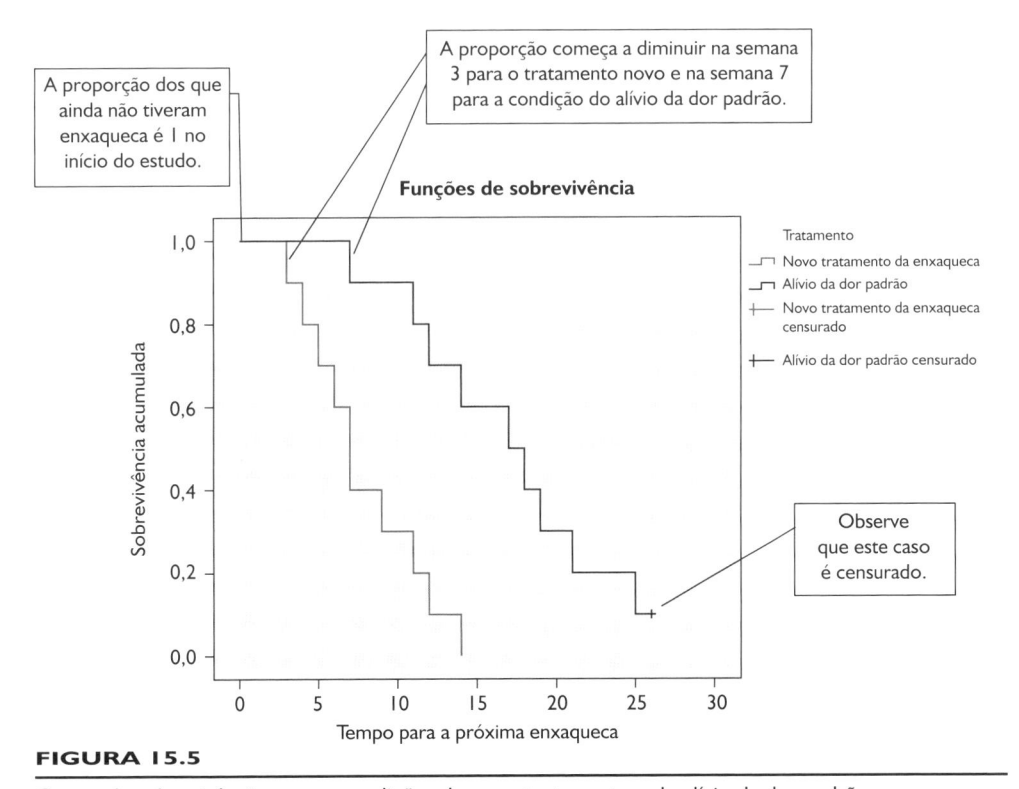

FIGURA 15.5

Curvas de sobrevivência para as condições do novo tratamento e do alívio da dor padrão.

condições. Então, na terceira semana, um dos participantes na condição do novo tratamento tem uma enxaqueca, e, portanto, a proporção cai para 0,90. Percebe-se uma queda maior na proporção para a condição do novo tratamento do que para a do alívio da dor padrão, indicando que o evento de interesse (ter uma enxaqueca) ocorre mais cedo no primeiro caso. Percebe-se também que, na décima quarta semana, todos os participantes na condição do novo tratamento tiveram enxaqueca. Pode-se dizer isso porque, nessa semana, a proporção de quem não teve enxaqueca caiu para zero. A proporção para a condição do alívio da dor padrão não cai para zero até o fim da vigésima sexta semana, e temos, então, um participante censurado à direita.

Agora, observe o mesmo estudo, mas desta vez com vários participantes que desistiram dentro do período de tempo da pesquisa. Os dados para esses participantes são apresentados na Tabela 15.3.

Podemos ver que os participantes 4 e 7 da condição do novo tratamento e os participantes 1 e 3 da condição do alívio da dor padrão saíram do estudo antes de ter uma enxaqueca. A Figura 15.6 mostra como esses dados são representados nas curvas de sobrevivência.

A primeira coisa a ser observada é que, agora, existem mais cruzes na curva. As pequenas cruzes indicam as semanas em que os participantes saíram do estudo (casos censurados). Observe, também, que as formas das curvas são levemente diferentes. Você pode ver isso mais claramente na Figura 15.7, em que colocamos os dois gráficos das Figuras 15.5 e 15.6 lado a lado, para uma melhor comparação. A razão pela qual as curvas são levemente diferentes é que, quando calculamos a proporção dos participantes que ainda não vivenciaram o evento, temos que fazer um ajuste para levar em consideração as pessoas que não estão no estudo. Existem várias maneiras de se fazer

☑ TABELA 15.3

Número de semanas que cada participante nas condições do novo tratamento e do tratamento padrão do alívio da dor para levaram para sofrer a próxima enxaqueca (dados revisados)

Novo tratamento		Alívio da dor padrão	
Número do participante	Semanas para o evento	Número do participante	Semanas para o evento
1	12	1	Desistiu na semana 14
2	3	2	17
3	14	3	Desistiu na semana 19
4	Desistiu na semana 9	4	21
5	7	5	12
6	5	6	7
7	Desistiu na semana 4	7	18
8	7	8	Censurado à direita
9	6	9	11
10	11	10	25

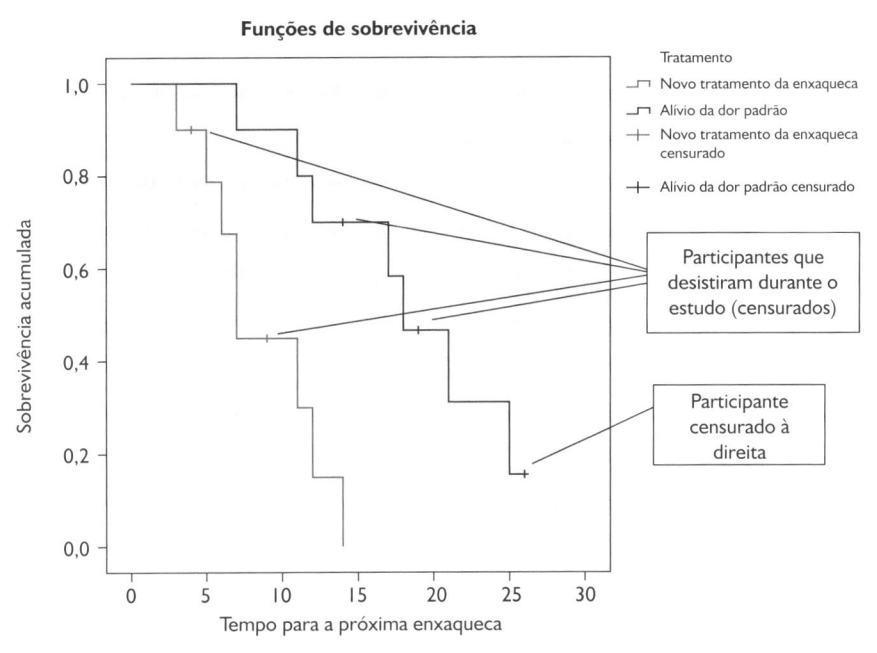

FIGURA 15.6

Curvas de sobrevivência para as condições do novo tratamento e do alívio da dor padrão mostrando os participantes que desistiram durante o estudo.

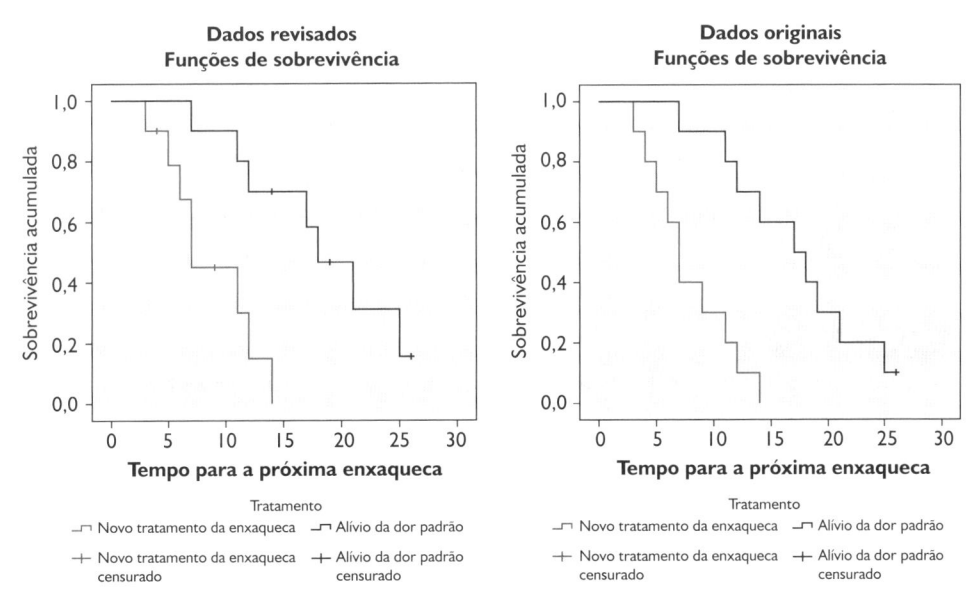

FIGURA 15.7

Curvas de sobrevivência para as condições do novo tratamento e do alívio da dor padrão (dados revisados) em conjunto com os dados originais.

isso, mas o método mais usado foi proposto por Kaplan e Meier, em 1958.

A FUNÇÃO DE SOBREVIVÊNCIA DE KAPLAN-MEIER

Faremos uma breve visão geral de como a curva de sobrevivência é gerada usando o método Kaplan-Meier. Para os leitores interessados, uma explicação excelente é dada em um artigo de Peto e colaboradores (1977), e a explicação dada aqui inspira-se na exposição fornecida por esses autores.

Basicamente, o que temos que fazer é calcular a proporção dos participantes que poderiam ter tomado parte de um evento em cada ponto do tempo relevante ao estudo. Pontos no tempo relevantes são aqueles em que um participante toma parte de um evento ou quando alguém é perdido para o estudo. Assim, você verá uma queda ou uma pequena cruz na curva, que indica um ponto relevante no tempo. O que temos que fazer para calcular as proporções relevantes em cada ponto é pensar em quantos participantes ainda estão no estudo imediatamente antes de cada ponto relevante no tempo. Veja um exemplo. Suponha que temos cinco participantes em um estudo que tem duração de 10 dias. Os dados são parecidos com os da Tabela 15.4. As primeiras duas colunas da tabela contêm os dados, e o restante da tabela mostra os detalhes necessários para o cálculo das proporções de sobrevivência de Kaplan-Meier. Kaplan e Meier (1958) mostraram que as melhores estimativas das proporções de sobrevivência, quando temos dados censurados, eram as que tinham por base o número de participantes disponíveis em cada ponto do estudo, em vez de o número total de participantes do estudo. Observe a terceira coluna da tabela, que nos fornece detalhes da proporção dos participantes remanescentes, em cada ponto do tempo, que não experimentaram o evento de interesse.

Por exemplo, um pouco antes do segundo dia, havia cinco pessoas no estudo, e, no segundo dia, quatro dos cinco participantes não tinham participado do evento de interesse; logo, a proporção aqui é 4/5 ou 0,8. Agora, vamos para o próximo ponto relevante do tempo – dia 3. Um pouco antes desse dia, havia quatro pessoas no estudo; entretanto, no terceiro dia, nenhum desses participantes tomou parte do evento de interesse, e, assim, a proporção de não participantes do evento é 1,0. Este é o caso, mesmo que um participante já estivesse perdido para o estudo. Agora, movendo-se para o próximo ponto relevante do tempo – dia 5 –, podemos ver que um pouco antes desse dia havia três participantes ainda no estudo, e que, no quinto dia, dois deles não haviam participado do estudo; portanto, a proporção aqui é de 2/3 ou 0,667. Seguindo para o sétimo dia, vemos que um pouco antes havia duas pessoas no estudo e que, ao chegar no séti-

TABELA 15.4

Dados do exemplo para calcular as proporções de sobrevivência de Kaplan-Meier

Participante	Dia	Neste ponto, qual a proporção que não participou do evento	Proporções Kaplan-Meier
1	2	0,8	0,8
2	Perdido para o estudo dia 3	1,0	0,8
3	5	0,667	0,533
4	Perdido para o estudo dia 7	1,0	0,533
5	9	0,0	0,0

mo dia, nenhum deles participou do evento; assim, a proporção é de 1,0. Finalmente, nono dia. Um pouco antes, havia uma pessoa no estudo e, no nono dia, ela experimentou um evento de interesse; portanto, nenhuma das pessoas disponíveis ainda não tinha participado do evento e, portanto, essa proporção é 0,0.

Vamos agora para a coluna das proporções de Kaplan-Meier. Essa coluna contém as proporções usadas para gerar a curva de sobrevivência. Para entender isso, vale a pena pensar em termos de probabilidades. As proporções apresentadas na tabela podem ser pensadas como a probabilidade de que uma pessoa que ainda não participou do evento em um ponto do tempo em particular não irá, de fato, experimentá-lo naquele ponto do tempo. Portanto, podemos ver, na tabela, que no segundo dia uma pessoa tem uma probabilidade 0,8 de não participar do evento. Temos que nos lembrar de que, quando combinamos probabilidades, elas devem ser multiplicadas. Por exemplo, qual é a probabilidade de que você obtenha dois escores máximos no lançamento de um par de dados? A probabilidade de se obter seis em cada dado, independentemente, é de 1/6, ou 0,167, mas a probabilidade de obtermos um par de seis é de (1/6)x(1/6). Aplicando essa ideia de multiplicar as probabilidades aos dados de sobrevivência, podemos pensar em termos de dias no estudo. Qual é a probabilidade de sobrevivência (não participar do evento) no primeiro dia. No nosso caso, ela é de 1,0, pois nenhum participante tomou parte em um evento nesse dia. A probabilidade de sobrevivência no segundo dia depende da probabilidade de ter sobrevivido ao primeiro dia e, assim, temos que multiplicar a probabilidade de sobrevivência no primeiro dia pela probabilidade de sobrevivência no segundo para obtermos a probabilidade (ou proporção) de Kaplan-Meier. A probabilidade de sobrevivência no segundo dia é de 0,8, e, se a multiplicarmos pela probabilidade de sobrevivência do primeiro dia (que é de 1,0), obteremos 0,8; esse será o número na coluna Kaplan-Meier da tabela. Para calcular Kaplan-Meier para o terceiro dia, temos que multiplicar a probabilidade de sobreviver ao terceiro dia 3 (1,0) pela do segundo (0,8) e pela do primeiro (1,0), o que resulta no número 0,8 novamente. Assim, para calcular as proporções de Kaplan-Meier, multiplicamos todas as proporções anteriores da terceira coluna, incluindo a linha específica em que estamos interessados. Por exemplo, se observarmos a linha 3 (participante 3) da tabela, multiplicamos todas as proporções da coluna três anteriores e incluímos a própria linha para, assim, obter a proporção de Kaplan-Meier. Portanto, multiplicamos 0,8 por 1,0 por 0,667, o que nos dá 0,533. Nos movendo para o sétimo dia (quarta linha da tabela), calculamos a proporção de Kaplan-Meier multiplicando 0,8 por 1,0 por 0,667 e por 1,0, o que resulta em 0,533.

Quando você conduz uma análise de sobrevivência no SPSS, obterá uma curva de sobrevivência baseada nas proporções de Kaplan-Meier. A curva de sobrevivência para os dados da Tabela 15.4 é apresentada na Figura 15.8.

ANÁLISE DE SOBREVIVÊNCIA DE KAPLAN-MEIER NO SPSS

Para conduzir uma análise de sobrevivência no SPSS, você precisa definir corretamente seu arquivo de dados. Criaremos, então, um arquivo no SPSS usando os dados da Tabela 15.3. Precisamos criar três variáveis no arquivo de dados, como fizemos na Captura de tela 15.1. Temos uma variável com a condição em que se encontra cada participante (novo tratamento ou alívio da dor padrão), uma com o tempo em que o evento aconteceu para cada sujeito (ou o tempo de saída do estudo) e uma com informações sobre o *status* do participante. A última variável é muito importante para assegurar que o SPSS leve em consideração os casos censurados. É nela que registramos se o participante tomou ou não parte do evento dentro do período de tempo do estudo (i. e., se eles foram ou não censurados). Se eles realmente tiveram uma enxaqueca, então são

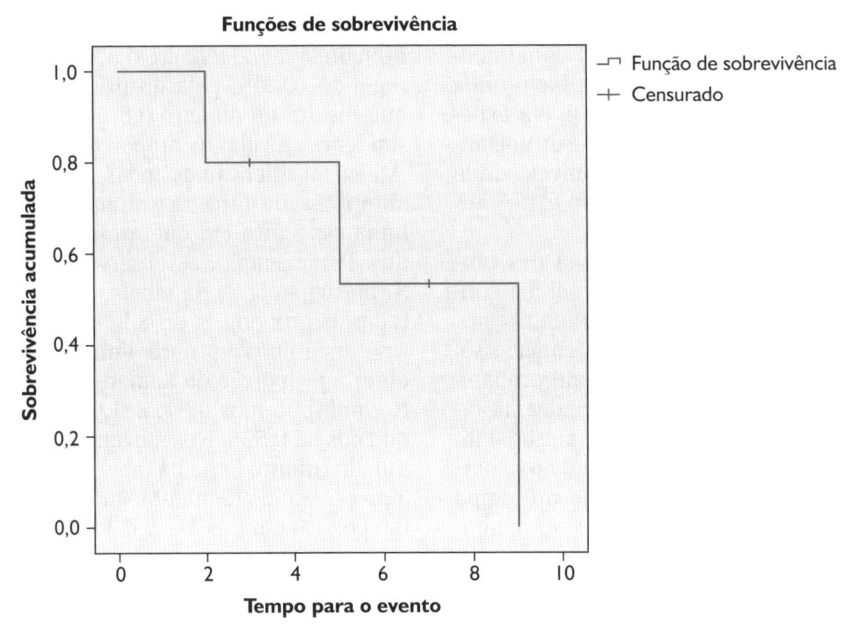

FIGURA 15.8

Curvas de sobrevivência para os dados apresentados na Tabela 15.4.

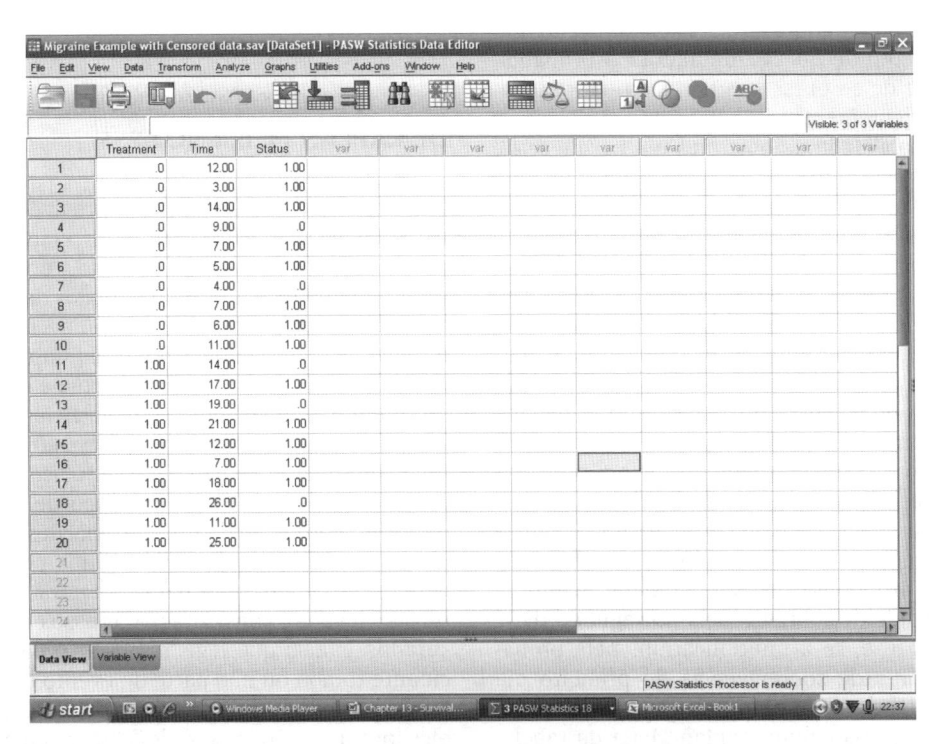

CAPTURA DE TELA 15.1

registrados como 1; se não tiveram, são registrados como 0.

Para executar uma análise de sobrevivência, você precisa selecionar as opções *Analyze, Survival, Kaplan-Meier* (Analisar, Sobrevivência, Kaplan-Meier) (Captura de tela 15.2).

Você verá, então, uma caixa de diálogo (Captura de tela 15.3).

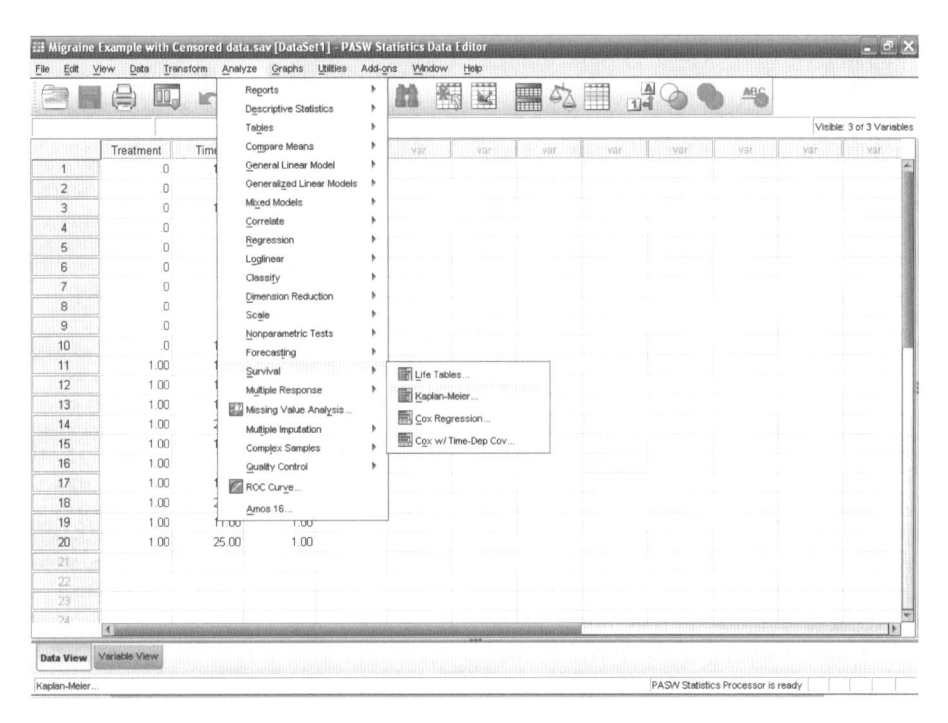

CAPTURA DE TELA 15.2

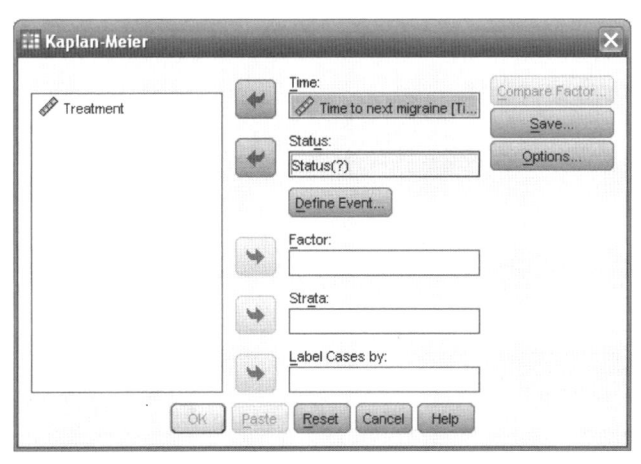

CAPTURA DE TELA 15.3

Você deve mover a variável Tempo (*Time*) para a caixa Tempo e a variável *Status* para a caixa *Status*. Clique no botão *Define Event* (Definir Evento). Isso abrirá uma nova caixa de diálogos (Captura de tela 15.4).

Nessa caixa, você deve informar ao SPSS quais valores da variável *Status* indicam a o ocorrência de um evento. Lembre que digitamos 1 nessa variável para todos os participantes que tiveram enxaqueca; assim, você precisa digitar 1 na caixa *Single Value* (Valor Único) e, então, clicar no botão *Continue*. Isso o levará, então, para a caixa de diálogos original. Como temos duas condições separadas, queremos gerar dados de sobrevivência para cada uma; assim, temos que mover a variável Tratamento (*Treatment*) para a caixa *Factor* (Fator). Uma vez definidas as variáveis, clique no botão *Options* (Opções) e na caixa de diálogos resultante. Tenha a certeza de selecionar a opção *Survival* (Sobrevivência) da seção *Plots* (Diagramas) (Captura de tela 15.5). Clique em *Continue* e, então, em *OK* para executar as análises.

Como parte da saída, você obterá uma tabela de sobrevivência (Captura de tela 15.6). Nessa tabela, a coluna de maior interesse é a coluna Estimativa (*Estimate*) na seção *Cumulative Proportion Surviving at the Time* (Proporção Cumulativa de Sobreviventes em Ponto do Tempo). Essa coluna contém as proporções de sobrevivência de Kaplan-Meier apresentadas no diagrama de sobrevivência.

Exemplo da literatura

Um estudo publicado por Burneo e colaboradores (2008) investigou o papel do gênero e da etnia no resultado de uma convulsão em consequência de uma cirurgia para o controle da epilepsia. Os autores conduziram uma análise de sobrevivência incluindo a criação de curvas de sobrevivência de Kaplan-Meier. Sua figura mostrando as curvas de sobrevivência para a análise do gênero é apresentada na Figura 15.9. Observe que geralmente as duas curvas são similares entre si e, de fato, em algumas análises adicionais que Burneo e colaboradores conduziram, eles constataram que não havia relacionamento entre o gênero e a taxa de convulsões como consequência de uma cirurgia. Note que os autores apresentaram os percentuais das curvas de sobrevivência em vez das proporções, mas, como ambas as medidas são equivalentes, isso não tem importância.

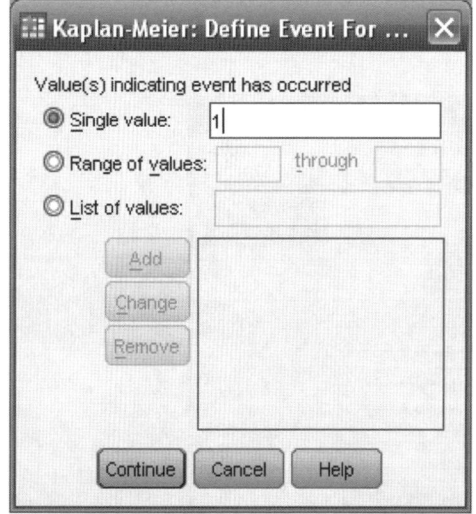

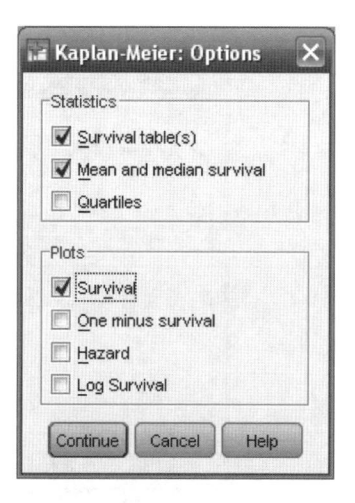

CAPTURA DE TELA 15.4

CAPTURA DE TELA 15.5

Tabela de sobrevivência

Treatment		Time	Status	Cumulative Proportion Surviving at the Time		N of Cumulative Events	N of Remaining Cases
				Estimate	Std. Error		
New Migraine Treatment	1	3.000	1.00	.900	.095	1	9
	2	4.000	.00			1	8
	3	5.000	1.00	.788	.134	2	7
	4	6.000	1.00	.675	.155	3	6
	5	7.000	1.00	1.00		4	5
	6	7.000	1.00	.450	.166	5	4
	7	9.000	.00			5	3
	8	11.000	1.00	.300	.165	6	2
	9	12.000	1.00	.150	.134	7	1
	10	14.000	1.00	.000	.000	8	0
Regular pain relief	1	7.000	1.00	.900	.095	1	9
	2	11.000	1.00	.800	.126	2	8
	3	12.000	1.00	.700	.145	3	7
	4	14.000	.00			3	6
	5	17.000	1.00	.583	.161	4	5
	6	18.000	1.00	.467	.166	5	4
	7	19.000	.00			5	3
	8	21.000	1.00	.311	.168	6	2
	9	25.000	1.00	.156	.139	7	1
	10	26.000	.00			7	0

CAPTURA DE TELA 15.6

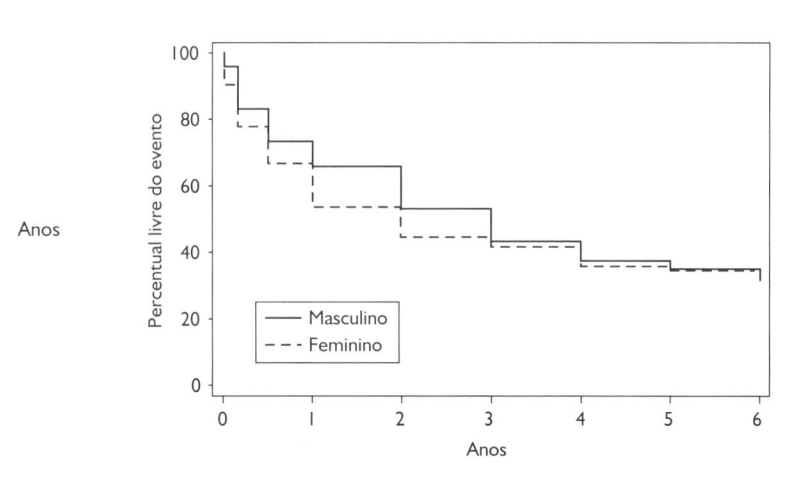

FIGURA 15.9

Curva de sobrevivência de Burneo e colaboradores (2008).

COMPARANDO DUAS CURVAS DE SOBREVIVÊNCIA – O TESTE DE MANTEL-COX

É útil comparar duas funções de sobrevivência visualmente usando curvas de sobrevivência, mas o que em geral se requer é um teste formal para ver se duas curvas são significativamente diferentes uma da outra. Existem várias maneiras de fazer isso, mas focaremos na técnica mais usada: o teste de Mantel-Cox ou o teste log de postos. Não explicaremos os cálculos em detalhes aqui, mas queremos dar uma amostra do que está por trás desse teste. Para entende-lo você precisa lembrar-se do que aprendeu sobre o teste do qui-quadrado no Capítulo 9. Lembre-se de que, no qui-quadrado, você deve comparar as frequências observadas com as esperadas. Se existe uma pequena diferença entre elas, obtemos um valor baixo para o qui-quadrado e concluímos que não existem diferenças entre as nossas condições além daquela atribuída às variações do acaso. Uma lógica similar sustenta o teste de Mantel-Cox, mas, neste, em vez de comparar as frequências observadas às esperadas, comparamos proporções observadas às esperadas em cada ponto do tempo no estudo. Calculamos, então, a estatística do qui-quadrado dessas proporções e testamos contra uma distribuição qui-quadrado com $k - 1$ graus de liberdade, em que k é o número de curvas de sobrevivência que estamos comparando. No nosso exemplo da enxaqueca (com os dados censurados), as estatísticas qui-quadrado são de 9,64 com 1 grau de liberdade. A probabilidade associada a esse valor do qui-quadrado é de 0,002, indicando que as duas curvas de sobrevivência são significativamente diferentes uma da outra.

Um exemplo prático pode ajudar a compreender o que o teste de Mantel-Cox faz. Suponha que temos 20 participantes e estamos interessados em saber quantos tiveram infecção bocal após a retirada do dente de siso. Foi solicitado à metade dos participantes que lavassem a boca regularmente com água salgada e, aos outros solicitou-se que não fizessem nada que auxiliasse na prevenção da infecção. Seguimos todos os participantes por sete dias após a extração, e registramos quantos tiveram infecção a cada dia. Alguns dados são apresentados na Tabela 15.5.

Se não houver efeito do enxágue bocal com água salgada nas taxas da infecção, esperamos ter números aproximadamente iguais de participantes tendo infecções em cada dia após a extração do dente. Entretanto, o cálculo disso é um pouco complicado, pelo fato de que, em cada ponto, no tempo, não temos necessariamente os mesmos números de participantes, para cada condição, que ainda não tiveram infecção. Assim, pelo fato de que dois sujeitos tiveram infecções na condição sem ação no ponto do tempo 2, existem agora somente oito participantes que poderiam ter uma infecção no ponto do tempo 3. O teste de Mantel-Cox leva esses fatores em consideração e é calculado com base em quantos participantes poderiam ter uma infecção em cada ponto do tempo. Portanto, o teste funciona comparando o número de participantes que não tiveram infecção em cada ponto do tempo com quem

TABELA 15.5
Número de infecções em cada dia para o grupo do enxágue bucal com água salgada e para o grupo sem ação após a retirada do dente de siso

Dia número	Sem ação	Enxágue com água salgada
1	0	0
2	2	1
3	1	0
4	3	1
5	2	1
6	0	0
7	0	0

realmente teve uma infecção naquele ponto do tempo (como quantos participantes que, depois do segundo dia, ainda não tiveram uma infecção, mas a tiveram no terceiro). Apresentamos esses números na Tabela 15.6, na coluna Observado. Temos que calcular, ainda, quantos participantes esperaríamos em cada condição, a cada dia, se não houvesse diferença entre as duas condições (i. e., se o enxágue com a água salgada não tivesse efeito nas taxas da infecção). Fizemos isso na Tabela 15.6, na coluna Esperado.

Usamos, então, os totais dos números observados e esperados de infecções ao longo dos pontos do tempo para calcular a estatística qui-quadrado. Essa descrição é uma simplificação do que o teste de Mantel-Cox realmente faz, mas serve para ilustrar o que está acontecendo aqui. No caso dos dados da Tabela 15.6, o qui-quadrado é calculado pelo SPSS como 4,77 e é significativo ($p < 0{,}05$).

MANTEL-COX UTILIZANDO O SPSS

Para realizar uma análise de Mantel-Cox no SPSS, usamos a mesma caixa de diálogos que usamos para criar as curvas de sobrevivência. Assim, você precisa clicar nas opções *Analyze, Survival, Kaplan-Meier* (Analisar, Sobrevivência e Kaplan-Meier) e preencher a caixa de diálogos como foi feito anteriormente (ver Captura de tela 15.7).

Você precisa, então, clicar no botão *Compare Factor* (Comparar Fator), e terá outra caixa de diálogo (Captura de tela 15.8).

Selecione a opção *Log de postos* e, então, *Continue*, seguido de *OK* para executar a análise. Você obterá a mesma curva de sobrevivência e a mesma tabela que apresentamos anteriormente mais uma tabela que fornece detalhes relevantes da análise Mantel-Cox (Captura de tela 15.9).

Nessa tabela, você verá a estatística qui-quadrado, os graus de liberdade (que é simplesmente o número de curvas que se está comparando menos um) e o valor-p. Pode-se observar que para os dados da enxaqueca, apresentados anteriormente, existe uma diferença significativa entre as condições do novo tratamento e o alívio da dor padrão ($p = 0{,}002$).

RISCO

Um conceito estreitamente relacionado com a sobrevivência é o *risco*. Quando analisamos dados de sobrevivência, podemos re-

TABELA 15.6
Infecções observadas e esperadas após a extração do dente de siso

Dia	Sem ação			Enxágue com água salgada		
	Observado	Esperado	Nº restante no estudo	Observado	Esperado	Nº restante no estudo
1	0	0	10	0	0	10
2	2	1,5	10	1	1,5	10
3	1	0,47	8	0	0,53	9
4	3	1,75	7	1	2,25	9
5	2	2	4	1	1	8
6	0	0	2	0	0	7
7	0	0	2	0	0	7
Total	8	5,72		3	5,28	7

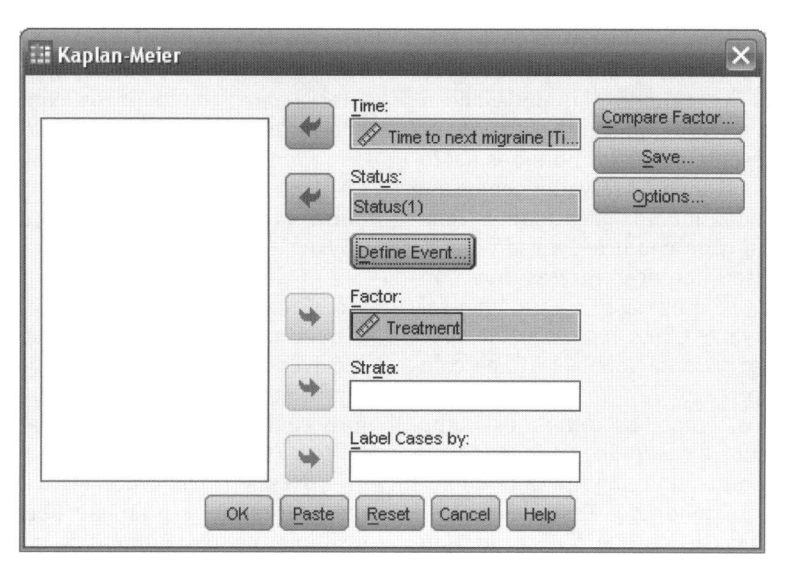

CAPTURA DE TELA 15.7

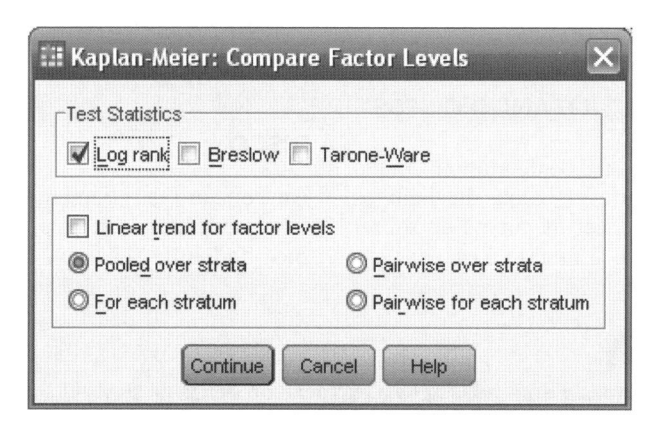

CAPTURA DE TELA 15.8

Comparações gerais			
	Qui-quadrado	gl	Sig.
Log de postos (Mantel-Cox)	9,694	1	0,002
Teste da igualdade das distribuições de sobrevivência para os diferentes níveis de tratamento			

CAPTURA DE TELA 15.9

Exemplo da literatura – Kellett e colaboradores (1999)

Como exemplo de pesquisa que relatou o uso do teste de Mantel-Cox (log de postos), pode-se relatar o estudo realizado por Kellett e colaboradores (1999), em que analisaram o impacto de um novo tratamento para a epilepsia (topiramato). No estudo, eles estavam interessados em saber quanto tempo os pacientes levavam para parar de tomar a nova medicação; os autores apresentaram algumas curvas de sobrevivência para os subgrupos de pacientes incluídos no estudo. Por exemplo, eles compararam os pacientes que receberam topiramato como um substituto para outra medicação para epilepsia àqueles que receberam topiramato em adição a outras drogas. As curvas de sobrevivência são apresentadas na Figura 15.10. Parece haver uma clara diferença entre os dois subgrupos de pacientes, com aqueles na condição "complemento" apresentando tendência a parar de tomar topiramato mais cedo do que aqueles na condição de substituição. Isso foi confirmado pela análise de Mantel-Cox, que produziu um valor qui-quadrado de 3,88, $gl = 1$ e $p = 0,049$.

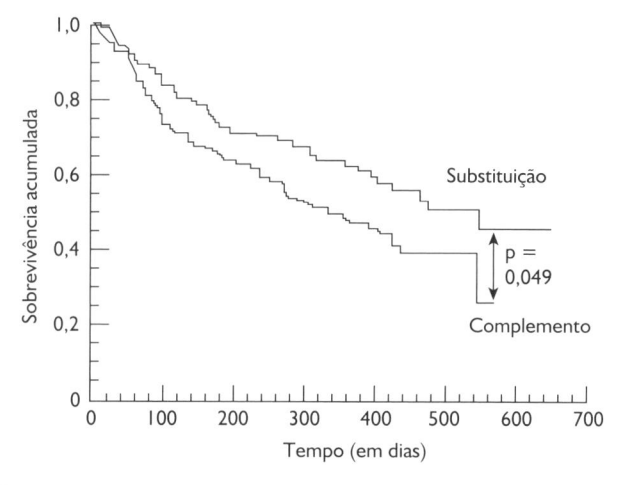

FIGURA 15.10

Curvas de sobrevivência apresentadas para a análise relatada por Kellett e colaboradores (1999).

presentá-los em termos da função de sobrevivência, como explicado anteriormente neste capítulo, ou em termos da *função de risco*. A função de risco é definida como a taxa (evento) de morte instantânea, isto é, a taxa do evento em um determinado momento no tempo após o início do estudo (tempo da aleatorização). Assim, enquanto a função de sobrevivência foca na proporção de quem sobrevive (ou não participa do evento de interesse) em um certo ponto do tempo, a função de risco é a taxa de morte (evento) em um ponto do tempo. Uma definição da função de risco fornecida por Everit e Pickles (1999) sugere que ela é a probabilidade de uma pessoa participar do evento de interesse em um determinado tempo, dado que sobreviveu (não participou do evento) até aquele tempo.

CURVAS DE RISCO

Podemos criar uma curva similar à curva de sobrevivência para representar a função de risco; a forma mais fácil de se obter essa curva é a denominada *função cumulativa de risco*, que é produzida pelo SPSS. As curvas de risco cumulativas para os dados de enxaqueca apresentados anteriormente no capítulo são apresentadas na Figura 15.11.

Observe que as curvas representadas na Figura 15.11 sugerem que a taxa de o evento acontecer parece aumentar ao longo do tempo, isto é, a curva é mais plana nos primeiros meses e acentuada nos últimos meses. O que fica claro, no entanto, é que as curvas para as duas condições estão bem separadas ao longo do tempo e sugerem que as taxas dos eventos aumentam logo no início da condição do novo tratamento em comparação à condição do alívio da dor padrão.

FUNÇÃO DE RISCO NO SPSS

Para criar a curva de risco no SPSS, você deve seguir o procedimento supracitado para criar as curvas de sobrevivência. Clique no botão *Options* (Opções) e tenha certeza de selecionar a opção *Hazard* (Risco) da seção *Plots* (Diagramas) da caixa de diálogo.

Clique em *Continue* e, em seguida, em *OK* para criar o gráfico (Captura de tela 15.10).

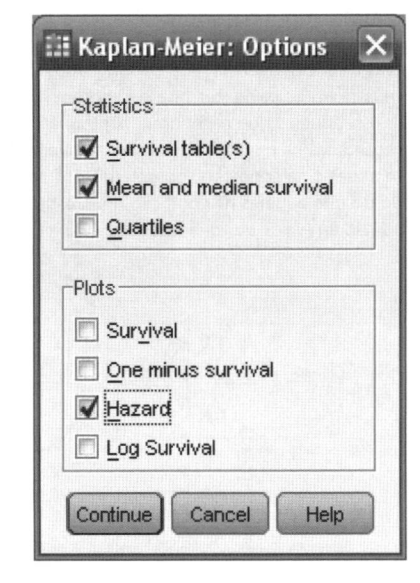

CAPTURA DE TELA 15.10

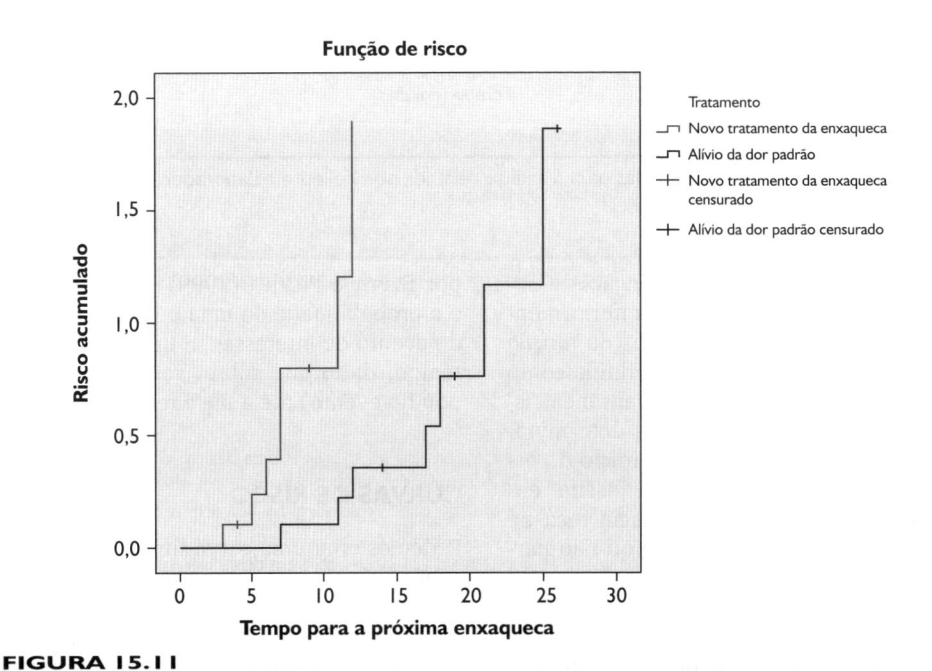

FIGURA 15.11

Curvas de cumulativas de risco para o exemplo do tratamento da enxaqueca.

RELATANDO UMA ANÁLISE DE SOBREVIVÊNCIA

Você pode relatar a análise que apresentamos como exemplo ao longo deste capítulo da seguinte forma:

> As curvas de sobrevivência para as condições do novo tratamento e do alívio da dor padrão são apresentadas na Figura 15.12. *Elas sugerem que, ao contrário da expectativa, os participantes na condição do novo tratamento tenderam a ter enxaquecas mais cedo após o tempo de aleatorização do que aqueles na condição do alívio da dor padrão. A análise de Mantel-Cox sobre as funções de sobrevivência confirmou que as duas curvas de sobrevivência foram significativamente diferentes uma da outra – $c^2 = 9,69$, gl = 1, p = 0,002.*

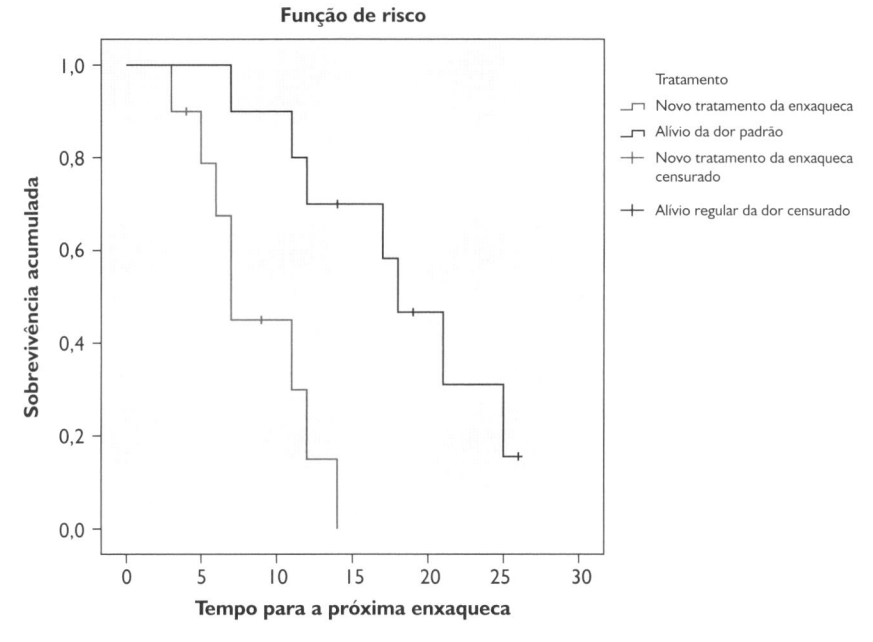

FIGURA 15.12

Curvas de sobrevivência para as condições do tratamento novo e do alívio da dor padrão.

Resumo

Neste capítulo, apresentamos a fundamentação para a análise de sobrevivência básica. Você encontrará os conceitos e as técnicas apresentadas aqui em muitos artigos de pesquisa em que a análise de sobrevivência foi utilizada. Mostramos como representar dados de sobrevivência (em termos de proporções de participantes sobrevivendo a pontos do tempo específicos) em forma de tabelas e curvas de sobrevivência. Mostramos como usar o teste de Mantel-Cox para descobrir se duas curvas de sobrevivência são significativamente diferentes, o que nos permite descobrir se a taxa de sobrevivência (ou a de não participação em um evento) é diferente em todas as condições de um estudo ou por todos os subgrupos de participantes (p. ex., homens e mulheres). Por fim, descrevemos brevemente outra forma de se observar os dados de sobrevivência criando funções e curvas de risco.

EXERCÍCIOS COM O SPSS

Um pesquisador está interessado em conduzir uma análise de sobrevivência para comparar um grupo de tratamento para a artrite utilizando uma nova medicação com um grupo-controle. Ele está interessado no tempo, desde a aleatorização até o instante em que os participantes irão contatar seu médico para uma consulta sobre a dor nas articulações. O estudo durou 26 semanas. Os dados apresentados estão na Tabela 15.7. Execute uma análise de sobrevivência nesses dados e crie as curvas de sobrevivência e de risco, então teste para ver se há uma diferença significativa entre os dois grupos em termos de curvas de sobrevivência.

TABELA 15.7

Tempos da primeira consulta com o médico da família (CG), em semanas, após a aleatorização para a condição do tratamento da nova medicação e a condição de controle por placebo

Novo medicamento		Controle por placebo	
Participante	Tempo para consultar CG	Participante	Tempo para consultar CG
1	Não consultou o CG	1	1
2	3	2	10
3	Perdido para o estudo na semana 22	3	4
4	22	4	1
5	Não consultou o CG	5	15
6	Não consultou o CG	6	26
7	26	7	9
8	19	8	Perdido para o estudo na semana 7
9	12	9	12
10	Perdido para o estudo na semana 12	10	Não consultou o CG

QUESTÕES DE MÚLTIPLA ESCOLHA

1. Em uma curva de sobrevivência, o eixo *y* representa:
   a) O tempo que os participantes levam para vivenciar o evento.
   b) A proporção dos participantes que ainda não sofreram o evento.
   c) A probabilidade de participar do evento.
   d) Nenhuma das alternativas anteriores.

2. A definição de função de risco é:
   a) A taxa de sobrevivência em cada ponto do tempo.
   b) A taxa do evento de interesse em um ponto específico do tempo.
   c) Os perigos associados com as condições no estudo.
   d) Todas as alternativas anteriores.

3. Outro nome para o teste de Mantel-Cox é:
   a) A função cumulativa de risco.
   b) A função de sobrevivência.

c) O teste log dos postos.
d) O teste log do fogo.

4. Os cálculos para o teste de Mantel-Cox são:
   a) Baseados na comparação do número de eventos observados com o número de eventos esperados em cada ponto do tempo.
   b) Baseados somente no número dos participantes que foram perdidos para o estudo ou que não participaram do evento.
   c) Baseados no número médio de eventos em cada condição.
   d) Nenhuma das alternativas anteriores.

5. Quando uma pessoa não participa de um evento dentro do período de tempo para o estudo, ela é chamada de:
   a) Excedente para os requisitos.
   b) Um caso inválido.
   c) Um valor atípico.
   d) Censurado à direita.

6. Qual das seguintes alternativas representa melhor a definição de casos censurados?
   a) Pessoas que não querem participar do estudo.
   b) Participantes que desistem do estudo e/ou não participaram do evento de interesse.
   c) Participantes que não leem as instruções com o devido cuidado.
   d) Alternativas b e c estão corretas.

7. O começo do período de tempo para a análise de sobrevivência é geralmente chamado de:
   a) Início do estudo.
   b) Tempo de aleatorização.
   c) Tempo zero.
   d) Vamos começar.

8. Observe as seguintes curvas de sobrevivência. O que você pode dizer sobre a pessoa indicada no gráfico com um círculo em torno da cruz?
   a) A pessoa teve uma enxaqueca na semana 14.
   b) A pessoa não teve uma enxaqueca na semana 14, mas teve mais tarde.
   c) A pessoa não teve uma enxaqueca no período do tempo do estudo.
   d) A pessoa foi perdida para o estudo na semana 14.

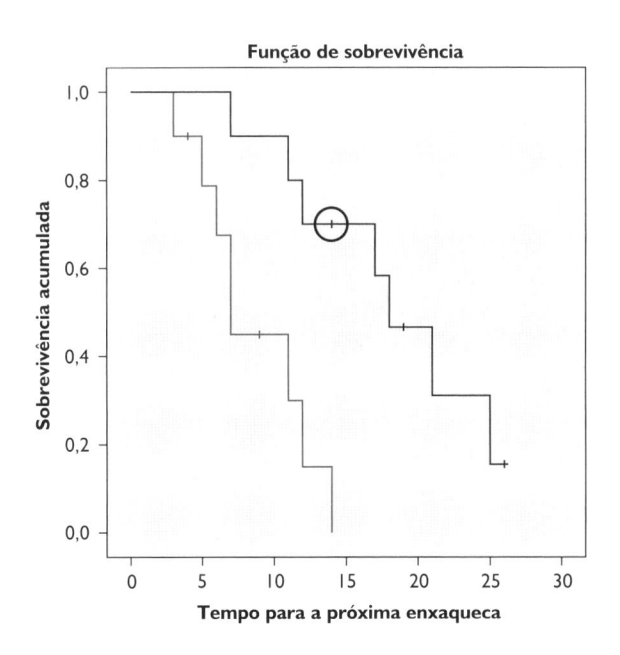

9. Com referência ao gráfico da questão 8, que termo é dado à pessoa destacada?
   a) Ela não é importante.
   b) Ela é censurada.
   c) Ela é censurada à direita.
   d) Ela é um risco.

10. Como podemos calcular a probabilidade de um participante sobreviver até o quinto dia do estudo?
    a) É a probabilidade de não participar do evento dividida pela probabilidade de participar dele.
    b) É a probabilidade de sobreviver até o quarto dia multiplicada pela probabilidade de sobreviver até o quinto.
    c) É a probabilidade de sobreviver ao primeiro dia, multiplicada pela probabilidade de sobreviver ao segundo, multiplicada pela probabilidade de sobreviver ao terceiro, multiplicada pela probabilidade de sobreviver ao quarto, multiplicada pela probabilidade de sobreviver ao quinto.
    d) Alternativas b e c estão corretas.

11. Com base na tabela de sobrevivência extraída do SPSS, calcule quantos participantes, em cada condição, são censurados:
    a) 7 e 5.
    b) 0 e 1.
    c) 4 e 4.
    d) 3 e 5.

Tabela de sobrevivência

Tratamento		Tempo	Status	Proporção acumulada de sobrevivência no tempo		Número de eventos acumulados	Número de casos remanescentes
				Estimativa	Erro padrão		
Novo tratamento da enxaqueca	1	3.000	1,00	0,900	0,095	1	9
	2	4.000	0,00			1	8
	3	5.000	1,00	0,788	0,134	2	7
	4	6.000	1,00	0,675	0,155	3	6
	5	7.000	1,00			4	5
	6	7.000	1,00	0,450	0,166	5	74
	7	9.000	0,00			5	3
	8	11.000	1,00	0,300	0,165	6	2
	9	12.000	0,00			6	1
	10	14.000	1,00	0,000	0,000	7	0
Alívio da dor padrão	1	7.000	1,00	0,900	0,095	1	9
	2	11.000	0,00			1	8
	3	12.000	0,00			1	7
	4	14.000	0,00			1	6
	5	17.000	1,00	0,750	0,158	2	5
	6	18.000	1,00	0,600	0,184	3	4
	7	19.000	0,00			3	3
	8	21.000	1,00	0,400	0,204	4	2
	9	25.000	1,00	0,200	0,174	5	1
	10	26.000	0,00			5	0

12. O que diz a seguinte saída do SPSS sobre as duas curvas de sobrevivência?

Overall Comparisons

	Chi-Square	df	Sig.
Log Rank (Mantel-Cox)	10.436	1	.001

Test of equality of survival distributions for the different levels of Treatment.

a) Elas são diferentes, mas não significativamente.
b) Elas são idênticas.
c) Elas são significativamente diferentes.
d) Nenhuma das alternativas anteriores.

13. Dadas as seguintes curvas de sobrevivência, qual seria uma boa interpretação?

a) Que as duas curvas de sobrevivência são diferentes uma da outra, mas existem muitos casos censurados para torná-las válidas.
b) As duas curvas de sobrevivência são iguais, mas um número não suficiente de participantes teve enxaqueca dentro do período de tempo do estudo.
c) As duas curvas de sobrevivência são iguais, mas os participantes do novo tratamento tiveram enxaquecas aproximadamente duas semanas antes do que os participantes do alívio da dor padrão.
d) Todas as alternativas anteriores.

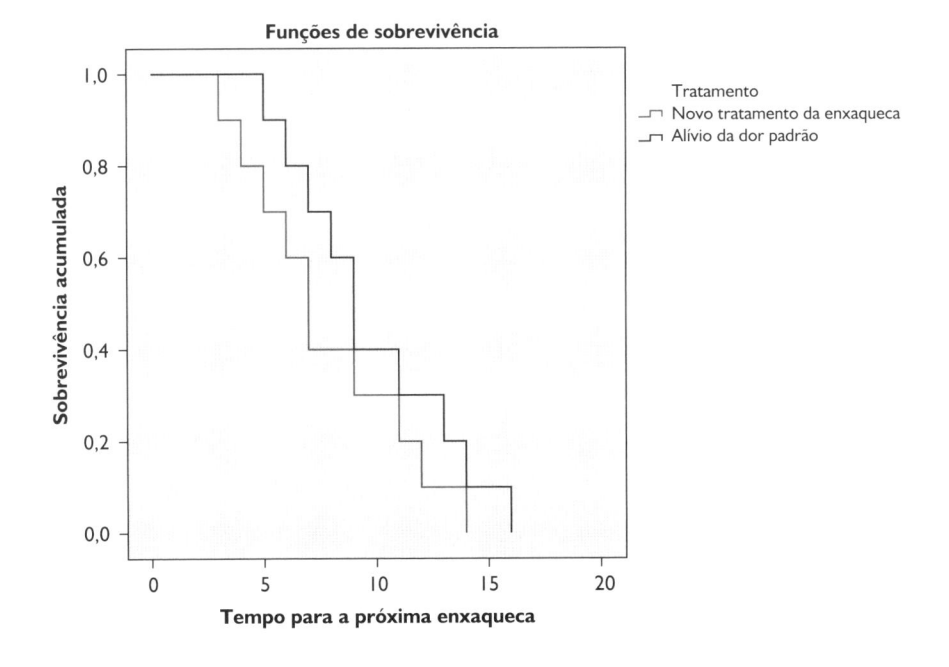

Funções de sobrevivência

Tratamento
- Novo tratamento da enxaqueca
- Alívio da dor padrão

14. Quando executamos uma análise de sobrevivência no SPSS, que valor devemos colocar na caixa de diálogo *Single value* (Valor Único) se você codificou aqueles que não participaram do evento de interesse como 1 e aqueles que participaram como 2?

a) 1.
b) 2.
c) 1 ou 2.
d) Nem 1, nem 2.

15. Em uma análise de sobrevivência, se você tiver 10 participantes no início do estudo e, na terceira semana, tiver uma proporção de sobrevivência de 0,8, quantos participantes vivenciaram o evento nesse ponto no tempo?

a) 2.
b) 8.
c) 10.
d) Não podemos dizer a partir da informação presente no enunciado.

Respostas das atividades e exercícios

CAPÍTULO 1

Atividade 1.1

O conceito de pesquisa na Figura 1.1 sugere que as ideias de pesquisa provêm da leitura da literatura relevante em um campo. Entretanto, elas podem frequentemente vir antes desse levantamento. Você pode ter uma ideia inesperada sobre formas de auxiliar enfermeiros a lidar com pacientes obesos e, então, ler a literatura adequada para ver qual a melhor maneira de pô-la em prática e testá-la.

Atividade 1.2

- ✓ Tipos de empregos executados por funcionários em uma enfermaria de cuidados intensivos – *Nominal*.
- ✓ Avaliação da satisfação com o emprego de funcionários do A&E – *Ordinal (ou pode ser intervalar)*.
- ✓ Número de visitas do médico de família de pacientes de transplante de coração após uma internação hospitalar – *Razão*.
- ✓ Tempo gasto para recobrar a consciência após uma anestesia geral – *Razão*.
- ✓ Número de obturações de uma criança de escola primária – *Razão*.
- ✓ Temperatura de crianças após administração de 5 mL de ibuprofeno – *Intervalo*.
- ✓ Origem étnica dos pacientes – *Nominal*.

Atividade 1.3

1. Examinar a diferença entre paracetamol e aspirina na experiência do alívio da dor em pessoas com enxaqueca – a variável independente é o tipo de alívio da dor, e a dependente é a medida do alívio da dor.
2. Examinar os efeitos do fornecimento de informação completa aos pacientes (em vez de informação mínima), por parte dos especialistas, quanto a um procedimento cirúrgico, antes da cirurgia, no recebimento da alta e após a cirurgia – a variável independente é a quantidade de informação dada antes da cirurgia, e a dependente é o tempo para alta após a cirurgia.
3. Examinar a diferença entre enfermarias com e sem enfermeiras-chefe na satisfação dos pacientes internados – a variável independente é se as enfermarias têm ou não enfermeiras-chefe, e a dependente é a satisfação dos pacientes internados.
4. Examinar a implantação do rastreamento de clamídia nas cirurgias do médico de família, com ou sem panfletos educativos sobre a clamídia – a variável independente é se o médico de família tem ou não os panfletos educativos sobre a clamídia, e a dependente é quantas pessoas são rastreadas para a existência de clamídia.

Atividade 1.4

Lembre-se que, para um delineamento experimental, você precisa alocar aleatoriamente os participantes às condições da variável independente. Portanto, pode ter duas condições em sua variável independente (p. ex., um regime com exercícios vs. um regime sem exercícios) e alocar aleatoriamente crianças a uma delas para ver que efeito terá nos sintomas de transtorno de déficit de atenção/hiperatividade (TDAH). Para um delineamento quase experimental, você provavelmente irá comparar grupos já definidos; assim, poderá recrutar crianças que já fizeram exercícios regulares e compará-las com os sintomas de TDAH em crianças que não fizeram exercícios regulares. Finalmente, para um estudo correlacional, você deve registrar quanto exercício cada participante realiza por semana e ver se isso está relacionado com à severidade dos sintomas de TDAH.

Questões de múltipla escolha

1b, 2d, 3c, 4d, 5b, 6d, 7a, 8d, 9c, 10b, 11a, 12d, 13a, 14a, 15c

CAPÍTULO 2

Exercício 1 com o SPSS

Você deve criar duas variáveis no SPSS, uma para a ocupação e outra para os escores do estresse. Lembre-se que, ao estabelecer a variável ocupação, deve usar a característica *Values* (Valores) para dar rótulos significativos às ocupações (p. ex.,

1 = enfermeiros, 2 = médicos residentes, 3 = consultores). O arquivo de dados ficará assim:

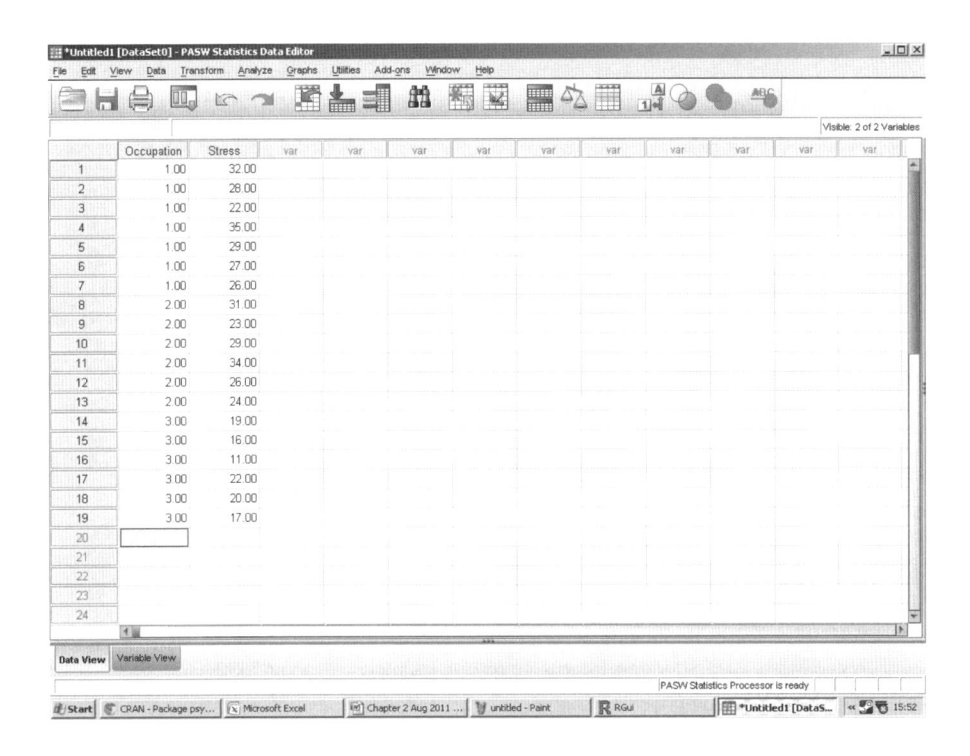

Para gerar as estatísticas resumo, você deve usar as opções do menu *Analyse*, *Descriptive Statistics*, *Explore* (Analisar, Estatística Descritiva, Explorar) e preencher uma caixa de diálogo como esta:

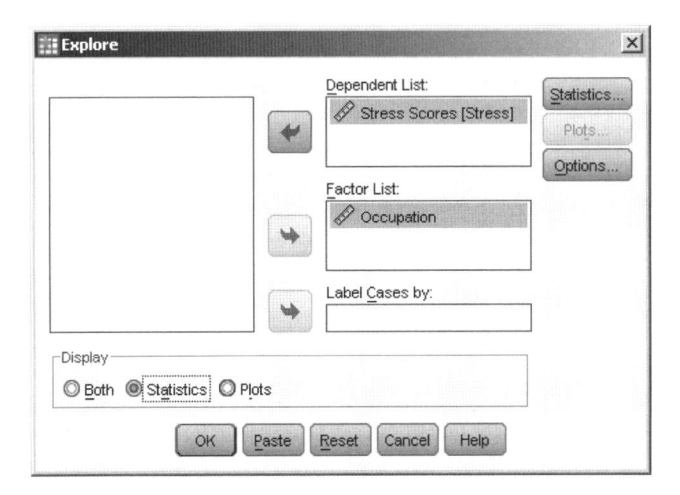

Clique em *OK* e será apresentada a seguinte tabela:

Descritivas

Ocupação				Estatística	Erro padrão
Escores do estresse	Enfermeiro	Média		28,4286	1,58651
		Intervalo de confiança de 95% para a média	Limite inferior	24,5465	
			Limite superior	32,3106	
		Média interna de 5%		28,4206	
		Mediana		28,0000	
		Variância		17,619	
		Desvio-padrão		4,19750	
		Mínimo		22,00	
		Máximo		35,00	
		Amplitude		13,00	
		Amplitude interquartílica		6,00	
		Assimetria		0,147	0,794
		Kurtosis		0,274	1,587
	Médico residente	Média		27,8333	1,74005
		Intervalo de confiança de 95% para a média	Limite inferior	23,3604	
			Limite superior	32,3063	
		Média interna de 5%		27,7593	
		Mediana		27,5000	
		Variância		18,167	
		Desvio-padrão		4,26224	
		Mínimo		23,00	
		Máximo		34,00	
		Amplitude		11,00	
		Amplitude interquartílica		8,00	
		Assimetria		0,358	0,845
		Kurtosis		-1,326	1,741
	Consultor	Média		17,5000	1,56525
		Intervalo de confiança de 95% para a média	Limite inferior	13,4764	
			Limite superior	21,5236	
		Média interna de 5%		17,6111	
		Mediana		18,0000	
		Variância		14,700	
		Desvio-padrão		3,83406	
		Mínimo		11,00	
		Máximo		22,00	
		Amplitude		11,00	
		Amplitude interquartílica		5,75	
		Assimetria		-0,894	0,845
		Kurtosis		1,020	1,741

Exercício 2 com o SPSS

Em primeiro lugar, você precisa criar duas variáveis no SPSS. Uma irá conter as avaliações de satisfação do paciente, e a outra, a duração de tempo que eles permaneceram no hospital. O arquivo deve ficar como este:

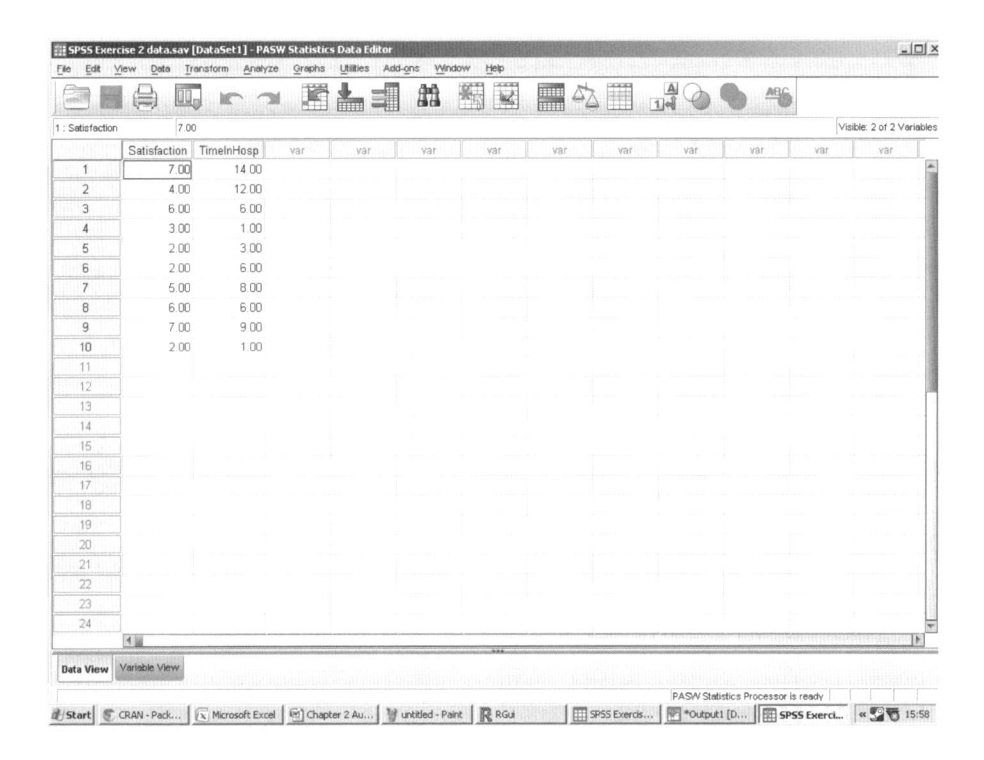

Para gerar o resumo estatístico, use os comandos *Analyze, Descriptive Statistics, Explore (*Analisar, Estatística descritiva, Explorar*)* e configure a caixa de diálogo de acordo com a apresentada a seguir:

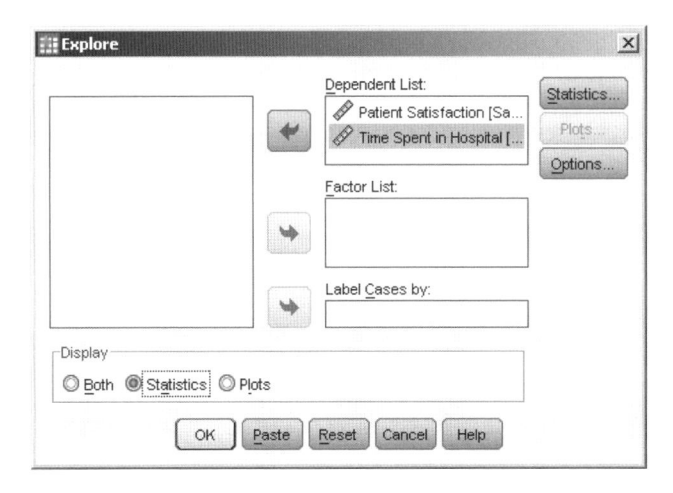

Tenha certeza de que você selecionou a opção *Statistics* (Estatística) na seção *Display* (Exibir) e, então, clique em *OK* para obter a seguinte tabela:

Descritivas

Ocupação			Estatística	Erro padrão
Satisfação do paciente	Média		4,4000	0,65320
	Intervalo de confiança de 95% para a média	Limite inferior	2,9224	
		Limite superior	5,8776	
	Média aparada de 5%		4,3889	
	Mediana		4,5000	
	Variância		4,267	
	Desvio-padrão		2,06559	
	Mínimo		2,00	
	Máximo		7,00	
	Amplitude		5,00	
	Amplitude interquartílica		4,25	
	Assimetria		-0,011	0,687
	Kurtosis		-1,845	1,334
Tempo gasto no hospital	Média		6,6000	1,36789
	Intervalo de confiança de 95% para a média	Limite inferior	3,5056	
		Limite superior	9,6944	
	Média interna de 5%		6,5000	
	Mediana		6,0000	
	Variância		18,711	
	Desvio-padrão		4,32563	
	Mínimo		1,00	
	Máximo		14,00	
	Amplitude		13,00	
	Amplitude interquartílica		7,25	
	Assimetria		0,310	0,687
	Kurtosis		-0,586	1,334

Para gerar o diagrama de dispersão, você deve selecionar os comandos *Graphs, Legacy Dialogs, Scatter/Dot* (Gráficos, Caixa de Diálogos Legacy, Dispersão/Pontos) e selecionar a opção *Simple* (Simples) e, então, clicar no botão *Define* (Definir). Preencha a caixa de diálogo para que fique como a que apresentamos a seguir:

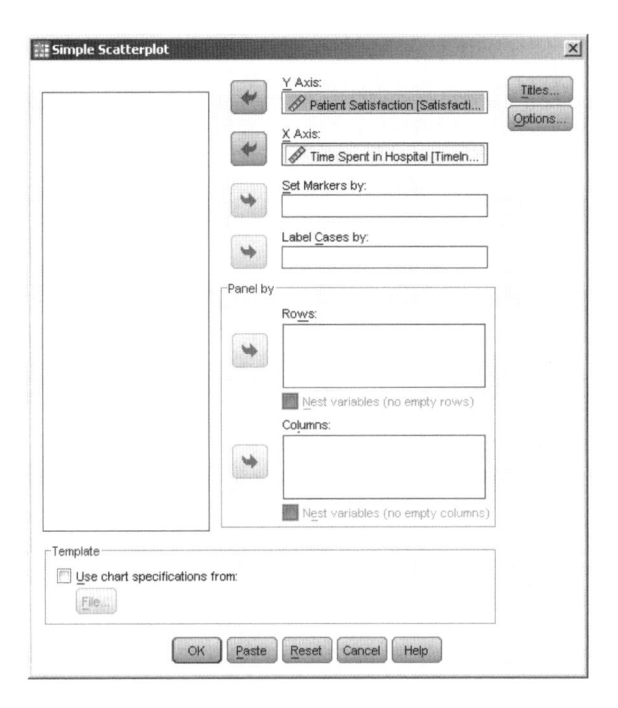

Então, clique em *OK* para gerar o diagrama de dispersão:

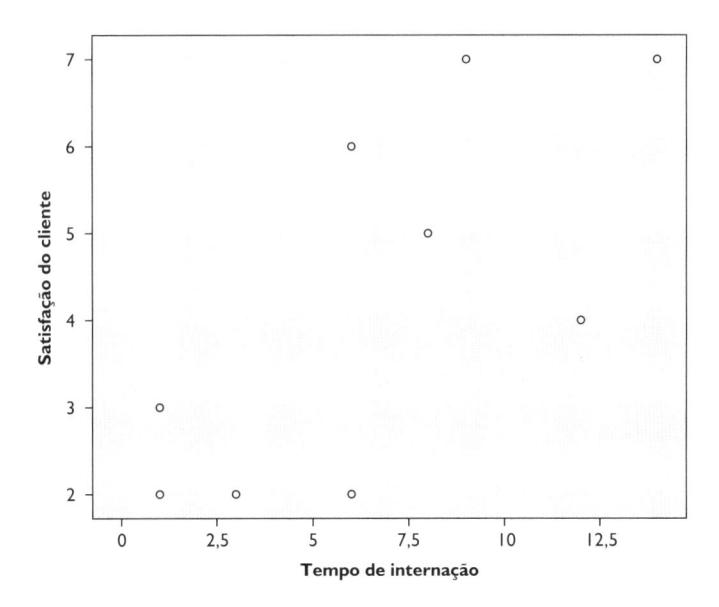

Exercício 1 com o R

Para entrar com os dados no R, codifique a variável "ocupação" (p. ex., enfermeiros = 1, médicos residentes = 2 e consultores = 3). Você deve, então, digitar o seguinte:

>Occupation <- c(1, 1, 1, 1, 1, 1, 1,2, 2, 2, 2, 2, 2, 3, 3, 3, 3, 3, 3)

e depois:

>Stress <- c(32, 28, 22, 35, 29, 27, 26, 31, 23, 29, 34, 26, 24, 19, 16, 11, 22, 10, 17)

Então, para que o R saiba que a variável ocupação é de agrupamento ou categórica, digite o seguinte:

> Occupation <- factors(Occupation)

Agora, para gerar o resumo estatístico, você precisa se referir ao pacote denominado psych, mas não é necessário reinstalá-lo, uma vez que já deve estar instalado. Assim, digite o seguinte:

> library(psych)
> describe.by(Stress, Occupation)

Será apresentado ao seguinte resumo estatístico:

```
group: 1
  var n  mean  sd median trimmed  mad min max range skew kurtosis   se
1   1 7 28.43 4.2     28   28.43 2.97  22  35    13 0.09    -1.26 1.59
------------------------------------------------------------
group: 2
  var n  mean   sd median trimmed  mad min max range skew kurtosis   se
1   1 6 27.83 4.26   27.5   27.83 5.19  23  34    11  0.2    -1.83 1.74
------------------------------------------------------------
group: 3
  var n  mean   sd median trimmed  mad min max range  skew kurtosis   se
1   1 6 15.83 4.62   16.5   15.83 5.93  10  22    12 -0.07    -1.81 1.89
> |
```

Exercício 2 com o R

Para entrar com os dados do Exercício 2 com o R, primeiro tente criar um arquivo no Excel e salvá-lo como .csv. Temos que entrar com os dados no Excel como segue e usar *File, Save As (*Arquivo, Salvar como), então escolher o tipo de arquivo .csv para salvar os dados. Nós o denominaremos de Patients.csv:

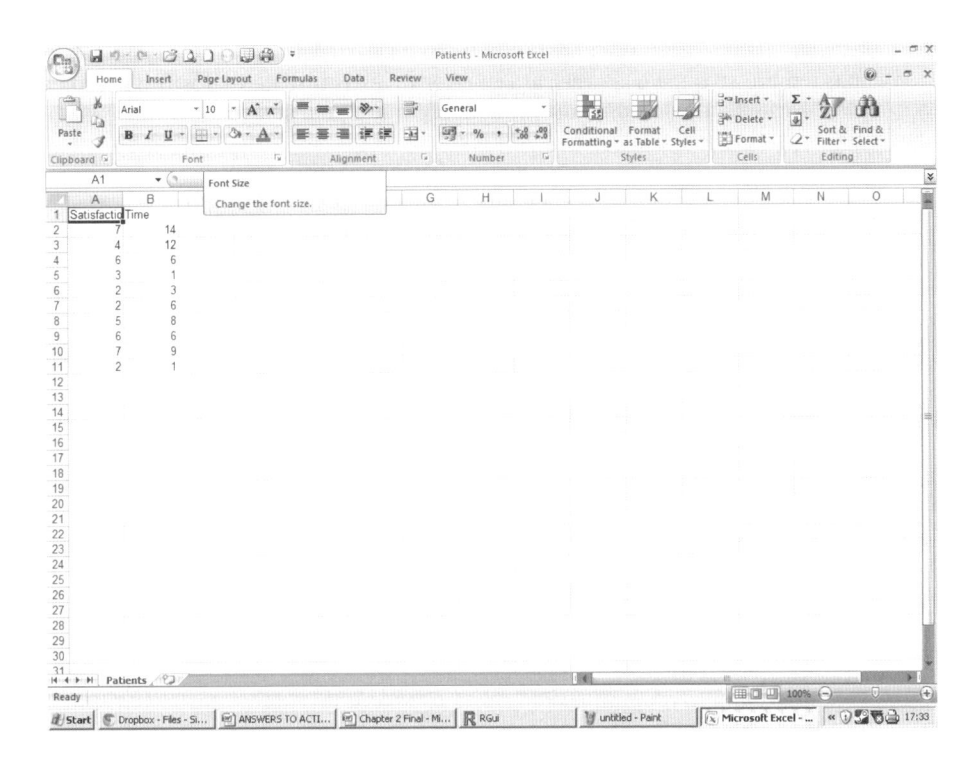

Passe os dados para o R, digitando o seguinte comando:

> Patients <- read.csv(file="Patients.csv",head=TRUE,sep=",")

Não esqueça de verificar se o seu diretório de trabalho é o mesmo em que você salvou o arquivo clicando nas opções *File, Change dir* (Arquivo, Mudar dir):

Para gerar um resumo estatístico para cada variável, use o comando *summary*, mas lembre-se que você precisará se referir à estrutura de dados (no nosso exemplo, "Pacients") pelo nome da variável separado pelo sinal $:

> summary (Patients$Satisfaction)
> summary (Patients$Time)

Você irá obter o seguinte:

```
> summary (Patients$Satisfaction)
   Min.  1st Qu.   Median    Mean  3rd Qu.    Max.
   2.00    2.25     4.50     4.40    6.00    7.00
> summary (Patients$Time)
   Min.  1st Qu.   Median    Mean  3rd Qu.    Max.
   1.00    3.75     6.00     6.60    8.75   14.00
> |
```

Para gerar o diagrama de dispersão, digite o seguinte comando:

> plot(Patients$Satisfaction, Patients$Time, main="Scatterplot Satisfaction by Time")

Será apresentado o seguinte:

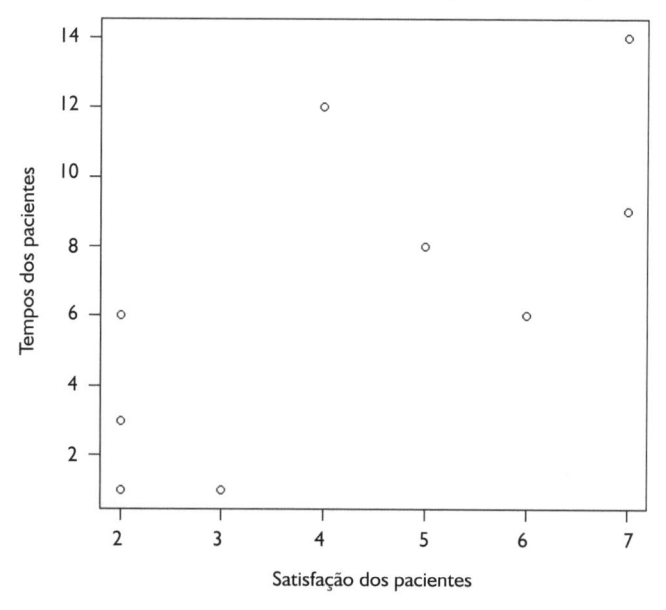

Diagrama de dispersão da satisfação *versus* tempo

Exercício 1 com o SAS

A primeira coisa que você precisará fazer é criar um novo arquivo de dados. Vá para a sua biblioteca e clique em *File* (Arquivo) e em *New* (Novo); então, clique duas vezes no ícone *Table* (Tabela*)*. Você precisará criar duas variáveis, uma para os níveis de estresse e outra para a ocupação. Seu arquivo deve ficar como o arquivo apresentado a seguir (não esqueça de salvá-lo em sua biblioteca):

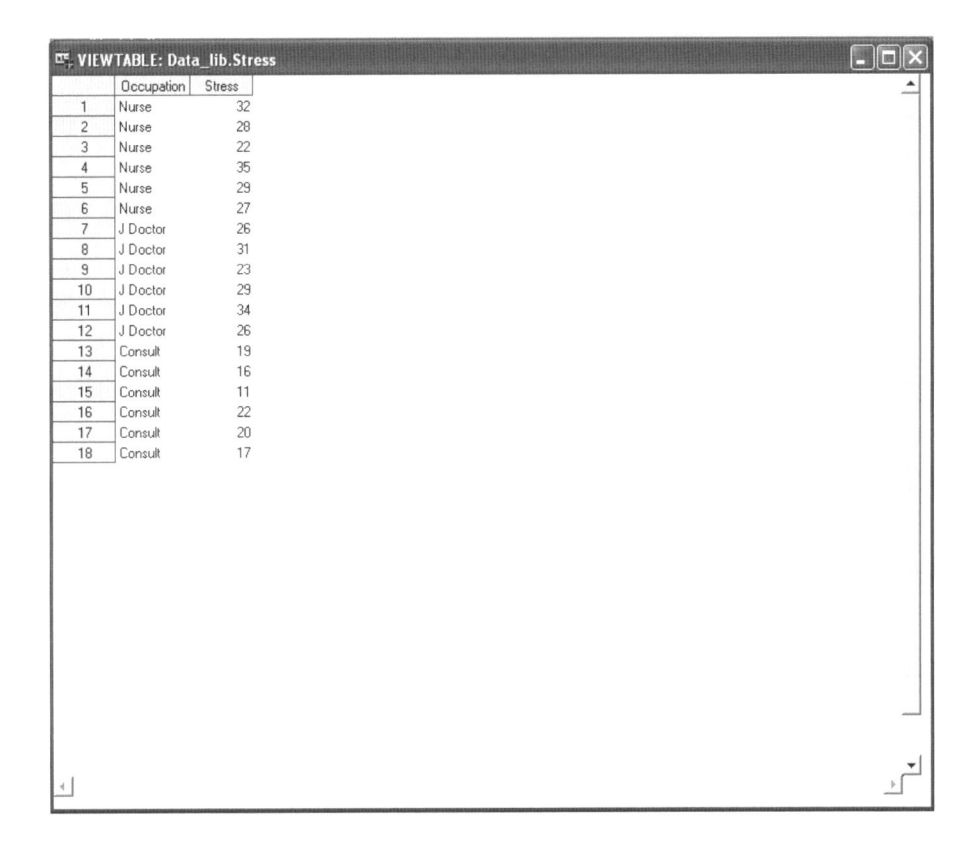

VIEWTABLE: Data_lib.Stress

	Occupation	Stress
1	Nurse	32
2	Nurse	28
3	Nurse	22
4	Nurse	35
5	Nurse	29
6	Nurse	27
7	J Doctor	26
8	J Doctor	31
9	J Doctor	23
10	J Doctor	29
11	J Doctor	34
12	J Doctor	26
13	Consult	19
14	Consult	16
15	Consult	11
16	Consult	22
17	Consult	20
18	Consult	17

Vá, então, para o seu editor e digite os seguintes comandos. Você pode digitá-los todos de uma só vez e ter somente um comando *run* (executar) no final:

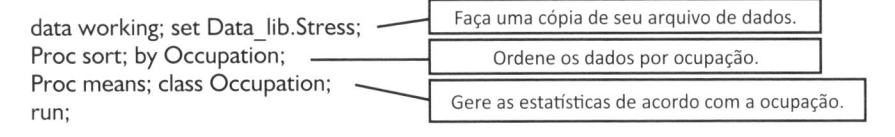

```
data working; set Data_lib.Stress;      ← Faça uma cópia de seu arquivo de dados.
Proc sort; by Occupation;               ← Ordene os dados por ocupação.
Proc means; class Occupation;           ← Gere as estatísticas de acordo com a ocupação.
run;
```

Será apresentada a seguinte tabela:

```
The SAS System   17:09        Friday, August 12, 2011      1
        The MEANS Procedure
        Analysis Variable: Stress
```

N						
Occupation	Obs	N	Mean	Std Dev	Minimum	Maximum
Consult	6	6	17.5000000	3.8340579	11.0000000	22.0000000
J Doctor	6	6	28.1666667	3.9707262	23.0000000	34.0000000
Nurse	6	6	28.8333333	4.4459720	22.0000000	5.0000000

Exercício 2 com o SAS

A primeira coisa a ser feita é criar um novo arquivo de dados. Vá até a sua biblioteca e clique em *File* (Arquivo) e em *New* (Novo); então, clique duas vezes no ícone *Table* (Tabela). Você precisará criar duas variáveis, uma para os escores de satisfação e uma para a duração do tempo gasto no hospital. Seu arquivo deve ficar como o arquivo apresentado a seguir (não esqueça de salvá-lo em sua biblioteca):

	Satisfaction	TimeInHosp
1	7	14
2	4	12
3	6	6
4	3	1
5	2	3
6	2	6
7	5	8
8	6	6
9	7	9
10	2	1

Para gerar o resumo estatístico e o diagrama de dispersão, digite todos os comandos em um miniprograma (essa é uma das vantagens do SAS em relação ao R). Digite o seguinte:

                        data working; set Data_lib.Patients;
                        Proc means;
                        Proc gplot;
                        plot Satisfaction*TimeInHosp;
                        run;

As estatísticas serão apresentadas em uma tabela como a seguinte:

The SAS System   17:09 Friday, August 12, 2011   2
The MEANS Procedure

Variable	N	Mean	Std Dev	Minimum	Maximum
Satisfaction	10	4.4000000	2.0655911	2.000000	7.000000
TimeInHosp	10	6.6000000	4.3256342	1.000000	14.000000

Você obterá, também, um diagrama de dispersão na janela gráfica:

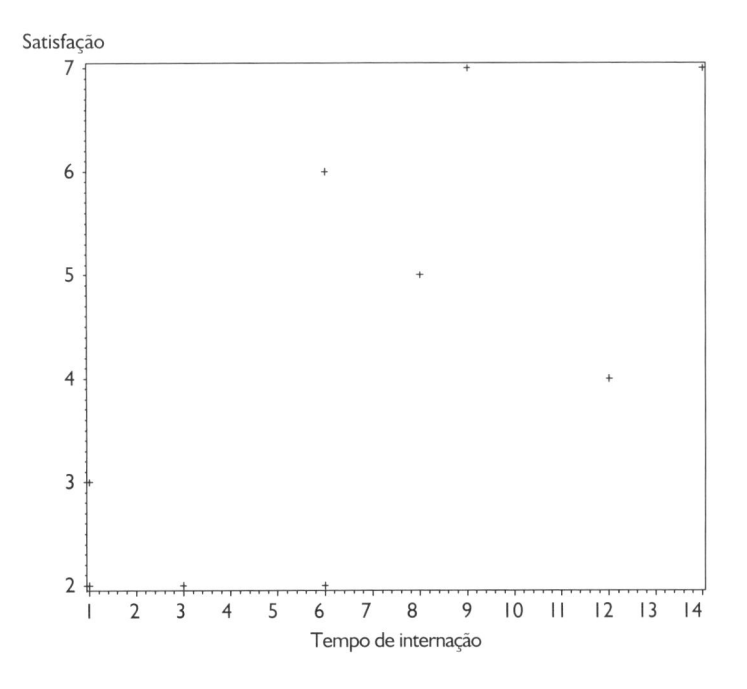

CAPÍTULO 3

Exercícios com o SPSS

Organize seus danos da seguinte forma:

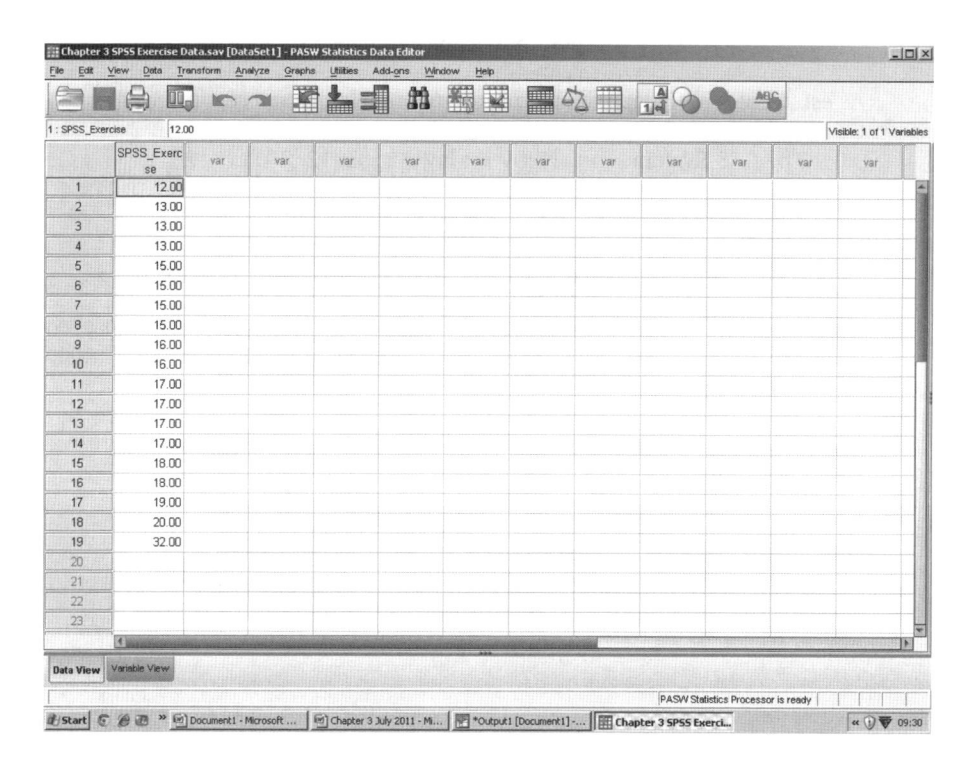

Você pode gerar o histograma e o *box-plot* utilizando as opções *Analyze*, *Descriptive Statistics*, *Explore* (Analisar, Estatística Descritiva, Explorar). Preencha a caixa de diálogos da seguinte forma:

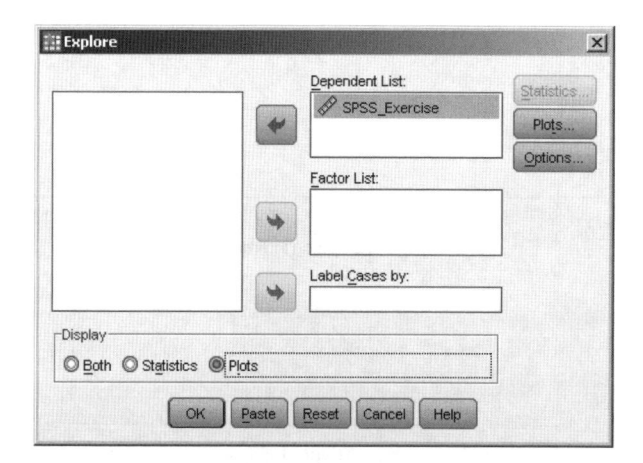

Então, clique no botão *Plots*, selecione a opção *Histogram* (Histograma) e cancele a opção *Stem and leaf* (Caule e folhas). Clique em *Continue* e em *OK*. O histograma deve ficar assim:

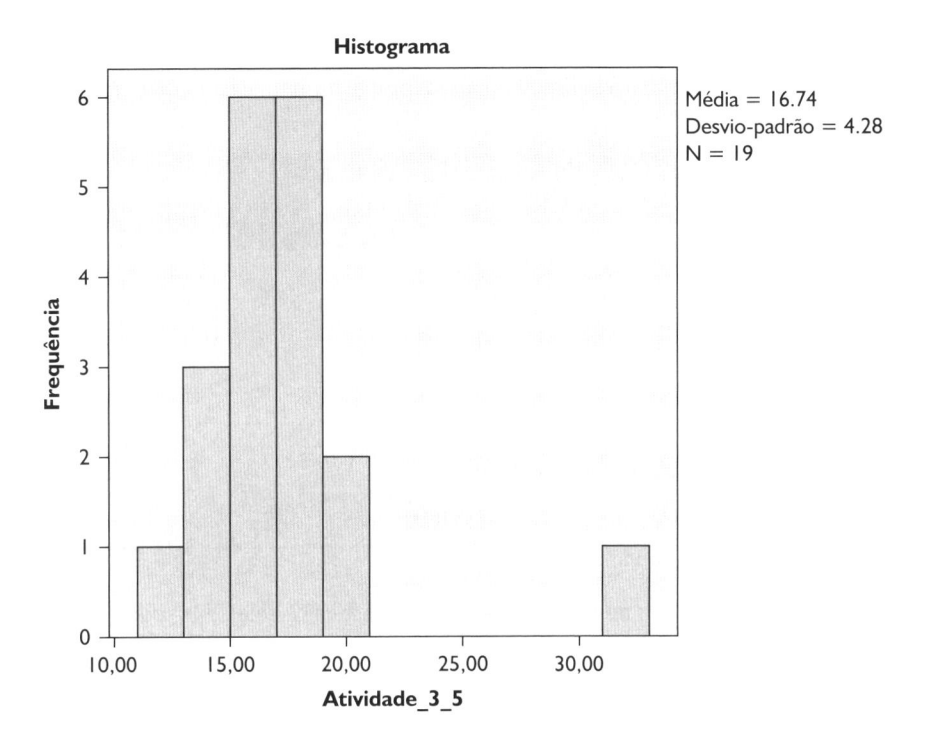

Histograma

Média = 16.74
Desvio-padrão = 4.28
N = 19

Note que existem mais escores entre 16 e 19 do que na direção dos extremos dos dados. Existe, também, um escore bem diferente do restante dos escores.
O diagrama de caixa-e-bigodes (*box-plot*) ficará assim:

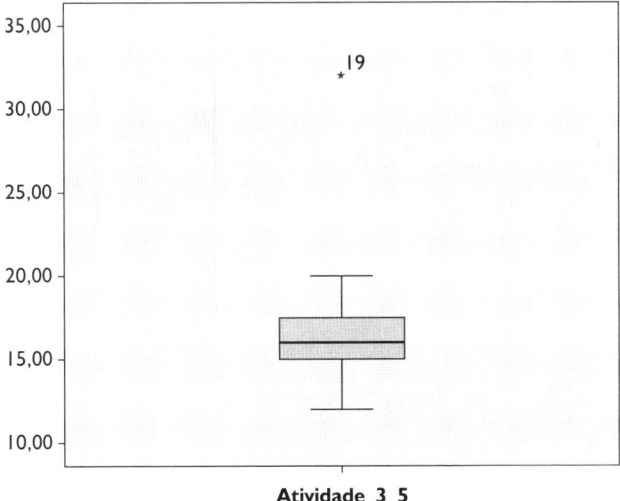

Parece que 50% dos escores estão entre 15 e 17,5. Também existe um escore extremo que está bem distante do bigode do topo. É o escore da linha 19 do arquivo de dados.

Para gerar estatísticas numéricas, use o menu *Explore* (Explorar) novamente e selecione a opção *Statistics* (Estatística). Entretanto, isso não forneceria os quartis; portanto, use a opção *Analyze, Descriptive statistics, Frequencies* (Analisar, Estatística descritiva, Frequências) e preencha uma caixa como esta:

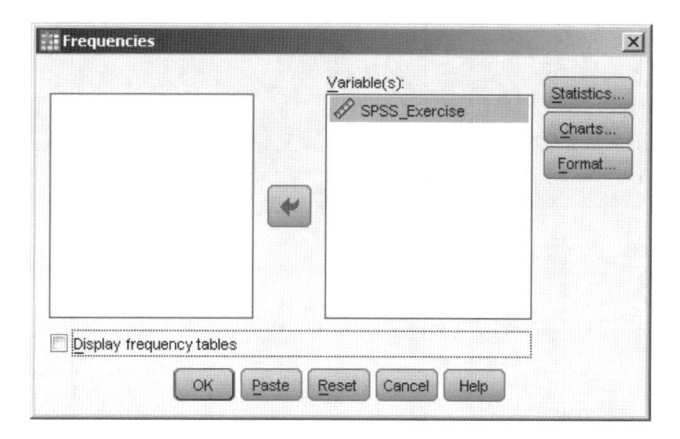

Clique, então, no botão *Statistics* (Estatística) e selecione todas as estatísticas que você necessitar. Ao terminar, clique em *Continue* e em *OK*. Será apresentada uma tabela como a seguinte:

Statistics

SPSS_Exercise

N	Valid	19
	Missing	0
Mean		16.7368
Median		16.0000
Mode		15.00[a]
Std. Deviation		4.27970
Variance		18.316
Range		20.00
Percentiles	25	15.0000
	50	16.0000
	75	18.0000

a. Multiple modes exist. The smallest value is shown

Atividade 3.3

A mediana para os escores dos pacientes vítimas de acidente vascular cerebral é 23 e para os escores das vítimas de ataque cardíaco é 27.

Atividade 3.4

A média, a mediana e a moda para o primeiro conjunto de dados são 19,2, 20,5 e 21, respectivamente, e para o segundo conjunto de dados são 15,7, 16 e 20.

Questões de múltipla escolha

1d, 2b, 3c, 4c, 5d, 6b, 7b, 8c, 9b, 10c, 11c, 12a, 13c, 14d, 15b

CAPÍTULO 4

Atividade 4.3

- ✓ Obter um número maior que 2 em um dado: 4 ÷ 6 = 0,67 ou 67%.
- ✓ Selecionar um ás de um baralho de cartas: 4 ÷ 52 = 0,077 ou 7,7%.
- ✓ Obter coroa ao jogar uma moeda: 1 ÷ 2 = 0,5 ou 50%.
- ✓ A probabilidade de selecionar uma bola vermelha de um saco contendo quatro bolas vermelhas, cinco bolas azuis, sete bolas verdes e quatro bolas brancas: 4 ÷ 20 = 0,20 ou 20%.
- ✓ A probabilidade de obter uma diferença de três ou maior nos dados da Tabela 4.4: 3 ÷ 50 = 0,06 ou 6%.

Atividade 4.4

Os últimos cinco escores na Tabela 4.1 são apresentados a seguir com o cálculo dos escores z:

- ✓ • 10 – escore z calculado como: (10 - 14,95)/5,46 = -0,91.
- ✓ • 13 – escore z calculado como: (13 - 14,95)/5,46 = -0,36.
- ✓ • 12 – escore z calculado como: (12 - 14,95)/5,46 = -0,54.
- ✓ • 19 – escore z calculado como: (19 - 14,95)/5,46 = 0,74.
- ✓ • 15 – escore z calculado como: (15 - 14,95)/5,46 = 0,01.

Exercícios com o SPSS

Organize seu arquivo de dados de acordo com o que foi feito na imagem a seguir:

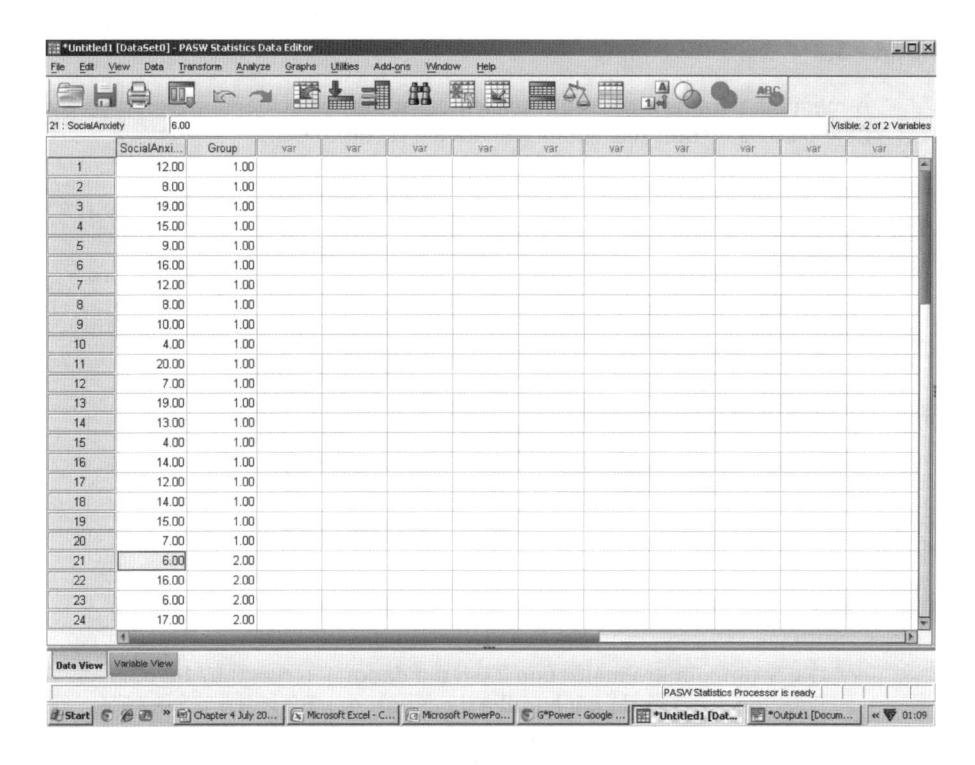

Para gerar os valores numéricos reais dos intervalos de confiança, use as opções *Analyze, Descriptive statistics, Explore* (Analisar, Estatística descritiva, Explorar) e organize a caixa de diálogo como feito no modelo a seguir:

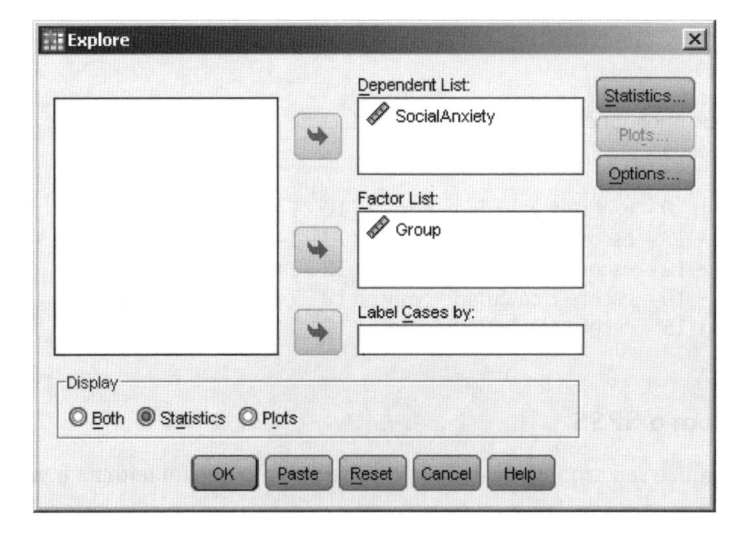

Ao executar a análise, será apresentada a seguinte saída:

Descritivas

Grupo				Estatística	Erro padrão
Ansiedade social	Grupo do aparelho auditivo	Média		11,9000	1,06103
		Intervalo de confiança de 95% para a média	Limite inferior	9,6792	
			Limite superior	14,1208	
		Média interna de 5%		11,8889	
		Mediana		12,0000	
		Variância		22,516	
		Desvio-padrão		4,74508	
		Mínimo		4,00	
		Máximo		20,00	
		Amplitude		16,00	
		Amplitude interquartílica		7,00	
		Assimetria		0,013	0,512
		Kurtose		-0,777	0,992
	Grupo-controle da lista de espera	Média		15,9500	1,30681
		Intervalo de confiança de 95% para a média	Limite inferior	13,2148	
			Limite superior	18,6852	
		Média aparada de 5%		15,8333	
		Mediana		16,0000	
		Variância		34,155	
		Desvio-padrão		5,84425	
		Mínimo		6,00	
		Máximo		28,00	
		Amplitude		22,00	
		Amplitude interquartílica		7,50	
		Assimetria		0,253	0,512
		Kurtose		0,045	0,992

Para gerar o gráfico de barras, selecione as opções *Graphs, Legacy Dialogs, Bar* (Gráficos, Caixa de Diálogos Legacy, Barra) e, então, clique em *Define* (Definir) na primeira caixa de diálogo. A seguir, preencha a caixa de diálogos de acordo com o exemplo a seguir:

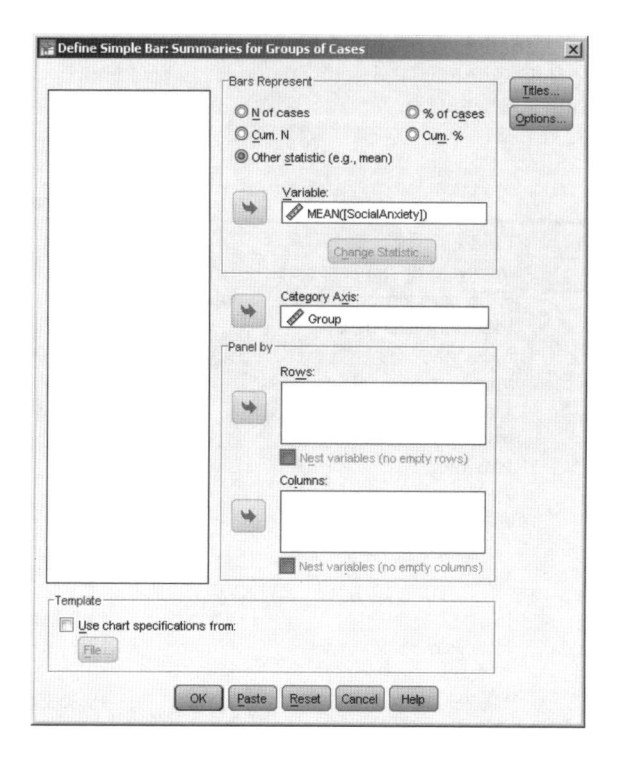

Não esqueça de clicar no botão *Options* (Opções) e selecionar a opção *Exibir Display Error Bars* (Exibir Barra de Erros). Execute, então, a análise. Será apresentado o seguinte gráfico de barras:

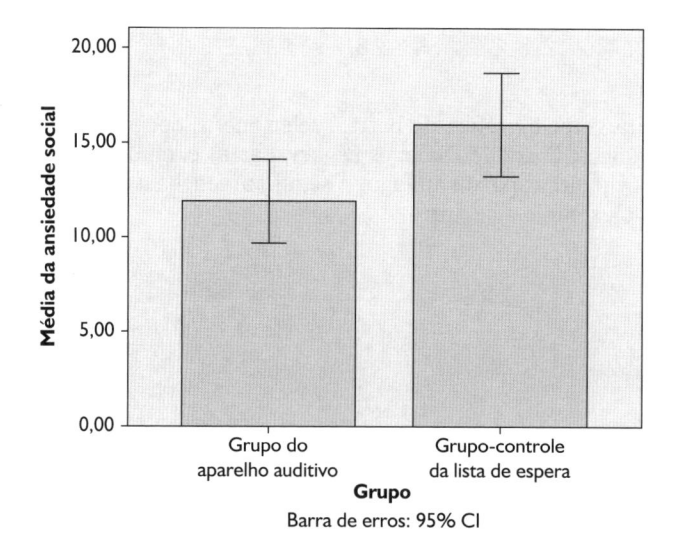

Para gerar o gráfico de barras de erro, selecione as opções *Graphs*, *Legacy Dialogs* and *Error Bar* (Gráficos, Caixa de Diálogos Legacy e Barra de Erro) e clique em *Define* (Definir). A seguir, organize a caixa de diálogos como mostrado a seguir:

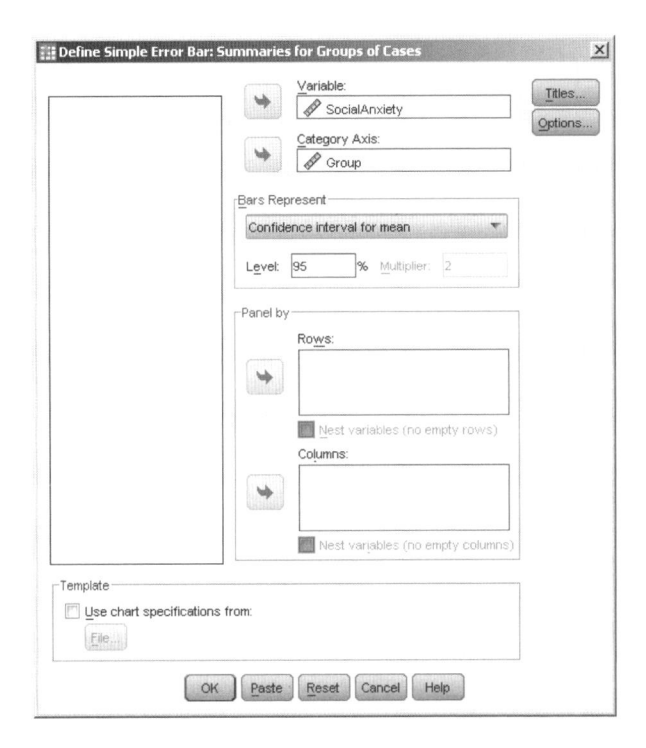

Será apresentado o gráfico de barras de erro:

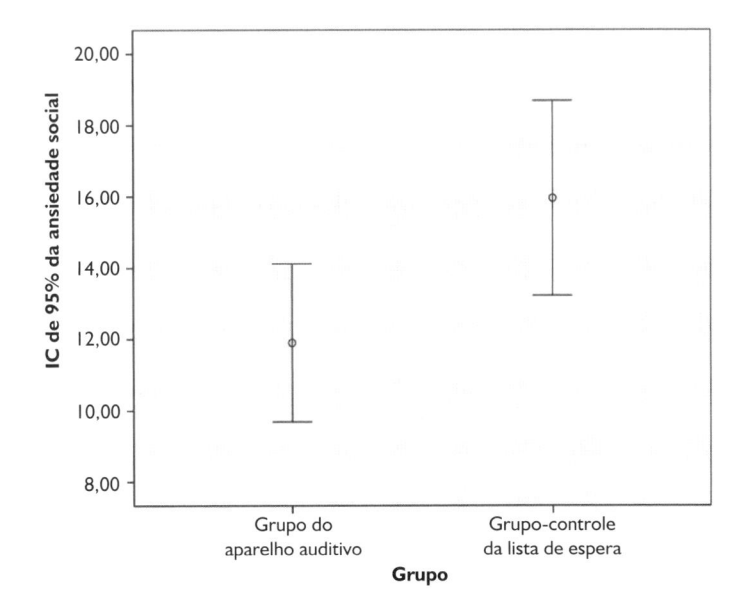

Se você comparar esse gráfico com o de barras de erro na seção do intervalo de confiança, será possível ver que existe uma sobreposição um pouco menor dos intervalos de confiança nesse exemplo.

Questões de múltipla escolha

1d, 2c, 3c, 4a, 5b, 6c, 7b, 8d, 9b, 10d, 11c, 12d, 13d, 14b, 15c

CAPÍTULO 5

Atividade 5.1

Você deve ter encontrado que a exposição a uma disciplina inconsistente está associada ao aumento do risco de transtorno da conduta:

- ✓ Risco no grupo de disciplina consistente: 420/9.000 = 0,047
- ✓ Risco no grupo de disciplina inconsistente: 80/1.000 = 0,08
- ✓ Razão do risco: 0,08/0,047 = 1,70

Atividade 5.2

a) Total de casos dividido pelo total da amostra, multiplicado por 100: (231/2.000) x 100 = 11,6%.
b) Usuárias regulares de saltos altos: 20,3%. Usuárias irregulares de saltos altos: 2,4%.
c) Razão do risco = 0,203/0,024 = 8,5 (pode haver algum erro de arredondamento aqui).
d) Chances em usuárias regulares de salto alto: 0,203/(1 - 0,203) = 0,255. Chances em usuárias irregulares de salto alto = 0,024/(1 - 0,024) = 0,025. Razão de chances = 0,255/0,025 = 10,2.

Questões de múltipla escolha

1b, 2b, 3a, 4a, 5a, 6b, 7c, 8a, 9c, 10d, 11d, 12b, 13a, 14c, 15d

CAPÍTULO 6

Atividade 6.1

As duas coisas mais importantes a se considerar quando os dados forem verificados e depurados são:

a) a acurácia da entrada dos dados.
b) os valores omissos.

Atividade 6.2

a) caso 10.
b) caso 15.

Atividade 6.3

Verifique as suas respostas com as nossas – note que você pode ter tomado decisões diferentes das nossas.

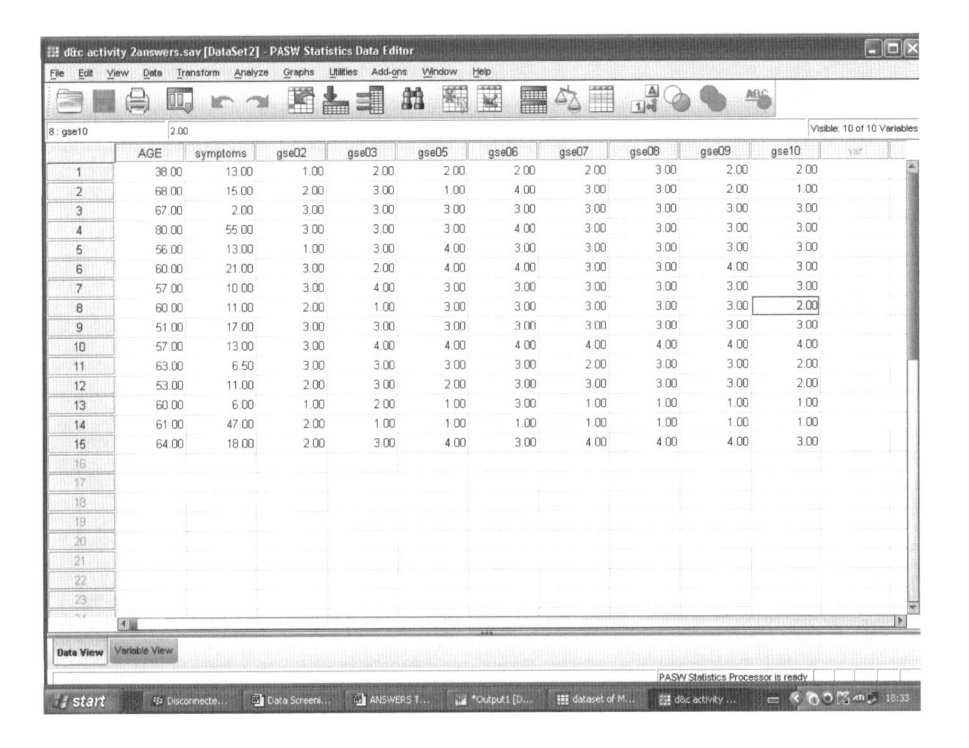

Questões de múltipla escolha

1d, 2b, 3c, 4c, 5d, 6a, 7b, 8a, 9a, 10a, 11c, 12b, 13d, 14c, 15c

CAPÍTULO 7

Atividade 7.1

No início, o grupo-controle teve escores significativamente mais altos nos testes de reconhecimento (média 11,34 vs. 10,73 respectivamente, $p < 0,05$) e de cancelamento de seis letras (média 17,31 vs. 14.11 respectivamente, $p < 0,01$).

Atividade 7.2

O grupo dos pacientes mostrou melhoras nas medidas cognitivas desde o início até o teste de acompanhamento após três meses. Eles melhoraram na memória recente, no reconhecimento, no teste de cancelamento de seis letras, no teste de memória retrógrada (todos $p < 0,001$) e na memória da lista de palavras ($p < 0,05$). Outras melhoras não foram estatisticamente significativas.

Atividade 7.3

Blake e Batson:

Descriptive Statistics

	N	Mean	Std. Deviation	Minimum	Maximum
GHQ-12 at follow up, patients	20	1.75	2.314	0	8
Group	20	.50	.513	0	1

Ranks

	Group	N	Mean Rank	Sum of Ranks
GHQ-12 at follow up, patients	control	10	13.30	133.00
	Exercise	10	7.70	77.00
	Total	20		

Test Statistics[b]

	GHQ-12 at follow up, patients
Mann-Whitney U	22.000
Wilcoxon W	77.000
Z	−2.227
Asymp. Sig. (2-tailed)	.026
Exact Sig. [2*(1-tailed Sig.)]	.035[a]

a. Not corrected for ties.

b. Grouping variable: group

Atividade 7.4

Não há evidência suficiente, baseada no estudo, de que o programa de redução do ruído tenha diminuído os níveis do som e os distúrbios devido ao som; o encontrado no teste de Wilcoxon aponta que a diferença entre os escores do pré e do pós-teste não foram estatisticamente significativos ($p = 0,67$).

Questões de escolha múltipla

1b, 2a, 3c, 4c, 5a, 6b, 7b, 8b, 9c, 10a, 11c, 12b, 13a, 14a, 15c

CAPÍTULO 8

Atividade 8.1

Scarpellini e colaboradores (2008): delineamento independente
Button (2008): delineamento independente
Paterson e colaboradores (2009): delineamento de medidas repetidas
Gariballa e Forster (2009): delineamento independente

Atividade 8.2

O grupo 3 tem a maior variabilidade; o grupo 1 não tem qualquer variabilidade.

Atividade 8.3

O fator A (tipo da doença) tem quatro níveis (SFC, SII, DII e AR). O nível do cortisol é a variável dependente.

Atividade 8.4

O d de Cohen para o SII e controles:

$$\frac{97,48 - 107,87}{11,26 + 11,67/2} = \frac{-10,39}{22,93/2} = 10,39/11,47 = 0,91$$

0,91 é um efeito forte.

O d de Cohen para o DII e controles:

$$\frac{93,21 - 107,87}{13,42 + 11,67/2} = \frac{-14,66}{25,09/2} = 14,66/12,55 = 1,17$$

1,17 é um efeito forte.

Podemos relatar isso na seção de resultados da seguinte forma:

> *Uma ANOVA de um fator entre participantes mostrou que havia diferenças significativas entre os grupos da doença em termos dos escores do QI ($F_{2,85} = 11,40$, p = 0,001). Um teste posthoc (correção de Bonferroni) mostrou que os controles tinham QI significativamente mais altos do que ambos os grupos DII e SII (d de Cohen = 0,91, p = 0,004 e d de Cohen = 1,17, p < 0,001, respectivamente). A diferença entre os grupos DII e SII não foi estatisticamente significativa (p = 0,551).*

Atividade 8.5

Condições 1 e 2; 1 e 3; 2 e 3.

Atividade 8.6

Execute o teste de Wilcoxon para ver se há uma diferença estatisticamente significativa entre os escores do início e os escores 12 meses depois. O resultado ficaria assim:

Ranks

		N	Mean Rank	Sum of Ranks
Fatigue at twelve months follow up - Fatigue before intervention	Negative Ranks	6[a]	3.50	21.00
	Positive Ranks	0[b]	.00	.00
	Ties	0[c]		
	Total	6		

a. Fatigue at twelve months follow up < Fatigue before intervention
b. Fatigue at twelve months follow up > Fatigue before intervention
c. Fatigue at twelve months follow up = Fatigue before intervention

Test Statistics[b]

	Fatigue at twelve months follow up - Fatigue before intervention
Z	−2.201[a]
Asymp. Sig. (2-tailed)	.028
Exact Sig. (2-tailed)	.031
Exact Sig. (1-tailed)	.016
Point Probability	.016

a. Based on positive ranks.
b. Wilcoxon Signed Ranks Test

Isso significa que existe uma diferença significativa entre as duas condições ($z = -2,201$; $p = 0,031$). Note que usamos um valor bilateral, mas, se você escolheu *asymp. Sig or the exact 1-tailed sig*, está correto.

Questões de múltipla escolha

1d, 2a, 3a, 4c, 5a, 6a, 7a, 8a, 9b, 10 sim, 11a, 12c, 13b, 14c, 15a

CAPÍTULO 9

Atividade 9.2

A captura de tela mostra os valores dos rótulos

	gender	crashtype	freq
1	women	no crash	51.00
2	women	no blame c...	5.00
3	women	blame-wort...	3.00
4	men	no crash	29.00
5	men	no blame c...	15.00
6	men	blame-wort...	16.00

Questões de múltipla escolha

1d, 2c, 3d, 4a, 5c, 6b, 7a, 8d, 9c, 10a, 11a, 12b, 13a, 14c, 15d

CAPÍTULO 10

Atividade 10.1

a) O relacionamento mais forte é entre os esquemas de aparência e a autoestima (-0,64). Isso significa que, à medida que os escores aumentam no levantamento dos esquemas da aparência, tendem a aumentar os escores na escala da autoestima. Esse relacionamento é forte e estatisticamente significativo em $p < 0,01$.

b) O relacionamento mais fraco é entre a escala da satisfação corporal e a SAG (0,30).
Embora essa seja uma correlação fraca, ela é estatisticamente significativa ($p < 0,01$). À medida que os escores na escala da satisfação corporal aumentam, os escores na SAG aumentam. Isso significa que elas estavam menos satisfeitas com sua aparência genital.

c) Existe um relacionamento negativo entre os escores da escala da autoestima (−0,41). Isso é estatisticamente significativo em $p < 0,01$. A correlação é moderada. À medida que os escores da escala da autoestima aumentam, os escores na SAG diminuem. Lembre que valores altos na SAG significam satisfação menor; portanto, quanto maior a autoestima, maior a satisfação com a aparência genital!

Atividade 10.2

a) O coeficiente de correlação para a média da PA diastólica com sensibilidade paternal em meninas é -0,11.
b) O coeficiente de correlação é muito fraco (na verdade, próximo a 0). Ele não é estatisticamente significativo, e é muito provável que o valor −0,11 seja consequência do acaso (erro amostral).

Atividade 10.3

A resposta correta é: c.

Questões de múltipla escolha

1a, 2c, 3d, 4a, 5b, 6b, 7b, 8a, 9a, 10c, 11c, 12a, 13d, 14a, 15b

CAPÍTULO 11

Atividade 11.1

Dê as seguintes informações:

a) O valor de a – zero
b) O valor de r^2 – 0,71
c) Para cada aumento em 10.000 do total dos conjuntos de hemocultura, o número de bacteremia por MRSA aumenta aproximadamente 50.

Atividade 11.2

$0,735 \times 8 = 5,88$.
$5,88 + 2,330 = 8,21$.

Dessa maneira, é previsto que alguém que tem um escore de 8 em "preocupado com a transmissão de infecção" tenha um escore de 8,21 na percepção da importância de lavar as mãos.

Atividade 11.3

Caso	QFC previsto	Escore que iria entrar no lugar do escore omisso
24	36,29	36
38	26,25	26
42	37,41	37

Questões de múltipla escolha

1a, 2a, 3d, 4b, 5a, 6b, 7c, 8c, 9d, 10a, 11c, 12a, 13b, 14b, 15c

CAPÍTULO 12

Atividade 12.1

Em relação ao "risco para com os outros" percebido, os pesos b não padronizados mostram que, para cada unidade de aumento, a frequência em lavar as mãos aumenta 0,453. O peso padronizado, beta, significa que, para cada aumento no desvio-padrão do "risco para com os outros" percebido, a frequência em lavar as mãos aumenta em 0,24 desvios-padrão na amostra. Isso é estatisticamente maior do que seria esperado somente pelo erro amostral ($t = 2,15$, $p = 0,035$). Estamos 95% confiantes de que a linha da regressão verdadeira está entre 0,03 e 0,87.

Atividade 12.2

As variáveis explanatórias juntas são responsáveis por 29% da variância do Ajuste Geral (uma subescala da TAEP). Isso é estatisticamente significativo, com $p < 0,05$. A Escala da Esperança foi estatisticamente significativa, com $p < 0,01$, mostrando que, à medida que a esperança aumentava 1 desvio-padrão, o ajuste geral aumentava 0,29 desvio-padrão. Um previsor forte era a Escala do Suporte Social, que mostrou que, para cada 1 desvio-padrão de aumento no suporte social, o ajuste social aumentava em 0,36 desvio-padrão. Isso é estatisticamente significativo em $p < 0,001$. As outras variáveis explanatórias tinham pouco valor de previsão, pois as inclinações são quase zero.

Questões de múltipla escolha

1b, 2b, 3d, 4a, 5a, 6c, 7c, 8a, 9d, 10a, 11d, 12a, 13b, 14d, 15a

CAPÍTULO 13

Atividade 13.2

Logit (ataque cardíaco′) = -3,37 + (0,09 × 42) = 0,41
(Não esperamos que você o calcule, mas isso pode ser convertido em uma probabilidade de 0,60 de ataque cardíaco.)

Questões de múltipla escolha

1a, 2d, 3d, 4c, 5a, 6b, 7d, 8c, 9b, 10c, 11a, 12b, 13c, 14d, 15c

CAPÍTULO 14

Atividade 14.1

Para reduzir a interpretação de um efeito positivo do novo tratamento para a halitose, você deve incluir uma característica de delineamento descrita anteriormente no capítulo. Tenha um grupo-controle e um grupo de intervenção, e assegure-se de que os participantes não saibam em qual das condições estão. Quase sempre os pesquisadores tentam tornar a condição de controle o mais similar possível à de intervenção. Assim, se tivermos um líquido anticéptico bucal como nova intervenção, daríamos aos participantes do grupo-controle um anticéptico similar, mas que não tenha o ingrediente ativo presente no anticéptico da intervenção. Assegure-se, também, que todos os participantes pensem estar na condição de controle ou na de intervenção, ou tenha uma metade de seus participantes (50% na intervenção e 50% no controle) achando que está na condição de controle e a outra achando que está na condição da intervenção. Dessa forma, teríamos uma chance melhor de sermos capazes de reduzir o efeito placebo.

Atividade 14.3

Nossa interpretação foi de que, na fase inicial, o participante estava fumando 30 cigarros por dia. Durante a fase da primeira intervenção, houve uma queda repentina para 10 cigarros e, então, um declínio consistente durante os seguintes três dias seguintes. Quando a intervenção foi removida, houve um grande aumento no número de cigarros fumados por dia, mas não nos níveis da fase inicial. Por fim, durante a próxima fase da intervenção, o número de cigarros fumados por dia reduziu drasticamente até que, no último dia, nenhum cigarro foi fumado.

Exercício com o SPSS

Entre com os seus dados no SPSS conforme apresentado na figura seguinte:

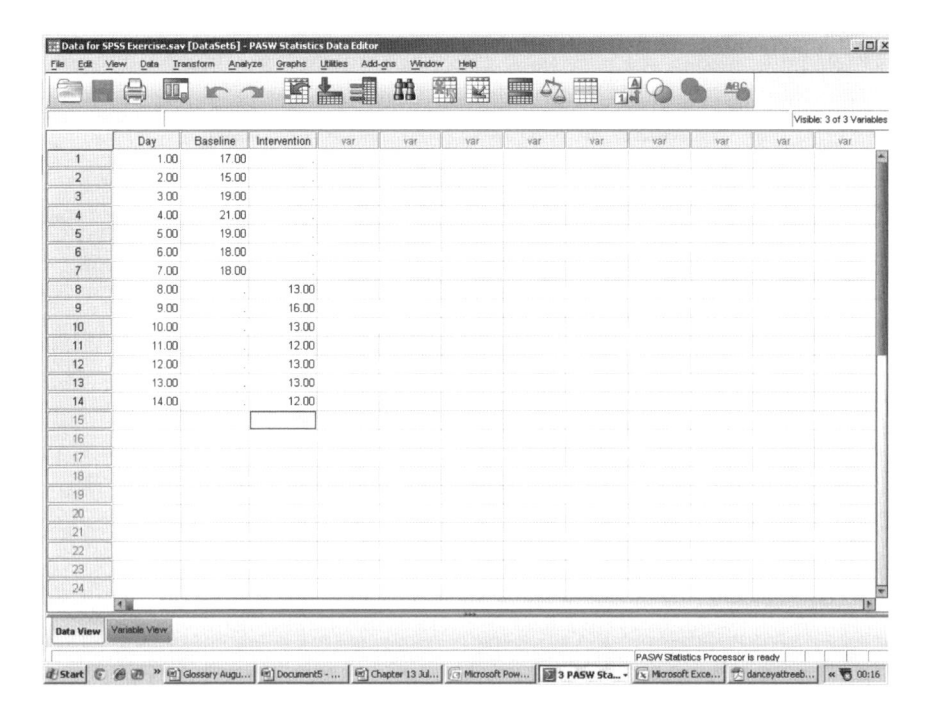

Selecione as opções *Graphs* (Gráficos), *Legacy Dialogs* (Diálogos Legacy), *Line* (Linha) e preencha a caixa de diálogos como a apresentada a seguir:

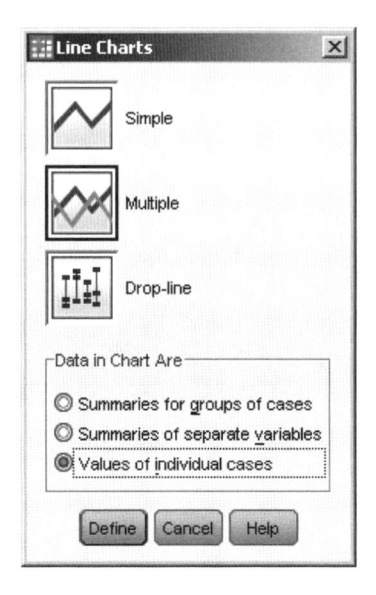

Clique, então, em *Define* (Definir) e preencha a caixa de diálogos de acordo com a apresentada a seguir:

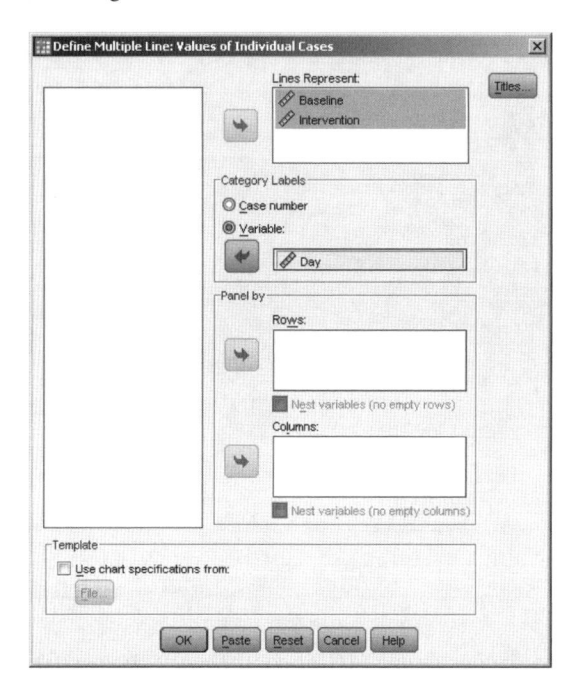

Clique, então, em *OK* para obter o diagrama.

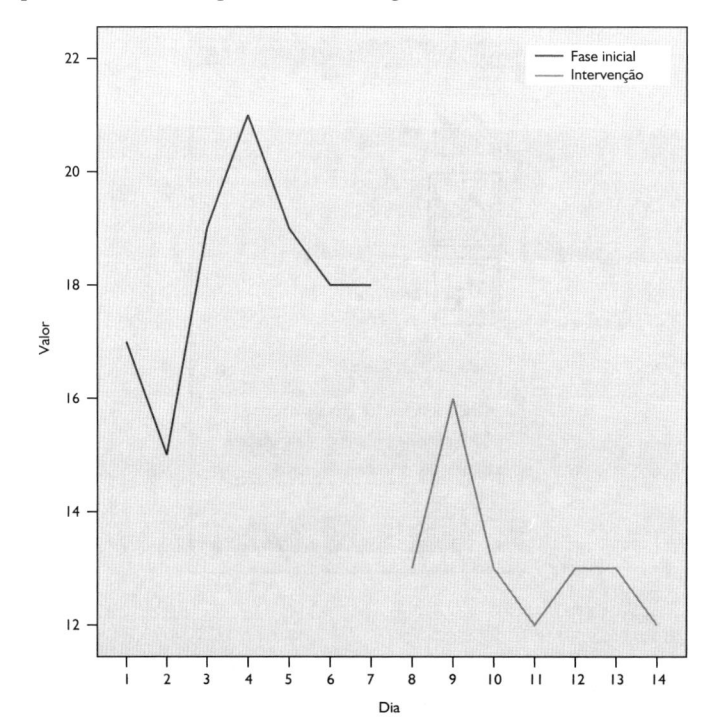

Você pode editar o gráfico clicando duas vezes nele; clique, então, duas vezes no eixo *y* e, em seguida, clique na aba *Scale* (Escala) e na caixa *Properties* (Propriedades). Mude o valor mínimo para 0 e, então, clique em *Apply* (Aplicar) e feche esta caixa:

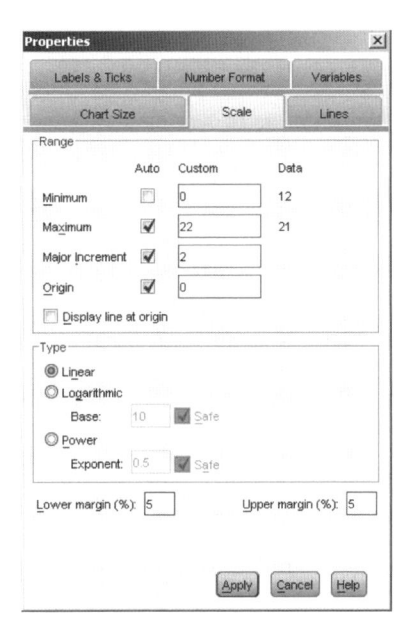

Clique no botão *Add Markers* (Adicionar Marcadores) e selecione os marcadores que desejar.

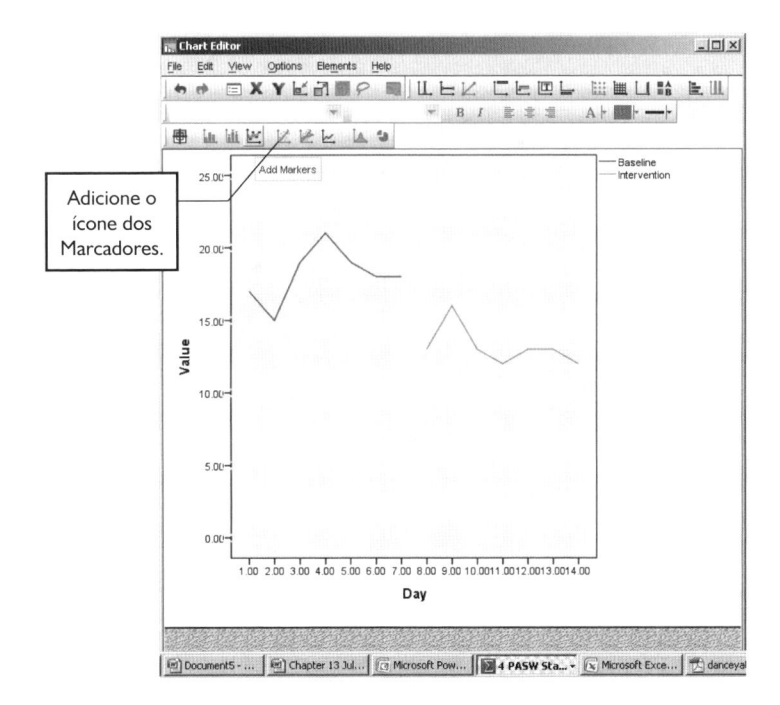

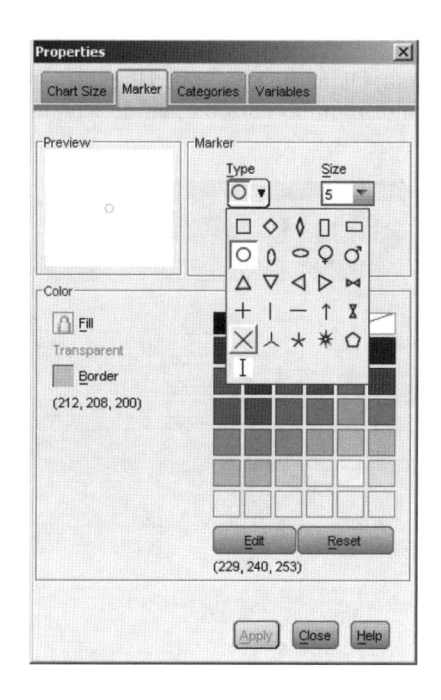

Por fim, feche o editor de gráfico; você deve ter um gráfico como este:

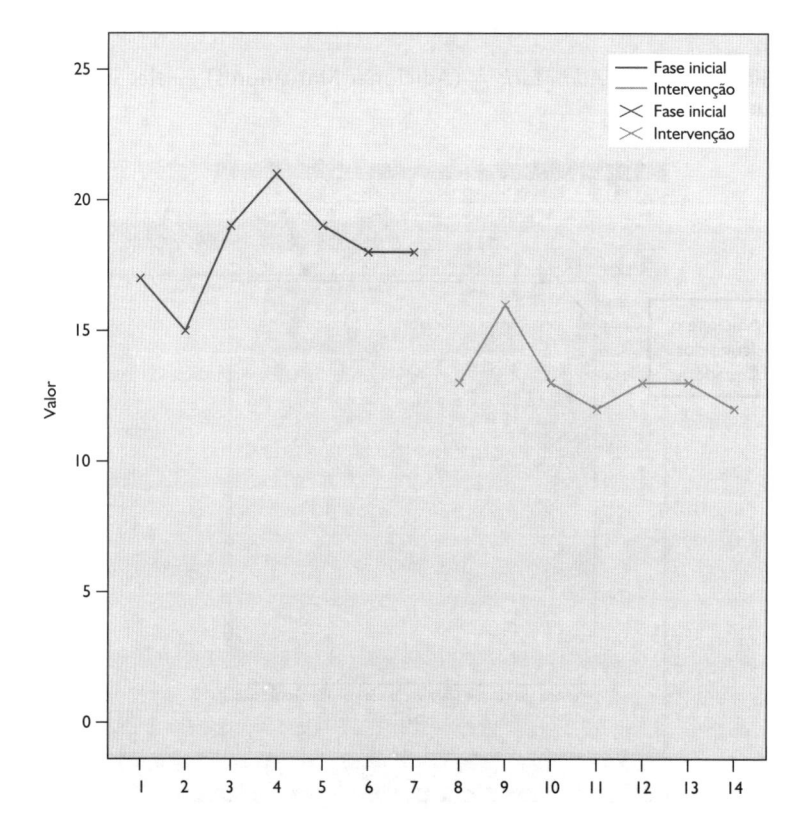

Questões de múltipla escolha

1d, 2b, 3b, 4d, 5a, 6c, 7b, 8b, 9a, 10d, 11d, 12a, 13b, 14b, 15d

CAPÍTULO 15

Atividade 15.1

Aqui está a curva de sobrevivência para os dados apresentados na tabela de dados:

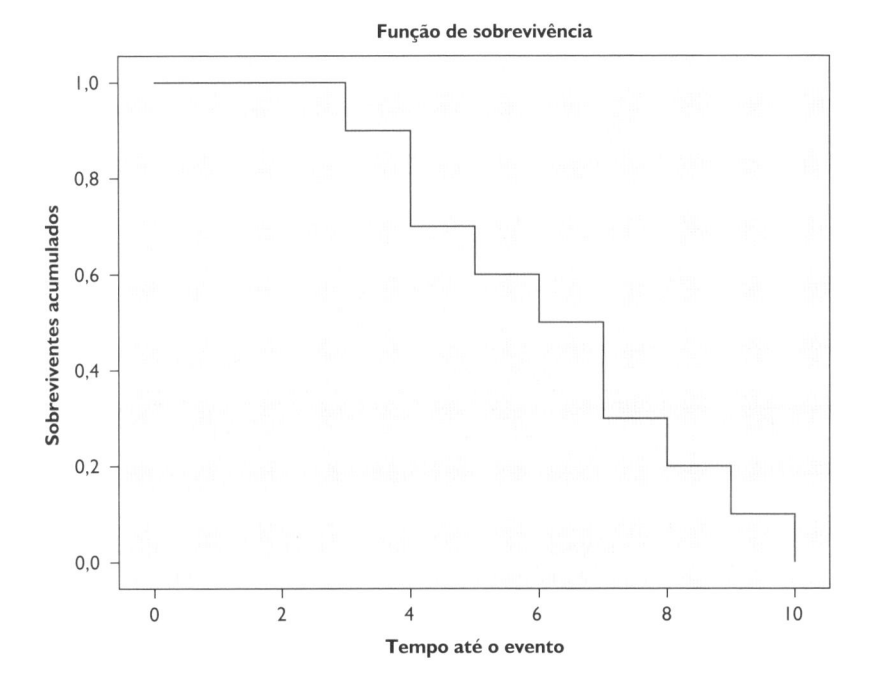

Função de sobrevivência

(eixo y: Sobreviventes acumulados; eixo x: Tempo até o evento)

Note, nessa tabela, que todos os participantes sofreram o evento de interesse até a décima semana, ou seja, a proporção dos que não participaram do evento foi zerou nesse ponto. Também pode-se perceber dois degraus maiores durante a quarta e a sétima semanas. Em cada uma dessas semanas, dois participantes sofreram o evento de interesse, e, assim, a proporção de não participantes do evento diminuiu mais do que em outras semanas.

Exercícios com o SPSS

Configure seu arquivo do SPSS conforme a tela a seguir:

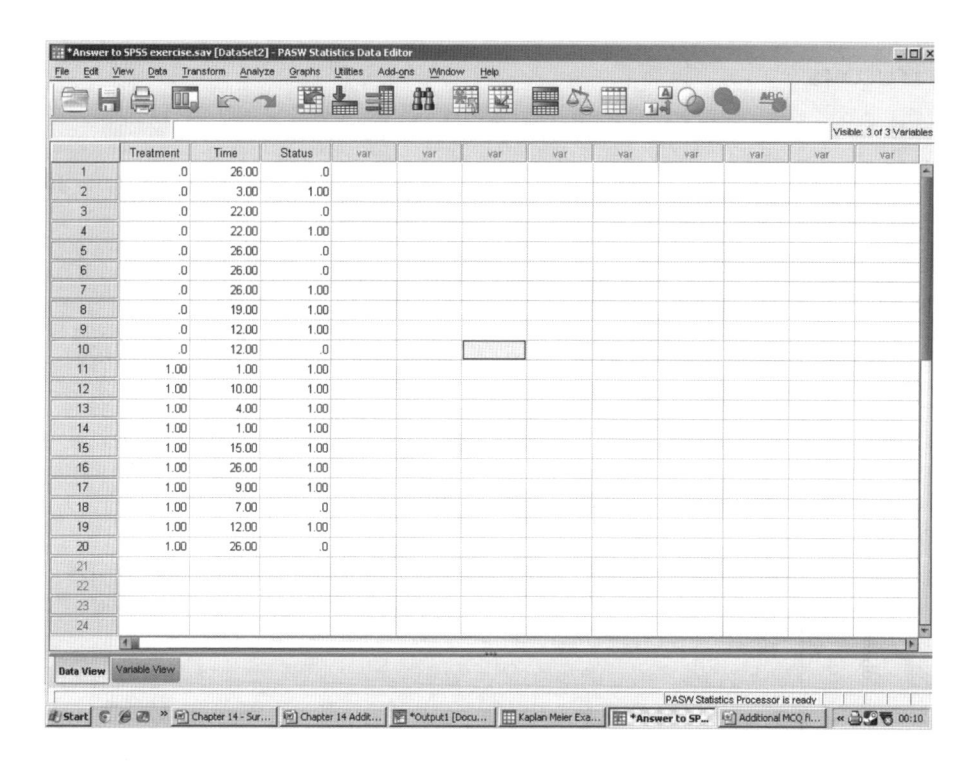

Treatment	Time	Status
.0	26.00	.0
.0	3.00	1.00
.0	22.00	.0
.0	22.00	1.00
.0	26.00	.0
.0	26.00	.0
.0	26.00	1.00
.0	19.00	1.00
.0	12.00	1.00
.0	12.00	.0
1.00	1.00	1.00
1.00	10.00	1.00
1.00	4.00	1.00
1.00	1.00	1.00
1.00	15.00	1.00
1.00	26.00	1.00
1.00	9.00	1.00
1.00	7.00	.0
1.00	12.00	1.00
1.00	26.00	.0

Selecione, então, as opções *Survival*, *Kaplan-Meier* (Sobrevivência, Kaplan-Meier) e obterá uma caixa de diálogos. Configure-a como a apresentada a seguir:

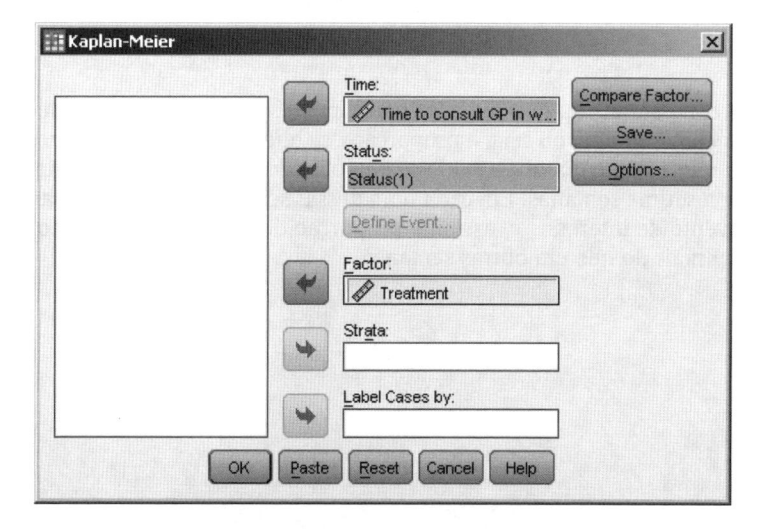

Clique no botão *Compare Factor* (Comparar Fator) e selecione a opção *Log rank*:

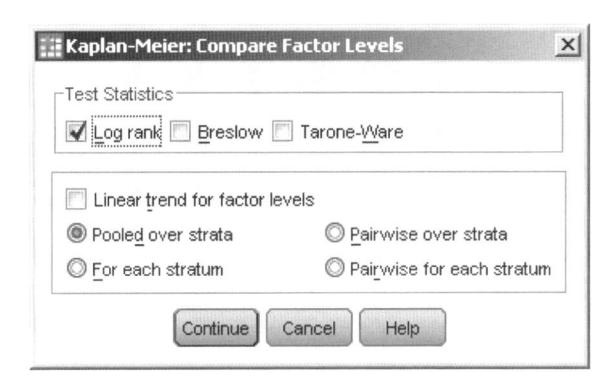

Clique em *Continue* e, então, no botão *Options* (Opções). Tenha certeza de selecionar as opções *Survival* (Sobrevivência) e *Hazard* (Risco):

Clique em *Continue* e em *OK*. Será apresentada as seguintes curvas e a saída do teste de Mantel-Cox:

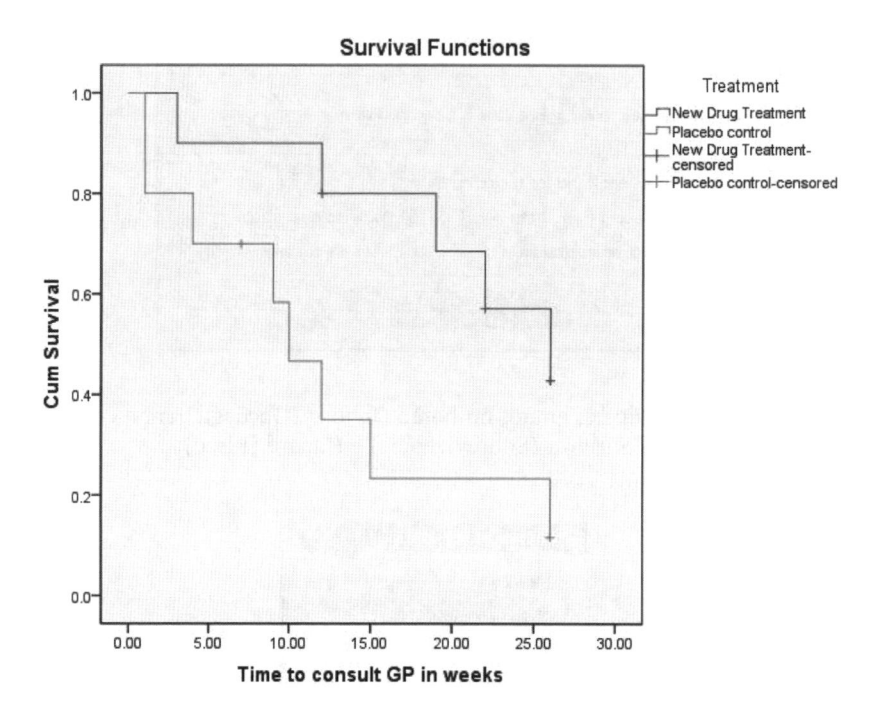

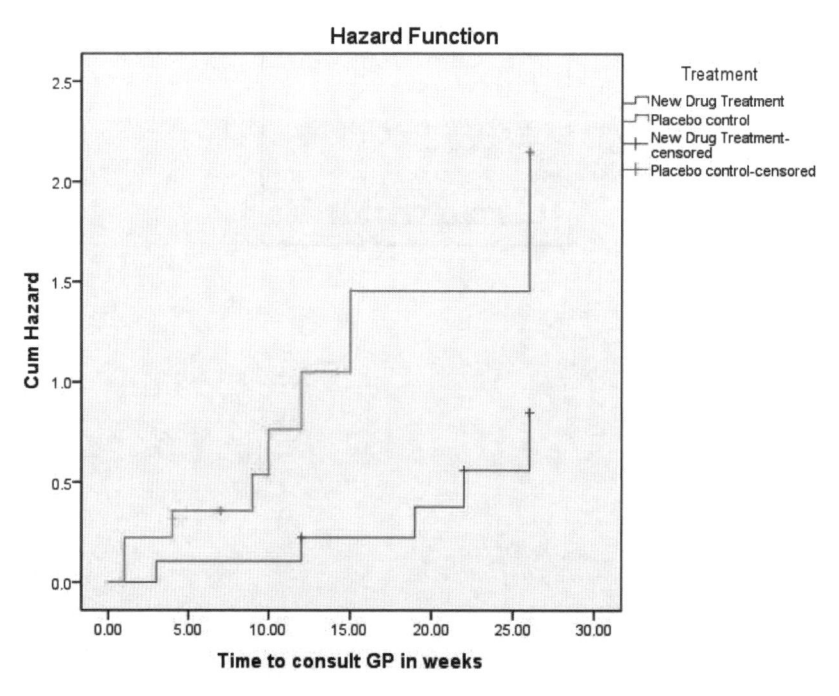

Comparações globais

	Qui-quadrado	gl	Sig.
Log de postos (Mantel-Cox)	3,889	1	0,049

Teste de igualdade de distribuições de sobrevivência para diferentes níveis de tratamento.

Note, no teste de Mantel-Cox, que há uma diferença significativa entre o novo tratamento e as condições do placebo, de forma que os participantes do placebo tendem a consultar seus médicos de família mais cedo no estudo do que os participantes do novo tratamento.

Questões de múltipla escolha

1b, 2b, 3c, 4a, 5d, 6b, 7b, 8d, 9b, 10c, 11d, 12c, 13c, 14b, 15d

Glossário

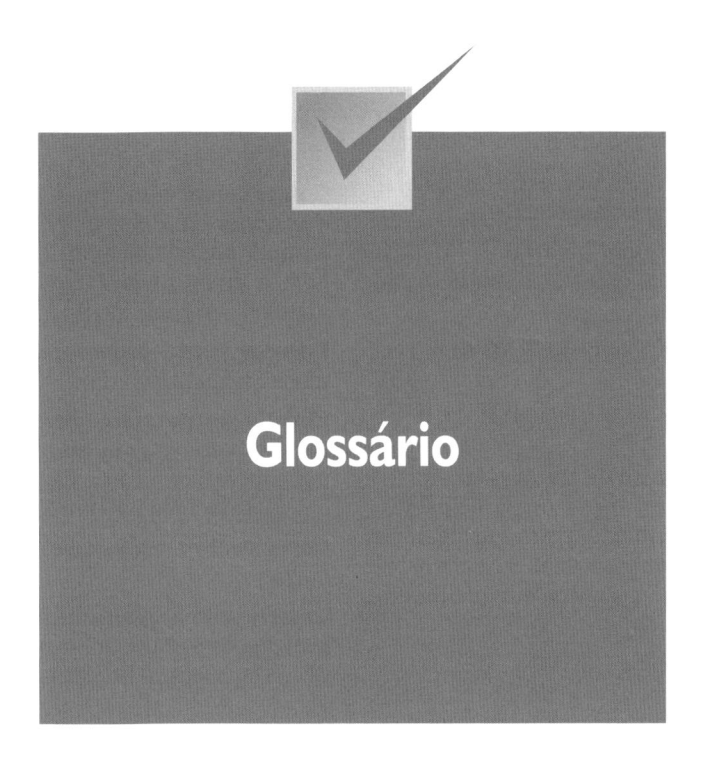

Aglomerados multiestágios – Técnica em que os aglomerados dentro dos grupos são identificados e selecionados ao acaso para formar uma combinação de participantes que são, então, aleatoriamente incluídos no estudo.

Ajuste ou correção de Bonferroni – Quando múltiplas comparações são feitas ou muitos testes são executados, a correção de Bonferroni (0,05/número de comparações) diminui a probabilidade de se cometer o erro do Tipo I.

Aleatorização de substituição – Gerações repetidas de sequências de alocação até que a sequência gerada satisfaça as condições pré-especificadas.

Alfa **de Cronbach** – Medida de confiabilidade ou de consistência interna de um questionário.

Amostra – Seleção de itens, objetos ou pessoas de uma determinada população.

Amostra por conglomerados – Amostragem em que a população é dividida em aglomerados identificáveis menores e em que um ou mais desses aglomerados são selecionados aleatoriamente. Os participantes são, então, selecionados, também de forma aleatória, para fazer parte do estudo.

Amostragem – Método de seleção de sujeitos de uma população.

Amostragem aleatória simples – Técnica amostral em que cada membro de uma determinada população tem a mesma probabilidade de ser selecionado para a inclusão em um estudo.

Amostragem bola de neve – Técnica de amostragem em que os sujeitos que participaram de um estudo sugerem pessoas conhecidas dispostas a participar do estudo.

Amostragem por conveniência – Amostragem de pessoas disponíveis em determinado tempo ou lugar.

Amostragem por voluntários – Amostragem que tem por base participantes que, em resposta a um anúncio, se dispõem a tomar parte do estudo.

Amplitude – A diferença entre os escores máximo e mínimo de uma amostra.

Análise correlacional bivariada – Medida do relacionamento entre dois conjuntos de valores.

Análise de covariância (ANCOVA) – Técnica estatística em que as diferenças entre as condições são analisadas após o controle de determinada variável (a covariável).

Análise de intenção de tratar – Análise estatística que inclui todos os participantes, originalmente atribuídos de forma aleatória às condições. Durante a análise, cada participante é incluído no grupo em que foi originalmente alocado.

Análise de variância (ANOVA) – Técnica estatística que mostra se existem diferenças significativas entre as condições ou os grupos.

ANOVA de Friedman – ANOVA não paramétrica utilizada em um delineamento de medidas repetidas em que existem três ou mais condições.

Assimetria – Medida que caracteriza um conjunto de dados como tendo uma cauda maior para a direita ou para a esquerda.

Atribuição aleatória – Atribuição de participantes às condições pela utilização de procedimentos aleatórios.

Bootstrapping – Método em que se toma milhares de amostras repetidas a partir de uma amostra de estudo, a fim de se gerar um intervalo de confiança de 95% em torno de uma estatística.

Cegamento – Qualquer procedimento que impeça as pessoas envolvidas em um ensaio de saber a que condições os participantes do estudo foram alocados.

Classes – Intervalo de valores, representado por uma coluna em um histograma de frequências.

Comparações planejadas – Comparações aos pares em que os pesquisadores decidem o que irão executar antes da análise.

Conceitos – Ideias sobre o fenômeno de interesse.

Confiabilidade – Uma medida confiável é uma medida consistente.

Contrabalanceamento – Técnica que reduz o viés em delineamentos entre grupos na qual metade dos participantes apresenta-se a uma ordem da condição, e a outra metade, à ordem reversa.

Correlação de ordem zero – Correlação plena entre duas variáveis.

Correlação parcial – Relacionamento entre duas variáveis que permanece após uma terceira variável (ou mais) ter sido levada em consideração ou mantida constante.

Covariável – Uma variável relacionada com outra.

Critério para a significância – Probabilidade com que os pesquisadores decidem se há evidência suficiente para rejeitar a hipótese nula.

***d* de Cohen** – Medida de efeito: $\dfrac{\text{Média 1} - \text{Média 2}}{\text{Média dos DPs}}$

Dados de nível de razão – Escala em que os intervalos possuem um zero fixo.

Dados intervalares – Escala ordenada em que os intervalos entre escores adjacentes são iguais.

Delineamento cruzado – Delineamento em que todos os participantes recebem uma intervenção. No entanto, um grupo de participantes recebe a condição controle seguida pela intervenção, e o outro recebe a intervenção seguida pela condição controle.

Delineamento de referência múltiplo – Delineamentos de caso simples ou de múltiplos casos simples com durações e tempos diferentes para o início da intervenção; ou um caso simples com múltiplas medidas de saída; ou resultados avaliados em diferentes circunstâncias.

Delineamento simples – Estudo experimental que envolve apenas um participante.

Delineamentos correlacionais – Delineamentos que avaliam o relacionamento entre variáveis.

Delineamentos de medidas repetidas/dentro dos grupos/entre participantes – Delineamento de pesquisa em que um grupo toma parte em todas as condições do estudo.

Descritivas gráficas – Técnicas para descrever dados utilizando gráficos e diagramas.

Descritivas numéricas – Técnicas estatísticas que descrevem dados utilizando números.

Desvio-padrão – Medida dos desvios dos escores da média de uma amostra.

Diagrama de caixa-e-bigodes – Gráfico representando o intervalo interquartílico, a mediana e qualquer outro escore extremo.

Diagrama de colunas – Gráfico representando valores pelo comprimento de colunas horizontais.

Diagrama de dispersão – Método gráfico que mostra o relacionamento entre duas variáveis.

Diagrama de linha – Diagrama que ilustra valores de diferentes condições, cujos valores são conectados por linhas. Costuma ser utilizado para valores avaliados ao longo do tempo.

Diagramas de barras empilhadas – Diagrama de barras em que diversas variáveis são representadas dentro de uma barra para cada grupo.

Diagramas de colunas agrupado – Diagrama apresentando as médias de várias variáveis agrupadas para cada grupo.

Distribuição bimodal – Distribuição com dois picos de mesma altura.

Distribuição de probabilidade – Distribuição em que é possível determinar a probabilidade da seleção aleatória de valores.

Distribuição normal – Distribuição de escores simétrica e cuja forma aparenta ser a projeção plana de um sino.

Distribuição normal padrão – A distribuição dos escores z que apresentam média 0 e desvio-padrão igual a 1.

Eliminação total – Método de excluir participantes, eliminando-os do banco de dados caso exista algum valor que esteja faltando em qualquer uma das variáveis.

Ensaio controlado aleatorizado – Estudo em que os participantes são aleatoriamente alocados a uma intervenção e à condição controle, e isso incluí cegar todos os participantes que possam introduzir tendenciosidade no estudo.

Entre grupos/entre participantes/delineamentos de grupos independentes – Delineamentos de pesquisa em que diferentes participantes são alocados para cada uma das condições do estudo.

Epidemiologia – Estudo das causas e da distribuição de doenças na sociedade.

Erro amostral – Variabilidade na estimação de parâmetros populacionais existentes em virtude do uso de uma amostra.

Erro do Tipo I – A probabilidade de se rejeitar a hipótese nula quando ela é verdadeira.

Erro do Tipo II – A probabilidade de não se rejeitar a hipótese nula quando ela é falsa.

Escores ganhos – Diferença entre o valor do pré-teste de uma variável e o valor do pós-teste da mesma variável.

Escores transformados – Procedimento em que um cálculo matemático é executado em um conjunto de escores. Por exemplo: a transformação mais simples ocorre quando uma constante é adicionada a todos os escores de uma variável (adicionar 50 a todos os escores).

Estatística de Wald – Estatística teste utilizada para testar a significância de previsores individuais na regressão logística.

Estatística inferencial – Técnicas estatísticas criadas para permitir a generalização dos dados de uma amostra para a população.

Estatística qui-quadrado – Uma estatística inferencial. Neste livro, ela tem uma característica proeminente na avaliação da associação entre duas variáveis categóricas em uma análise de tabelas de contingência. A estatística qui-quadrado está, também, envolvida no teste de significância dentro da regressão logística.

Estatísticas – Valores obtidos a partir de amostras.

Estatísticas descritivas – Técnicas estatísticas que auxiliam na descrição dos dados.

Estimação de máxima verossimilhança – Abordagem para estimar os parâmetros de um modelo estatístico.

Estudo caso-controle – Estudo que recruta um grupo de casos com determinada doença e um grupo de participantes de controle. Eles são comparados para identificar os fatores de risco para a doença.

Estudo de coorte – Estudo longitudinal que segue uma amostra de participantes ao longo do tempo.

Exclusão dois a dois – Método de excluir participantes pela eliminação da base de dados caso tenham dados omissos na variável analisada.

Experimento – Tipo de delineamento em que o pesquisador manipula uma variável independente para ver que efeito ela terá na variável dependente.

Fatores de risco – Fatores que aumentam a probabilidade da doença.

Hipótese bilateral – Hipótese de pesquisa em que não existe uma direção especificada da diferença ou do relacionamento previstos.

Hipótese de esfericidade – Em um delineamento de medidas repetidas analisado pela ANOVA, assumimos que as variâncias das diferenças aos pares são similares.

Hipótese de pesquisa – Declaração precisa e testável com respeito a uma população ou ao relacionamento entre variáveis ou, ainda, às diferenças entre condições.

Hipótese experimental – Hipótese que declara a existência de um efeito na população.

Hipótese nula – Hipótese que não exerce efeito sobre a população.

Hipótese unilateral – Hipótese de pesquisa em que é especificada a direção da diferença ou do relacionamento previstos.

Histograma de frequências – Diagrama da frequência de ocorrência dos escores nas classes de uma amostra.

Incidência – Taxa de surgimento de novos casos de determinada doença na população em estudo em um determinado período de tempo.

Inclinação da linha de regressão padronizada – β (beta). Mostra os resultados das inclinações b não padronizadas após a conversão para escores z.

Inclinação não padronizada da linha de regressão – Inclinações b da linha de regressão, avaliadas em suas unidades originais.

Inspeção e limpeza de dados – Conjunto de técnicas utilizadas para assegurar a acurácia e a compatibilidade de um conjunto de dados para a execução de análises estatísticas.

Intervalo de confiança – Intervalo em que estamos confiantes de conter o parâmetro populacional.

Intervalo interquartílico – Intervalo dentro de um conjunto de dados que contém 50% dos escores.

***Kappa* de Cohen** – Medida de confiabilidade inter avaliadores.

Linha de regressão/inclinação – Em uma análise de regressão, a linha de regressão (b) mostra a força do relacionamento entre duas variáveis.

Média – Medida de tendência central em que os escores de uma amostra são somados; então, a soma é dividida pelo número de escores na amostra.

Mediana – Medida de tendência central que está no meio dos escores após os mesmos terem sido ordenados.

Medida de tendência central – Estatísticas descritivas que fornecem a indicação de um escore típico ou médio em uma amostra.

Método exato de cálculo do valor-p – A significância estatística é baseada na distribuição da amostra que temos, isso é, na distribuição exata.

Método simétrico/assintótico para o cálculo do valor-p – Significância estatística baseada na suposição de que temos um conjunto de dados grande e normalmente distribuído.

Moda – Medida de tendência central constituída pelo escore que ocorre com maior frequência em uma amostra.

Modelo de referência – Na regressão logística, um modelo que não contém previsores, apenas o termo constante. Os modelos incluindo previsores são comparados aos de referência.

Níveis de medida – Sistema de classificação para os tipos de variáveis encontradas na pesquisa.

Nível nominal de medida – Menor nível de mensuração formado por categorias não ordenadas.

Nível ordinal de dados – Escala que consiste em categorias ordenadas.

OA (Omissos ao acaso) – Dados que faltam ao acaso, isto é, quando as faltas estão relacionadas a outra variável no banco de dados, mas não à variável que está faltando.

OCA (Omissos completamente ao acaso) – Dado que está faltando completamente ao acaso, isto é, o dado não se relaciona com qualquer uma das variáveis mensuradas ou observadas.

ONA (Omissos não ao acaso) – Dados que não estão omissos ao acaso.

Operacionalização – O processo de decidir como avaliar um conceito.

Parâmetros – Valores que caracterizam a população.

Parâmetros consolidados para relatórios de ensaios – Diretrizes padrão para delineamento e relato de controles de ensaios aleatorizados.

Placebo – Tratamento que não possui ingredientes ativos, utilizado em ensaios clínicos.

Poder – A sensibilidade de um estudo para detectar os efeitos existentes na população.

Poder estatístico – A habilidade de um estudo em detectar um efeito que existe, de fato, na população.

População – Todos os itens, objetos ou pessoas com uma característica em particular.

Prática baseada em evidência – Tratamentos e procedimentos que tem por base evidências em pesquisa.

Prevalência – O nível de doença existente em uma determinada população.

Probabilidade condicional – A probabilidade de algum evento ocorrer sob certas condições específicas.

Quartis – Valores que dividem um conjunto de dados em quarto partes iguais.

r **de Pearson** – Medida do grau de relacionamento linear entre duas variáveis quantitativas.

R^2 **de Cox e Snell** – Medida do grau de aderência em um modelo de regressão logística.

R^2 **de Nagelkerke** – Medida de aderência de um modelo de regressão logística.

Razão das chances – Razão entre as chances de doenças em dois grupos.

Razão de risco – Razão do risco de uma doença em um grupo comparado a outro.

Razão *F* – Na ANOVA, uma medida da variabilidade entre grupos dividida por uma medida da variabilidade dentro dos grupos.

Regressão linear – Técnica estatística em que uma linha reta é traçada através do conjunto de pontos em um diagrama de dispersão com o propósito de se avaliar uma das variáveis em função da outra.

Regressão logística – Modelo de regressão adequado para resultados de variáveis dicotômicas.

Regressão múltipla – Técnica estatística que avalia o relacionamento entre um conjunto de variáveis explanatórias ou previsoras e uma variável critério.

Regressão múltipla hierárquica – Modelo no qual o pesquisador determina a ordem em que as variáveis entram na equação de regressão.

Regressão múltipla padrão – Modelo no qual as variáveis explanatórias são colocadas na equação em conjunto.

Regressão múltipla passo a passo – Modelo no qual a ordem de entrada das variáveis é determinada por algum critério matemático.

Relacionamento linear – Relacionamento entre duas variáveis que pode ser bem descrito por uma linha reta.

Rô **de Spearman** – Técnica correlacional não paramétrica.

Sequência de atribuição aleatória – Uma lista de como os participantes de um estudo serão atribuídos às condições produzidas antes do início do ensaio controle aleatorizado.

Significância estatística – É quando o valor-*p* calculado em um teste estatístico é pequeno o suficiente para permitir que o pesquisador rejeite a hipótese nula.

Sobreaderência (na regressão múltipla) – A amostra adere muito melhor do que ocorreria com uma nova amostra. Isso acontece quando existem muitas variáveis e poucos participantes. O valor preditivo das variáveis exploratórias pode ser bom em uma amostra, mas pode não ser generalizável.

Tabela de contingência – Uma tabela para representar a associação entre duas variáveis categóricas. As células mostram o número de participantes que pertence a cada combinação das categorias.

Testagem de significância da hipótese nula (TSHN) – Processo em que calcula-se a probabilidade de se obter determinado valor para uma estatística teste apenas por acaso, caso não exista o efeito suposto na população.

Teste da mediana – Teste pouco utilizado que mostra se as medianas de duas ou mais condições ou grupos diferem.

Teste de esfericidade de Mauchley – Teste que mostra se as variâncias de variáveis relacionadas são similares ou não.

Teste de igualdade de variâncias de Levene – Utilizado no teste *t* independente, o teste de Levene verifica se os grupos apresentam a mesma variância.

Teste de Kruskal-Wallis – ANOVA não paramétrica utilizada em um delineamento entre grupos independentes em que existem três ou mais grupos.

Teste de McNemar – Técnica estatística para analisar resultados de variáveis dicotômicas em um delineamento de medidas repetidas.

Teste dos postos com sinais de Wilcoxon – Teste não paramétrico para um delineamento de duas condições de medidas repetidas, que utiliza a ordenação dos escores em uma fórmula que calcula a estatística teste W ou z.

Teste exato de Fisher – Alternativa ao teste de associação qui-quadrado entre variáveis categóricas quando as hipóteses são violadas.

Teste t – Teste paramétrico utilizado para determinar a existência de diferenças significativas entre dois grupos independentes ou em duas condições de medidas repetidas.

Teste U de Mann–Whitney – Teste não paramétrico para duas condições independentes que utiliza os postos dos escores em uma fórmula que calcula a estatística de teste U.

Teste z – Teste que mostra se dois grupos diferem entre si, utilizando escores padronizados.

Testes não paramétricos – Testes de inferência que não fazem suposições sobre a distribuição das populações de onde as amostras são extraídas.

Testes paramétricos – Testes de estatística inferencial que fazem suposições sobre as distribuições populacionais.

Testes *post hoc* – Comparações aos pares que os pesquisadores executam após a realização da análise principal. Existem muitos testes *post hoc*.

Última observação levada adiante (UOLA) – Técnica para lidar com dados omissos utilizada em pesquisas com medidas repetidas, em que a posição do dado omisso é preenchida com o último valor registrado.

V de Cramer – Medida do tamanho do efeito em análises de tabelas de contingência.

Validade – Utilizada em relação a escalas ou questionários que avaliam aquilo que supostamente deveriam avaliar e que concordam com outros instrumentos similares que avaliam os mesmos construtos.

Valor atípico (*Outlier*) – Escore extremo em um conjunto de dados. Valor marcadamente maior ou menor do que a maioria dos demais valores de um conjunto de dados.

Valor da frequência – O número de participantes em uma determinada categoria ou a contagem do número de vezes que o valor de uma variável se repete.

Valor-*p* – A probabilidade de se obter o padrão de dados caso a hipótese nula seja verdadeira.

Variabilidade – Extensão em que os escores variam a partir da média do grupo

Variância – Média dos desvios da média ao quadrado.

Variância dentro dos grupos – Medida de quanto os escores entre participantes variam em uma mesma condição.

Variância entre grupos – Medida da variação dos escores entre dois ou mais grupos.

Variáveis – Conceitos mensuráveis.

Variáveis categóricas – Variáveis compostas de categorias; envolvem a contagem de frequências.

Variáveis contínuas – Variáveis que podem assumir qualquer valor em um dado intervalo.

Variáveis discretas – Variáveis que resultam de uma contagem.

Variável critério – A variável dependente.

Variável de confundimento – Variável que não é controlada pelo pesquisador e que está relacionada tanto à variável dependente quanto à independente.

Variável dependente – Variável mensurada pelo pesquisador e que é supostamente influenciada pela variável independente.

Variável explanatória – A variável independente ou previsora.

Variável independente – Variável manipulada pelo pesquisador em um delineamento experimental ou quase-experimental.

Verossimilhança –2log – Medida de aderência na regressão logística. Escores baixos indicam uma boa aderência entre o modelo e os dados observados.

Referências

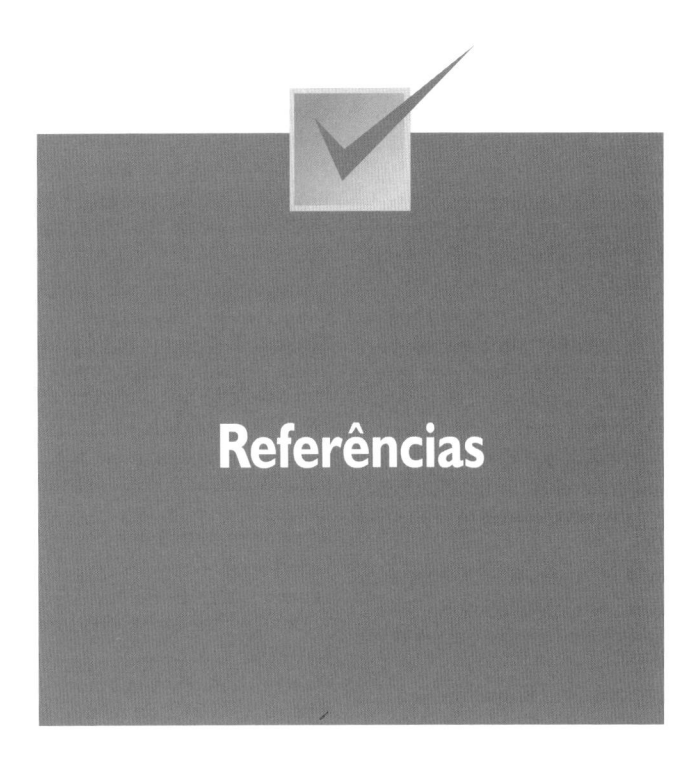

Al-Faris, E.A. (2000). Students' evaluation of a traditional and an innovative family medicine course in Saudi Arabia. Education for Health, 13(2), 231–235.

Andrews, T. & Waterman, H. (2008). What factors influence arterial blood gas sampling patterns? Nursing in Critical Care, 13(3), 132–137.

Anzalone, P. (2008). Equivalence of earlobe site blood glucose testing with finger stick. Clinical Nursing Research, 17, 251–261.

Armitage, C.J. (2006). Evidence that implementation intentions promote transitions between the stages of change. Journal of Consulting and Clinical Psychology, 74(1), 141–151.

Arnold, S., Herrick, L.M., Pankratz, V.S. & Mueller, P.S. (2007). Spiritual well-being, emotional distress, and perception of health after a myocardial infarction. Internet Journal of Advanced Nursing Practice, 9(1).

Attree, E.A., Dancey, C.P., Keeling, D. & Wilson, C. (2003). Cognitive function in people with chronic illness: Inflammatory Bowel Disease and Irritable Bowel Syndrome. Applied Neuropsychology, 10(2), 96–104.

Baumhover, N. & Hughes, L. (2009). Spirituality and support for family presence during invasive procedures and resuscitations in adults. American Journal of Critical Care, 18(4), 357–367.

Begg, C., Cho, M., Eastwood, S., Horton, R., Moher, D., Olkin, I. et al. (1996). Improving the quality of reporting of randomized controlled trials: the CONSORT statement. Journal of the American Medical Association, 276, 637–639.

Bell, B.G. & Belsky, J. (2008). Parenting and children's cardiovascular functioning. Child Care Health & Development, 34(2), 194–203.

Bize, R. & Plotnikoff, R.C. (2009). The relationship between a short measure of health status and physical activity in a workplace population. Psychology, Health & Medicine, 14(1), 53–61.

Blake, H. & Batson, M. (2008). Exercise intervention in brain injury: a pilot randomized study of Tai Chi Qigong. Clinical Rehabilitation, 23, 589–598.

Booij, L., Merens, W., Markus, C.R. & Van der Does, A.J.W. (2006). Diet rich in α-lactalbumin improves memory in unmedicated recovered depressed patients and matched controls. Journal of Psychopharmacology, 20, 526–535.

Brace, N., Kemp, R. & Snelgar, R. (2009). SPSS for Psychologists, 4th edn, Basingstoke: Palgrave.

Bramwell, R. & Morland, C. (2009). Genital appearance satisfaction in women: the development of a questionnaire and exploration of correlates. Journal of Reproductive and Infant Psychology, 27(1), 15–27.

Brossart, D.F., Parker, R.I., Olson, E.A. & Mahadeven, L. (2006). The relationship between visual analysis and five statistical analyses in a simple AB single-case research design. Behavior Modification, 30(5), 531–563.

Bruscia, K., Shultis, C., Dennery, K. & Cherly, D. (2008). The sense of coherence in hospitalized cardiac and cancer patients. Journal of Holistic Nursing, 26, 286–294.

Buhi, E.R., Goodson, P. & Neilands, T.B. (2008). Out of sight, not out of mind: strategies for handling missing data. American Journal of Health Behavior, 32(1), 83–92.

Burneo, J.G., Villanueva, V., Knowlton, R.C., Faught, R.E. & Kuzniecky, R.I. (2008). Kaplan–Meier analysis on seizure outcome after epilepsy surgery: do gender and race influence it? Seizure, 17, 314–319.

Button, L.A. (2008). Effect of social support and coping strategies on the relationship between health carerelated occupational stress and health. Journal of Research in Nursing, 13(6), 498–524.

Byford, S. & Fiander, M. (2007). Recording professional activities to aid economic evaluations of health and social care services. Unit Costs of Health and Social Care, 19–24 (accessed at: http://www.pssru.ac.uk/pdf/uc/uc2007/uc2007_recordingactivities.pdf).

Carvajal, A., Ortega, S., Del Olmo, L., Vidal, X., Aguirre, C., Ruiz, B. et al. (2011). Selective serotonin reuptake inhibitors and gastrointestinal bleeding: a case-control study. Plos One, 6(5), 6.

Castle, N.G. (2005). Nursing home closures and quality of care. Medical Care Research Review, 62, 111–132.

Chiou, S.S. & Kuo, C.D. (2008). Effect of chewing a single betel-quid on autonomic nervous modulation in healthy young adults. Journal of Psychopharmacology, 22(8), 910–917.

Cohen, J. (1988). Statistical Power Analysis for the Behavioral Sciences, 2nd Edn. Hillsdale, NJ: Erlbaum.

Cohen, J. (1990). Things I have learned (so far). American Psychologist, 45, 1304–1312.

Cohen, J. (1992). A power primer. Psychological Bulletin, 112(1), 155–159.

Cohen, J.H., Kristal, A.R. & Stanford, J.L. (2000). Fruit and vegetable intakes and prostate cancer risk. Journal of the National Cancer Institute, 92(1), 61–68.

Costello, E.J., Angold, A., Burns, B.J., Stangl, D.K., Tweed, D.L., Erkanli, A. & Worthman, C.M. (1996). The Great Smoky Mountains Study of youth – Goals, design, methods, and the prevalence of DSM-III-R disorders. Archives of General Psychiatry, 53(12), 1129–1136.

Costello, E.J., Compton, S.N., Keeler, G. & Angold, A. (2003). Relationships between poverty and psychopathology – A natural experiment. Journal of the American Medical Association, 290(15), 2023–2029.

Dancey, C.P. & Reidy, J.G. (2011). Statistics without Maths for Psychology, 5th edn. Harlow: Pearson.

Dancey, C.P., Hutton-Young, S., Moye, S. & Devins, G. (2002). The relationship among stigma, illness intrusiveness and quality of life in men and women with IBS. Psychology, Health & Medicine, 7(4), 381–395.

Dancey, C.P., Attree, E.A. & Brown, K.F. (2006). Nucleotide supplementation: a randomised double-blind placebo controlled trial of IntestAidIB in people with Irritable Bowel Syndrome [ISRCTN67764449] Nutrition Journal.

Dariusz, A. & Jochen, R. (2009). Increased prevalance of colorectal adenoma in patients with sporadic duodenal adenoma. European Journal of Gastroenterology & Hepatology, 21(7), (816–818), 1473–5687.

Department of Health. (2003). The second year of the Department of Health's mandatory MRSA bacteraemia surveillance scheme in acute NHS Trusts in England: April 2002–March 2003. CDR Weekly, 13(25), 1–9.

Dimitrov, D.M. & Rumrill Jr, P.D. (2003). Pretest-posttest designs and measurement of change. Work, 20, 159–165.

Dingle, G.A. & King, P. (2009). Prevalence and impact of co-occurring psychiatric disorders on outcomes from a private hospital drug and alcohol treatment program. Mental Health and Substance Use, 2(1), 13–23.

Doest, L. ter., Dijkstra, A., Gebhardt, W.A. & Vitale, S. (2007). Cognitions about smoking and not smoking in adolescence. Health Education and Behaviour, 36, 660–672.

Ebbutt, A.F. (1984). Three-period crossover designs for two treatments. Biometrics, 40, 219–224.

Emerson, E., Graham, H. & Hatton, C. (2006). Household income and health status in children and adolescents in Britain. European Journal of Public Health, 16(4), 354–360.

Everitt, B.S. & Pickles, A. (1999). Statistical Aspects of the Design and Analysis of Clinical Trials. London: Imperial College Press.

Farren, A.T. (2010). Power, uncertainty, self-transcendence and Quality of Life in Breast Cancer Survivors. Nursing Science Quarterly, 23(1), 63–71.

Field, A. (2009). Discovering Statistics Using SPSS, 3rd edn. London: Sage.

Gabriel, S.E. (2001). The epidemiology of rheumatoid arthritis. Rheumatic Disease Clinics of North America, 27(2), 269–281.

Gariballa, S. & Forster, S. (2009). Effects of smoking on nutrition status and response to dietary supplements during acute illness. Nutrition in Clinical Practice, 24, 84–90.

Gheissari, A., Sirous, M., Hajzargarbashi, T., Kelishadi, R., Merrikhi, A. & Azhir, A. (2010). Carotid intima-media thickness in children with end-stage renal disease on dialysis. Indian Journal of Nephrology, 20(1), 1–33.

Giovannelli, M., Borriello, G., Castri, P., Prosperini, L. & Pozzilli, C. (2007). Early physiotherapy after injection of botulinum toxin increases the beneficial effects on spasticity in patients with multiple sclerosis. Clinical Rehabilitation, 21(4), 331–337.

Goldacre, B. (2008). Bad Science. London: Fourth Estate.

Green, H., McGinnity, A., Meltzer, H., Ford, T. & Goodman, R. (2005). Mental Health of Children and Young People in Great Britain, 2004. London: The Stationary Office.

Gunstad, J., Paul, R.H., Brickman, A.M., Cohen, R.A., Arns, M., Roe, D., Lawrence, J. & Gordon, E., (2006). Patterns of cognitive performance in middle-aged and older adults; a cluster examination. Journal of Geriatric Psychiatry & Neurology, 19, 59–64.

Halpern, S.D., Karlawish, J.H.T. & Berlin, J.E. (2002). The continuing unethical conduct of unethical clinical trials. Journal of the American Medical Association, 288(3), 358–361.

Hanna, D., Davies, M. & Dempster, M. (2009). Psychological processes underlying nurses' handwashing behaviour. Journal of Infection Prevention, 20(3), 90–94.

Harris, A.H.S., Reeder, R. & Kyun, J.K. (2009). Common statistical and research design problems in manuscripts submitted to high-impact psychiatry journals: what editors and reviewers want authors to know. Journal of Psychiatric Research, 43, 1231–1234.

Hibbeln, J. R., Davis, J. M., Steer, C., Emmett, P., Rogers, I., Williams, C., et al. (2007). Maternal seafood consumption in pregnancy and neurodevelopmental outcomes in childhood (ALSPAC study): an observational cohort study. Lancet, 369(9561), 578–585.

Howell, D.C. (2009). Statistical Methods for Psychology. New York: Wadsworth.

Howitt, D. & Cramer, D. (2008). Introduction to Statistics in Psychology, 4th edn. Harlow: Pearson Prentice Hall.

Hrobjartsson, A. & Gotzsche, P.C. (2001). Is the placebo powerless: an analysis of clinical trials comparing placebo with no treatment. The New England Journal of Medicine, 344(21), 1594–1603.

Hrobjartsson, A. & Gotzsche, P.C. (2004). Is the placebo powerless: update of a systematic review with 52 randomized trials comparing placebo with no treatment. Journal of Internal Medicine, 256, 91–100.

Jaiswal, A., Bhavsar, V. & Jaykaran, Kantharia, N.D. (2010). Effect of antihypertensive therapy on cognitive function of patients with hypertension. Annals of Indian Academy of Neurology, 13(3), 180–183.

Janszky, I., Ahnve, S., Lundberg, I. & Hemmingsson, T. (2010). Early-onset depression, anxiety, and risk of subsequent coronary heart disease: 37-year follow-up of 49,321 young Swedish men. Journal of the American College of Cardiology, 56(1), 31–37.

Kaplan, E.L. & Meier, P. (1958). Nonparametric estimation from incomplete observations. Journal of the American Statistical Association, 53, 457–481.

Kazdin, A.E. (1978). Methodological and interpretive problems of single-case experimental designs. Journal of Consulting and Clinical Psychology, 46(4), 629–642.

Kellett, M.W., Smith, D.F., Stockton, P.A. & Chadwick, D.W. (1999). Topiramate in clinical practice: first year's postlicensing experience in a specialist epilepsy clinic. Journal of Neurology, Neurosurgery & Psychiatry, 66, 759–763.

Kelly, M., Steele, J. Nuttall, N., Bradnock, G., Morris, J., Nunn, J. Pine, C., Pitts, N. & Treasure, E. (2000). Adult Dental Health Survey: Oral Health in the United Kingdom 1998. London: Office of National Statistics.

Knutson, J.F. & Lansing, C.R. (1990). The relationship between communication problems and psychological difficulties in persons with profound acquired hearing loss. Journal of Speech and Hearing Disorders, 55, 656–664.

Lester, H., Schmittdiel, J., Selby, J., Fireman, B., Campbell, S., Lee, J., Whippy, A. & Madvig, P. (2010). The impact of removing financial incentives from clinical quality indicators: longitudinal analysis of four Kaiser Permanente indicators. British Medical Journal, 340, c1898.

Lipton, R.B., Manack, A., Ricci, J.A., Chee, E., Turkel, C.C. & Winner, P. (2011). Prevalence and burden of chronic migraine in adolescents: results of the chronic daily headache in adolescents study (C-dAS). Headache, 51(5), 693–706.

Logan, P.A., Coupland, C.A.C., Gladman, J.R.F., Sahota, O., Stoner-Hobbs, V., Robertson, K. et al. (2010). Community falls prevention for people who call on an emergency ambulance after a fall: randomised controlled trial. British Medical Journal, 340, c2102.

Meltzer, H., Gatward, R., Goodman, R. & Ford, T. (2000). Mental Health of Children and Adolescents in Great Britain. London: The Stationary Office.

Merline, A.C., O'Malley, P.M., Schulenberg, J.E., Bachman, J.G. & Johnston, L.D. (2004). Substance use among adults 35 years of age: prevalence, adulthood predictors, and impact of adolescent substance use. American Journal of Public Health, 94(1), 96–102.

Meyer, T.A. & Gast, J. (2008). The effects of peer influences on disordered eating behavior. The Journal of School Nursing, 24(1), 36–42.

Mlodinow, L. (2008). The Drunkard's Walk: How Randomness Rules Our Lives. London: Allen Lane.

Moher, D., Hopewell, S., Schulz, K.F., Montori, V., Gotzsche, P.C., Devereaux, P.J. et al. (2010). CONSORT 2010 explanation and elaboration: updated guidelines for reporting parallel group randomised trials. British Medical Journal, 340: c869.

Mok, L.C. & Lee I.F.-K. (2008). Anxiety, depression and pain intensity in patients with low back pain who are admitted to acute care hospitals. Journal of Clinical Nursing, 17, 1471–1480.

Morbidity and Mortality Weekly Report. (2009). May 1st, 58, 16, 421–426. Department of Health & Human Services, Centers for Disease Control and Prevention.

Newgard, C.D., Haukoos, J.S. & Lewis, R.J. (2006). Missing data: what are you missing? Society for Academic Emergency Medicine Annual Meeting. San Francisco, CA.

Oman, D., Shapiro, S.L., Thoresen, C.E., Plante, T.G. & Flinders, T. (2008). Meditation lowers stress and supports forgiveness among college students: a randomized controlled trial. Journal of American College Health, 56(5), 569–578.

Ownsworth, T., Flemming, J., Desbois, J., Strong, J. & Kuipers, P. (2006). A metacognitive contextual ntervention to enhance error awareness and functional outcome following traumatic brain injury: a single case experimental design. Journal of the International Neuropsychological Society, 12, 54–63.

Paloutzian, R. & Ellison, C. (1982). Loneliness, spiritual well-being and the quality of life. In Peplau, L. & Perlman, D. (eds.). Loneliness: A Sourcebook of Current Theory, Research and Therapy. (pp. 224–237). NY: John Wiley and Sons.

Patel, A.B. (2009). Impact of weight, height and age on blood pressure in children. The Internet Journal of Family Practice, 7(2).

Paterson, L.M., Nutt, D.J., Ivarsson, M., Hutson, P.H. & Wilson, S.J. (2009). Effects on sleep stages and microarchitecture of caffeine and its combination with zolpidem or trazodone in healthy volunteers. Journal of Psychopharmacology, 23, 487–494.

Peto, R., Pike, M.C., Armitage, P., Breslow, N.E, Cox, D.R., Howard, S.V. et al. (1977). Design and analysis of randomized clinical trials requiring prolonged observation of each patient II: analysis and examples. British Journal of Cancer, 35, 1–39.

Pine, C.M., Pitts, N.B., Steele, J.G., Nunn, J.N. & Treasure, E. (2001). Dental restorations in adults in the UK in 1998 and implications for the future. British Dental Journal, 190(1), 4–8.

Porter, S.R. & Scully, C. (2006). Oral malodour (halitosis). British Medical Journal, 333, 632–635.

Price, D.D., Finniss, D.G. & Benedetti, F. (2008). A comprehensive review of the placebo effect: recent advances and current thought. Annual Review of Psychology, 59, 565–590.

Quirynen, M., Mongardini, C. & van Steenberghe, D. (1998). The effect of a 1-stage full-mouth disinfection on oral malodour and microbial colonization of the tongue in periodontitis: a pilot study. Journal of Periodontology, 69, 374–382.

Rausch, J.R., Maxwell, S.O. & Kelly, K. (2003). Analytic methods for questions pertaining to a randomised pretest, posttest, follow-up design. Journal of Clinical Child and Adolescent Psychology, 32(3), 467–486.

Rowe, R., Maughan, B. & Goodman, R. (2004). Childhood psychiatric disorder and unintentional injury: findings from a national cohort study. Journal of Pediatric Psychology, 29, 93–104.

Ryder-Lewis, M.C. & Nelson, K.M. (2008). Reliability of the Sedation-Agitation Scale between nurses and doctors. Intensive & Critical Care Nursing, 24, 211–217.

Scarpellini, M., Lurati, A., Marrazza, M., Re, K.A., Bellistri, A., Galli, L. & Riccardi, E. (2008). Clinical value of antibodies to cyclic citrullinated peptide in osteoarthritis, rheumatoid arthritis and psoriatic arthritis. International Journal of Health Science, 1(2), 49–51.

Schulz, K.F. & Grimes, D.A. (2002). Generation of allocation sequences in randomised trials: chance, not choice. The Lancet, 359, 515–519.

Shearer, A., Boehmer, M., Closs, M., Rosa, R.D., Hamilton, J., Horton, K. et al. (2009). Comparison of glucose point-of-care values with laboratory values in critically ill patients. American Journal of Critical Care, 18(3), 224–229.

Silveira, P., Vaz-da-Silva, M., Dolgner, A. & Almeida, L. (2002). Psychomotor effects of mexazolam vs placebo in healthy volunteers. Clinical Drug Investigation, 22(10), 677–684.

Simon, J.A. & Hudes, E.S. (1998). Serum ascorbic acid and other correlates of gallbladder disease among US adults. American Journal of Public Health, 88, 1208–1212.

Skumlien, S., Skogedal, E.A., Bjørtuft, O. & Ryg, M.S. (2007). Four weeks' intensive rehabilitation generates significant health effects in COPD patients. Chronic Respiratory Diseases, 4, 5–13.

Sutherland, S.E. (2001). Evidence-based dentistry: Part IV. Research design and levels of evidence. Journal of the Canadian Dental Association, 67(7), 375–378.

Tabachnick, B.G. & Fidell, L.S. (2007). Using Multivariate Analysis. Harlow: Pearson.

Taylor-Ford, R., Catlin, A., LaPlante, M. & Weinke, C. (2008). Effect of a noise reduction program on a medical surgical unit. Clinical Nursing Research, 17, 74–88.

Todman, J. & Dugard, P. (2007). Approaching Multivariate Analysis. East Sussex: Psychology Press.

Tukey, J.W. (1977). Exploratory Data Analysis. Boston: Addison-Wesley.

Unwin, J., Kacperek, L. & Clarke, C. (2009). A prospective study of positive adjustment to lower limb amputation. Clinical Rehabilitation, 23, 1044–1050.

van der Colff, J.J. & Rothmann, S. (2009). Occupational stress, sense of coherence, coping, burnout and work engagement of registered nurses in South Africa. SA Journal of Industrial Psychology, 35(1), 1–10.

Vermeer, S.E., Prins, N.D., den Heijer, T., Hofman, A., Koudstaal, P.J. & Breteler, M.M.B. (2003). Silent brain infarcts and the risk of dementia and cognitive decline. The New England Journal of Medicine, 348, 1215–1222.

Watson, D. & Friend, R. (1969). Measurement of social evaluative anxiety. Journal of Consulting and Clinical Psychology, 33(4), 448–457.

Williamson, D.A., Rejeski, J., Lang, W., Van Dorsten, B. Fabricatori, A.N. & Toledo, K. (2009). The impact of a weight-management program on health related quality of life in overweight adults with type 2 diabetes. Archives of Internal Medicine, 169(2), 163–171.

Yaghmaie, F., Khalafi, A., Majd, H.A. & Khost, N. (2008). Correlation between self-concept and health status aspects in haemodialysis patients at selected hospitals affiliated to Shaheed Benesht, University of Medical Sciences. Journal of Research in Nursing, 13(3), 198–205.

Yu, M., Song, L., Seetoo, A., Cai, C., Smith, G. & Oakley, D. (2007). Culturally competent training program: a key to training lay health advisors for promoting breast cancer screening. Health Education & Behavior, 34, 928.

Yusuf, S., Hawken, S., Ounpuu, S., Dans, T., Avezum, A., Lanas, F. et al. (2004). Effect of potentially modifiable risk factors associated with myocardial infarction in 52 countries (the INTERHEART study): case-control study. Lancet, 364(9438), 937–952.

Índice

A

aleatorização do tempo 417-419
aleatorização restrita 388-389
Alfa de Cronbach 303, 304
Al-Faris, E. A. 249-250
amostragem
   aleatória simples 125-126
   bola de neve 125-126
   conglomerados 125-126
   descoberta 125-126
   voluntário 126-127
amostras 124-125
   generalizando para populações de 126-127, 132-133, 150-151, 199-200
   problema do viés de seleção em 160-162
Análise correlacional 279-284, 303, 310-311
   regressão linear (*ver* regressão linear)
   regressão múltipla (*ver* regressão múltipla)
   rô de Spearman (*ver* rô de Spearman)
Análise de covariância. *Ver* ANCOVA
análise de sobrevivência 418-419, 435
   comparando grupos participante na 418-419, 431
   rastreando participantes na 418-419, 424-430
   Ver também funções de risco

análise de tabelas de contingência 261-262, 268-270
   avaliando o tamanho do efeito em 268-269
   no SPSS 262-268
   suposições 269-271
Análise de variância. *Ver* ANOVA
análise por intenção de tratar 399-401
Anazalone, P. 210, 212
ANCOVA (Análise de covariância) 391-392
   no SPSS 392-395
Andrews, T. 303
ANOVA (Análise de variância) 208, 228-231
   Friedman (*ver* ANOVA de Friedman)
   grupos independentes 228-229, 237-238
   Kruskal-Wallis (*ver* ANOVA de Kruskal-Wallis)
   medidas repetidas 237-244
   no SPSS 232-244
   um fator 231-238, 244-249, 402-403
   vs. teste *t* 229-230
ANOVA de Friedman 228-229, 249-250, 253-254
   no SPSS 249-253
ANOVA de Kruskal-Wallis 228-229, 244-249
   no SPSS 245-248

ansiedade
  e doença coronariana 169-170
  e dor na baixa lombar 280-281, 292-296
  separação 161-162
Armitage, C. J. 268-269
Arnold, S. 304
artrite reumatoide 160, 229-230
atribuição aleatória
  restrita 388-389
  simples 386-389
  substituição 389-390
Attree, E. A. 208, 232

B

balanceamento 33
base de dados
  acurácia da 173-177
  dados omissos da (ver dados omissos)
Batson, M. 218
Begg, C. 381-382
Bell, B. G. 280-281, 295-296
Belsky, J. 280-281, 295-296
Bize, R. 327-329
Blake, H. 218
Booji, L. 182-183
bootstrapping 196
box-plots 115-116
  no SPSS 117-120
  relatando 116-117
Brace, N. 303
Bramwell, R. 286-287, 353-354
Bruscia, K. 311-312, 337-338, 344, 345
bulimia 296-297
Burneo, J. G. 428-430
Button, L. A. 229-230, 237
Byford, S. 190

C

c^2. Ver estatística qui-quadrado (c^2)
Carvajal, A. 167-169
casos censurados 418-419, 418-419
  à direita 418-419, 418-419
Castle, N. G. 180-181
cegamento 378-381, 383-384, 386, 391-392
  duplo 181-183, 380-381
  simples 378-380
Centro de Estudos Epidemiológicos
  Escala de Depressão (CES-D) 304
chance 22-23, 132-133, 208, 280-281, 286-287, 308
Chiou, S. S. 210, 212
classes 11, 112-113
classificação dos dados 173
  para a normalidade dos dados 187-189

relato de 190-191
utilizando estatística descritiva para 176-178
Cohen, J. 147-149, 285-286, 346-347, 356-357
comparações planejadas 231-232
conceitos 41-46
confiabilidade interavaliador 304-308
confiabilidade teste-reteste 304
contagem de frequências 27, 89, 110
Correção de Bonferroni 223-224, 232-233, 236-237, 239-240, 242-244, 328-329
correção de Greenhouse-Geisser 238-239, 242-243
correlações
  negativa 281-282, 287-288
  parcial 296-301
  perfeita 284-287
  positiva 281-282, 292-294
Costello, E. J. 161-162, 170
Cramer, D. 303
curvas de risco. Ver funções de risco
curvas de sobrevivência 418-419-424
  comparando (ver teste de Mantel-Cox)
  geração de Kaplan-Meier das 424-430
  Ver também funções de risco

D

d de Cohen 147-148, 205-207, 223-224
dados OA (omissos ao acaso) 179. Ver também dados omissos
dados OCA (omissos completamente ao acaso) 179, 184, 186. Ver também dados omissos
dados omissos
  questões de relatar os 182-183, 187-188
  técnicas para lidar com 180-181, 187-188, 328-329-333
  tipos de 179-180
Dancey, C. P. 182-183, 187-188, 208, 284, 392
Dariusz, A. 280-281
delineamento cruzado 401-403
delineamento da pesquisa entre grupos 30-32, 378-385
  variáveis do SPSS para 53-57
delineamento da pesquisa entre participantes. Ver delineamento da pesquisa entre grupos
distribuição bimodal 138-140
delineamento de pesquisa de grupos independentes 30-31, 196-197, 207-208
  para ANOVA 228-229, 237-238
  para Mann-Whitney 214-218
  para o teste *t* 198, 200-204
delineamento de pesquisa intragrupos 30-31, 32-33, 79-82, 207-208

variáveis do SPSS para 56-58
delineamentos de pesquisa
  caso único (*ver* delineamentos experimentais de caso único)
  cegamento em 378-381
  comparações múltiplas 406-407
  confiabilidade da medição 304-308
  correlação 26-27, 33-35
  duplo-cego 380-381
  e problemas de entrada de dados 174-176
  entre grupos (*ver* delineamento de pesquisa entre grupos)
  entre participantes (*ver* delineamento de pesquisa entre grupos)
  ética do 25-27, 148-149, 170, 401-406
  experimental (*ver* delineamentos de pesquisa experimentais)
  grupos independentes (*ver* delineamento de pesquisa de grupos independentes)
  intragrupos (*ver* delineamento de pesquisa intragrupos)
  participantes dentro (*ver* delineamento de pesquisa intragrupos)
  pré-teste/pós-teste 391
delineamentos de pesquisa correlacionais 26-27, 33-35, 279-280
delineamentos de pesquisa experimentais 31-32, 124-125
  e fatores de risco de doenças 170
  Ver também ensaio controlado aleatorizado
delineamentos de pesquisa múltiplos 406-407
delineamentos experimentais de caso único 138-139, 187-190
demência 142-144
depressão
  e doença coronária 169-170
  e dor nas costas 292-296
desvio-padrão 93-94
  no SPSS 110
diagrama de colunas 99
  agrupado 100
  empilhado 100-101
  erro 153-155
  horizontal 100-101
  indicando variabilidade em 108-109
  no SPSS 100-106, 153-155
  relatando 100-102
diagramas de caixa-e-bigodes. *Ver box-plots*
diagramas de dispersão 40-41, 281-283, 293
  no SPSS 290-292
diagramas de linha 105-108
  indicando variabilidade em 108-109
  no SPSS 107-108
Dimitrov, D. M. 391
Dingle, G. A. 352-353

distribuição binomial 143-144, 398
distribuição dos dados
  assimétricos 139-140
  bimodal 138-140
  normal 137-139
  normal padrão 141-144
distribuição normal 137-139, 145
  padrão (PAD) 141-144
distribuição normal padrão (DNP) 141-144
distribuição *t* 142-143, 143-144
distribuições de probabilidade 141-147
doença da vesícula biliar 294
doença inflamatória intestinal (DII) 232-237
doença pulmonar obstrutiva crônica (DPOC) 196
Doest, L. 246-248

E

Ebbutt, A. F. 402-403
efeito da investigação 380-381
efeito placebo 380-381
eixo x 99
eixo y 99
eliminação em lista 180-181
eliminação pareada 180-181
Ellison, C. 304
EM (esclerose múltipla) 196-197
Emerson, E. 372-374
ensaio controlado aleatorizado (ECA) 30-32
  alocação de participantes no 386-389
  análise do 391, 400-401
  caraterísticas principais do 378-381, 386-391
  cegamento no 390-391
  delineando o 381-382, 386
ensaios clínicos
  dados omissos em 179-182
  eliminando o viés em 380-381
  (*ver também* ensaio controlado aleatorizado)
enxaqueca, crônica 160
epidemiologia 159. *Ver também* estudos epidemiológicos
epilepsia 428-430, 432-433
erro amostral 129-133, 208
erro do Tipo I 145-148
erro do Tipo II 145-149
Escala de Angústia e Rejeição Social 122-123, 150-151
Escala de Ansiedade e Depresssão Hospitalar (EHAD) 304
escala de intervalo 28-30
escala nominal 27-28
escala ordinal 28
esclerose múltipla (EM) 196-197
escore *z* 141-144, 205-206
esfericidade 238-239, 242
estatística descritiva 84-85, 93-94

encontrar erros utilizando a 176-177
gráfica 99, 119-120
medidas de tendência central 86-89
medidas de variação ou dispersão 89-93-94
numérica 86-87, 98-99
propósito da 84-85
estatística gráfica 98-99
  diagrama de caixa-e-bigodes (ver box-plots)
  diagrama de colunas (ver diagrama de colunas)
  diagrama de dispersão (ver diagramas de dispersão)
  diagrama de linhas (ver diagramas de linhas)
  histograma de frequências (ver histograma de frequências)
estatística inferencial 84-85, 93-94, 196, 132-133
  conceitos subjacentes 122-127
  Ver também teste específico
estatística qui-quadrado (c^2) 261-262, 273, 363-364
  Pearson 264, 267, 273
estatísticas resumo 86-87
estimação por máxima verossimilhança 360
estimativas de prevalência 160-163
estresse 206-207
estrutura de dados 70-71
estudos correlacionais 26-27, 292-294, 296-297
estudos de caso-controle 160, 166-169
estudos de coorte 160, 168-170
estudos duplo cego 181-183, 380-381.
  Ver também ensaio controlado aleatorizado
estudos epidemiológicos
  para estimar a prevalência de doenças 160-163
  para identificar fatores de risco de doenças 162-163, 170
estudos transversais 160, 163-167
Everitt, B. S. 431, 433-434

F

F. Ver razão F
Farren, A. T. 346-347
Fiander, M. 190
Fidell, L. S. 337-338, 345-347
Field, A. 238-239
frequências esperadas 261-262
Friend, R. 122-123
fumar 246-249
função de sobrevivência de Kaplan-Meier 424-426
  no SPSS 425-430
funções de risco 431, 433-435
  cumulativa 431, 433-434
  no SPSS 434-435
  Ver também curvas de sobrevivência

G

Gabriel, S. E. 160
Gast, J. 296-297
Gheissari, A. 300-301
Giovannelli, M. 196-197
glucose no sangue 210, 212
Goldacre, B. 22
Gotzsche, P.C. 381
GPower 149-150
graus de liberdade
  aderência pelo c^2 272-274
  ANOVA de medidas repetidas 238-239
  ANOVA de um fator 235
  Mantel-Cox 431-432
  regressão logística 363-364
  tabela de contingência 264, 267-270
  teste t 203, 205
Green, H. 260-261
Grimes, D. A. 388-390
Gunstad, J. 188-190

H

Halpern, S. D. 148-149
Hanna, D. 311-312, 324-328, 338-339, 341-343, 387, 344
Harris, A. H. S. 181-182
Hibbeln, J. R. 356-357
hipertensão 206-207
hipótese nula 135-137, 279
hipótese nula do teste de significância (HNTS) 135-136-136-137, 145-146-147
  críticas ao 147-149, 150-152
  erros em 145-146-149
  intervalos de confiança e 150-152
  poder estatístico e 147-150
  tamanho do efeito e 147-148
hipótese unilateral 61-145
hipóteses bilaterais 144-145
hipóteses de pesquisa
  bidirecionais 144
  bilaterais 144-145
  derivando 22-25
  direcional 144
  testando 29-30
  unidirecional 144
  unilateral 144-145
  vs. questões de pesquisa 24-25
histograma. Ver histograma de frequências
histograma de frequências 110-113, 138-139
  no SPSS 112-115
HNTS. Ver hipótese nula
Howitt, D. 303
Hrobjartsson, A. 381
Hudes, E. S. 294

I

infarto cerebral 142-144
inibidor seletivo da recaptação de serotonina
    (ISRS). *Ver* ISRS
interquartil 91-92
intervalo 90
intervalos de confiança 150-153, 199-200
  no SPSS 151-153, 155
intervenções para avaliar 378-379
  a eficácia das suposições 378-381
  delineamentos cruzados 401-403
  delineamentos de um único caso 402-408,
    436-437
  delineamentos múltiplos 406-407
  ensaios controlados aleatorizados 381, 401-402
ISRS (inibidor seletivo da recaptação de
    serotonina) 167-169

J

Jaiswal, A. 206-207, 210, 212
Janszky, I. 169
Jochen, R. 280-281

K

Kaplan, E. L. 424
Kappa de Cohen 303, 308
Kellett, M. W. 432-433
King, P. 352-353
Knutson, J. F. 122-123
Kuo, C. D. 210, 212

L

Lansing, C. R. 122-123
Lee, I. F. K. 280-281, 292
Lester, H. 107-108
limpeza dos dados 173
  pela inserção de medidas de tendência central
    180-182
  por mover adiante a última observação
    (MAUO) 181-182
  relatório da 190-191
linha de melhor aderência 310-311
Lipton, R. B. 160
lista de espera do grupo-controle 122-123, 196
Logan, P. A. 118-119
logaritmo das chances 359-360, 365-366, 368
logit. *Ver* logaritmo das chances

M

Maximização da Expectativa (ME)
  estimação 183-184, 186

média, a 87
  desvios da 92-94
  quando utilizar 89
mediana 88-89
  e os quartis 91-94
medidas de tendência central 86-89
  escolhendo a adequada 89
  mostrando graficamente 99-110
  substituindo escores omissos com 180-183
medidas de variação ou dispersão 89-94
  mostrando graficamente 108-120
medidas, níveis de 27
  intervalo 28-30
  nominal 27-28
  ordinal 28
  razão 29-30
Meier, P. 424
Meltzer, H. 160-161
Merline, A. C. 529-260
Meyer, T. A. 296-297
Mlodinow, L. 22, 132-133
moda 88-89
Moher, D. 381-382, 382-383
Mok, L. C. 280-281, 292
Morland, C. 286-287, 353-354

N

Nelson, K. M. 304

O

OCA (omissos completamente aleatórios) 179,
    184, 186
Oman, D. 206-207
Ownsworth, T. 405, 404-406

P

padrão consolidado de relatar ensaios
  diagrama de fluxo 384-386
  lista de verificação 381-385
  recomendações de cegamento 391
Paloutzian, R. 304
parâmetros 130
pesquisa quase-experimental 31-32
Peto, R. 424
Pickles, A. 431, 433-434
Plotnikoff, R. C. 327-328, 328-329
podada 91
poder estatístico 147-149
  cálculos *a priori* do 149-150
populações 124-125
  generalizando para amostras 126-133,
    150-151, 199-200
Porter, S. R. 378-380

prática baseada em evidência (PBE) 22, 29-30
Price, D. D. 380-381
probabilidade condicional 136-137
probabilidades 132-134
    generalizando de amostras para populações utilizando 135-136
proporções de Kaplan-Meier. *Ver* função de sobrevivência de Kaplan-Meier

Q

quartis 91-92
questões de pesquisa 23-25
    vs. hipóteses de pesquisa 24-25
Quirynen, M. 378-380

R

R
    definindo variáveis no 63-64
    entrando dados no 57, 59-61, 65-66, 68-69
    nomes de variáveis no 57, 59-61, 63
    pacotes no 63-66
    vs. SAS 39-42
    vs. SPSS 39-42, 57, 59-60
r de Pearson 29-30, 34, 284-286, 292-294
    calculado no SPSS 287-290
    variância e 294-296
R^2 de Cox e Snell 363-364
R^2 de Nagelkerke 363-364
Rausch, J. R. 391-392
razão de chances 164-166, 360-362, 365-368, 370-375
razão de risco 163-165
razão F 231-232, 235, 238-239
    geral 231-232, 235, 237-238
regressão linear 310-314, 322, 324-329
    fórmula para 313
    interpretando a saída do SPSS 314-317
    no SPSS 313-317, 328-332
    prevendo dados omissos utilizando 328-332
    suposições 324-328
    vs. regressão logística 356-359
    vs. regressão múltipla 337
regressão logística, múltiplos previsores 365-366
    interpretando a saída do SPSS 367-371
    no SPSS 366-371
regressão logística, previsor único 356-361
    fórmula para 360
    interpretando a saída do SPSS 361-366
    no SPSS 361-366
    vs. regressão linear 356-360
regressão logística, previsores categóricos 370-375
    no SPSS 371-373
regressão múltipla
    e o teste de hipóteses 344-347

    estatístico 349-350
    fórmulas para 338-339, 387
    hierárquica 349-351
    hipóteses 337-338
    interpretando a saída do SPSS 340-387
    modelo padrão do 310-311, 349-351
    no SPSS 338-339, 387
    passo a passo 349-350
    prevendo dados omissos utilizando 344
    vs. regressão linear 337
Reidy, J. G. 208, 284, 392
relacionamento bivariado 279-281
relacionamentos espúrios 280-281
risco 431, 433-434
rô de Spearman 34, 284, 294, 300-303
Rothmann, S. 354-355
Rowe, R. 259-260
Rumrill Jr, P. D. 391
Ryder-Lewis, M. C. 304

S

sangramento gastrintestinal 167-169
SAS
    bases de dados no 71-72, 77-78
    definindo variáveis no 74-76
    entrando dados no 71-72, 76-77
    rotulando códigos de categorias no 78-79
    vs. R 39-42
    vs. SPSS 39-42, 70-71
Scarpellini, M. 229-230
Schulz, K. F. 388-390
Scully, C. 378-380
Shearer, A. 196-197
Silveira, P. 191
Simon, J. A. 294
síndrome da fadiga crônica (SFC) 26-27
síndrome do intestino irritável (SII) 232-237
Skumlien, S. 196
SPSS
    análise de tabelas de contingência 262-268
    análise de valores omissos 183, 186-187
    ANOVA de Friedman 249-253
    ANOVA de Kruskal-Wallis 245-248
    ANOVA de medidas repetidas 238-244
    ANOVA de um fator 65-66, 237-238
    arquivos de dados no 43-50
    correlações parciais 296-300
    definindo variáveis no 44-47, 56-57-56-57
    descritivas numéricas em 93-99
    diagrama de colunas de erro 153-155
    diagramas de caixa-e-bigodes 117-120
    diagramas de colunas 100-106, 108-110
    diagramas de dispersão 290-292, 318-321
    diagramas de linhas 107-110
    entrando dados no 43, 46-50, 56-58, 176-177
    gráficos mostrando o desvio-padrão 110

ÍNDICE **501**

histograma de frequências 112-115
intervalos de confiança no 151-155, 332-323
nomes das variáveis no 44-46
r de Pearson 287-290
regressão linear 313-317, 321-323, 328-332
regressão múltipla 338-339, 387
rotulando códigos de categorias no 48, 50-57
rótulo das variáveis no 45-46
técnicas de dados omissos no 180-181, 183-187
teste da mediana 245-248
teste de aderência pelo c^2 273-274
teste de Mann-Whitney 214-218
teste de Wilcoxon 220-223
teste t, independente 200-204
teste t, pareado 207-210, 212
testes *post hoc* 231-232
vs. R 39-40, 57, 59-60
vs. SAS 39-40, 70-71
substituição aleatória 389-390
Sutherland, S. E. 381

T

Tabachnick, B. G. 337-338, 345-347
tabela de contingência 260-261
tamanho do efeito 147-148
tamanho do efeito padronizado 147-148
Taylor-Ford, R. 222-223
TDAH (Transtorno de déficit de atenção/hiperatividade) 162-168
tendência central, medidas. *Ver* medidas de tendência central
teoria do comportamento planejado (TCP) 246-249
teste da mediana 244-246, 249-250
  no SPSS 245-248
teste das mudanças de McNemar 394-396
  no SPSS 395-398
teste de aderência c^2 271-273
  no SPSS 273-274
teste de esfericidade de Mauchly 238-239, 242-243
teste de hipóteses. *Ver teste específico*
teste de homogeneidade de variâncias de Levene 203-205, 210, 212
teste de Mann-Whitney 29-30, 196, 214, 218-220, 244-248
  no SPSS 214-218
teste de Mantel-Cox 428-431
  no SPSS 431-431, 433-434
teste de significância
  dados não omissos ao acaso (ONA) 179-180
  técnicas para lidar com 187-188, 328-333
  Ver também dados omissos
teste de Wald 364-368, 371-372
teste de Wilcoxon 196, 220, 222-223, 249-250
  no SPSS 220-223
teste do logaritmo dos postos. *Ver* teste de Mantel-Cox
teste dos sinais 398-401
  no SPSS 399-401-401
teste F
  geral 237-238
  relação com o teste t 229-230
  Ver também ANOVA
teste geral dos coeficientes do modelo 362-363, 367
teste MCAR de Little 184, 186
teste qui-quadrado 27, 363-364, 428-430
teste t 29-30, 208-200
  grupos independentes 198, 200-204
  no SPSS 200-204, 207-210, 212
  pareados 198, 207-210, 212
  relação ao teste F 229-230
  vs. ANOVA 229-230
teste z. *Ver* teste z para duas amostras
teste z para duas amostras 212-213
testes dos postos com sinais de Wilcoxon. *Ver* teste de Wilcoxon
testes não paramétricos 28, 141
  ANOVA de Friedman (*ver* ANOVA de Friedman)
  quando utilizar 196, 228-229, 244-245
  rô de Spearman (*ver* rô de Spearman)
  teste de Kruskal-Wallis (*ver* ANOVA de Kruskal-Wallis)
  teste de Mann-Whitney (*ver* teste de Mann-Whitney)
  teste de Wilcoxon (*ver* teste de Wilcoxon)
  valores atípicos e 178
testes paramétricos 138-140
  ANOVA (*ver* ANOVA)
  correlação (*ver* r de Pearson)
  momento produto de pearson
  quando utilizar 141, 196, 284
  teste t (*ver* teste t)
  teste z para duas amostras 212-213
Tukey, J. W. 84-85

U

U. *Ver* teste de Mann-Whitney
Unwin, J. 337-338, 345, 345-347

V

V de Cramer 268
valores atípicos 141, 174, 177
  em diagramas de caixa-e-bigodes 115-116
  lidando com 177-178, 324-328
  regressão linear e 324-328
valor-p 136-137
  calculando 143-144-144

para a significância estatística 145-147
van der Colff, J. J. 354-355
variância 93
  calculando 93
  compartilhada 299-301, 346-348
  dentro dos grupos 230-231
  entre grupos 231
  única 299-300, 346-350
variância dentro dos grupos 230-231
variância entre grupos 231-232
variáveis 25-26
  agrupamento 53-54, 63
  categórica 26-27, 53-54, 63, 259-276
  confundimento 31-32
  contínua 26-27
  critério 310-311
  dependente 31-35
  dicotômico 356-357, 394-395, 398
  discreta 26-27
  independente 31-35
  previsor 310-311
  relação bivariada entre 280-281, 296-297, 310-317

  relacionamento causal entre 25-26, 34-36
  relacionamento entre a variável critério e múltiplos previsores (*ver* regressão múltipla)
  relacionamento espúrio entre 280-281
  relacionamento não linear entre 294
  relacionamento negativo entre 34-35, 281-282, 287-288
  relacionamento positivo entre 34-35, 281-282
Vermeer, S. E. 142-144, 153, 155

W

Waterman, H. 303
Watson, D. 122-123
Williamson, D. A. 386-387

Y

Yu, M. 196
Yusuf, S. 356-358